员工岗位手册系列

铸造工

岗位手册

北京京城机电控股有限责任公司工会　编

主　编　赵　莹

副主编　邵爱民　曾桂山

参　编　何晓艺　焦向伟　谢　曼

机 械 工 业 出 版 社

本手册是铸造工岗位必备的工具书，内容以《国家职业标准 铸造工》的知识要求和技能要求为依据，根据岗位培训需要的原则编写的。本手册共分四篇，主要内容为：职业道德及岗位规范；铸造工岗位必需的基本知识和技能，包括铸造工常识、铸造工艺理论基础、造型材料、铸造生产方式、铸造工艺设计基础知识、铸造合金的熔炼、工装设备、铸型浇注与铸件清理、铸件缺陷与质量检验、液压铸件、液压铸件模具等；铸造车间各岗位的操作规范；6个铸造的典型案例。同时还附录了铸造工的国家职业标准。

本手册可作为铸造工岗位的学习和培训用书，也可作为从事铸造工作的工程技术人员的参考用书，同时对从事与铸造行业密切相关的机械设计与制造行业的工程技术人员了解铸造技术及工艺也有重要的参考价值。

图书在版编目（CIP）数据

铸造工岗位手册/赵莹主编；北京京城机电控股有限责任公司工会编. —北京：机械工业出版社，2016.6
（员工岗位手册系列）
ISBN 978-7-111-53971-1

Ⅰ.①铸… Ⅱ.①赵… ②北… Ⅲ.①铸造-技术手册
Ⅳ.①TG2-62

中国版本图书馆CIP数据核字（2016）第126604号

机械工业出版社（北京市百万庄大街22号 邮政编码100037）
策划编辑：何月秋 责任编辑：何月秋 程足芬
责任校对：陈 越 封面设计：马精明
责任印制：李 洋
北京宝昌彩色印刷有限公司印刷
2016年8月第1版第1次印刷
169mm×239mm · 26.5印张 · 556千字
0001—2500册
标准书号：ISBN 978-7-111-53971-1
定价：69.00元

凡购本书，如有缺页、倒页、脱页，由本社发行部调换

电话服务	网络服务
服务咨询热线：010-88361066	机 工 官 网：www.cmpbook.com
读者购书热线：010-68326294	机 工 官 博：weibo.com/cmp1952
010-88379203	金 书 网：www.golden-book.com
封面无防伪标均为盗版	教育服务网：www.cmpedu.com

《员工岗位手册系列》编委会名单

序

当前我国正面临千载难逢的战略机遇期，同时，国际金融危机、欧债危机等诸多不稳定因素也将对我国经济发展产生不利影响。在严峻的考验面前，创新能力强、结构调整快、职工素质高的企业才能展示出勃勃生机。事实证明：在“做强二产”，实现高端制造的跨越发展中，除了自主创新，提高核心竞争力外，还必须拥有一支高素质的职工队伍，这是现代企业生存发展的必然要求。我国处于转方式、调结构，由“中国制造”向“中国创造”转变的关键期和提升期，重要环节就是培育一批具有核心竞争力和持续创新能力的创新型企业，造就数以千万的技术创新人才和高素质职工队伍，这是企业在经济增长中谋求地位的战略选择；是深入贯彻科学发展观，加快职工队伍知识化进程，保持工人阶级先进性的重大举措；也是实施科教兴国战略，建设人才战略强国的重要任务。

《2002 年中国工会维权蓝皮书》中有段话：“有一个组织叫工会，在任何主角们需要的时候和地方，他们永远是奋不顾身地跑龙套，起承转合，唱念做打……为职工而生，为维权而立。”北京京城机电控股有限责任公司工会从全面落实《北京“十二五”时期职工发展规划》入手，从关注企业和职工共同发展做起，组织编撰完成了涵盖 30 个职业的“员工岗位手册系列”，很好地诠释了这句话。此套丛书是工会组织发动企业工程技术人员、一线生产技师、职业教师和工会工作者共同参与编著而成的，注重了技术层面的维度和深度，体现了企业特色工艺，涵盖了较强的专业理论知识，具有作业指导书、学习参考书以及专业工具书的特性，是一套独特的技能人才必备的“百科全书”。全书力求实现企业工会让广大职工体验“一书在手，工作无忧”以及好书助推成长的深层次服务。

我们希望，机电行业的每名职工都能够通过“员工岗位手册系列”的帮助，学习新知识，掌握新技术，成为本岗位的行家能手，为“十二五”发展战略目标彰显工人阶级的英雄风采！

中共北京市委常委，市人大常委会副主任、
党组副书记，市总工会主席

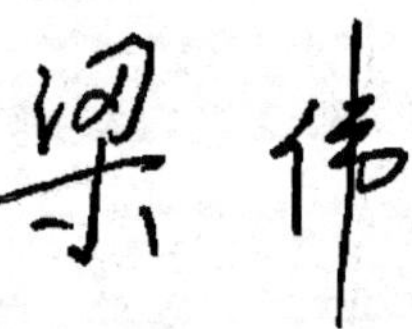

前　言

为加快我国装备制造业从大国迈向强国的进程，尽快使企业员工的岗位操作不断地规范化和标准化，提高企业员工的职业素质和技术水平，激励他们岗位创新、岗位成才，为我国装备制造业培养一大批优秀的技能岗位人才，我们依据国家和行业最新的技能标准，根据企业对员工的岗位要求编写了这本手册。

本手册涵盖了国家职业标准中规定的铸造工所需的知识要求和技能要求，并以液压铸造领域所需的基本理论和基本技能为重点，强调理论和实践的结合。主要内容为：职业道德及岗位规范；铸造工岗位必需的基本知识和技能，包括铸造工常识、铸造工艺理论基础、造型材料、铸造生产方式、铸造工艺设计基础知识、铸造合金的熔炼、工装设备、铸型浇注与铸件清理、铸件缺陷与质量检验、液压铸件、液压铸件模具等；铸造车间各岗位的操作规范；6 个铸造的典型案例。同时还附录了铸造工的国家职业标准。

本手册在编写过程中严格贯彻了国家及行业的最新标准和法定计量单位。

本手册由赵莹任主编，邵爱民、曾桂山任副主编，何晓艺、焦向伟、谢曼参与了本手册的编写工作。

由于编者水平、学识有限，书中不足之处和错误在所难免，敬请专家和读者批评指正。

编　者

目　录

第三篇 操作规范

第四篇 典型案例

第一篇 职业道德及岗位规范

第一章

职业道德

一、职业道德的基本概念

职业道德是规范约束从业人员职业活动的行为准则。加强职业道德建设是推动社会主义物质文明和精神文明建设的需要，是促进行业、企业生存和发展的需要，也是提高从业人员素质的需要。掌握职业道德基本知识，树立职业道德观念是对每一个从业人员最基本的要求。

1. 道德与职业道德

道德，就是一定社会、一定阶级向人们提出的处理人和人之间、个人与社会之间、个人与自然之间各种关系的一种特殊的行为规范。道德是做人的根本。道德是一个庞大的体系，而职业道德是这个体系中一个重要部分，它是社会分工发展到一定阶段的产物。所谓职业道德，它是指从事一定职业劳动的人们，在特定的工作和劳动中以其内心信念和特殊社会手段来维持的，以善恶进行评价的心理意识、行为原则和行为规范的总和，它是人们在从事职业的过程中形成的一种内在的、非强制性的约束机制。职业道德的内容包括职业道德意识、职业道德行为规范和职业守则等。职业道德是社会道德在职业行为和职业关系中的具体体现，是整个社会道德生活的重要组成部分。

2. 职业道德的特征

职业道德的特征有以下三个方面：

1）范围上的局限性。任何职业道德的适应范围都不是普遍的，而是特定的、有限的。一方面，他主要适用于走上社会岗位的成年人；另一方面，尽管职业道德也有一些共同性的要求，但某一特定行业的职业道德也只适用于专门从事本职业的人。

2）内容上的稳定性和连续性。由于职业分工有其相对的稳定性，与其相适应的职业道德也就有较强的稳定性和连续性。

3）形式上的多样性。因行业而异，一般来说，有多少种不同的行业，就有多少种不同的职业道德。

二、职业道德的社会作用

1. 职业道德与企业的发展

（1）职业道德是企业文化的重要组成部分　职工是企业的主体，企业文化必须以企业职工为中介，借助职工的生产、经营和服务行为来实现。

（2）职业道德是增强企业凝聚力的手段　职业道德是协调职工同事之间、职工与领导之间以及职工与企业之间关系的法宝。

（3）职业道德可以提高企业的竞争力　职业道德有利于企业提高产品和服务的质量；可以降低产品成本、提高劳动生产率和经济效益；有利于企业的技术进步；有利于企业摆脱困难，实现企业阶段性的发展目标；有利于企业树立良好形象、创造著名品牌。

2. 职业道德与人自身的发展

（1）职业道德是事业成功的保证　没有职业道德的人干不好任何工作，每一个成功的人往往都有较高的职业道德。

（2）职业道德是人格的一面镜子　人的职业道德品质反映着人的整体道德素质，职业道德的提高有利于人的思想道德素质的全面提高，提高职业道德水平是人格升华最重要的途径。

三、社会主义职业道德

职业道德是社会主义道德体系的重要组成部分。由于每个职业都与国家、人民的利益密切相关，每个工作岗位、每一次职业行为，都包含着如何处理个人与集体、个人与国家利益的关系问题。因此，职业道德是社会主义道德体系的重要组成部分。

职业道德的实质内容是树立全新的社会主义劳动态度。职业道德的实质就是在社会主义市场经济条件下，约束从业人员的行为，鼓励其通过诚实的劳动，在改善自己生活的同时，增加社会财富，促进国家建设。劳动无疑是个人谋生的手段，也是为社会服务的途径。劳动的双重含义决定了从业人员要有全新的劳动态度和职业道德观念。社会主义职业道德的基本规范如下：

1. 爱岗敬业，忠于职守

任何一种道德都是从一定的社会责任出发，在个人履行对社会责任的过程中，培养相应的社会责任感，从长期的良好行为和规范中建立起个人的道德。因此，职业道德首先要从爱岗敬业、忠于职守的职业行为规范开始。

爱岗敬业是对从业人员工作态度的首要要求。爱岗就是热爱自己的工作岗位，热爱本职工作。敬业就是以一种严肃认真的态度对待工作，工作勤奋努力，精益求精，尽心尽力，尽职尽责。

爱岗与敬业是紧密相连的，不爱岗很难做到敬业，不敬业更谈不上爱岗。如果工作不认真，能混就混，爱岗就会成为一句空话。只有工作责任心强，不辞辛苦，不怕麻烦，精益求精，才是真正的爱岗敬业。

忠于职守，就是要求把自己职业范围内的工作做好，达到工作质量标准和规范要求。如果从业人员都能够做到爱岗敬业、忠于职守，就会有力地促进企业与社会的进步和发展。

2. 诚实守信，办事公道

诚实守信、办事公道是做人的基本道德品质，也是职业道德的基本要求。诚实就是人在社会交往中不讲假话，能够忠于事物的本来面目，不歪曲、篡改事实，不隐瞒自己的观点，不掩饰自己的情感，光明磊落，表里如一。守信就是信守诺言，讲信誉、重信用，忠实履行自己应承担的义务。办事公道是指在利益关系中，正确处理好国家、企业、个人及他人的利益关系，不徇私情，不谋私利。在工作中要处理好企业和个人的利益关系，做到个人服从集体，保证个人利益和集体利益相统一。

信誉是企业在市场经济中赖以生存的重要依据，而良好的产品质量和服务是建立企业信誉的基础。企业的从业人员必须在职业活动中以诚实守信、办事公道的职业态度，为社会创造和提供质量过硬的产品和服务。

3. 遵纪守法，廉洁奉公

任何社会的发展都需要有力的法律、规章制度来维护社会各项活动的正常运行。法律、法规、政策和各种组织制定的规章制度，都是按照事物发展规律制定出来的，用于约束人们的行为规范。从业人员除了要遵守国家的法律、法规和政策外，还要自觉遵守与职业活动行为有关的制度和纪律，如劳动纪律、安全操作规程、操作程序、工艺文件等，才能很好地履行岗位职责，完成本职工作任务。

廉洁奉公强调的是，要求从业人员公私分明，不损害国家和集体的利益，不利用岗位职权牟取私利。遵纪守法、廉洁奉公，是每个从业人员都应该具备的道德品质。

4. 服务群众，奉献社会

服务群众就是为人民服务。一个从业人员既是别人服务的对象，又是为别人服务的主体。每个人都承担着为他人做出职业服务的职责，要做到服务群众就要做到心中有群众、尊重群众、真心对待群众，做什么事都要想到方便群众。

奉献社会是职业道德中的最高境界，同时也是做人的最高境界。奉献社会就是不计个人的名利得失，一心为社会做贡献；是指一种融在一件件具体事情中的高尚人格，就是为社会服务，为他人服务，全心全意为人民服务。从业人员达到了一心为社会做奉献的境界，就与为人民服务的宗旨相吻合了，就必定能做好自己的本职工作。

四、职业守则

1）遵守国家法律、法规和有关规定。

2）具有高度的责任心，爱岗敬业、团结合作。

3）严格执行相关标准、工作程序与规范、工艺文件和安全操作规程。

4）学习新知识新技能，勇于开拓和创新。

5）爱护设备、系统及工具、夹具、量具。

6）着装整洁，符合规定；保持工作环境清洁有序，文明生产。

第二章

铸造厂各工序岗位的划分及岗位要求

第一节　铸造生产工序及各岗位划分

1. 铸造的概念

铸造是制造机器零件毛坯的一种金属液态成形方法。铸造过程是将金属熔炼成具有流动性的液态合金，然后浇入具有一定几何形状、尺寸大小的型腔中，液态合金在重力场或外力场的作用下充满型腔，待凝固冷却后就成为所需要的机器零件或毛坯。用铸造的方法制成的零件或毛坯称为铸件。

2. 生产工序及各岗位划分（以专业化铸造厂为例）

1）生产准备过程。这是以技术部和模具制造部为主体的关键岗位，就生产而言，模具制造工序定岗为模具工。

2）铸造生产过程。生产部负责生产全过程。企业是按照铸造工艺流程来划分工序的。

铸造工艺可分为三个基本部分，即铸造金属准备、铸型准备和铸件处理。以应用最广泛的砂型铸造为例，铸型准备包括造型材料的准备和造型、造芯两大项工作。砂型铸造中用来造型、造芯的各种原材料，如铸造原砂、型砂黏结剂和其他辅料，以及由它们配制成的型砂、芯砂、涂料等，统称为造型材料。造型材料准备的任务是按照铸件的要求、金属的性质，选择合适的原砂、黏结剂和辅料，然后按一定的比例把它们混合成具有一定性能的型砂和芯砂。造型材料准备（混制型砂）这道工序定岗为配砂操作工。

造型、造芯是根据铸造工艺要求，在确定好造型方法、准备好造型材料的基础上进行的。铸件的精度和全部生产过程的经济效果主要取决于这道工序。在很多现代化的铸造车间里，为了便于自动化流水作业，绝大部分企业已将造型、造芯分为两个工序，即造型工序定岗为造型操作工。

芯砂的混制和射芯为一个工序，定岗为射芯工。

射好的型芯转修组芯工序定岗为修组芯工。

修组好的型芯转粘灰及烘烤工序定岗为粘灰工。

金属熔炼不仅仅是单纯的熔化，还包括冶炼过程，使浇进铸型的金属，在温度、化学成分和纯净度方面都符合预期要求。为此，在熔炼过程中要进行以控制质量为目的的各种检查测试，液态金属在达到各项规定指标后方允许出炉。有时，为了达到更高的要求，金属液在出炉后还要经炉外处理，如脱硫、真空脱气、炉外精炼、孕育或变质处理等。熔炼金属常用的设备有冲天炉、电弧炉、感应炉、电阻炉、反射炉等。此工序定岗为熔炼工。

在机械化程度很高的企业，浇注工序是在自动浇注线上进行的，故在工序链接上受熔炼工段长领导及造型工段长协调。此工序定岗为浇注工。

在一些企业有金属型铸造工序，故定岗为金属型铸造工。

铸件自浇注冷却的铸型中取出后，有浇口、冒口及金属毛刺和披缝，砂型铸造的铸件还黏附着砂子，因此必须经过清理工序，定岗为清理工。

进行这种工作的设备有抛丸机、浇口冒口切割机等。砂型铸件落砂清理是劳动条件较差的一道工序，所以在选择造型方法时，应尽量考虑到为落砂清理创造方便条件。有些铸件因特殊要求，还要经铸件后处理，如热处理、整形、防锈处理、粗加工等。

生产支持过程包括运输中的叉车工、设备维护保养机电维修工、桥式起重机驾驶员、检验员（实验员）（计量员）。

第二节　岗位规范

1. 岗位规范的概念

岗位规范是企业根据劳动岗位的特点，对上岗人员的条件提出的综合要求。它是企业劳动管理工作的基础，是组织生产和进行内部工资分配的重要依据，对于加强企业劳动科学管理，建立培训、考核、使用和待遇相结合的机制具有重要作用。岗位规范又称岗位标准或岗位要求，是对在岗人员所规定的工作要求和任职条件，是对不同岗位人员应具有素质的综合要求，是衡量职工是否具备上岗任职资格的依据。实行上岗合同制，必须制订明确的岗位标准，做到上岗有标准、下岗有依据。

岗位规范的内容，一般应包括岗位的工作质量和数量要求、专业知识和劳动技能要求、以及文化程度和应承担的责任等。

2. 说明书示例

以华德液压集团岗位说明书为例说明岗位内容：

修组芯工、粘灰工、清砂工、射芯工、熔炼工（浇注工）、金属型铸造工、叉车工、配砂操作工、桥式起重机驾驶员、检验员（实验员）（计量员）、模具工（冷、热、工具、机加）和造型操作工的岗位说明书见表1-2-1~表1-2-12。

表 1-2-1　修组芯工岗位说明书

<table>
<tr><td>岗位名称</td><td colspan="2">修组芯工</td><td colspan="2">岗位编号</td><td>HDZZ000</td></tr>
<tr><td>所属部门</td><td colspan="2">生产部</td><td colspan="2">岗位定员</td><td></td></tr>
<tr><td>直接上级</td><td colspan="2">修组芯班长</td><td colspan="2">直接下级</td><td></td></tr>
<tr><td>薪酬等级</td><td colspan="2">—</td><td colspan="2">编制日期</td><td>2010 年 5 月</td></tr>
<tr><td>岗位职责</td><td colspan="5">1. 修组芯工负责将射芯机射好的型芯运送到组芯车间，码放和运输时要对产品采取防护措施，对因未采取措施及措施不当所造成的损失负责
2. 修组芯要严格按照工艺规程和《作业指导书》进行操作，严禁使用不合格的型芯组芯，对修组芯的质量负责
3. 工作时按要求穿戴好劳动保护用品
4. 搞好文明生产和工作区域的环境卫生
5. 遵守公司的各项规章制度</td></tr>
<tr><td>岗位权限</td><td colspan="5">对生产计划有知情权，岗位之间有监督权，对改进管理、提高质量等问题有建议权</td></tr>
<tr><td>职业道德</td><td colspan="5">遵纪守法、爱岗敬业、遵守规程、保守秘密、诚实守信、公正廉洁、恪尽职守</td></tr>
<tr><td rowspan="8">任职资格</td><td rowspan="2">基本情况</td><td>年龄</td><td></td><td>性别</td><td></td></tr>
<tr><td>专业</td><td></td><td>职称/技术等级</td><td></td></tr>
<tr><td>教育水平</td><td colspan="4">中技专业水平</td></tr>
<tr><td>工作经验</td><td colspan="4">1 年以上</td></tr>
<tr><td>知识要求</td><td colspan="4">相关工种一般工艺知识，自用工具型号、规格、性能及保养方法，常用原辅材料的作用及保存方法</td></tr>
<tr><td>个人能力</td><td colspan="4">胜任本职工作，能独立作业，具有修整、涂贴技巧，会使用组芯工装夹具</td></tr>
<tr><td>业务要求</td><td colspan="4">初级铸造工培训合格持证上岗</td></tr>
<tr><td>身体要求</td><td colspan="4">健康良好</td></tr>
<tr><td rowspan="3">工作条件</td><td>使用工具/设备</td><td colspan="4">工作台、各种修组芯工装夹具</td></tr>
<tr><td>工作环境</td><td colspan="4">高粉尘、气味污染</td></tr>
<tr><td>工作时间特征</td><td colspan="4">连续（目前状况经常加班）</td></tr>
</table>

表 1-2-2　粘灰工岗位说明书

<table>
<tr><td>岗位名称</td><td>粘灰工</td><td>岗位编号</td><td>HDZZ000</td></tr>
<tr><td>所属部门</td><td>生产部</td><td>岗位定员</td><td></td></tr>
<tr><td>直接上级</td><td>修组芯班长</td><td>直接下级</td><td></td></tr>
<tr><td>薪酬等级</td><td>—</td><td>编制日期</td><td>2010 年 5 月</td></tr>
<tr><td>岗位职责</td><td colspan="3">1. 按工艺要求配制涂料，按时测定流杯黏度并做好记录
2. 粘灰、烘芯及型芯烘干后的打气孔和修灰疙瘩，要严格按照工艺规程和《作业指导书》进行操作，对以上各工序的产品质量负责
3. 型芯进入烘干窑后要有专人照看，不得长时间离人
4. 负责将合格的型芯运送到造型线，码放和运输时要对产品采取防护措施，对因未采取措施及措施不当造成的损失负责
5. 对运送到造型线的型芯进行标识，标识要做到清晰和统一
6. 定期对烘芯窑和运芯车进行维护保养
7. 工作时按要求穿戴好劳动保护用品，搞好文明生产和工作区域的环境卫生，遵守公司的各项规章制度</td></tr>
<tr><td>岗位权限</td><td colspan="3">对生产计划有知情权，岗位之间有监督权，对改进管理、提高质量等问题有建议权</td></tr>
<tr><td>职业道德</td><td colspan="3">遵纪守法、爱岗敬业、遵守规程、保守秘密、诚实守信、公正廉洁、恪尽职守</td></tr>
</table>

（续）

任职资格	基本情况	年龄		性别	
		专业		职称/技术等级	
	教育水平	中技专业水平			
	工作经验	2年以上			
	知识要求	相关工种一般工艺知识，精通流杯黏度测定知识，各种烘干窑的操作及维护保养常识，自用工具型号、规格、性能及保养方法，常用原辅材料的作用及保存方法			
	个人能力	能胜任本职工作，独立作业，能排除烘窑一般故障，有上涂料技巧			
	业务要求	初级铸造工培训合格持证上岗			
	身体要求	健康良好			
工作条件	使用工具/设备	涂料混制设备，各种烘芯的设备，手动工具			
	工作环境	高粉尘、有害气体			
	工作时间特征	连续（目前状况经常加班）			

表 1-2-3　清砂工岗位说明书

岗位名称	清砂工		岗位编号	HDZZ000	
所属部门	生产部		岗位定员		
直接上级	清砂工段长		直接下级		
薪酬等级	一		编制日期	2010年5月	
岗位职责	1. 严格遵守工艺规程，按照《作业指导书》进行操作，对所清理产品的清理质量负责 2. 产品分类码放并进行标识 3. 工作前检查所使用的工具和设备是否正常方可进行操作，严格遵守设备安全操作规程，防止人身设备事故发生，按照设备维修保养制度定期对设备进行维护保养 4. 搞好文明生产和工作区域的环境卫生，遵守公司的各项规章制度				
岗位权限	对本工段的工作现场作业有监督权，对考勤相关条款有审批权，对生产人员临时调整有建议权，对本工段的事物有知情权				
职业道德	遵纪守法、爱岗敬业、遵守规程、保守秘密、诚实守信、公正廉洁、恪尽职守				
任职资格	基本情况	年龄		性别	
		专业		职称/技术等级	
	教育水平	中技专业水平			
	工作经验	1年以上			
	知识要求	掌握技术部下达的各种作业指导书的内容，掌握各种标识及运用，常用清理设备的名称、性能、结构、用途、使用规则和维护保养方法，常用清理工具的种类及用途，各种铸件材质分类，掌握常见铸造缺陷知识			
	个人能力	胜任本职工作，常用清理设备及手动工具正确使用，维护保养			
	业务要求	中级清理工培训合格持证上岗			
	身体要求	健康良好			
工作条件	使用工具/设备	砂轮切割机、悬挂式抛丸机、履带式抛丸机、强力喷丸，各种手动工具及运输车辆			
	工作环境	高粉尘、高噪声、高强度			
	工作时间特征	连续（目前状况经常加班）			

表 1-2-4　射芯工岗位说明书

<table>
<tr><td>岗位名称</td><td colspan="2">射芯工</td><td>岗位编号</td><td colspan="2">HDZZ000</td></tr>
<tr><td>所属部门</td><td colspan="2">生产部</td><td>岗位定员</td><td colspan="2"></td></tr>
<tr><td>直接上级</td><td colspan="2">射芯班长</td><td>直接下级</td><td colspan="2"></td></tr>
<tr><td>薪酬等级</td><td colspan="2">—</td><td>编制日期</td><td colspan="2">2010 年 5 月</td></tr>
<tr><td>岗位职责</td><td colspan="5">1. 工作前对设备进行检查,确认设备正常方可进行操作
2. 严格遵守设备安全操作规程,防止人身、设备事故的发生
3. 严格遵守工艺规程,按照《作业指导书》进行操作,对射芯质量负责,对型芯的码放和搬运应采取防护措施,对未采取措施及措施不当造成的损失负责
4. 芯盒属于顾客财产,使用后应清理干净送回库房贮存,发现芯盒损坏及时通知模具车间修理
5. 按照设备维护保养制度定期对设备进行维护保养
6. 冷射芯工负责定期配制硫酸,并加到废气处理设备内,配制硫酸应严格遵守工艺规程和安全操作规程,对违规操作造成的人身、设备事故负责
7. 工作时按规定穿戴好劳动保护用品,搞好文明生产和工作区域的环境卫生,遵守公司的各项规章制度</td></tr>
<tr><td>岗位权限</td><td colspan="5">对生产计划有知情权,岗位之间有监督权,对改进管理、提高质量等问题有建议权</td></tr>
<tr><td>职业道德</td><td colspan="5">遵纪守法、爱岗敬业、遵守规程、保守秘密、诚实守信、公正廉洁、恪尽职守</td></tr>
<tr><td rowspan="8">任职资格</td><td rowspan="2">基本情况</td><td>年龄</td><td></td><td>性别</td><td></td></tr>
<tr><td>专业</td><td></td><td>职称/技术等级</td><td></td></tr>
<tr><td>教育水平</td><td colspan="4">中专、中技专业水平</td></tr>
<tr><td>工作经验</td><td colspan="4">3 年以上</td></tr>
<tr><td>知识要求</td><td colspan="4">常用制芯设备工作的基本原理,常用工具、工装和各种冷、热芯盒及分型剂的使用维护保养方法,对作业指导书所显示的内容熟知,各种芯砂的特点及手动混制知识</td></tr>
<tr><td>个人能力</td><td colspan="4">胜任本职工作,能鉴别射出冷、热芯的质量,特别是能有效判断内在质量,能有效排除本岗使用设备的一般故障</td></tr>
<tr><td>业务要求</td><td colspan="4">中级铸造工培训合格持证上岗</td></tr>
<tr><td>身体要求</td><td colspan="4">健康良好</td></tr>
<tr><td rowspan="3">工作条件</td><td>使用工具/设备</td><td colspan="4">德国 Hottinger 全自动冷芯盒射芯机,德国 Hottinger 全自动覆膜砂射芯机</td></tr>
<tr><td>工作环境</td><td colspan="4">三高(高粉尘、高温、高噪声),有害气体</td></tr>
<tr><td>工作时间特征</td><td colspan="4">连续(目前状况经常加班)</td></tr>
</table>

表 1-2-5　熔炼工岗位说明书

<table>
<tr><td>岗位名称</td><td>熔炼工</td><td>岗位编号</td><td>HDZZ000</td></tr>
<tr><td>所属部门</td><td>生产部</td><td>岗位定员</td><td></td></tr>
<tr><td>直接上级</td><td>代班长</td><td>直接下级</td><td></td></tr>
<tr><td>薪酬等级</td><td>—</td><td>编制日期</td><td>2010 年 5 月</td></tr>
<tr><td>岗位职责</td><td colspan="3">1. 根据《生产作业计划》做好生产前的准备工作,包括生产现场使用的扒渣工具、铁液取样工具、炉衬修补工具、称重工具及各种原辅料
2. 电炉起动前要对相关设备进行检查,确认水、电、机械、液压等正常方可进行熔炼
3. 严格遵守设备安全操作规程,防止人身设备事故的发生
4. 严格遵守工艺规程,按照《作业指导书》进行操作,对铸铁熔炼质量负责,认真做好各项记录,记录要做到准确和清晰
5. 按照设备维护保养制度定期对设备进行维护保养
6. 工作时穿戴好劳动保护用品,搞好文明生产和工作区域的环境卫生,严格遵守公司的各项规章制度</td></tr>
<tr><td>岗位权限</td><td colspan="3">对生产计划有知情权,岗位之间有监督权,对改进管理、提高质量等问题有建议权</td></tr>
<tr><td>职业道德</td><td colspan="3">遵纪守法、爱岗敬业、遵守规程、保守秘密、诚实守信、公正廉洁、恪尽职守</td></tr>
</table>

（续）

<table>
<tr><td rowspan="8">任职资格</td><td rowspan="2">基本情况</td><td>年龄</td><td></td><td>性别</td><td></td></tr>
<tr><td>专业</td><td></td><td>职称/技术等级</td><td></td></tr>
<tr><td>教育水平</td><td colspan="4">中专、中技专业水平</td></tr>
<tr><td>工作经验</td><td colspan="4">3 年以上</td></tr>
<tr><td>知识要求</td><td colspan="4">掌握技术部下达的各种作业指导书，掌握各种标识及运用，熟知本工段各种熔炼设备的基本工作原理及操作要领和必要的维护保养知识，铸造合金中主要元素对铸造性能的影响，各种覆盖剂、集渣剂、增碳剂等成分使用方法和基本理论知识，一般常用检测仪的操作要领和作用</td></tr>
<tr><td>个人能力</td><td colspan="4">胜任本职工作，能检查和排除一般故障，能使用检测仪器准确监测熔炼过程，发现数据有问题能分析进行调整，能正确计算或估算浇包容量和金属液重量</td></tr>
<tr><td>业务要求</td><td colspan="4">中级工培训合格持证上岗</td></tr>
<tr><td>身体要求</td><td colspan="4">健康良好</td></tr>
<tr><td rowspan="3">工作条件</td><td>使用工具/设备</td><td colspan="4">工频感应电炉，中频炉及配套装备，各种检测工具及仪表</td></tr>
<tr><td>工作环境</td><td colspan="4">三高（高粉尘、高温、高噪声）</td></tr>
<tr><td>工作时间特征</td><td colspan="4">连续（目前状况经常加班）</td></tr>
</table>

表 1-2-6　金属型铸造工岗位说明书

<table>
<tr><td>岗位名称</td><td colspan="2">金属型铸造工</td><td>岗位编号</td><td colspan="2">HDZZ000</td></tr>
<tr><td>所属部门</td><td colspan="2">生产部</td><td>岗位定员</td><td colspan="2"></td></tr>
<tr><td>直接上级</td><td colspan="2">熔炼工段长</td><td>直接下级</td><td colspan="2"></td></tr>
<tr><td>薪酬等级</td><td colspan="2">—</td><td>编制日期</td><td colspan="2">2010 年 5 月</td></tr>
<tr><td>岗位职责</td><td colspan="5">1. 根据《生产作业计划》做好生产前的准备工作，包括生产现场使用的扒渣工具、浇注工具、模具烘烤工具、吊装工具、夹具、涂料喷涂及检测工具、生产所需的原辅材料，工作前检查使用的工具和设备是否正常方可进行操作
2. 严格遵守设备安全操作规程，防止人身设备事故发生
3. 严格遵守工艺规程，按照《作业指导书》进行操作，对金属型铸件的生产质量负责
4. 对所铸产品进行标识，认真做好记录，记录要做到清晰和准确
5. 定期对使用的工具和设备进行维护保养，工作时穿戴好劳动保护用品，搞好文明生产和工作区域的环境卫生，遵守公司的各项规章制度</td></tr>
<tr><td>岗位权限</td><td colspan="5">对工作现场作业安全通道有监督权，对本工段的事物有知情权，发现安全隐患有报告权及拒绝违规操作权</td></tr>
<tr><td>职业道德</td><td colspan="5">遵纪守法、爱岗敬业、遵守规程、保守秘密、诚实守信、公正廉洁、恪尽职守</td></tr>
<tr><td rowspan="8">任职资格</td><td rowspan="2">基本情况</td><td>年龄</td><td></td><td>性别</td><td></td></tr>
<tr><td>专业</td><td></td><td>职称/技术等级</td><td></td></tr>
<tr><td>教育水平</td><td colspan="4">中专、中技专业水平</td></tr>
<tr><td>工作经验</td><td colspan="4">2 年以上</td></tr>
<tr><td>知识要求</td><td colspan="4">了解金属型铸造的工艺特点、各种生产过程中使用的测量仪表知识和操作要领</td></tr>
<tr><td>个人能力</td><td colspan="4">胜任本职工作，具有喷涂技巧及浇注方法技巧，能准确掌握出活时间，具有手工生产树脂砂芯能力及碾砂设备的使用</td></tr>
<tr><td>业务要求</td><td colspan="4">中级铸造工培训合格持证上岗</td></tr>
<tr><td>身体要求</td><td colspan="4">健康良好</td></tr>
<tr><td rowspan="3">工作条件</td><td>使用工具/设备</td><td colspan="4">桥式起重机、管道煤气枪、灶及碾砂设备，各种夹具，测温仪表</td></tr>
<tr><td>工作环境</td><td colspan="4">高粉尘、高温、高噪声、有害气体</td></tr>
<tr><td>工作时间特征</td><td colspan="4">断续工作</td></tr>
</table>

表 1-2-7　叉车工岗位说明书

<table>
<tr><td>岗位名称</td><td colspan="2">叉车工</td><td>岗位编号</td><td colspan="2">HDZZ000</td></tr>
<tr><td>所属部门</td><td colspan="2">生产部</td><td>岗位定员</td><td colspan="2"></td></tr>
<tr><td>直接上级</td><td colspan="2">生产部长</td><td>直接下级</td><td colspan="2"></td></tr>
<tr><td>薪酬等级</td><td colspan="2">—</td><td>编制日期</td><td colspan="2">2010 年 5 月</td></tr>
<tr><td>岗位职责</td><td colspan="5">1. 负责厂内的生产运输工作，服从调度，听从指挥
2. 保证运输质量，对运输过程中由于未采取防护措施或措施不当造成的产品损坏负责
3. 定期对车辆进行维护保养
4. 严禁非驾驶员开车和酒后开车
5. 工作时穿戴好劳动保护用品，搞好文明生产和工作区域的环境卫生，遵守公司的各项规章制度</td></tr>
<tr><td>岗位权限</td><td colspan="5">对本工段的工作现场作业有监督权，对考勤相关条款有审批权，对生产人员临时调整有建议权，对本工段的事物有知情权</td></tr>
<tr><td>职业道德</td><td colspan="5">遵纪守法、爱岗敬业、遵守规程、保守秘密、诚实守信、公正廉洁、恪尽职守</td></tr>
<tr><td rowspan="8">任职资格</td><td rowspan="2">基本情况</td><td>年龄</td><td></td><td>性别</td><td></td></tr>
<tr><td>专业</td><td></td><td>职称/技术等级</td><td></td></tr>
<tr><td>教育水平</td><td colspan="4">中技专业以上水平</td></tr>
<tr><td>工作经验</td><td colspan="4">2 年以上</td></tr>
<tr><td>知识要求</td><td colspan="4">各种机型叉车的机械传动原理，掌握一般易损件的更换常识，机械零件手册一般性知识</td></tr>
<tr><td>个人能力</td><td colspan="4">胜任本职工作，能修理和检修一般叉车故障，掌握装载、装卸技巧，操作安全熟练</td></tr>
<tr><td>业务要求</td><td colspan="4">凭叉车驾驶员本上岗</td></tr>
<tr><td>身体要求</td><td colspan="4">健康良好</td></tr>
<tr><td rowspan="3">工作条件</td><td>使用工具/设备</td><td colspan="4">叉车</td></tr>
<tr><td>工作环境</td><td colspan="4">高噪声，粉尘</td></tr>
<tr><td>工作时间特征</td><td colspan="4">断续（目前状况经常加班）</td></tr>
</table>

表 1-2-8 配砂操作工岗位说明书

<table>
<tr><td>岗位名称</td><td colspan="2">配砂操作工</td><td>岗位编号</td><td colspan="2">HDZZ000</td></tr>
<tr><td>所属部门</td><td colspan="2">生产部</td><td>岗位定员</td><td colspan="2"></td></tr>
<tr><td>直接上级</td><td colspan="2">造型工段长</td><td>直接下级</td><td colspan="2"></td></tr>
<tr><td>薪酬等级</td><td colspan="2">—</td><td>编制日期</td><td colspan="2">2010 年 5 月</td></tr>
<tr><td>岗位职责</td><td colspan="5">1. 配砂过程属特殊过程，必须严格执行特殊过程的确认准则，严格遵守工艺规程对当班的配砂质量负责，如代班长负责全过程监控和记录
2. 生产前对设备进行检查，确认设备正常方可进行操作
3. 对技术质量部要求的在线检测严格执行，做好记录，按时上报
4. 按照设备保养制度定期对设备进行维护保养，遵守设备安全操作规程
5. 搞好文明生产和工作区的环境卫生</td></tr>
<tr><td>岗位权限</td><td colspan="5">对生产计划有知情权，岗位之间有监督权，对改进管理、提高质量等问题有建议权</td></tr>
<tr><td>职业道德</td><td colspan="5">遵纪守法、爱岗敬业、遵守规程、保守秘密、诚实守信、公正廉洁、恪尽职守</td></tr>
<tr><td rowspan="8">任职资格</td><td rowspan="2">基本情况</td><td>年龄</td><td></td><td>性别</td><td></td></tr>
<tr><td>专业</td><td></td><td>职称/技术等级</td><td></td></tr>
<tr><td>教育水平</td><td colspan="4">中专、中技专业水平</td></tr>
<tr><td>工作经验</td><td colspan="4">3 年以上</td></tr>
<tr><td>知识要求</td><td colspan="4">掌握技术部下达的各种作业指导书，掌握各种标识，熟知本工段各种设备的基本工作原理及操作要领和必要的维护保养知识</td></tr>
<tr><td>个人能力</td><td colspan="4">胜任本职工作，能操作常用砂处理设备，并能检查和排除一般故障，能使用检测仪器准确对型砂类进行工艺性能检测，发现数据有问题能分析并提出改进措施</td></tr>
<tr><td>业务要求</td><td colspan="4">中级工培训合格</td></tr>
<tr><td>身体要求</td><td colspan="4">健康良好</td></tr>
<tr><td rowspan="3">工作条件</td><td>使用工具/设备</td><td colspan="4">混砂机和传送系统及配套程控，电控柜</td></tr>
<tr><td>工作环境</td><td colspan="4">三高（高粉尘、高温、高噪声）</td></tr>
<tr><td>工作时间特征</td><td colspan="4">连续（目前状况经常加班）</td></tr>
</table>

表 1-2-9　桥式起重机操作人员岗位说明书

<table>
<tr><td>岗位名称</td><td colspan="2">桥式起重机驾驶员</td><td>岗位编号</td><td>HDZZ000</td></tr>
<tr><td>所属部门</td><td colspan="2">生产部</td><td>岗位定员</td><td></td></tr>
<tr><td>直接上级</td><td colspan="2">熔炼工段长</td><td>直接下级</td><td></td></tr>
<tr><td>薪酬等级</td><td colspan="2">—</td><td>编制日期</td><td>2010 年 5 月</td></tr>
<tr><td>岗位职责</td><td colspan="4">1. 严禁非驾驶员开车和酒后开车，严格遵守设备安全操作规程，执行“十不吊”规定，防止人身事故发生
2. 桥式起重机起动前要对传动、制动、照明、警铃及安全护栏的安全进行检查，确认正常方可操作
3. 工作完后桥式起重机要停放在指定地点，吊钩距离障碍物和人的高度要在 1m 以上并切断电源
4. 按照设备维护保养制度定期对桥式起重机维护保养
5. 按照运行路线稳、准、快穿行，能够排除起重机的常见故障
6. 搞好文明生产和工作区域的环境卫生</td></tr>
<tr><td>岗位权限</td><td colspan="4">对工作现场作业安全通道有监督权，对本工段的事物有知情权，发现安全隐患有报告权及拒绝违规操作权</td></tr>
<tr><td>职业道德</td><td colspan="4">遵纪守法、爱岗敬业、遵守规程、保守秘密、诚实守信、公正廉洁、恪尽职守</td></tr>
<tr><td rowspan="9">任职资格</td><td rowspan="2">基本情况</td><td>年龄</td><td></td><td>性别</td></tr>
<tr><td>专业</td><td></td><td>职称/技术等级</td></tr>
<tr><td>教育水平</td><td colspan="3">中专、中技专业水平</td></tr>
<tr><td>工作经验</td><td colspan="3">3 年以上</td></tr>
<tr><td>知识要求</td><td colspan="3">1. 常用设备的性能、结构、使用规则和维护保养知识
2. 静力学的基本知识（含分力、合力的计算）
3. 电气控制线路基本原理和一般电气元件的更换方法
4. 生产技术管理知识
5. 机械传动系统的原理及液压制动器、电磁制动器的原理和作用
6. 常用设备钢丝绳长度的计算和钢丝绳接头的编接方法</td></tr>
<tr><td>个人能力</td><td colspan="3">胜任本职工作，能熟练完成一般稳钩、原地稳钩、起动稳钩、运行稳钩、停车稳钩、稳抖动钩、稳圆弧钩等实操能力，吊运铁液起落平稳，倒包准确稳流，能排除常见故障，能拆换常用起重机的钢丝绳</td></tr>
<tr><td>业务要求</td><td colspan="3">中级桥式起重机驾驶员培训合格，持证上岗</td></tr>
<tr><td>身体要求</td><td colspan="3">健康良好</td></tr>
<tr><td colspan="4" style="display:none"></td></tr>
<tr><td rowspan="3">工作条件</td><td>使用工具/设备</td><td colspan="3">桥式起重机</td></tr>
<tr><td>工作环境</td><td colspan="3">高粉尘、高温、高噪声、高空作业</td></tr>
<tr><td>工作时间特征</td><td colspan="3">断续工作</td></tr>
</table>

表 1-2-10 检验员（实验员）（计量员）岗位说明书

<table>
<tr><td>岗位名称</td><td>检验员(实验员)(计量员)</td><td>岗位编号</td><td>HDZZ000</td></tr>
<tr><td>所属部门</td><td>技术质量部</td><td>岗位定员</td><td></td></tr>
<tr><td>直接上级</td><td>检验工段长</td><td>直接下级</td><td></td></tr>
<tr><td>薪酬等级</td><td>—</td><td>编制日期</td><td>2010 年 5 月</td></tr>
<tr><td>岗位职责</td><td colspan="3">成品检验员岗位职责
1. 认真执行《成品检验制度》
2. 严格按图样、工艺、标准和检验规程进行检验，并做出判断和结论，对检测的准确性负责，对因错检、漏检所造成的质量问题负责
3. 严格执行首检、终检，对未能发现而出现的批量废品应承担相应的责任
4. 做好检验标识，做好废品隔离
5. 发现质量问题及时反映
6. 正确填写各种质量记录和通知单，并对记录的正确、完整负责
7. 对检测设备的正确使用、维护保养负责，以保证检测精度
计量员岗位职责
1. 对合格的计量器具进行登记编号，建立台账
2. 做好计量器具的周期送检、检定工作，并做好记录
3. 保证计量器具的账、物、卡一致
理化人员岗位职责
1. 做好物理性能、化学分析等测定，出具检测报告单，并对其正确性负责
2. 对检测设备的正确使用、维护保养负责，以保证检测精度
3. 正确妥善保管化学试剂</td></tr>
<tr><td>岗位权限</td><td colspan="3">对生产计划有知情权，岗位之间有监督权，对改进管理、提高质量等问题有建议权，根据标准和相关规定及要求文件，检测数据结果，对铸件有判定权</td></tr>
<tr><td>职业道德</td><td colspan="3">遵纪守法、爱岗敬业、遵守规程、保守秘密、诚实守信、公正廉洁、恪尽职守</td></tr>
<tr><td rowspan="7">任职资格</td><td>基本情况</td><td colspan="2">年龄 | 性别
专业 | 职称/技术等级</td></tr>
<tr><td>教育水平</td><td colspan="2">中专、中技以上专业水平</td></tr>
<tr><td>工作经验</td><td colspan="2">3 年以上</td></tr>
<tr><td>知识要求</td><td colspan="2">多种铸造设备及辅助设备的基本工作原理，一般工艺、工装知识，新材料、新工艺、新技术的相关知识，缺陷的鉴定方法，各种检测仪器、仪表等常识</td></tr>
<tr><td>个人能力</td><td colspan="2">胜任本职工作，独立作业，有综合分析铸件质量的能力</td></tr>
<tr><td>业务要求</td><td colspan="2">中级检验工培训合格持证上岗</td></tr>
<tr><td>身体要求</td><td colspan="2">健康良好</td></tr>
<tr><td rowspan="3">工作条件</td><td>使用工具/设备</td><td colspan="2">与实验室配套的仪器仪表、计算机及各种检具、量具</td></tr>
<tr><td>工作环境</td><td colspan="2">高粉尘、高噪声</td></tr>
<tr><td>工作时间特征</td><td colspan="2">连续（目前状况经常加班）</td></tr>
</table>

表 1-2-11　模具工（冷、热、工具、机加）岗位说明书

<table>
<tr><td>岗位名称</td><td colspan="2">模具工(冷、热、工具、机加)</td><td>岗位编号</td><td colspan="2">HDZZ000</td></tr>
<tr><td>所属部门</td><td colspan="2">技术质量部</td><td>岗位定员</td><td colspan="2"></td></tr>
<tr><td>直接上级</td><td colspan="2">模具工段长</td><td>直接下级</td><td colspan="2"></td></tr>
<tr><td>薪酬等级</td><td colspan="2">—</td><td>编制日期</td><td colspan="2">2010 年 5 月</td></tr>
<tr><td>岗位职责</td><td colspan="5">1. 服从工作分配,完成指定任务,保质量、保合同、保信誉
2. 按工艺图样进行加工生产,如有问题及时与技术部门沟通解决,热芯盒加工时认真、仔细,严格按加工工艺操作,做到“三检”,即自检、互检、专检
3. 搞好文明生产,定期保养、擦拭机械设备,正确使用工、夹、量具,并做到工作完后及时复位,保持工作场地整洁,监督正确、使用、保管树脂等有害、易燃化学物品,操作时戴好防护用品,打开除尘通风设备,确保人身安全
4. 电焊作业必须持有特种工作操作证方能独立操作,要严格遵守操作规程
5. 爱护设备,定期检查设备润滑情况,机床润滑部位按规定加油,保证机床良好的润滑,正常运转,新产品图样和样件归甲方所有,要爱护使用,妥善保管,做到不外传、不损坏,用后上交有关部门
6. 冷芯盒要打零件编号,阴模、工作模要写零件号,模样留浇注日期和模样序号位置,字迹要清晰、牢固
7. 爱护图样及新产品样件,不得外传、遗失,妥善保存,用后完好归还有关部门,持有所用设备的操作证,熟悉所用设备的性能,会使用并掌握维护保养的知识
8. 服从工作安排,按图样要求精心操作,按时保质完成加工任务</td></tr>
<tr><td>岗位权限</td><td colspan="5">对工作现场作业有监督权,发现安全隐患有报告权及拒绝违规操作权</td></tr>
<tr><td>职业道德</td><td colspan="5">遵纪守法、爱岗敬业、遵守规程、保守秘密、诚实守信、公正廉洁、恪尽职守</td></tr>
<tr><td rowspan="8">任职资格</td><td rowspan="2">基本情况</td><td>年龄</td><td></td><td>性别</td><td></td></tr>
<tr><td>专业</td><td></td><td>职称/技术等级</td><td></td></tr>
<tr><td>教育水平</td><td colspan="4">中技专业以上水平</td></tr>
<tr><td>工作经验</td><td colspan="4">4 年以上</td></tr>
<tr><td>知识要求</td><td colspan="4">模具加工知识,金属切削知识,车、铣、刨、磨、钳工技术(工具、装配、机修)知识</td></tr>
<tr><td>个人能力</td><td colspan="4">胜任本职工作,独立作业,识图能力强,会操作各种机床</td></tr>
<tr><td>业务要求</td><td colspan="4">高级工具钳工以上,合格上岗</td></tr>
<tr><td>身体要求</td><td colspan="4">健康良好</td></tr>
<tr><td rowspan="3">工作条件</td><td>使用工具/设备</td><td colspan="4">各类仿型铣床、车床、磨床、钻床、镗床等机床,三坐标划线仪</td></tr>
<tr><td>工作环境</td><td colspan="4">树脂污染及有害气味</td></tr>
<tr><td>工作时间特征</td><td colspan="4">断续(目前状况经常加班)</td></tr>
</table>

表 1-2-12 造型操作工岗位说明书

<table>
<tr><td>岗位名称</td><td colspan="2">造型操作工</td><td>岗位编号</td><td colspan="2">HDZZ000</td></tr>
<tr><td>所属部门</td><td colspan="2">生产部</td><td>岗位定员</td><td colspan="2"></td></tr>
<tr><td>直接上级</td><td colspan="2">造型工段长</td><td>直接下级</td><td colspan="2"></td></tr>
<tr><td>薪酬等级</td><td colspan="2">—</td><td>编制日期</td><td colspan="2">2010 年 5 月</td></tr>
<tr><td>岗位职责</td><td colspan="5">1. 根据生产作业计划做好生产前的准备(包括现场使用的模底板、冷铁、手枪钻、吹气枪、过滤网、石棉绳、出气针、钉子、芯撑、热冒口、活块分型剂等并核实型芯的型号及数量)
2. 生产前对设备进行检查,严格遵守设备安全操作规程,按照设备维护保养制度定期对设备进行维护保养
3. 严格遵守工艺规程,按作业指导书进行操作,执行标识管理制度,对造型质量负责</td></tr>
<tr><td>岗位权限</td><td colspan="5">对生产计划有知情权,岗位之间有监督权,对改进管理、提高质量等问题有建议权</td></tr>
<tr><td>职业道德</td><td colspan="5">遵纪守法、爱岗敬业、遵守规程、保守秘密、诚实守信、公正廉洁、恪尽职守</td></tr>
<tr><td rowspan="8">任职资格</td><td rowspan="2">基本情况</td><td>年龄</td><td></td><td>性别</td><td></td></tr>
<tr><td>专业</td><td></td><td>职称/技术等级</td><td></td></tr>
<tr><td>教育水平</td><td colspan="4">中专、中技专业水平</td></tr>
<tr><td>工作经验</td><td colspan="4">3 年以上</td></tr>
<tr><td>知识要求</td><td colspan="4">常用造型设备的结构及工作的基本原理,常用工具、工装、检具的使用维护保养方法,对作业指导书所显示的内容熟知,具备金属学基础常识、机加工基本常识及铸造合金的种类、熔炼设备和铸件热处理知识,铸件常见的缺陷产生原因及防止方法</td></tr>
<tr><td>个人能力</td><td colspan="4">胜任本职工作,能鉴别铸件缺陷的特征及产生的原因并提出改进措施,能有效排除本岗使用设备的一般故障</td></tr>
<tr><td>业务要求</td><td colspan="4">中级铸造工培训合格持证上岗</td></tr>
<tr><td>身体要求</td><td colspan="4">健康良好</td></tr>
<tr><td rowspan="3">工作条件</td><td>使用工具/设备</td><td colspan="4">KW 造型机配四条开式线及混砂系统</td></tr>
<tr><td>工作环境</td><td colspan="4">三高(高粉尘、高温、高噪声)</td></tr>
<tr><td>工作时间特征</td><td colspan="4">连续(目前状况经常加班)</td></tr>
</table>

第二篇 基础知识

第一章 铸造工常识

第一节 快速识图法

一、投影法的基本概念

机械制图是用图样确切表示机械的结构形状、尺寸大小、工作原理和技术要求的学科。图样由图形、符号、文字和数字等组成，是表达设计意图和制造要求以及交流经验的技术文件，常被称为工程界的语言。作为机械工人，如果看不懂生产图样，就等于技术上的文盲，无法正常工作。所以机械工人必须具备准确、快速识图的能力，才能更好地进行生产、技术交流和技术创新。

投影是物体受光源照射后在投影面上所形成的影子，光线称为投射线，影子所在平面称为投影面。如果光源距离物体无限远，形成平行光线，则当其垂直于投影面照射后所得的投影称为正投影。机械制图中通常应用的就是正投影。

投影法一般分为中心投影法和平行投影法两类。

1. 中心投影法

投影中心距离投影面在有限远的地方，投影时投影线都通过投影中心，这种投影方法称为中心投影法。

2. 平行投影法

投影中心距离投影面在无限远的地方，投影时投影线都相互平行，这种投影方法称为平行投影法。平行投影法又可分为两种：

(1) 斜投影法　投影方向倾斜于投影面。

(2) 正投影法　投影方向垂直于投影面，如图 2-1-1 所示。

3. 小结

在工作中需要绘制机械图样时，通常假定人的视线为一组平行且垂直于投影面的投影，这样在投影面上所得的投影称为识图。

我们要了解机械图样是针对几何元素的投影，各种物体用几何的观点分析，都可以看作是由基本几何元素（点、线、面）根据一定的结构要求共同组合而成的。根据基本几何元素——点的图示方法和规律，就可以掌握由其定义的线、面、体的定义方法。

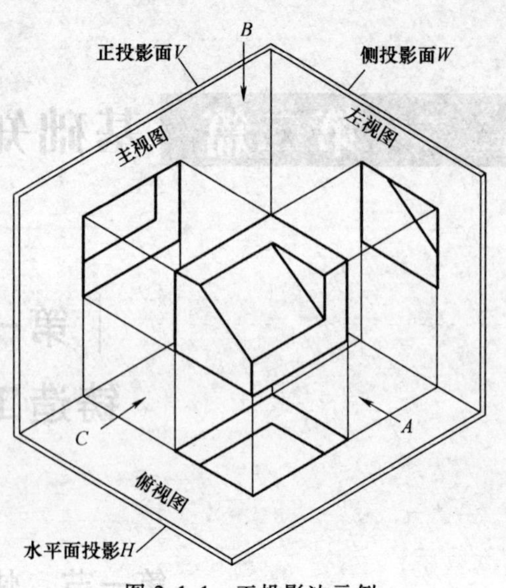

图 2-1-1　正投影法示例

二、正投影的基本特性

几何元素的相对位置是指直线与平面、平面与平面的相对位置。有平行、相交和垂直三种情况。

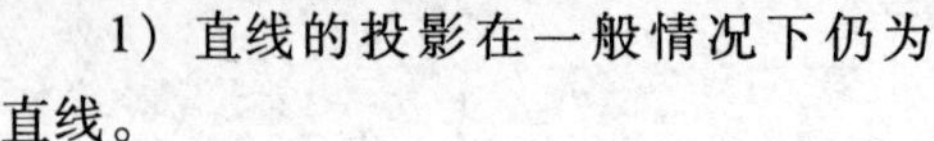

1）直线的投影在一般情况下仍为直线。

2）直线垂直于投影面时，投影为一点；平面垂直于投影面时，投影为一条直线。它们的投影都具有重影性。

3）直线或平面与投影面平行时，它们的投影反映实长或实形。

直线倾斜于投影面时，则该直线段的投影长度较直线段的实长较短；平面图形（如三角形、四边形、圆形等）倾斜于投影面时，它们的投影为与原来形状类似的平面图形，但面积均较原平面图形小。由此可以看出，当几何元素处于一般位置时，它们既不反映真实大小，也不具有积聚性；而当它们和投影面处于特殊位置时，其投影后反映真实大小或具有积聚性。选取与几何元素成特殊位置的新投影体系把几何元素从一般投影体系中置换过来，称为投影变换中的换面法。

由于正投影法在投影图上容易表述空间物体的形状和大小，作图也比较方便，因此在工程制图中得到广泛的应用，也将正投影图称为视图。

三、三视图的形成与投影关系

在正投影中只有一个视图是不能完整地表达物体的形状和大小的，如图 2-1-2 所示。两个形状不同的物体，它们在 V 投影面上的视图完全相同。因此必须从几个方向来进行投影，也就是用几个视图才能完整地表述物体的形状和大小。所以在生产实践中为了正确、全面地表达出零件在空间内的形状和相对位置，需要用多方向的视图，常用的有三个视图。因此通常我们把物体放在三个互相垂直的投影面体系中，物体的位置处在与投影面之间，然后将物体对各个投影面进行投影，得到三个视图，这样才能把物体的长、宽、高三个方面，上下、左右、前后六个方向的形状表达出来，如

图 2-1-3所示。在三个互相垂直的投影面体系中，H 面在水平面位置，称为水平面投影。V 面在正立位置，称为正投影面；W 面在侧立位置，称为侧投影面。

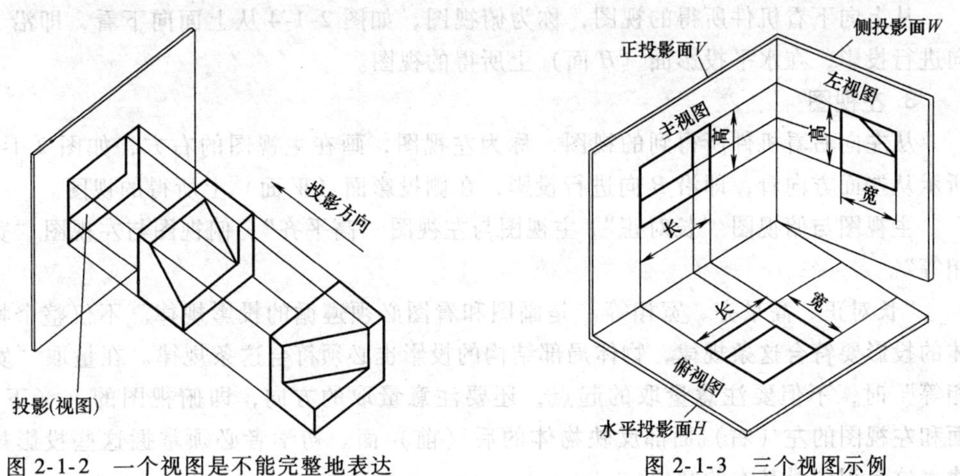

图 2-1-2 一个视图是不能完整地表达物体的形状和大小的示例

图 2-1-3 三个视图示例

为了把三个视图画在一张图纸上，规定 V 面保持不动，将 H 面按图 2-1-3 中箭头所示方向旋转，将 W 面向右旋转，使它们都与 V 面重合，这样主视图、俯视图、左视图即可画在同一平面上。

1. 主视图（或称前视图）

正对着机件看过去所得到的视图称为主视图，一般用来表示机件的主要形状特征。六个基本视图的形成及其配制如图 2-1-4 所示，从前面方向看，即沿 A 向进行

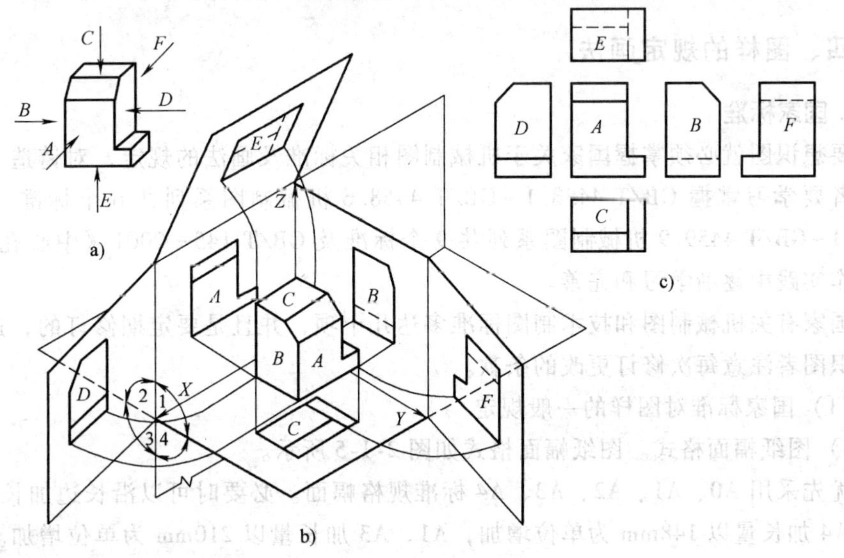

图 2-1-4 六个基本视图的形成及其配制

投影，在正投影面（V面）上所得的视图。

2. 俯视图（或称顶视图）

从上向下看机件所得的视图，称为俯视图，如图 2-1-4 从上面向下看，即沿 C 向进行投影，在水平投影面（H 面）上所得的视图。

3. 左视图

从左向右看机件所得到的视图，称为左视图，画在主视图的右方，如图 2-1-4 所示从左面方向看，即沿 B 向进行投影，在侧投影面（W 面）上所得的视图。

主视图与俯视图“长对正”，主视图与左视图“高平齐”，俯视图与左视图“宽相等”。

“长对正、高平齐、宽相等”是画图和看图必须遵循的投影规律。不仅整个物体的投影要符合这条规律，物体局部结构的投影也必须符合这条规律。在量取“宽相等”时，不但要注意量取的起点，还要注意量取的方向，即俯视图的上（下）面和左视图的左（右）面都反映物体的后（前）面。初学者必须掌握这些投影规律，这是识图最基本的知识。

4. 其他视图

为了表达比较复杂的零件，要从多方向观察物体，仅限于三个投影面就不够了。国家标准规定，把正六面体的六个面作为基本投影面，将机件放在正六面体内，分别向六个基本投影面投射所得到的视图称为基本视图（图 2-1-4）。各视图名称规定为：主视图（A）、左视图（B）、俯视图（C）、右视图（D）（自右方投影）、仰视图（E）（自下方投影）、后视图（F）（自后方投影）。六个基本投影面的展开方法如图 2-1-4b 所示，各视图的配置如图 2-1-4c 所示。六个基本视图若画在同一张图纸上，在规定的位置配置时，不标注视图的名称。

四、图样的规定画法

1. 国家标准

要想识图就必须掌握国家关于机械制图相关标准及画法的规定，对铸造工初学识图者要学习掌握 GB/T 4458.1 ~ GB/T 4458.6 机械制图系列共 6 个标准、GB/T 4459.1 ~ GB/T 4459.9 机械制图系列共 9 个标准及 GB/T 145—2001《中心孔》，并在工作实践中逐渐学习和完善。

国家有关机械制图和技术制图标准多达几十项，并且是要定期修订的，这就更需要识图者注意每次修订更改的条款。

（1）国家标准对图样的一般规定

1）图纸幅面格式。图纸幅面格式如图 2-1-5 所示。

优先采用 A0、A1、A2、A3、A4 标准规格幅面。必要时可以沿长边加长，A0、A2、A4 加长量以 148mm 为单位增加，A1、A3 加长量以 210mm 为单位增加。为便于车间看图，加长的幅面长度最好不要超过 1500mm，过长的可分为多张图样来表

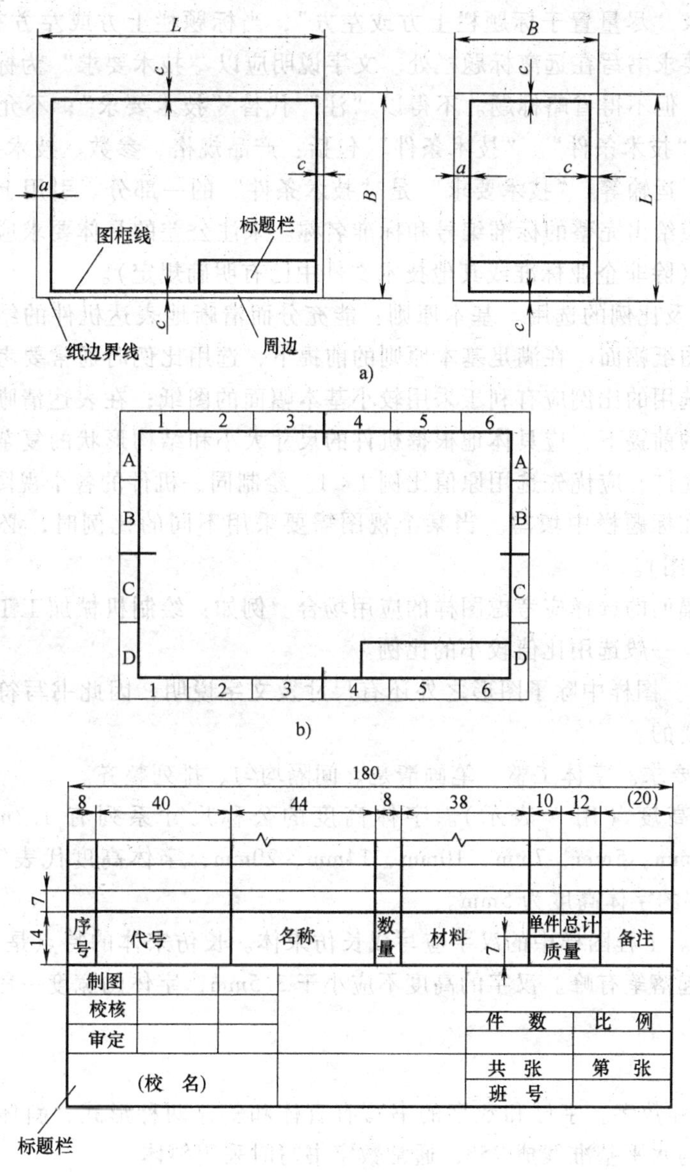

图 2-1-5　图纸幅面格式

a）标准规格幅面　b）分区的编号　c）技术要求位置

示。除 A4 图外，其余的幅面图纸均应标注到件号。电路图图幅分区的数目应为偶数，分区的长度为 25～150mm，按图样的复杂程度来确定。所有幅面图纸无论横放或竖放，装订边位于图纸左边。标题栏均位于图纸右下角，标题栏在任何时候都不允许放大或缩小比例。

分区的编号：左右用大写拉丁字母从上到下顺序编写；沿水平方向用阿拉伯数字从左到右顺序编写。拉丁字母和阿拉伯数字的位置应尽量靠近图框线。

技术要求“尽量置于标题栏上方或左方”，当标题栏上方或左方有空白处时，切忌将技术要求书写在远离标题栏处。文字说明应以“技术要求”为标题，仅一条时不必编号，但不得省略标题。不得以“注”代替“技术要求”；不允许将“技术要求”写成“技术条件”。“技术条件”包括：产品规格、参数、技术要求、标志、验收、包装、运输等，“技术要求”是“技术条件”的一部分。引用上级标准或企业标准时，应给出完整的标准编号和标准名称。未注公差的具体要求应在技术要求中予以明确（除非企业标准或其他技术文件中已有明确规定）。

2）比例及比例的选用。基本原则：能充分而清晰地表达机件的结构形状，又能合理利用图纸幅面。在满足基本原则的前提下，选用比例时通常要考虑以下方面的因素：所选用的比例应有利于采用较小基本幅面的图纸；在表达清晰、能合理利用图纸幅面的前提下，应具体地根据机件的尺寸大小和结构形状的复杂程度选择比例。若条件允许，应优先选用原值比例 1：1。绘制同一机件的各个视图应采用相同的比例，并在标题栏中填写。当某个视图需要采用不同的比例时，必须另行标注（如公司示意图）。

比例与幅面的选择应考虑图样的应用场合。例如：绘制机械加工工艺规程中的工序简图时，一般选用比值较小的比例。

3）字体。图样中除了图形之外还有尺寸及文字说明，因此书写符合标准的字体是十分重要的。

① 书写要求。字体工整、笔画清楚、间隔均匀、排列整齐。

② 字体高度（用 h 表示）。字体高度的公称尺寸系列有 1.3mm、1.8mm、2.5mm、3.5mm、5mm、7mm、10mm、14mm、20mm，字体高度代表字体的号数。例如：5 号字的字体高度为 5mm。

③ 汉字。工程图样中的汉字应写成长仿宋体。长仿宋体的特点是：横平竖直，字体细长，起落笔有峰。汉字的高度不应小于 3.5mm，字体的宽度一般为字体高度的$\frac{\sqrt{2}}{2}$。

④ 字母和数字。字母和数字的书写有直体和斜体两种形式，斜体字的字头向右倾斜，并与水平基准线成 75°，通常数字书写时采用斜体。

4）图线。新旧标准的主要区别如下：

① 机械制图线型新标准（GB/T 4457.4—2002）比旧标准（GB/T 4457.4—1984）增加了粗虚线，共有 9 种。

a. 实线：粗实线、细实线、波浪线、双折线。

b. 虚线：细虚线、粗虚线。

c. 点画线：粗点画线、细点画线。

d. 双点画线：细双点画线（注意没有粗双点画线的线型）。

② 变更部分线型名称。除波浪线、双折线外加“粗”或“细”。

③ 过渡线由粗实线改为用细实线表示。

④ 剖切符号线宽改为粗实线线宽。

⑤ 轨迹线由细点画线改为细双点画线。

5）实际绘图中图线的一般应用如图 2-1-6 所示。

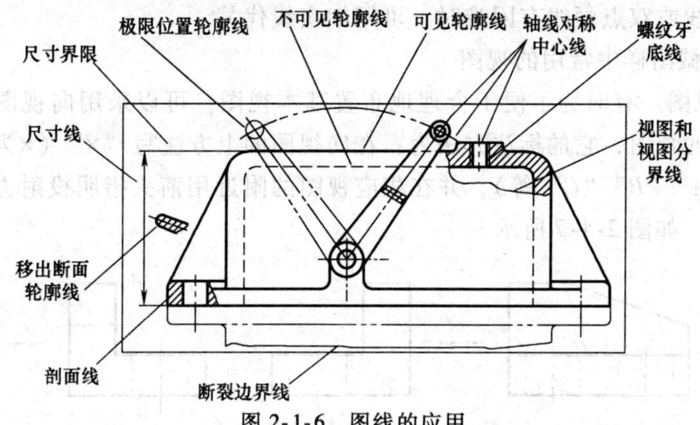

图 2-1-6　图线的应用

① 细实线。过渡线、尺寸线、尺寸界线、指引线和基准线、剖面线、短中心线、零件成形前的弯折线、不连续同一表面连线、表示平面的对角线、螺纹牙底线等。

② 粗实线。可见轮廓线、相贯线、剖切符号用线等。

③ 波浪线。断裂处边界线、视图与剖视图的分界线。

④ 双折线。断裂处边界线、视图与剖视图的分界线。

⑤ 细虚线。不可见棱边线或不可见轮廓线。

⑥ 粗虚线。专门用于指示该表面有表面处理（包括镀覆、涂覆、化学处理和冷作硬化处理）。

⑦ 细点画线。轴线、对称中心线、分度圆（线）等。

⑧ 粗点画线。限定范围的热处理、限定几何公差的被测要素和基准要素的范围线。

⑨ 细双点画线。相邻零件的轮廓线、轨迹线、中断线、特定区域线等。

注意：在一张图样上一般采用一种线型，即采用波浪线或双折线。

6）相邻辅助零件的线型和画法。相邻零件是指不属于某一零件、部件，但装配后与该零、部件相邻的另一零件。绘图时，相邻辅助零件的轮廓线用细双点画线表示。这种画法应注意以下三点：

① 表示相邻辅助零件采用断裂画法时，断裂边界的波浪线仍应连续画出，不得画成“细双点波浪线”。

② 相邻辅助零件的剖面区域不画剖面线。

③ 零部件的视图与相邻的辅助零件重叠时，其重叠部分的视图画法应不受

影响。

7）图线画法的注意事项。同一图样中同类图线的宽度应基本一致。虚线、点画线及双点画线的线段长度和间隔应各自大致相等；两条平行线（包括剖面线）之间的距离应不小于粗实线的两倍宽度，其最小距离不得小于0.7mm；在较小的图形上绘制点画线或双点画线有困难时，可用细实线代替。

（2）机械图样中常用的视图

1）向视图。有时为了便于合理地布置基本视图，可以采用向视图。向视图是可自由配置的视图，它的标注方法为：在向视图的上方注写“×”（×为大写的英文字母，如“*A*”“*B*”“*C*”等），并在相应视图的附近用箭头指明投射方向，并注写相同的字母，如图2-1-7所示。

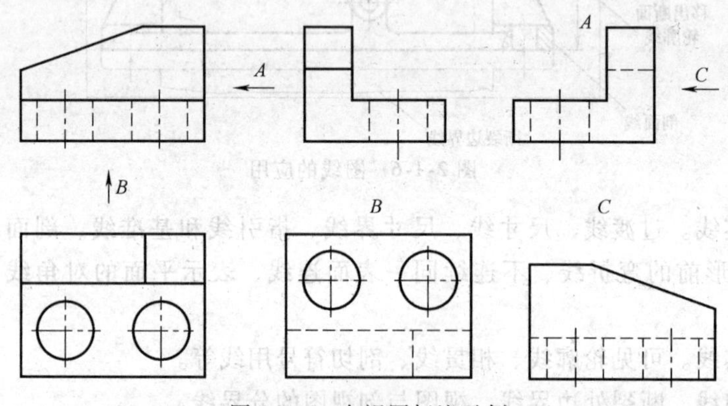

图2-1-7　向视图标注示例

2）局部视图。局部视图是将物体的某一部分向基本投影面投射所得的视图。注意事项：用带字母的箭头指明表达的部位和投射方向，并注明视图名称。局部视图的范围用波浪线表示。当表示的局部结构是完整的且外轮廓封闭时，波浪线可省略，局部视图可按基本视图的配置形式配置，也可按向视图的配置形式配置。

3）斜视图。当物体的表面与投影面成倾斜位置时，其投影不反映实形。解决方法为：增设一个与倾斜表面平行的投影面，将倾斜部分向辅助投影面投射。斜视图是物体向不平行于基本投影面的平面投射所得的视图。画斜视图的注意事项：斜视图通常配置在相应视图附近。斜视图必须进行标注。允许将斜视图旋转配置，但需在斜视图上方注明。

4）剖视图。剖视图的概念：假想用一剖切面将机件剖开，移去剖切面和观察者之间的部分，将其余部分向投影面投射，并在剖面区域内画上剖面符号，也就是当机件的内部形状较复杂时，视图上将出现许多虚线，不便于看图和标注尺寸时采用剖视图。剖视图的画法：确定剖切面的位置；想象哪部分移走了，哪部分留下了，留下部分剖面区域的形状，哪些部分投射时可看到；在剖面区域内画上剖面符号，如图2-1-8所示。

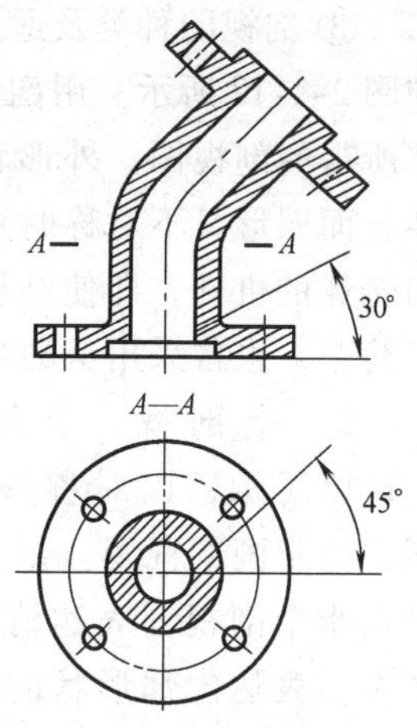

图 2-1-8　部视图举例

① 剖视图的标注。剖切线：指示剖切面的位置（细单点长画线）。一般情况下可省略。剖切符号：表示剖切面起、讫和转折位置及投射方向。

② 剖视图的名称。画剖视图的注意事项如图 2-1-9 所示。剖切平面的选择：通过机件的对称面或轴线且平行或垂直于投影面。剖切是一种假想，其他视图仍应完整画出，并可取剖视。剖切面后方的可见部分要全部画出。在剖视图上已经表达清楚的结构，在其他视图上此部分结构的投影为虚线时，其虚线省略不画，如图 2-1-10 所示。

没有表示清楚的结构，允许画少量虚线。不需要在剖面区域中表示材料的类别时，剖面符号可采用通用剖面线表示。通用剖面线为细实线，最好与主要轮廓或剖面区域的对称线成 45°角；同一物体的各个剖面区域，其剖面线画法应一致。几种结构不同零件的剖视图比较如图 2-1-11 所示，注意区别它们的不同之处。

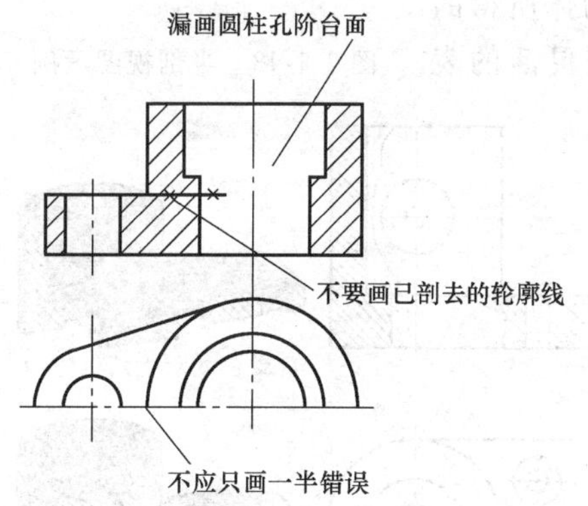

图 2-1-9　画剖视图的注意事项一

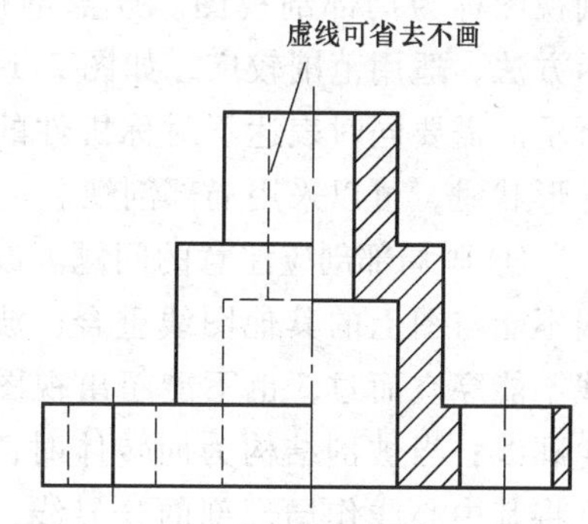

图 2-1-10　画剖视图的注意事项二

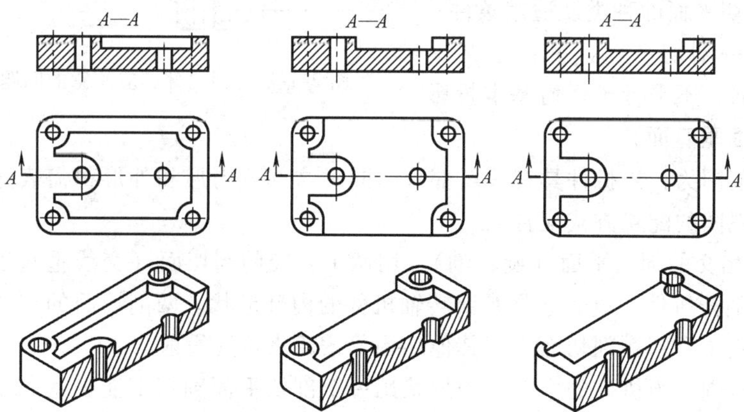

图 2-1-11　结构不同零件的剖视图比较

③ 剖视的种类及适用条件。全剖视图如图 2-1-12 所示。用剖切面完全地剖开物体所得的剖视图。外形较简单，内形较复杂，而图形又不对称时对于一些具有空心回转体的机件，即使结构对称，但由于外形简单，也常采用全剖视图。

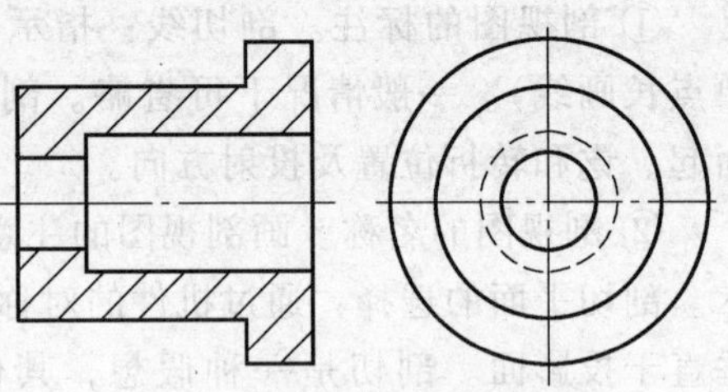
图 2-1-12　全剖视图示例

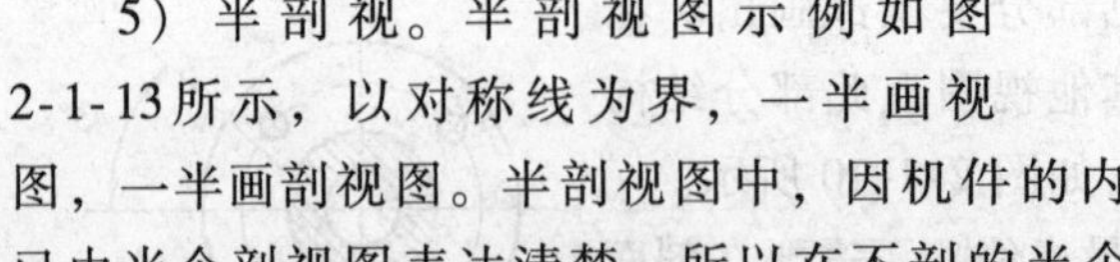

5）半剖视。半剖视图示例如图 2-1-13所示，以对称线为界，一半画视图，一半画剖视图。半剖视图中，因机件的内部形状已由半个剖视图表达清楚，所以在不剖的半个外形视图中，表达内部形状的虚线，应省略不画，画半剖视图，不影响其他视图的完整性。半剖视图中间应画细点画线，不应画成粗实线，半剖视图的标注方法与全剖视图的标注方法相同。

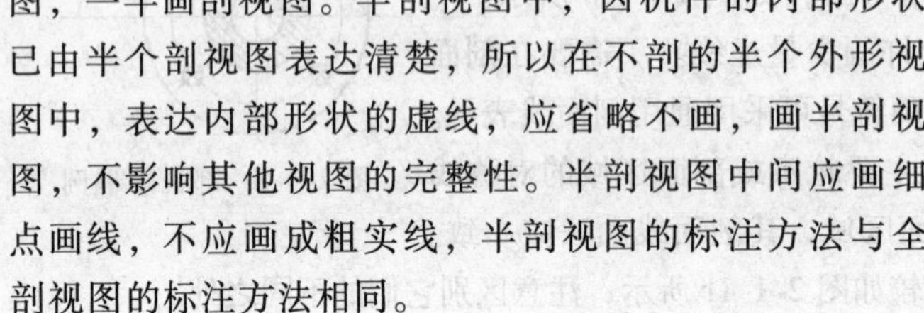

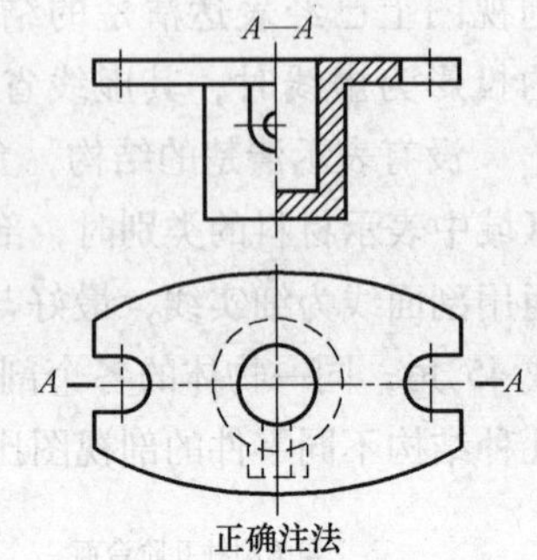

图 2-1-13　半剖视图示例

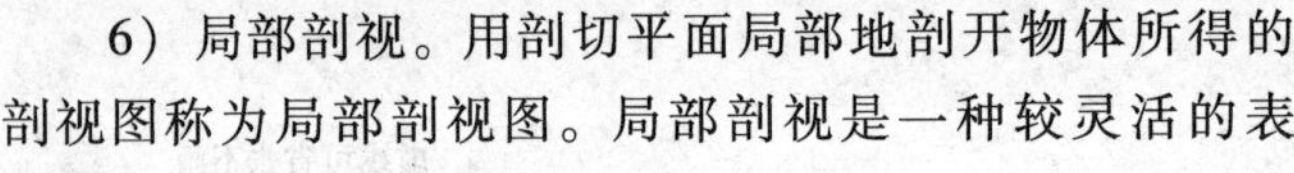

6）局部剖视。用剖切平面局部地剖开物体所得的剖视图称为局部剖视图。局部剖视是一种较灵活的表示方法，适用范围较广，如图 2-1-14 所示。需要同时表达不对称机件的内外形状时，可以采用局部剖视。

① 画局部剖应注意的问题。波浪线不能与图上的其他图线重合；波浪线不能穿空而过，也不能超出视图的轮廓线；当被剖结构为回转体时，允许将其中心线作局部剖的分界线；在一个视图中，局部剖的数量不宜过多。

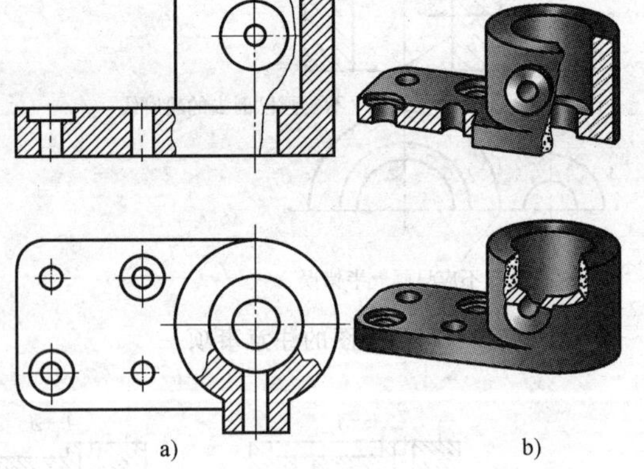

图 2-1-14　画局部剖应注意的问题示例

② 剖切平面的种类及适用条件：

a. 单一剖切平面：平行于某一基本投影面；不平行于任何基本投影面（投影面垂直面）。

适用范围为：当机件具有倾斜部分，同时这部分内形和外形都需表达时。此剖视可按斜视图的配置方式配置。

b. 两相交的剖切平面（旋转剖）。用两个相交的剖切面（交线垂直于某一基本投影面）剖开机件，以表达具有回转轴机件的内部形状。两剖切面的交线一般应与机件的轴线重合；在剖切面后的其他结构仍按原来位置投射。

适用范围：当机件的内部结构形状用一个剖切平面剖切不能表达完全，且机件又具有回转轴时。

c. 几个平行的剖切平面（阶梯剖）。当机件上具有几种不同的结构要素（如孔、槽等），它们的中心线排列在几个互相平行的平面上时，宜采用几个平行的剖切面剖切；两剖切平面的转折处不应与图上的轮廓线重合，在剖视图上不应在转折处画线；在剖视图内不能出现不完整的要素。只有当两个要素有公共对称中心线或轴线时，可以此为界各画一半。

适用范围：当机件上的孔、槽及空腔等内部结构不在同一平面内时。

7）断面图。断面图的基本概念：假想用剖切平面将机件在某处切断，只画出切断面形状的投影并画上规定的剖面符号的图形，称为断面图，简称为断面。

① 断面图与剖视图的区别。断面图仅画出机件断面的图形，而剖视图则要画出剖切平面以后所有部分的投影。

② 断面图的分类。断面图分为移出断面图和重合断面图两种，画在视图之外，轮廓线用粗实线绘制，配置在剖切线的延长线上或其他适当的位置。当画法移出断面应尽量配置在剖切线的延长线上；断面对称时可画在视图的中断处；必要时可将断面配置在其他适当位置。在不致引起误解时，允许将图形旋转，但必须标注旋转符号；有关规定：当剖切面通过回转面形成的孔或凹坑的轴线时，这些结构应按剖视绘制。

8）视图的表示方法。视图的表示方法分为第一角画法和第三角画法，我国标准中规定采用第一角画法。二者的区别在于视图的配置关系不同。第一角画法：视图名称与观察视角相同。第三角画法：视图名称与摆放位置相同。必须注意第一角和第三角画法的看图习惯有所不同。为了区别第一角和第三角投影所得的图样，国际标准化组织（ISO）规定了相应的识别符号。国家标准规定，采用第三角画法时，必须在图样中画出第三角画法的识别符号；采用第一角画法，必要时也应画出其识别符号，如图 2-1-15 和图 2-1-16 所示。

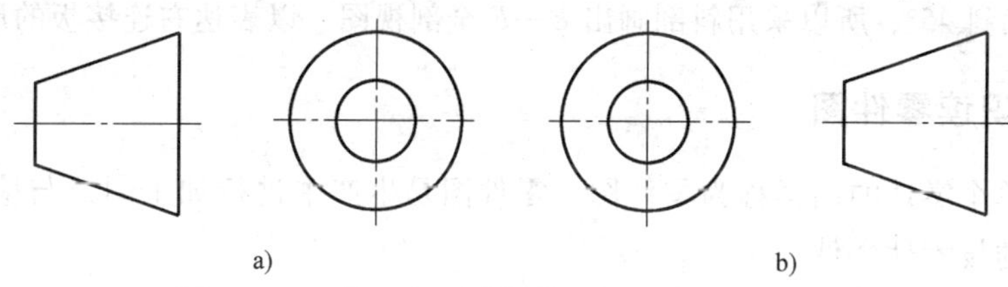

图 2-1-15　第一角画法和第三角画法的识别符号

a）第一角画法　b）第三角画法

（3）局部放大图　将机件的部分结构用大于原图形所采用的比例画出，如图 2-1-17 所示。局部放大图必须标注，标注方法是：在视图上画一细实线圆，标明放大部位，在放大图的上方注明所用的比例，即图形大小与原图形大小之比（与原图上的比例无关），如果放大图不止一个，还要用罗马数字编号以示区别。

例：识图练习如图 2-1-18 所示。阀体的表达方案共五个图形，两个基本视图（全剖主视图 *B*—*B* 和全剖俯视图 *A*—*A*）、一个局部视图（*D*）、一个局部剖视图

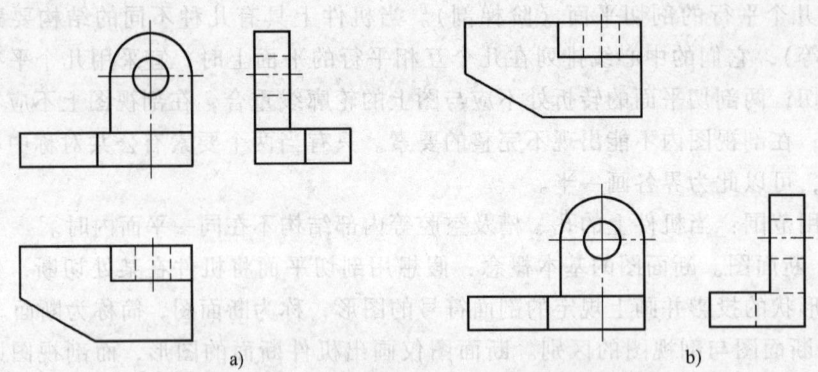

图 2-1-16　第一角画法和第三角画法的视图

a）第一角画法的视图　b）第三角画法的视图

(*C*—*C*) 和一个斜剖的全剖视图 (⌒*E*—*E*)。主视图 *B*—*B* 是采用旋转剖画出的全剖视图，表达阀体的内部结构形状；俯视图 *A*—*A* 是采用阶梯剖画出的全剖视图，着重表达左、右管道的相对位置，还表达了下连接板的外形及 4×ϕ5 小孔的位置。局部剖视图 *C*—*C*，表达左端管连接板的外形及其上 4×ϕ4 孔的大小和相对位置；*D* 向局部视图，相当

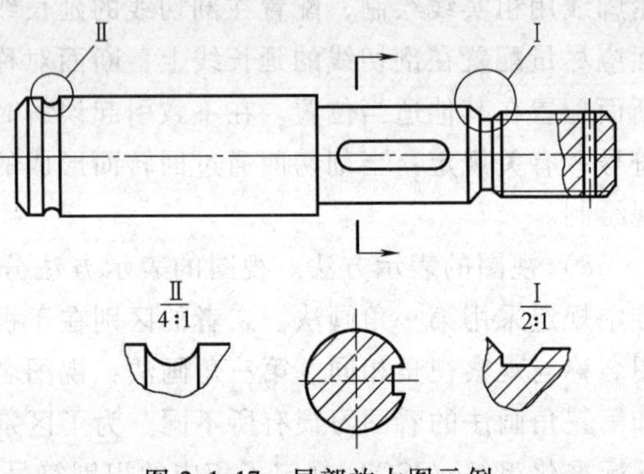

图 2-1-17　局部放大图示例

于俯视图的补充，表达了上连接板的外形及其上 4×ϕ6 孔的大小和位置。因右端管与正投影面倾斜 45°，所以采用斜剖画出 *E*—*E* 全剖视图，以表达右连接板的形状。

五、识读零件图

表达单个零件的图样称为零件图。零件图是生产中进行加工制造与检查零件质量时重要的技术性文件。

一张完整的零件图应包括以下四项内容：

1）表达零件形状的一组视图。表达零件的形状，要综合运用视图、剖视图、断面图等，选定能够清楚表达零件结构形状的一组视图。

2）确定零件各部分形状大小和相对位置的一组尺寸。视图只表示零件的形状，要确定零件形状的大小和相对位置，还必须标注一组尺寸。为了保证生产的顺利进行和看图的方便，标注尺寸要求做到完整、正确、清晰、合理。

3）保证零件质量的技术要求。标注或说明零件在制造或检验中应达到的一些要求。

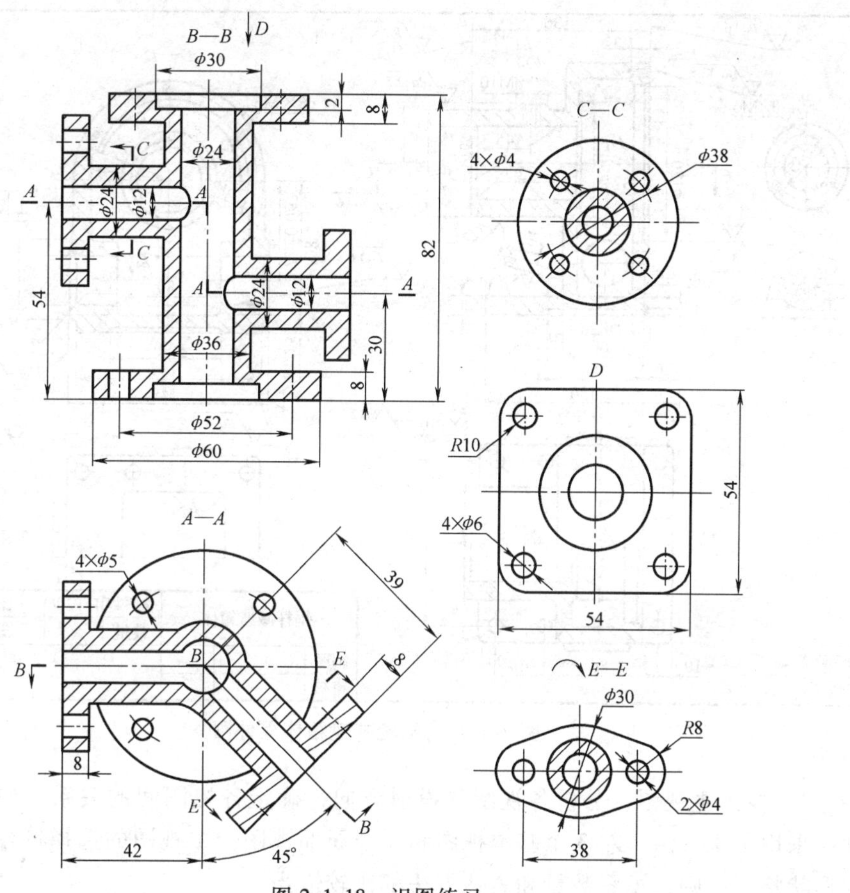

图 2-1-18 识图练习

4）标题栏。标题栏中要填写零件的名称、材料、比例、件数等，还有制图、校对、审批人的姓名和日期等。

1. 看零件图

在生产中看零件图是一项经常而且非常重要的工作。通过看零件图，应当全面了解该零件的结构形状及各部分结构的尺寸大小，同时还要弄清该零件制造、检验的技术要求，考虑并研究该零件加工制造的过程。

（1）概括了解零件

1）首先看零件图的标题栏，从中了解零件的名称，大体了解零件的功用和形状。从制造该零件所用材料可想到零件制造时的工艺要求。图 2-1-19 所示的蜗轮减速箱体属于箱体类零件，是蜗杆减速器的主体零件。经分析可知，它应起支承和包容蜗杆蜗轮等传动零件的作用，其结构应满足这些要求。材料为灰铸铁 HT200，说明零件毛坯的制造方法是铸造，可以想象出应具备的工艺要求（在该件上有铸造圆角起模斜度等结构）。根据比例和图形大小，可估计出该零件的真实大小。

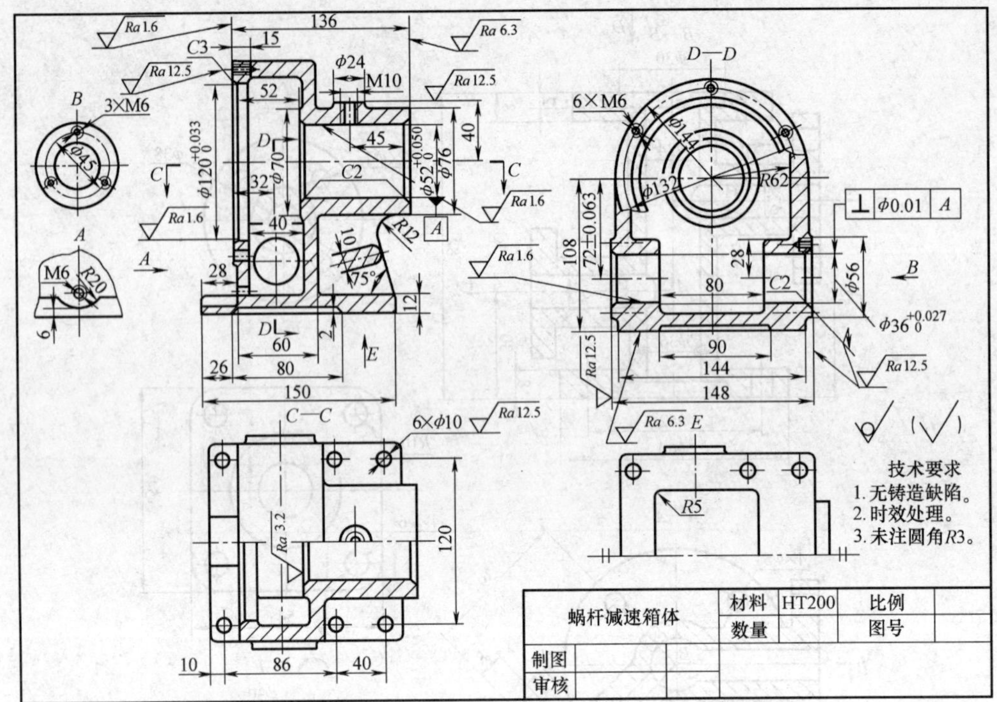

图 2-1-19　蜗轮减速箱体零件图

2）找出主视图，分析各视图的投射方向，确定各视图间的关系，如该箱体零件共采用了主、俯、左 3 个基本视图和 3 个局部视图。主视图的选择符合工作位置和形状特征原则，视图数量和表达方法都比较恰当。

3）分析视图、构思零件的结构。在搞清各视图关系的基础上，要根据零件的功用及视图的特征，运用形体分析和结构分析的方法，将零件分解成几部分。在各视图上找出各部分的特征视图，再运用视图间的投影关系规律，想象出各部分的结构，最后综合在一起，想象出零件的整体形状。在分析、想象的过程中，可以先分析想象出粗略轮廓，然后分析细节形状；先分析主要部分，后分析次要部分。形状用形体分析法看图可知，此箱体大致可分为底板、啮合腔壳体、蜗杆轴支承、蜗轮轴支承、支承肋板五部分。再深入用线面分析和结构分析，便可弄清每部分的结构形状、相对位置及其作用。

4）分析所有尺寸，找出主要基准和功能尺寸。

图 2-1-19 上的尺寸是加工制造零件的重要依据。因此，必须对零件的全部尺寸进行仔细的分析。

（2）分析视图

1）分析标注尺寸的起点，从而找出尺寸基准。结合极限偏差值及公差带和表面结构要求看尺寸，从而找出功能尺寸并确定加工表面的加工方法和要求。通过对

图 2-1-19 所示的零件进行分析可知，所有尺寸的基准主要是围绕蜗杆蜗轮啮合两轴孔中心距，保证蜗杆蜗轮正常啮合传动和装配相关零件这一设计要求而确定的。图中所注主要尺寸有：蜗杆轴 $\phi36^{+0.027}_{0}$mm、蜗轮轴孔 $\phi52^{+0.050}_{0}$mm、啮合腔壳体左端孔 $\phi120^{+0.033}_{0}$mm、蜗轮轴孔轴线至底面的距离 108mm 及蜗轮轴孔轴线至蜗杆轴孔轴线距离（72±0.063）mm 等，其余尺寸略。

2）分析技术要求，综合归纳，看懂全图，明确制造、检验的要求。

零件图中的技术要求是制造零件的一些质量指标，加工过程中必须采取相应的工艺措施予以保证。因此，看图时对于表面结构要求、极限偏差、几何公差以及其他技术要求等项目要逐项仔细分析，然后根据现有加工条件确定合理的加工方法，制订正确的制造工艺，以保证产品质量。图 2-1-19 所示的零件图中注有公差要求的尺寸有：$\phi36^{+0.027}_{0}$mm、$\phi52^{+0.050}_{0}$mm、$\phi120^{+0.033}_{0}$mm、（72±0.063）mm。有配合要求的加工面，其表面粗糙度 *Ra* 值较小，均为 1.6μm，其他加工面的 *Ra* 值都较大，其余为非加工面。图中只有一处有几何公差要求，即以蜗轮轴孔 $\phi52^{+0.050}_{0}$mm 的轴线为基准，蜗杆轴孔 $\phi36^{+0.027}_{0}$mm 的轴线与其垂直度公差为 0.01mm。

通过以上看图步骤，将所获得的各方面的认识、资料，在头脑中进行归纳分析。通过综合想象，从而将零件图全面看懂。

2. 图样分类

机械图样主要有零件图和装配图，此外还有布置图、示意图和轴测图等。

1）零件图表达零件的形状、大小以及制造和检验零件的技术要求。

2）装配图表达机械中所属各零件与部件间的装配关系和工作原理。

3）布置图表达机械设备在厂房内的位置。

4）示意图表达机械的工作原理，如表达机械传动原理的机构运动简图、表达液体或气体输送线路的管道示意图等。示意图中的各机械构件均用符号表示。

5）轴测图是一种立体图，直观性强，是常用的辅助用图样。

第二节　公差与配合

一、公差与配合的基本知识

1. 互换性的基本概念

互换性是现代化生产的重要技术经济原则。在机械和仪器制造工业中，零、部件的互换性是指在同一规格的一批零件或部件中，任取其一，不需任何挑选或附加修配（如钳工修理）就能装在机器上，功能上能够彼此互相替换达到规定的性能要求。为满足机械制造中零件所具有的互换性，要求生产零件尺寸应在允许的公差范围之内。这就必须对一种零件的形式、尺寸、精度、性能等规定一个统一的标准。同类产品还需按尺寸大小合理分档，以减少产品的系列，这就是产品标准化。机械和制造业中的互换性，通常包括几何参数（如尺寸）和力学性能（如硬度、强度）的互换。互换性按照互换范围可分为完全互换和不完全互换。

1）完全互换。从同一规格的一批零件中任取一件，不经任何修配就能装到部件或机器上，而且能满足规定的性能要求。这种互换性称为完全互换。完全互换在机械制造中应用广泛。

2）不完全互换。如果把一批两种互相配合的零件按尺寸大小分成若干组，在一个组内的零件才有互换性；或者虽不分组，但需做少量修配和调整工作，才具有互换性，这种互换性称不完全互换。

本书主要介绍机械零件几何参数的互换性，包括零件的尺寸、形状和相互位置的互换性。互换性的作用如下：

（1）有利于组织专业化生产　互换性是提高生产水平和进行文明生产的有力手段。装配时，不需辅助加工和修配，故能减轻装配工人的劳动强度，缩短装配周期，并且可使装配工人按流水作业方式进行工作，进行自动装配，从而使效率大大提高。加工时，由于规定有公差，同一部机器上的各种零件可以同时加工。用量大的标准件还可以由专门工厂单独生产。这样就可以采用高效率的专用设备，甚至采用计算机辅助加工。这样产量和质量必然会得到提高，成本也会显著降低。

（2）产品设计标准化，缩短设计周期　由于采用互换原则设计和生产标准零、部件，可以简化绘图、计算等工作，缩短设计周期，并便于用计算机辅助设计。

（3）有利于维修　维修时易更换配件，减少修理时间和费用，保证设备原有的性能。而在某些情况下，互换性所起的作用还很难用价值来衡量。例如：战争中排除武器装备的故障，继续战斗，这时保证零、部件的互换性是绝对必要的，时间就是生命。总之，互换性是现代工业生产中的重要生产原则和有效的技术措施，具有很大的经济意义。

2. 误差和公差

（1）误差与精度　零件加工后的实际几何参数与理想零件几何参数相符合的程度，称为加工精度（简称精度）。它们之间的差值称为误差。加工误差的大小反映了加工精度的高低，故精度可用误差来表示，误差是零件加工过程中实际产生的。

（2）零件几何参数误差的种类

1）尺寸误差。实际尺寸与理想尺寸之差。

2）几何形状误差。实际形状与理想形状之差。

3）位置误差。实际位置与理想位置之差。

（3）公差的概念和分类　公差是零件几何参数允许的变化范围。公差可分为：

1）尺寸公差。上极限尺寸和下极限尺寸之差或上极限偏差减下极限偏差，即允许尺寸的变动量。

2）形状公差。零件几何要素的形状允许的变动范围。

3）位置公差。零件几何要素的位置允许的变动范围。

注意：公差是产品设计时给定的。

3. 公差的有关术语

公差的有关术语可参见 GB/T 1800.2—2009、GB/T1801—2009、GB/T 1804—2000。

（1）公称尺寸　设计时给定的尺寸称为公称尺寸。孔的公称尺寸为 D，轴的公称尺寸为 d。

（2）实际尺寸　实际尺寸是通过测量所得到的尺寸。由于测量误差的存在，所以实际尺寸并非是尺寸的真值。

（3）极限尺寸　极限尺寸是尺寸要素允许的两个界限值，是以公称尺寸为基数来确定的。尺寸要素允许的最大尺寸称为上极限尺寸，尺寸要素允许的最小尺寸称为下极限尺寸。孔的上极限尺寸为 D_{max}，下极限尺寸为 D_{min}；轴的上极限尺寸为 d_{max}，下极限尺寸为 d_{min}。

（4）尺寸偏差（简称偏差）　某一尺寸减去其公称尺寸所得的代数差。尺寸偏差有：上极限偏差=上极限尺寸-公称尺寸；下极限偏差=下极限尺寸-公称尺寸；上、下极限偏差统称为极限偏差，上、下极限偏差可以是正值、负值或零。实际偏差：实际尺寸与公称尺寸的代数差。国家标准规定：孔的上极限偏差代号为 ES，孔的下极限偏差代号为 EI；轴的上极限偏差代号为 es，轴的下极限偏差代号为 ei。

（5）尺寸公差（简称公差）　允许尺寸的变动量，即上极限尺寸和下极限尺寸代数差的绝对值，也等于上极限偏差和下极限偏差代数差的绝对值。

（6）零线　在公差与配合图解（简称公差带图）中，确定偏差的一条基准直线，称为零线。通常用零线来表示公称尺寸。

（7）公差带　公差带是由代表上、下极限偏差的两条直线所限定的一个区域。

（8）标准公差与公差等级

1）标准公差是国家标准所列的用以确定公差带大小的任一公差。公差等级是确定尺寸精确程度的等级。

2）标准公差分 20 个等级，即 IT01、IT0、IT1 ~ IT18，IT 表示标准公差，阿拉伯数字表示公差等级，其中 IT01 等级最高，其他等级依次降低，IT18 等级最低。公差等级越低，公差数值越大。

（9）基本偏差　基本偏差用于确定公差带相对零线位置的上极限偏差或下极限偏差，一般为靠近零线的那个极限偏差。基本偏差的代号，对孔用大写字母 A，……，ZC 表示，对轴用小写字母 a，……，zc 表示，各 28 个，其中，21 个单字母，7 个双字母。

4. 配合的有关术语

在机器装配中，公称尺寸相同的、相互结合的孔和轴公差带之间的关系，称为配合。由于孔和轴的实际尺寸不同，装配后可以产生“间隙”或“过盈”。在孔与轴的配合中，孔的尺寸减去轴的尺寸所得的代数差为正时是间隙配合，为负时是过盈配合。

（1）间隙配合　具有过盈（包括最小过盈等于零）的配合，其特点为孔的公差带在轴的公差带之上。

（2）过盈配合　孔的公差带在轴的公差带之下，任取其中一对孔和轴相配都成为具有过盈（包括最小过盈为零）的配合，称为过盈配合。

（3）过渡配合　孔的公差带与轴的公差带相互交叠，任取其中一对孔和轴相配，可能具有间隙，也可能具有过盈的配合，称为过渡配合。

（4）基孔制　基准孔的公差带在零线以上，其下极限偏差为零，以 H 为基准孔的代号。

（5）基轴制　基准轴的公差带在零线以下，其上极限偏差为零，以 h 为基准轴的代号。

（6）基准制的选用参考　在下列情况下选用基轴制是有利的：

1）同一公称尺寸的某一段轴，必须与几个不同配合的孔结合。

2）用于某些等直径长轴的配合。这类轴可用冷轧棒料不经切削直接与孔配合。这时采用基孔制有明显的经济效益。

3）用于某些特殊零、部件的配合，如滚动轴承的外圈与基座孔的配合。公差带图上的公差带，由公差带的大小和公差带的位置两个要素组成。公差带的大小由标准公差确定，公差带的位置由基本偏差确定。

5. 公差与配合的注法及查表

（1）公差在零件图中的注法　零件图中公差的注法如图 2-1-20 所示。

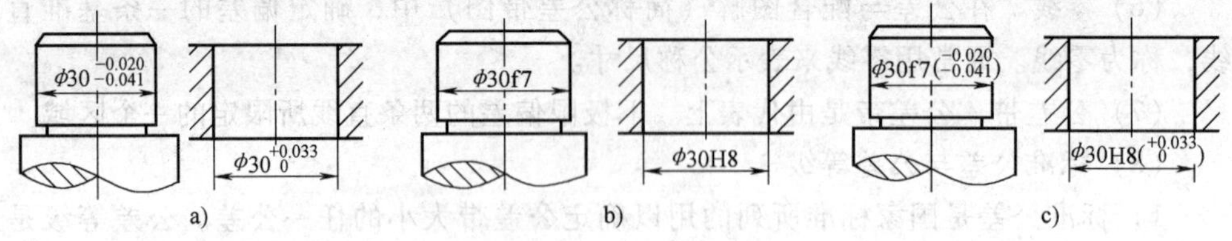

图 2-1-20　零件图中公差的注法

a）标注偏差数值　b）标注公差带代号　c）同时标注公差带代号和偏差数值

（2）配合在装配图中的注法　配合在装配图中的注法有 3 种形式，如图 2-1-21 所示。

1）标注孔、轴的配合代号如图 2-1-21a 所示，这种注法应用最多。

2）零件与标准件或外购件配合时，装配图中可仅标注该零件的公差带代号，如图 2-1-21b 所示。

3）标注孔、轴的极限偏差，如图 2-1-21c 所示。

（3）查表选取极限偏差数值　当孔或轴的公称尺寸、基本偏差代号和公差等级确定后，可从有关极限偏差表中直接查得孔或轴的上、下极限偏差；对于基准件（基准孔和基准轴）也可直接从有关标准公差表中查得。相关标准有：GB/T 1800. 1—2009 ~ GB/T 1800. 4—2009。

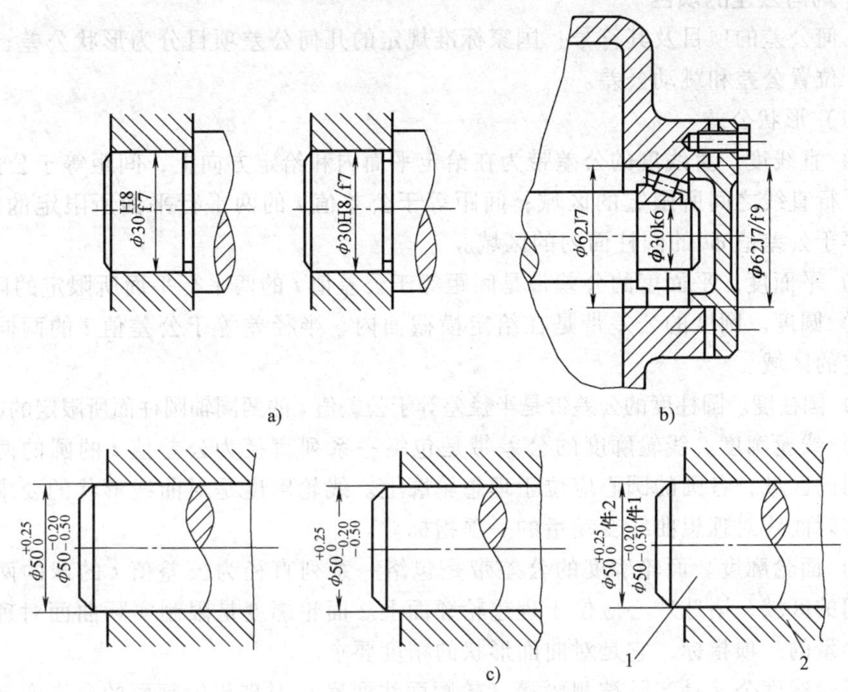

图 2-1-21 装配图中配合的注法

二、形状和位置公差基本知识

1. 几何要素及分类

形状、位置公差（简称几何公差）的研究对象为几何要素（简称要素），也就是构成零件几何特征的点、线、面。它分为：

（1）理想要素　具有几何学意义的要素。

（2）实际要素　零件上实际存在的要素，均由测量所得的要素代替（不考虑测量中误差）。

（3）被测要素　图样上给出了形状或位置公差的要素。

（4）基准要素　用来确定被测要素方向或位置的要素。基准要素通常由设计者在图样上注明。

（5）单一要素　在图样上仅对某一要素本身给出形状公差要求的要素。

（6）关联要素　与其他要素有功能关系的要素。

2. 几何公差及其公差带

（1）形状公差　单一实际要素的形状所允许的变动量。

（2）位置公差　关联实际要素的位置对基准所允许的变动量。

（3）形状和位置的公差带　它是限制实际要素变动的区域。

3. 几何公差的项目

几何公差的项目及其符号：国家标准规定的几何公差项目分为形状公差、方向公差、位置公差和跳动公差。

（1）形状公差

1）直线度。直线度的公差带为在给定平面内和给定方向上，间距等于公差值 t 的两平行直线之间所限定的区域；间距等于公差值 t 的两平行平面所限定的区域；直径等于公差值 ϕt 的圆柱面内的区域。

2）平面度。平面度的公差带是间距等于公差值 t 的两平行平面所限定的区域。

3）圆度。圆度的公差带是在给定横截面内、半径差等于公差值 t 的两同心圆所限定的区域。

4）圆柱度。圆柱度的公差带是半径差等于公差值 t 的两同轴圆柱面所限定的区域。

5）线轮廓度。线轮廓度的公差带是包络一系列直径为公差值 t 的圆的两包络线之间的区域，各圆的圆心应位于理想轮廓上。线轮廓度是对曲线形状的要求，是限制实际曲线对理想曲线变动量的一项指标。

6）面轮廓度。面轮廓度的公差带是包络一系列直径为公差值 t 的球的两包络面之间的区域，诸球球心应位于理想轮廓面上。面轮廓度是限制实际曲面对理想曲面变动量的一项指标，它是对曲面形状的精度要求。

面轮廓度公差是实际被测要素（轮廓面线要素）对理想轮廓面的允许变动。面轮廓度偏差是描述曲面尺寸准确度的主要指标为轮廓误差，它是被测实际轮廓相对于理想轮廓的变动情况。

（2）方向公差　方向公差是关联要素的方向相对于基准所允许的变动全量。它包括平行度、垂直度、倾斜度、线轮廓度和面轮廓度。

1）平行度（在给定方向上）。当给定一个方向时，其公差带是距离为公差值 t，且平行于基准平面（或直线、轴线）的两平行平面之间的区域。

2）垂直度（在给定方向上）。当给定一个方向时，公差带是距离为公差值 t，且垂直于基准平面（或直线、轴线）的两平行平面（或直线、轴线）之间的区域。

3）倾斜度（在给定方向上）。倾斜度的公差带是距离为公差值 t，且与基准平面（或直线、轴线）成理论正确角度的两平行平面（或直线）之间的区域。

（3）位置公差　位置公差是关联实际要素的位置、对基准所允许的变动全量。它包括同轴度、对称度、位置度和同心度。

1）同轴度。同轴度的公差带是直径为公差值 t，且与基准轴线同轴的圆柱面内的区域。注意：同轴度与同心度是同一概念。在某些情况下，如若干球面对球心而言的同轴度，GB/T 1182—2008 规定此时同轴度又可称为同心度。

2）对称度。对称度的公差带是距离为公差值 t，且相对于基准中间平面（或中心线、轴线）对称配置的两平行平面（或直线）之间的区域。

3）位置度。位置度是指被测实际要素对其具有理想位置的理想要素的变动量。位置度的情况比较复杂，有点、线、面三种要素时位置度和复合位置度等，点的位置度的公差带，是直径为公差值 t，且以点的理想位置为中心的圆或球内的区域。

（4）跳动公差 跳动公差是关联实际被测要素绕基准轴线回转一周或连续回转时所允许的最大跳动量。它分为圆跳动和全跳动两类。

1）圆跳动。圆跳动公差就是对圆的允许跳动量。

① 径向圆跳动。它的公差带是在垂直于基准轴线的任一测量平面内，半径差为公差值 t，且圆心在基准轴线上的两同心圆之间的区域。

② 轴向圆跳动。它的公差带是在与基准轴线同轴的任一直径的测量圆柱上，沿母线方向宽度为公差值 t 的圆柱面区域。

2）全跳动。几何公差的项目及符号见表 2-1-1。其选用主要根据零件的功能要求、结构特征、工艺上的可能性等因素综合考虑。

表 2-1-1 几何公差的项目及符号

分类	项目	符号	分类	项目	符号
形状公差	直线度	—	方向	平行度	//
	平面度	▱		垂直度	⊥
	圆度	○		倾斜度	∠
	圆柱度	⌭	位置公差	同轴度 同心度	◎
	线轮廓度	⌒		对称度	⌯
	面轮廓度	⌓		位置度	⌖
			跳动	圆跳动	↗
				全跳动	⌰

（5）形状和位置公差的注法 国家标准 GB/T 1182—2008 规定，几何公差在图样中应采用代号标注。代号由公差项目符号、框格、指引线、公差数值和其他有关符号组成，如图 2-1-22 所示。图样上未注出的几何公差应符合 GB/T 1184—1996 中几何公差未注公差值的规定。

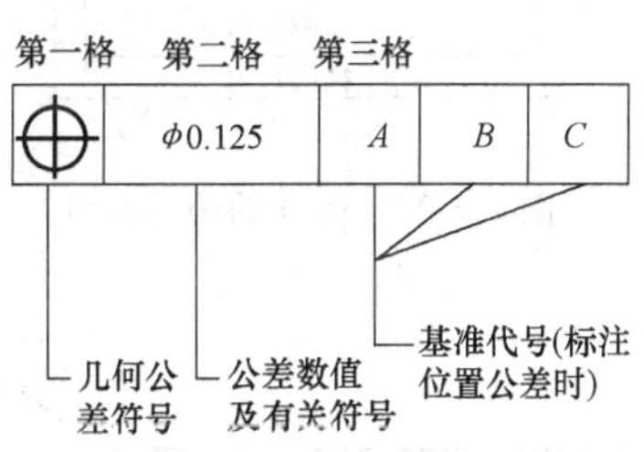

图 2-1-22 几何公差的注法

被测要素的标注方法如图 2-1-23 所示，基准要素的标注方法如图 2-1-24 所示。

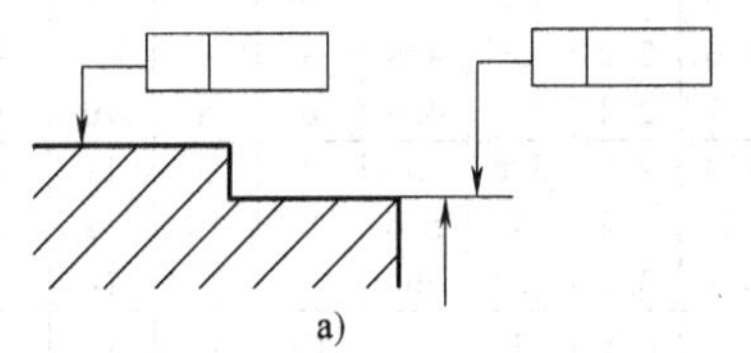

a)

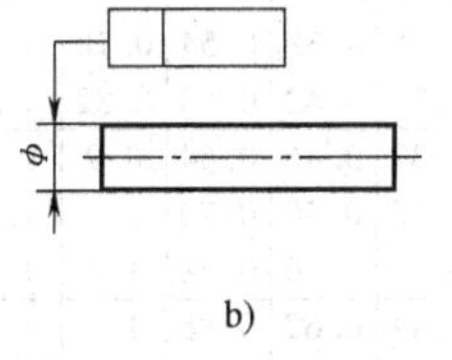

b)

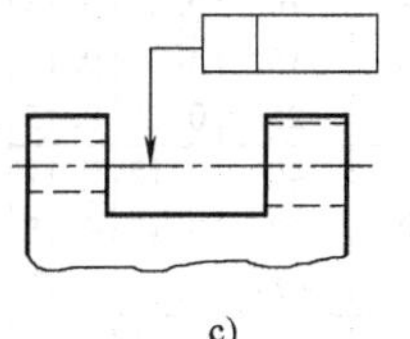

c)

图 2-1-23 被测要素的标注方法

a）轮廓要素 b）中心要素 c）公共轴线要素

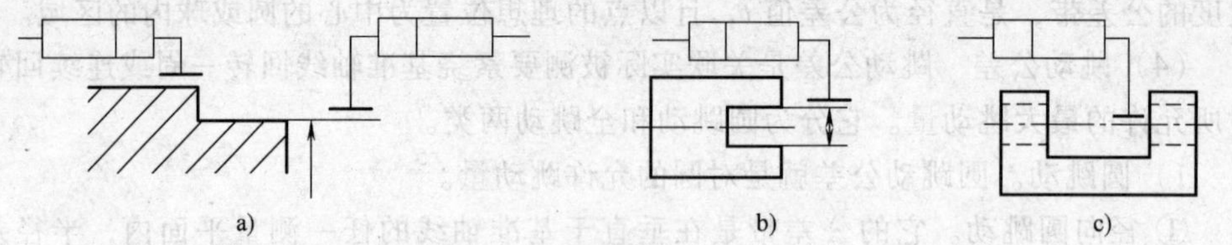

图 2-1-24 基准要素的标注方法

a）轮廓要素 b）中心要素 c）公共轴线要素

三、铸件的尺寸精度

1. 尺寸公差

铸件的基本尺寸也称为公称尺寸或名义尺寸，是指机械加工前的毛坯铸件尺寸。铸件尺寸公差是指公称尺寸所允许的最大偏差，如图 2-1-25 所示，铸件公称尺寸包括零件尺寸、机械加工余量和工艺上要求的工艺余量，如图 2-1-26 所示。根据 GB/T 6414—1999、ISO 8062—3—2007，铸件尺寸公差等级的代号为 CT，公差等级分为 16 级，见表 2-1-2。

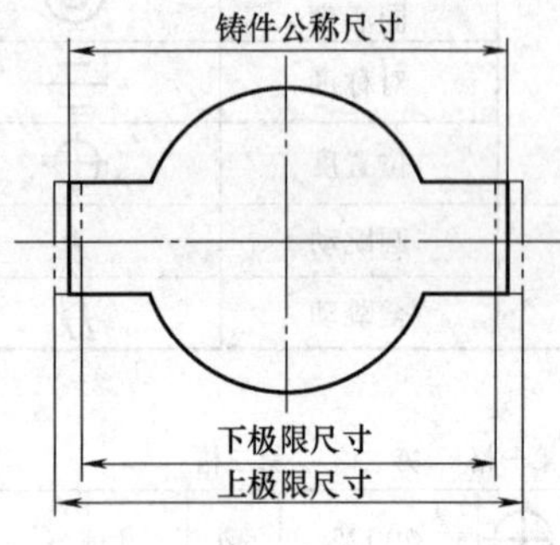

图 2-1-25 铸件的公称尺寸和极限尺寸

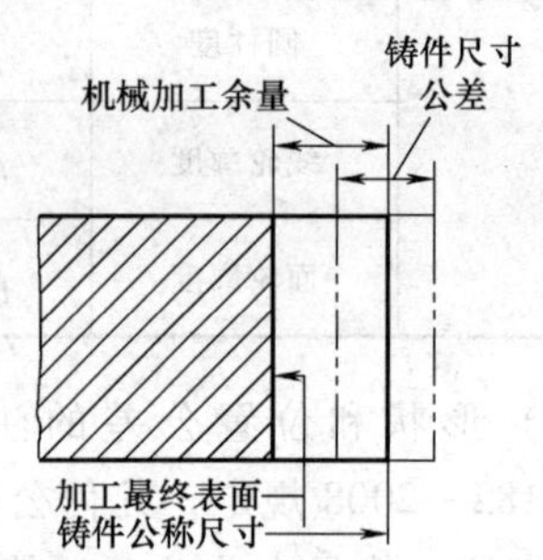

图 2-1-26 铸件尺寸公差与机械加工余量的关系

表 2-1-2 铸件尺寸公差值 （单位：mm）

铸件公称尺寸		尺寸公差等级 CT															
大于	至	1	2	3	4	5	6	7	8	9	10	11	12	13	14	15	16
—	10	0.09	0.13	0.18	0.26	0.36	0.52	0.74	1	1.5	2	2.8	4.2	—	—	—	—
10	16	0.1	0.14	0.20	0.28	0.38	0.54	0.78	1.1	1.6	2.2	3	4.4	—	—	—	—
16	25	0.11	0.15	0.22	0.30	0.42	0.58	0.82	1.2	1.7	2.4	3.2	4.6	6	8	10	12
25	40	0.12	0.17	0.24	0.32	0.46	0.64	0.9	1.3	1.8	2.6	3.6	5	7	9	11	14
40	63	0.13	0.18	0.26	0.36	0.50	0.70	1	1.4	2	2.8	4	5.6	8	10	12	16
63	100	0.14	0.20	0.28	0.40	0.56	0.78	1.1	1.6	2.2	3.2	4.4	6	9	11	14	18
100	160	0.15	0.22	0.3	0.44	0.62	0.88	1.2	1.8	2.5	3.6	5	7	10	12	16	20
160	250	—	0.24	0.34	0.50	0.72	1	1.4	2	2.8	4	5.6	8	11	14	18	22
250	400	—	—	0.40	0.56	0.78	1.1	1.6	2.2	3.2	4.4	6.2	9	12	16	20	25

（续）

铸件公称尺寸		尺寸公差等级 CT															
大于	至	1	2	3	4	5	6	7	8	9	10	11	12	13	14	15	16
400	630	—	—	—	0.64	0.9	1.2	1.8	2.6	3.6	5	7	10	14	18	22	28
630	1000	—	—	—	0.72	1	1.4	2	2.8	4	6	8	11	16	20	25	32
1000	1600	—	—	—	0.80	1.1	1.6	2.2	3.2	4.6	7	9	13	18	23	29	37
1600	2500	—	—	—	—	—	—	2.6	3.8	5.4	8	10	15	21	26	33	42
2500	4000	—	—	—	—	—	—	—	4.4	6.2	9	12	17	24	30	38	49
4000	6300	—	—	—	—	—	—	—	—	7	10	14	20	28	35	44	56
6300	10000	—	—	—	—	—	—	—	—	—	11	16	23	30	40	50	64

2. 壁厚公差

壁厚公差一般可比一般尺寸的公差降低一级选用。例如，若图样上一般公差为CT10级，则壁厚公差可选用CT11级，有规定时除外。

3. 错型量

最大错型和倾斜部位的尺寸公差带如图2-1-27所示，错型量见表2-1-3，其值必须处于表2-1-2规定的公差值之内，当需进一步限制错型量时，应在图样上注明。

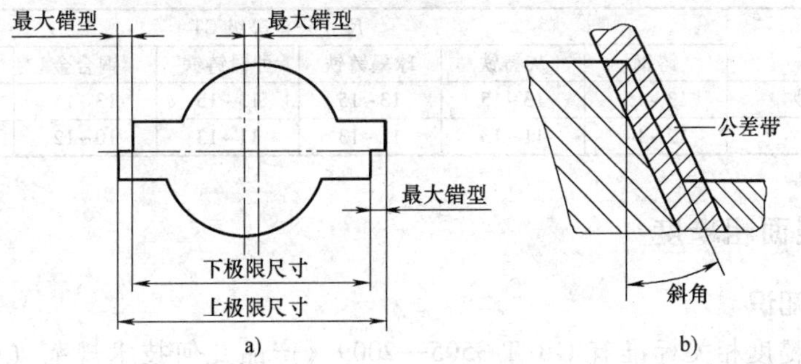

图2-1-27　最大错型和倾斜部位的尺寸公差带

a）最大错型　b）倾斜部位的尺寸公差带

表2-1-3　错型量　（单位：mm）

公差等级 CT	3~4	5	6	7~8	9~10	11~13	14~16
错型量	在表2-1-2规定的公差值以内	0.3	0.5	0.7	1.0	1.5	2.5

注：必要时，错型量可由供需双方商定。

4. 公差带设置

公差带应对称于公称尺寸设置，有特殊要求时，也可以非对称设置，但应在图样上注明，斜面的尺寸公差应沿斜面对称设置，如图2-1-27所示。公差值按铸件公称尺寸从表2-1-2中选取。

5. 铸件尺寸公差等级的选择

（1）成批大量生产　在正常生产条件下，成批大量生产的铸件能达到表2-1-4给出的成批大量生产铸件的尺寸公差等级。改进、调整设备和工装，严格控制型芯质量和位置，可以获得比较高的等级。

表 2-1-4　成批大量生产铸件的尺寸公差等级

铸造工艺方法	尺寸公差等级 CT								
	铸钢	灰铸铁	球墨铸铁	可锻铸铁	铜合金	锌合金	轻金属合金	镍基合金	钴基合金
砂型、手工造型	11~13	11~13	11~13	11~13	10~12	—	9~11	—	—
砂型、机器造型，壳型	8~10	8~10	8~10	8~10	8~10	—	7~9	—	—
金属型	—	7~9	7~9	7~9	7~9	7~9	6~8	—	—
低压铸造	—	7~9	7~9	7~9	7~9	7~9	6~8	—	—
压力铸造	—	—	—	—	6~8	4~6	5~7	—	—
熔模铸造	5~7	5~7	5~7	—	4~6	—	4~6	5~7	5~7

（2）单件小批量生产　在正常生产情况下，单件小批量生产的铸件所能达到的尺寸公差等级见表 2-1-5。铸件公称尺寸≤10mm 时，其公差等级提高 3 级；铸件公称尺寸为 10~16mm 时，其公差等级提高 2 级；铸件公称尺寸为 16~25mm 时，其尺寸公差等级提高 1 级。采用过高的工艺要求以提高铸件的尺寸公差等级是不实际且不经济的。

表 2-1-5　单件小批量生产铸件的尺寸公差等级（公称尺寸大于 25mm）

造型材料	尺寸公差等级 CT					
	铸钢	灰铸铁	球墨铸铁	可锻铸铁	铜合金	轻金属合金
干、湿型砂	13~15	13~15	13~15	13~15	13~15	11~13
自硬砂	12~14	11~13	11~13	11~13	10~12	10~12

四、表面粗糙度

1. 基本知识

表面粗糙度相关标准有 GB/T 3505—2009《产品几何技术规范（GPS）表面结构　轮廓法　术语、定义及表面结构参数》和 GB/T 1031—2009《产品几何技术规范（GPS）　表面结构　轮廓法　表面粗糙度参数及其数值》以及 GB/T 131—2006《产品几何技术规范（GPS）　技术产品文件中表面结构的表示法》。

（1）表面粗糙度的概念　表面粗糙度的概念示例如图 2-1-28 所示。表面粗糙度是指加工表面具有的较小间距和微小峰谷不平度。其两波峰或两波谷之间的距离（波距）很小（在 1mm 以下），用肉眼是难以区别的，因此它属于微观几何形状误差。表面粗糙度越小，则表面越光滑。

评定表面粗糙度的主要参数是轮廓的算术平均偏差 *Ra*，它是指在取样长度范围内，被测轮廓线上各点至基准线的距离的算术平均值。*Ra* 数值越小，零件表面越平整光滑；*Ra* 数值越大，零件表面越粗糙。有时还使用轮廓的最大高度 *Rz* 作为表面粗糙度的评定参数。评定参

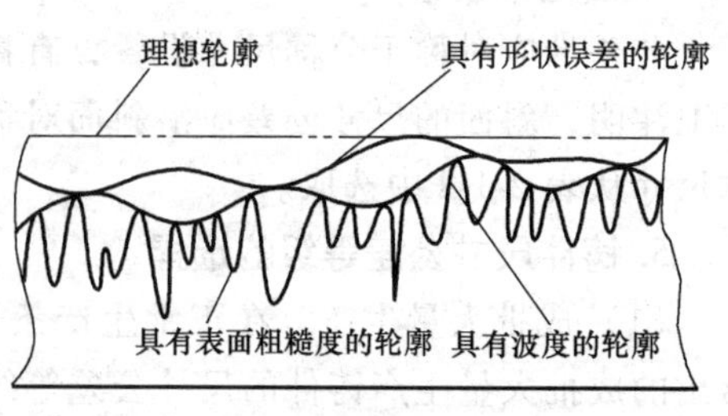

图 2-1-28　表面粗糙度的概念示例

数选择 Ra、Rz 其中一种即可。在常用范围内优选 Ra，可用轮廓仪测量。在表面粗糙度很小或很大时，采用干涉法用显微镜测量 Rz。

（2）表面粗糙度的影响

1）影响零件的耐磨性。表面越粗糙，配合表面间的有效接触面积越小，压强越大，磨损就越快。

2）影响配合的稳定性。对间隙配合来说，表面越粗糙，就越易磨损，使工作过程中间隙逐渐增大；对过盈配合来说，由于装配时将微观凸峰挤平，减小了实际有效过盈，降低了连接强度。

3）影响零件的疲劳强度。粗糙零件的表面存在较大的波谷，它们像尖角缺口和裂纹一样，对应力集中很敏感，从而影响零件的疲劳强度。

4）影响零件的耐蚀性。粗糙的表面易使腐蚀性气体或液体通过表面的微观凹谷渗入到金属内层，造成表面腐蚀。

5）影响零件的密封性。粗糙的表面之间无法严密地贴合，气体或液体通过接触面间的缝隙渗漏。

6）影响零件的接触刚度。接触刚度是零件结合面在外力作用下，抵抗接触变形的能力。机器的刚度在很大程度上取决于各零件之间的接触刚度。

7）影响零件的测量精度。零件被测表面和测量工具测量面的表面粗糙度都会直接影响测量的精度，尤其在精密测量时。

此外，表面粗糙度对零件的镀涂层、导热性和接触电阻、反射能力和辐射性能、液体和气体流动的阻力、导体表面电流的流通等都会有不同程度的影响。

（3）表面粗糙度的代号　表面粗糙度的代号由表面粗糙度符号和在其周围标注的表面粗糙度数值及有关规定符号组成，见表 2-1-6。

表 2-1-6　表面粗糙度的符号

符号	说　明
√	基本图形符号，表示指定表面可用任何方法获得，当不加注表面粗糙度参数值或有关说明（例如表面处理、局部热处理状况）时，仅适用于简化代号标注
	基本图形符号加一短横，表示指定表面是用去除材料的方法获得，例如：车、铣、钻、磨、剪切、抛光、腐蚀、电火化加工等
	基本图形符号加一个小圆，表示指定表面是用不去除材料的方法获得。例如：铸、锻、冲压变形、热轧、粉末冶金等，或者是用于保持原供应状况的表面（包括保持上道工序的状况）
	在上述三个符号的长边上均加一横线，用于标注有关参数和说明
	在上述三个符号上均加一小圆，表示所有表面具有相同的表面粗糙度要求

表面粗糙度代号及其标注：当需要标注的加工表面对表面特征的其他规定有要求时，除了标注表面结构参数和数值外，必要时应标注补充要求，补充要求包括传输带、取样长度、加工工艺、表面纹理及方向、加工余量等。在完整符号中，对表面结构的单一要求和补充要求应注写在图 2-1-29 所示的指定位置。

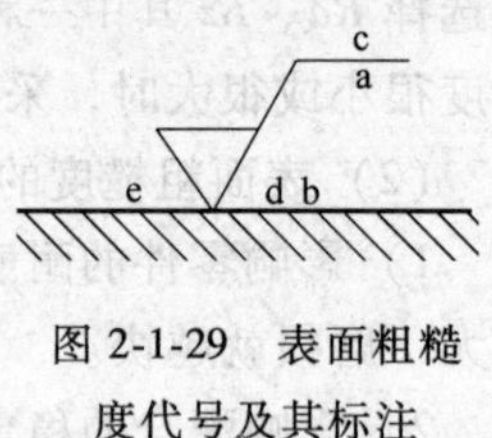

图 2-1-29 表面粗糙度代号及其标注

图 2-1-29 中，位置 a 注写表面结构的单一要求；位置 a 和 b 注写两个或多个表面结构要求；位置 c 注写加工方法；位置 d 注写表面纹理和方向；位置 e 注写加工余量。

2. 表面粗糙度的实际应用

表面粗糙度对零件使用情况有很大的影响。表面粗糙度数值的选择，是根据零件在机器中的作用决定的。总的原则是：在保证满足技术要求的前提下，选用较大的表面粗糙度数值。具体选择时，可以参考以下原则：

1）工作表面比非工作表面的粗糙度数值小。

2）摩擦表面比不摩擦表面的粗糙度数值小。

3）对间隙配合，配合间隙越小，表面粗糙度数值应越小；对过盈配合，为保证连接强度的牢固可靠，载荷越大，要求表面粗糙度数值越小。一般间隙配合比过盈配合的表面粗糙度数值要小。

配合表面的粗糙度应与其尺寸精度要求相当。配合性质相同时，零件尺寸越小，则粗糙度数值应越小；同一公差等级，小尺寸比大尺寸的表面粗糙度数值小，轴比孔的表面粗糙度数值小（特别是公差等级 IT8～IT5 时）。

易引起应力集中的结构（如圆角、沟槽等），表面粗糙度数值要小。

3. 铸件的表面粗糙度

我国铸件的表面粗糙度标准只选用轮廓的算术平均偏差 Ra。由于铸件表面形成的特点不宜用轮廓最大高度评定。考虑到铸件表面用仪器测量不便，且无此必要，许多国家都采用比较样块作为评定铸件表面粗糙度的工具。GB/T 6060.1—1997 规定了比较样块的特征，并列举了各种铸造方法可能达到的铸件表面粗糙度。样块的分类及表面粗糙度参数公称值见表 2-1-7。铸件表面粗糙度用比较样块的对比方法评定铸造表面粗糙度。

1）用符合 GB/T 6060.1—1997 规定的表面粗糙度比较样块，凭视觉或触觉对比被检的铸造表面。

2）样块应与铸件的合金和工艺方法相同。

3）被检铸件表面必须清理干净（例如喷丸、喷砂、滚筒清理等），样块表面和被检表面都不得有油污、锈蚀。

4）在光线充足的条件下，用眼睛观察对比，也可以用放大镜观察对比。

5）用手指触摸被检表面和样块表面对比。

表 2-1-7 样块的分类及表面粗糙度参数公称值

铸型类型	砂型类									金属型类					
合金种类	钢			铁		铜	铝	镁	锌	钢		铝		镁	锌
铸造方法 表面粗糙度参数公称值 Ra/μm	砂型铸造	壳型铸造	熔模铸造	砂型铸造	壳型铸造	砂型铸造	砂型铸造	砂型铸造	砂型铸造	金属型铸造	压力铸造	金属型铸造	压力铸造	压力铸造	压力铸造
0.2														×	×
0.4													×	×	×
0.8			×									×	×	*	*
1.6		×	×		×						×	×	*	*	*
3.2		×	*	×	×	×	×	×	×	×	×	*	*	*	*
6.3		*	*	×	*	×	×	×	×	×	*	*	*	*	*
12.5	×	*	*	*	*	*	*	*	*	*	*	*	*	*	*
25	×	*	*	*	*	*	*	*	*	*	*	*	*	*	*
50	*	*		*		*	*	*	*	*	*	*			
100	*			*		*	*	*	*	*					
200	*			*		*	*	*	*						
400	*														

注：×为采取特殊措施方能达到的铸造金属及合金的表面粗糙度；*表示可以达到的铸造金属及合金的表面粗糙度。

第三节 机械传动基础知识

一、摩擦轮传动

摩擦轮传动是在两轴相距较近时，利用两轮的直接接触所产生的摩擦力来传递动力的。为了使两轮在传动时不会发生相对滑动，两轮接触处必须具有足够大的摩擦力，即摩擦力应足以克服从动轮上的阻力。摩擦轮传动有两轴平行和两轴相交两种方式。两轴平行的摩擦轮传动如图 2-1-30a所示；两轴相交的摩擦轮传动如图 2-1-30b 所示。

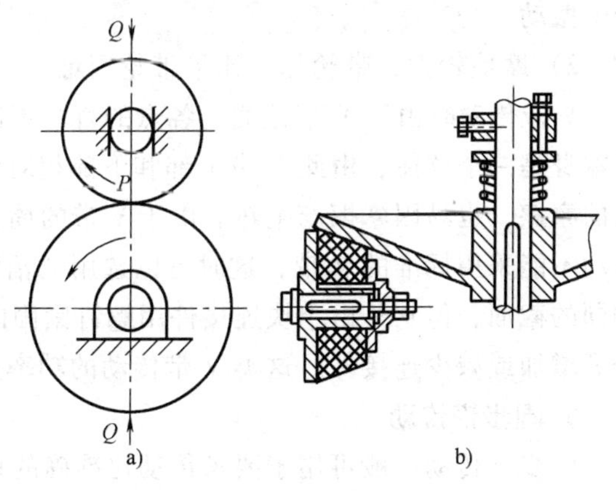

图 2-1-30 摩擦轮传动

a）两轴平行 b）两轴相交

1. 摩擦轮传动的优点

构造简单，成本低廉；运转时无噪声；在机器运转时可匀稳地变速，而且起动、停止和变向都很便利；过载时，两轮接触处即产生滑动，因而可以防止机件损坏，起到保险作用。

2. 摩擦轮传动的缺点

在两轮接触处会产生滑动现象，不能保持准确的传动比；不宜传递较大的转矩，因此只能用于高速小功率场合。

二、带传动

1. 平带传动

平带结构简单，可以传动的中心距较大，传动中不产生振动，滑动系数大，传递功率较小。平带传动的形式如图 2-1-31 所示。

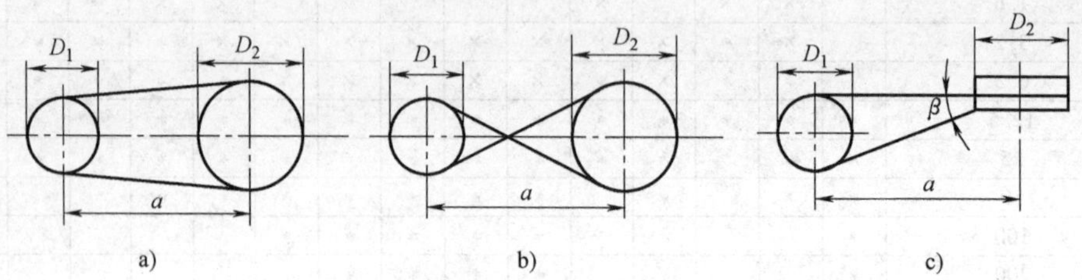

图 2-1-31　平带传动的形式

a）开口式传动　b）交叉式传动　c）半交叉式传动

1）开口式传动用于两轴轴线平行且旋转方向相同的场合。

2）交叉式传动用于两轴轴线平行且旋转方向相反的场合。

3）半交叉式传动用于两轴轴线互不平行且不共面的场合。

2. V 带传动

V 带传动的特点是：

1）滑动系数比平带传动小，传递功率大（多根传动带组合使用），传动中不产生振动。

2）摩擦较大，带轮加工比平带轮困难。

V 带传动时由于 V 带截面上各点的直径不同，因此各点的回转速度不同，而 V 带本身是一个整体，由此 V 带上部和下部相对带轮的槽做相反方向的滑移，产生较大的摩擦，也易因摩擦产生热。由于 V 带的周长是固定的，对于非标中心距的 V 带传动不能采用标准的 V 带，这时可以选用“活络 V 带”，该类 V 带与标准 V 带具有相同的截面，但它是由小块连接件用螺钉紧固的，因此在使用中可以按所需的长度任意增加或减少连接件。这类 V 带传动的功率要比同类规格的标准 V 带小。

3. 同步带传动

同步带传动一般可用于要求传动比准确的地方。由于带与轮面之间没有相对滑动，因此主动轮和从动轮能做无滑差的同步传动。同步带主要采用聚氨酯浇注成型，它比通用橡胶的耐油和耐磨性好，但散热性差，且成本较高。同步带的背部内或外表圆开有凹槽，以增加柔性、减少噪声，并满足工艺要求。

4. 圆带传动

圆带的截面是圆形的，常用于传递较小功率的地方，如缝纫机、仪表机械等。

三、链传动

链传动如图 2-1-32 所示，它由两个具有特殊齿形的齿轮和一条闭合的链条所组成。工作时主动链轮的齿与链条的链节相啮合带动与链条相啮合的从动链轮传动。链传动主要用于传动比要求较准确，且两轴相距较远，而且不宜采用齿轮的地方。这就是我们常见的自行车链轮链传动原理。

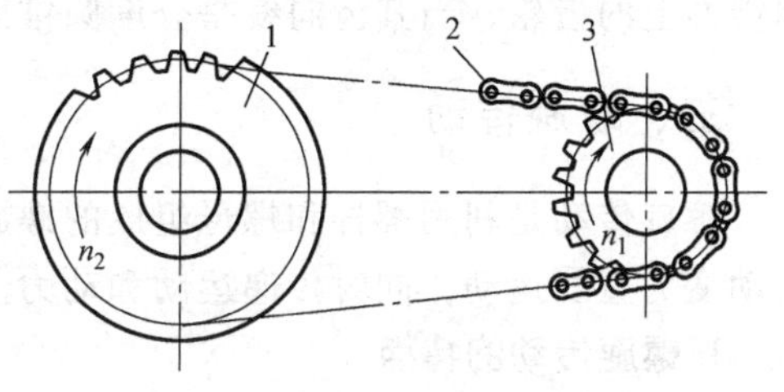

图 2-1-32　链传动

1—从动链轮　2—链条　3—主动链轮

1. 链传动的特点

1）和带传动相比，能保证较精确的传动比。

2）与齿轮传动相比，可以在两轴中心距较远的情况下传递动力。

3）只能用于平行轴间传动。

4）链条磨损后，链节变长，容易产生脱链现象。

5）链传动的速度较低，运行时有噪声。

2. 链传动的使用

为保证链传动的正常工作，两链轮轴线应相互平行，且两链轮应位于同一铅垂平面内。

1）为了提高链传动的质量和使用寿命，应注意进行润滑。

2）链传动可不施加预紧力，必要时可采用张紧轮装置。

3）为了安全和防尘，链传动应加装防护罩。

四、齿轮传动

齿轮传动是由分别安装在主动轴及从动轴上的两个齿轮相互啮合而成。齿轮传动是应用最多的一种传动形式，常用的齿轮传动主要有：直齿圆柱外齿轮传动、直齿圆柱内齿轮传动、齿轮齿条传动、锥齿轮传动、交错轴斜齿圆柱齿轮传动和蜗杆传动等。

1. 齿轮传动的基本特点

1）齿轮传递的功率和速度范围很大，功率最高可达数 10kW，圆周速度可达 100m/s 以上。

2）齿轮传动属于啮合传动，齿轮齿廓为特定曲线，瞬时传动比恒定，且传动平稳、可靠。

3）齿轮传动效率高，使用寿命长。

4）齿轮种类繁多，可以满足各种传动形式的需要。

5）齿轮的制造和安装的精度要求较高。

2. 其他类型齿轮传动

1）斜齿圆柱齿轮传动。齿线为螺旋线的圆柱齿轮称为斜齿圆柱齿轮。

2）直齿锥齿轮传动。分度曲面为圆锥面的齿轮称为锥齿轮，它是轮齿分布在圆锥面上的齿轮，当其齿向线是分度圆锥面的直母线时称为直齿锥齿轮。

五、螺旋传动

螺旋传动是利用螺杆和螺母组成的螺旋杆来实现传动要求的，主要用于将回转运动变为直线运动，同时传递运动和动力。

1. 螺旋传动的特点

螺旋传动与其他将回转运动转变为直线运动的传动装置（如曲柄滑块机构）相比，具有结构简单，工作连续、平稳，承载能力大，传动精度高，工作平稳无噪声，易于自锁等优点；缺点是在螺旋运动的同时，伴有较大的相对滑动，因而磨损大，效率低。

（1）螺母位移　螺母位移传动多应用于进给机构的传动中。

（2）螺杆位移　螺杆位移的传动，通常应用于千分尺、千斤顶、螺旋压力机等传动机构中。

（3）螺旋传动时转速与位移的关系　螺旋传动主要是把旋转运动变换为直线运动，不管是螺母位移还是螺杆位移，其位移 L 和螺旋传动时的转速 n 之间的关系均为

$$L=nS$$

式中　S——螺纹的导程，mm，若螺纹线数为1，则可用螺距代入；

n——螺杆（或螺母）转速，r/min。

2. 螺旋传动的分类

（1）传力螺旋　以传递动力为主，要求以较小的转矩产生较大的轴向推力，用于克服工作阻力。如各种起重或加压装置的螺旋。

（2）传导螺旋　以传递运动为主，并要求具有很高的运动精度，它有时也承受较大的轴向载荷。如机床进给机构的螺旋等。

（3）调整螺旋　调整螺旋用以调整、固定零件的相对位置。调整螺旋不经常转动，一般在空载下调整。

六、常规机械传动机构

1. 平面连杆机构

（1）四杆机构　在机构中，根据所固定的构件不同，四杆机构可分为曲柄摇杆

机构、双曲柄机构和双摇杆机构。

(2) 曲柄滑块机构 曲柄滑块机构是曲柄摇杆机构的一种特殊情况，即摇杆的长度趋于无穷大时就得到这种机构，因此可用往复移动的滑块来代替摇杆。

(3) 导杆机构 如果改变曲柄滑块机构的固定件，将连杆固定，则可得到导杆机构。

2. 间歇运动机构

要使机器的工作部分做周期性的间歇运动，可采用间歇运动机构。

(1) 棘轮机构 棘轮机构由棘爪和棘轮组成，常用在走刀机构、单向传动及止动装置中。工作时，棘爪往复摆动或移动，带动棘轮向一个方向转动。

(2) 槽轮机构 槽轮机构由具有径向槽的槽轮和带有滚子的转臂组成。

(3) 间歇齿轮机构 间歇齿轮机构的作用基本上与槽轮机构相同。

3. 凸轮机构

要使从动件能够按照工作要求、完成各种各样的复杂运动（如直线运动、摆动等），一般可采用凸轮机构。

常用凸轮有：圆盘凸轮、圆柱凸轮、圆锥凸轮和滑板凸轮。

4. 小结

机械传动基础知识对初学者来说只是概念性知识，在工作实践中基本上都能见到这些机械传动方式和机械传动机构，为今后的学习提高和应用打下基础。

第四节 液压、气动传动原理

一、液压传动的基本知识

利用有压油液作为工作介质，借助于运动着的液压油来传递运动和动力的传动方式，称为液压传动。

1. 液压系统

以油液作为工作介质，利用油液的压力能并通过控制阀门等附件操纵液压执行机构工作的整套装置。

2. 液压系统的工作原理和基本功能

将外部输入的机械能，以油液为介质，经动力元件转变为液压能，进行传递，然后再经过执行元件转化为机械能，实现主机设定的各种动作。液压系统的功能是传递、分配和控制机械动力。

3. 液压传动的组成及元件的作用

一个完整的液压系统由五个部分组成，即动力元件、执行元件、控制元件、辅助元件（附件）和液压油。

(1) 动力元件 动力元件的作用是将原动机的机械能转换成液体的压力能。动力元件是指液压系统中的液压泵，它向整个液压系统提供动力。液压泵的结构形式一般有齿轮泵、叶片泵和柱塞泵，它是液压系统的一个重要组成部分。

（2）执行元件 执行元件（如液压缸和液压马达）的作用是将液体的压力能转换为机械能，驱动负载做直线往复运动或回转运动。

1）液压缸。液压缸是用来将油液的压力能转换为机械能的能量转换装置。它和液压马达一样属于液压系统中的执行元件。液压马达实现旋转运动，液压缸则是用来实现往复直线运动或摆动。液压缸的用途广泛，种类很多。按运动形式不同，液压缸可分为推力液压缸和摆动液压马达两大类。推力液压缸按结构特点又可分为活塞式、柱塞式、伸缩套筒式和组合式。摆动液压马达又可分为单叶片式和双叶片式；按液压力作用方式不同，推力液压缸可分为单作用式和双作用式。液压缸按安装方式又可分为底座式、法兰式、轴销式、耳环式和球头式等。

2）液压马达。液压马达是将液压能转变为旋转运动的机械能的能量转换装置，是液压系统的执行元件。它在液压油的推动下，完成对外做功，满足使用要求。从能量转换的角度来看，液压马达和液压泵可依据一定条件互相转化。当由电动机带动而转动时，就是液压泵，输出液压能（压力和流量）；当向它输入液压油时，就是液压马达，输出机械能（转矩和转速）。从原理上讲，二者是可逆的，结构上也基本相同，与各类容积式液压泵有相应的种类，如齿轮液压马达、叶片液压马达、柱塞液压马达等。但由于用途不同，结构上还是略有差异的。

（3）控制元件（即各种液压阀） 液压阀是液压系统的重要组成部分（控制部分），是用来控制和调节液压系统中的油压、流量和液流方向的液压元件，以保证液压传动装置各机构得到所要求的平稳而协调的动作。

根据控制功能的不同，液压阀可分为压力控制阀、流量控制阀和方向控制阀。根据控制方式不同，液压阀可分为开关式控制阀、定值控制阀和比例控制阀。

1）压力控制阀。压力控制阀的种类及结构形式繁多，按其用途不同，可分为四种基本类型，即溢流阀、减压阀、顺序阀、压力继电器。它们的共同特点是利用油液压力和弹簧力相平衡的原理来进行工作。

2）流量控制阀。在液压系统中用来控制液体流量的阀类统称为流量控制阀，其工作原理是利用改变阀的通流截面积或改变阀的流道长度来调节流量，使执行元件（液压缸或液压马达）获得要求的速度。流量控制阀包括节流阀、调整阀、分流集流阀等。

3）方向控制阀。液压系统中用来控制流体运动方向的阀类统称为方向控制阀，方向控制阀包括单向阀、液控单向阀、梭阀、换向阀等。

单向阀分为一般单向阀和液压操纵可控单向阀两种。一般单向阀只允许液流单方向通过，反向不能流通，因此又称为止回阀。液控单向阀也起止回作用，但在必要时可利用控制液流压力的作用将单向阀顶开，从而解除逆止，允许液流反向流过。换向阀的作用是改变油液流动方向，接通或关闭油路，以达到控制执行机构的运动方向、起动或停止。

(4) 辅助元件 液压系统的辅助元件包括油箱、滤油器、油管及管接头、密封圈、快换接头、高压球阀、胶管总成、测压接头、压力表和油位油温计等。

(5) 液压油 液压油是液压系统中传递能量的工作介质，有各种矿物油、乳化液和合成液压油等几大类。

1) 液压油、液力传动油的作用。液压油、液力传动油的作用一方面是作为实现能量传递、转换和控制的工作介质；另一方面还同时起着润滑、防锈、冷却、减振等作用。

2) 液压油的性质。液压油具有适宜的黏度和良好的黏温性；优良的润滑性能(抗磨性能)；优良的热安定性、氧化安定性、水解安定性、剪切安定性；良好的抗乳化性；良好的防锈、耐蚀性；良好的抗泡性和空气释放性；良好的密封材料适应性；良好的清洁性和过滤性。

3) 液压油的分类。液压油级别的划分是以40℃运动黏度的某一中心值为黏度牌号，其黏度范围是中心值的±10%，共分为20个黏度等级，分别是2、3、5、7、10、15、22、32、46、68、100、150、220、320、460、680、1000、1500、2200、3200，常用的黏度等级为32、46、68。

4) 液压油的选用原则。一般对于室内固定设备，液压系统压力<7.0MPa、温度<50℃选用HL油；系统压力为7.0~14.0MPa、温度<50℃选用HL油或HM油，温度为50~80℃选用HM油；系统压力>14.0MPa选HM油或高压抗磨液压油；对于露天寒区或严寒区选HV或HS油。对于高温热源附近设备，选抗燃液压油；对于环保要求较高的设备（如食品机械），选环境可接受液压油；对于要求使用周期长、环境条件恶劣的液压设备选用液压油优等品；对于要求使用周期短、工况缓和的液压设备选用液压油一等品。液压及导轨润滑共用一个系统，应选用液压导轨油；使用电液脉冲马达的开环数控机床选用数控机床液压油；使用电液伺服机构的闭环系统，选用清净液压油；含银部件的液压系统，选用抗银液压油。

4. 系统结构

液压系统由信号控制和液压动力两部分组成。信号控制部分用于驱动液压动力部分中的控制阀动作；液压动力部分采用回路图方式表示，以表明不同功能元件之间的相互关系。液压源含有液压泵、电动机和液压辅助元件；液压控制部分含有各种控制阀，其用于控制液压油的流量、压力和方向；执行部分含有液压缸或液压马达，其可按实际要求来选择。

一个液压系统工作是否正常，关键取决于以下主要工作参数，即压力和流量是否处于正常的工作状态，以及系统温度和执行器速度等参数正常与否。液压系统的故障是各种各样的，故障原因也是多种因素的综合。

5. 液压传动的特点及应用

(1) 液压传动的特点 液压传动在铸造设备和其他设备上获得了日益广泛的应

用，其特点如下。

1）液压传动的优点如下：

① 液压传动可在运行过程中方便地实现大范围的无级调速，调速范围大，可达 2000：1。

② 液压传动装置的重量轻、结构紧凑、惯性小，其体积和重量只有同等功率电动机的 12%左右，这是由于液压系统中的压力可比电枢磁场中单位面积上的磁力大 30~40 倍。

③ 液压传动易实现快速起动、制动及频繁换向，每分钟换向次数可达 500（左右摆动）、1000（往复移动），工作平稳，换向冲击小。

④ 便于实现过载保护（即只要用一个安全阀便可实现过载保护），而且液压油能使传动零件实现自润滑，故使用寿命较长。

⑤ 操作简单，便于实现自动化（即借助各种阀实现自动控制），若用电、液联合控制，还可实现遥控。

⑥ 液压元件易实现标准化、系列化和通用化，有利于设计、制造和扩大应用。

2）液压传动的缺点如下：

① 油的黏度受温度变化的影响较大，在高精度的传动中，难以维持运动速度的恒定。另外，在低温或高温下使用都有一定困难。

② 由于有一定的黏度，油液在管内流动时有压力损失，且随着管长和流速的增加而增加，不宜用于远距离的传动。

③ 为了防止泄漏，液压元件的加工和配合精度的要求高，成本较高。

④ 发生故障后不易检查和排除。

⑤ 在液压元件的相对运动表面不可避免地会有液压油的泄漏以及元件的变形，使液压传动的传动比不如机械传动精确，但它对铸造设备的影响并不大。

（2）液压传动的应用 铸造机械使用液压传动的场合很多。不仅在单机上，而且在整条生产线上的大部分设备都采用液压传动，实现生产过程的全部自动或半自动控制。

6. 系统的维护和保养

（1）系统的维护 一个系统在正式投入之前一般都要经过冲洗，冲洗的目的就是要清除残留在系统内的污染物、金属屑、纤维化合物等。在最初 2h 工作中，即使没有完全损坏系统，也会引起一系列故障，所以应该清洗系统油路。建立系统定期维护制度，对液压系统进行有计划的维护保养是很有必要的。

（2）系统的保养 一个液压系统的好坏不仅取决于系统设计的合理性和系统元件性能的优劣，还与系统的污染防护和处理有关，系统的污染直接影响液压系统工作的可靠性和元件的使用寿命。据统计，国内外的液压系统故障大约有 70%是由污染引起的。

目前绝大部分铸造企业的生产仍处在污染环境中，因此对使用的液压系统及各类高、精、尖设备实施科学化的保养是十分必要的。

1）系统油液中污染物的来源。

① 外部侵入的污染物。外部侵入污染物主要是大气中的沙砾或尘埃，通常是通过油箱气孔、液压缸的封轴、泵和马达等轴侵入系统的，主要受使用环境的影响。

② 内部污染物。元件在加工、装配、调试、包装、储存、运输和安装等环节中残留的污染物。尽管这些过程是无法避免的，但是可以将污染物的残留量降到最低，有些特种元件在装配和调试时需要在洁净室中或洁净台上进行。

③ 液压系统产生的污染物。系统在运作过程中，由于元件的磨损而产生的颗粒，铸件上脱落下来的砂粒，泵、阀和接头上脱落下来的金属颗粒，管道内锈蚀剥落物与油液氧化和分解产生的颗粒与胶状物，更为严重的是系统管道在正式投入作业之前没有经过冲洗而有的大量杂质。

④ 油液中的水、空气。油液污染物会导致液压系统中元件各种形式的磨损。油液中含有的水、空气以及热能是油液氧化的主要条件，而油液中的金属微粒对油液的氧化起重要催化作用。此外，油液中的水和悬浮气泡显著降低了运动副间油膜的强度，使润滑性能降低。液压油在使用过程中应注意防止液压系统被污染，防止水的混入，防止空气的混入，控制液压油使用温度。

2）科学化的保养。对于铸造行业，治本是科学化保养的前提。在环境污染严重的情况下，总在设备上找原因、想办法只能“治标不治本”。只有贯彻“铸造清洁生产”“绿色集约化铸造”以及“绿色材料”等铸造新理念才能使企业在发展中得到认可。铸造行业必须走可持续化发展的道路，加大配套设施等环保型设备的引进和开发，做到改善生产环境与减少废弃物排放并举，实现环保与发展协调。同时在发展协调中针对系统油液中污染物的来源途径加大控制的力度。

科学地选用液压油也是非常重要的。在日常工作中应明确液压油在使用中应监测的项目和液压油的换油标准。例如，液压油在使用中主要监测油品的外观、黏度变化、色度变化、酸值变化、水分、杂质、戊烷不溶物、腐蚀等项目，定期检测这些项目可以提早发现问题，采取相应措施，避免发生故障。我国已颁布了 HL、HM 液压油的换油指标，分别为 SH/T 0476—1992 和 NB/SH/T 0599—2013，原则上，使用中的液压油有一项指标达到换油指标时应更换新油。

7. 液压技术的发展趋势

液压技术正向高压、高速、大功率、节能、高效、低噪声、长寿命、高集成化等方面发展。同时，液压元件和液压系统的计算机辅助设计（CAD）、计算机辅助测试（CAT）、计算机实时控制也是当前液压技术的发展方向。

二、气压传动的基本知识

1. 气压传动的工作原理

气压传动是以压缩空气为工作介质进行能量传递和信号传递的一门技术。气压传动的工作原理是利用空压机把电动机或其他原动机输出的机械能转换为空气的压力能，然后在控制元件的作用下，通过执行元件把压力能转换为直线运动或回转运动形式的机械能，从而完成各种动作，并对外做功。

2. 气压传动的组成及气路元件的作用

（1）气源装置　气源装置是获得压缩空气的装置，其主体部分是空气压缩机，它将原动机供给的机械能转变为气体的压力能。

气压传动系统中的气源装置是为气动系统提供满足一定质量要求的压缩空气，它是气压传动系统的重要组成部分。由空气压缩机产生的压缩空气，必须经过降温、净化、减压、稳压等一系列处理后，才能供给控制元件和执行元件使用。而用过的压缩空气排向大气时，会产生噪声，应采取措施，降低噪声，改善劳动条件和环境质量。

1）对压缩空气的要求。要求压缩空气具有一定的压力和足够的流量。否则气动装置的一切功能均无法实现。

2）要求压缩空气有一定的清洁度和干燥度。清洁度是指气源中含油量、含灰尘杂质的质量及颗粒大小都要控制在很低的范围内。干燥度是指压缩空气中含水量的多少，气动装置要求压缩空气的含水量越低越好。

（2）气动控制元件　气动控制元件是用来控制压缩空气的压力、流量和流动方向的，以便使执行机构完成预定的工作循环，它包括各种压力控制阀、流量控制阀和方向控制阀等。

1）压力控制阀。压力控制阀包括调压阀、顺序阀和安全阀。

① 调压阀。气动系统所用的压缩空气通常由空气压缩机站集中供给。所供给的空气压力较高，压力波动较大。因此，需用调压阀将气压调节到每台设备实际需要的压力，并保持降压后压力值的稳定，调压阀的输出压力只能在低于输入压力的范围内调节，即起减压作用，故又称为减压阀。

② 顺序阀。顺序阀是依靠气路中压力的作用而控制执行元件按顺序动作的压力控制阀。

③ 安全阀。当储气罐或回路中压力超过某调定值，要用安全阀向外放气，安全阀在系统中起过载保护作用。

2）流量控制阀。在气压传动系统中，有时需要控制气缸的运动速度，有时需要控制换向阀的切换时间和气动信号的传递速度，这些都需要通过调节压缩空气的流量来实现。流量控制阀就是通过改变阀的通流截面积来实现流量控制的元件。流量控制阀包括节流阀、单向节流阀、排气节流阀和快速排气阀等。

① 节流阀。压缩空气由阀门进气口进入，经过节流后改变节流口的开度，这样就调节了压缩空气的流量。

② 单向节流阀。单向节流阀是由单向阀和节流阀并联而成的组合式流量控制阀，单向节流阀常用于气缸的调速和延时回路。

③ 排气节流阀。排气节流阀是装在执行元件的排气口处，调节进入大气中气体流量的一种控制阀。它不仅能调节执行元件的运动速度，还常带有消声器件，所以也能起降低排气噪声的作用。应当指出，用流量控制的方法控制气缸内活塞的运动速度，采用气动比采用液压困难。特别是在极低速控制中，要按照预定行程变化来控制速度，只用气动很难实现。在外部负载变化很大时，仅用气动流量阀也不会得到满意的调速效果。为提高其运动平稳性，建议采用气液联动。

④ 快速排气阀。常安装在换向阀和气缸之间；它使气缸的排气不用通过换向阀而快速排出，从而加速了气缸的往复运动速度，缩短了工作周期。

⑤ 升压器。升压器是一种将低压气动信号转换成高压大流量气流的装置，所以又称为功率放大器或中继器。

3）方向控制阀。方向控制阀用于改变气流方向，使气缸等执行元件换向，故常称为换向阀。气动换向阀按阀芯结构不同可分为滑柱式（又称柱塞式或滑阀）、截止式（又称提动式）、平面式（又称滑块式）、旋塞式和膜片式，其中以截止式换向阀和滑柱式换向阀应用较多，方向控制阀按控制方式不同，又可分为电磁控制、气压控制、机械控制和人力控制四类。

① 电磁换向阀。如螺管式二位三通电磁换向阀是一种常闭式的截止式直动电磁阀。由于采用螺管式电磁铁，此阀具有结构紧凑、行程短、吸引力较大和冲击力较小等优点。但由于铁心采用整体式，在用交流电时，涡流损失较大，故电磁铁多设计为小型的，所以这种阀多为小通径的。二位三通盘式双线圈电磁换向阀是常闭式具有记忆功能的换向阀，多用作先导阀。

② 气压延时换向阀。气压延时换向阀是一种带有时间信号元件的换向阀。时间信号元件由气容和单向节流阀组成。气动延时换向阀延时的长短，用节流阀调节。恒节流孔与节流阀配合使用，以满足所要求的延时。延时时间可由几分之一秒至几分钟。延时换向阀的结构形式很多，按延时换向阀的作用不同，分为延时接通和延时断开两类。

③ 脉冲式行程阀。在气动系统中用脉冲式行程阀控制有记忆功能的气压控制换向阀，可以消除干扰信号，使管路简化。脉冲信号延续时间的长短取决于气容的容积和节流孔的大小。

④ 梭阀。相当于两个单向阀组合而成的阀。

（3）执行元件　执行元件是将气体的压力能转换成机械能的一种能量转换装置。它包括实现直线往复运动的气缸和实现连续回转运动或摆动的气马达或摆动液压马达等。下面主要介绍气缸。

气缸是气动系统的执行元件之一，除几种特殊气缸外，普通气缸的种类及结构形式与液压缸基本相同。

1）气-液阻尼缸。普通气缸工作时，由于气体的压缩性，当外部载荷变化较大时，会产生“爬行”或“自走”现象，使气缸的工作不稳定。为了使气缸运动平稳，普遍采用气-液阻尼缸。气-液阻尼缸综合利用了空气作为介质的经济性以及液压传动所具有的平稳性和调速的准确性，在铸造生产中也广泛应用。例如，Z145A型和ZB148A型造型机的压头转臂机构中都使用了这种气-液阻尼缸。

2）气压油缸。它是一种使气压直接转换成液压的装置。它利用气动控制达到液压传动的目的。

3）薄膜式气缸。它是一种利用压缩空气通过膜片推动活塞杆做往复直线运动的气缸。它由缸体、膜片、膜盘和活塞杆等主要零件组成。其功能类似于活塞式气缸，它分单作用式和双作用式两种。薄膜式气缸的膜片可以做成盘形膜片和平膜片两种形式。膜片材料为夹织物橡胶、钢片或磷青铜片。常用的是夹织物橡胶，橡胶的厚度为5~6mm，有时也可用1~3mm。金属式膜片只用于行程较小的薄膜式气缸中。薄膜式气缸和活塞式气缸相比，具有结构简单、紧凑、制造容易、成本低、维修方便、寿命长、泄漏小、效率高等优点。

4）冲击气缸。它是一种体积小、结构简单、易于制造、耗气功率小但能产生相当大冲击力的一种特殊气缸。与普通气缸相比，冲击气缸的结构特点是增加了一个具有一定容积的蓄能腔和喷嘴。冲击气缸的用途广，可用于锻造、冲孔、铆接、切割下料和压配等多个方面，铸造生产中可以用来破碎铸铁锭和废铸件等。

（4）辅助元件　保证压缩空气的净化、元件的润滑、元件间的连接及消声等所必需的元件，它包括过滤器、油雾器、管接头及消声器等。气动辅助元件分为气源净化装置和其他辅助元件两大类。

1）气源净化装置。压缩空气净化装置一般包括：后冷却器、油水分离器、储气罐、干燥器和过滤器等。

① 后冷却器。后冷却器安装在空气压缩机出口处的管道上。它的作用是将空气压缩机排出的压缩空气的温度由140~170℃降至40~50℃。这样就可使压缩空气中的油雾和水气迅速达到饱和，使其大部分析出并凝结成油滴和水滴，以便经油水分离器排出。

② 油水分离器。油水分离器安装在后冷却器出口管道上，它的作用是分离并排出压缩空气中凝聚的油分、水分和灰尘杂质等，使压缩空气得到初步净化。

③ 储气罐。储气罐的主要作用是：储存一定数量的压缩空气，以备发生故障或临时需要应急使用；消除由于空气压缩机断续排气而对系统引起的压力脉动，保证输出气流的连续性和平稳性；进一步分离压缩空气中的油、水等杂质。

④ 干燥器。经过后冷却器、油水分离器和储气罐后得到初步净化的压缩空气，以满足一般气压传动的需要。但压缩空气中仍含一定量的油、水以及少量的粉尘。如果用于精密的气动装置、气动仪表等，上述压缩空气还必须进行干燥处理。压缩空气干燥方法主要采用吸附法和冷却法。

⑤ 过滤器。空气的过滤是气压传动系统中的重要环节。不同的场合，对压缩空气的要求也不同。过滤器的作用是进一步滤除压缩空气中的杂质。

2）其他辅助元件。包括油雾器、消声器和管道连接件等。

① 油雾器。油雾器是一种特殊的注油装置。它以空气为动力，使润滑油雾化后，注入空气流中，并随空气进入需要润滑的部件，达到润滑的目的。

② 消声器。在气压传动系统之中，气缸、气阀等元件工作时，排气速度较高，气体体积急剧膨胀，会产生刺耳的噪声。噪声的强弱随排气的速度、排量和空气通道的形状而变化。排气的速度和功率越大，噪声也越大，一般可达 100~120dB，为了降低噪声可以在排气口装消声器。消声器就是通过阻尼或增加排气面积来降低排气速度和功率，从而降低噪声的。

③ 管道连接件。管道连接件包括管子和各种管接头。有了管子和各种管接头，才能把气动控制元件、气动执行元件以及辅助元件等连接成一个完整的气动控制系统，因此，实际应用中，管道连接件是不可缺少的。

（5）气动逻辑元件及射流逻辑元件　逻辑元件是指在控制系统中能够完成一定逻辑功能的器件，也称开关元件。

逻辑元件的种类繁多，用气体作为工作介质的逻辑元件有气动逻辑元件和射流逻辑元件两种。气动逻辑元件是通过一种可动部件的动作进行气流切换来实现逻辑功能的。而不带可动部件的射流逻辑元件是靠气流的相互作用或流体流动时发生的物理效应实现气流切换，从而完成逻辑功能的。气动逻辑元件和射流逻辑元件在工作压力和信号传递速度等方面有明显的差别。

目前，国内一些铸造车间不仅成功地在单机上，如运型砂到混砂机、落砂机上采用了射流控制，而且在生产线上，如造型生产线、冲天炉配料线上也采用了射流控制。

3. 气压传动的特点

气压传动与机械、电气、液压传动相比有以下特点。

（1）气压传动的优点

1）工作介质是空气，与液压油相比可节约能源，而且取之不尽、用之不竭。气体不易堵塞流动通道，用之后可将其随时排入大气中，不污染环境。

2）空气的特性受温度影响小。在高温下能可靠地工作，不会发生燃烧或爆炸，且温度变化时，对空气的黏度影响极小，故不会影响传动性能。

3）空气的黏度很小（约为液压油的 1/万），所以流动阻力小，在管道中流动的压力损失较小，所以便于集中供应和远距离输送。

4）相对液压传动而言，气动动作迅速、反应快，一般只需 0.02~0.3s 就可达到工作压力和速度。液压油在管路中流动速度一般为 1~5m/s，而气体的流速最小也大于 10m/s，有时甚至达到声速，排气时还达到超声速。

5）气体压力具有较强的自保持能力，即使压缩机停机，关闭气阀，但装置中仍然可以维持一个稳定的压力。液压系统要保持压力，一般需要能源泵继续工作或另加蓄能器，而气体通过自身的膨胀性来维持承载缸的压力不变。

6）气动元件可靠性高、寿命长。电气元件可运行百万次，而气动元件可运行2000万~4000万次。

7）工作环境适应性好，特别是在易燃、易爆、多尘埃、强磁、辐射、振动等恶劣环境中，比液压、电子、电气传动和控制优越。

8）气动装置结构简单、成本低、维护方便，过载能自动保护。

（2）气压传动的缺点

1）由于空气的可压缩性较大，气动装置的动作稳定性较差，外载变化时，对工作速度的影响较大。

2）由于工作压力低，气动装置的输出力或力矩受到限制。在结构尺寸相同的情况下，气压传动装置比液压传动装置输出的力要小得多。气压传动装置的输出力不宜大于40kN。

3）气动装置中的信号传动速度比光、电控制速度慢，所以不宜用于信号传递速度要求十分高的复杂线路中。同时实现生产过程的遥控也比较困难，但对一般的机械设备，气动信号的传递速度能满足工作要求。

4）噪声较大，尤其是在超声速排气时要加消声器。

4. 气压传动的应用

针对铸造设备来说，设备中运用气动系统的设备很多。例如在射芯机、造型机、自动线、运输机械系统中使用十分广泛。

气动控制技术以提高系统的可靠性、降低总成本为目标，研究和开发系统控制技术和机、电、液、气综合技术。显然，气动元件的微型化、节能化、无油化、位置控制高精度化以及与电子相结合的应用元件是当前的发展特点和研究方向。

铸造工离不开机械化和自动化，因此学好气压及液压传动知识是十分必要的，学会操作只是一方面，只有懂得液压、气动的工作原理才能真正做到对设备的维护和保养。

第五节　工具、夹具的使用及维护知识

一、铸造手动工具

1. 原始铸造的工具

1）铁铲（铁锹）。用来铲运型砂或芯砂。

2）筛子。用来筛面砂。

3）砂舂。砂舂用于舂实型砂，按砂舂头部的形状，分扁头和平头两种。扁头用来舂实模样周边或狭窄部分的型砂；平头用来舂实砂型表面。

4）通气针。通气针用于在砂型中扎出通气孔。

5）起模针和起模钉。起模针和起模钉用来起出砂型中的模样。工作端为尖锥形的称为起模针，用于起出较小的模样。

6）刮板。刮板又称刮尺，用平直的木板或铁板制成，长度应比砂箱宽度稍长，当砂型舂实后用来刮去高出砂箱的型砂。

7）掸笔。掸笔用来润湿模样边缘的型砂，以便起模和修型。常用的掸笔有扁头和圆头两种。

8）排笔。排笔主要用来清扫铸型上的灰尘和砂粒或用于在砂型的大表面涂刷涂料。

9）粉袋（铅粉袋）。粉袋用来在型腔表面抖敷石墨粉或滑石粉。

10）手风箱。手风箱又称皮老虎，用来吹去砂型上散落的灰尘和砂粒，使用时不可用力过猛，以免损坏砂型。

11）风动捣固器。风动捣固器又称风冲子或风枪，它由压缩空气带动，用来舂实较大的砂型和型芯。

2. 常用修型工具

时代在发展，很大一部分铸造企业已开始机械化生产和自动化作业（应保留少量的修型工具备用），但在一些专门生产和维修配件及备件的企业因生产品种多样化采用修型工具是十分必要的，一些大型铸件生产时也常采用修型工具。

1）镘刀。修理较大的平面，开挖浇口和切割沟槽。

2）砂钩。砂钩又称提钩，用来修理砂型、型芯中深而窄的底面和侧壁，提出散落在型腔深窄处的型砂等。砂钩用工具钢制成，常用的有直砂钩和带后跟砂钩。按砂钩头部宽度和长度的不同又有不同的种类，修型时，根据型腔部分的尺寸来选择所用钩的种类。

3）半圆。半圆又称竹爿梗或平光杆，用来修整垂直弧形的内壁及其底面。

4）圆头。圆头用来修整圆形及弧形凹槽。

5）法兰梗。法兰梗又称光槽镘刀，用来修理砂型、型芯的深窄底面及管子两端法兰的窄边，用工具钢或青铜制成。

6）压勺。压勺用来修理砂型、型芯的较小平面，开设较小的浇道等。常用工具钢制成，其一端为弧面，另一端为平面，勺柄斜度为30°。

7）双头铜勺。双头铜勺又称秋叶，用来修整曲面或窄小凹面。

二、生产中使用的工具、夹具

1. 铸造常用测量工具

（1）钢直尺　钢直尺是最简单的测量长度、外径和内径等尺寸的工具。它的测量结果不太准确。这是由于钢直尺的刻线间距为1mm，而刻线本身的宽度就有0.1~0.2mm，所以测量时读数误差比较大，只能读出毫米数，即它的最小读数值为1mm，比1mm小的数值，只能估计而得。

如果用钢直尺直接测量零件的直径尺寸（轴径或孔径），则测量精度更差。其原因是：除了钢直尺本身的读数误差比较大以外，还由于钢直尺无法正好放在零件直径的正确位置而产生的误差。所以，零件直径尺寸的测量，也可以利用钢直尺和内外卡钳配合起来进行。

（2）钢卷尺　钢卷尺一般用于测量长度。钢卷尺有多种规格，生产中选用哪种规格测量将视被测量物的长度而定。

（3）内、外卡钳　内、外卡钳是最简单的比较量具。外卡钳是用来测量外径和平面的，内卡钳是用来测量内径和凹槽的。它们本身都不能直接读出测量结果，而是把测量得的长度尺寸（直径也属于长度尺寸），在钢直尺上进行读数，或在钢直尺上先取下所需尺寸，再去检验零件的直径是否符合。

1）卡钳开度的调节。首先检查钳口的形状，钳口形状对测量精确性影响很大，应注意经常修整钳口的形状。调节卡钳的开度时，应轻轻敲击卡钳脚的两侧面。先用两手把卡钳调整到和工件尺寸相近的开口，然后轻敲卡钳的外侧来减小卡钳的开口，敲击卡钳内侧来增大卡钳的开口。但不能直接敲击钳口，这会因卡钳的钳口损伤测量面而引起测量误差，更不能在机床的导轨上敲击卡钳。

2）外卡钳的使用。外卡钳在钢直尺上取下尺寸时，一个钳脚的测量面靠在钢直尺的端面上，另一个钳脚的测量面对准所需尺寸刻线的中间，且两个测量面的连线应与钢直尺平行，人的视线要垂直于钢直尺。用已在钢直尺上取好尺寸的外卡钳测量外径时，要使两个测量面的连线垂直零件的轴线，靠外卡钳的自重滑过零件外圆时，手中的感觉应该是外卡钳与零件外圆正好是点接触，此时外卡钳两个测量面之间的距离，就是被测零件的外径。

（4）塞规和环规　塞规和环规主要用于测量型芯的直径、内孔和沟槽尺寸。

（5）卡规　卡规广泛用于控制型芯的上、下限，其过端表示尺寸的上限，止端表示尺寸的下限。

（6）块规　块规主要用于测量型芯的高度、厚度及相对高度。

（7）样板　大型或复杂件常靠多个型芯及砂型组成其几何形状，下芯时需用样板来检验型芯在砂型中的高度及位置和型芯相互间的位置尺寸是否正确。

2. 维护保养要求

1）所有测量器具都应轻拿轻放。

2）使用过程中不得用力过度，以防变形造成测量误差。

3）不得作为其他工具使用，以防变形或损坏。

4）使用完毕，应及时擦拭干净，并摆放整齐（有专用包装盒的，应放到盒内），防止受潮、受压。

5）样板应涂油存放到专用包装盒内，以防锈蚀而影响使用。

6）发现损坏、过载、误操作或者显示不正常、功能出现可疑等故障的测量器具应及时报修。

3. 铸件常用检测工具量具

（1）水平仪　水平仪是测量角度变化的一种常用量具，主要用于测量机件相互位置的水平位置和设备安装时的平面度、直线度和垂直度，也可测量零件的微小倾角。常用的水平仪有条式水平仪、框式水平仪和数字式光学合象水平仪等。

1）条式水平仪，如图 2-1-33 所示。

条式水平仪由作为工作平面的 V 形底平面和与工作平面平行的水准器（俗称气泡）两部分组成。工作平面的平直度和水准器与工作平面的平行度都做得很精确。当水平仪的底平面放在准确的水平位置时，水准器内的气泡正好在中间位置（即水平位置）。在水准器玻璃管内气泡两端刻线为零线的两边，刻有不少于 8 格的刻度，刻线间距为 2mm。当水平仪的底平面与水平位置有微小的差别时，也就是水平仪底平面两端有高低时，水准器内的气泡由于地心引力的作用总是往水准器的最高一侧移动，这就是水平仪的使用原理。两端高低相差不多时，气泡移动也不多，两端高低相差较大时，气泡移动也较大，在水准器的刻度上就可读出两端高低的差值。

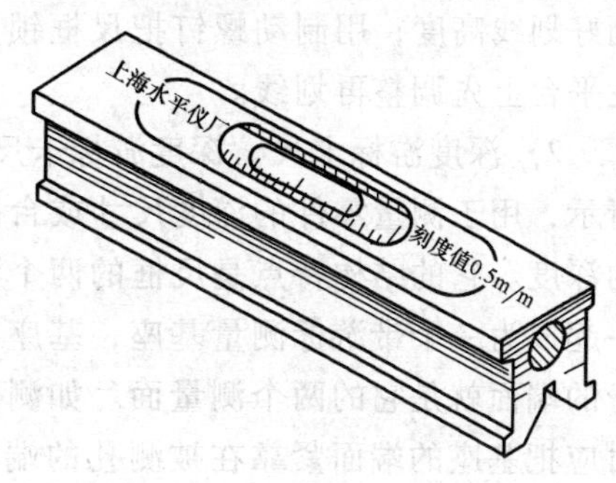

图 2-1-33　条式水平仪

2）框式水平仪。常用的框式水平仪主要由框架、弧形玻璃管主水准器和调整水准组成。利用水平仪上水准泡的移动来测量被测部位角度的变化。

（2）砂型表面硬度计　用于测量湿态砂型、型芯表面的硬度时，将硬度计下端的钢球按在砂型表面，盘上指针所指数字即为砂型、型芯表面的硬度。一般砂型紧实后的硬度为 70~80HBW，紧实度高的砂型表面硬度为 85~90HBW，型芯的硬度为 70~80HBW。

（3）卡板及样板　生产液压件毛坯的企业，由于型芯尺寸精度高在修组芯时都要仔细用样板（数量大时先制作样板、卡板）及各种测量器具完成作业。有时还需在平台上检测粘组好的型芯。

（4）游标读数量具　应用游标读数原理制成的量具有：游标卡尺、高度游标卡尺、深度游标卡尺、游标万能角度尺和齿厚游标卡尺等，用以测量零件的外径、内径、长度、宽度、厚度、高度、深度、角度以及齿轮的齿厚等，应用范围非常广泛。

1）高度游标卡尺。高度游标卡尺如图 2-1-34 所示，用于测量零件的高度和精密划线。它的结构特点是用质量较大的底座代替固定测量爪，而动的尺框则通过横臂装有测量高度和划线用的测量爪，测量爪的测量面上镶有硬质合金，提高了测量爪的使用寿命。高度游标卡尺的测量工作，应在平台上进行。当测量爪的测量面与底座的底平面位于同一平面时，如在同一平台平面上，尺身与游标尺的零线相互对准。所以在测量高度时，测量爪测量面的高度，就是被测量零件的高度尺寸，它的具体数值，与游标卡尺一样可在尺身（整数部分）和游标尺（小数部分）上读出。应用高度游标卡尺划线时，调好划线高度，用制动螺钉把尺框锁紧后，也应在平台上先调整再划线。

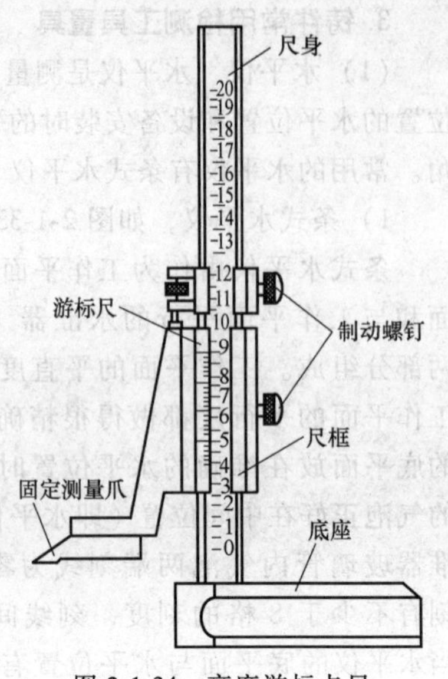

图 2-1-34　高度游标卡尺

2）深度游标卡尺。深度游标卡尺如图2-1-35所示，用于测量零件的深度尺寸或台阶高低和槽的深度。它的结构特点是尺框的两个测量爪连在一起成为一个带游标测量基座，基座的端面和尺身的端面就是它的两个测量面。如测量内孔深度时应把基座的端面紧靠在被测孔的端面上，尺身与被测孔的中心线平行，伸入尺身，则尺身端面至基座端面之间的距离，就是被测零件的深度尺寸。它的读数方法和游标卡尺完全一样。

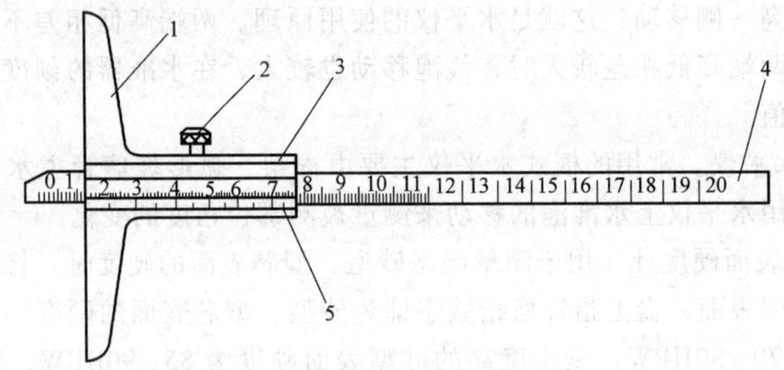
图 2-1-35　深度游标卡尺

1—基座　2—制动螺钉　3—尺框　4—尺身　5—游标尺

（5）游标卡尺的结构形式　游标卡尺是一种常用量具，具有结构简单、使用方便、精度中等和测量的尺寸范围大等特点，可以用它来测量零件的外径、内径、长度、宽度、厚度、深度和孔距等，如图 2-1-36 所示。

游标卡尺有以下三种结构形式：

1）测量范围为 0~125mm 的游标卡尺，制成带有刀口形的上、下测量爪和带有深度尺的形式。

2）测量范围为 0~200mm 和 0~300mm 的游标卡尺，可制成带有内外测量面的下测量爪和带有刀口形的上测量爪的形式。

3）测量范围为 0~200mm 和 0~300mm 的游标卡尺，也可制成只带有内、外测量面的下测量爪的形式。而测量范围大于 300mm 的游标卡尺，只制成这种仅带有下测量爪的形式。

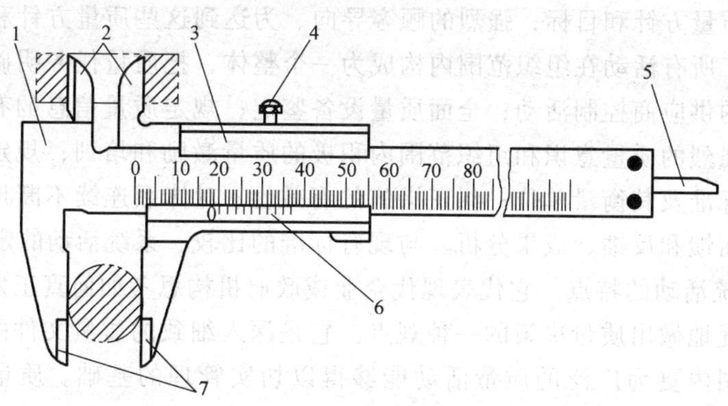

图 2-1-36　游标卡尺

1—尺身　2—上测量爪　3—尺框　4—制动螺钉　5—深度尺　6—游标　7—下测量爪

（6）游标万能角度尺　游标万能角度尺的结构如图 2-1-37 所示。它由直尺、游标尺、基尺和主尺组成。直尺可顺其长度方向在适当的位置上固定，转盘上有游标标线。游标尺的分度值为 5′。主尺上每格角度线为 1°，游标尺上自“零”标记起，左右各刻有 12 等分角度线，其总角度是 23°。所以游标尺上每格的度数是 $\frac{23°}{12}=115'=1°55'$，主尺上 2 格与游标尺上 1 格相差度数是 $2°-1°55'=5'$，即这种量角器的分度值为 5′。

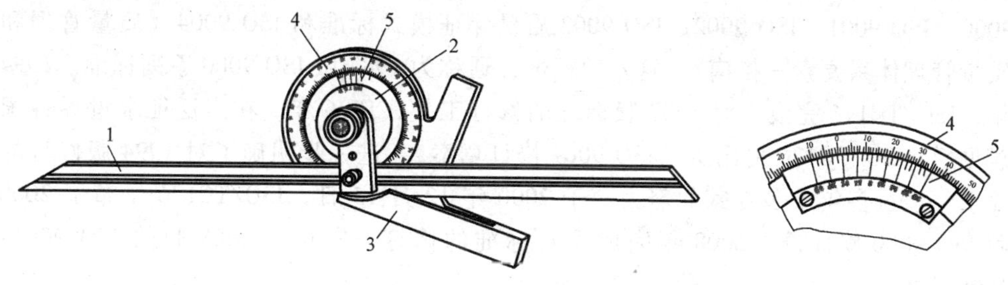

图 2-1-37　游标万能角度尺的结构

1—直尺　2—游标尺　3　基尺　4—主尺　5—游标标线

第六节　质量管理知识

一、QMS 在企业的应用

QMS 是 Quality Management System 的简称，中文含义为质量管理体系。

1. 主要的系统活动

同自发形成发展起来的体系相比，质量管理体系的建立必须满足如下的目标要求：

规定具体的质量方针和目标；强烈的顾客导向、为达到这些质量方针和目标所必需的所有活动。所有活动在组织范围内构成为一个整体，把质量任务明确分配给全体人员；特定的供应商控制活动；全面质量设备鉴定；规定质量信息的有效流动、处理及控制；强烈的质量意识和组织范围内积极的质量激励和培训；规定质量成本及质量绩效的标准及其衡量单位；纠正措施的有效性；对体系连续不断地控制，其中包括信息的前馈和反馈、成果分析、与现有标准的比较、系统活动的定期审核。

(1）系统活动的特点　它代表现代企业或政府机构思考如何真正发挥质量的作用和如何最优地做出质量决策的一种观点。它是深入细致的质量文件的基础。质量体系是使公司内更为广泛的质量活动能够得以切实管理的基础。质量体系是有计划、有步骤地把整个公司主要质量活动按重要性顺序进行改善的基础。

(2）质量管理体系标准的产生和发展　第二次世界大战期间，军事工业迅速发展，美国等工业发达国家政府在采购军品时，开始对供应商提出了质量保证的要求。20 世纪 50 年代末，美国发布了 MIL-Q-9858A《质量大纲要求》，为国际上最早的质量保证标准。之后，一些工业发达国家，如英国、法国和加拿大等国在 20 世纪 70 年代末先后发布了质量管理和质量保证标准。由于各国实施的标准不一致，给国际贸易带来了壁垒，质量管理和质量保证的国际化成为当时世界各国的迫切需要。

国际标准化组织（ISO）于 1979 年成立了质量管理和质量保证技术委员会(TC176)。1986 年，发布了 ISO 8402：1986《质量—术语》，1987 年，发布了 ISO 9000、ISO 9001、ISO 9002、ISO 9003 质量保证模式标准和 ISO 9004《质量管理和质量管理体系要素—指南》。这六项标准，通称为 1987 版 ISO 9000 系列标准。1994 年，ISO/TC176 完成了对 1987 版标准的修订工作，1996 年，在广泛征求世界各国意见后，ISO/TC176 提出了《ISO 9001 修订草案》，进一步明确了对 1994 版修订的要求。经过多年众多专家的努力，于 2000 年 12 月 15 日，ISO/TC176 发布了 2000 版 ISO 9000 族标准。2008 年完成了对标准的修订，发布了 2008 版的 ISO 9001：2008 标准。

(3）适用性　标准具有广泛的适用性，它代表科学技术的进步和社会生产力水平的提高；内含质量管理的成功经验，各国的质量政策；同时它在世界范围内应用也是国际贸易的需要。

(4）企业推行 ISO 9000 族标准的益处

1）改善企业内部管理，使工作条理化。

2）明确各部门岗位职责，分工明确。

3）稳定产品品质，提高产品可靠性，减少成本。

4）扩大公司知名度及市场份额。

5）提高职工素质，保证沟通畅顺。

6）职工全面提升格调水平。

2. 形成文件的质量管理体系简介

（1）概述　ISO 9001 族标准要求对建立的质量管理体系形成文件，加以实施和保持，并持续改进其有效性，并允许组织在选择对其质量管理体系形成文件的方式有更多的灵活性。必须强调，ISO 9000 族标准一直要求建立一个形成文件的质量管理体系而不是一个文件体系。

（2）质量管理体系文件　包括以下内容：

1）质量管理体系常用文件类型。

2）对文件的要求。

3）组织确定其所需文件的数量和详略程度及使用的媒体应考虑的因素。

（3）形成文件的质量方针和质量目标

1）对质量方针的要求：

① 与组织的宗旨相适应。

② 括对满足要求和持续改进质量管理体系有效性的承诺。

③ 提供制定和评审质量目标的框架。

④ 在组织内得到沟通和理解。

⑤ 在持续适宜性方面得到评审。

2）对质量目标的要求。标准要求质量目标应形成文件，组织在编制质量目标时应确保：

① 在组织的相关职能和层次上建立质量目标。

② 质量目标包括满足产品要求所需的内容。

③ 质量目标应可测量。

④ 质量目标应与质量方针保持一致。

建立可测量的质量目标体系，是组织质量策划活动的一个重要方面。

3）质量手册的要求和内容：

① 对质量手册的基本要求。

② 质量手册的基本结构。

应当强调，手册的格式由各组织自行决定，并取决于组织的规模、文化和复杂程度。

4）形成文件的程序的要求和内容：

① 程序文件的要求。

② 程序文件的基本内容。

5）质量计划的要求和内容：

① 质量计划的要求。

② 质量计划的基本内容。

6）标准要求的记录。

7）文件的评审与更新。

8）质量管理体系文件化的实施。

① 由已获认证的组织实施。

② 由准备认证的组织实施。

3. 八项质量管理原则

一些国际质量管理专家总结了国际工业发达国家全面质量管理的理论成果和先进经验，并提出了八项质量管理原则。这八项原则不仅是进一步深入推行全面质量管理要遵循的八项原则，也是贯彻标准，建立和实施体系要遵循的八项原则。这八项原则中，把“以顾客为关注焦点”放在首位，这也是质量管理开展质量经营的核心要求。ISO 9000 族标准的发布和贯彻，不仅是为了通过认证，取得证书，提高企业的质量管理水平，而更重要的是为了提高企业的整体素质，更好地满足顾客的需求，实现企业经营目标的增值。

（1）以顾客为关注焦点　组织依存于顾客。因此，组织应当理解顾客当前和未来的需求，满足顾客要求并争取超越顾客期望。

（2）领导作用　领导者确立组织统一的宗旨及方向，为员工创造能充分参与实现组织目标的内部环境。

（3）全员参与　各级人员都是组织之本，只有他们的充分参与，才能使他们的才干为组织带来收益。

（4）过程方法　将活动和相关的资源作为过程进行管理，可以更高效地得到期望的结果。

（5）管理的系统方法　将相互关联的过程作为系统加以识别、理解和管理，有助于组织提高实现目标的有效性和效率。

（6）持续改进　持续改进总体业绩应当是组织的一个永恒目标。

（7）基于事实的决策方法　有效决策是建立在数据和信息分析的基础上的。

（8）与供方互利的关系　组织与供方是相互依存的，互利的关系可增强双方创造价值的能力。

4. ISO 9000 族标准

ISO 9000：2005《质量管理体系　基础和术语》（GB/T 19000—2008）。

ISO 9001：2008《质量管理体系　要求》（GB/T 19001—2008）。

ISO 9004：2002《质量管理体系　业绩改进指南》（GB/T 19004—2011）。

ISO 19011：2002《质量管理体系审核指南》（GB/T 19011：2003）。

二、质量三要素

1. 质量三要素的内容

（1）固有特性　固有特性即具体、特定事物“质量”中“质”的表征。所谓固有，是指该特定事物内在的、不是外加的特性。它可以定性的，也可以定量的。固有特性有物理的（机、电、化学、生物）、感官的（味、嗅、触、视、听）、行为的（礼貌、诚实、正直）、时间的（如准时性、可靠性、可用性）、人体工效（生理特性或有关人身安全的）、功能的（如飞机速度）等好多种类。它们都可以用各种指标来表征。以此从质方面来区别其他事物，所以称为“特”性。

（2）要求　要求即明示的、通常隐含的或必须履行的需求或期望。针对产品，可以按照顾客的使用要求转化为各项具体指标。如果转化正确，这些就是内部顾客要求。我们所提供的产品、服务正是因为它们带有能满足顾客使用要求的那些特性，才能满足顾客的各种要求。因此，大家常常说：“质量是由顾客说了算”。衡量质量只能用这些要求是否达到满足来衡量，由顾客感知他们的要求是否都得到满足来判定顾客是否满意。

（3）满足的程度　它是具体、特定事物“质量”中“量”的确定。第三个要素是把前面两个要素联系起来的结果。具体、特定事物的质量中该事物所具有的固有特性是“质”，满足要求的程度是“量”。于是得到“质量”的概念。相对于把Quality翻译成“品质”来说，更加贴切一些。

衡量质量的好坏，只能用这些要求是否达到满足来衡量。同样的产品，具有同样的特性，由于顾客要求不同，满足程度就不同。得出质量好坏的结论也就不同。我们认识一个事物可以从很多方面、角度去认识，关键是认识的目的，即是为什么人服务的，是为了解决什么问题，如何去解决问题。因此，以上的定义和名称根据不同情况都是可以变化的。

每当谈论质量，人们往往会想到产品的质量，没有注意到过程和体系的质量。由于产品是过程的结果，过程的质量决定了产品的质量。而过程组成了体系，同样的道理，过程的质量决定了体系的质量。从系统观点来看，体系的组成要素就是过程，如果过程本身（体系的元素）质量好，体系把这些过程再组织得好（靠管理过程），也就是体系的结构好（靠支持和管理过程），那么，体系就能（靠管理过程）控制过程，确保过程长期处于良好状态。因此，要想确保产品质量，关键要抓好过程（包括产品实现过程和支持、管理过程）。靠什么抓？靠体系来抓。如何抓，方法有好多，其中一种就是根据ISO 9001国际标准针对质量管理体系的要求来建立、实施、维持和改进具体特定的某一个质量管理体系。这个体系要有能力控制过程，确保过程的能力满足产品的要求，然后，才能提供符合顾客要求的产品。

2. 如何把握质量三要素

为了达到使顾客满意的目的，必须把握好质量三要素。

1）把握质量三要素中的“要求”。也就是要及时、正确理解和预测顾客的需求和期望，恰当地把这些需求和期望转化为可操作的、明确规定的对产品（服务）的使用要求。

2）把握好质量三要素中的“固有特性”。如何把握，分三个层次来讨论：

① 产品层次。通过产品的设计和开发过程，把顾客的需求和期望转化成产品中各种固有特性。然后，针对这些特性层层展开，分别确定各个部件、零件和原材

料的要求。通过产品中零部件的作用，使产品具有能满足顾客需求和期望的特性，达到使顾客满意的目的。这说明质量是设计进去的。产品固有特性满足顾客要求的程度决定了产品的质量好坏。

② 过程层次。产品设计和开发的输出除对产品、零部件规定要求之外，凡是对产品质量有影响的过程，都要给采购、生产和服务提供适当的信息，包含或者引用产品合格验收的判别准则。这样做，就从设计角度把握了质量三要素，相当于产品是内部顾客向各过程（采购、加工、装配、检验等过程）提出了需求和期望。这些过程的固有特性必须满足产品对它们提出的要求，其满足的程度也通常用过程能力指数来衡量，过程能力指数决定了过程的质量好坏。

③ 体系层次。前面这些过程的固有特性都是由人、机、料、法、环、测等因素组成和决定的。这些因素又是各过程的工作结果。譬如，人员是人力资源提供过程、机器设备是设备维护过程、材料是采购过程……的结果。这些过程我们通常称为支持过程，它们和产品实现过程组成了质量管理体系。用这个体系来控制过程，确保过程始终具有满足产品要求的能力，从而确保产品的质量。同时，要持续改进体系的有效性（实际上，还必须提高效率，才能求得生存和发展）。这就相当于把过程的要求转向对体系提出的需求和期望。这些体系的固有特性满足过程要求的程度决定了体系的质量好坏。

3）把握质量三要素中的“满足的程度”。以上三个层次（产品、过程和体系）的“要求”和“固有特性”是逐步展开的。顾客的要求由产品的固有特性来满足，产品的固有特性转化为对过程的要求，再由过程的固有特性来满足。它们的满足程度决定了它们的质量水平。同样有三个层次需要把握好。

① 最基础的层次。要根据 ISO 9001：2008 第 8.2.2 条“内部审核”和第 8.5.1 条“持续改进”要求，此外，还包括第 5.6 条“管理者评审”和 ISO 9004 的“自我评定”，及时监视、持续改进质量管理体系的有效性，实际上还应当包括效率。通过这些活动来把握好质量三要素中体系固有特性满足过程要求的“满足程度”，预防过程出问题。前面谈到，中间层次对过程的监视可以做到对产品的预防，但是，过程出了问题，也还是需要花钱去纠正。如果把握好体系这个层次，过程能力持续、稳定和充分了，经济效益必然会提高，更加不需要担心产品和服务的质量了。实际上，这就是执行预防为主的方针，也就是六西格玛管理或者零缺陷管理的做法。

② 中间层次。要根据 ISO 9001：2008 第 8.2.3 条“过程的监视和测量”要求，及时监视、控制好过程。譬如，过程能力指数的监视，确保过程能满足产品对它提出的要求，即执行 ISO 9001：2008 第 8.2.4 条“产品的监视和测量”要求。尽管测量的数据是产品的特性数据，我们也应当把这些产品数据看作过程的“声音”，起到对过程监视的作用。如果过程能力充分，利用控制图来监视过程的时候，每当发现过程有问题，产品可能还是满足要求的，而不至于造成产品报废。

③ 最高层次。产品交付给顾客以后，根据 ISO 9001：2008 第 8.2.1 条“顾客满意”要求，把握好跟踪顾客、感知组织所提供产品特性满足顾客需求和期望的程度。

三、质量控制

1. 质量控制的概念

为达到质量要求所采取的作业技术和活动称为质量控制。这就是说，质量控制是为了通过监视质量形成过程，消除质量环节上所有阶段引起不合格或不满意效果的因素，以达到质量要求，获取经济效益，而采用的各种质量作业技术和活动。

当今企业要在激烈的市场竞争中生存和发展，仅靠把握方向性的战略性选择是不够的。残酷的现实告诉我们，任何企业间的竞争都离不开“产品质量”的竞争，没有过硬的产品质量，企业终将在市场经济的浪潮中消失。而产品质量作为最难以控制和最容易发生问题的环节，往往让供应商苦不堪言，小则退货赔钱，大则客户流失，关门大吉。因此，如何有效地进行过程控制是确保产品质量和提升产品质量，促使企业发展、赢得市场、获得利润的核心。过程监控是控制产品质量一个源头，即控制质量的关键。

生产过程的质量监控在产品质量控制中占有重要地位。近年来，质量控制学说已发生了较大的变化，现代质量工程技术把质量控制划分为若干阶段。在产品开发设计阶段的质量控制称为质量设计。在制造中需要对生产过程进行监测，该阶段称为质量监控阶段。抽样检验控制质量是传统的质量控制方式，被称为事后质量控制。在上述若干阶段中最重要的是质量设计，其次是质量监控，最后是事后质量控制。综上所述，过程监控是控制产品质量的关键。

要保证产品质量，必须加强对生产过程质量的控制。质量控制是为了达到质量要求所采取的作业技术和活动。其目的在于监视过程，并排除质量环节所有阶段中导致不满意的因素，以此来确保产品质量。针对铸造行业来说铸件的质量控制和铸件质量的保证是分不开的。

（1）对铸件质量进行控制　对铸造生产的特点是工序多、连贯性强、每道工序的变量多，这些变量检测难、不易控制，最终可能都反映到缺陷的成因上。因此，应对铸件质量进行控制，把预防缺陷发生放在第一位。

铸件质量取决于每一道工艺过程的质量。对铸件质量进行控制，就是全过程质量控制，将过程处于严格控制之中，不出现系统误差（由异常原因造成的误差）。过程中由随机原因产生的随机误差，其频率分布是有规律的。利用数理统计方法将铸造过程中系统误差和随机误差区分开来的方法是质量控制的基本方法。

铸件质量控制首先在于如何稳定生产过程，避免系统误差的出现和随机误差的积累。其次要提高工艺过程精度，缩小误差频率分布范围或分散程度。铸造生产的内在因素多，铸件形成过程涉及金属学、传热学、物理化学、流体力学和断裂力学等大量基础理论，它属于微观变化的控制。铸造各工序输出的诸多指标不便或不能通过后续的测量加以验证，故被定义为特殊过程。因此这些工序必须科学地制订特殊过程确认准则才能有效地进行控制。

过程控制包括：技术准备过程、验收条件的制订；铸造工艺、工装设计的验证；原材料验收；设备检查。另外，还包括熔炼、配砂、造型、制芯等工艺参数的控制。

控制方法是定期记录工艺参数进行统计分析，判断各工段参数误差频率分布及性质，对每一个中间工序的结果进行检查。建立工艺过程控制站是质量管理中行之有效的措施，如建立化学分析及金相实验室、辅料实验室、在线检测点。例如在碾砂岗，可设第一时间抽选出关键参数进行快速现场检测。控制站还有一个功能是贯彻并使操作者严格执行操作规程。由于铸件产生缺陷的原因是多方面的和复杂的，有些缺陷由多个因素引起，故不容易划分各自应承担的责任百分比。

（2）铸件质量的保证　质量的保证根据铸件质量要求不同而有差别。相适应的保障体系是关键，当然这种体系主要由用户对铸造方提出。质量保证体系构成分软件和硬件两部分。

1）软件。包括以下内容：

① 质量管理机构健全。

② 质量责任制度明确。

③ 质量信息网络全面、灵敏和功能齐全。

④ 有完善的标准化组织。

⑤ 计量工作完备。

⑥ 对从业人员的质量培训经常化。

⑦ 产品的技术档案详细，管理机能好。

2）硬件。包括基础设施、环境等。

① 生产设备应根据铸件质量要求进行调整。铸件精度要求高，其造型设备的精度水平应相应提高。

②工艺装备方面，企业应具有一定的工装设计水平及制造、维修、保养和管理等能力。

③ 生产过程中的监控是实施质量管理所需数据的来源，测量设备仪器仪表处于完好状态，同时校准是十分必要的。要求质控点足够、布置合理和符合经济生产的原则。

④ 产品检验手段完备，防止不合格铸件漏检出厂。这是完成质量保证的关键环节。

综合上述内容应明确企业中从业人员的素质在质量保证体系中起决定性作用，应通过相应的培训和教育，予以保证和提高。

2. 质量控制软件

SPC 是一种质量控制分析软件，通过 SPC 可以对铸件各生产工序进行品质监控，其最后一步就是要对统计过程进行分析，通过统计来分析品质问题异常的情况。

SPC 实施的具体步骤：

1）收集数据并作图。

2）设定控制限，识别特殊原因并采取措施。

3）分析与改进，确定普通原因变差的大小，并采取措施，减小变差。

针对以上 SPC 理论思维逻辑与实施步骤，再来思考究竟实施 SPC 应做哪些准备工作。SPC 是用统计方法来控制过程，企业在实施 SPC 之前，需检查各项质量管理体制是否完善，是否有良好的按章办事的习惯，这是 SPC 实施的管理环境需要。

3. PDCA 循环

（1）PDCA 的含义　PDCA 是一种动态的方法，可以在组织内的各个过程和过程之间的所有相互作用中实施。它与策划、实施、验证和改进之间是紧密协调的。

P：策划（Plan）。根据顾客、法律法规要求和组织方针，建立目标和交付产品所需的过程。计划阶段：找出存在的问题，通过分析制订改进的目标，确定达到这些目标的具体措施和方法。

D：实施（D_o）。实施过程。执行阶段：按照制订的计划要求去做，以实现质量改进的目标。

C：检查（Check）。对照方针、目标和产品要求，监视和测量过程和产品，并报告结果。检查阶段：对照计划要求，检查、验证执行的效果，及时发现改进过程中的经验及问题。

A：措施（Action）。采取措施，持续改进过程绩效。处理阶段：把成功的经验加以肯定，制定成标准、程序、制度（失败的教训也可纳入相应的标准、程序、制度），巩固成绩，克服缺点。同时，也可以组织各个层次采用 PDCA 观念来保持和改进过程的绩效。这种方法同样可用于高层战略过程和简单的运行活动。

（2）PDCA 循环的八个步骤

1）找出问题。分析现状，找出存在的问题，包括产品（服务）质量问题及管理中存在的问题。尽可能用数据说明，并确定需要改进的主要问题。

2）分析原因。分析产生问题的各种影响因素，尽可能将这些因素都罗列出来。请注意：要逐个问题、逐个因素详加分析，切忌主观、笼统、粗枝大叶。

3）确定主因找出影响质量的主要因素。影响质量的因素往往是多方面的，从大的方面看，可以有操作者（人）、机器设备（机）、原材料（料）、工艺方法或加工方法（法）、环境条件（环）以及检测工具和检测方法（检）等。即使是管理问题，其影响因素也是多方面的，例如管理者、被管理者、管理方法、使用的管理工具、人际关系等。

每项大的影响因素中又包含许多小的影响因素。例如对于操作者来说，既有不同操作者的区别，又有同一操作者因心理状况、身体状况变化引起的不同原因，还有诸如质量意识、工作能力等多方面的因素。

在这些因素中，要全力找出影响质量的主要的、直接的因素，以便从主要因素入手解决存在的问题。

切忌“眉毛胡子一把抓”“丢了西瓜捡芝麻”。切忌什么因素都去管，结果管不了而导致改进的失败。

4）制订计划。针对影响质量的主要因素制订计划，提出改进措施，并预计其效果。

措施和活动计划要具体、明确，切忌空洞、模糊。措施和活动计划具体内容，要回答：为什么制订这一计划，预计达到什么目标，在哪里执行这一计划，由哪个单位或哪个人来执行，何时开始、何时完成，如何执行。

以上四步是 P——计划阶段的具体化。

5）执行计划。按既定的计划实施，也就是 D——执行阶段。

执行中若发现新的问题或情况发生变化（如人员变动），应及时修改措施计划。

6）检查效果。根据措施计划的要求，检查、验证实际执行的结果，看是否达到了预期的效果，也就是 C——检查阶段。

检查效果要对照措施计划中规定的目标进行；检查效果必须实事求是，不得夸大，也不得缩小，未完全达到目标也没有关系。

7）纳入标准。根据检查的结果进行总结，把成功的经验和失败的教训都纳入有关标准、规程、制度之中，巩固已经取得的成绩。

这一步是非常重要的，需要下决心，否则质量改进就失去了意义。在涉及更改标准、程序、制度时应慎重，必要时还需要进行多次 PDCA 循环加以验证，而且还要按 GB/T 19000—ISO 9000 族标准的规定采取控制措施。非书面的巩固措施有时也是必要的。

8）遗留问题。根据检查的结果提出这一循环尚未解决的问题，分析因质量改进造成的新问题，把它们转到下一次 PDCA 循环的第一步去。

对遗留问题应进行分析，一方面要充分看到成绩，不要因为遗留问题而打击了对质量改进的积极性，影响了士气；另一方面又不能盲目乐观，对遗留的问题视而不见。质量改进之所以是持续的、不间断的，就在于任何质量改进都可能有遗留问题，进一步改进质量的可能性总是存在的。

最后两步是 A——处理阶段的具体化。

再次强调：四个阶段必须遵循，不能跨越；八个步骤可增可减，应视具体情况而定。

第七节 电工常识

一、安全用电须知

电能是一种优越的能源，获得了广泛的应用，不断地造福于人类。同时电对人类也有很大的潜在危险性。如果不能做到安全用电，便会对人民的生命财产造成不可估量的损失。懂得安全用电常识，才能主动灵活地驾驭电力，避免发生触电事故，保障人民生命财产的安全。所谓安全用电，是指电气工作人员、生产人员以及其他用电人员，在既定环境条件下，采取必要的措施和手段，在保证人身及设备安全的前提下正确使用电力。在铸造生产中经常要碰到一些电气设备，为了安全生产和节约用电，从事铸造生产的技术工人，必须懂得一些安全用电知识，以防发生人身及设备事故。

1. 电流对人体的作用及影响

由于人体是导体，所以当人体接触带电部位而构成电流的回路时，就会有电流通过人体。电流就会对人体造成不同程度的损害，归结起来有两种伤害：一种是电伤；一种是电击。电击会造成全身发热、发麻、肌肉抽搐、神经麻痹，会引起室颤、昏迷，以致呼吸窒息，心脏停止跳动而死亡。

（1）触电形式　为预防触电事故的发生，我们分析几种常见的触电形式和人体对电流的反应，从而明确电流对人体的严重危害。触电形式有以下四种。

1）单相触电。在低压电力系统中，若人站在地上接触到一根相线，即为单相触电或称单线触电，人体接触漏电的设备外壳，也属于单相触电。

2）两相触电。两相触电是指人体的不同部位同时接触两根带电相线时的触电。这时不管电网中心是否接地，人体都在电压作用下触电，因线电压高，危险性很大。

3）接触电压、跨步电压触电。当外壳接地的电气设备绝缘损坏失效而使外壳带电，或导线断落发生单相接地故障时，电流由设备外壳经接地线、接地体（或由断落导线经接地点）流入大地，向四周扩散，在导线接地点及周围形成强电场。

接触电压是指人站在地上触及设备外壳，所承受的电压。

跨步电压是指人站立在设备附近地面上，两脚之间所承受的电压。

4）悬浮电路上的触电。市电通过有初、次级线圈互相绝缘的变压器后，从次级输出的电压零线不接地，相对于大地处于悬浮状态，若人站在地面上接触其中一根带电线，一般没有触电的感觉。但在大量的电子设备中，例如收音机、扩音机等，它是以金属底板或印制电路板作公共接“地”端，如果操作者身体的某一部分接触底板（接“地”点），另一部分接触高电位端，就会造成触电。所以在这种情况下，一般都要求单手操作。

（2）续发伤害　对人体的伤害来自于电击引起的事故：从高处跌落能引起脑震荡、骨折或者裂伤。电流引发大火，触发爆炸，并造成人员伤害。

2. 触电急救

（1）脱离电源　触电事故在极短暂的时间内，就会酿成严重的后果，所以发生触电事故，必须及时抢救。据有关资料记载，触电后1min内开始抢救的，90%有生还的可能；触电后6min才救治的，仅有10%的生机；如果在触电后12min才救治的，则救活率就很低了。所以对触电者及时抢救非常重要。救治的方法如下。

1）关闭电源。找到紧急停机按钮（EMO）并关闭电源。在平时应事先知晓这些按钮的位置。如果身边有带绝缘柄的工具（如钢丝钳等），可将电线截断，或戴上绝缘手套或用干燥的木棍或竹竿，将触电者身上的电线挑开。千万注意，不可直接用手去拉触电者，也不可用金属或潮湿的东西去挑电线。否则，非但没有使触电者摆脱电源，反而使救护者自己也变成触电者。

2）呼叫帮助。拿起电话呼叫求助。请事先确信知晓本公司紧急响应电话。根据情况也可拨打120及999急救电话寻求帮助。

3）不要离开受伤人员和受伤人员一起等待救援人员的到来；通知该区域的其他人员以避免进一步的伤害。

触电解救注意事项：①防止续发伤害；②在低压设备上，可用干的衣服、绳子、木棒等工具进行解救；③在高压设备上，救护人员应穿好绝缘靴、戴橡胶手套，使用合格电压的操作棒和绝缘钳等进行解救。

（2）现场救治　当触电者脱离电源以后，如果神志清醒，呼吸正常，皮肤也未灼伤，只要让他到空气清新的地方休息，令其平躺，不要行走，要防止突然惊厥狂奔，体力衰竭而死亡。如果触电者神志不清，呼吸困难或停止，必须立即把他移到附近空气清新的地方，及时进行人工呼吸，并请医务人员前来抢救。如果心脏停止跳动，则需立即进行胸外挤压法抢救，并在送往医院途中不间断抢救。如果触电极严重，心跳呼吸全无，这就需要用人工呼吸法和胸外挤压法同时或交替抢救。

1）人工呼吸法。使触电者平躺仰卧，头后仰，使其舌根不堵住气流，捏住鼻子吹进一口气，然后松开鼻子，使之慢慢恢复呼吸，每分钟约12次。此法效果很好。

2）胸外挤压法。救护者双手相叠，掌握放在比心窝稍高一点的地方（即两乳头之间略下一点），掌根向下压3~4cm，每分钟压60次左右。挤压后掌根迅速放松，让触电者胸廓自行复原，以利血液充满心脏，恢复心脏正常跳动。

（3）施行人工呼吸的注意事项

1）将触电人身上妨碍呼吸的衣扣解开。

2）迅速将触电人口中的食物或义齿取出。

3）必须使触电人的口张开，但要注意不能损坏触电人的牙齿。

4）不能给触电人注射强心剂，必要时可注射可拉明。

3. 安全电压

不带任何防护设备，对人体各部分组织均不造成伤害的电压值称为安全电压。世界各国对于安全电压的规定有：50V、40V、36V、25V、24V 等，其中以 50V、25V 居多。国际电工委员会（IEC）规定安全电压限定值为 50V，25V 以下不必考虑防止电击的危险。我国规定 12V、24V、36V 三个电压等级为安全电压级别。

在湿度大、狭窄、行动不便、周围有大面积接地导体的场所（例如金属容器内、矿井内、隧道内等）使用的手提照明，都应采用 12V 安全电压。凡手提照明器具，在危险环境、特别危险环境的局部照明灯，高度不足 2.5m 的一般照明灯，携带式电动工具等，若无特殊的安全防护装置或安全措施，均应采用 24V 或 36V 安全电压。

4. 安全距离

为了保证电气工作人员在电气设备运行操作、维护检修时不致误碰带电体，规定了工作人员离带电体的安全距离；为了确保电气设备在正常运行时不会出现击穿短路事故，规定了带电体离附近接地物体和不同相带电体之间的最小距离。安全距离主要有以下几方面：

1）设备带电部分到接地部分和设备不同相部分之间的距离。

2）设备带电部分到各种遮拦间的安全距离。

3）无遮拦裸导体到地面间的安全距离。

4）电气工作人员在设备维修时与设备带电部分间的安全距离。

5. 安全用电常识

（1）在生产区域内　为了防止发生触电事故，除了对车间电气设备进行保护接地或保护接零外，在正常工作时还应注意下面几点：

1）自己经常接触和使用的配电箱、配电板、刀开关、按钮、插座、插销以及导线等，必须保持完好、安全，不得破损或将带电部分裸露出来。不能用手触摸裸露的导体，如绝缘已损坏的导线或接线端等。如要鉴定是否带电，必须使用完好的验电工具。

2）车间内的电气设备，不要随便乱动。自己使用的设备、工具，如果电气部分出了故障不得私自修理，也不得带故障运行，应立即请电工检修。如必须带电操作时，一定要采取安全措施。

3）工厂内的移动式用电器具，例如落地式风扇、手提砂轮机、手提电钻等电动工具都必须安装使用漏电保护开关，实行单机保护。漏电保护开关要经常检查，每月试跳不少于一次，如有失灵立即更换。熔丝烧断或剩余电流断路器跳闸后要查明原因，排除故障后才可恢复送电。

4）车间流动使用的安全行灯，应使用 36V 或 36V 以下的安全电压。使用 36V 以上照明灯要注意，不得把 36V 以上的照明灯，作为安全行灯来使用。在潮湿的地方，应使用不高于 12V 的电压。

5）使用的电气设备，其外壳按有关安全规程，必须进行防护性接地或接零。对于接地或接零的设施要经常进行检查。需要移动某些非固定安装的电气设备必须先切断电源后再移动。同时导线要收拾好，不得在地面上拖来拖去，以免磨损。使用刀开关时动作要迅速，开关盒要装好，避免电弧伤人。

6）珍惜电力资源，养成安全用电和节约用电的良好习惯。当要长时间离开或不使用时，在确保切断电源（特别是电热器具）的情况下才能离开。

7）要熟悉自己生产现场主空气断路器（俗称总闸）的位置（如施工现场、车间、办公室、宿舍等），一旦发生火灾、触电或其他电气事故时，应第一时间切断电源，避免造成更大的财产损失和人身伤亡事故。

8）发现电气故障而失火时，应先切断电源，用四氯化碳或二氧化碳灭火器灭火，切不可用水或酸碱泡沫灭火器灭火。

9）必须学习和熟知与自己本职工作所用设备有关的电器的使用说明书，并按照安全操作规程正确地操作电器设备：开启电器设备要先开总开关、后开分开关，先开传动部分的开关、后开进料部分的开关；关闭电器设备要先关闭分开关、后关闭总开关，先停止进料后停止传动。

10）掌握正确触摸电器设备的方法：操作电器开关要单手；不要戴厚手套操作。同时操作开关时脸部要背向开关，以防开关出现故障而灼伤脸部。电器设备送电后，要先用手指末端的背面轻触设备判断设备是否漏电（不能轻信低压断路器），在确保安全的前提下进行生产。

11）带有机械传动的电器、电气设备，必须装防护盖、防护罩或防护栅栏进行保护才能使用，不能将手或身体其他部位伸入运行中的设备机械传动位置。对设备进行清洁时，须确保在切断电源、机械停止工作后，并确保安全的情况下才能进行，防止发生人身伤亡事故。

12）不能私拆灯具、开关、插座等电气设备，不要使用灯具烘烤衣物或挪作其他用途。当设备内部出现冒烟、拉弧、焦味等不正常现象，应立即切断设备的电源（切不可用水或泡沫灭火器进行带电灭火），并通知维修人员进行检修，避免扩大故障范围和发生触电事故。当自动保护开关出现跳闸现象时，不能私自重新合闸，应及时通知电工进行检修。

13）电缆或电线的接口或破损处要用“电工”绝缘胶布包好，不能用医用胶布代替，更不能用尼龙纸或塑料布包扎。不能图方便用电线直接插入插座内用电。

14）车间内的电线不能乱拉乱接，禁止使用多接口和残旧的电线，以防触电。

15）未经许可不得擅自进入配电房（室）或电气施工现场。

16）严禁未经现场专职操作的班组长的许可随意触摸任何电气开关、按钮等，以防止发生事故。在造型线上经常可见到有行程开关，好像是闲置无用的，其实不然。行程开关不单与本处的行程有关，往往用于启动下一工序，误动会危及现场操作人员的安全和损坏设备，甚至造成停产。因此切不可因好奇而去触摸，以免引起误动造成责任事故。

(2) 在企业非生产区域内

1) 不要用湿手触摸灯头、开关、插头、插座或其他用电器具。开关、插座、用电器具损坏或外壳破损时应有专业人员及时修理或更换，未经修复不能使用。

2) 千万不要用铜丝、铝丝、钢丝代替熔丝，低压断路器损坏后立即更换，熔丝和低压断路器的大小一定要与用电容量相匹配，否则容易造成触电或电器火灾。

3) 小电炉子、电暖器、电吹风、电烙铁等发热电器，不得直接搁在木板上或靠近易燃物品，对无自动控制的电热器具用后要随手关闭电源，以免引起火灾。

4) 确保电器设备良好散热，不在其周围堆放易燃易爆物品及杂物，防止因散热不良而损坏设备或引起火灾。

5) 不能在电线上或其他电器设备上悬挂衣物和杂物，不能私自加装使用大功率或不符合国家安全标准的电器设备，如有需要，应向有关部门提出申请审批，由电工人员进行安装。

6) 在浴室或湿度较大的地方使用电气设备（如电吹风、电暖气、热水器等），应确保室内通风良好，避免因电器的绝缘变差、老化而发生触电事故。

7) 在遇到高压电线断落到地面时，导线断落点周围 10m 以内，禁止人员入内，以防跨步电压触电。如果此时已有人在 10m 之内，为了防止跨步电压触电，不要跨步奔走，应用单足或并足跳离危险区。

8) 在雷雨天，不要走近高压电杆、铁塔、避雷针的接地导线周围 20m 之内，以免雷击时产生雷电流入地下发生跨步电压触电。

6. 绝缘防护用具

绝缘防护用具能对可能发生的有关电气伤害起到防护作用。主要用于对泄漏电流、接触电压、跨步电压和其他接近电气设备存在的危险等进行防护。常用的绝缘防护用具有绝缘手套、绝缘靴、绝缘隔板、绝缘垫、绝缘站台等。当绝缘防护用具的绝缘强度足以承受设备的运行电压时，才可以用来直接接触运行的电气设备，一般不直接接触及带电设备。使用绝缘防护用具时，必须使用合格的绝缘用具，并掌握正确的使用方法。正确使用绝缘防护用具，才能保证安全用电。常用的绝缘防护用具有主要防护用具和辅助保护用具两类。

(1) 主要防护用具　主要防护用具能可靠地承受设备的工作电压，可以直接接触带电体。如操作绝缘棒、检电器、安全接地装置用的绝缘棒等。在低压设备中，使用的主要防护用具有橡胶手套、带橡胶柄的工具等。

(2) 辅助防护用具　辅助防护用具本身不能耐受设备的工作电压，但可以加强主要防护用具的作用。如高压设备中的橡胶手套、橡胶靴、橡胶垫和绝缘台等。在实际工作中，主要防护用具和辅助防护用具应一同使用。所有防护用具必须统一编号，存放在固定地点，使用前应严格检查，凡是过期的防护用具禁止使用。

二、铸造设备常用电器及电气传动知识

1. 铸造设备常用电器

铸造设备常用电器有行程开关、电磁铁、LT3 系列脚踏开关、U 系列集成电路接近开关、管状电加热元件等。电器在铸造设备上的作用：

1）用于造型机类的程序控制系统。

2）用于芯盒或模底板的电加热。

3）用于驱动液压泵，实现液压传动，实现带式输送机往加砂斗中定量充砂和加砂等。

4）用于工艺监控与检测系统，例如加砂斗中的料位计，控制型砂体积或传感电子称重，以及型砂水分的检测等。

5）用于信号指示或照明，提示操作者某工步是否已到达终点。

6）控制电磁阀的动作换向等。例如：造型机在高压紧实完毕后，通过向电磁铁通电产生磁力，使阀芯移动，在切断高压油进给的同时接通回油管路，使液压泵卸荷，工作台下降，压实缸的油流回油箱。

7）驱动加砂斗中松砂转子的转动。

8）驱动造型辅机的机械传动。

9）用于传输设备的驱动。

10）用于行程控制系统中，通常用设在行程终点或所需的其他位置处的，串联在电路中的行程开关，通过接通或断开电路，控制某造型设备某工部某动作的动停。较先进的流水生产线还采用无触点开关，靠物体接近该装置时的电感应达到动停的目的。

2. 电气传动知识

以电动机作为原动机拖动机械设备运动的一种拖动方式称为电气传动。各类机械设备的运动都要依靠动力。在电动机问世以前，人类生产多以风力、水力或蒸汽机作为动力。19 世纪 30 年代出现了直流电动机，此后，以电动机作为原动机的拖动方式开始被人们所瞩目。到 20 世纪 80 年代，由于三相交流电传输方便以及结构简单的三相交流异步电动机的发明，使电力拖动得到了发展。电力拖动装置由电动机及其自动控制装置组成。自动控制装置通过对电动机起动、制动的控制，对电动机转速调节的控制，对电动机转矩的控制以及对某些物理参量按一定规律变化的控制等，实现了对机械设备的自动化控制。采用电力拖动不但可以把人们从繁重的体力劳动中解放出来，还可以把人们从繁杂的信息处理事务中解脱出来，并且能改善机械设备的控制性能，提高产品质量和劳动生产率。简单讲电气传动是采用电力设备和电器元件，并靠调整其电压、电流、电阻参数的方式来传递运动和改变运动速度的。电气传动具有控制简便、灵活、可靠和易于实现自动化等优点，因此，电力拖动被广泛采用，在国民经济中占有重要地位，是社会生产不可缺少的一种传动方

式。随着电力电子器件的发展和自动控制技术的进步，交流电力拖动已能在控制性能方面与直流电力拖动相抗衡和媲美，并已在较大的应用范围内取代了直流电力拖动。

3. 电动机

铸造车间常用的电动机是三相交流异步电动机，其接线方式有两种，即三角形接法和星形接法。

（1）电动机在运行中的维护

1）电动机应经常保持清洁，并防止水滴、油滴或灰尘落入电动机内部。

2）负载电流不能超过额定值，对功率较大的电动机应安装电流表来监视负载电流。

3）电动机的通风必须良好，其进风口与出风口必须保持畅通。

4）经常检查轴承发热、漏油情况，电动机各部分温升不能超过允许值范围。

5）发现电动机在运转时有摩擦声或其他杂声时，应及时停车检查，消除故障。

6）电动机运行时，在电刷与换向器间往往有火花产生，若火花超过一定限度，尤其是放电性的电弧火花，将产生破坏作用，必须及时检查并设法消除。

（2）电动机的电气保护

1）短路保护。一般采用熔丝（熔断器）或低压断路器进行保护。

2）过载保护。采用热继电器进行过载保护。热继电器常和交流接触器、减压起动器或低压断路器等组合使用，能更简便地起动和保护电动机。

3）单相运行保护。单相运行保护的最基本要求是不使电动机单相运行，否则易烧坏电动机。常用保护方法有欠电流继电器保护、零序电压继电器保护和断丝电压保护等。

4）失电压和欠电压保护。常利用交流接触器的电磁机构、降压起动器或低压断路器上的失电压电磁机构进行保护。当电源电压下降到额定电压的35%~70%时，电动机自动停止运行。

5）接零保护。在380V供电线路中，多采用接零保护，即将电动机外壳与电源中性线相接。当电动机某一相碰壳时，该相线与中性线形成单相短路，使熔丝烧断或使低压断路器跳闸。

（3）常用低压电气器件

1）刀开关。刀开关一般不宜带负载合闸。常用的刀开关有开启式开关熔断器组、石板刀开天、HB3型刀开关等。

2）封闭式开关熔断器组。一般用于28kW以下的电动机。

3）电磁起动器。其内部装有交流接触器和热继电器，具有过载保的作用，并能防止在电源切断时失电压和重复合闸时的自起动。

4）低压断路器。这种开关具有良好的灭弧室，以熄灭切断电流时所产生的电弧。它既能在正常工作条件下切断负载电流，又能在发生短路故障时自动切断电流回路。

(4) 熔断器和熔丝

① 熔断器是一种在短路或严重过载时利用熔化作用而切断电路的保护电器，它主要由熔体和熔断管组成。其中，熔体既是敏感元件又是执行元件，由易熔金属制成；熔断管用瓷、玻璃或硬制纤维制成。常见的熔断器有插入式、螺旋式、封闭管式和自复式等形式。

② 熔丝通常由电阻率较大而熔点较低的铅-锑合金制成的，其规格常用它的额定电流来表示。选用熔丝时，应使它的额定电流等于或稍大于电路的最大正常工作电流。当发生短路或过载而使电路电流增大时，熔丝因过热而熔断，自动将电路切断，起保护作用。

(5) 安全行灯变压器。这是一种小容量降压变压器，用作移动式低压照明电灯的电源供给器。

第八节　劳动保护、绿色铸造与环保

一、劳动保护

在铸造生产中，由于各个铸造车间的生产条件各不相同，所出现的污染内容也不尽相同，归纳起来大约有以下几种：废物、废水、废气、粉尘、噪声和振动等。这些都是职业病危害因素。例如：铸造工人与冲天炉、电炉打交道，如果在熔化金属中混有异物或水，可引起爆炸烫伤事故。铸造生产除采用铸造机械设备外，还大量使用各种起重运输机械，很容易发生机械伤害事故。铸造作业的有些工序手工作业量较大，容易发生碰伤事故。熔化、浇注、落砂等过程会散发出大量的热，影响工人健康。清砂要使用振动落砂机、滚筒和风动工具，会产生很大的噪声，可能引起职业性耳聋。碾砂、回砂、打箱、落砂会产生大量粉尘，如果没有防尘措施或防护不到位，工人就容易患矽肺病。在型芯烘干、熔炼、浇注等过程中有油质分解，会散发出丙烯醛蒸气和一氧化碳、二氧化碳等有毒有害气体。如果通风不良，可能引起呼吸道发炎、急性结膜炎等。

1. 劳动保护的概念和内容

(1) 劳动保护的概念　劳动保护是国家和单位为保护劳动者在劳动生产过程中的安全和健康所采取的立法、组织和技术措施的总称。劳动保护的目的是为劳动者创造安全、卫生、舒适的劳动工作条件，消除和预防劳动生产过程中可能发生的伤亡、职业病和急性职业中毒，保障劳动者以健康的身体参加社会生产，促进劳动生产率的提高，保证社会主义现代化建设顺利进行。

劳动保护工作旨在尊重、热爱、保护生命——保护劳动者的安全和健康，保障企业安全生产。保护劳动者在生产劳动过程中的安全与健康，是中国共产党和我们国家的一项基本方针，是坚持社会主义制度的本质要求，是发展生产、促进经济建设的一项根本性大事，也是社会主义物质文明和精神文明建设的一项重要内容。

（2）加强劳动保护，改善劳动条件

1）劳动安全保护。针对劳动者的劳动安全、防止和消除劳动者在劳动和生产过程中的伤亡事故，以防止生产设备遭到破坏，我国《劳动法》和其他相关法律、法规制定了劳动安全技术规程。企业必须按照这些安全技术规程，使各种生产设备达到安全标准，切实保护劳动者的劳动安全。

2）劳动卫生保护。为了保护劳动者在劳动生产过程中的身体健康，避免有毒、有害物质的危害，防止、消除职业中毒和职业病，我国制定了有关劳动卫生方面的法律、法规。例如《劳动法》《环境保护法》《工厂安全卫生规程》《国务院关于加强防尘防毒工作的决定》《关于防止厂矿企业中矽尘危害的决定》《工业企业设计卫生标准》《工业企业噪声卫生标准》《防暑降温措施暂行办法》《中华人民共和国关于防治尘肺病条例》等。这些法律、法规都制定了相应的劳动卫生规程，主要包括以下内容：防止粉尘危害；防止有毒、有害物质的危害；防止噪声和强光的刺激；防暑降温和防冻取暖；通风和照明；个人保护用品的供给。

企业必须按照这些劳动卫生规程达到劳动卫生标准，才能切实保护劳动者的身体健康。同时，劳动卫生规程还包括了针对女职工和未成年工特殊保护所采取的各种组织措施和技术措施。

3）使用劳动防护用品的一般要求：

① 劳动防护用品使用前应首先做一次外观检查。检查的目的是认定用品对有害因素防护效能的程度，用品外观有无缺陷或损坏，各部件组装是否严密，起动是否灵活等。

② 劳动防护用品的使用必须在其性能范围内，不得超极限使用；不得使用未经国家指定、经监测部门认可（国家标准）和检测还达不到标准的产品；不能随便代替，更不能以次充好。

③ 严格按照使用说明书正确使用劳动防护用品。

2. 安全为了生产，生产必须安全

（1）关于安全质量标准化　什么是安全质量标准化？对安全监督管理部门来说，实际就是安全生产的标准化。对于企业来说，包括企业生产作业的标准化和安全生产管理的标准化。开展安全生产管理工作，对于企业，就是要从基础管理工作入手，通过制定各种规程、运行程序、组织机构和职责等安全质量标准，将企业中的各个部门、各个环节的安全生产工作有机组合，形成一个既有明确的目标和任务，又能互相协调、互相促进的有机整体。同时，对影响安全生产的设备设施、作业环境和职业危害等因素，按照国家和行业标准，规范其安全质量技术状态。从而，使不安全状态（条件）和不安全行为（动作）得到有效控制，真正落实企业作为安全生产的责任主体，从基础上保障企业的安全生产。

（2）作业环境与职业健康考评的概述　作业环境与职业健康考评是机械制造企业安全质量标准化考评三大组成部分之一。

1）作业环境。作业环境是指员工从事生产劳动的场所，它包括生产工艺、设备、材料、工位器具、操作空间、操作体位、操作程序、劳动组织、气象条件等。作业环境管理最基本的任务是使作业环境保持整洁有序，这样才能消除职业危害因素，防止职业病发生。因此，其管理的核心内容是如何改善作业环境条件，如何预防职业病。

2）职业健康。职业健康又称职业卫生或工业卫生。职业健康工作是保护职工在生产劳动过程中免受职业危害为目的工作领域，首要任务是识别和控制不良的作业环境、强化对员工的职业健康检查和保护措施，从而保护劳动者的健康与安全。

（3）现场管理对安全生产的意义　现场是各种生产的集合，是各项管理功能的“聚焦点”，现场管理也是对现场各种生产要素的管理和各项管理功能的验证。在实际意义方面，加强现场管理，能够减少事故发生。因为事故发生最重要的间接因素就是现场管理因素（环境），由于现场管理存在缺陷，才造成人的行为失控和现场隐患，从而导致人员伤亡、设备或火灾事故的发生。

现场管理是安全文明生产的要求，通过对生产作业现场“脏、乱、差”的治理，对各项基础管理工作的加强，必然能极大地优化企业安全生产的大环境。

（4）职业危害因素　职业危害因素也称职业病危害因素，是指生产作业环境中存在的、可能使作业人员某些器官和系统发生异常改变、形成急性或慢性病变的因素。不同作业环境所存在的职业危害因素的类型不完全相同，但可归纳为以下三大类：

1）化学性因素。包括生产性粉尘，如矽尘、煤尘、有机粉尘等。

2）生产性毒物。生产性化学毒物可引起急、慢性职业中毒。

3）物理性因素。包括不良的气象条件、电离辐射与非电离辐射、噪声与振动和高气压与低气压。

① 不良的气象条件。生产场所的温度、湿度、气流及热辐射构成了生产环境的气象条件。在强烈热辐射、高气温、气湿等不良气象条件下作业，可能引起中暑。而在寒冷条件下工作，不仅可引起冻伤，还可增高患感冒、气管炎和心血管病能的发病率。

② 电离辐射与非电离辐射：电磁辐射按其生物学作用的不同可分为电离辐射与非电离辐射。电离辐射可能引起分子结构的破坏。而非电离辐射则会引起灼效应。

③ 噪声和振动。在生产过程中，噪声和振动通常同时存在。噪声对人体的危害是多方面的，主要是损害听觉，可引起职业性耳聋。振动也会影响人体健康，可以引起振动病，振动的频率和振幅大小是决定振动对人身健康危害大小的主要因素。

④ 高气压与低气压。当人体从正常大气压状态进入气压降低或升高的状态时，由于人体内部压力与周围气压的压差变化或由于周围气压降低导致氧气含量降低，将引起人体生理系统功能的一系列变化，严重时可引起病变，如高山病、潜水病等。

4）生物性因素。包括各种细菌和病毒，如布氏杆菌、炭疽杆菌、森林脑炎病毒等。

（5）常见的有害作业工种

1）矽尘作业，如铸造生产中的配砂（包括筛砂、送砂、混砂及旧砂再生等）、造型、浇注、修炉、清砂（包括落砂、拆箱、清理、喷丸、喷砂、滚筒清理）、浇口打磨、吹扫；电瓷生产的原料制作（包括破碎、粉碎、球磨、切割、研磨）；磨具磨料生产的粉碎、筛分、成形。

2）非矽粉尘作业，如铸件高速粗车、粗铣、砂轮切割钢材、砂轮打磨、工具磨、平面干磨、板材磨锈、焊缝打磨、粉末冶金制粉；焊接、木加工、煤输送、玻璃纤维编制、石棉制品加工、焊条制作、橡胶混炼、塑料加工等。

3）有毒作业，如油漆涂覆（调漆、喷漆、刷漆、浸漆、漆包线涂覆、硅钢片涂覆、粉末喷涂、电泳涂漆、电机电器绝缘制作）中的苯作业；温度计、气压计等仪器仪表的汞作业；压力容器焊接中的锰作业；蓄电池制作中的铅作业；以煤为燃料的工业炉窑、煤气发生炉、煤气加热炉的一氧化碳作业；冲天炉、燃煤炉的二氧化硫作业；电镀及热处理的氰化物作业；电器制作的三氯联苯作业，聚塑及电缆制作的氯乙烯作业；表面处理及电缆挤塑的氯化氢作业、电碳及电缆制作的沥青作业，此外还有强酸、强碱及汽油等有机物作业。

4）物理因素作业，如工业炉窑的高温作业；压缩机（空压、氨压、透平）、鼓风机（罗茨风机、离心及透平高压风机）、柴油机、风动工具、吹扫喷嘴等空气动力噪声源作业，电磁辐射、高频作业等。

（6）作业环境和职业健康考评要点　作业环境与职业健康考评既有环境改善、设备设施完好等“硬件”内容，又有制度文本、员工行为控制等管理效果的“软件”体现。因此，企业在整个推行安全质量标准化的过程中，应注意两者之间的联系，要通过作业环境监测、职业健康监护、劳动卫生调查、预测职业病发展趋势等工作，以便采取综合措施，消除或控制职业危害的蔓延。

作业环境与职业健康具有同等重要的意义和作用，安全生产、作业环境与职业健康是相互影响，相互制约的不同工作面，既不能将各项工作混为一谈，又不能顾此失彼。因此，职业健康与作业环境考评应与基础管理考评、设备设施安全考评注意衔接，妥善处理相关问题，充分体现系统性、整体性和相关性的考评原则。

作业环境和职业健康考评应从效果出发，注重考评项目的联系。因为其考评项目之间，既有企业整体现场的考评，又有单体车间、仓库的考评；既有作业环境的综合考评，又有职业危害作业点达标率等的单项考评；既有现场状态，又有管理资料和设备设施的考评，因此，必须强调关联性和系统性。

二、现场 5S 管理

5S 管理是全世界制造型企业通用的管理语言。5S 是推行全面质量管理的基础，也是中小企业降低管理成本、改善现场的最直接、最有效的方法。透过规范现场的运作，从而改进营运和工作场所管理，并能为不同行业和服务领域优化其绩效，提高工作场所舒适性、安全性、清洁度、员工士气和效率。其最终目的是提升人的品质。

1. 5S 管理的概念

5S 即整理（SEIRI）、整顿（SEITON）、清扫（SEISO）、清洁（SEIKETSU）、素养（SHITSUKE）。

（1）整理　将工作场所任何物品区分为有必要的与不必要的；把必要的物品与不必要的物品明确地、严格地区分开来；不必要的物品要尽快处理掉。生产过程中经常有一些残余物料、待修品、待返品、报废品等滞留在现场，既占据了地方又阻碍生产，包括一些已无法使用的工具、夹具、量具、机器设备，如果不及时清除，会使现场显得凌乱。生产现场摆放不必要的物品本身就是一种浪费，整理就是塑造清爽的工作场所。

实施要领：全面检查自己的工作场所，包括看得到和一切死角；制定“要”和“不要”的判别标准，及时将不要的物品清除出工作场所；对需要的物品调查使用频度，决定日常用量及放置位置；制订切实可行的废弃物处理方法；每日坚持自我检查。

（2）整顿　对整理之后留在现场的必要的物品分门别类放置，排列整齐。标识明确有效；工作场所一目了然，这是提高效率的基础。

实施要领：前一步骤整理的工作要落实；流程布置，确定放置场所；规定放置方法、明确数量；划线定位，场所、物品标识。

整顿的“三要素”，即场所、方法、标识。物品的放置场所原则上要 100% 设定，物品的保管要定点、定容、定量，生产线附近只能放真正需要的物品；放置原则是易取，不超出所规定的范围。因此，要在放置方法上多下工夫。标识方法执行企业有关标识管理的规定。

整顿的“三定”原则，即定点、定容、定量。定点即放在哪里合适；定容即选用合适醒目颜色的储物柜及工具箱和容器类；定量即规定合适的数量。

（3）清扫　消除脏污，将工作场所清扫干净。保持工作场所干净、亮丽的环境，稳定品质，减少工业伤害。实施时要注意责任化、制度化。

实施要领：建立清扫责任区（室内外三包责任区）；执行例行扫除，清理脏污；调查污染源，予以杜绝或隔离；作为规范作业。

（4）清洁　将“整理、整顿、清扫”3S 实施的做法制度化、规范化、标准化，并贯彻执行及维持结果。实施时要注意制度化，定期检查。

实施要领：落实整理、整顿、清扫。工作制定考评方法（奖惩分明），区域责任人以身作则。

（5）素养 通过班前会等手段，提高全员文明礼貌水准。培养每位职工养成良好的习惯，开展5S容易，持之以恒必须靠素养的提升。

实施要领：服装、仪容、胸卡证件标准；共同遵守的有关规则、规定；学好礼仪守则；加强训练（新职工强化5S培训教育、实践），加大宣传力度。

2. 5S的发展

5S在塑造企业的形象、降低成本、准时交货、安全生产、高度的标准化、创造令人心旷神怡的工作场所、现场改善等方面发挥了巨大作用，逐渐被各国的管理界所认知。随着世界经济的发展，5S已经成为工厂管理的一股新潮流。

根据企业进一步发展的需要，有的企业在原来5S的基础上又增加了安全(Safety)，即形成了“6S”；有的企业再增加了节约（Save），形成了“7S”；也有的企业加上习惯化（Shiukanka）、服务（Service）及坚持（Shikoku），形成了“10S”，有的企业甚至推行“12S”，但是万变不离其宗，都是从“5S”里衍生出来的。

三、绿色铸造与环保

1. 绿色铸造

“绿色制造”又称为环境意识制造、面向环境制造等。在“绿色制造”中，有五项关键技术即所谓的“五绿”（绿色设计、绿色材料选择、绿色工艺规划、绿色包装、绿色处理），涉及产品整个生命周期。“绿色制造”是人类可持续发展战略在制造业的体现。而且，许多国家现在要求进口的产品必须进行绿色性认定，具有“绿色标志”。特别是有些发达国家以保护本国环境为由，制定了极为苛刻的产品环境指标来限制国际产品特别是发展中国家产品进入本国市场，即设置“绿色贸易壁垒”。实施绿色制造已是大势所趋。

目前，我国正处在改革向纵深发展阶段，即国内国民经济的持续发展和经济全球化导致世界范围内产业结构大规模调整。中国作为发展中国家，加入世界贸易组织后，从中受益匪浅，包括可享受发达国家铸造产品进出口关税的最惠国待遇。这些均为我国铸造行业实现从铸造大国向铸造强国转变提供了很好的契机。

“绿色铸造”的呼声，特别是国际标准化组织发表的有关环境管理体系ISO 14000系列标准后，推动着“绿色铸造”的强势发展。但同时十分严重的资源与环境问题是我国的铸造行业工作者面对的严酷现实。从下列数据可见一斑：国内每生产1t合格铸铁件的能耗为550~770地标煤；铸造生产过程中材料和能源的投入占产值的5%~70%；铸造行业每年排放废渣420万t，粉尘70万t，废气140亿~279亿m^3，废砂1810万~2090万t。有人将其形容为一个大的“资源漏斗”（高耗能产业的形象描述）实不为过。这就是中国铸造行业的环境现状。

现代铸造企业的铸造技术正朝着更轻、更薄、更精、更强、更韧及质量高、成本低、流程短的方向发展。大型化、轻量化、精确化、高效化、数字化及绿色化是未来铸造等材料成形加工技术的重要发展方向。那么环保工作必须走在前面。绿色化铸造就是前提和保证。否则原来的环保改造未完，新型污染的公害又出现，势必影响现代铸造企业铸造技术的发展。何况我们还要应对由非人类能力所能控制的自然活动而引起的环境恶化、污染问题。

2.“绿色铸造”的实施和构想

现在，铸造行业明确提出了“铸造清洁生产”“绿色集约化铸造”以及“绿色材料”等铸造新理念，就是指从铸件的设计、制造、包装、运输、使用到报废处理的整个“产品生命”周期中，做到对环境的负面影响最小，资源效率最高，从而使企业经济效益和社会效益达到最大化。

（1）“绿色铸造”的含义　绿色铸造就是节能环保型铸造。节能和环保是实施绿色铸造生产，实现可持续发展的关键，必须研究和推广适宜中国国情的节能、环保新技术和新设备。

1）铸件原、辅材料与环境要协调发展，引进“生态环境材料”的概念。该材料能同时满足使用性能和环境协调性的要求。如无毒无味黏结剂及白色铸造粉料，同时要开发新型除尘技术、砂型再生技术和无粉尘铸造技术。

2）环保型铸造设备和技术的引进与开发。以熔化和加热设备为重点，全方位挖掘节能潜力，采用各项新技术，消除对环境的污染，开发无毒精炼，变质技术，提高熔炼质量，降低废品率。并且事实也证明，只有这样才能保证稳定、优质、高效、低耗、少污染、低成本生产铸件。

3）加强生产过程的机械化和自动化，实现近似无余量的铸造生产技术。

4）铸造废弃物的回收和再生利用。铸造废弃物的资源化被称为“二次物料工业革命”。

铸造厂“三废”的再生及再利用已成为各国铸造工作者和环保专家关注的大事；进一步节约材料资源，开发材料的再生技术，对三废产物应再处理，实现循环利用，如废炉渣制砖，废沙、废水再生循环利用等，既可降低治污成本，又可改善环境。

（2）制定实现绿色铸造的法规建议

1）制定铸造厂的准入制度，不达标的铸造厂不许进行生产。

2）制定铸造厂“三废”的排放标准，超标视不同情况给予不同的处罚直至停产。

3）制定铸造厂的退出制度，整改后仍达不到标准的坚决关闭。

4）为推动绿色铸造，对绿色铸造好的单位，应给予奖励，使之制度化。

（3）我国环境保护法的基本制度

1）三同时制度。要求一切企业、事业单位在进行新建、改造和扩建工程时，对其中防治污染和其他公害的设施，必须与主体工程同时设计、同时施工、同时投产。

2）环境影响评价制度。要求在进行新建、改建和扩建工程时，必须提出“环境影响报告书”，经环境保护部门和其他有关部门审查批准后才能进行设计。

3）排污收费制度。这是谁污染谁治理原则的延伸与具体化，是国家环境保护机关运用行政权力，对于那些超标排放又不进行治理的单位，按照排放污染物的数量和浓度，强制收取排污费的一种环境保护。

（4）我国环境保护法的基本原则

1）经济发展和环境保护相协调的原则。

2）预防为主、防治结合的原则。

3）谁开发利用谁保护的原则。

4）谁污染谁治理的原则。

5）保护环境人人有责的原则。

6）奖励与惩罚相结合的原则。

（5）小结　铸造环境保护是大气污染防治工程学、水污染防治工程学、固体废物处理和利用工程学、噪声振动污染防治工程学，以及环境监测、质量评价学等学科在铸造车间的实际应用和发展。

现代企业最大的不变就是不停地变化。所以改造、治理、保护环境是一项全面协调发展、可持续发展和突出重点发展的工作。绿色制造是人类可持续发展战略在制造业的体现，中国的铸造行业必须走可持续化发展的道路。

提高全体铸造工作者的环保意识，形成从上到下的环保氛围。人是进行绿色生产的主体，只有人的认识提高了，出现了各种环保问题后就会千方百计想方法去解决。在铸造厂要开设各种与环保有关的课程。特别是决策者，在投资方面不仅要考虑工厂效益，更要考虑社会效益。树立科学发展观，努力做好环境保护和科学治理。因为发展观是关于发展的本质、目的、内含和要求的总体看法和根本观点。树立科学发展观，深入分析我国发展的阶段性特征，总结我国发展实践，准确把握世界发展趋势，借鉴国外发展经验，适应新的发展要求。树立科学发展观要做到三点，即全面协调发展、可持续发展和突出重点发展。解决好人与自然、经济与人口、环境和资源的问题。因此，我们要学会用辩证的观点看待问题和做好工作。辩证的观点也就是联系、发展和全面的观点，要处理好眼前和长远的关系。协调发展还要在具体工作中注重效益和质量，并且要强化绿色铸造评价方法和指标体系的研究和建立。对绿色制造进行战略评价（SEA）有利于用更科学的方法评价绿色制造的效果，其中包括评价指标体系和评价指标方法的建立。

第二章
铸造工艺理论基础

第一节　液态合金的充型

一、金属液充型的水力学特性

铸造成形的基本过程是充型和凝固，生产实践证明充型过程对铸件质量的影响很大，可能造成的各种缺陷，如冷隔、浇不足、夹杂、气孔、夹砂、粘砂等缺陷，都是在液态金属充型不利的情况下产生的。我们要研究的就是使金属液充满铸型，从而实现对型腔形状、尺寸以及表面的复制。同时确保充型的有效性，即是否能够充满型腔；充型的平稳性，即是否卷入气体或杂质；充型的顺序性，即调整充填后的温度分布。这对保证铸件质量起着很重要的作用。

目前在实际铸造生产中，砂型仍占很大的比例，而液态金属在砂型中流动时呈现出如下水力学特性：

1. 黏性流体流动

液态金属是有黏性的流体。液态金属的黏性与其成分有关，在流动过程中又随液态金属温度的降低而不断增大，当液态金属中出现晶体时，液体的黏度急剧增加，其流速和流态也会发生急剧变化。

2. 不稳定流动

在充型过程中液态金属温度不断降低而铸型温度不断增高，两者之间的热交换呈不稳定状态。随着液流温度下降，黏度增加，流动阻力也随之增加。充型过程中液流的压射冲头增加和减少，液态金属的流速和流态也不断变化，导致了液态金属在充填铸型过程中的不稳定流动。

3. 多孔管中流动

由于砂型具有一定的孔隙，可以把砂型中的浇注系统和型腔看作是多孔的管道和容器。液态金属在“多孔管”中流动时，往往不能很好地贴附于管壁，此时可能将外界气体卷入液流，形成气孔或引起金属液的氧化而形成氧化夹渣。

4. 湍流流动

生产实践中的测试和计算证明，液态金属在浇注系统中流动时，其雷诺数大于临界雷诺数时，属于湍流流动。例如，ZL104 合金在 670℃ 浇注时，液流在直径为 20mm 的直浇道中以 50cm/s 的速度流动时，其雷诺数为 25000，远大于 2300 的临界雷诺数。对一些水平浇注的薄壁铸件或厚大铸件的充型，液流上升速度很慢，也有可能得到层流流动。

二、金属液充型能力的影响因素

充型能力是指液态金属充满铸型型腔，获得尺寸精确、轮廓清晰的成形件的能力。影响充型能力的因素如下：

（1）金属的性质（主要是流动性）

1）合金的种类。合金不同，流动性不同。

2）化学成分。同种合金中成分不同的合金具有不同的结晶特点，流动性也不同。

3）结晶特性。恒温下结晶，流动性较好；两相区内结晶，流动性较差。

4）结晶潜热。潜热越大，流动性越好。

5）合金液的比热容、密度越大，热导率越小，充型能力好。

（2）铸型的性质　铸型的激冷能力越强，金属液在其中保持液态的时间就越短，充型能力下降。

（3）浇注条件

1）浇注温度。浇注温度越高，液态金属的黏度越小，过热度高，金属液内含热量多，保持液态的时间长，充型能力强。

2）充型压力。液态金属在流动方向上所受的压力称为充型压力。充型压力越大，充型能力越强。

3）浇注系统。浇注系统的结构越复杂，则流动阻力越大，充型能力越差。

（4）铸件结构

1）折算厚度。折算厚度也称当量厚度或模数（在企业中大家习惯称为模数），它是铸件体积与铸件表面积之比。折算厚度越大，热量散失越慢，充型能力就越好。铸件壁厚相同时，垂直壁比水平壁更容易充填（大平面铸件不易成形）。

2）复杂程度。铸件结构越复杂，流动阻力就越大，铸型的充填就越困难。模数大，容易充满；模数小，充型困难。

通过以上分析可知，影响金属液流动平稳性的主要因素是金属液的流动速度和浇注系统的形状及截面尺寸。为此，有必要研究液态金属在浇注系统中的流动情况。

第二节　铸件的凝固

一、铸件凝固的概念、目的和方式

1. 凝固的概念

液态合金或金属在温度下降到液相线或熔点以下时，从液态转变为固态的过程，称为凝固。铸造必定具有凝固这一过程，绝大多数的铸造缺陷是伴随凝固过程而产生的。所以，认识铸件的凝固规律，研究凝固过程的控制途径，对于防止铸造缺陷、改善铸件质量、提高铸件的性能从而获得优质的铸件，有着十分重要的意义。

2. 凝固的主要目的

凝固的主要目的是使不具备力学性能的液相转变为具备特定力学性能的固相。影响凝固的因素有：凝固的速度，即晶粒大小及形态；凝固的顺序，即是否有助于补缩；凝固末期的温度场，即应力大小及分布、变形、热裂的产生与控制。

3. 铸件的凝固方式（重点介绍灰铸铁和球墨铸铁）

一般铸件的凝固方式有三种，分别是逐层凝固、体积凝固和中间凝固。铸件的凝固方式是由凝固区域的宽度决定的。对于逐层凝固方式，其凝固区域宽度很窄或等于零；体积凝固方式的凝固区域宽度则很宽，有时贯穿整个铸件断面；中间凝固方式凝固区域的宽度介于两者之间。

凝固区域宽度可以根据凝固动态曲线上的“液相边界”与“固相边界”之间的纵向距离直接判断，该距离的大小是划分凝固方式的一个准则。

合金的凝固（结晶）温度范围是由合金本身性质决定的。当合金成分一定时，则取决于温度梯度。温度梯度较大时，可使凝固区域变窄。通常，铸件凝固控制是通过控制温度梯度来实现的。

铸件的凝固特点是易形成缩孔、热裂倾向小，具有较好的流动能力。这类合金的补缩性良好，可以采取工艺措施，如设置冒口来消除缩孔。

（1）逐层凝固　恒温下结晶的合金，在凝固过程中其铸件断面上凝固区域宽度等于零，断面上的固体和液体由一条界线清楚分开。随着温度的下降，凝固层逐渐加厚直至铸件凝固结束。逐层凝固包括纯金属、共晶合金、结晶温度范围很小或断面上温度梯度很大的情况。

（2）体积凝固　铸件凝固过程中，铸件断面上的凝固区域很宽，在某一段时间内，凝固区域甚至会贯穿于铸件的整个断面，铸件表面尚未出现固相区，铸件中心已开始结晶，出现了固相。

（3）中间凝固　铸件断面上凝固区域宽度介于逐层凝固和体积凝固之间。

4. 灰铸铁和球墨铸铁的凝固方式

生产中常用的灰铸铁和球墨铸铁是接近共晶成分的合金，但是，它们的凝固特点和铸造性能却与一般的窄结晶温度范围的合金有很大差别。两种铸铁在共晶凝固阶段都会析出石墨而发生体积膨胀。但是，由于它们的石墨状态和长大机理不同，石墨化的膨胀作用对合金的铸造性能有着截然不同的影响。

1）由于灰铸铁共晶团中的片状石墨是在与液相相接触的尖端部分优先长大，石墨长大时所产生的体积膨胀大部分都直接作用在枝晶间的液体上，迫使液体去充填由于液态收缩和凝固收缩而在奥氏体枝晶的孔洞，结果使得灰铸铁产生缩松的倾向较小，这就是灰铸铁的所谓“自补缩能力”。当然，碳原子也会通过共晶奥氏体扩散到石墨片上造成石墨片的横向长大，但其长大速度是较慢的。石墨片在横向上长大所产生的膨胀将作用于共晶奥氏体上，从而使共晶奥氏体传递石墨化膨胀压力，并逐渐传递到邻近的共晶团或初生奥氏体骨架上，最终作用于铸型表面，使型腔扩大，这就是灰铸铁凝固时产生“缩前膨胀”的原因。这种缩前膨胀显然会增大缩孔和缩松的倾向，但是，由于灰铸铁共晶凝固在铸件表面较早形成一个完整的硬壳，同时片状石墨在横向上长大速度又较慢，因此灰铸铁的缩前膨胀较小，一般只有0.2%左右，对其缩松和缩孔影响不显著。但是，灰铸铁件在厚大热节处凝固较慢，在铸型刚度不足时，则可能发生缩松。

2）在球墨铸铁中，球状石墨是在奥氏体包围下长大的。当共晶团长大互相接触后，石墨球继续长大的体积膨胀完全是通过奥氏体的膨胀发生作用的。这个膨胀只有一小部分传递到枝晶间的液体上，大部分都作用于相邻的共晶团或初生奥氏体骨架上，趋向于把它们挤得更开，使其间孔洞扩大。所以球墨铸铁缩前膨胀比灰铸铁大得多，同时，因为球墨铸铁以体积方式凝固，补缩性很差，而且在凝固期间没有一个坚实的硬壳，容易使型腔发生扩大，所以球墨铸铁产生缩松的倾向比灰铸铁严重得多。

由于两种铸铁都具有缩前膨胀，所以它们的线收缩率比一般合金小，因此，不仅产生热裂的倾向很小，而且产生铸造应力、冷裂和变形的倾向也比较小。

二、铸件的凝固原则

1. 顺序凝固（定向凝固）原则

优点：采用工艺措施使铸件远离冒口部分先凝固，然后距离冒口近的部分凝固，最后冒口凝固；具有递增温度梯度；冒口补缩作用好，铸件内部组织致密。

缺点：由于铸件各部分有温度差，容易产生应力、变形和热裂。顺序凝固原则需加冒口和补贴，工艺出品率低，且切割冒口费工。

2. 同时凝固原则

采用工艺措施使铸件各部分之间没有温差或温差很小，使各部分同时凝固。铸件不易产生热裂，应力和变形小，不用冒口或冒口很小，节省金属。但铸件中心可能产生缩松缺陷，组织不够致密。因此，这种原则一般用于以下情况：

1）碳、硅含量高的灰铸铁，其体收缩较小，甚至不收缩，合金本身则不易产生缩孔和缩松。

2）结晶温度范围大、容易产生缩松的合金（如锡青铜），对气密性要求不高时，可采用同时凝固原则，使工艺简化。事实上这种合金即使加冒口也很难消除缩松。

3）壁厚均匀的铸件，尤其是均匀薄壁铸件，倾向于采用同时凝固；消除缩松有困难，应采用同时凝固原则。

4）球墨铸铁件利用石墨化膨胀力实现自身补缩时，则必须采用同时凝固原则。

5）从合金性质而论适宜采用顺序凝固原则的铸件以及当热裂、变形为主要矛盾时，也可以采用同时凝固原则。

3. 凝固原则的选择与实践

如何选择凝固原则，应根据铸件的合金特点、工作条件、结构特点及可能出现的缺陷等综合考虑。

1）除承受静载荷外还受到动载荷作用的铸件、承受压力而不允许渗漏的铸件或表面粗糙度值要求低的铸件宜选择顺序凝固原则或局部顺序凝固原则（指致密性要求高或质量要求高的铸件）。

2）厚实的或壁厚不均匀的铸件，当其材质是无凝固膨胀且倾向于逐层凝固的铸造合金时，宜采用顺序凝固原则。

3）碳、硅含量较高的灰铸铁，其铸件凝固时有石墨化膨胀，不易出现缩孔和缩松，宜采用同时凝固原则。

4）球墨铸铁铸件利用凝固时的石墨化膨胀力实现自补缩时应选择同时凝固原则（例如：铸型刚度大时，如呋喃树脂自硬砂型、覆砂金属型等）。

5）非厚实、壁厚均匀的铸件，尤其是各类合金的薄壁铸件，宜采用同时凝固原则。

6）当铸件易出现热裂、变形或冷裂缺陷时宜采用同时凝固原则。

7）对于结晶温度范围大、倾向于体积凝固的合金铸件，对气密性要求不高时，宜采用同时凝固原则。如其重要部分不允许出现缩松，则可采取其他工艺措施（如覆膜砂、金属型或加冷铁）。

生产实践中，控制铸件凝固原则的工艺措施可包括正确地布置浇口位置、确定合理的浇注工艺、采用冒口补缩、在铸件上增加补贴、采用冷铁或不同蓄热系数的铸型材料、浇注后改变铸件位置等。

三、铸件的凝固控制

目前，控制铸件凝固的工艺措施有以下几种：正确布置浇注系统的引入位置；选择合理的浇注工艺；合理设计铸件结构；采用具有不同蓄热系数的造型材料；冒口、补贴和冷铁的应用等。

1. 正确布置内浇道

液态金属引入位置是指内浇道在铸件的安放位置。内浇道位置确定后，液态金属在型腔内流动的路线和温度分布就基本确定了，而温度的分布将影响铸件的凝固。

2. 选择合理的浇注工艺

控制浇注温度和浇注速度，可以加强顺序凝固或同时凝固。采用高的浇注温度缓慢地浇注，能增加铸件的纵向温度差，有利于顺序凝固。

3. 合理设计铸件结构

铸件结构设计不当，在生产过程中就难以实现顺序凝固或同时凝固原则。在条件允许的情况下，可以改变铸件结构。如铸件壁的拐角处既是应力集中处，又是热节点，易产生铸造缺陷，最好将该处内外角改成圆角，形成均匀壁厚，创造同时凝固条件。

4. 冒口和补贴的应用

冒口的作用不仅是补缩，同时还为顺序凝固创造条件。冒口区+末端区=冒口的有效补缩距离。当铸件的高度或长度大于冒口的有效补缩距离时，则在中间区域出现轴线缩松，在铸件上加补贴，形成人为的补缩通道，可延长冒口的作用范围。

铸钢件采用补贴比较普遍，球墨铸铁次之，灰铸铁及凝固区域很宽的合金则很少采用。

5. 改变铸型材料以控制铸件凝固

采用外冷铁的实质是改变铸型某部分造型材料的蓄热系数，以控制铸件的凝固。对于铸件局部的热节点，也可用冷铁加快冷却，以达到同时凝固的目的。采用具有不同蓄热系数的型砂，使铸件不同部位的凝固速度不同，也能实现顺序凝固或同时凝固。

第三节　合金的收缩

一、收缩的概念

金属从液态冷凝到室温，其体积的改变量称为体收缩；其线尺寸的改变量称为线收缩。在实际生产中，通常以其相对收缩量表示金属的收缩特性。相对收缩量又称为收缩率。单位体积的相对收缩量称为体收缩率；单位长度的相对收缩量称为线收缩率。

铸件的收缩可以分为以下三个阶段：

1）液态收缩。从金属液浇入铸型到金属液开始凝固之前，称之为液态收缩。金属的液态收缩所减少的体积与浇注温度和凝固开始温度的温差成正比。例如：假设铸铁凝固开始温度不变，当浇注温度为1300℃时，液态体收缩率为0.9%；当浇注温度为1400℃时，液态体收缩率则达2.4%。

2）凝固收缩。从凝固开始到凝固完毕，这时金属在凝固阶段的体收缩称为凝固收缩。同一类合金，凝固温度宽，凝固体收缩率也较大，有关实验测得，钢的碳质量分数为0.45%时，体收缩率为3.0%，碳质量分数为0.35%时，体收缩率为4.3%。

3）固态收缩。凝固以后到常温的这段时间金属处于固态，由于温度降低而发生的固态体积的收缩称为固态收缩。固态体收缩表现为三个方向线性尺寸的缩小，最终影响铸件的尺寸。所以固态收缩率常用线收缩率来表示。通过计算可知，线收缩率是体收缩率的1/3，是铸件产生应力、变形和裂纹的基本原因。

二、铸件的收缩（铸件的收缩与生产实践）

在实际生产中铸件的收缩受到外界阻力的影响。铸件忽略阻碍的收缩，称为自由收缩。铸件在铸型中的收缩还受到其他阻碍而不能自由收缩，称为受阻收缩。对于同一合金，受阻收缩率小于自由收缩率。

铸件在铸型中收缩时受到的阻力有以下几种：

1）铸型表面摩擦力。铸件收缩时，其表面与铸型表面之间摩擦力大小与铸件质量、铸型表面粗糙度有关。

2）热阻力。铸件各部分冷却速度不一样，收缩受到彼此制约产生阻力而不能自由收缩称为热阻力。热阻力的产生主要与铸件结构有关。

3）机械阻力。铸件由于本身结构特点，在收缩时受到铸型和型芯的阻力称为机械阻力。阻力大小取决于造型材料的强度、退让性、铸型和型芯紧实率，箱带和芯骨的位置，以及铸件本身的厚度和长度。机械阻力使铸件收缩量减小。

三、缩松和缩孔

1. 缩松

铸件内分散在某区域的细小缩孔通常称为缩松。缩松按其形态可分为宏观缩松（简称缩松）和微观缩松（显微缩松）两类。缩松常分布在铸件壁的中心区域、厚大部位、冒口根部和内浇道附近。

（1）缩松形成原因　缩松的形成原因与缩孔一样，是由于液态收缩和凝固收缩大于固态收缩。但是，形成缩松的基本条件是合金的结晶温度范围较宽，倾向于体积凝固方式，或者在缩松区域内铸件断面的温度梯度小，凝固区域较宽。铸件的凝固区域越宽，就越容易产生缩松。

（2）缩松形成的条件　形成缩松的基本原因与缩孔一样，但是形成的条件不同。当合金的结晶温度范围较宽时，倾向于体积凝固方式，或铸件截面上的温度梯度甚小，几乎是同时凝固，使分散的小缩孔难以得到合金液的补偿，便会形成缩松。合金的结晶温度范围越宽，铸件各部分越趋向于同时凝固，则形成缩松的倾向就大。

2. 缩孔

铸件在凝固过程中，由于合金的液态收缩和凝固收缩，在铸件最后凝固的部位如果得不到金属液的补偿，则容易出现孔洞，称为缩孔。

（1）缩孔的形成原因 铸件中产生缩孔的基本原因，是合金的液态收缩和凝固收缩值大于固态收缩值。产生缩孔的基本条件是，铸件由表及里逐层凝固，缩孔就集中在最后凝固的部位。实践证明，集中缩孔产生在铸件最后凝固的区域，因此，确定缩孔的位置就是确定铸件最后凝固的部位。

（2）缩孔和缩松的转化规律 对于一定成分的合金，缩孔和缩松的数量可以互相转化，但它的总容积基本上是一定的。铸件的凝固和补缩特性与合金成分有关，同时也受浇注条件、铸型性质及补缩压力等因素的影响。提高浇注温度，合金的液态收缩增加，缩孔容积增加，但对缩松的容积影响不大。

铸型的激冷能力强，铸件的凝固区域变窄，缩松减少，缩孔容积相应增加，缩孔的总容积不变或有所减小。在凝固过程中增加补缩压力，可减少缩松而增加缩孔的容积，若合金在很高的压力下浇注和凝固，就可以得到无缩孔和缩松的铸件。浇注速度慢，或者在明冒口中不断补浇高温液态金属，则可以消除铸件中缩孔或以缩松形式出现，铸件缩孔的总容积显著减小。

了解缩孔和缩松的转化规律，可以帮助我们根据铸件的使用要求，正确选择合金的化学成分，或者采取相应的工艺措施预防和消除上述缺陷。

四、铸造应力

铸造应力是指金属在凝固冷却过程中体积变化受到外界或其本身的制约，受阻而产生的应力。

1. 应力的分类

（1）按应力形成的原因分类

1）热应力。铸件各部分厚薄不同，在凝固和其后的冷却过程中，冷却速度不同，造成同一时刻各部分收缩量不一致，铸件各部分彼此制约，产生的应力。

2）相变应力。铸件由于固态发生相变，铸件各部分冷却条件不同，它们到达相变温度的时刻不同，且相变的程度也不同而产生的应力。

3）机械阻碍应力。铸件收缩受到铸型、型芯、箱挡和芯骨等机械阻碍所产生的应力。

（2）按应力存在的时间分类

1）临时应力。产生铸造应力的原因消除后，铸造应力也随之消失的应力称为临时应力，它短时间存在于铸件中。

2）残余应力。产生铸造应力的原因消除后，但铸造应力仍然存在，这种应力称为残余应力。

2. 应力的危害

铸造应力和铸件的变形对铸件质量的危害很大。铸造应力是铸件在生产、存放、加工以及使用过程中产生变形和裂纹的主要原因，它能降低铸件的使用性能。例如，当机件工作应力的方向与残余应力的方向相同时，应力叠加，可能超出合金的强度极限，发生断裂。有残余应力的铸件，放置日久或经机械加工后会变形，使机件失去精度。产生变形的铸件可能因加工余量不足而报废，为此需要加大加工余量。在大批量流水生产时，变形的铸件在机械加工时往往因放不进夹具而报废。此外，挠曲变形还会降低铸件的尺寸精度，尤其对精度要求较高的铸件，防止产生变形尤为重要。

3. 减小和消除铸造应力的措施

（1）减小铸造应力的措施　铸造应力的产生主要是由于铸件各部分的冷却速度不一致，以及铸型和型芯等阻碍收缩的结果。因此，要减少铸造应力主要是应设法减小铸件在冷却过程中各部分的温度差，以及改善铸型和型芯的退让性。

1）铸件原材料的选择。在满足铸件工作条件和成本的前提下，选择弹性模量和收缩系数小的合金材料。

2）凝固原则的选择。从工艺上采取必要的措施，使铸件各部分的冷却速度尽量相同，以达到铸件各部分几乎同时进行凝固的目的。

3）铸件结构尽量使铸件各部分能自由收缩，铸件壁厚尽可能均匀，厚、薄壁连接处合理过渡，热节要小而分散。

（2）消除铸件中残余应力的方法

1）低温退火处理。

2）振动时效处理。

第三章
造 型 材 料

第一节 造型原材料

一、原砂

型砂在铸造生产中的作用极为重要，因型砂的质量不好而造成的铸件废品占铸件总废品的30%~50%。通常对型砂的要求是：①具有较高的强度和热稳定性，以承受各种外力和高温的作用；②具有良好的流动性，即型砂在外力或本身重力作用下砂粒间相互移动的能力；③具有一定的可塑性，即型砂在外力作用下变形，当外力去除后能保持所给予的形状的能力；④具有较好的透气性，即型砂孔隙透过气体的能力；⑤具有高的溃散性，又称出砂性，即在铸件凝固后型砂是否容易破坏、是否容易从铸件上清除的性能。

原砂中用得最多的是石英砂，通常中小铸铁件、中小铸钢件和有色合金铸件都采用石英砂。除了石英砂外，其余石灰石砂、锆砂、镁砂、橄榄石砂、铬铁矿砂、刚玉砂等统称为特种砂。

石英砂选用时应根据合金的牌号、铸件的壁厚、铸型的种类和造型方法的不同，选择合适的原砂。对于轻合金铸件一般采用粒度为15或10的原砂，铸钢件一般采用二氧化硅质量分数为96%~98%的石英砂，铸铁件及小型铸钢件一般采用二氧化硅质量分数为90%~93%的石英砂。

石英砂是一种坚硬、耐磨、化学性能稳定的硅酸盐矿物，其主要矿物成分是SiO_2，纯度较高的石英砂的颜色为乳白色或无色半透明状，性脆无解理，贝壳状断口，油脂光泽，密度为2.65g/cm^3，其化学、热学和力学性能具有明显的各向异性，不溶于酸，微溶于KOH溶液，熔点为1750℃。石英砂的主要规格见表2-3-1。

在铸造生产中，石英砂是应用最广、用量最大的铸造用砂。它的粒度等级广泛，能与各种铸造黏结剂结合，资源丰富，价格低廉，在一般的情况下基本上能满足铸造用砂的要求。

表 2-3-1 石英砂的主要规格

分级代号(按 SiO_2 含量分级)	SiO_2(质量分数)(%)	分级代号(按含泥量分级)	含泥量(%)
98	≥98	0.2	≤0.2
96	≥96	0.3	≤0.3
93	≥93	0.5	≤0.5
90	≥90	1.0	≤1.0
85	≥85	2.0	≤2.0

水玻璃砂由石英砂及烧碱或纯碱混合配制而成。制成的砂型可吹以 CO_2 实现化学硬化，也可采用加热硬化或在硬化剂的作用下自行硬化等方法。这种型砂可用于制造铸钢件和铸铁件的砂型。过去水玻璃砂有落砂困难和旧砂不易再生等缺点，应用受到一定的限制。1999 年，新型水玻璃酯硬化自硬砂问世，水玻璃加入量为 1.8%~3.0%，可实现机械化造型、制芯，旧砂可再生，80%~90%可回收利用，现已在铁路机械、冶金机械、重型机械、矿山机械、通用机械厂等企业推广使用，成功浇注了从几千克到几百吨的重铸件，经济效益、社会效益显著。新型水玻璃酯硬化自硬砂是公认的环境友好型造型材料。

树脂自硬砂由石英砂、树脂和硬化剂等混合配制而成。常用的树脂有呋喃树脂、甲阶酚醛树脂、碱性酚醛树脂及尿烷树脂。用这种型砂制成的砂型强度高、尺寸偏差小、溃散性好、能源消耗少，可用于铸钢、铸铁及铸造有色合金铸件的生产，铸件的表面质量和尺寸精度高。树脂自硬砂是一种很有发展前途的造型砂。

二、黏结剂

1. 常用黏结剂

用来黏结砂粒的材料称为黏结剂，如水玻璃、桐油、干性植物油、树脂和黏土等。前几种黏结性比黏土好，但价格贵，且来源不广，因此除特殊要求的型砂，一般不用。黏土价格低廉且资源丰富，有一定的黏结强度，用得较多。黏土是湿型砂的主要黏结剂。黏土被水湿润后具有黏结性和可塑性；烘干后硬结，具有干强度，而硬结的黏土加水后又能恢复黏结性和可塑性，因而具有较好的复用性。但如果烘烤温度过高，黏土被烧死或烧枯，就不能再加水恢复塑性。黏土资源丰富，价格低廉，所以应用广泛。黏土主要是由细小结晶质的黏土矿物所组成的土状材料。黏土矿物的种类很多，按晶体结构可分为高岭石组、蒙脱石组和依利石组。高岭石组包括高岭石、珍珠陶土、地开石、埃洛石等，蒙脱石组包括蒙脱石、贝得石、绿脱石、皂石等，依利石组包括依利石、海绿石等。

黏土又分为普通黏土和膨润土。湿型砂普遍采用黏结性较好的膨润土。普通黏土通常又称白泥，是由高岭土类的黏土矿物组成，其中含 Al_2O_3 较多，耐火性较高的称为耐火黏土。普通黏土多用于干砂型。膨润土是以蒙脱石类矿物为主的黏土，它是由火山喷发物生成的。由于膨润土的形成过程比较复杂，除了含有大量蒙脱石矿物以及一些石英、长石、云母等碎屑以外，还有少量其他黏土矿物和有机物质。

蒙脱石的结晶是三层型，其单位晶层是由两层硅氧四面体，中间夹着一层铝氧八面体组成的。水分子和水溶液中的离子容易进入相邻的单位晶层之间，使蒙脱石的结晶沿垂直轴方向膨胀。

膨润土主根据吸附的阳离子不同又可分为钙基膨润土和钠基膨润土。钙基膨润土吸附的阳离子以 Ca 为主；钠基膨润土吸附的阳离子以 Na 为主。铸造膨润土的分类见表 2-3-2。钙基膨润土与钠基膨润土工艺性能比较见表 2-3-3。

表 2-3-2 铸造膨润土的分类

代号	PNa	PCa	PNaCa	PCaNa
类别	钠膨润土	钙膨润土	钠钙膨润土	钙钠膨润土

表 2-3-3 钙基膨润土与钠基膨润土工艺性能比较

性　能	钠基膨润土	钙基膨润土
吸水膨胀、胶体分散性	大	中等
混砂时强度增长率	中等	快
型砂流动性	中等	好
型砂韧性	好	中等
湿压强度	高或稍低	高
热湿拉强度	高	较低
抗膨胀缺陷能力	好	较低
回用性	好	较差
落砂性	较差	好

2. 其他黏结剂

（1）水玻璃　常用的水玻璃是硅酸钠或硅酸钾的水溶液。它们在液态时具有黏性，并在一定条件下能转变成凝胶状态，因而可用来作型砂或芯砂的黏结剂。以水玻璃为黏结剂的砂型和型芯中如吹入 CO_2 气体，只需几秒到几十秒就能硬化。在水玻璃型砂中加入硅酸二钙或有机酯，能使砂型和型芯自行硬化。水玻璃的价格低、无气味，对环境污染少。水玻璃砂的溃散性差和旧砂回用较困难等问题，已开始得到解决。

（2）植物油　最常用的植物油有桐油、亚麻仁油等，主要用于配制芯砂，习惯称为油砂。油砂的流动性好，硬化后强度高，浇注后溃散性好，适合制造形状复杂、截面细薄的型芯，曾大量用于汽车、拖拉机、水暖器材等的铸件生产。植物油的来源不足，价格较昂贵，而且需要长时间加热才能硬化，多已被树脂黏结剂所代替。

（3）合成树脂　常用的有酚醛树脂、呋喃树脂、异氰酸酯、尿烷树脂等。用合成树脂作黏结剂，一般应结合硬化方法加入适当的硬化剂。常用的硬化方法有 3 种。

1）加热硬化。以酚醛树脂为黏结剂，用加热的金属模样或芯盒制造薄壳砂型或型芯，或者以呋喃树脂为黏结剂在加热的芯盒中制造型芯，硬化速度快，生产效率高，铸件的形状和尺寸精度以及表面质量都很好。在大量生产的汽车、拖拉机等工业中被普遍应用。

2）气雾硬化。以异氰酸酯、尿烷树脂和酚醛树脂为黏结剂，吹入胺类气雾；或者以呋喃树脂为黏结剂，混砂时加入过氧化物，吹入 SO_2 气体。用这种硬化方法可以使型芯在几秒至 30s 以内迅速硬化。型芯生产速度快，铸件形状和尺寸精度高，而且节省能源，在汽车、拖拉机工业和其他成批生产铸件的工业中使用日益增多。

3）常温自硬。以呋喃树脂、甲阶酚醛树脂或异氰酸酯和有羟基的树脂为黏结剂，同时在型砂中加入液体硬化剂，制成的砂型和型芯在常温下放置可逐渐自行硬化。由于砂型和型芯不需要加热烘干，硬化后强度高，浇注后溃散性能好，铸件表面质量好，可制造小型、中型及大型砂型和型芯，在机床、矿山机械、动力机械、冶金机械等工业生产中使用较多。

三、辅助材料

铸造用湿型砂中加入煤粉，可以防止铸铁件表面产生粘砂缺陷，降低铸铁件的表面粗糙度，减轻抛丸清理工作量，并能减少铸件脉纹、夹砂缺陷。对于湿型铸造球墨铸铁件，型砂中加入煤粉还有利于防止产生皮下气孔。

煤粉在浇注过程中的作用如下：

1）在铁液的高温作用下，产生大量还原性气体，其中包括煤粉分解生成的挥发分，也包括煤粉中的碳与型砂中的水分在高温下发生水煤气反应生成的氢气，防止铁液被氧化，并可使铁液表面的氧化铁还原，减少金属氧化物和型砂进行化学反应的可能性。

2）煤粉受热后开始软化，具有可塑性。如果由开始软化至固化之间温度范围比较宽和时间比较长，则可缓冲石英颗粒在该温度区间受热而形成的膨胀应力，从而可以减少因砂型受热膨胀而产生的铸件夹砂缺陷。

3）产生气、液、固三相的胶质体。胶质体的体积膨胀部分地堵塞砂型表面砂粒间的孔隙，使铁液不易渗入。

4）产生的碳氢化物挥发分在650~1000℃高温下，于还原性气氛中发生气相热解反应，在金属液和铸型的界面上析出一层带有光泽的微细结晶碳，称为“光亮碳”，使砂型不受铁液润湿，因而铁液难以向砂粒孔隙中渗透。

效果较好的煤粉的组成如下：①灰分≤10%（质量分数）；②挥发分 30%~38%（质量分数）；③胶渣特征 4~6 级；④光亮碳为 10%~18%（质量分数）；⑤硫分≤0.6%（质量分数）；⑥煤粉灰分的质量分数不超过 10%。

其作用机理主要是：

（1）气膜隔离理论　浇注时型砂中的煤粉产生大量的还原性气体，使砂型/金属界面形成一层气膜，阻止铁液钻入型砂的砂粒孔隙中。

（2）胶质体封孔理论 型砂中的煤粉受热后成为固、液、气三相的胶质体，胶质体的膨胀能够堵塞砂粒孔隙，阻止铁液钻入砂粒孔隙中。

（3）气体防氧化理论 煤粉中的挥发分在高温下气相热解，产生大量的还原性气体，能够防止铁液氧化，避免氧化铁与石英砂产生化学反应。

（4）光亮碳防润湿理论 浇注时型砂中的煤粉析出微细晶粒的光亮碳，沉积在砂粒表面，使砂粒不被铁液润湿，避免铁液借助表面张力向砂粒孔隙中渗透。煤粉主要技术指标见表 2-3-4。

表 2-3-4 煤粉主要技术指标

牌号	SMF-Ⅰ	SMF-Ⅱ	SMF-Ⅲ
光亮炭(%)	≥12	≥10	≥7
挥发分(%)	≥30	≥30	≥25
硫含量(%)	≤0.6	≤0.8	≤1.0
焦渣特性(%)	4 级~6 级		
灰分(%)	≤7		
水分(%)	≤4		
粒度	100%通过 0.150mm 筛孔，95%以上通过 0.106mm 的筛孔		

第二节 型砂应具备的性能及其影响因素

一、强度

湿型砂必须具备一定强度以承受各种外力的作用。如果湿态强度不足，在起模、搬运砂型、下芯、合型等过程中，砂型有可能破损和塌落；浇注时可能承受不住金属液的冲刷和冲击而使铸件造成砂孔缺陷甚至跑火（漏铁液）；由于砂型缺乏足够强度以保证其硬度，浇注铁液后石墨析出会造成型壁移动而导致铸件疏松和胀砂缺陷。另外，生产较大铸件的高密度砂型所用砂箱都无箱带，高强度型砂可以避免塌箱、胀箱和漏箱。无箱造型的砂型在浇注时需要承受金属液压力，挤压造型时顶出的砂型还要推动其他砂型向前移动，也对型砂的强度提出较高要求。但强度也不宜过高，因为高强度的型砂需要加入更多的黏土，不但影响型砂的水分、透气性和铸件的生产成本，也给混砂、紧实和落砂带来困难。

型砂的强度用标准试样在受外力作用下遭到破坏时的应力值来表示。湿型铸造时，可以检查型砂的湿态抗压强度、抗剪强度、抗拉强度或劈裂强度。测试以上几种型砂强度都需要用圆柱形标准型砂试样。冲制抗压、竖剪和劈裂强度试样的整体试样筒使用最为频繁。

二、透气性

透气性是反映型砂性能的一项重要指标，特别是湿型砂，在金属液浇入砂型时，会产生大量的气体。型砂透气性低，铸型排气能力差，就会发生呛火或形成气孔、浇不足等缺陷。铸型透气性过高，又可能造成铸件表面粗糙和发生黏砂缺陷。因此，了解型砂透气性的影响因素，控制好型砂透气性，对于提高产品质量和铸造成品率，具有非常重要的意义。型砂透气率高低的选定主要根据砂型排气条件和对铸件表面粗糙度的要求。砂型上扎有较多排气孔等通气设施，可以降低对透气率的要求。高密度砂型比较密实，则要求型砂有较高的透气率。影响型砂透气率的因素有砂粒粗细、含泥量多少、紧实程度高低、型砂流动性好坏等。

三、可塑性和流动性

可塑性是指型砂在外力作用下变形，外力去除后仍保持所赋予形状的能力。可塑性好的型砂，造型、起模、修型方便，铸件表面质量较高。

型砂在外力和本身重力的作用下，颗粒质点互相移动的能力称为流动性。型砂流动性好，易于紧实、铸型尺寸准确、表面光洁、造型效率高，易于实现造型、制芯机械化。

四、耐火度

型砂抵抗高温热作用的性能称为耐火度，一般用型砂的烧结点来反映。用耐火度差的型砂浇注铸钢件和铸铁件，容易产生黏砂等缺陷。影响型砂耐火度的主要因素是原砂的矿物组成、颗粒特性和黏土的种类及加入量等。原砂的石英含量越高，颗粒越粗，黏土加入量越少，型砂的耐火度越好。

五、退让性、耐用性和流动性

1. 退让性

型砂在金属凝固、冷却过程中，能相应地变形、退让而不阻碍铸件收缩的性能称为退让性。在浇注钢铸件和镁合金铸件时，要求型砂具有良好的退让性，否则铸件容易产生内应力、变形或裂纹等缺陷。退让性主要取决于型砂的高温强度，高温强度越大退让性越差。在各种黏土型砂中，钠基膨润土砂的退让性最差。为了提高型砂退让性，可加入木屑等附加物。

2. 耐用性

型砂耐用性又称复用性。它指型砂经多次使用仍保持原来性能的能力。耐用性好的型砂在反复使用过程中需补充的新砂及黏土量少，原材料的消耗少，型砂处理的工作量也少，铸件的成本降低。由于砂粒在加热、冷却过程中因体积膨胀收缩而破碎，黏土因失去结构水而变成死土的结果，都将使型砂的复用性变坏。就复用性而言，采用石英-长石砂比石英砂好，颗粒分散的原砂比颗粒均匀的好；采用普通黏土砂比钠基膨润土砂好，而钠基膨润土又比钙基膨润土砂好。

3. 流动性

流动性是指型砂在外力或自重作用下，沿模样和砂粒之间相对移动的能力。

第三节 芯砂材料

一、热芯盒砂

热芯盒砂制芯工艺是在原砂中加入适量的树脂与催化剂，经过适当的混合后，用射芯机射入加热的芯盒中，在芯盒的热作用与催化作用下，树脂由线型结构桥连接成体型结构而固化。这一过程进行得很迅速，并且砂芯从芯盒中取出后在余热的作用下，其内部固化的部分仍可继续进行固化反应。热芯盒法制芯制备简单、硬化快、生产效率高、常温强度高、浇注后砂芯溃散性好，同时由于生产的砂芯是在芯盒内硬化成形，能保持从芯盒中取出时的形态，故能保持较高的尺寸精度与较低的表面粗糙度值。

1. 覆膜砂

砂粒表面覆盖一层固态树脂膜的型砂（芯）进行造型（芯），称为覆膜砂。覆膜砂一般由耐火骨料、黏结剂、固化剂、润滑剂和特殊添加剂组成。

铸造生产中，砂型（芯）承受金属液作用的只是表面一层数毫米的砂壳，其余砂只是起支承砂的作用。如果砂壳的强度、刚度足够，就可去掉或减少深藏不露的支承部分砂。覆膜砂使用过程中常见的缺陷、产生原因及解决措施见表2-3-5。

表2-3-5 覆膜砂使用过程中常见的缺陷、产生原因及解决措施

序号	缺陷名称	产生原因	解决措施
1	脱壳	模具设计不合理，芯盒温度不均匀，使低温部位强度偏低而脱壳；覆膜砂熔点低，固化速度慢，热强度偏低	改善模具结构，使温度分布均匀；选用熔点高、固化速度快、热强度高的树脂，加入提高固化速度的促硬剂
2	型(芯)表面疏松	射芯压力过高或过低，模具排气不畅，模具由于分盒面间隙大而跑砂，覆膜砂流动性差或透气性差	选用合理的射砂压力，改善排气系统，防止憋气；采用变形小的材料作芯盒；选用流动性和透气性好的覆膜砂
3	型(芯)变形、断裂	模具受热不均匀或型芯壁厚差异大，造成冷却时收缩不一致；采用了固化收缩率大的树脂；接芯叉子变形或砂芯存放不平；覆膜砂高温性能差；浇注压力大	改善模具结构；使温度分布均匀；采用成型托盘存放砂芯；采用固化收缩率下的树脂；采用耐高温低膨胀覆膜砂；改进浇注系统
4	穿芯	砂芯局部强度低或疏松，结壳厚度薄	调整射砂压力；改善排气系统；改善模具结构，使温度分布均匀；选用熔点高、固化速度快、热强度高的树脂，加入提高固化速度的促硬剂
5	铸件气孔	型芯排气不畅；树脂砂发气量大或发气速度不合适；砂芯固化不彻底	改善排气系统，提高排气效果；选用粒形集中度高或较粗的原砂；采用低发气覆膜砂；采用比强度高的树脂，降低树脂用量

（续）

序号	缺陷名称	产生原因	解决措施
6	铸件粘砂	原砂 SiO_2 含量低；型芯表面不致密	调整射砂压力，改善芯盒排气效果，使砂芯表面更致密；采用耐高温覆膜砂或锆砂覆膜砂
7	铸件内部缩松	覆膜砂中的树脂在高温下燃烧产生的热量，减缓了铁液的凝固速度，导致缩松	采用激冷类覆膜砂；在壳型芯内放置冷铁
8	铸件表面不良	酚醛树脂在高温下生成光亮碳漂浮在铁液表面，凝固时铸件表面产生皱皮	加入质量分数为2%左右的氧化铁粉，采用热导率高的原砂；壳芯表面刷涂料；覆膜砂中添加特殊辅料

(1) 骨料（原砂） 覆膜砂的主体，要求耐火度高，挥发物少，颗粒强度高，一般选用天然石英砂。对石英砂的一般要求是：SiO_2 含量高、含泥量≤0.3%（质量分数）、粒度分布在相邻3~5个筛号上、平均细度为50~65、酸耗值不小于5mL。

(2) 黏结剂 普遍采用热塑性酚醛树脂作为黏结剂。酚醛树脂的主要性能有强度、软化点、聚合速度、黏度、流动性、游离酚含量等。采用不同摩尔配比的原砂、催化剂、添加剂，以及采用不同的合成工艺，可制成性能不同的覆膜砂用酚醛树脂，以满足不同的使用要求。酚醛树脂的性能受其微观结构的影响，如连接苯环的化学键的数量、位置和类型，树脂相对分子质量的大小和分布等。当树脂性能不能满足其某些特定的使用要求时，必须对其结构进行改性。

(3) 固化剂、润滑剂、添加剂 固化剂常规采用乌洛托品；润滑剂的作用是防止结块，提高覆膜砂的流动性及脱模性；添加剂的作用是改善覆膜砂的性能。

(4) 覆膜砂的配比 覆膜砂的配比因技术水平及不同的性能要求而异，一般配比范围见表2-3-6。

表2-3-6 覆膜砂的基本配比

成分	配比（质量分数，%）	说明
原砂	100	擦洗砂
酚醛树脂	1.0~3.0	占原砂重
乌洛托品	10~15	占原砂重
硬脂酸钙	5~7	占原砂重
添加剂	0.1~0.5	占原砂重

2. 热芯盒

(1) 热芯盒法 用液态热固性树脂黏结剂和催化剂制成的芯砂，吹入加热温度为220~230℃的芯盒内，贴近芯盒表面的砂芯受热，黏结剂在短时间内缩聚硬化，砂芯表层数毫米厚结成硬壳即可自芯盒中取出，中心部分的砂芯利用余热和硬化反应放出的热量自行硬化。

(2) 壳型用原材料及其特性 壳型用原材料主要是覆膜砂，它是由石英砂、热塑性酚醛树脂、乌洛托品硬化剂、硬脂酸钙润滑剂及其他附加物等材料，在专门的混制设备上采用热法混制而成的。

(3) 壳型、壳芯的制造工艺及其设备 壳型、壳芯的制作方法一般有两种，即翻斗法和吹砂法。翻斗法适用于壳型制作，而吹砂法多用于壳芯生产。吹砂法壳芯机又可分为底吹式和顶吹式两大类。底吹式壳芯机制芯时，芯砂由底部吹入芯盒，吹芯压力为0.4~0.5MPa，吹砂时间为15~35s。由于芯砂由底部吹入芯盒，充填情况不如顶吹式理想，故一般适用于外形简单的壳芯。顶吹式壳芯机制芯时，芯砂由芯盒顶部吹入，充填情况较好，但整机结构复杂，常用于结构较复杂的壳芯制造，其吹芯压力为0.1~0.3MPa，吹砂时间为3~8s。壳芯制造过程如下：把芯盒加热至210~250℃，吹入覆膜砂；这时覆膜砂上树脂受热熔化、结壳后，翻转180°，使芯盒自动左右摇摆数次，排放出未固化的砂子，翻斗复位；壳型、壳芯继续硬化2~3min，便可顶出制好的壳型、壳芯。

二、吹气硬化冷芯盒树脂砂

冷芯盒法制芯工艺是将原砂与冷芯盒树脂混合后射入芯盒里，然后吹入气体催化剂，砂芯即在常温下快速固化，通过吹干燥清洁的压缩空气冲洗净化砂芯中的残余催化剂后即可出芯。从广义上讲，凡是硬化过程不需要加热的芯砂都可以称为冷法硬化芯砂，如吹 CO_2 硬化水玻璃砂、有机酯自硬水玻璃砂等。冷法制芯有如下优点：制芯周期短、价格低廉、没有变形问题、节约能源等。

三乙胺固化冷芯盒制芯工艺以其高效、低耗、尺寸精度高等特点发展最为迅速。它是在常温下将作为黏结剂的酚醛树脂和异氰酸酯与砂混合后，通入三乙胺而迅速固化的工艺。此法的优点是：提高了铸件的尺寸精度和质量；型（芯）砂的硬化无需烘干，可节省能源；型砂易紧实，易溃散，旧砂可再生回用；所用树脂较少，材料成本低。

1. 冷芯盒树脂砂用原材料

(1) 石英砂 石英砂是大量应用的制芯用主体材料。石英砂的 SiO_2 含量、粒形、含泥量及含有的杂质等影响冷芯盒的强度性能。原砂技术条件见表2-3-7。

表 2-3-7 原砂技术条件

项目	最佳范围	允许范围
平均细度	50~60	40~80
粒形	圆形	—
耗酸值/mL	尽可能低	0~10
含泥量(质量分数,%)	无	0~0.3
氧化铁(质量分数,%)	—	0~0.3
原砂温度/℃	21~26	10~40
含水量(质量分数,%)	0~0.1	<0.25

(2) 黏结剂 黏结剂由两种组分组成，Ⅰ组分为线型液体酚醛树脂，Ⅱ组分为液体聚异氰酸酯。树脂及树脂砂的性能主要有黏度、强度、发气性及抗吸湿性、可

使用时间等。

(3) 催化剂　三乙胺是冷芯盒树脂砂常用的催（固）化剂，产品呈液体，以压缩空气为载体经气体发生器汽化后通过芯盒使砂芯固化。三乙胺属刺激性有害气体，工作时应注意排气或安装尾气处理装置（酸洗塔）。

2. 三乙胺法制芯工艺

三乙胺法制芯均在专用的冷芯盒射芯机上完成，所用射芯机的结构与普通射芯机相似，但增加了吹气机构和前后工序配套设备。前工序配套设备有：混砂机、砂加热器、气体发生器、压缩空气干燥除湿系统、三乙胺气体雾化装置等。后工序配套设备包括废气净化系统。制芯的主要工序为：石英砂加热至25~35℃，将组分Ⅰ酚醛树脂加入砂中，混制1~2min，再加入组分Ⅱ（PAPI），继续混制1~2min。通常两组分加入量均为砂的质量分数的0.75%。然后在0.30~0.35MPa的射砂压力下，把砂子射入芯盒，再将与载体混合、体积分数为2%的三乙胺气体，在0.2MPa压力下吹入芯盒，使型砂、芯砂迅速硬化，硬化时间一般为几秒或几十秒。型砂、芯砂硬化后，紧接着通过原来的吹气系统，再吹入洁净干燥的空气，以便清洗型砂、芯砂中的残胺，并可进一步提高它的强度。从芯盒中排出的空气中含有残余的有毒气体，必须送到洗涤室内，用酸中和，将胺除去，也可采用燃烧法去胺。最后，打开芯盒，取出已硬化的砂芯，便可进行下一轮程序。为了提高铸件的表面质量，减少粘砂缺陷，砂芯表面应刷一层涂料。可采用水基涂料，但必须待树脂完全硬化后上涂料，防止明显降低砂芯强度，刷涂后应及时烘干。砂芯存放时，仍有少量残余三乙胺气体逸出，因此砂芯存放处应有通风装置。

第四节　涂料的配制

一、铸造涂料的作用及要求

1. 涂料的作用

涂料能够改善铸件的表面粗糙度，同时防止粘砂；加固铸型，减少浇注时的冲砂现象；特种用途，如促使铸件表面合金化；在涂料的耐火粉料中掺入呈薄片状的粉料如云母、滑石，防止由于砂型或砂芯表面出现裂纹而使铸件形成毛刺等。

2. 对涂料的要求

1）涂料应有悬浮性。当有沉淀时，固体颗粒很容易通过搅拌达到悬浮状态。

2）涂料必须有适当的稠度和比重以便在砂型/型芯表面涂刷一层均匀的涂料。

3）提倡涂料无毒，无难闻气味。

4）涂料层必须光滑，无滞留的气泡等，要有硬度但不脆。脆的涂料层容易受到机械损害和侵蚀。

5）涂料必须紧紧地附在砂型和型芯表面，干燥涂料或钢液受热辐射或与涂料直接接触对涂料进行快速加热时，涂料不能开裂或剥落。

6）涂料必须产生最少量的气体避免气孔和针孔缺陷，即发气量小。

7）涂料高温性能必须良好，即耐蚀性、耐火性好，与钢液接触时不与钢液反应。涂料中高温结合力非常重要。

8）涂料具有耐火性。理想的耐火材料的化学性质呈惰性、热膨胀小，不与型砂或熔融的金属氧化物形成可熔化的成分。锆英粉、铬铁矿粉、氧化铝砂粉（刚玉粉）、耐火黏土、橄榄石粉、镁矿粉和铬镁粉被用在涂料中，对于一般铸造厂来讲，锆英粉更好。锆英粉作为耐火涂料填充剂拥有许多有利的性能，例如较高的耐火性、热膨胀系数小、化学反应不活泼、易与涂料的组分兼容。

二、铸造涂料的原材料

涂料是由多种不同性质的材料组成的分散系，通常由耐火粉料、载液、悬浮剂、黏结剂和能改善某些性能的添加剂所组成。

（1）耐火粉料　耐火粉料的物理、化学性质对涂料效果有决定性的影响，特别是对涂层的耐火度和热化学稳定性影响很大。粉料是涂料中的主要组分，其质量如何及选用是否得当对涂料的使用效果影响极大。在涂料中的质量分数通常高于50%。常用耐火粉料的物理化学性质见表2-3-8。不同铸件材质常用的耐火粉料见表2-3-9。

表2-3-8　常用耐火粉料的物理化学性质

耐火粉料名称	化学性质	密度/(g/cm³)	熔点/℃	烧结温度/℃	FeO作用下的烧结温度/℃	比热容/[J/(kg·K)]	热导率/[W/m·K]	线胀系数/K^{-1}
石英	酸性	2.65	1713	1500~1700	1400~1500	1046	0.67	
刚玉	中性	3.8~3.9	2050	>1850	—	1130	5.275	
铝矾土	中性	3.0~3.3	1800	1500~1700	1300~1700	—	—	—
锆英	弱酸性	4.6~4.7	2420	1600~1800	1400~1600	544	2.093	
铬铁矿	碱性	4.2~4.8	>1900	—	1450~1600	544	2.093	
镁砂	碱性	3.35~3.54	2800	1850~2000	1200~1300	1088	2.931	
鳞片石墨	中性	2.25	3000	—	1500氧化	—	153.53	
无定形石墨	中性	—	2000	—	1300氧化	—	—	—
滑石	碱性	2.7		—	800~1300	—	—	—

表2-3-9　不同铸件材质常用的耐火粉料

铸件材质 \ 耐火材料名称		锆石粉	白刚玉粉	棕刚玉粉	镁橄榄石粉	镁砂粉	熟铝矾土粉	硅石粉	鳞片石墨	土状石墨	滑石粉	白垩粉
铸钢	耐热钢不锈钢	√	√	√	—	—	○	—	—	—	—	—
	高锰钢	○	—	—	√	√	—	—	—	—	—	—
	碳钢	√	○	√	—	—	√	√	√	—	—	—

（续）

铸件材质 \ 耐火材料名称		锆石粉	白刚玉粉	棕刚玉粉	镁橄榄石粉	镁砂粉	熟铝矾土粉	硅石粉	鳞片石墨	土状石墨	滑石粉	白垩粉
铸铁	灰铸铁	○	—	—	—	—	○	○	√	√	√	—
	球墨铸铁	○	—	—	—	—	○	√	√	√	√	—
	可锻铸铁	○	—	—	—	—	○	√	√	√	√	—
有色合金	铜合金	○	—	—	—	—	—	—	—	√	√	—
	铝合金	○	—	—	—	—	—	—	—	—	√	√
	镁合金	—	—	—	√	√	—	—	—	○	—	—

注：“√”为常用；“○”为不常用；“—”为不用。

（2）载液　载液的作用是使耐火粉料分散或悬浮在载液体内，使涂料保持一定黏度和密度，便于喷涂、浸涂、淋涂或刷涂到型、芯工作表面。载液一般采用水、乙醇、甲醇、异丙醇、1-丁醇、汽油、煤油、2-丙烯醛、氯化烃类（如三氯乙烷 CH_3Cl_3）等。其中最常用的是水。淋涂时，将涂料用低压泵打出，经喷嘴将涂料喷浇到倾斜角为75°~85°的型腔或砂芯表面，多余的涂料流入下部积液槽返回容器中重复使用。

（3）悬浮剂　悬浮剂通常是指具有使固体物分散，并使之悬浮在载液中的能力的物质。好的涂料悬浮剂不仅具有使耐火粉料悬浮的能力，而且应具有流变学特性，特别是触变性，既容易形成一定的组织结构，也容易为机械力所拆散。作为铸造涂料用悬浮剂，其悬浮原理是通过自身在载液中的扩散力、吸附力、载荷力等，使高密度的耐火粉料在不同的载液中具有一定的悬浮性、连续性。故涂料中必须使用悬浮剂才能使耐火涂料悬浮在载液中，并保持均匀的弥散状态。悬浮剂的作用是稠化载液，促使涂料中耐火粉料在载液中保持悬浮，防止沉淀、分层，也是使涂料具有适当触变性的主要材料，还起一定黏结剂的作用。

水基涂料常用的悬浮剂是膨润土、有机高分子化合物（如羧甲基纤维素、海藻酸钠、聚乙烯醇等）、膨润土-有机高分子化合物复合稠化体系。醇基涂料较理想的悬浮剂有：在乙醇中可溶胀的有机膨润土、锂基膨润土、钠基膨润土、改性累托石以及聚乙烯醇缩丁醛等。

（4）黏结剂　为使粉料颗粒黏结成具有一定强度的涂料层，并牢固地附着于铸型或型芯的表面上，涂料中应有适当的黏结剂。对于涂料的强度，应有较全面的看法，只考虑脱除载液以后的涂料层在常温下的强度是不够的。涂料层所处的工况条件十分苛刻。其常温强度应能耐受铸型或型芯搬运时的振动和意外的轻微碰撞、下芯合型时的摩擦、吹净型腔时压缩空气气流的冲击。从常温到金属浇注温度，在一段温度范围内不具有足够的强度，涂料层就可能损坏。因此，简单地用一种黏结剂是不能满足要求的，必须将几种在不同温度范围内起作用的黏结剂配合使用。黏结剂的作用是使涂料中的耐火粉料彼此黏结在一起，并使涂料能牢固黏附在铸型、型芯的表面。

黏结剂可分为低温黏结剂和高温黏结剂。对水基涂料来说，属于低温型的有膨润土、有机高分子化合物（如羧甲基纤维素、海藻酸钠、聚乙烯醇等）、水溶性合成树脂、聚醋酸乙烯乳液（乳白胶）、淀粉、干性植物油、亚硫酸盐纸浆废液、水柏油等；属于高温型的有钠水玻璃、硅溶胶、聚合磷酸等，高温黏结剂大多在低温时也起黏结作用。

(5) 改善某些性能的其他添加剂

1）表面活性剂。用以改善涂料对铸型、型芯表面的浸润和渗透能力。

2）消泡剂。消除涂料在制备或搅拌时所引起的气泡，如正丁醇；醇基涂料的涂层在点燃干燥时可能产生的气泡或麻坑，如硬脂酸盐。

此外还会加入防腐剂、防潮剂等。

三、涂料的配制及混制方法

铸造涂料的形式有粉末状、粒状（一般粒径<5mm）、软膏状及悬浮液。

涂料制备的关键是保证各种组分达到高度分散，使涂料稳定具备所要求的性能。

注意有些组分要进行预处理，例如有机高分子化合物一般需先配成一定质量分数的溶液；膨润土等也常加水浸泡，使其充分溶胀；有机膨润土需先用二甲苯或溶剂油泡开呈膏状，然后兑入乙醇。

涂料的配制采用熟化工艺，所谓熟化工艺即将耐火材料、黏结剂、水（此时为稀释剂）按比例加入球磨机或碾轮式涂料混碾机中，经过长达 24h 以上的研磨处理，制成涂膏。使用时，只需将涂膏加水稀释至合适的密度即可使用。熟化处理的实质是将固、液、气三相共存体系中的气相释放出去，使颗粒表面形成一层均匀的黏结剂膜，从而保证涂料性能均匀、稳定。

涂料混制的方法如下：

1）先使用轮碾机或球磨机对涂料进行充分碾压或球磨，制成膏状（用轮碾机时）或液态涂料，使用时再稀释和用搅拌机搅拌。

2）单纯用搅拌机搅拌。

3）用搅拌机搅拌后的涂料再经胶体磨（或对滚机）使涂料受到很大的剪切力、摩擦力、离心力和高频振动等作用，达到被有效地粉碎、搅拌、均质和分散的目的。

胶体磨的工作原理是：流体或半流体物料受离心力的作用，强制通过在高速相对运动的定子与转子之间进行剪切、摩擦、高频振动，有效地进行粉碎、乳化、均质、分散、混合等获得精细加工的物料。

第五节　造型材料的检测

一、造型原材料的检测

1. 擦洗砂

（1）含水量的测定　试验时，称量20±0.01g试样，均匀铺在盛砂盘中，置入图2-3-1所示的SGH型双盘红外线烘干器内，烘干10min后，取出盛砂盘冷却至室温，然后称量。含水量的计算公式见式（2-3-1）：

$$w(\text{水})=\frac{m_1-m_2}{m_1}\times100\% \qquad (2\text{-}3\text{-}1)$$

式中　w(水)——试样含水量（%）；

m_1——烘干前试样质量（g）；

m_2——烘干后试样质量（g）。

图2-3-1　SGH型双盘红外线烘干器

（2）含泥量的测定

1）称量烘干（在红外线烘干器内烘20min至恒重）试样50±0.01g［如果不需要进行粒度分析时可称取试样（20±0.01）g］，放入容量为600mL的专用洗砂杯中，加入390mL蒸馏水和10mL质量分数为5%的焦磷酸钠溶液。

2）洗砂机如图2-3-2所示。将洗砂杯放在垫有石棉垫的盘式电热炉上，煮沸5min（从试样完全沸腾开始计时）。在煮沸过程中可用玻璃棒对试样进行搅动，以防烧杯中液体澎溅或烧杯蹦跳，必要时可迅速切断电源。

3）待烧杯中液体冷却后，加入清洁自来水至标准高度125mm处，用玻璃棒搅拌约30s后，静置10min，用虹吸管吸出水面下100mm以上的浑水。虹吸管在洗砂杯中的位置如图2-3-3所示。以上操作共重复两次。注意：搅拌时应不断改变旋转方向，以免砂粒沉淀时堆积成锥形。并尽量使沉淀后的砂层平坦无凸起处。静置后用虹吸管吸水时，应使虹吸管的入口端沿烧杯内壁逐渐下降，不可一落到底，以免水流过猛而吸出砂粒。

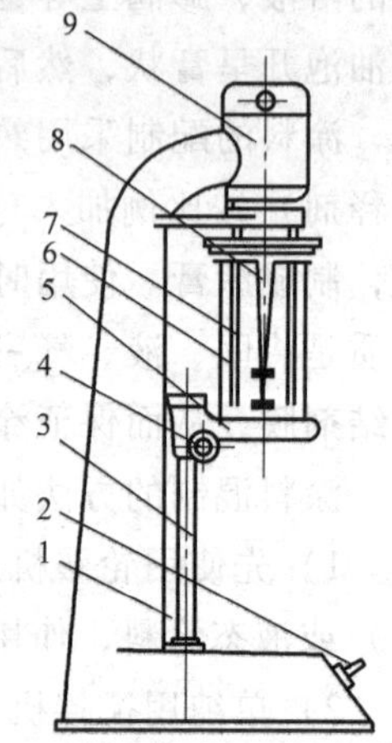

图2-3-2　洗砂机

1—机体　2—电源开关　3—托盘升降立柱　4—托盘锁紧搬手　5—洗砂杯托盘　6—洗砂杯　7—阻流棒　8—搅拌轴　9—电动机

4）从第三次起以后的操作均与前相同，但每次静置时间改为5min。要反复进行多次，直到杯中水透明为止。

5）排掉清水后，倒入盛砂盘中在红外线烘干器中烘干（30min）至恒重（所谓恒重是指烘30min后，称其重量，然后每烘 15min，称量一次，直到相邻两次称量之间的差数不超过 0.02g 为至），冷却至室温时称量。并按式（2-3-2）计算含泥量：

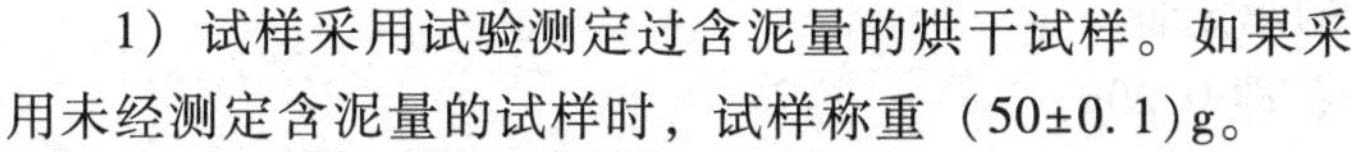

$$w(\text{泥})=\frac{m_1-m_2}{m_1}\times 100\% \qquad (2\text{-}3\text{-}2)$$

式中　w(泥)——试样含泥量（%）；

m_1——水洗前试样质量（g）；

m_2——水洗后试样质量（g）。

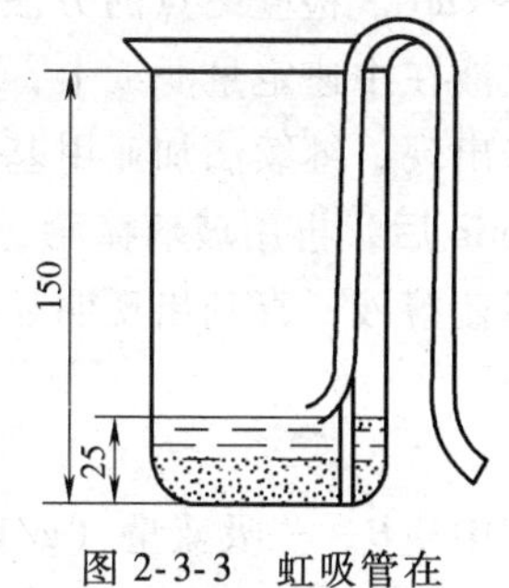

图 2-3-3　虹吸管在洗砂杯中位置

（3）粒度的测定

1）试样采用试验测定过含泥量的烘干试样。如果采用未经测定含泥量的试样时，试样称重（50±0.1)g。

2）首先将电磁微振式筛砂机的定时器设置为 12min，旋动振幅旋扭，使振幅指示器指在 3mm 处。将试料放在全套标准筛最上面的 6 目筛上，再将装有试样的全套筛子紧固在筛砂机上，打开电源按钮，开始筛分，直到筛砂机自动停止。

3）松动紧固手柄，取下标准筛，依次将每一个筛子以及底盘上所遗留的砂子分别倒在光滑的纸上，并用软毛刷仔细地从筛网的反面刷下夹在网孔中的砂子。会有一些砂粒夹在网孔中间不被刷下，可以任其停留。切不可用尖锥捅下，或用力敲击筛子，以免筛网变形。

4）称量每个筛子上的砂粒质量。计算出每筛上砂子占试样总重量（50g）的百分率。

5）试验后，将每个筛子及底盘上的砂子质量及含泥量（g）相加，其质量不应超出（50±1)g，否则试验应重新进行。

6）根据原砂粒度标准要求，把三筛所占试样的百分数相加即为主要粒度组成三筛所占试样的百分比。

2. 膨润土

（1）膨润土的吸蓝量测定　膨润土在成矿的风化、搬运和沉积等过程中不可避免混有杂质。不同的矿点、不同的矿层的杂质含量各异。此外，在开采、运输、晾干、磨粉过程中也可能混入表上或其他杂质。膨润土的纯度（即有效成分蒙脱石含量）与其黏结能力有密切关系。膨润土中的蒙脱石具有强烈的吸附亚甲基蓝（$C_{16}H_{18}N_3SCl\cdot 3H_2O$，相对分子质量 373.89）或其他色素的能力，而其他黏土矿物和膨润土中的石英对杂质的吸附能力低得多。因此可以用测定膨润土的吸附亚甲基蓝量（简称为吸蓝量）的办法来估计其纯净程度，从而估计其湿态黏结力。

称取烘干的膨润土试样 0.20g，置于三角烧杯内，加入 50mL 蒸馏水，使其预先润湿。然后加入质量分数为 1% 的焦磷酸钠（化学纯）溶液 20mL，摇匀后，再在电炉上加热煮沸 5min，冷却后用滴定管滴入质量分数为 0.2% 的亚甲基蓝（试剂纯）溶液。滴定时，第一次可加入预计亚甲基蓝溶液量的 2/3 左右，以后每次滴定

1~2mL。检验终点的方法是每次滴加亚甲基蓝溶液后，摇晃30s，用玻璃棒蘸一滴试液在中速定量滤纸上，观察在中央深蓝色泥点的周围有无出现淡蓝色的晕环，若未出现，继续滴加亚甲基蓝溶液，如此反复操作。当开始出现晕环时，将试液静置1min后，再用玻璃棒蘸一滴试液，若又无出现晕环，说明未到终点，应再滴加亚甲基蓝溶液，直到出现明显的晕环为止，即为试验终点。试料按式（2-3-3）计算：

$$B=\frac{ab}{c}\times 100 \tag{2-3-3}$$

式中 B——吸蓝量（g/100g试料）；

a——1mL亚甲基蓝溶液中含有的亚甲基蓝量（g），即0.002g/mL；

b——亚甲基蓝溶液的滴定量（mL）；

c——试料质量（g），即0.20g。

（2）膨胀倍数　膨润土遇水有明显的膨胀性能，与盐酸溶液混匀后，膨胀后所占有的体积，称为膨胀倍数，以mL/g（样）表示。它与膨润土的属性和蒙脱石的含量密切相关，同一属性的膨润土，含蒙脱石越多，膨胀倍数越高。所以，膨胀倍数也是鉴定膨润土矿石属性和估价膨润土质量的技术指标之一。

试料量为1g，电解质使用物质的量浓度为12mol/L的盐酸25mL。一些钙基膨润土的膨胀倍数大多在6~12之间，难以明显区分膨胀倍数有何差别。而且量筒在10mL以下没有刻度，绝大部分数值是估计出来的，缺乏精确性。有人改用2g膨润土试料测定膨胀倍数。盐酸的作用也与NH_4Cl溶液相同，都是电解质，但是应用盐酸的不利之处为使实验室中浓酸气味呛人，而且对人体和衣物有腐蚀性。

（3）膨润值　先向有塞量筒（容量为100mL）中加入蒸馏水50~60mL。再称取在105~110℃烘干的膨润土粉料2.00g（优质钠基膨润土和钙基膨润土的试料可减为1.00g）加入量筒中。盖紧塞子后用力摇动直至均匀分散。钙基膨润土可一次加入水中，钠基膨润土则需分多批逐次加入。然后加入1mol/L的NH_4Cl溶液（即53.49g化学纯NH_4Cl溶于蒸馏水中，稀释成1000mL）5mL，继续加蒸馏水到100mL刻度线，再摇动1min使其成均匀悬浮液。静置24h后读出沉淀的体积（mL），此沉淀值就是膨胀值。

3. 煤粉

（1）煤粉的含水量　称取供货状态煤粉试料（1±0.1)g，在预先已加热到105~110℃的电烘箱中烘干1h后取出称量器皿，立即盖上盖，冷却后称其质量，然后每烘30min称量一次，直到质量不变为止。煤粉含水量可按式（2-3-4）计算：

$$w(\text{水})=\frac{m_1-m_2}{m_1}\times 100\% \tag{2-3-4}$$

式中 w（水）——煤粉中的含水量（%）；

m_1——烘干前试料的质量（g）；

m_2——烘干后试料的质量（g）。

（2）煤粉的灰分检测方法 将预先在105~110℃干燥并储放在干燥器中的煤粉试料（1±0.1)g均匀摊平在瓷皿中，送入温度不超过100℃的马弗炉恒温区。炉后壁的上部带有直径为25~30mm的烟囱。关上炉门并在加热过程中留15mm左右缝隙。不少于30min时间缓慢升温至约500℃，在此温度下保温30min；继续升温至(815±10)℃，此温度下灼烧1h。取出瓷皿在空气中冷却5min左右，移入干燥器中冷却至室温后称量。以燃烧残留物质量占煤样质量的百分数作为灰分。按式(2-3-5)进行计算：

$$G_A=\frac{G-G_1}{G}\times100 \tag{2-3-5}$$

式中 G_A——试样的灰分（%）；

G_1——灼烧残留物的质量（g）；

G——试样的质量（g）。

（3）煤粉挥发分检测方法 将（1±0.01)g预先干燥过的煤样放入带盖瓷坩埚中，轻轻振动，使其中的试样铺平后加坩埚盖。将马弗炉预先加热至920℃左右，迅速将坩埚送入马弗炉的恒温区，关上炉门，隔绝空气准确加热7min。必须在3min内使炉温恢复至（900±10)℃。取出坩埚，在空气中冷却5min左右，移入干燥器内冷却至室温后称量。以所失去质量占试样原质量的百分数作为挥发分。测定结果可按式（2-3-6）计算：

$$V=\frac{G-G_1}{G}\times100 \tag{2-3-6}$$

式中 V——试样的挥发分（%）；

G_1——试样加热后的质量（g）；

G——试样的质量（g）。

二、型（芯）砂性能的检测

1. 型砂

（1）含水量 GB/T 2684—2009《铸造用砂及混合料试验方法》中规定用以下两种烘干法进行试验，以砂样烘干前后质量的减少量代表含水量。

1）快速法。称20g试样，精确到0.01g，均匀铺在盛砂盘中。将盛砂盘置于SGH型红外线烘干器内，在110~170℃烘干6~10min，置于干燥器内，待冷却至室温时，进行称量。按式（2-3-7）计算含水量：

$$w(水)=\frac{m_1-m_2}{m_1}\times100\% \tag{2-3-7}$$

式中 $w(水)$——试样含水量（%）；

m_1——烘干前试样质量（g）；

m_2——烘干后试样质量（g）。

2）恒重法。称取试样（50±0.01）g，置于玻璃皿内，在温度为105～110℃的电烘箱内烘干至恒重（一般烘30min后，称其质量，然后每烘15min称量一次，直至相邻两次称量之间的差数不超过0.02g时，就算恒重），置于干燥器中冷却到室温，再进行称量和按式（2-3-7）计算含水量。

（2）含泥量 GB/T 9442—2010《铸造用硅砂》中规定型砂中大于等于20μm的颗粒为砂粒，直径小于20μm的微细颗粒为“泥分”。测定方法是采用冲洗法，根据悬浮在水中的砂和泥分的直径大小不同，其下降速度也不同的原理将泥分与砂粒分开，称量剩余砂粒的质量即可得泥分的含量。含泥量可根据GB/T 2684—2009中的规定测量：

1）称取在105～110℃烘干的型砂或旧砂（50±0.01）g，放入容量为600mL的专用洗砂杯中，再加入390mL蒸馏水或去离子水和10mL 5%浓度焦磷酸钠溶液；煮沸3～5min后冷却至室温。

2）将洗砂杯置于SXW型涡旋式洗砂机上搅拌15min；取下洗砂杯，向杯中加入清水至标准高度125mm处，用玻璃棒搅拌30s后，静置10min，用虹吸管排除水面下100mm以上的浑水。

3）第二次仍加入清水至高度125mm处，重复上述操作；第三次及以后的操作与上述相同，但每次静置时间为5min；反复进行数次，直至洗砂杯中的水透明为止。

4）最后一次将洗砂杯中的清水排除后，把试样和剩余的水倒入装有定性滤纸的玻璃漏斗中过滤，待余水滤净后，将试样连同滤纸置于玻璃皿中，在电烘箱中烘干至恒重。置入干燥器中，冷却后称量砂粒部分的质量，按式（2-3-8）计算含泥量：

$$w(泥)=\frac{m_1-m_2}{m_1}\times100\% \tag{2-3-8}$$

式中 w(泥)——试样含泥量（%）；

m_1——水洗前试样的质量（g）；

m_2——水洗后试样的质量（g）。

（3）砂粒分析 选取测定过含泥量的烘干试样，其质量不超过50g。将试样放在全套标准筛最上面的筛子上，固定在SSZ振摆式筛砂机上或SBS电磁微振筛砂机（图2-3-4）上进分筛分，筛分时间为12～15min。到预定时间后，取下筛子，依次将每个筛子及底盘上所余砂子分别倒在光滑干净的纸上，并用软毛刷仔细地从筛网的反面刷下夹在网孔中的砂粒。称量每个筛子及底盘上的砂量并计算出占试样总量的百分率。

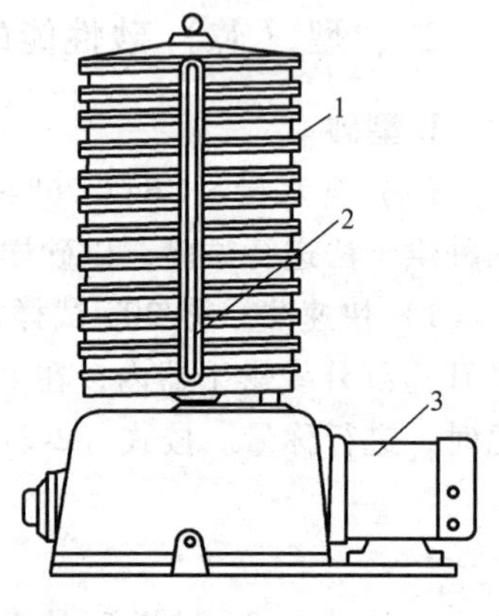

图2-3-4 筛砂机
1—标准筛 2—固定筛的橡胶带 3—电动机

原砂粒度有两种表示方法：

1）首尾筛号法。以主要粒度组成的三筛或四筛的首尾筛号表示，如 50/100 或 70/140。

2）平均细度法。首先计算出筛分后各筛上停留的砂粒质量占砂样总量的百分数，再乘以表 2-3-10 所列的相应的细度因数，然后将各乘积相加，用乘积总和除以各筛号停留砂粒质量分数的总和，并将所得数值根据修约规则取整，其结果即为平均细度。其计算如公式如下：

$$平均细度=\frac{\sum P_n \cdot X_n}{\sum P_n} \tag{2-3-9}$$

式中 P_n——任一筛号上停留砂粒质量占总量的百分数；

X_n——细度因数，可按表 2-3-10 取值；

n——筛号。

表 2-3-10 筛号与对应的细度因数

筛号	6	12	20	30	40	50	70	100	140	200	270	底盘
细度因数	3	5	10	20	30	40	50	70	100	140	200	300

（4）有效膨润土量　随着铸件的凝固和冷却，一部分膨润土被加热而使蒙脱石结构被破坏，变成失去黏结力的死黏土。在型砂中还具有黏结能力的膨润土称为有效膨润土（又称活性膨润土）。膨润土中所含的蒙脱石具有强烈的吸附金属离子和吸附色素的性能，其中以亚甲基蓝的吸附量最大，而依利石、高岭石等黏土矿物的亚甲基蓝吸附量很小，石英砂的吸附量极少。因而可以用亚甲基蓝吸附量（简称为吸蓝量）来鉴定膨润土的品质，也可用来检验型砂和旧砂中有效膨润土含量。

另外，取车间所用的原砂和膨润土烘干后，分别在 5 个 250mL 的三角烧瓶中加入膨润土 0.10g、0.20g、0.30g、0.40g、0.50g，及石英砂 4.90g、4.80g、4.70g、4.60g、4.50g，使每份原砂和膨润土总量为 5.00g，分别测试出各自滴定量。以试料中膨润土加入量（%）为横坐标，亚甲基蓝溶液滴定量（mL）为纵坐标，绘制标准曲线，如图 2-3-5 所示。由 5.00g 型砂（旧砂）的亚甲基蓝滴定量查出有效膨润土含量。

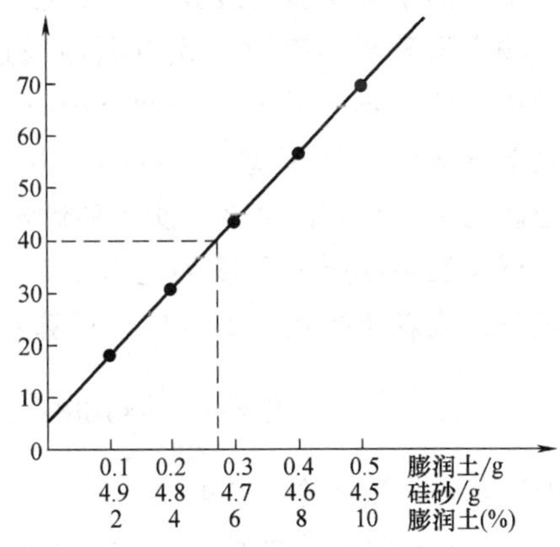

图 2-3-5 亚甲基蓝滴定量查出有效膨润土含量坐标示例

（5）有效煤粉量测定　生产铸铁件的湿型砂大多加入煤粉用于防止铸件表面机械粘砂、降低表面粗糙度和防止球墨铸铁件产生针孔缺陷，而且对防止夹砂缺陷也有一些作用。浇注后型腔表面型砂的煤粉被烧掉，每次混砂时只需补加少量煤粉即可。但是必须已知旧砂中有效煤粉残留量和型砂中有效煤粉实际含量，才能计算出配制型砂时煤粉的正确补加量。

国外靠测定型砂或旧砂的灼烧减量等参数作为推测有效煤粉量的参考。我国有几家外资企业按照国外母厂工艺规定也用型砂灼烧减量作为控制的指标。灼烧炉温大多在900℃或1000℃灼烧1h。目前，有几家本土铸造工厂由于缺少专门的有效煤粉量测定仪器，而灼烧减量测定所需马弗炉、瓷坩埚等工具在化学分析室中都有，也使用灼烧减量来估计型砂抗粘砂能力。一般的控制范围是3.0%~5.0%。

测定型砂（旧砂）的有效煤粉量时，将SFL型发气性测定仪升温至900℃，称取生产所用煤粉0.01g，置于瓷舟内（瓷舟需预先在1000℃灼烧30min），然后将瓷舟送入石英管红热部位。立即塞上橡皮塞，记录仪开始记录下所测试样的发气量，保温7min至无气体产生为止。再按上述方法测定除去含铁物质和风干过的1.0g型砂（旧砂）的发气量。有效煤粉量可按式（2-3-10）计算：

$$X = \frac{Q_1}{Q} \times 100\% \tag{2-3-10}$$

式中 X——型砂（旧砂）中有效煤粉含量（%）；

Q_1——1.00g型砂（旧砂）的发气量（mL）；

Q——0.01g煤粉所产生的发气量（mL）。

（6）紧实率的测定　用手捏型砂是否成团和是否粘手的感觉是判断型砂干湿程度的最主要依据，但是手捏的感觉因人而异，并易受主观因素影响；而且不能用数值表示，也无法记录和客观比较。为了能够使用仪器测得型砂的干湿程度数值，20世纪60年代末国外成功运用简单方便的紧实率检测型砂的干湿程度。紧实率是指湿型砂在一定紧实力作用下其体积变化的百分率，用试样紧实前后高度变化的百分数来表示。实际应用经验表明，型砂紧实率的高低与手感湿干程度完全符合。不管型砂中膨润土、煤粉和灰分的含量有多少，只要将紧实率控制在一定的要求范围内，型砂的手感干湿程度就处于最适宜状态。

测定型砂紧实率时，先将型砂通过带有6目筛子的型砂投入器，落入到有效高度120mm的标准试样筒内，筛底至试样筒上端距离为140mm。用刮刀将试样筒上多余型砂刮去，放在图2-3-6所示的锤击式制样机上舂打3次。试样的高度压缩程度即为紧实率。从标度尺上读出紧实率，或者用按式（2-3-11）计算：

$$J_S = \frac{h_0 - h_1}{h_0} \times 100\% \tag{2-3-11}$$

式中 J_S——紧实率（%）；

h_0——试样紧实前的高度（mm）；

h_1——试样紧实后的高度（mm）。

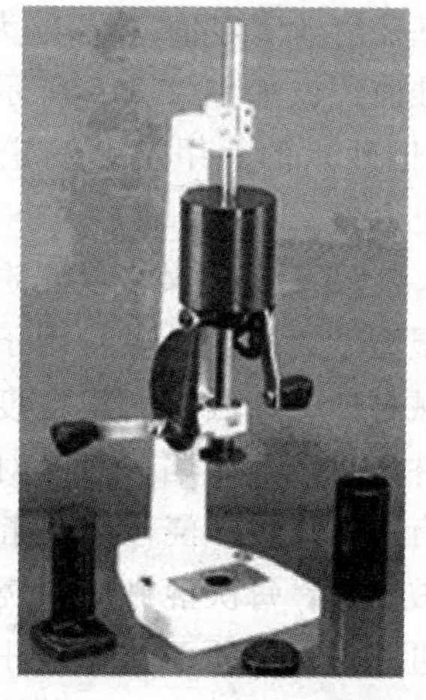

图2-3-6　锤击式制样机

（7）透气性的测定　型砂透气性是指紧实的砂样允

许气体通过的能力。透气性数值的定义是 11cm 水柱压力下，1min 之内，通过断面为 $1cm^2$，高度为 1cm 砂柱的空气量（cm^3）。型砂实验室通常使用 STZ 型气钟式透气性测定仪，如图 2-3-7 所示。

1）快速法。测定湿型砂透气性时，称取一定量的型砂放入圆形标准试样筒中，在锤击式制样机上冲击三次制成的 ϕ50mm×(50±1)mm 的圆柱形标准型砂试样，和试样筒一同固定在直读式透气性测定仪的试样座上。试验时气钟提起后可在测试系统中产生 100mm 水柱气体压力（折合为 0.981kPa）。试样座上装有阻流孔部件，当试样的透气性大于或等于 50 时，应采用 ϕ1.5mm 的大阻流孔；当试样的透气性小于 50 时，应采用 ϕ0.5mm 的小阻流孔。将旋钮转至“工作”位置，即可从微压表上直接读出透气性数值。

图 2-3-7　STZ 型气钟式透气性测定仪

2）标准法（仲裁法）。试验时，首先将直读式透气性测定仪试样座上的阻流孔部件卸下，将仪器的三通阀旋至通大气的位置，提起气钟使钟内空气容积为 $2000cm^3$，关闭三通阀，使气钟处于漂浮状态。再将内有冲制好型砂试样的试样筒放在仪器的试样座上，使两者密合。将三通阀旋转至“工作”位置，同时用秒表测定气钟内 $2000cm^3$ 空气通过试样的时间，并从微压表上读出试样前面气体的压力，透气性可按式（2-3-12）计算：

$$K=\frac{Vh}{Apt}=\frac{509.3}{pt} \tag{2-3-12}$$

式中　K——透气性数值（透气率）；

V——空气体积（$2000cm^3$）；

h——标准试样高度（5cm）；

A——试样截面积（$19.64cm^2$）；

t——时间（min）；

p——试样前面的气体压力（cmH_2O）。

（8）强度测定方法　湿态抗压强度试验：型砂湿态强度中抗压强度的测定最为频繁，它是型砂性能检测项目中必不可少的项目。使用图 2-3-8 所示的 SWY 型液压万能强度试验机时，将左压托架和右压托架分别安装在试验机的夹具孔和工作活塞中。将制备好的圆柱形标准试样放在左、右托架之间。转动试验机的手轮，使试样受力，逐渐加载至试样破裂为止。试样的抗压强度从压力表上读出。使用 SWY 型液

图 2-3-8　SWY 型液压万能强度试验机

压万能强度试验机时，试样垂直放置在下夹头上，无需手扶即可开始试验。湿态抗压强度应由三个测试的试样强度平均值计算得出。其中任何一个试样的强度值与平均值相差超出10%时试验应重新进行。

（9）湿型砂破碎指数　型砂不可太脆，应当具有一定的韧性。否则在起模、下芯、合型和搬运时砂型的棱角和吊砂受到冲击和振动容易碰碎或掉落。但型砂韧性也不应太高，以免其流动性下降而影响砂型的紧实程度。破碎指数是一种间接代表韧性的指数。英国铸铁研究所采取的办法是将圆柱形标准试样自6ft（1828.8mm）高处自由落下到ϕ50mm的铁砧上，然后溅落到铁砧周围的ϕ300mm每英寸2目的筛网上。小砂块通过筛网漏到网下的底盘中，大砂块则停留在筛网上面。大砂块越多表明韧性越高。这种试验方法至今在欧洲仍有应用。20世纪60年代末期美国Dietert等人改为将圆柱形标准型砂试样放置在铁砧上，用一个直径为50mm的钢球从1m高处砸下使试样破碎。从而将仪器外形尺寸缩小和容易操作，也消除了铁砧上的锥形残余堆积型砂。我国仿制的仪器为SRQ型落球式破碎指数测定仪，如图2-3-9所示，尺寸改为米制，网孔中心距为10mm。

破碎指数的计算公式如下：

$$\text{破碎指数}=\frac{\text{筛网上大块质量}}{\text{试样原来质量}}\times 100\% \qquad (2\text{-}3\text{-}13)$$

图2-3-9　SRQ落球式破碎指数试验仪

2. 覆膜砂

覆膜砂的取样方法：覆膜砂的样品应由同一批量的百分之一袋中选取，但不得少于3袋，总质量不得低于5kg；如果从外观来看，对一部分的覆膜砂品质发生疑问，应对它单独取样。

（1）熔点　壳型覆膜砂在热的作用下，使涂覆在砂粒外表面的酚醛树脂开始软化熔解，将砂粒黏结在一起的温度称为覆膜砂的“熔点”，用℃表示。

（2）常温抗拉强度　覆膜砂的抗拉强度是指其硬化并冷却至室温时，“8”字形抗拉强度试样在外力作用下破坏所需的最大拉应力，用MPa表示。

（3）常温抗弯强度　覆膜砂的抗弯强度是指其抗弯试样在外力作用下破坏时所需的最大弯曲应力，以MPa来表示。

（4）热态抗拉（抗弯）强度　覆膜砂的热态抗拉（抗弯）强度是指覆膜砂的型（芯）试样受热硬化后，在热态时测得的抗拉（抗弯）强度，用MPa表示。

（5）灼烧减量　覆膜砂的灼烧减量表示其中可燃和可挥发物质的总量。

（6）发气量　用专用仪器测量1g砂灼烧后的发气量。

三、涂料性能的检测

1. 涂料的性能及检测方法

为了达到理想的使用效果，涂料应具备一系列性能，主要包括以下三个方面：

（1）物理化学性能 包括颜色、细度、密度、黏度、悬浮性、含固率、pH 值、导热性等。

（2）操作工艺性能 包括涂刷性、流挂性、流平性、流变特性、渗透性、润湿性、燃烧特性等。

（3）工作性能 涂层表面强度（表面耐磨性）、附着强度、涂层厚度、烘干抗裂性、急热抗裂性、透气性、发气性、抗粘砂性、剥离性等。

涂料的各项性能之间可能存在相互制约。在制备、稀释、涂敷等不同阶段，需控制相应的性能指标。

2. 涂料的物理化学性能

（1）密度 涂料的密度在制备和使用过程中有重要意义，必须严格控制。涂料的密度主要取决于耐火填料的种类、含固率及悬浮剂的加入量等因素。同一种涂料密度的大小可间接地反映出该涂料中固体的含量。不同耐火填料配制的涂料其密度差异很大，如醇基锆英粉涂料的密度一般为 1.7～1.9g/cm^3，而醇基石墨粉涂料的密度只有 1.2～1.4g/cm^3。

涂料的密度和涂料的其他性能如黏度、悬浮性、流平性、渗透性、覆盖能力等密切相关，是涂料制备和使用中的主要质量控制指标之一。一般来说，涂料的密度增加时，涂料的黏度、悬浮性、涂层厚度及抗流淌性等也相应增加，而渗透性、润湿性、涂刷性、流平性等则相应降低。

涂料的密度可用 100mL×ϕ30mm 的玻璃量筒或 100mL 比重杯采用称量法测定。玻璃量筒法只可用于容易流动的浆状涂料。比重杯法既适用于浆状涂料，又适用于膏状涂料，是涂料生产厂常采用的一种方法。对于具有屈服值的铸造涂料，用比重杯测出的涂料密度将高于涂料的实际密度值。

（2）黏度 涂料的黏度一般用条件黏度表示，即涂料从一定容量的涂杯中流出所需的时间，用秒表示。不同涂敷工艺对涂料黏度的要求有很大不同。如刷涂时一般黏度较高，而流涂、浸涂及喷涂时涂料的黏度较低。涂料的黏度对于流涂和浸涂工艺有至关重要的意义，黏度的微小变化对涂敷效果有很大的影响，必须严格控制。涂料黏度一般采用 100mL×ϕ6mm 的涂杯测定。对于具有触变性的铸造涂料，旋转黏度计测定的黏度数值变化很大，生产中不易掌握，也没有涂杯法方便快捷，一般仅用于科研，较少用于生产实际。

（3）悬浮性 优质涂料的一个重要特征，就是能长期保持耐火填料均匀悬浮在液体介质中不沉淀、不分层、不结块，并保持性能的均匀一致。涂料的悬浮性分为两种情况，一是静态悬浮性，二是动态悬浮性，两者既有紧密的内在联系又不完全一致。静态悬浮性是将涂料装入 100mL 带塞量筒，静置一定时间后测出的悬浮率。目前，一般所说的悬浮率即指静态悬浮率。但是在长期的生产实践中发现有时静态悬浮性较好的涂料在长途运输过程中会出现严重的板结（即死沉淀）。动态悬浮率能更好地反映运输过程中的振动对悬浮性的影响。测定动态悬浮率时，将装有

100mL 涂料的带塞量筒放置并固定在具有一定振动频率和振幅的微振筛砂机上，振动一定时间后检测其底部的死沉淀率。

（4）pH 值 涂料的 pH 值反映涂料的酸碱性。涂料的 pH 值主要取决于耐火填料和黏结剂的种类。有时为达到某一性能，需人为地调整涂料的 pH 值。涂料属于多元胶体悬浮体系，体系中的悬浮剂、高分子增稠剂、流变助剂、黏结剂等组分对 pH 值都十分敏感。因此，在选用原材料和配制涂料时必须正确估计或测定其 pH 值及其对其他组分的影响。pH 值相差较多的两种原材料不宜同时加入同一悬浮体系中。有些材料需预先调整 pH 值后才能加入到悬浮体系中。涂料的 pH 值可用广泛 pH 试纸或酸度计（便携式或固定式）测定。

（5）含固率 涂料的含固率越高，涂层越容易干燥且干燥后涂层的收缩越小，因此涂层在干燥或高温激热时抗裂性也越好，涂层覆盖能力及抗粘砂性也越强。用同一种耐火填料配制出的涂料，在相同黏度时其含固率越高，其综合性能越好。涂料中悬浮增稠剂加入量过多会降低涂料在适宜黏度下的含固率，削弱涂料的抗粘砂能力。在水基涂料中加入适量的减水剂可使涂料在不增加体系黏度的情况下提高涂料的含固率。醇基涂料中也可加入相应的黏度调节剂来提高涂料含固率。涂料含固率可用称量法测定，即将一定重量的涂料烘干，用烘干后涂料残留固体质量占涂料总质量的百分数来表示。

第四章

铸造生产方式

第一节 砂型铸造及其发展趋势

我国铸造业将逐步进入世界贸易一体化、更开放的市场。过去计划经济的影响将通过更彻底的改革而完全消除，政府的干预只能通过公开的、透明的政策来实现。为此，铸造业的发展将逐渐与世界的发展趋势相吻合。铸造是劳动密集型的企业，又是热、脏、累的典型。中国劳动力便宜、原材料丰富，在进入世界贸易组织后，不再有外汇平衡、外销的问题，所以会有更多的中外合资或外方独资铸造厂进入中国。这些铸造厂的建立也将给中国带来新的铸造技术与装备，给我国带进好的铸造厂样本，但同时也增加了竞争。

2011 年 10 月 6 日中国铸造协会发布的《中国铸造行业现状、任务与发展趋势》中指出，我国铸件产量连续 11 年居世界首位，2010 年铸件总产量已达 3960 万 t，产值超过 4000 亿元，铸造厂点约 3 万家，从业人员约 200 万人。铸件进出口企业规模逐步增大，铸件质量明显提高，铸造企业技术水平有较大提高。近十年来，国内已有一批铸造企业在规模和技术水平上接近和达到世界一流企业水平，并在国际竞争中取得明显优势。近年来，我国铸造用原辅材料商品化程度大幅度提高，其生产和供应已成为一个单独的产业。国产铸造设备占有率和模具的制造水平也有显著提高，一些复杂铸件的模具在国内均可制造，铸造企业的专业化水平进一步提升。近年来，不少铸造企业加快了专业化步伐，致力于开发高技术含量、自主技术诀窍的产品，专业化生产优越性得到进一步体现，节能减排、健康、安全等“绿色铸造”理念在铸造行业日益得到强化。一些铸造企业，在清洁生产、节能降耗、达标排放、杜绝重大事故和减轻职业危害等方面取得了显著成效。

从创新发展总体上看，我国铸造领域的学术研究并不落后，很多研究成果居国际先进水平，但转化为现实生产力的较少，铸造生产技术水平高的仅限于少数骨干企业。而行业整体技术水平落后，铸件质量低；材料、能源消耗高，经济效益差；劳动条件恶劣，污染严重。具体表现在，有相当数量的企业目前仍停留在以手工制作模样或用简单机械进行模具加工的阶段。铸造原辅材料生产供应的社会化、专业化、商品化与发达国家相比差距巨大；在品种质量等方面远不能满足新工艺新技术发展的需要；铸造合金材料的生产水平与产品质量较低；生产管理落后；工艺设计多凭个人经验，计算机技术应用还不够普遍；铸造技术装备等基础条件差；生产过程手工操作比例高，普遍存在一线工人技术素质低等不足现象。

铸造行业的80%以上的产品都是砂型铸造完成的，因此我们通常所讲的铸造一般就是指砂铸，即砂型铸造。

“八五”期间，我国投入了新中国成立以来最大的一次专项技改贷款和攻关费用，扶持了铸造机械行业产品的开发和发展。大型抛丸清理机、垂直分型无箱射压造型机、水玻璃砂旧砂再生设备、金属型铸造设备等相继被开发应用。

“九五”期间，铸造行业承担并完成了“轿车铸件毛坯精化高效造型与清理成套技术与装备”的攻关任务，缸体高效连续抛丸清理线的开发与研制也取得圆满成功，1999年完成了国家级攻关项目“高水平气冲造型线”。

“十五”期间，铸造行业主要经济指标的年均增长率都在30%以上，高于机床工具全行业平均增长水平，特别是利润增长更快，年均利润增长率高达46%，同时也保持较高的市场销售水平。另外，树脂砂铸造成套设备基本可以满足国内市场需求，改变了过去主要依赖进口的局面。已经能够生产出较高水平的铸造自动生产线，达到可部分替代进口的水平，部分解决了轿车发动机缸体、缸盖等铸件毛坯也要进口的局面。高水平自动制芯机、自动铸件清理机、自动砂处理机、大型自动压铸机以及精密铸造设备等铸造机械，国内基本上都能生产制造，为中国铸造机械行业今后的进一步发展打下了良好的基础。

“十一五”期间，铸造业在巨大市场需求的刺激下，继续保持着较高速度的增长。但铸造机械产品的技术水平仍然与市场需求差距较大，使行业的发展存在着巨大的发展潜力和扩展空间，也为铸造机械行业的快速增长带来了机遇。

“十二五”时期，整个铸造行业将在铸造新工艺和新材料上下功夫。由于铸造材料的价格居高不下，要求铸造行业必须尽快速开发出新的可替代的低价新材料。而下游客户对产品质量要求的不断提高，也促使我们必须提升工艺水准。

砂型铸造的发展设想：

1）全面提升和改善铸件内在、外部质量（如致密度、尺寸精度及表面粗糙度），减少加工余量；进一步推广应用气冲、高压、射压和挤压造型等高度机械化、自动化的生产方式；由于高密度湿砂型造型工艺是今后中小型铸件生产的主要发展方向，因此采用纳米技术改造膨润土，或采用在膨润土中添加辅助黏结剂技术来提高膨润土质量，将是推广应用湿型砂造型工艺的关键。

2）开发三乙胺冷芯盒法抗湿性及抗铸件脉纹技术，以节约黏结剂，减少污染，减少铸件缺陷，降低生产成本。

3）优先推广树脂自硬砂、冷芯盒自硬工艺、温芯盒法及壳型（芯）法；开发无或少污染黏结剂、催化剂、硬化剂及配套的防污染技术，开发能消除树脂砂铸件缺陷的材料和树脂砂复合技术。

4）推广新型酯硬化改性水玻璃砂在大、中型铸钢件上的应用，以逐步淘汰黏结强度低、水玻璃加入量大、型砂溃散性差的 CO_2 硬化普通水玻璃砂的工艺。

5）开发精确成形技术和近精确成形技术，大力发展可视化铸造技术，推动铸造过程数值模拟技术 CAE 向集成、虚拟、智能、实用化发展；基于特征化造型的铸造 CAD 系统将是铸造企业实现现代化生产工艺设计的基础和前提，新一代铸造 CAD 系统应是一个集模拟分析、专家系统、人工智能于一体的集成化系统。采用模块化体系和统一数据结构，且与 CAM/CAPP、ERP/RPM 等无缝集成。促使铸造工装的现代化水平进一步提高，全面展开 CAD/CAM/CAE/RPM、反求工程、并行工程、远程设计与制造、计算机检测与控制系统的集成化、智能化与在线运行，催发传统铸造业的革命性进步方向。

6）改进和提高垂直分型无箱射压造型机和空气冲击造型机的性能及控制系统的功能，同时对造型线辅机应按通用化、系列化原则进行开发，提高配套水平。

7）抓紧开发适合于形状复杂模样造型或多品种批量生产所需要的个性化的、实用型气流压实造型机。

8）提高砂处理设备的技术含量、运行质量和配套能力，尽快填补包括旧砂冷却装置和适于运送旧砂的斗式提升机在内的技术空白，努力提高砂处理系统的设计水平。

9）研制多样化的、使用效果好的、寿命长的树脂自硬砂成套设备，增加品种提高性能。

10）着重开发冷芯盒射芯机系列产品及芯砂混制和送砂设备。

11）建立抛丸设备试验基地，对抛丸器、丸砂分离装置及降噪装置等进行系统研究开发，研制技术性能和技术含量高的抛丸清理机。

面对国际市场剧烈竞争的局面，铸造机械行业要根据我国国情的需要，产、学、研、用相结合，开拓创新，开发先进、高效、低耗、实用且具有自主知识产权的铸机新产品，为改变我国大多数铸造企业工艺技术装备的落后面貌，闯出一条投资小、见效快的捷径。

第二节　特种铸造综述

一、特种铸造的分类及特点

1. 特种铸造的分类

铸造是将液态金属浇入预先制好的铸型中，使之冷却、凝固而获得毛坯或零件的一种成形方法。人们所熟知的铸造方法中使用最多最普遍的是砂型在重力条件下的铸造工艺，称为砂型重力铸造，简称砂型铸造。随着科技的进步，对铸件提出了更高的要求，就产生了特种铸造。它的主要特征是改变了铸型材料，改变了模样材料，改变了浇注方式及冷凝条件。只要具备前两项中的一项或具备三项区别的，我们都称为特种铸造方法。

常见的特种铸造方法有以下两种：

1）以天然材料为主要铸型材料。有熔模铸造、陶瓷型铸造、石膏型铸造、消失模铸造、壳型铸造等。

2）以金属材料为主要铸型材料。有金属型铸造、离心铸造、压力铸造、低压与差压铸造、连续铸造等。

2. 特种铸造的工艺特点

与砂型铸造相比，上述特种铸造方法具有如下特点：铸件的尺寸精度高，表面粗糙度低，更接近于零件的最终尺寸，从而易于实现少切削或无切削加工；铸件的内部质量好，力学性能高；使铸造生产不用砂或少用砂，改善了劳动条件；简化了生产工序（熔模铸造除外），便于实现生产过程的机械化和自动化；降低金属消耗和降低铸件废品率；对于一些结构特殊的铸件，具有较好的技术经济效果。

正是由于具有上述优点，特种铸造方法得到了越来越广泛的应用，但每一种特种铸造方法都有其局限性。因此。在决定某一种铸件是否采用特种铸造时，必须综合考虑铸件合金的性质、铸件的结构和生产批量等因素，否则就不能达到优质高产和降低成本的目的。

3. 熔模铸造

熔模铸造通常是在可熔模样的表面涂覆多层耐火材料，待其氧化干燥后，加热将其中模样熔去，而获得具有与模样形状相应空腔的型壳。再经过焙烧，然后在型壳温度很高的情况下进行浇注，从而获得铸件的一种方法。

（1）熔模铸造的工艺特点　熔模铸造与其他铸造方法相比较，其主要优点如下：

1）由于蜡模尺寸精确，表面光洁，铸型没有分型面，所以铸件尺寸精度较高，表面粗糙度比较低，而且可以浇注形状复杂的铸件。

2）可铸形状复杂的铸件，可铸各种合金的铸件，可铸薄壁、细小铸件。在生产中可将一些原来由几个零件组合而成的部件，通过改变零件的结构，设计成为整体零件而直接由熔模铸造铸出，以节省加工工时和金属材料的消耗，使零件结构更为合理。它也是目前生产耐热合金复杂铸件的唯一方法，其原因是可以选用高级耐火材料来制造型壳。

3）生产批量没有限制，可以从几个到大量生产，都能实现机械化流水线生产。

4）可用熔模铸造法生产的合金种类有碳素钢、合金钢、耐热合金、不锈钢、精密合金、永磁合金、轴承合金、铜合金、铝合金、钛合金和球墨铸铁等。

5）熔模铸造方法也存在一些缺点和局限性。如熔模铸造工艺过程较复杂，且不易控制；周期较长，使用和消耗的材料较贵；铸件不能太大，因而在整个铸造生产中所占的比例较小。铸件冷却速度慢，降低了力学性能。故它适用于生产形状复杂、精度要求高或很难进行其他加工的小型零件。

（2）熔模制作 与其他铸造所采用的模样不同，熔模铸造生产所采用的模样是蜡模。这种模样是可熔的，所以在造型后，只要将其熔化，即可得到整体铸型。制模工作是熔模铸造生产的关键，它不但影响着熔模铸造的生产成本、操作工艺，而且对铸件的尺寸精度和表面粗糙度也有很大影响。此外熔模本身的性能还应尽可能使随后的制型壳等工序简单易行。为得到上述高质量要求的熔模，除了应有好的压型（压制熔模的模具）外，还必须选择合适的制模材料（简称模料）和合理的制模工艺。制模过程包括配制模料、压制蜡模和组合模组。

1）对模料性能的要求如下：

① 熔点。兼顾耐热性和工艺操作方便，熔化温度在60~90℃之间为宜。

② 流动性。为了完整清晰地复制出压型型腔，要求模料要有良好的流动性。

③ 软化点。模料开始软化变形的温度通常为35~40℃。应保证在室温下不发生变形。

④ 收缩率。为了减少脱蜡时胀裂型壳的可能性，收缩率一般需要小于1%。

⑤ 强度和表面硬度。为防止在生产过程中损坏，要求模样具有一定的强度和硬度。

⑥ 焊接性。便于多个模样的组合。

⑦ 涂挂性。应该能很好地被耐火材料润湿并在其表面形成均匀的覆盖层，以获得表面光洁、轮廓清晰的内腔。

⑧ 灰分。灰分为模料灼烧后的残留物，要求越少越好。

以上八项要求又可以分为三大类：力学性能，包括强度、硬度；工艺性能，包括流动性、灰分、涂挂性；物理性能，包括熔化温度、收缩率、软化点。

此外，熔模铸造用模料还要求具有回收方便、复用性好、无毒无害、来源广泛、价格低廉等特点。

2）模料的种类组成和性能。按熔点高低可分为低温模料，熔点低于70℃；中温模料，熔点为70~120℃；高温模料，熔点高于120℃。

① 石蜡。蜡基模料，晶态物质，冷却曲线有明显而确定的平台；耐热性较差，收缩率为0.6%~1.5%。针入度15°；硬度较低，与硬脂酸配合使用；化学性质稳定，140℃以上分解炭化。牌号为：50，52，…，70。熔模铸造一般使用58~64号。

② 松香。松香基模料，软化点为70~90℃，使用时常与蜡料、聚合物等混合。

③ 硬脂酸。树脂基模料，可提高熔模的表面强度、涂料的涂挂性和润湿能力，与石蜡互溶，强度高、熔点高、热稳定性好。工业用硬脂酸常含杂质油酸，易氧化，使稳定性降低。与石蜡配合使用，通过调整混合比例来控制软化点、强度等性能。石蜡含量增加，强度增高，热稳定性下降；硬脂酸含量增加，软化点、流动性、涂挂性提高，硬度提高，强度下降，凝固温度区间变窄。

④ 系列模料。市场集中开发的成品模料。

⑤ 其他模料。例如尿素模料、泡沫聚苯乙烯模料、填料模料、蜡基模料。

3）模料的配制及回收。

① 模料的配制。配制模料的目的是将组成模料的各种原材料混合成均匀的一体，并使模料的状态符合压制熔模的要求。

配制时主要用加热的方法使各种原材料熔化混合成一体，而后在冷却情况下，将模料剧烈搅拌，使模料成为糊膏状态供压制熔模用。有时也有将模料熔化为液体直接浇注熔模的情况。

② 模料的回收。使用树脂基模料时，由于对熔模的质量要求高，大多用新材料配制模料压制铸件的熔模。而脱模后回收的模料，在重熔过滤后用来制作浇冒口系统的熔模。

使用蜡基模料时，脱模后所得的模料可以回收，再用来制造新的熔模。但是在循环使用时，模料的性能会变坏，脆性增大，灰分增多，流动性下降，收缩率增加，颜色由白变褐，这些主要与模料中硬脂酸的变质有关。因此，为了尽可能地恢复旧模料的原有性能，就要从旧模料中除去皂盐，常用的方法有盐酸（硫酸）处理法、活性白土处理法和电解回收法。

4）熔模和模组的制造。熔模是在压型（制造熔模的模具）中形成的，熔模材料（简称模料）还需适用于制造熔模的工艺。

制模过程包括配制模料、压制蜡模和组合模组。生产中大多采用压力把糊状模料压入压型的方法制造熔模。压制熔模之前，需先在压型表面涂薄层脱模剂，以便从压型中取出熔模。压制蜡基模料时，脱模剂可为润滑油、松节油等；压制树脂基模料时，常用麻油和酒精的混合液或硅油作脱模剂。脱模剂层越薄越好，使熔模能更好地复制压型的表面，降低熔模的表面粗糙度。压制熔模的方法有三种，即柱塞加压法、气压法和活塞加压法。

5）熔模的组装。熔模的组装就是把形成铸件的熔模和形成浇冒口系统的熔模组合在一起。主要有两种方法：

① 焊接法。用薄片状的烙铁，将熔模的连接部位熔化，使熔模焊在一起，此法应用较普遍。

② 机械组装法。在大量生产小型熔模铸件时，国外已广泛采用机械组装法组合模组。采用此种模组可使模组组合的效率大大提高，工作条件也得到了改善。

（3）型壳的制造　熔模铸造的型壳可分为实体型壳和多层型壳两种，目前普遍采用的是多层型壳。制作时先将模组浸涂耐火涂料，再撒上料状耐火材料后干燥硬化。如此反复多次，使耐火涂挂层达到需要的厚度为止，这样便在模组上形成了多层型壳。通常将其停放一段时间，使其充分硬化，然后熔失模组，便得到多层型壳。

在熔失熔模时，型壳会受到体积正在增大的熔融模料的压力。在焙烧和浇注时，型壳各部分会产生相互牵制而又不均匀的膨胀和收缩。而且金属还可能与型壳材料发生高温化学反应。所以对型壳便有一定的性能要求，如小的膨胀率和收缩率，高的机械强度、抗热振性、耐火度和高温下的化学稳定性。型壳还应有一定的透气性，以便浇注时型壳内的气体能顺利外逸。这些都与制造型壳时所采用的耐火材料、黏结剂以及工艺有关。

1）制壳用的材料。制造型壳用的材料可分为两种类型，一种是用来直接形成型壳的，如耐火材料、黏结剂等；另一类是为了简化操作、改善工艺从而获得优质型壳用的材料，如熔剂、硬化剂、表面活性剂（润湿、消泡）等。

① 耐火材料。目前熔模铸造中所用的耐火材料主要为石英和刚玉，以及硅酸铝耐火材料，如耐火黏土、铝矾土、焦宝石等。有时也用锆英石、镁砂（MgO）等。

② 黏结剂。在熔模铸造中用得最普遍的黏结剂是硅酸胶体溶液（简称硅酸溶胶），如硅酸乙酯水解液、水玻璃和硅溶胶等。组成它们的物质主要为硅酸和溶剂，有时也有稳定剂，如硅溶胶中的 NaOH。硅酸乙酯水解液是硅酸乙酯经水解后所得的硅酸溶胶，它是熔模铸造中用得最早、最普遍的黏结剂。水玻璃壳型易变形、开裂，用它浇注的铸件尺寸精度较差，表面粗糙度都较高。但在我国，当生产精度要求较低的碳素钢铸件和熔点较低的有色合金铸件时，水玻璃仍被广泛应用于生产。硅溶胶的稳定性好，可长期存放，制型壳时不需要专门的硬化剂。但硅溶胶对熔模的润湿稍差，型壳硬化过程是一个干燥过程，需时间较长。

2）制备型壳。制壳过程中的主要工序和工艺如下：

① 模组的除油和脱脂。在采用蜡基模料制熔模时，为了提高涂料润湿模组表面的能力，需将模组表面的油污去除掉。

② 在模组上涂挂涂料和撒砂。熔模铸造耐火涂料是用粉状耐火材料和黏结剂配成的悬浮液，分表面层涂料和加固层涂料两种。表面层涂料决定着铸件的表面质量，要求有较高的耐火性和化学稳定性，一般用细石英粉，涂料黏度不能过高，撒砂也较细。加固层涂料对型壳主要起加强作用，防止型壳破坏，故涂料黏度较高，石英粉也较粗，撒砂粒度也较大。两种涂料应分别配制，配制比例应根据生产特点、实践经验及有关资料来决定。涂挂涂料以前，应先把涂料搅拌均匀，尽可能减少涂料桶中耐火材料的沉淀，调整好涂料的黏度或比重，以使涂料能很好地充填和润湿熔模。挂涂料时，把模组浸泡在涂料中，左右上下晃动，使涂料能很好地润湿熔模，均匀覆盖模组表面。涂料涂好后，即可进行撒砂。撒砂方法有手工撒砂和机械撒砂。型壳的层数取决于合金种类、铸件大小和复杂程度，一般小件为 4~5 层，大件为 6~10 层。

③ 型壳干燥和硬化。每涂覆好一层型壳以后，就要对它进行干燥和硬化，使涂料中的黏结剂由溶胶向冻胶、凝胶转变，把耐火材料连在一起。

④ 自型壳中熔失熔模。型壳完全硬化后，需从型壳中熔去模组，因模组常用蜡基模料制成，所以也把此工序称为脱蜡。根据加热方法的不同，有很多脱蜡方

法，用得较多的是高压蒸汽法和热水法。高压蒸脱蜡汽法的蒸汽压力为350～600kPa，蒸汽温度为150℃，熏蒸时间为10～15min，适用于松香基和蜡基模料熔模。热水脱蜡法是熔失低熔点模料应用最广泛的方法。它是把结壳干燥后的模组浸入90～95℃的热水槽中。水中最好加入质量分数为2%～3%的氯化铵及10%的硼酸。加入氯化铵能起到补充硬化作用，加硼酸则可清除型壳中的皂化物。熔失蜡模的时间一般为15～20min，视铸件壁厚和形状复杂程度而定，一般不能超过40min，否则会使型壳变酥。型壳脱蜡后其内腔表面常粘有皂化物薄膜，要在热水或质量分数为0.5%的热盐酸溶液中冲洗，冲洗后的型壳应倒置于空气中干燥。热水脱蜡法的缺点是砂粒易落入型壳内引起铸件夹砂；溶化不均匀引起型壳开裂；黏结剂吸水回溶引起型壳破损；热水中模料易皂化。

⑤ 焙烧型壳。型壳脱蜡后需经过焙烧，目的是去除型壳中的水分、残留的模料及皂化物等，进一步提高型壳的强度和透气性。如需造型（填砂）浇注，需在焙烧之前先将脱模后的型壳埋在箱内的砂粒之中，再装炉焙烧。如型壳高温强度高，不需要造型浇注，则可把脱模后的型壳直接送入炉内焙烧。焙烧时逐步增加炉温，保温一段时间，即可进行浇注。

(4) 熔模铸件的浇注和清理

1) 熔模铸件的浇注。熔模铸造时常用的浇注方法有以下几种：

① 热型重力浇注。这是应用最广泛的一种浇注形式。将型壳从焙烧炉中取出后，在高温下进行浇注。此时金属在型壳中冷却较慢，能在流动性较高的情况下充填铸型，故铸件能很好地复制型腔的形状，提高了铸件的精度。但铸件在热型中的缓慢冷却会使晶粒粗大，这就降低了铸件的力学性能。在浇注碳钢铸件时，冷却速度较慢的铸件表面还易氧化和脱碳，从而降低了铸件的表面硬度和尺寸精度，提高了表面粗糙度。

② 真空吸气浇注。将型壳放在真空浇注箱中，通过型壳中的微小孔隙吸走型腔中的气体，使液态金属能更好地充填型腔，复制型腔的形状，提高铸件精度，防止气孔、浇不足的缺陷。

③ 压力结晶。将型壳放在压力罐内进行浇注，结束后，立即封闭压力罐，向罐内通入高压空气或惰性气体，使铸件在压力下凝固，以增大铸件的致密度。目前国外该工艺的最大压力已达150atm（1atm=101325Pa）。

④ 定向结晶（定向凝固）。一些熔模铸件如涡轮机叶片、磁钢等，如果它们的结晶组织是按一定方向排列的柱状晶，它们的工作性能便可提高很多，所以熔模铸造定向结晶技术正迅速地得到发展。

2) 熔模铸件清理的内容有：

1) 从铸件上清除型壳。

2) 自浇冒系统上取下铸件。

3) 去除铸件上所粘附的型壳耐火材料。

4）铸件热处理后的清理，如除氧化皮、切割浇口残余和打磨等。

4. 压力铸造

（1）压力铸造的概念　压力铸造（简称压铸）的实质，是在高压作用下，使液态或半固态金属以较高的速度充填压铸型型腔，并在压力作用下凝固而获得铸件的方法，即压力下浇注和压力下凝固。它是近代金属加工工艺中发展较为迅速的一种少屑、无屑加工工艺，也是机械化程度和生产率很高的铸造方法。高压、高速是压铸的两大特点，也是压铸区别于其他铸造方法的最基本的特征。

1）高压。常用的压力一般为40~200MPa，最大可达500MPa。实际上，并非在如此大的压力下凝固，而是因内浇口很小，压力都转化为极高的充填速度，随后冷凝。

2）高速。充填速度为0.5~120m/s，一般为5~50m/s，充填时间很短，一般为0.01~0.2s，最短为千分之几秒。

由于金属充填型腔的这种特点，使压力铸造的工艺和生产过程、压铸件的结构和其他性能都具有自己的特征。

（2）压力铸造的优点

1）可以获得公差等级为IT11~IT13和表面粗糙度 Ra 为6.3~3.2μm的铸件。可压铸出各种结构复杂、轮廓清晰的薄壁深腔零件。绝大多数压铸件不需要进行机械加工就可以进行装配。从所得铸件的形状和结构的复杂程度来说，压铸比其他铸造方法具有更为显著的优越性。

2）由于金属液冷却速度快，并在压力下结晶，所以能获得晶粒细、组织致密的铸件。机械强度比一般砂型铸件高25%~40%。

3）在压铸中，可以采用镶铸法，来制造出有特殊要求的零件。镶铸法就是在压铸零件的特殊部位上铸入（嵌入）所需的其他材料的制件，如铸入磁铁、铜套、钢衬垫、金属管、绝缘材料等，既满足特殊部位的使用性能要求，又省略了装配工序，简化了制造工艺。

4）生产率很高，压铸生产时，每一次操作循环时间为5~180s。一般10~60s的小型压铸机，每小时工作达300次。这样高的效率，对于立体形状的结构零件来说，一般的成形工艺方法是不易达到的，所以压铸法不仅适合于形状复杂铸件的生产，更适合于大批量的生产。压铸的生产方式，有利于实现机械化和自动化，从而能显著改善劳动条件。

（3）压力铸造的缺点

1）压铸件内部有气孔，对于有要求的零件要采取特殊的工艺措施才能满足要求。由于压铸过程中，熔融金属在充填时的流动速度大，致使型腔中的气体来不及全部排出而卷入铸件中，处于内部的即成为内部气孔。一般压铸件不能用在有密闭性要求、承受载荷要求及热处理要求的条件下，也不能在高温条件下使用。

2）对于厚壁铸件及壁厚相差悬殊的零件，由于实际上不可能得到补缩，故容易产生缩孔或热裂。

3）压铸用合金的范围在目前来说还有一定的局限性，多以有色合金为主。而在每一种合金中，压铸用合金的牌号并不多。

4）由于目前生产上使用的压铸机功率还不够大，所以压铸件的大小、重量都受到限制。近年来，大型压铸机有所增加。

5）压铸生产费用高，压铸型制造工期长，维护费用高，适合于大批量生产。对大批生产分摊在每个压铸件的综合费用较低。

（4）压力铸造的应用范围

① 压铸合金。低熔点金属：90%的锌是用压铸法生产的；30%~50%的铝为压铸件（批量尺寸合适就用压铸）。1%~2%的铜为压铸件。由于压铸镁工艺复杂易热裂，但不粘型，性能好，正在发展中。铁很少极少采用压铸工艺，因为温度太高，压铸机寿命太短。

② 大小：最重达50kg，最轻几克。

③ 精度：高精度（所有铸造方法中，压铸件的精度、光洁程度最高）。

④ 批量：大批量（压型很贵）。

⑤ 越复杂，壁越薄，越显示其优越性。

目前已广泛应用于汽车、拖拉机、航空、纺织、电器、仪表等制造业的有色金属中、小型铸件。铸件质量从几克到几十千克，最小壁厚可达0.5~1mm，最小孔径可达0.7mm。

压力铸造今后发展的方向是：压注机向系列化、自动化和大型化方向发展。对有色合金不仅要扩大它的应用范围，而且要寻找新的压铸合金，并积极发展黑色金属压铸，提高铸型使用寿命，降低生产成本，采用新工艺进一步提高压铸质量。

（5）压铸机及工艺因素　压铸机是压铸生产的最基本设备，压铸过程是通过它来实现的。所以要了解压铸，必须首先了解压铸机的主要机构、工作原理及各类型压铸机的特点。压铸机一般有两种：热压室式压铸机和冷压室式压铸机。

1）热压室式压铸机。热压室式压铸机的原理如图2-4-1所示。其特点是压室与保温金属用的坩埚装置连成一个整体，压室浸在金属液中，用杠杆机构和压缩空气产生压力，进行压铸。工作时，活塞下行将立缸中的金属液通过通道和喷嘴压入铸型的型腔中。铸件凝固后，打开压铸型，取出铸件。活塞上升，金属液从金属液吸取孔中流入立缸。有些热压室式压铸机采用压缩空气直接将金属液压入压铸型。热压室式压铸机由于压力小，压室浸没在金属液中易被腐蚀，只适用于压铸低熔点合金（如铅、锡、锌合金）。

① 优点：工序简单，效率高，易实现机械化；金属消耗少，工艺稳定；压入型腔的金属干净，铸件质量好。

② 缺点：压室、压射冲头长期浸在液体金属中，影响使用寿命。

③ 应用：热压室压铸机目前大多用于压铸锌合金等低熔点合金铸件，但有时

也用于压铸小型镁合金铸件。

2）冷压室式压铸机。冷压式压铸机是目前压铸生产中广泛采用的压铸设备。压铸机的压室与保温炉分开。压铸时，金属液以人工、机械方式或其他方法浇入压室，在压射冲头的作用下向模具型腔内充填，直至形成铸件，最后开模将铸件取出，即完成一个操作循环。就压室而言，冷压室式压铸机的压室组成比热压室式压铸机的简单，更换方便，排除故障容易。这是冷压室式压铸机得以广泛应用于生产的重要原因之一。冷压室式压铸机根据压室放置的位置不同分为立式和卧式两种。

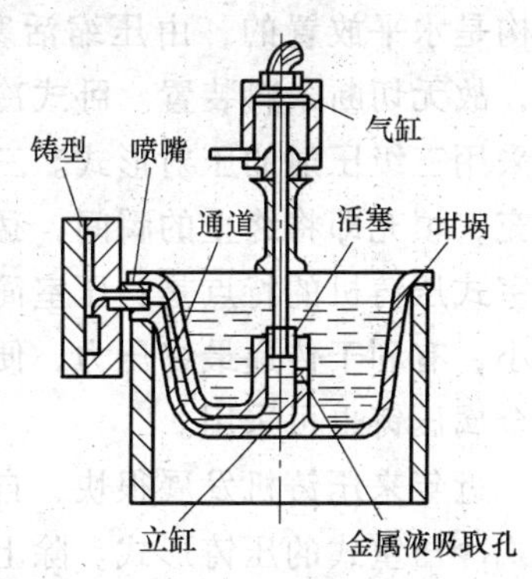

图 2-4-1 热压室式压铸机的原理

优点：压室简单，维护方便；金属进入型腔，流程短，压力损失小，有利于传递最终压力，便于提高比压，故使用较广。冷压室式压铸机可压有色金属铸件，也可压铸黑色金属铸件。

① 立式冷压室式压铸机。其原理如图 2-4-2 所示，立式冷压室式压铸机的压射机构是垂直放置的。压缩活塞又称上冲头，压室侧壁有喷孔，下活塞又称下冲头，它既可以在金属液浇入压室时作暂时封住喷孔之用，同时又用来在压射后切断余料和推出余料。立式冷压室压铸机的优点是：压射时金属液是自其中部喷入模具内，减少了不纯杂质及氧化皮进入型腔；便于开设中心浇口等优点。其缺点是：有切断，增加切除余料的程序，加长压铸操作周期；压射机构的下部结构复杂压室组件较多，增加了维修困难。故近年来，在压铸生产中，不如卧式冷压室式压铸机应用广泛，然而因具有独特的特点，工艺上立式冷压室式压铸机压室内的空气不会随液态金属进入型腔，便于开设中心浇口，所以仍有一定的应用。

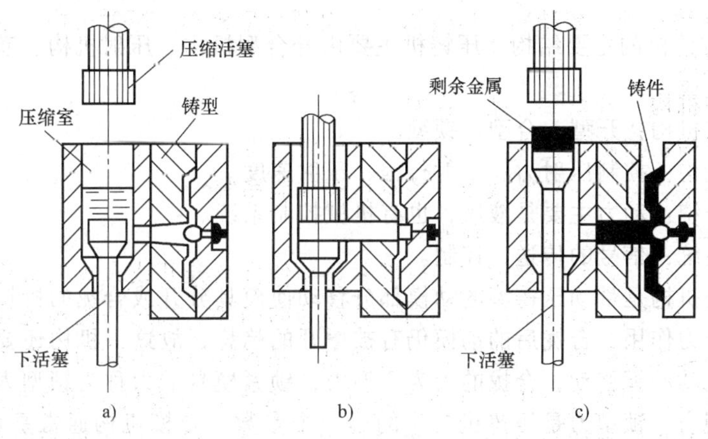

图 2-4-2 立式冷压室式压铸机的原理

a）合型并注入金属液 b）加压 c）开型取出铸件

② 卧式冷压室式压铸机。其原理如图 2-4-3 所示。卧式冷压室式压铸机的压射机构是水平放置的，由压缩活塞和压室组成，由于余料从模具分型面间随铸件推出，故无切断余料装置。卧式冷压室式压铸机的压射比压较大，压射速度也较高，多采用三级压射的压射形式。三级压射就是慢速聚集金属液和封浇料口；快速推进填充；填充即将终止的瞬间，猛然产生高的压力作用在正在凝固的金属上。卧式冷压室式压铸机的特点是：压室简单、维护方便；金属液进入型腔的流程短，压力损失小，有利于传递最终压力，便于提高比压，故使用较广；可压有色金属铸件，黑色金属压铸也可采用。

近年来压铸机发展很快，自动化程度也越来越高，特别是大型压铸机，都采用卧式冷压室式的压铸形式。除上述几种以外，尚有压室设置在模具内（由两半模具合成）的压铸机，适用于简单厚壁铸件的压铸。还有全立式冷压室式压铸机，模具分为上、下两半模，打开和合拢呈垂直方向，金属液自下向上压射进入模具内。这两种压铸机目前在生产中采用较少。

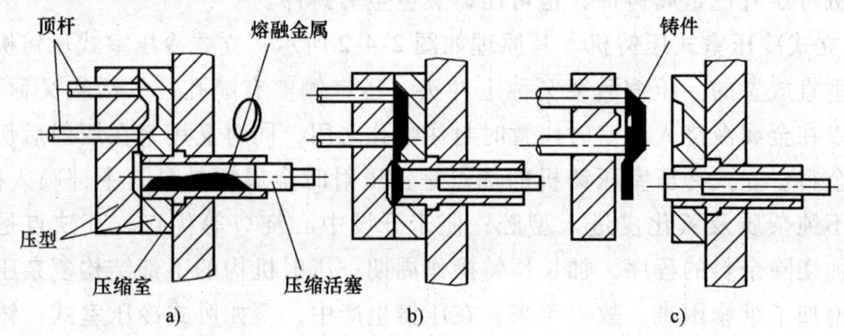

图 2-4-3　卧式冷压室式压铸机的原理

a）合型并注入金属液　b）加压　c）开型取出铸件

（6）压铸机的主要结构　压铸机主要由开合型机构、压射机构、动力系统和控制系统等组成。

开合型机构：开型、合型、锁型。

压射机构：控制压射力、压射行程、压射速度。

动力系统：动力主要是液压，也有机械控制系统。

控制系统：信号的传送、控制。

开合型机构是带动压铸型的动模部分移动使模具分开或合拢的机构。由于压射充填时的压力作用，合拢后的动模仍有被撑开的趋势，故这一机构还要起锁紧模具的作用。推动动模移动，合拢的力为合型力，锁紧模具的力称为锁型力。但生产中统称为锁型力。锁型力是压铸机功率的第一个参数。合模机构通常是水平放置的，故模具大都是水平方向开合的。一般锁型力等于或小于压铸机额定合型力的 85%，开型力为锁型力的 1/8~1/6。

（7）压铸的工艺因素　压铸的工艺因素主要有压力、速度、温度和时间等。各种工艺因素是互相影响和互为制约的。调整某一个工艺因素时，必须考虑到引起相应的工艺因素的变化情况，这一点应引起足够的重视。

1）压力。在整个压铸过程中，压力起着主要作用，压力直接影响着速度，并且与金属液充填特性（充填形式、滞流现象、型腔中气体的影响等）有着极为密切的关系。所以，压力是压铸过程中最基本的因素。同时，压力也是使铸件获得组织致密和轮廓清晰的重要因素。但是，如果压力过大，就需要增加模具的强度，而且容易造成模具呈张开状态，破坏了型腔的封闭性，充填压力无法建立，也就无法进行生产。

2）速度。速度在压铸过程中受压力的直接影响，又与压力共同对铸件的内部质量、表面要求和轮廓的清晰程度起着重要作用。压铸速度包括压射速度和充填速度。压射速度是指压射缸内液压推动压射冲头前进的速度。充填速度是指液态金属在压力的作用下通过内浇口进入型腔的线速度。

3）温度。压铸过程的温度包括金属液浇注温度和模具工作温度两部分。当采用压力浇注时，浇注温度应比普通砂型浇注温度低一些，具体应根据合金性质、铸件壁厚、结构和模具的工作温度等来决定。压铸有色合金时，模具应保持在一个适当的温度范围之内。一般按经验计算，模具工作温度为合金浇注温度的1/3左右。实际生产中，还应根据铸件结构、模具结构、粘模情况等来定。

4）时间。压铸工艺上的时间是指充填时间、保压时间和留模时间。充填时间是指金属液开始进入型腔到充满的过程所需的时间。充填时间应尽量短，以充分利用充填过程中的热能，使金属液在未冷凝前充满型腔，一般为0.03~0.2s。保压时间是指在熔融金属充型后保持压力的时间。通常金属液充填终了至完全凝固的时间虽然只有若干分之一秒，但保压时间应需1~2s。保压时间的长短应根据压铸的合金性质、铸件壁厚等因素决定。留模时间是指从保压的作用完成起至开模顶出铸件的一段时间。一般应以开模和顶出的铸件不变形、不破裂为原则。留模时间的长短应根据合金的性质、铸件的结构、模具的结构和操作方法而定。

（8）压铸用涂料　通常在型腔、冲头及压室表面喷涂料。

1）涂料的作用如下：

① 避免液体金属对型腔发生冲刷或黏附现象，保护压型，延长压型寿命。

② 提高铸件表面质量。

③ 减少抽芯和顶出铸件的阻力。

2）对涂料的要求如下：

① 高温时具有良好的润滑作用。

② 挥发点低，在100~150℃时稀释剂能很好地挥发。

③ 对压铸型和铸件没有腐蚀。

④ 性能稳定，在空气中稀释剂不应挥发过快而变稠，存放期长。

⑤ 高温时不会析出有害气体。

⑥ 不会在压铸型表面形成积垢。

3）涂料的基本组成及典型配方。涂料的基本组成是：隔热材料、润滑材料、稀释剂。涂料典型配方见表 2-4-1。

表 2-4-1 涂料典型配方

原材料名称	配比	配制方法	适用范围
胶体石墨（油剂、水剂）		成品	用于铝合金，防粘型效果好，用于压射冲头、压室及易咬合部位
蜂蜡或石蜡		成品	型腔及浇口部，适于各种压铸合金
石墨粉 润滑油	5%~10% 95%~90%	将石墨粉（过 200 号筛）加入润滑油中搅拌均匀	主要用于压室、冲头及滑动摩擦部
氧化铝粉 煤油	5% 95%	将氧化铝粉加入煤油中搅拌均匀	常用于压铸铝合金
氧化锌粉 水玻璃 水	5% 1.2% 93.8%	先将水玻璃、水搅拌均匀，然后加入氧化锌粉搅拌均匀	用于压铸大中型铝合金及锌合金铸件

（9）铸件的清理　压铸件的清理包括去除浇口、排气槽、溢流槽、飞边。压铸件的清理是很繁重的工作，其工作量往往是压铸工作量的 10~15 倍，因此铸件清理工作实现机械化和自动化是非常重要的。

表面清理多采用普通多角滚筒和振动式清理装置。对批量不大的简单小件可采用多角滚筒，对表面要求高的装饰品可采用抛光机抛光。对大量生产的铸件可采用螺壳式振动清理机。

（10）压铸工艺新发展　压铸件难以避免的缺陷就是内部气孔和疏松，产生的原因在于充型时型腔的气体没有完全排除，以及铸件凝固收缩时，得不到补充，这对压铸件的性能和扩大应用范围都不利。为解决这个问题，近年来采用了一些新的工艺措施，主要有：真空压铸，加氧压铸，精、速、密压铸，定向、抽气、加氧压铸，半固态压铸。

5. 其他特种铸造方法简介

（1）陶瓷型铸造　陶瓷型铸造是指用水解硅酸乙酯、耐火材料、催化剂等混合制成的陶瓷浆料灌注到模板上或芯盒中造型（芯）的一种铸造方法。它是在普通砂型铸造的基础上发展起来的一种新工艺，目前，陶瓷型铸造已成为铸造中、大型厚壁精密铸件的重要方法之一，如热锻模、冲模、金属型和热芯盒等。

（2）石膏型精密铸造　石膏型精密铸造是 20 世纪 70 年代发展起来的一种精密铸造新技术；石膏型精密铸造工艺过程是将熔模组装，并固定在专供灌浆用的砂箱平板上，在真空下把石膏浆料灌入，待浆料凝结后经干燥即可脱除熔模，再经烘干、焙烧成为石膏型，在真空下浇注获得铸件。

（3）消失模铸造　消失模铸造技术是将与铸件尺寸形状相似的发泡塑料模样黏

结组合成模样簇，刷涂耐火涂层并烘干后，埋在干石英砂中振动造型，在一定条件下浇注液体金属，使模样汽化并占据模样位置，凝固冷却后形成所需铸件的方法。

（4）壳型铸造　在铸造生产中，砂型（芯）直接承受液体金属作用的只是表面一层厚度仅为数毫米的砂壳，其余的砂只起支承这一层砂壳的作用。若只用一层薄壳来制造铸件，将减少砂处理工部的大量工作，并能减少环境污染。

（5）金属型铸造　将金属液浇注到金属材料制成的铸型中而获得铸件的方法称为金属型铸造。由于金属铸型能重复使用成百上千次，甚至上万次，故又称永久型铸造。

（6）差压铸造　差压铸造又称反压铸造、压差铸造。它是在低压铸造的基础上派生出来的一种铸造方法。与低压铸造的不同点是在铸型外罩个密封罩，内充压缩气体，使铸型处于气体的一定压力之下。金属液充型时，使保温炉中气体的压力大于铸型中气体的压力，如低压铸造那样实现金属液的充型、保压和增压。但此时铸件是在更高的压力作用下结晶凝固的，所以可保证获得致密度更高的铸件。它是低压铸 造与压力下结晶两种铸造方法的结合。

（7）低压铸造　低压铸造因与压力铸造相比，其金属液充型压力较低，故称低压铸造。低压铸造的金属液的工作压力为 0.02～0.06MPa。在气体压力作用下，使处于密封容器内的金属液自下向上沿着升液管和浇道平稳地进入 L 面的铸型中，并在此压力下凝固而获得铸件。

（8）离心铸造　离心铸造是将熔融金属浇入绕水平、倾斜或立轴旋转的铸型，在离心力作用下凝固成形的铸造方法。其他铸造方法，铸型处于静止状态，铸件的形成和结晶在重力或压力作用下进行，而离心铸造时，铸件凝固结晶不仅受重力的作用，而且受离心力的作用。由于受离心力的作用，液体金属在径向能很好地充填铸型，形成铸件的自由表面，不用砂芯即能获得圆柱形内孔；有助于液体金属中气体和夹杂物的排除；影响金属的结晶过程，金属的组织致密，晶粒细化，从而提高铸件的力学性能。

（9）连续铸造　连续铸造是利用贯通的结晶器在一端连续地浇入液态金属，从另一端连续地拔出成形材料的铸造方法。

（10）挤压铸造　挤压压铸技术的全称是“真空挤压压铸模锻工艺与装备及其模具”技术，1997 年由我国工程技术人员发明。挤压压铸是为了解决普通压铸和传统挤压铸造（液态模锻）两项技术存在的主要问题，集合了两项工艺的优势提出来的。它是两项技术突破现有技术瓶颈，走向综合的必然结果，具有强大的技术优势和诱人的经济价值。挤压压铸也是型腔模具成形工艺一项多年来寻求突破的技术。

（11）真空吸铸　真空吸铸是一种在型腔内造成真空，把金属液由下而上地吸入型腔，进行凝固成形的铸造方法。根据铸件形状特点，真空吸铸法有两种：

1）柱状铸件真空吸铸。主要用于生产圆柱、方柱状中空和实心件的真空吸铸法。生产的铸件可加工成螺母、螺杆、轴套、轴瓦等，大多为铜合金铸件，也可生产铝合金件、铸铁件、铸钢件。铸件最大外径可达 120mm。

2）成形铸件真空吸铸。将铸型置于真空室中，型腔顶部有通气孔，型腔中浇注系统连接下面的升液管，升液管下端浸入金属液中。打开电磁阀，真空室与真空罐接通，在型腔内建立一定的真空度，坩埚中的金属液在大气作用下上升进入型内，凝固成形。节流阀用来控制型腔内负压的建立速度，以调节金属液充填型腔的速度。由时间继电器控制真空室内负压的保持时间，当型腔的内浇道凝固后，即可将真空室接通大气，升液管内金属液回流至坩埚中。在金属液充型时也可采用真空吸铸法，充完型后，增大金属液面上的压力，实现低压作用下的铸件凝固，进一步改善铸件凝固时的补缩条件。用此法可高效地生产铝合金、镁合金薄壁铸件。

（12）半固态铸造　自 1971 年美国麻省理工学院的 D. B. Spencer 和 M. C. Flemings 发明了一种搅动铸造新工艺，即用旋转双桶机械搅拌法制备出流变浆料以来，半固态金属（SSM）铸造工艺技术经历了几十年的研究与发展。搅动铸造制备的合金一般称为非枝晶组织合金或称部分凝固铸造合金。由于采用该技术的产品具有高质量、高性能和高合金化的特点，因此具有强大的生命力。除军事装备上的应用外，开始主要集中用于自动车的关键部件上，例如，用于汽车轮毂，可提高性能、减轻重量、降低废品率。此后，逐渐在其他领域获得应用，生产高性能和近净成形的部件。半固态金属铸造工艺的成形机械也相继推出。目前已研制生产出从 600t 到 2000t 的半固态铸造用压铸机，成形件质量可达 7kg 以上。当前，在美国和欧洲，该项工艺技术的应用较为广泛。半固态金属铸造工艺被认为是 21 世纪最具发展前途的近净成形和新材料制备技术之一。

二、特种铸造的应用及发展

特种铸造不是一个严格的定义，它是指与砂型铸造不同的其他铸造方法，如熔模铸造、陶瓷型铸造、金属型铸造、低压铸造、差压铸造、压力铸造、挤压铸造、离心铸造、连续铸造、真空铸造、消失模铸造、半固态铸造等。它们之中还可再分为若干种铸造方法。特种铸造方法已得到日益广泛的应用，其中一些方法属于近净形成形的先进工艺，近年来发展的速度极快。同时，随着科学技术的发展，新的特种铸造方法还在不断产生。如 20 世纪末出现的快速铸造，它是快速成形技术和铸造结合的产物。而快速成形技术则是计算机技术、CAD、CAE、高能束技术、微滴技术和材料科学等多领域高科技技术的集成。快速铸造使铸件能够被快速生产出来，满足科研生产的需要。

今后，新的特种铸造方法仍将随着技术的发展不断涌现出来。压力铸造今后发展的方向是：压铸机向系列化、自动化和大型化方向发展；对有色合金不仅要扩大它的应用范围，而且要寻找新的压铸合金，并积极发展黑色金属压铸；提高铸型使用寿命，降低生产成本；采用新工艺进一步提高压铸质量。

第五章
铸造工艺设计基础知识

铸造工艺设计就是根据铸造零件的结构特点、技术要求、生产批量以及现有的技术能力和生产条件等，确定铸造工艺方案和工艺参数，绘制铸造工艺图，编制工艺卡等技术文件的过程。

第一节　铸造工艺方案的确定

铸造工艺方案的确定，是整个铸造工艺设计中最基本而又最重要的部分。正确的铸造工艺方案，可以提高铸件质量，简化铸造工艺，提高劳动生产率。

铸造工艺方案包含的内容主要有：铸造工艺方法的选择，造型、制芯方法的选择，浇注位置的选择，分型面的选择，砂箱中铸件数量及布置。

一、铸造工艺方法的选择

目前铸造方法的种类繁多，按生产方法可分为砂型铸造和特种铸造两大类，而砂型铸造按浇注时砂型是否经过了烘干又分为湿型、干型与表面干型铸造。特种铸造也可分为金属型铸造、压力铸造、低压铸造、离心铸造、壳型铸造，熔模铸造、陶瓷型铸造等。各种铸造方法都有其特点和应用范围，究竟应该采用哪一种方法，应根据零件特点、合金种类、批量大小、铸件技术要求的高低以及经济性加以综合考虑。

1. 零件结构特点

零件的结构特点主要包括铸件的壁厚、形状及质量等，应根据不同铸件的结构特点选择合适的铸造工艺方法。

（1）砂型铸造的特点

1）由于采用内部砂芯、活块模样、消失模及其他特殊的造型技术等有利条件，可以生产结构形状比较复杂的铸件。

2）铸件的大小和质量几乎不受限制。铸件质量一般是几十克到几百千克。

3）砂型铸造对铸件最小壁厚有一定限制。

（2）熔模铸造的特点

1）可以铸出形状极为复杂的铸件，其复杂程度是任何其他方法难以达到的。

虽然一个压型所能制出的熔模形状较简单，但可用几个压型分别制出复杂零件的不同部分，然后焊合在一起，组成复杂零件的熔模。

2）熔模铸造可铸出清晰的花纹、文字。

3）能铸出孔的最小直径可达 0.5mm，铸件的最小壁厚为 0.3mm，但不宜铸造壁厚大的铸件。其比较适宜生产的铸件质量为几十克至几千克，但它能生产的铸件质量为几克至几十千克。

（3）金属型铸造的特点

1）金属型铸造的铸件质量一般为 0.1～135kg，个别可达 225kg。

2）由于金属型的型腔是用机械加工方法制出的，所以铸件的结构形状不能很复杂，更应考虑从铸型中取出铸件的可能性。

3）采用金属型芯时，也要考虑抽出型芯的可能性，因而铸件的结构多限于采用形状简单的型芯。

（4）压力铸造的特点

1）由于压力铸造中金属液是在高速高压下充填铸型，所以，可以铸出形状复杂而壁薄的铸件。许多由重力（砂型、金属型）铸造无法生产的铸件，大多数可以采用压铸。

2）压铸工艺比较适宜生产小而壁薄、壁厚相差较小的铸件。最小的压铸件为 0.002kg，最大的铝合金压铸件为 15～40kg，最大壁厚为12mm。

（5）离心铸造的特点　最适合铸造各种旋转体形状的管、筒铸件；壁厚为 4～125mm，长度不宜大于内径的 15 倍。

2. 合金的种类

各种铸造工艺方法对铸件的合金种类有一定的限制，具体如下：

1）任何可熔化的金属都能采用砂型铸造，最常用的金属是铸铁、铸钢、黄铜、青铜、铝合金和镁合金。

2）熔模铸造可以铸造任何合金，而对高熔点合金效果更为突出，飞机上的导向叶片等用不易加工的高熔点合金铸造，一般用熔模铸造工艺。不锈钢零件、工具等常用熔模铸造。

3）金属型铸造工艺比较适于铸造铝合金、镁合金及铜合金铸件。

4）目前适用于压铸工艺的合金有锌、铝、镁、铜、铅、锡等六个合金系列，其中铝、锌合金是应用最广泛的压铸合金。黑色金属由于熔点太高，因而压铸型的使用寿命低，通常不采用压铸成形。

3. 批量大小及交货期限

1）砂型铸造的生产批量不受限制，可用于成批、大量生产，也可用于单件生产。由于砂型铸造的生产准备周期较短，所以特别适于交货期限较短、批量不大的铸件的生产。

2）熔模铸造的主要生产设备比较简单，对生产批量限制不大。但熔模铸造工艺工序较多，且需制作压型，故生产周期比砂型长。

3）金属型铸造需设计制造金属型，一次投资较大，且金属型寿命长，对铝镁合金铸件可使用上千万次，故适用于批量生产，批量少时不能充分发挥金属型的潜力。金属型制造周期长，对交货期短的任务难以满足。

4）压铸工艺设备投资大，压铸型的制造周期较长，成本高。但生产效率高，故仅适于成批大量生产。

4. 铸件技术要求

铸件的技术要求包括外观质量要求（尺寸精度、表面粗糙度）及内部质量（力学性能、致密度等），不同的铸造工艺方法能达到不同的水平。具体如下：

1）砂型铸造的铸件在凝固冷却到室温后组织无层状结构、性能无方向性，其强度、韧性、刚度在各方向都相等，这一点对某些要求各方向性能均衡的铸件是重要的。砂型铸造中铸件凝固收缩受到的阻力较小，铸件内应力小。可采用冷铁等不同的铸型材料来调整和控制铸件的凝固过程，铸件内部缩孔、缩松较少，内部质量易于得到保证。砂型铸造铸件尺寸精度较差，表面粗糙度较大。

2）熔模铸造没有分型面，由压型制出的熔模的披缝也被消除，也没有砂型铸造那样的起模、合箱等操作，所以铸件尺寸精度较高，可达 CT5 级，表面粗糙度较低。熔模铸造的涡轮叶片的精度和表面粗糙度已达无需机械加工的要求。

3）金属型铸造的铸件尺寸精度和表面粗糙度优于砂型铸件。由于金属型传热迅速，所以铸件的晶粒较细。同时，凝固过程易于控制，使铸件形成顺序凝固，减少铸件产生缩孔和缩松的可能性。所有这些都使金属型铸件的强度得到提高，一般比砂型铸件高 20%以上。

4）压铸的显著优点是能生产精密铸件，压铸件的尺寸精度和表面粗糙度均优于金属型铸件，尺寸精度可达 4 级，表面粗糙度值可达 $Ra0.8\mu m$。大多数压铸件无需机械加工即可直接使用。压铸件晶粒细小、强度较高。压铸件主要缺陷之一是气孔。压铸件有气孔存在，不但降低了压铸件的力学性能（特别是延伸率）和气密性，同时也不能对其进行焊接和热处理，因此，需经热处理强化的合金，就不能压铸。

5. 经济分析

铸造工艺方法对铸件成本的影响是不言而喻的。而对哪一类铸件采用什么工艺最有效、最经济是个很复杂的问题，需对各种工艺方法进行比较、分析才能得出。

当铸件批量小时，砂型铸造费用最低。砂型铸造一般是所有铸造方法中费用最低的一种，它的成本几乎只有熔模铸造的 1/10，尤其是在单件或少量生产时。单件大型铸件的生产，从成本考虑，砂型铸造是唯一的方法。而当铸件批量大时，压力铸造的综合费用较低。

选择铸造工艺方法时，应从以上几方面综合考虑，根据铸件的具体情况进行分析，最后选择一种合适工艺方法。

二、造型、制芯方法的选择

砂型造型方法及应用范围见表 2-5-1；砂型种类及应用范围见表 2-5-2；制芯方法及砂芯应用范围见表 2-5-3；砂芯按干湿程度分类及其应用见表 2-5-4。

表 2-5-1　砂型造型方法及应用范围

造型方法			主要特点	应用范围
手工造型	砂箱造型		在砂箱内造型,操作方便,劳动量较小	大、中、小铸件,大量、成批和单件生产
	脱箱造型		造型后取走砂箱,在无箱或加套箱后浇注	小件的大量、成批、单件生产
	刮板造型		用专制刮板刮制,节省制造模样的材料和工时,操作麻烦、生产效率低	用于单件、外形简单的铸件生产
	劈箱造型		将模样和砂箱分成相应的几块分别造型,然后组装。造型、烘干、搬运与合箱检验均较方便,但模样与砂箱的制造成本与工作量大	常用于成批生产的大型复杂铸件,如机床、床身、大型柴油机机身
	组芯造型		砂型由多块砂芯在砂箱中或地坑中或用夹具组装而成	用于单件或成批生产复杂铸件
	地坑造型		在地坑中造型,不用砂箱或只用一个盖箱。操作麻烦、效率低	用于单件生产中、大型铸件
机器造型	震击造型		借机械震击赋予型砂动能和惯性力紧实成形,砂型上松下紧,常需补压,噪声大、劳动量大、生产效率低	用于精度要求不高的中、小型铸件成批、大量生产
	压实造型	单纯压实造型	按比压大小分成低压(0.15~0.4MPa)、中压(0.4~0.7MPa)、高压(>0.7MPa)三种	中、低压用于铸件尺寸精度要求不高的中、小铸件批量生产;高压用于铸件尺寸精度和表面粗糙度要求较高和较复杂的中、小铸件的大量生产
		单向压实造型	砂型直接受压面紧实度较高,若比压不足,则紧实度低	精度要求不高且扁平的中、小铸件批量生产
		双向压实造型	首先压射冲头顶压(上压),其次模样面补压(下压),然后压射冲头终压,紧实度与均匀性优于单向压实	精度要求较高、较复杂的中、小铸件的大量生产
	震压造型	普通震压造型	震击加压实,砂型紧实度波动范围小,可获得紧实度较高的砂型	精度要求较高、较复杂的中、小铸件成批和大量生产
		微振压实造型	振幅小、频率高,可同时微振与压实或先微振后压实,比单纯压实的紧实度与均匀性好,噪声小,生产率高	精度要求高、形状复杂的中、小铸件成批和大量生产

（续）

造型方法			主要特点	应用范围
机器造型	气流紧实造型	气流静压造型	先将型砂填入砂箱内（模板有通气塞），再对型砂施以压缩空气进行气流加压，经通气塞排气，越接近模板紧实度越高，然后用压板补压。吃砂量较小，起模斜度较小	精度要求高、形状复杂的中、小铸件生产
		气冲造型	以具有一定压力的气体瞬时膨胀释放出的冲击波作用在型砂上使其紧实，且型砂由于受到急速的冲击产生触变，克服了黏土膜引起的阻力，提高了型砂的流动性，在冲击与触变作用下成形。紧实度均匀、尺寸精度高	精度要求高的铸件和大量生产的铸件，比静压造型具有更大的适应性
	射压造型		以压缩空气射砂、填砂和预紧实，然后用压射冲头补压成形，可分有箱和无箱两大类，生产效率高。无箱射压造型的比压较高，属高压造型范围，应用较多，又分水平分型和垂直分型两种	用于大量生产的、精度要求高的中、小铸件。垂直分型只适于可垂直分型的铸件，它下芯困难，水平分型克服了这一缺点
	抛砂造型		用抛砂头抛砂，使砂型逐层紧实，抛砂速度越快，紧实度越高，若供砂速度、抛砂头移动速度与抛砂头高度稳定，则紧实度较均匀	用于单件、成批生产的中、大型铸件

注：1. 尺寸精度和表面粗糙度要求高的铸件，应选用砂型紧实度高的机器造型方法。

2. 产量大、品种单一的铸件，宜选用生产效率高或专用的造型设备；小批量、多品种的铸件，宜选用工艺性灵活、生产组织方便的设备；高效率的造型机不单独使用，应配置生产线。

表 2-5-2　砂型种类及应用范围

砂型种类	主要特点	应用范围
干型	以黏土或膨润土作黏结剂。砂型烘干后水分少、强度高、透气性好。用于手工或半机械化生产，劳动条件差、生产率低、成本高，不易实现生产线和自动化生产，粉尘多	结构复杂、质量要求高、单件小批量生产的各类铸造合金的中、大型铸件均可应用，也可用于质量要求严格的小铸件，主要用于中、大型铸铁件生产
黏土砂表干型	将表层烘干 15mm 以上，具有干型的一些优点，避免了干型的某些缺点。此类砂型通常用活化膨润土砂制成，比湿型强度高	主要用于大、中型铸铁件的生产
湿型	以膨润土或黏土作黏结剂，砂型不烘干，成本低、劳动条件好。机械化造型应用最多，也可用于手工单件小批生产。采用膨润土活化砂及高压造型可得到强度高、透气性较好的砂型	多用于单件或大批量生产的中、小型铸铁件、有色合金铸件，也用于小型铸钢件生产
树脂砂型	自硬砂型，强度高；铸件尺寸精度高，表面粗糙度低。主要采用连续混砂机机械化生产，生产率高，铸件易清砂。产生有害气体多，加强通风除气以净化生产环节	主要用于生产大、中型铸铁件；铸钢件也有应用，但呋喃树脂砂易引起铸钢件裂纹

（续）

砂型种类	主要特点	应用范围
水玻璃砂型	砂型强度高，生产率高，粉尘少。多采用 CO_2 硬化，也可采用自硬型。对质量要求高的中、大型铸件，通常采用烘干型。可用手工或造型机生产，可组成生产线对中、小件批量生产。铸件清砂较困难，但有机酯自硬砂型和改性水玻璃砂型的落砂性很好	广泛用于大、中、小型铸钢件生产；铸铁件也有应用，但要用特殊涂料防止粘砂
双快水泥砂型	应用快凝、快硬的双快水泥作黏结剂制作砂型，具有自硬快的优点。生产率高，劳动条件好，铸件不粘砂	主要用于单件、成批生产的铸铁件

表 2-5-3　制芯方法及砂芯应用范围

制芯方法			主要特点	应用范围
手工制芯	芯盒制芯		用黏土砂、水玻璃砂、油砂或树脂砂以芯盒内腔制成各类形状的砂芯，尺寸精准	各种形状、尺寸和批量的砂芯均可采用，但主要用于单件、小批生产
	刮板、车板制芯		用特制的刮板或车板刮（车）制砂芯，节省制造芯盒的材料和工时，操作麻烦，效率低	用于单件、小批生产和形状简单的砂芯；某些形状较复杂的砂芯，可采用部分用刮板与部分用芯盒相结合的方法生产
机器制芯	微振压实式制芯机制芯		在微振的同时加压紧实砂芯，生产率较高，但机器较复杂，有噪声	可用于各类黏结剂的中、小砂芯成批生产
	震实式与翻台震实式制芯机制芯		用气动或手动震击紧实砂芯，生产率低	气动震击制芯适用于不填焦炭块的中、大型砂芯的批量生产。手动震击制芯机可小批生产小型砂芯
	螺旋挤压式制芯		利用机械传动的螺旋将芯砂从成形套管中挤出，制得的砂芯由接芯板承接	用于成批大量生产断面尺寸不变的、形状简单的砂芯
机器制芯	热硬法	壳芯机制芯	将覆膜砂吹入加热的芯盒中保持所要求的结壳时间，待形成所要求的厚度以后将芯盒口朝下，摇摆芯盒倒出多余的芯砂，形成中空的壳芯。砂芯强度、透气性、表面质量和出砂性好，精度高。但树脂较贵，制芯时有刺鼻气味，与热芯盒法相比制芯周期较长	用于成批大量生产。目前使用的壳芯机有两类：底吹式壳芯机，适用于制造形状较简单的小壳芯；顶吹式壳芯机，适用于制造形状较复杂的较大壳芯
		热芯盒法制芯	在原砂中加入适用、适量的树脂及固化剂，将混合好的芯砂射（吹）入加热的芯盒中，硬化后取出，得到尺寸精准、强度高和表面光洁的砂芯，操作方便，生产率高，易出砂，但有刺鼻气味	适合成批大量制造中、小型砂芯，但砂芯截面厚度不宜大于 50mm，若过厚，可将其设计成中空到截面厚度约 25mm；广泛用于汽车、柴油机铸件生产
		温芯盒法制芯	在原砂中加入适合、适用的树脂及固化剂，将混制的芯砂射（吹）入加热约 170℃的芯盒内，硬化后取出，得到尺寸精度和强度高、表面光洁的砂芯。与热芯盒法相比，砂芯不会过烧、能耗低、工装变形小、寿命长、有害气味小，但树脂较贵；与冷芯盒法比，生产周期短，树脂加入量少，但需增加加热装置	不适宜单件小批生产；适合大批量生产重量>9kg 和厚度>50mm 的砂芯

（续）

制芯方法			主要特点	应用范围
机器制芯	气硬法	冷芯盒法制芯	将原砂与适量的冷芯盒树脂混合后射(吹)入常温芯盒内，再吹入气体固化剂，砂芯则快速固化，然后吹入干燥空气净化残余的固化剂，然后出芯。生产率高，比壳芯法约高出1倍；可用木质或塑料芯盒，利于中、小批量多品种生产；铸件尺寸精准，表面粗糙度低，落砂性好	可制造各类批量和复杂程度不同、大小不等的砂芯，广泛用于汽车、柴油机、拖拉机铸件的生产

表 2-5-4 砂芯按干湿程度分类及其应用

砂芯类型	应用范围
干芯	广泛用于各类铸造合金，各种形状的大、中、小型铸件
表干芯	可用于一般中小型和中小壁厚的铸件，也可代替干芯用于壁厚不大的一般铸件
自硬芯	靠芯砂自身化学反应硬化，一般不烘干或低温表干，可用于各类铸件
CO_2硬化水玻璃砂芯	一般用于铸钢件，但壁厚件及质量要求高的铸钢件不宜采用
热硬法、气硬法硬化的树脂砂芯	广泛用于汽车、拖拉机、柴油机行业的铸件生产

三、浇注位置的选择

铸件的浇注位置是指浇注时铸件在铸型中的状态和位置。

铸件的浇注位置的选择，取决于合金种类、铸件结构及轮廓尺寸、铸件表面质量要求以及现有的生产条件。选择铸件浇注位置时，主要以保证铸件质量为前提，同时尽量做到简化造型工艺和浇注工艺。选择铸件浇注位置的主要原则有：

（1）铸件上重要工作面和大平面应尽量朝下或垂直安放　铸件在浇注时，朝下或垂直安放部位的质量一般都比朝上安放的高。因为铸件下部的组织致密，夹砂、砂眼和气孔等缺陷少。

根据铸件处于浇注位置的上、下部位质量不均匀性的特点，在选择质量要求较高、结构形状又相对称的铸件的浇注位置时，应尽量保证铸件的相对称部分的质量也对称，将铸件对称壁置于垂直位置。这种垂直的浇注位置对保证铸件尺寸精度和采用底注式浇注系统等也都是有利的。

（2）应保证铸件能自下而上的顺序凝固　为满足这条原则，应尽量将铸件的厚大部分朝上安放，或按一定次序使厚大部分靠近冒口。以便在其上面安放冒口，促使铸件自下而上地向冒口方向顺序凝固。这一原则对体收缩较大的铝、镁合金铸件尤为重要。

但是，在航空产品的铸件生产中，铸件的结构都比较复杂，并且铸件上局部加厚的凸台、安装边较多，有时很难将铸件所有厚大部分都安放在上部位置。在此情况下，为了使铸件整体的顺序凝固原则不变，可对中、下位置的局部厚大处采用冷铁或侧冒口等工艺措施解决其补缩问题。

（3）保证铸件有良好的液态金属导入位置，保证铸件能充满　确定浇注位置时，应考虑内浇道均匀地设置在铸件的四周和要求液体金属平稳地流入型腔等特点，选择合理的浇注位置。

对具有薄壁部分的铸件，应将薄壁部分放在下半部或置于内浇道以下，以免出现浇不足、冷隔等缺陷。

(4) 应尽量少用或不用砂芯　若需要使用砂芯时，应保证其安放稳固、通气顺利和检查方便。

铸件浇注位置的选择，除了要考虑上述几个原则外，还应尽量简化造型、造芯、合箱和浇冒口的切割等工艺，以减少模具制造工作量和合金液的消耗。

在实际生产中，情况是复杂的，上述各原则既有联系又有矛盾，一定要结合生产实际情况，抓住主要矛盾，不能生搬硬套。

四、分型面的选择

在砂型铸造中，为完成造型、取模、设置浇冒口和安装砂芯等需要，砂型型腔必须由两个或两个以上的部分组合而成，砂型的分割或装配面称为分型面。

分型面一般在确定铸件浇注位置后确定。但分析各种分型面优劣后，可能需要重新调整浇注位置。生产中，浇注位置和分型面有时是同时确定的。

铸型分型面主要取决于铸件的结构。分型面的优劣，在很大程度上影响铸件的尺寸精度、生产成本和生产率，应仔细地分析、对比后选择一个比较合理的方案。

在选择分型面时，应注意以下原则：

1）分型面应选择在铸件最大截面处。从最大截面处分型才能保证模样从砂型中顺利起模。

2）应尽量使铸件全部或大部分位于同一砂型内。铸件位于同一砂型内，避免产生错型缺陷，保证铸件的几何精度，同时也避免铸件表面出现披缝和毛刺，提高铸件的表面质量。若铸件不能在同一半型内成形，应力求将铸件上机械加工面或若干重要的加工面与机械加工初基准面安置在同一个半型内成型，基准面不要在分型面上，能较好地保证铸件的加工精度。

3）应尽量使铸件全部或大部分位于下型中。这样可使液态金属充型稳定，减少抬箱力，避免金属液从分型面溢出跑火的现象。同时，型腔处于下型中，合型时便于观察，减少损毁、偏芯和错型的发生。

4）应尽量减少分型面的数目。分型面少，铸件精度容易保证。机器造型的中小件，一般只许可一个分型面，以便充分发挥造型机的生产率。凡不能出砂的部位均采用砂芯，而不允许用活块或多分型面。

5）应尽量不用或少用砂芯，在必须采用砂芯时，除了要保证砂芯位置稳定、装配和检查方便外，还应力求将砂芯安置在同一个半型内，以保证铸件的某些重要尺寸精度。

6）分型面应尽量选择平面。平直分型面可简化造型过程和模板制造，易于保证铸件精度。如铸件形状确需采用不平分型面时，应尽量选择规则的曲面，如圆柱面或折面。

7）注意减轻铸件清理和机械加工量。铸型分型面最好避免选在铸件非加工表面和机加工初基准面上。因为，前者会增加铸件清理的劳动量并有损铸件表面美观，而后者将会影响铸件划线和加工的尺寸精度。

五、砂箱中铸件数量及布置

确定砂箱中的铸件数量及布置方式时，应根据各种条件综合考虑。

1）模样与砂箱壁、箱顶（底）和箱带之间的距离称为吃砂量。若吃砂量太小，砂型紧实困难，易引起胀砂、粘砂、掉砂、跑火等缺陷；若吃砂量太大，增加型砂用量，既不经济又不合理。影响吃砂量的因素有：模样的大小、铸件的质量、砂型的强度和造型的方法等。吃砂量的参考值见表2-5-5~表2-5-9。

表2-5-5 按模样平均轮廓尺寸确定的吃砂量 （单位：mm）

模样平均轮廓尺寸	*a*	*b* 和 *c*	*d*
滑脱砂箱	≥20	30~50	一箱中模样高度的一半
≤400	30~50	40~70	
400~700	50~70	70~90	一箱中模样高度的0.5~1.5倍
701~1000	71~100	91~120	
1001~2000	101~150	121~150	
2001~3000	151~200	151~200	
3001~4000	201~250	201~250	
>4000	251~500	>250	

表2-5-6 按铸件质量确定的吃砂量 （单位：mm）

铸件质量/kg	*a*	*b*	*c*	*d*	*e*	*f*
<5	40	40	30	30	30	30
5~10	50	50	40	40	40	30
11~20	60	60	40	50	50	30
21~50	70	70	50	50	60	40
51~100	90	90	50	60	70	50
101~250	100	100	60	70	100	60
251~500	120	120	70	80		70
501~1000	150	150	90	90		120
1001~2000	200	200	100	100		150
2001~3000	250	250	125	125		200
3001~4000	275	275	150	150		225
4001~5000	300	300	175	175		250
5001~10000	350	350	200	200		250
>10000	400	400	250	250		250

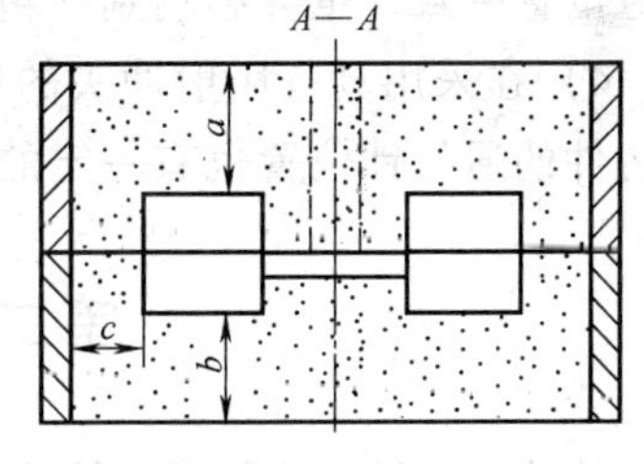

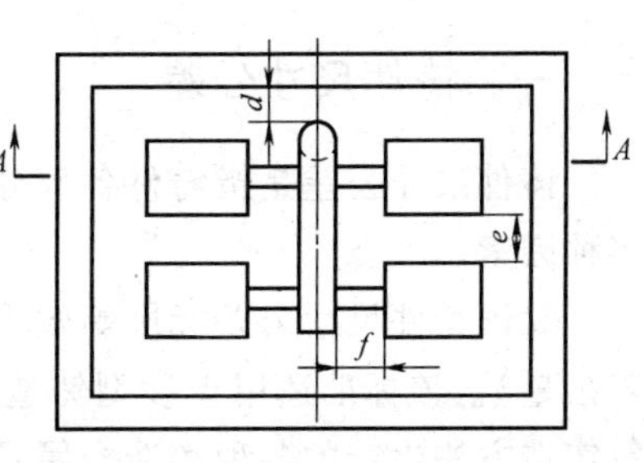

表 2-5-7 手工造型的吃砂量 （单位：mm）

砂型分类	砂箱内框平均尺寸（长+宽）/2	模样至砂箱内壁尺寸	浇冒口至砂箱内壁尺寸	模样顶部至砂箱箱带底部尺寸
干型	≤500	≥40~60	≥30	15~20
	>500~1000	>60~100	≥60	>20~25
	>1000~2000	>100~150	≥100	>25~30
	>2000~3000	>150~200	≥120	>30~40
	>3000	≥250	≥150	>40
湿型	≤300	>30	≥40	≥30
	>300~800	≥60	≥100	≥50
	>800	≥100	≥100	≥70

表 2-5-8 高压造型模样的吃砂量 （单位：mm）

模样高度	模样间距	模样与砂箱壁距离	备注
≤25	25~30	40~50	薄壁件取下限值，厚实件取上限值
>25~50	31~50	45~60	
>50	51~70	50~70	

表 2-5-9 不同模样高度的吃砂量最小值 （单位：mm）

模样高	8	10	15	25	30	35	40	50	60	70	90	120
吃砂量	15	18	20	24	26	28	32	35	38	40	45	50

2）采用单一砂箱时箱带的位置与高低会影响到砂箱中的铸件数量。

3）在自动化造型生产线上，为了便于与机械化浇注线配合，要求所有铸件直浇道位置一致，也会影响到砂箱中的铸件数量。

4）在采用具有压射冲头的造型机时，为了避免通气针与压射冲头相碰，对所有铸件的通气针位置也有一定的要求，因此也会影响到砂箱中的铸件数量。

第二节 工艺设计参数

铸造工艺设计参数是指铸造工艺设计时需要确定的某些数据，它包含以下内容。

一、铸件尺寸公差

铸件尺寸公差是指铸件各部分尺寸允许的极限偏差，它取决于铸造工艺方法等多种因素。

我国铸件尺寸公差标准等效采用 ISO 8062—1994《铸件——尺寸公差和机械加工余量》。该标准适用于砂型铸造、金属型铸造、低压铸造、压力铸造、熔模铸造等铸造方法生产的各种铸造金属及合金的铸件，是设计和检验铸件尺寸公差的通用依据。所规定的公差是指正常生产情况下通常所能达到的公差，分 16 级，代号为 CT1～CT16（CT 是铸件公差的英文 Casting Tolerance 的缩写）。铸件尺寸公差详见国家标准 GB/T 6414—1999《铸件　尺寸公差与机械加工余量》。

二、机械加工余量

铸件为保证其加工面尺寸和零件精度，应有加工余量，即在铸件工艺设计时预先增加的，而后在机械加工时又被切去的金属层厚度，称为机械加工余量，简称加工余量，代号为 RMA。要求的机械加工余量等级有 10 级，称为 A、B、C、D、E、F、G、H、J 和 K 级。铸件的机械加工余量，一般按 GB/T 6414—1999《铸件　尺寸公差与机械加工余量》选用。

加工余量的选择与下列因素有关：

1. 铸造合金的种类

不同的铸造合金具有不同的物理、化学、铸造以及切削性能，铸件的表面质量和生产成本也不相同，所以铸件的机械加工余量的选择也应该有所不同。铸钢件因表面粗糙，余量应加大；有色合金铸件价格昂贵，且表面光洁，余量应比铸铁小。

2. 铸造方法和生产批量

铸造方法不同，所得到铸件的表面粗糙度和尺寸精度也不同，所以铸件的加工余量也应不同。采用机器造型，铸件精度高，余量可减小；手工造型误差大，余量应加大。

3. 铸件尺寸大小和加工精度要求

铸件尺寸越大，形状越复杂和加工精度要求越高，则铸件的机械加工余量就越大。

4. 铸件加工面在浇注时的位置

浇注时铸件朝上的表面因产生缺陷的概率较大，其加工余量应比朝下或垂直位置大。

加工余量过大，将浪费金属和机械加工工时，增加零件成本；加工余量过小，则不能完全除去铸件表面的缺陷，甚至露出铸件表皮，达不到设计要求。因此，选择合适的加工余量有着很重要的意义。

三、铸造收缩率

铸件在凝固和冷却过程中会发生线收缩而造成各部分尺寸缩小。为了使铸件的实际尺寸符合图样要求，在制造模具时，必须将模样尺寸放大到一定的数值。这个放大的数值往往称为铸件收缩余量。铸件收缩余量由铸件图所示的尺寸乘以铸造线收缩率求出。铸造线收缩率简称铸造收缩率，其表达形式见式（2-5-1）。

$$K=[(L_M-L_J)/L_J]\times 100\% \tag{2-5-1}$$

式中 L_M——模样（或芯盒）工作面的尺寸；

L_J——铸件尺寸。

正确选取铸造收缩率，对于提高铸件尺寸精度有着重要意义。影响铸造收缩率的因素有：铸造合金种类及成分，铸件结构、铸件冷却条件、铸型种类，型、芯材料的退让性以及浇冒口系统的布置和结构形式等。不同的铸造合金，其线收缩率不相同。表 2-5-10 列出了铸造合金铸件的铸造收缩率值，可供选用时参考。

表 2-5-10 各种铸造合金铸件的铸造收缩率

中国机械工程学会资料				美国铸造学会资料			
合金		收缩率(%)		合金	模样尺寸/mm	结构形式	收缩率(%)
		自由收缩	受阻收缩				
灰铸铁	中小型件	1.0	0.9	灰铸铁（见注 2）	<610	无型芯	1.04
		0.9	0.8		635~1220	无型芯	0.83
	中大型件	0.8	0.7		>1220	无型芯	0.69
		0.9	0.8		<610	有型芯	1.04
	特大型件	0.7	0.5		635~910	有型芯	0.83
	筒形件：长度方向	1.0	0.8		>910	有型芯	0.69
	直径方向	1.0	0.8				
孕育铸铁	HT250 HT300 HT350	1.5	1.0				
黑心可锻铸铁	壁厚>25mm	0.75	0.5	（见注 3）	1.6		1.43
					3.17		1.30
	壁厚<25mm	1.0	0.75		4.76		1.23
					6.35		1.18
白心可锻铸铁		1.75	1.5		9.52		1.04
					12.7		0.91
					15.87		0.78
					19.5		0.65
					22.2		0.39
					25.4		0.26
球墨铸铁	珠光体	0.9~1.1	0.6~1.8	珠光体铸态球墨铸铁			0.83~1.25
				珠光体球墨铸铁	<610		0.83~1.04
				热处理为铁素体	<305		0
	铁素体	0.8~1.0	0.4~0.6	薄壁球墨铸铁	退火前有碳化物		收缩 0.83~0.42
					退火后		膨胀
铸钢	碳钢及低合金钢	1.6~2.0	1.3~1.7	铸钢	<610	无型芯	2.08
					635~1830	无型芯	1.56
	含铬高合金钢	1.3~1.7	1.0~1.4		>1830	无型芯	1.30
					<460	有型芯	2.08
	铁素体-奥氏体钢	1.8~2.2	1.5~1.9		480~1220	有型芯	1.56
					1245~1680	有型芯	1.30
	奥氏体钢	2.0~2.3	1.7~2.0		>1680	有型芯	1.04

（续）

中国机械工程学会资料			
合金		收缩率(%)	
		自由收缩	受阻收缩
有色合金	铝-硅合金	1.0~1.2	0.8~1.0
	铝-镁合金	1.3	1.0
	铝-铜合金 (w_{Cu}75%~12%)	1.6	1.4
	镁合金	1.6	1.2
非铁合金	锌黄铜	1.8~2.0	1.5~1.7
	硅黄铜	1.7~1.8	1.6~1.7
	锰黄铜	2.0~2.3	1.8~2.0
	锡青铜	1.4	1.2
	无锡青铜	2.0~2.2	1.6~1.8

注：1. 通常简单的厚实铸件可视为自由收缩。其余均视为受阻收缩。视其受阻程度，选用适宜的铸造收缩率。

2. 同一铸件由于结构上的原因，其局部与整体，长、宽、高三个方向的收缩率可能不一致，对重要铸件应给予不同铸造收缩率。

3. 铸型种类和紧实度，对球墨铸铁的收缩率有很大影响。有的工厂在用湿型生产小件时，有时不留缩尺（铸造收缩率取零）。

4. 湿型、水玻璃砂型的铸件，其铸造收缩率应比干砂型大。

美国铸造学会资料			
合金	模样尺寸/mm	结构形式	收缩率(%)
铝合金	<1220	无型芯	1.30
	1245~1830	无型芯	1.18
	>1830	无型芯	1.04
	<610	有型芯	1.30
	635~1220	有型芯	1.18~1.04
	>1220	有型芯	1.04~0.52
镁合金 (见注4)	<1220	无型芯	1.43
	>1220	无型芯	1.30
	<610	有型芯	1.30
	>610	有型芯	1.30~1.04
黄铜			1.56
青铜			1.04~2.08
硅青铜			1.04~1.56
锰青铜 (高强黄铜)			0.83~1.56
铝青铜			2.34
锌合金			1.18

注：1. 铸造收缩率随铸件结构、合金种类、浇注温度以及型(芯)的阻力不同而变化。对于一个简单模样上的不同尺寸也必须使用几种不同的铸造收缩率。

2. 普通灰铸铁的标准模样收缩率是1.04%[(1/8in)/ft]。对于高强度合金铸铁和白口铸铁，铸造收缩率约为1.30%[(5/32in)/ft]。

3. 所给出的可锻铸铁件铸造收缩率算法如下：例如，当铸态时，白口铸铁件收缩2.08%[1/4in)/ft]；退火期间又膨胀约1.04%，最后净剩铸造收缩率1.04%。

4. 随合金不同，铸造收缩率在变化。

对于成批大量生产的结构复杂、尺寸精度要求高的铸件，往往需要经过多次试制，通过划线反复测量铸件各部分的尺寸，以检查铸件的实际收缩率，在寻找到一定的规律后，再修改模样和芯盒尺寸，随后才能正式投入生产。

四、起模斜度

为了使模样（或型芯）易于从砂型（或芯盒）中取出，铸件出型，在模样、芯盒或金属铸型上与起模方向平行的壁的斜度称为起模斜度。模样的起模斜度可采用增加壁厚、加减壁厚、减小壁厚三种取法。如图2-5-1所示。起模斜度一般用角“α”表示，对于金属模具α可取0.5°~1°，木模可取1°~3°。对于需要机械加工的壁必须采用增加壁厚法。对于垂直分型面的孔，当其孔径大于其高度时，可采用在模样上挖孔，造型起模后，形成吊砂或者自带型芯，并由此形成铸件孔的形状。

五、最小铸出孔及槽

一般来说，较大的孔、槽应当铸出，以减少切削加工工时，节约金属材料，并可减小铸件上的热节，提高铸件质量；较小的孔、槽则不必铸出，否则会使铸件产生粘砂，造成清理和机加工困难，用机加工较经济。有些特殊要求的孔无法进行机加工时，则一定要铸出。常见金属材料最小铸出孔、槽见表 2-5-11 和表 2-5-12。

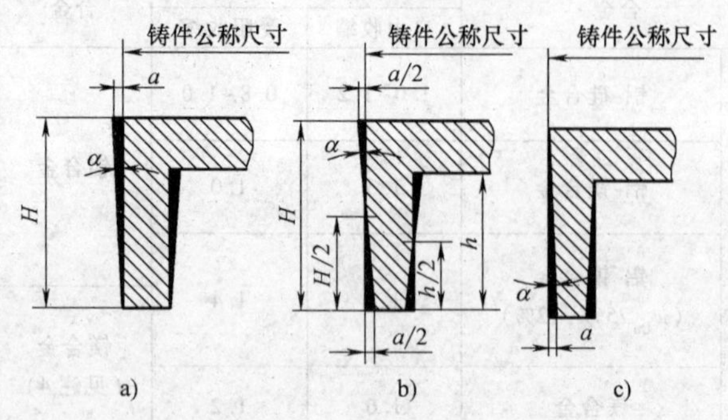

图 2-5-1　模样的起模斜度

a）增加铸件壁厚　b）加减铸件壁厚　c）减少铸件壁厚

表 2-5-11　灰铸铁件的最小铸出孔直径

生产批量	灰铸铁件最小铸出孔直径 d/mm
大量生产	12~15
成批生产	15~30
单件、小批生产	30~50

注：最小铸出孔直径指的是毛坯孔直径。

表 2-5-12　普通碳素钢和低合金钢铸件最小铸出孔（槽）尺寸

（单位：mm）

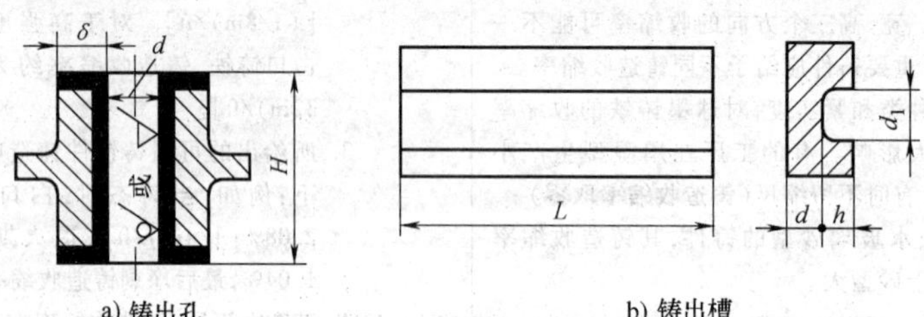

孔深 H	孔壁厚度 δ							
	≤25	26~50	51~75	76~100	101~150	151~200	201~300	>300
	最小铸孔直径 d							
≤100	60	60	70	80	100	120	140	160
101~200	60	70	80	90	120	140	160	190
201~400	80	90	100	110	140	170	190	230
401~600	100	110	120	140	170	200	230	270
601~1000	120	130	150	170	20	230	270	300
>1000	140	160	170	200	230	260	300	330

六、铸造圆角

在浇注铸件时，为了避免在铁液冷却时产生缩孔或裂纹，同时为了防止在取模时损坏砂型和浇注金属液时冲坏砂型，在铸件各表面相交处均以圆角过渡，这种圆角就称为铸造圆角。在零件图上，铸造圆角必须画出。铸造圆角的半径应与铸件的壁厚相适应，一般内圆角半径可按相邻两壁平均厚度的1/5~1/3选取；外圆角半径可取内圆角半径的一半，一般取2~5mm。铸造圆角也可在技术要求中统一说明。

第三节　型芯设计

型芯的作用是形成铸件的内腔、孔和铸件外形不能出砂的部分。型芯的形状、尺寸以及在砂型中的位置应符合铸件要求，具有足够的强度和刚度，在铸件形成过程中型芯所产生的气体能及时排出型外，铸件收缩时阻力要小并且容易清砂。

一、型芯的固定和定位

型芯在砂型中的位置一般是靠芯头来固定的。芯头是指伸出铸件以外不与铸件接触的砂芯部分。芯头有固定、定位型芯和排出浇注后型芯所产生的气体的作用。为防止圆形型芯在下芯、合箱和浇注时产生转动或水平位置偏移，或者对型芯的角向位置有要求，在下芯易搞错方位时，芯头应有良好的定位结构。生产中常用垂直和水平圆形芯头的定位结构。芯座是指铸型中专门放置芯头的空腔。

二、芯头的尺寸和间隙

芯头的尺寸与采用的铸造工艺有关，一般取决于铸件相应部位的孔、槽的尺寸。为了便于造型、造芯、下芯和合箱操作，芯头和芯座在造型取模和下芯方向应有一定的斜度，芯头与芯座之间应留有一定的间隙。在实际生产中，芯头的尺寸、斜度和间隙可根据生产经验查表决定。一般上芯头的高度比下芯头矮，上芯头斜度比下芯头大。芯头有垂直芯头和水平芯头两种。由于芯头的直径（或宽度）通常与砂芯的直径（或宽度）相同，所以确定芯头的承压面积和芯头的尺寸，对于垂直砂芯实际上只是确定芯头的高度；对于水平砂芯就是确定芯头的长度。在一般情况下，芯头的尺寸可通过查表确定，不需要繁琐的计算，见表2-5-13~表2-5-17。

表2-5-13　垂直芯头与芯座之间的间隙 S　　（单位：mm）

铸型种类	D或$(A+B)/2$											
	≤50	51~100	101~150	151~200	201~300	301~400	401~500	501~700	701~1000	1001~1500	1501~2000	>2000
湿型	0.5	0.5	1.0	1.0	1.5	1.5	2.0	2.0	2.5	2.5	3.0	3.0
干型	0.5	1.0	1.5	1.5	2.0	2.5	3.0	3.5	4.0	5.0	6.0	7.0

注：1. 影响芯头与芯座之间间隙的因素有很多，例如，模样与芯盒的尺寸偏差；砂型和砂芯在制造、运输、烘干过程中的变形等。因此，表中数据仅供参考。

2. 一般，机器造型、湿型、生产量较大时，常用间隙为0.5~1mm。对于干型、大件，间隙常为2~4mm。

3. 当上芯头与下芯头的个数多于1个时，可将其中定位作用不大的芯头的侧面间隙加大。

4. 树脂砂型的间隙可比干型小50%左右。

5. D为芯头直径，A、B为截面尺寸，参见表2-5-15中的图。

表 2-5-14　垂直芯头的斜度 a　　（单位：mm）

芯头高 h	15	20	25	30	35	40	50	60	70	80	90	100	120	150	用 a/h 表示斜度时	用角度 α 表示时
上芯头 a	2	3	4	5	6	7	9	11	12	14	16	19	22	28	1∶5	10°
下芯头 a	1	1.5	2	2.5	3	3.5	4	5	6	7	8	9	10	13	1∶10	5°

表 2-5-15　垂直芯头高度 h 和 h_1　　（单位：mm）

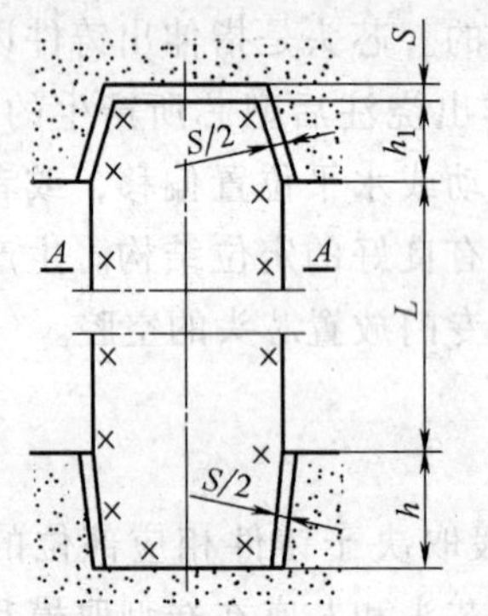

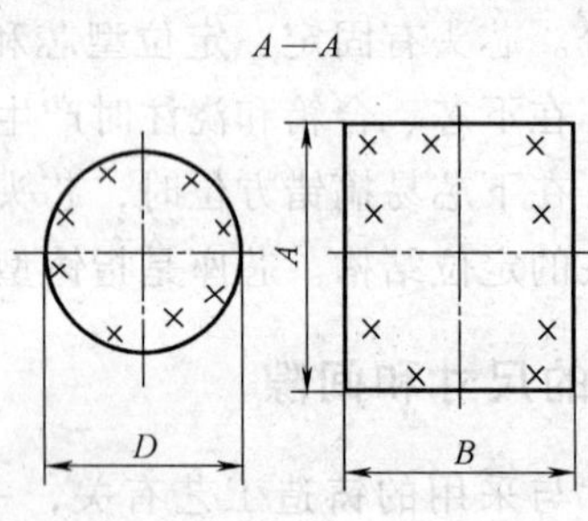

L	当 D 或 $(A+B)/2$ 为下列数值时的高度 h									
	≤30	31～60	61～100	101～150	151～300	301～500	501～700	701～1000	1001～2000	>2000
≤30	15	15～20	—	—	—	—	—	—	—	—
31～50	20～25	>20～25	20～25	—	—	—	—	—	—	—
51～100	>25～30	>25～30	>25～30	20～25	20～25	30～40	40～60	—	—	—
101～150	>30～35	>30～35	>30～35	>25～30	25～30	>40～60	40～60	50～70	50～70	—
151～300	>35～45	>35～45	>35～45	30～40	30～40	>40～60	50～70	50～70	60～80	60～80
301～500	—	40～60	40～60	35～55	35～55	>40～60	50～70	50～70	80～100	>80～100
501～700	—	>60～80	>60～80	45～65	45～65	50～70	60～80	60～80	80～100	>80～100
701～1000	—	—	—	70～90	70～90	60～80	60～80	80～100	80～100	>100～150
1001～2000	—	—	—	—	100～120	100～120	>80～100	80～100	80～120	>100～150
>2000	—	—	—	—	—	—	—	80～120	80～120	>100～150

由 h 查 h_1

上芯头高度 h	15	20	25	30	35	40	45	50	55	60	65	70	80	90	100	120	150
下芯头高度 h_1	15	15	15	20	20	25	25	30	30	35	35	40	45	50	55	65	80

注：1. 一般的型芯上、下芯头采用相同的高度，尤其是成批大量生产时。

2. 如有必要采取不同高度的上、下芯头，可先查出 h 值，然后根据 h 值查出 h_1 值。

3. 对于大而矮的直立型芯，常不用上芯头，此时下芯头可适当加长。

4. 若直立芯头的长度与直径之比大于 2.5，为了使型芯有较高的稳定性，可以加大下芯头。

表 2-5-16　水平芯头的斜度及间隙　　（单位：mm）

D 或(A+B)/2		≤50	51~100	101~150	151~200	201~300	301~400	401~500	501~700	701~1000	1001~1500	1501~2000	>2000
湿型	S_1	1.5	0.5	1.0	1.0	1.5	1.5	2.0	2.0	2.5	2.5	3.0	3.0
	S_2	1.0	1.5	1.5	1.5	2.0	2.0	3.0	3.0	4.0	4.0	4.5	4.5
	S_3	1.5	2.0	2.0	2.0	3.0	3.0	4.0	4.0	5.0	5.0	6.0	6.0
干型	S_1	1.0	1.5	1.5	1.5	2.0	2.0	2.5	2.5	3.0	3.0	4.0	5.0
	S_2	1.5	2.0	2.0	3.0	3.0	4.0	4.0	5.0	5.0	6.0	8.0	10.0
	S_3	2.0	3.0	3.0	4.0	4.0	6.0	6.0	8.0	8.0	9.0	10.0	12.0

注：表中代号 S_1、S_2、S_3 的含义参见表 2-5-17 中的图。

表 2-5-17　水平芯头的长度 l　　（单位：mm）

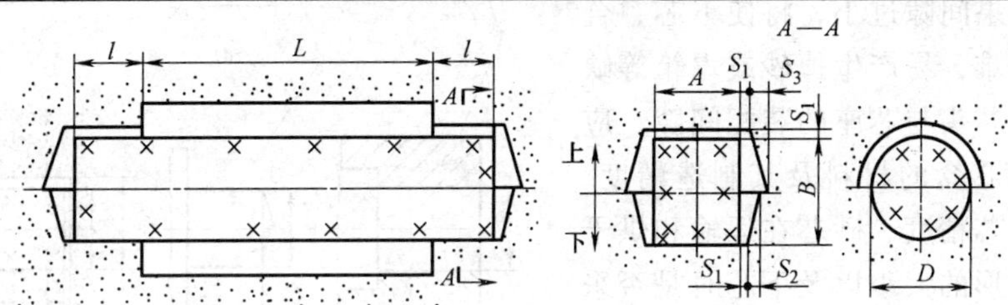

L	D 或(A+B)/2												
	≤25	26~50	51~100	101~150	151~200	201~300	301~400	401~500	501~700	701~1000	1001~1500	1501~2000	>2000
≤100	20	25~35	30~40	35~45	40~50	50~70	60~80	—	—	—	—	—	—
101~200	25~35	30~40	35~45	45~55	50~70	60~80	70~90	80~100	—	—	—	—	—
201~400	—	35~45	40~60	50~70	60~80	70~90	80~100	90~100	—	—	—	—	—
401~600	—	40~60	50~70	60~80	70~90	80~100	90~110	100~120	120~140	130~150	—	—	—
601~800	—	—	60~80	70~90	80~100	90~110	100~120	110~130	130~150	140~160	150~170	—	—
801~1000	—	—	—	80~100	90~110	100~120	110~130	120~140	130~150	150~170	160~180	180~200	—
1001~1500	—	—	—	90~110	100~120	110~130	120~140	130~150	140~160	160~180	180~200	200~220	220~260
1501~2000	—	—	—	—	110~130	120~140	140~160	150~170	160~180	180~200	200~220	220~240	260~300
2001~2500		—	—	—	130~150	150~170	160~180	180~200	200~220	220~240	240~260	260~300	300~360
>2500	—	—		—	—	180~200	200~220	220~240	240~260	260~280	280~320	320~360	360~420

注：1. 直径 D>600 的环状型芯在制造时，若沿圆周方向分段制造，每段型芯的 L 应以外圆弧长为基准，即 L 等于弧长。

2. 具有浇注系统的芯头长度可适当放大。

当砂芯本体尺寸较大，其出口处（即芯头部分）又较狭窄时，应对芯头的尺寸进行验算，以保证在金属液的最大浮力作用下不超过铸型的许用应力。芯头的承压表面积应满足式（2-5-2）。

$$A \geqslant KF/[\sigma] \tag{2-5-2}$$

式中　A——芯头的承压表面积（cm^2）；

K——安全系数；

F——计算的最大浮力（N）；

$[\sigma]$——芯座允许的抗压强度，一般湿型，$[\sigma]$ 可取 40~60kPa，活化膨润土砂型可取 60~100kPa，干型可取 0.6~0.8MPa。

芯头与芯座的配合关系和轴与轴承的配合相似，必须有一定的装配间隙。如果间隙过大，虽然下芯、合箱较方便，但是铸件尺寸精度较低，甚至合金液可能流入间隙中造成大量披缝，使铸件落砂、清理困难，或堵塞芯头的通气孔道，使铸件造成气孔等缺陷。如果间隙过小，将使下芯、合箱操作困难，易产生掉砂或塌箱等缺陷。选择芯头与芯座的装配间隙，应按模样和芯盒的材料及其制造精度、砂型和砂芯精度、砂芯在运输和烘干过程中变形的大小以及下芯时是否采用检验样板和量具等实际生产情况而定。如果采用金属模具，机器造型和制芯时，装配间隙可取小些；在型芯组合、装配中采用样板和量具检测时，则装配间隙可适当放大些以便于调整。芯头与芯座之间的间隙 S (S_1)：通常是芯盒用名义尺寸制造，将模样尺寸加大来形成，如图 2-5-2 所示。

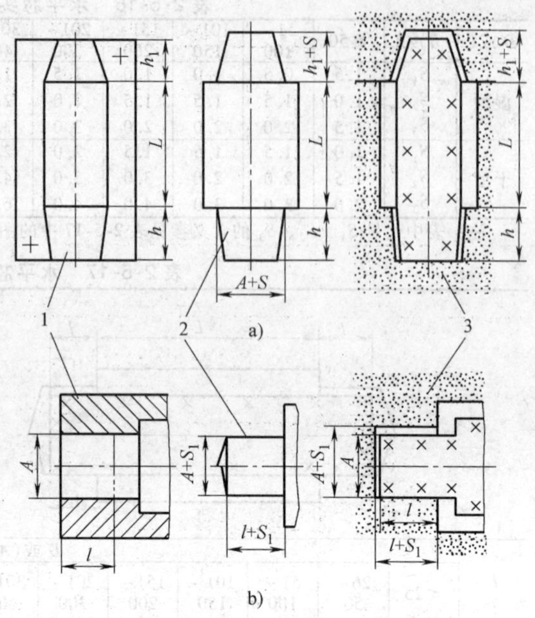

图 2-5-2　芯头与芯座的间隙

a) 垂直芯头　b) 水平芯头

1—芯盒　2—模样　3—砂型

表 2-5-18　压环、防压环和集砂槽尺寸　　（单位：mm）

芯头直径 D	水平芯头 a	水平芯头 b	水平芯头 c	水平芯头 r	垂直芯头 e	垂直芯头 f	垂直芯头 r_1
30～50	5	0.5	15	1.5	1.5	3	1.5
51～100	5	1.0	15	2	2	3	2
101～200	8	1.5	20	3	3	4	3
201～400	10	1.5	25	5	4	5	5
>400	12	2	40	5	5	6	6

1—铸型　2—防压环　3—模样　4—集砂槽　5—压环

大批量生产中，为了加快下芯、合箱速度及保证铸件质量，在芯头的模样上常常做出压环、防压环和集砂槽，其尺寸见表2-5-18。其中压环是为了防止合金液侵入芯头与芯座的间隙中，将芯头的通气孔道堵塞；防压环是为避免下芯和合箱时压坏芯座边缘产生掉砂；集砂槽是为收集造型或下芯时落下的散砂，以免垫在芯头下造成型芯位置偏斜。

三、芯撑和芯骨

1. 芯撑

砂芯在铸型中主要靠芯头固定，但有时无法设置芯头或只靠芯头固定还难以稳固。因此在实际生产中常采用芯撑来辅助加固、支承型芯。芯撑的种类很多，有单光柱、双光柱、四光柱圆形和矩形的，单扁柱、双扁柱圆形和矩形的，螺柱形的。

使用芯撑时需要注意以下几点：

1）芯撑材料的熔点应该比铸件材质的熔点高，至少相同。对于铸铁件，采用低碳钢或铸铁芯撑；有色合金铸件采用与铸件相同的合金材质做芯撑。

2）金属液未凝固前，芯撑应有足够的强度，不得过早熔化、软化而丧失支撑作用。在铸件凝固过程中，芯撑须与铸件很好地焊合，因此芯撑的重量不能过小或过大。

3）芯撑表面应该干净和平整。使用时芯撑表面应无锈、无油、无水气。芯撑表面最好镀铝或镀锌，避免芯撑表面生锈而不能与铁液熔合好。同时，芯撑在放入铸型之后，要尽快浇注，特别是湿砂型，以避免芯撑表面凝聚水气而产生气孔或熔合不良。

4）芯撑应尽量放置在铸件的非加工面或不重要的面上。

5）芯撑要有足够的面积，以承受砂芯的重力和铁液的浮力。

6）芯撑应避免在内浇道附近使用。

7）芯撑端面可以垫以面积适当的芯撑垫片，以防止芯撑陷入砂型、型芯而造成壁厚不均匀。

2. 芯骨

为了保证型芯在制造、运输、装配和浇注过程中不变形、不开裂、不折断，型芯应具有足够的强度和刚度。通常采用在型芯中埋置芯骨以提高其强度和刚度的措施。

对于小型芯和型芯的细薄部分，一般采用易弯曲成形、回弹性小的退火钢丝制作芯骨；对于大、中型型芯，一般采用铸铁芯骨或用型钢焊接而成的芯骨。这类芯骨由芯骨框架和芯骨齿组成，可反复使用。对于一些大型型芯，为了便于吊运，在芯骨上应做出吊环。

芯骨的形状、大小和材料要与型芯的形状相适应，并均匀分布于型芯的断面上，其尾端应伸入芯头，同时要防止因芯骨而阻碍铸件的收缩。

使用芯骨时需要注意以下几点：

1）芯骨在保证型芯具有足够强度和刚度，并且不阻碍铸件收缩的前提下，要有适当的吃砂量。

2）芯骨不应妨碍在型芯中安防冷铁、冒口和型芯排气。

3）在组芯和紧固型芯时，应在芯骨上做出吊环。

4）如果是组合型芯，芯骨应考虑组合型芯的连接和紧固方法。

四、型芯的排气及装配

型芯在高温金属液的作用下，由于水分的蒸发和有机物的挥发、分解和燃烧，在浇注后很短的时间内会产生大量的气体。当型芯排气不良时，这些气体会侵入到金属液中，使铸件产生气孔缺陷。因此在型芯设计、制造和下芯、合型操作过程中，都要采取必要的措施，使气体能顺利地通过芯头及时排出。为此，应采用透气性好的芯砂，型芯中应开设排气道，芯头尺寸要足够大，下芯时应注意不要堵塞芯头的出气孔，在铸型中与芯头出气孔相对应的位置应开设排气通道，以便将型芯中产生的气体引出型外。对于型芯多而复杂的薄壁类铸件，尤其要改善型芯的排气条件；对于形状复杂的大型芯，应开设纵横交叉的排气道。排气道必须通至芯头端面，不得与型芯工作面相通，以避免铁液钻入，开设型芯排气道可用通气针、通气模底板、蜡线、尼龙管及手工挖法。在大型芯中可放入焦炭、炉渣等排气填料及放置带孔铁管加强排气能力。

五、特殊芯头的设计

由于铸件结构和铸造工艺等原因，需要采用特殊的芯头结构，其常见的形式有如下几种：

1. 悬臂砂芯的芯头结构

水平砂芯一般有两个以上的芯头作为支承点，才能保持砂芯位置稳定。但是如受铸件结构的限制，只能用单个芯头支承，这种砂芯就称为悬臂砂芯。为了保证悬臂砂芯安放稳定，常将芯头加长或加大断面尺寸，使砂芯的重心移向芯座。

2. 管接头砂芯的设计

为了避免某些砂芯由于自重力矩或合金液的作用造成不稳定现象，可采用一个联合芯头，将两个不稳定的砂芯串联起来。这种方法在小型铸件上应用较多。

3. 补砂芯头的设计

在模样芯头或模样上局部凸起（如格子等）部分处于铸型分型面以下位置阻碍取模时，为了简化分型面，可增大芯头尺寸或采用侧面砂芯，以代替部分砂型。

第四节　浇注系统的设计

为填充型腔和冒口而开设于铸型中的一系列通道称为浇注系统。通常由浇口杯、直浇道、横浇道、内浇道等单元组成，如图2-5-3所示。

正确地设计浇注系统使液态金属平稳而又合理地充满型腔，对保证铸件质量起着很重要的作用。尤其在铝镁合金铸件生产中，正确设计浇注系统是提高铸件质量的关键之一。

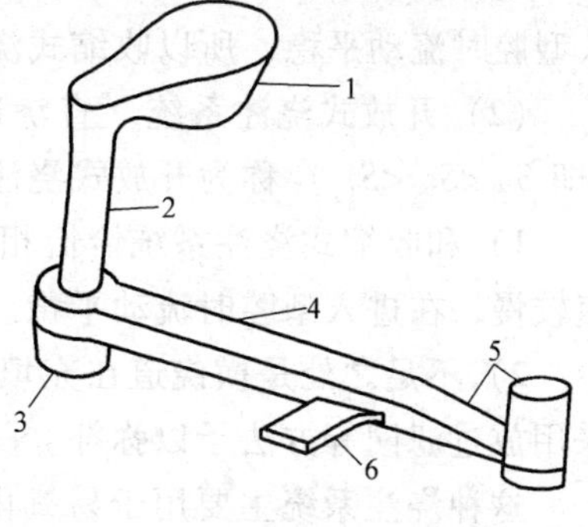

图2-5-3　浇注系统图

1—浇口杯　2—直浇道　3—浇口窝　4—横浇道　5—集渣包　6—内浇道

对浇注系统的基本要求是：

1）让液态合金以最短的距离、最合适的时间充满型腔，并有合适的型内液面上升速度，得到轮廓完整、清晰的铸件。

2）应能控制液体金属流入型腔的速度和方向，尽可能使金属液平稳流入型腔，防止发生冲击、飞溅和旋涡等不良现象，以免铸件产生氧化夹渣、气孔和砂眼等缺陷。

3）应能把混入金属液中的熔渣和气体挡在浇注系统里，防止产生夹渣和气孔缺陷。

4）所确定的内浇道位置、方向和个数应符合铸件的凝固原则或补缩要求。

5）浇注系统结构应力求简单，简化造型，减少清理工作量和液体金属的消耗。

6）对于薄小铸件常可用浇注系统当冒口。

7）充型流股不要正对冷铁和芯撑，否则会降低冷铁的激冷效果，导致冷铁表面容易熔化，芯撑过早软化和熔化，而造成铸件壁厚变化。

上述要求是概括了铸件生产工艺而提出来的。但对于某种结构形式的浇注系统而言，不一定能全部满足上述要求。所以，一定要在充分认识和掌握浇注系统的普遍规律的基础上，针对铸件的具体条件，分析生产工艺的主要矛盾和矛盾的主要方面，以设计出正确的浇注系统。

一、浇注系统的基本类型

1 按浇注系统各组元截面积的比例不同分类（即阻流截面位置的不同）

按浇注系统各组元截面积的比例不同可分为封闭式、开放式和半开放半封闭式。

（1）封闭式浇注系统　直浇道、横浇道和内浇道的截面积依次缩小（即$S_{直}>S_{横}>S_{内}$）的浇注系统称为封闭式浇注系统。封闭式浇注系统的特点为：

1）液态金属在这种浇注系统中流动时，由于浇道截面积越来越小，流动速度越来越大，从内浇道进入型腔的液流的流动速度很大，对型壁产生冲击，易引起喷溅和剧烈氧化。

2）此种浇注系统在充型的最初阶段直至整个充型过程，都保持充满状态，金属液中的渣子易于上浮到横浇道上部，避免进入型腔。

3）这种浇注系统所占体积较小，减少了合金的消耗。

这种浇注系统主要用于不易氧化的铸铁件。铝、镁合金易于氧化，要求液流进入型腔时流动平稳，所以收缩式浇注系统应用很少。

（2）开放式浇注系统　直浇道、横浇道和内浇道截面积依次扩大的浇注系统（即 $S_{直}<S_{横}<S_{内}$）称为开放式浇注系统。开放式浇注系统的特点为：

1）和收缩式浇注系统恰恰相反，其主要优点是金属液在横浇道和内浇道中流速较慢，在进入型腔时流动平稳。

2）不足之处是横浇道在充填初期不易充满，在开始阶段浮渣作用较差，但可采用放过滤网等方法予以弥补。

这种浇注系统主要用于易氧化的铝合金和镁合金，要求液流平稳的大、中型铸件一般都采用扩张式浇注系统。

（3）半开放半封闭式浇注系统　$S_{直}<S_{横}<S_{内}$，且 $S_{内}<S_{直}$ 的浇注系统称为半开放半封闭式浇注系统。

这种浇注系统的优缺点介于扩张式与收缩式之间，液流比较平稳，充型能力和挡渣能力比较好。

半开放半封闭式浇注系统适合于一般小型、结构简单的铝合金、镁合金铸件。

2. 按内浇道在铸件上的相对位置不同分类

按内浇道在铸件上的相对位置不同可分为顶注式浇注系统、底注式浇注系统、中注式浇注系统、阶梯式浇注系统和缝隙式浇注系统。

（1）顶注式（又称上注式）浇注系统　以浇注位置为准，金属液从铸件型腔顶部导入的浇注系统称为顶注式浇注系统。顶注式浇注系统的特点为：

1）液态金属从铸型型腔顶部引入，在铸件浇注和凝固过程中，铸件上部的温度高于下部，有利于铸件自下而上顺序凝固，能够有效地发挥顶部冒口的补缩作用。

2）在液态金属的整个充型阶段始终有一个不变的压头，液流流量大，充型时间短，充型能力强。

3）造型工艺简单，模具制造方便，浇注系统和冒口消耗金属少，浇注系统切割清理容易。

4）顶注式浇注系统最大的缺点是液态金属进入型腔后，从高处落下，对铸型冲击大，还容易导致液态金属的飞溅、氧化和卷入气体，形成氧化夹渣和气孔缺陷。

顶注式浇注系统的应用如下：

1）顶注式浇注系统一般只适用于形状简单、高度小于 80mm 的铝合金小型铸件和高度小于 40mm 的镁合金小型铸件。

2）对一些结构简单、壁厚均匀的小型铸件在采用金属型铸造时，为了开型方便和简化模具制作，常使用简单的顶注式浇注系统。

3）用砂型生产小型铝合金和镁合金铸件时，有时也采用比较完善的顶注式浇注系统。这种浇注系统一般都设有浇口杯、直浇道、横浇道和内浇道，液态金属在浇注系统中的流动比较平稳，并有条件采用各种挡渣措施。

（2）底注式（下注式）浇注系统　内浇道设在铸件底部的称为底注式浇注系统。底注式浇注系统的优点为：

1）合金液从下部充填型腔，流动平稳，不易产生冲击、飞溅、氧化和卷入气体，便于排除型腔中的气体。

2）无论浇道比多么大，横浇道基本工作在充满状态，有利于挡渣。

底注式浇注系统的缺点为：

1）充型后铸件的温度分布不利于自下而上的顺序凝固，削弱了顶部冒口的补缩作用。

2）铸件底部尤其是内浇道附近容易过热，使铸件产生缩松、缩孔、晶粒粗大等缺陷。

3）充型能力较差，特别对大型薄壁铸件容易产生冷隔和浇不足的缺陷。

4）造型工艺复杂，金属消耗量大。

底注式浇注系统的这些缺点，通过有关工艺措施可加以解决，例如采用快浇和分散的多内浇道，底部使用冷铁，用高温金属补浇冒口等措施，常可收到满意的结果。

底注式浇注系统广泛应用于铝镁合金铸件的生产，也适用于形状复杂、要求较高的各种黑色铸件。

（3）中注式浇注系统　这种浇注系统的液态金属引入位置介于顶注和底注之间，其优、缺点也介于顶注与底注之间。它普遍应用于高度不大、水平尺寸较大的中小型铸件，在铸件质量要求较高时，仍应控制合金液的下落高度（即下半型腔的深度）。采用机器造型生产铸件时，广泛使用中注式浇注系统。此时多采用两箱造型，内浇道开在分型面上，工艺简单，操作容易。

（4）阶梯式浇注系统　在铸件不同高度上开设多层内浇道的称为阶梯式浇注系统。阶梯式浇注系统的优点为：

1）金属液自下而上充型，充型平稳，型腔内气体排出顺利。

2）充型后上部金属液温度高于下部，有利于顺序凝固和冒口的补缩，铸件组织致密。

3）充型能力强，易避免冷隔和浇不到等铸造缺陷。

4）利用多内浇道，可减轻内浇道附近的局部过热现象。

阶梯式浇注系统的主要缺点是：造型复杂，有时要求几个分型面；要求保证正确的计算和结构设计，否则容易出现上下各层内浇道同时进入金属液的“乱浇”现象，或底层进入金属液过多，形成下部温度高的不理想的温度分布。

阶梯式浇注系统适用于高度大的大、中型铸钢件和铸铁件，具有垂直分型面的中、大铸件可优先采用。在铝合金、镁合金铸造生产中很少采用阶梯式浇注系统。

（5）缝隙式浇注系统　合金液由下而上沿着整个铸件高度开设的垂直缝隙状内浇道，平稳地进入型腔，这种浇注系统称为缝隙式浇注系统。缝隙式浇注系统的优点为：

1）液流充型过程十分平稳，不仅不会产生新的氧化夹渣，而且有利于熔渣上浮于立筒和铸件顶部的冒口中。

2）在理想的情况下，由缝隙进入型腔的金属液每增加一层，其温度都比下一层高，从而建立了类似顶注式的温度分布，有利于铸件自下而上的顺序凝固，有利于上部冒口的补缩。

缝隙式浇注系统的缺点是：消耗液态金属多，工艺出品率低，浇道的切割既麻烦又费工。

缝隙式浇注系统广泛应用于轻合金铸造中，尤其对于缩松倾向较大的镁合金铸件来说，它是常用的浇注系统类型之一。

（6）复合式浇注系统　大型复杂铸件采用一种浇注系统，往往难以得到合理的充型过程，故采用两种或两种以上类型的浇注系统，以取长补短，保证液流平稳地充满型腔，得到轮廓清晰的合格铸件。

二、液态金属在浇注系统各组元中的流动

1. 液态金属在浇口杯中的流动情况

（1）浇口杯的作用

1）承接来自浇包的金属液，防止金属液飞溅和溢出，便于浇注。

2）减轻液流对型腔的冲击，分离渣滓和气泡，阻止其进入型腔。

3）增加充型压力头。

（2）浇口杯的结构形状　浇口杯按结构形状不同可分为漏斗形和池形两大类。

1）漏斗形浇口杯。漏斗形浇口杯结构简单，挡渣作用差。由于金属液易产生绕垂直轴旋转的涡流，易于卷入气体和熔渣，因此这种浇口杯仅适用于对挡渣要求不高的砂型及金属型铸造的小型铸件。

2）池形浇口杯。池形浇口杯效果较好，底部设置凸起有利于浇注操作，使金属液的浇注速度达到适宜的大小后再流入直浇道。这样浇口杯内液体深度大，可阻止绕垂直轴旋转的水平旋涡的形成，从而有利于分离渣滓和气泡。

浇口杯内出现水平旋涡会带入渣滓和气体因而应注意防止。当合金液从各个方向流入直浇道时，各向流量不均衡，某一流股的流向偏离直浇道中心，就会形成水平涡流。

水力模拟试验表明，影响浇口杯内水平旋涡的主要因素是浇口杯内液面的深度，其次是浇注高度、浇注方向及浇口杯的结构等。

2. 液态金属在直浇道中的流动情况

（1）直浇道的作用 它是从浇口杯引导金属向下进入横浇道、内浇道或直接导入型腔，能提供足够的压力头，使金属液在重力作用下能克服各种流动阻力，在规定时间内充满型腔。一般直浇道上口高度应高出型腔最高点100~200mm。浇注薄壁铸件或型腔最高点离浇口较远时，直浇道的高度应相应增加。

（2）液态金属在直浇道中的两种流态 液态金属在直浇道中的两种流态即非充满式流动和充满式流动。

1）非充满式流动是在等截面的圆柱形和上小下大的倒锥形直浇道中液流呈非充满状态。流股自上而下呈渐缩形，流股表面压力接近大气压力，微呈正压。流股表面会带动表层气体向下运动，并能冲入型内上升的金属液内。

2）充满式流动是在上大下小的锥形直浇道中液流呈充满状态，无负压和吸气现象。

要使直浇道呈充满状态，要求入口处圆角半径 $r \geqslant d/4$（d 为直浇道上口直径）。

在实际生产中，直浇道总是做成上大下小的圆锥形，并且在直浇道及其他组元中都存在着各种局部阻力（如采用多片状或蛇形直浇道、过滤网、横浇道、内浇道等），因此，只要合理地选择浇注系统结构形式，是不会出现液流离壁和负压现象的。

（3）直浇道的结构形式

1）为了防止在直浇道中产生负压和便于取模，直浇道应做成上大下小的锥形（锥度为2°~3°）。

2）对于极易氧化的镁合金，为了增加水力学阻力，降低流速，缓和湍流程度，常采用蛇形和片状直浇道，尤其以后者应用更为广泛。

3）当直浇道高度和截面积大时，为减少和防止液体金属的冲击、飞溅和氧化，可采用多个小断面的或阶梯式的直浇道。在镁合金铸造中，也可增加蛇形浇道的曲折数。

（4）浇口窝的作用 一般在直浇道的底部设有浇口窝或缓冲槽，以改善金属液的流动状况。浇口窝的作用有：

1）缓冲作用。液流下落的动能有相当大的一部分被窝内液体吸收而转变为压力能，再由压力能转化为水平速度流向横浇道，从而减轻了对直浇道底部铸型的冲刷。

2）缩短直浇道和横浇道拐弯处的高速湍流区。浇口窝可减轻液流进入横浇道的孔口压缩现象，缩短高速湍流区（过渡区），这样也改善了横浇道内的压力分布。

3）改善内浇道的流量分布。设置浇口窝，有利于内浇道流量分布的均匀化。

4）减少直浇道和横浇道拐弯处的局部阻力系数和水头损失。

5）浮出金属液中的气泡。

3. 液态金属在横浇道中的流动情况

横浇道是浇注系统的重要单元。它的作用主要有稳流、分配液流和挡渣三个方面。

(1) 液流在横浇道中的流动状况　横浇道是直浇道与内浇道之间的一个中间浇道，液体金属在横浇道中的流动情况与这三个浇道的断面积之比有较密切的关系。当直浇道断面积大于横浇道断面积时，而横浇道断面积又大于内浇道断面积（即封闭式浇注系统）时，从直浇道下落的液流可立即把横浇道充满。相反对于铝镁合金铸造常用的扩张式浇注系统，横浇道并不立即被充满，而是随着型腔中合金液面的升高而逐渐地被充满。

(2) 横浇道的流量分配作用　液流充满横浇道的同时，即由横浇道分配给各个内浇道。同一横浇道上有多个等断面的内浇道时，各内浇道的流量不等。一般条件下远离直浇道的流量大，近直浇道的流量小。各内浇道的流量主要取决于合金液柱的高度、横浇道的长度、内浇道在横浇道上的位置以及各浇道断面积之比。

当合金液柱高、横浇道不太长时，从直浇道流入横浇道的合金液，大部分流入距直浇道较远的内浇道。如果直浇道高度不大，横浇道很长，则大部分液流将通过某几个处于中间位置或靠近直浇道的内浇道。这种流量不均匀现象，还与横浇道与内浇道断面积之比有关。一般情况下，浇道截面扩张程度越大，流量不均匀现象越明显。

流量不均匀性与浇口比、内浇道与横浇道的配置关系、整个浇注系统的结构等因素有关。内浇道流量不均匀现象对铸件质量有显著影响：

1）对大型复杂铸件和薄壁铸件易出现浇不足和冷隔缺陷。

2）在流量大的内浇道附近会引起局部过热，破坏原来所预计的铸件凝固次序，使铸件产生氧化、缩松、缩孔和裂纹等缺陷。

为了克服内浇道流量不均匀带来的弊病，通常采用如下方法：

1）尽可能将内浇道设置在横浇道的对称位置。

2）将横浇道断面设计成顺着液流方向逐渐缩小的形式。

3）采用不同断面的内浇道，缩小远离直浇道的内浇道断面积。

4）设置浇口窝等。

(3) 横浇道的结构形状　横浇道的断面形状有圆形、半圆形、梯形等多种形式。以圆形的热损失最小和流动最平稳，但造型工艺较复杂。为了使直浇道与横浇道和内浇道连接方便和造型工艺简单，一般都采用高度大于宽度（高度/宽度 = 1.2~1.5）的梯形断面的横浇道。

(4) 横浇道的挡渣作用　横浇道是浇注系统的主要挡渣单元。其挡渣作用与熔渣特性、横浇道本身结构、各浇道的相互配置关系有关。

铸造合金种类甚多，熔渣特性也不相同，但从其密度来看：

1）黑色金属铸造中熔渣或混入的石英砂等的密度都大大地低于合金液的密度。

2）镁合金在熔炼和浇注时所产生的氧化物和熔剂夹杂物的密度都大于合金液的密度。

3）而铝合金在熔炼中形成的致密氧化物（Al_2O_3）的密度大于液体金属（沉于坩埚底部）；表面吸附有气体或熔剂的比较不致密的氧化物密度与合金液相近（悬浮在合金液中）；吸附大量气体和熔剂的疏松氧化物的密度小于合金液的密度（可上浮到合金液面）。

熔渣特性不同，挡渣的原理和措施也不同，具体措施如下：

1）对于密度小于合金液的夹杂物一般采用重力分离的措施。

2）而对于密度大于合金液的夹杂物，则在浇注系统中采用过滤挡渣的方法（如镁合金铸造）。

3）铝合金的熔渣有大有小，所以在横浇道设计中需要综合采用以上两种的挡渣措施。

随合金液进入横浇道的杂质，其运动受两个速度的作用，即随液流向前运动的速度 $v_{横}$ 和由于密度差引起的上浮（或下沉）速度 $v_{浮}$，最后杂质以两者的合速度 $v_{合}$ 向前上方的方向运动。横浇道的挡渣设计，则应使杂质在合金液流入内浇道之前就上浮到合金液的表面。

夹杂在黏性流体内上浮时，开始为变加速运动，上浮速度很快达到极限值，称为临界上浮速度。

从上面分析可知，影响横浇道挡渣的主要因素有：

1）杂质与合金液的密度差，密度差越大，渣子越易上浮除去。

2）渣团半径 R 的大小，R 越大，渣子上浮速度越大，越易除去。

3）合金液在横浇道中的流动速度 $v_{横}$ 越大，液流在横浇道中的湍流程度越大，杂质上浮所遇到的干扰越大。当 $v_{横}$ 达到一定程度时，杂质就浮不上来，而始终悬浮在液流中，此时的 $v_{横}$ 临界速度称为悬浮速度。

4）合金液的黏度，黏度越大，则渣团上浮越慢，越难除去夹杂。

（5）强化横浇道挡渣作用的工艺措施　常采用以下措施：

1）降低合金液在横浇道的流动速度 $v_{横}$。为此，在实际生产中常采用增加横浇道的水力学阻力的措施，例如采用搭接式横浇道或双重横浇道。采用扩张式浇注系统、增大横浇道的截面积也有利于降低 $v_{横}$。

2）横浇道应呈充满状态，这样有利于使渣团上浮到横浇道顶部而不进入内浇道。减小浇注系统的扩张程度，采用底注式浇注系统等措施均有利于使横浇道呈充满状态。

3）内浇道的位置关系要正确。内浇道距直浇道应有一定距离，使渣团能浮上横浇道顶部而不进入内浇道。内浇道不能设于横浇道末端，即横浇道末端应有一定的延长段，以容纳最初进入横浇道的低温、含气及有夹杂的金属液，为防止聚集在横浇道末端的夹杂回游，还可在末端设置集渣包。

4）在横浇道上设置过滤网以滤除渣团。

5）在横浇道上设置集渣槽是常用的除渣措施，在铸铁件生产中则常用带有离心集渣包的浇注系统。金属流入集渣包因断面积突然增大，流速降低并在集渣包内产生旋涡，使密度较小的渣团向旋涡中心集中并浮起。

4. 液态金属在内浇道中的流动情况

内浇道是浇注系统中把液态金属引入型腔的一个单元。其作用是：控制充型速度和方向，分配液态金属，调节铸件各部位的温度分布和凝固次序，并对铸件有一定的补缩作用。

（1）内浇道的“吸动”作用　当横浇道中的液态金属达到一定高度时，在内浇道附近的液流除了有一个沿横浇道向前的速度外，还有一个向内浇道流动的速度 $v_{内}$，而 $v_{内}$ 又会影响到内浇道附近的横浇道中液流的运动，即将该处的液流“吸入”内浇道，此种现象称为“吸动”作用。吸动作用区超过了内浇道的断面范围，它随内浇道中液流速度的增加而扩大。吸动作用区越大，横浇道越难挡渣，在生产中常采用较高的横浇道和较低的内浇道，有利于减小吸动作用区，有利于提高横浇道的挡渣作用。

（2）内浇道与横浇道的相互位置　内浇道和横浇道的相对位置设置得是否正确，对浇注系统的稳流和挡渣作用影响极大，确定时应考虑以下几点：

1）第一个内浇道不要离直浇道太近，最后一个内浇道距横浇道末端要有一定距离。

2）内浇道一般应置于横浇道的中部（中置式），其底面与横浇道的底面相平。

（3）内浇道与铸件的位置　确定内浇道的位置一个很重要的方面是将内浇口设于铸件的何处，即选择液态金属合适的导入位置，以保证合金液合理地充满型腔和正确地控制铸件的凝固过程，从而获得合格、优质的铸件。

液态金属的导入位置是控制铸件凝固顺序的一个重要措施，一般可以考虑如下方面：

1）如果铸件高度不大而水平尺寸较大时，导入位置一般应保证铸件横向的顺序凝固，内浇道设于铸件厚处，使合金液从厚处导入。

2）如果铸件壁厚较大而又均匀时，为了保证铸件整体同时凝固和避免浇不足，合金液应从铸件四周通过较多内浇道均匀地导入，在铸件各区域的最后凝固处设置冒口，以便补缩。

3）如果铸件具有一定高度，则应首先保证铸件自下而上的顺序凝固，水平方向上同时凝固，导入位置应尽可能使水平方向的温度分布均匀，通常把内浇道均匀地设置在铸件的薄壁处，在厚壁部分加置冷铁。

4）在不破坏铸件顺序凝固的前提下，内浇道数量宜多些，并分散均匀布置，以避免导入位置附近的铸件和铸型表层产生局部过热。

在确定内浇道位置时，除考虑铸件凝固顺序这个重要问题外，还必须注意以下几个问题：

1）液流不要正对着冲击细小砂芯和型壁，以避免因飞溅、涡流等使铸件产生氧化夹渣、气孔和夹砂等缺陷。导入位置应沿着型壁方向。

2）应仔细分析液流在型腔中的流动情况，避免发生溢流、喷射等现象。

3）对于大型复杂的薄壁铸件的浇不足问题，应予以足够重视。

4）内浇道不要开设在铸件机加工初基准面上，以避免因浇道切割残留量而影响铸件的夹持和定位。

5）内浇道的位置最好选择在铸件平面或凸出部位上，不要妨碍铸件浇冒口的切割、打磨清整等工序。

（4）内浇道的结构形状 内浇道的形状多为扁矩形，其宽度和厚度的比例应按铸件壁厚和所要求的凝固形式而定，如果内浇道设置在铸件先凝固的部位，其宽度与厚度之比应选大些（对铝、镁合金此比例应大于6），若设置在铸件的后凝固处，则其宽厚比宜选小些（对铝、镁合金此比例应小于4）。

内浇道的厚度一般为合金液导入处铸件壁厚的50%~100%。对某些铸件的局部厚大部分，需要内浇道直接起补缩作用时，则内浇道的断面形状和宽厚比不受上述的限制，应按连接处的铸件形状和壁厚等具体情况来选定。

5. 液态金属通过过滤装置的流动情况

近年来，在浇注系统中特别是铝、镁合金铸件浇注系统中广泛使用过滤装置以滤除金属液中的渣团。在浇注系统中常用的过滤方法有：

（1）过滤网过滤 铝、镁合金铸造生产中常使用的过滤网是用厚度为0.2~0.5mm的钢板冲制而成的。近几年，国内外普遍使用耐热纤维织成的过滤网布（网眼尺寸为1.8mm×1.8mm或2mm×2mm），用数层叠放在横浇道的搭接面上。在浇注系统中放置过滤网后可将大部分杂质阻留于过滤网前。同时由于液流通过网孔时遇到过滤网的阻力和断面突然扩大，使流动速度降低，也有利于使一部分已挤过网孔的气泡和杂质上浮，而阻留于过滤网背后的浇道中。

过滤网的放置对挡渣效果影响很大，一般过滤网有以下几种放置位置：

1）将过滤网放于直浇道底部，虽可滤去金属液中的夹杂物，但由于金属液的下落速度很大将引起冲击、涡流、氧化和吸气现象，在铸件内易生成二次氧化夹杂。

2）将过滤网平放在搭接面上，既有很好的挡渣作用，操作起来也比较方便，所以应用较多。

3）将过滤网斜插入横浇道中，挡渣作用也比较好，但操作时易掉入砂子，必须予以注意。

（2）过滤片过滤 过滤网仅能滤除大于网眼尺寸的杂质，而对于大量存在于金属液中的小于网眼尺寸的杂质则无能为力。国内外近年来采用泡沫陶瓷过滤片滤除金属液中的杂质。有资料介绍，采用泡沫陶瓷过滤的方法对滤除非金属夹杂物效果很好，当采用细孔泡沫陶瓷时，甚至可以滤除直径为1μm的夹杂物。过滤片孔隙尺寸越小，厚度越大，过滤压力越小，效果就越明显。

泡沫陶瓷过滤片适用于多种铸造方法，如砂型铸造、金属型铸造和低压铸造等。过滤片可安放在浇注系统中的各个部位。

(3) 钢丝棉过滤　我国不少工厂采用钢丝棉（絮棉状的细钢丝）过滤铝、镁合金金属液，将钢丝棉置于直浇道下部的缓冲槽中，对金属液具有良好的缓流和挡渣作用。但在实际使用中要防止由于钢丝棉吸潮、生锈所引起的不良影响。

三、浇注系统尺寸的计算

在浇注系统的类型和引入位置确定以后就可以进一步确定浇注系统各基本组元的尺寸和结构。目前大都采用水力学近似公式或经验公式计算出浇注系统的最小截面积，再根据铸件的结构特点、几何形状等确定浇道比，确定各单元的尺寸和结构。

以流体力学为基础的计算方法，是把合金液体视作普通流体，浇注系统是合金液体流动的通道。图 2-5-4 所示为阻流（最小）截面积的计算。阻流（最小）组元指浇注系统中最小截面积的浇道，一般为内浇道，即奥赞运用水力原理推导出的浇注系统阻流截面积的计算公式，又称奥赞公式，即

$$A_{阻}=\frac{m}{\rho t\mu\sqrt{2gH_p}} \quad (2\text{-}5\text{-}3)$$

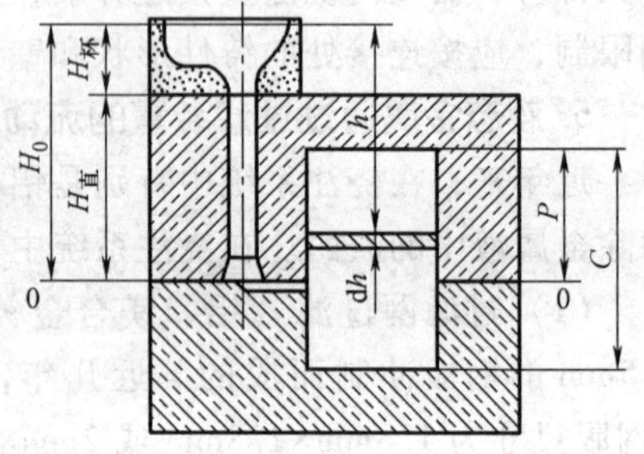

图 2-5-4　浇注系统计算原理图

式中　m——流经阻流断面的金属液的总质量（kg）；

ρ——金属液的密度（kg/cm^3）；

t——充填全部型腔的时间（s）；

μ——充填全部型腔时，浇注系统阻流断面的流量系数；

g——重力加速度，取 $980cm/s^2$；

$A_{阻}$——阻流断面积（cm^2）；

H_p——充填型腔时的平均计算压力头（cm）。

用奥赞公式计算浇注系统阻流截面积时需仔细确定式中各因素的数值。

1. m 和 ρ 的确定

在计算的铸件确定以后，密度 ρ 值已确定。铸件图上一般已标出了铸件的质量（未标注时根据铸件图可估算出铸件质量），m 值为流经阻流断面的金属液的总质量。

2. 流量系数μ值的确定

μ值是合金液体在充填浇注系统和铸件型腔的过程中，由于受到各种摩擦阻力、水力学局部阻力和合金液体与铸型的热作用、物理化学作用等的影响，引起液流速度下降而使流量消耗的一个修正系数。影响μ值的因素很多，很难用数学计算方法确定，一般都按生产经验和参考实验结果选定。对于航空铝、镁合金铸件所用的开放式浇注系统，其μ值可在0.3~0.7之间选取。实际铸造时可根据铸件合金种类、浇注温度和铸件结构选择。

1）合金种类不同，应取不同的μ值。不同铸件的流量系数μ值见表2-5-19~表2-5-21和图2-5-5。

表2-5-19　铸铁件的流量系数μ值

铸型	铸型阻力大小		
	大	中	小
湿型	0.35	0.42	0.50
干型	0.41	0.48	0.60

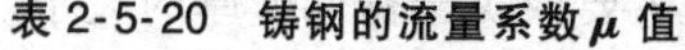

表2-5-20　铸钢的流量系数μ值

铸型	铸型阻力大小		
	大	中	小
湿型	0.25	0.32	0.42
干型	0.30	0.38	0.50

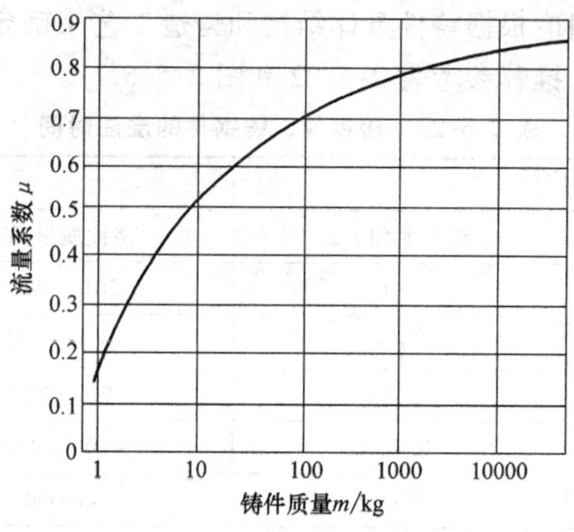

图2-5-5　球墨铸铁件流量系数μ的近似值

表2-5-21　流量系数μ的修正值

影响μ值的因素	μ的修正值
浇注温度升高使μ值增大，从1280℃起，每提高浇注温度50℃	+0.05以下
有出气口和明冒口，减小型腔内气体压力，使μ值增大。当$(\sum A_{出气口}+\sum A_{明冒口})/\sum A_{内}=1\sim1.5$时	+(0.05~0.20)
直浇道和横浇道的断面积比内浇道大得多时，阻力小，并缩短封闭的时间，使μ值增大，当$A_{直}/A_{内}>1.6$，$A_{横}/A_{内}>1.3$时	+(0.05~0.20)

（续）

影响 μ 值的因素	μ 的修正值
阻流之后浇注系统断面有较大扩大时，阻力减小，μ 值增大	+(0.05~0.20)
阻流设在内浇道，当总面积一定，而内浇道数目增多时，μ 值减小	
两个内浇道时	-0.05
四个内浇道时	-0.10
型砂透气性差，且无出气口和明冒口时，μ 值减小	-0.05 以下
顶注式（相对于中间注入式）能使 μ 值增大	+(0.10~0.20)
底注式（相对于中间注入式）使 μ 值减小	-0.10~0.20

注：封闭式浇注系统中 μ 的最大值为 0.75，如计算大于此值，仍取 μ=0.75。

2）浇注温度对 μ 值的影响有一定的规律性。随着浇注温度的提高，合金液黏度减小，浇注系统中实际流量增大，μ 值也随之增大。

3）浇注系统的结构形状对 μ 值影响很大。结构越复杂，尺寸越大，流程越长，流动阻力越大，则实际流量就越小，μ 值也越小。

4）铸件结构对 μ 值影响很大。铸件结构越复杂，则 μ 值应越小。铸件结构形成的型腔阻力对 μ 值的影响主要取决于铸件壁厚的大小。航空产品铝合金、镁合金铸件主体壁厚一般为 5~11mm，大部分在 7~9mm。当壁厚小于 6mm 时，其 μ 值可减少 5%~7%，当壁厚超过 10mm 时，μ 值可增加 5%左右。

3. 浇注时间 t 值的确定

浇注时间对铸件质量影响很大，尤其对大中型铝、镁合金铸件质量的影响更为明显。合适的浇注时间应根据铸件具体结构和铸造工艺来确定。目前确定浇注时间的经验公式尚不完善，推荐参考表 2-5-22 和图 2-5-6。

表 2-5-22　铸铁件、铸钢件的浇注时间

铸铁件		铸钢件	
浇注质量/kg	浇注时间 t/s	浇注质量/kg	浇注时间 t/s
<250	4~6	501~1000	12~20
251~500	5~8	1001~3000	20~50
501~1000	6~20	3001~5000	50~80(40)
1001~3000	10~30	5001~10000	(40~80)
>3000	20~60	>10000	(80~150)

注：1. 盛钢桶上孔直径为 ϕ40~ϕ65mm。
2. 括号内数据表示钢桶有两个孔的浇注时间。

4. 平均计算静压力头 H_p 的确定

计算合金液体平均静压力头（H_p）常用的计算公式如下：

$$H_p = H_0 - P^2/2C \tag{2-5-4}$$

式中　H_p——平均计算静压力头；

H_0——阻流断面以上的金属液总高度；

C——铸件（型腔）的总高度；

P——阻流断面以上的型腔高度。

用公式计算平均静压力头有下列三种情况：

1）采用底注式浇注系统时，因为 $P=C$，所以 $H_p=H_0-C/2$。

2）采用顶注式浇注系统时，因为 $P=0$，所以 $H_p=H_0$。

3）采用中注式浇注系统时，H_p 可用公式计算。若内浇道置于铸件型腔高度二分之一处时（即 $P=C/2$），则可简化为：$H_p=H_0-C/8$。

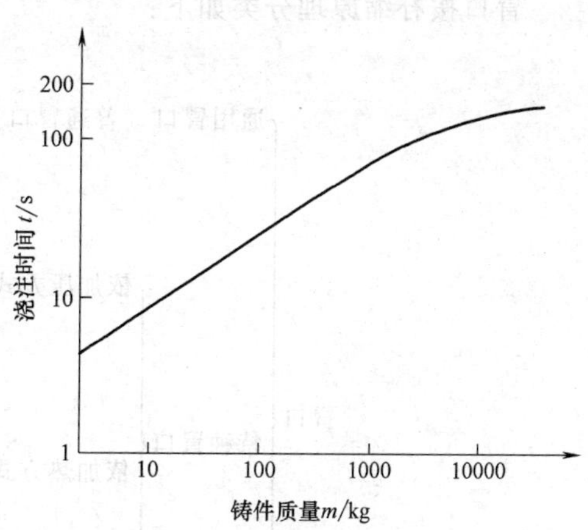

图 2-5-6 球墨铸铁件的浇注时间

以上各数值确定之后，就可用公式求出浇注系统的最小截面积。然后按浇注系统各单元截面积的比例计算出各单元的截面积。

四、灰铸铁件和球墨铸铁件浇注系统

根据生产实践经验和实验确定的常用各单元的截面积比。一般灰铸铁件浇注系统各单元截面积比例为 $A_内：A_横：A_直=3：6：4$。

球墨铸铁的铁液易于氧化，为防止产生二次氧化渣，充填型腔应平稳和通畅，生产中多采用开放式或开放-封闭式浇注系统。其中厚壁球墨铸铁件采用开放式浇注系统，各单元截面积比例为：$A_内：A_横：A_直=(1.5\sim4)：(2\sim4)：1$或 $A_内：A_横：A_直=(1.2\sim2)：(1.2\sim2)：1$；薄壁小型球墨铸铁件采用开放-封闭式浇注系统，各单元截面积比例为：$A_内：A_横：A_直=1：2.7：1.3$。

第五节 冒口、冷铁的设计

在金属液的冷却过程中，通常是外围金属散热快先凝固，内部金属散热慢后凝固；下部金属温度低先凝固；上部金属温度高后凝固。在金属最后凝固的地方，很容易产生缩孔和缩松。在铸件容易产生缩孔和缩松的部位附近，增设一个铸型空腔，以容纳一部分多余的金属，在铸件凝固时补充收缩的金属量，避免铸件内部产生缩孔和缩松。增设的这个多余的铸型空腔，就是通常所说的冒口。

一、冒口的种类

冒口按冒口形状分为圆柱形、球顶圆柱形、长（腰）圆柱形、球形及扁球形。

冒口按补缩原理分类如下：

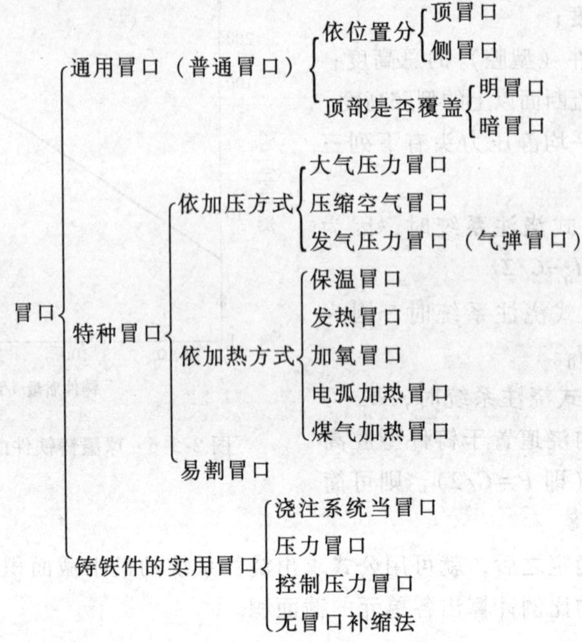

二、冒口补缩原理

1. 通用冒口补缩原理

通用冒口适用于所有合金铸件，它遵守顺序凝固的基本条件，即冒口补缩条件：

1）冒口凝固时间大于或等于铸件的凝固时间。

2）有足够的金属液补充铸件的液态收缩和凝固收缩，补偿浇注后型腔扩大的体积。

3）在凝固期间，冒口和被补缩部位之间存在补缩通道，扩张角向着冒口。

通用冒口的质量为铸件质量的 50%~100%，耗费金属多，去除冒口的劳动量大。提高通用冒口的补缩效率的主要措施有：

1）提高冒口中金属液的补缩压力，如采用大气压力冒口。

2）延长冒口中金属液的保持时间，如采用保温冒口、发热冒口。

2. 控制压力冒口补缩原理

控制压力冒口适用于在湿型铸造的球墨铸铁件中。安放冒口补给铸件的液态收缩，在共晶膨胀初期，冒口颈畅通，可使铸件内部铁液回填冒口以释放“压力”。控制回填程度使铸件内建立适中的内压力用来克服二次收缩缺陷——缩松。从而达到既无缩孔、缩松，又能避免铸件胀大变形的目的。这种冒口又称“释压冒口”。

3. 压力冒口补缩原理

安放冒口是为了补给铸件的液态（一次）收缩，当液态收缩终止或体积膨胀开始时，让冒口颈及时冻结。在刚性好的高强度铸型内，铸铁的共晶膨胀形成内压，迫使液体流向缩孔、缩松形成之处，这样就可预防铸件于凝固期内部出现真空度，从而避免了缩孔、缩松缺陷。对于一般湿型铸造而言，只有很薄的铸件，球铁件模数小于 0.48cm，灰铸铁模数小于 0.75cm，才适宜采用压力冒口。

4. 无冒口补缩原理

无冒口铸造是具有高经济效益的方法，只要球铁冶金质量高，铸件模数大，采用低温浇注和紧固的铸型，就能保证浇注型内的铁液从一开始就膨胀，从而避免了收缩缺陷——缩孔的可能性，因而无需冒口。尽管以后的共晶膨胀率小，但因为模数大，即铸件壁厚大，仍可以得到很高的膨胀内压，在坚固的铸型内，足以克服二次收缩缺陷。应用条件如下：

1）要求铁液的冶金质量好。

2）球铁件的平均模数应在 2.5cm 以上。

3）使用强度高、钢性大的铸件，可用干型、自硬砂型、水泥砂型等铸型。

4）要低温浇注，浇注温度控制在 1300~1350℃。

5）要求快浇，防止铸型顶部被过分地烘烤和减少膨胀的损失。

6）采用扁薄的内浇道，分散进入的金属液。

7）设明出气孔，并均匀布置。

三、选择冒口位置的原则

1）冒口应尽量放在铸件被补缩部位的上部或最后凝固的热节点旁边，以便利用金属液的重力进行补缩。

2）铸件不同高度上的热节需要进行补缩时，可在不同水平面上安放冒口，采用冷铁使各个冒口的补缩范围隔开。

3）冒口应尽量不阻碍铸件的收缩。冒口不应设置在铸件应力集中处，以免引起铸件裂纹。

4）冒口最好设置在铸件需要切削加工的表面上。

5）力求用一个冒口同时补缩一个铸件的几个热节，或者补缩几个铸件的热节。

6）为了加强铸件的顺序凝固，应尽可能使内浇道靠近冒口或通过冒口进入铸件。

四、冒口的有效补缩距离

设计冒口时应该考虑冒口的有效补缩距离，以便合理地设计冒口的个数。冒口的补缩距离为从冒口底部一侧起到铸件内无收缩缺陷区的长度。冒口的横向和纵向的补缩距离基本相同。影响冒口的有效补缩距离的因素很多，如铸件的结构、合金的化学成分、冷却条件等。不同尺寸铸件的冒口区长度、末端区长度和冒口+末端区长度与铸件壁厚之间的关系曲线如图 2-5-7~图 2-5-9 所示。

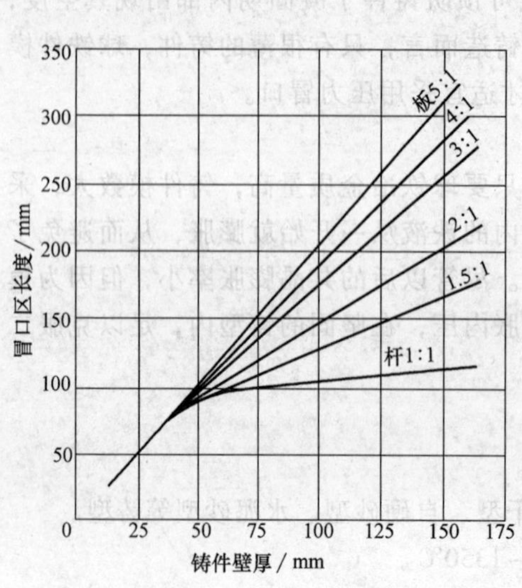

图 2-5-7　冒口区长度与铸件壁厚的关系

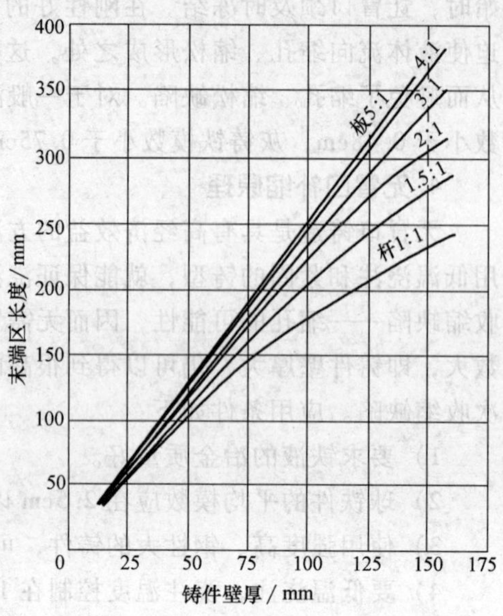

图 2-5-8　末端区长度与铸件壁厚的关系

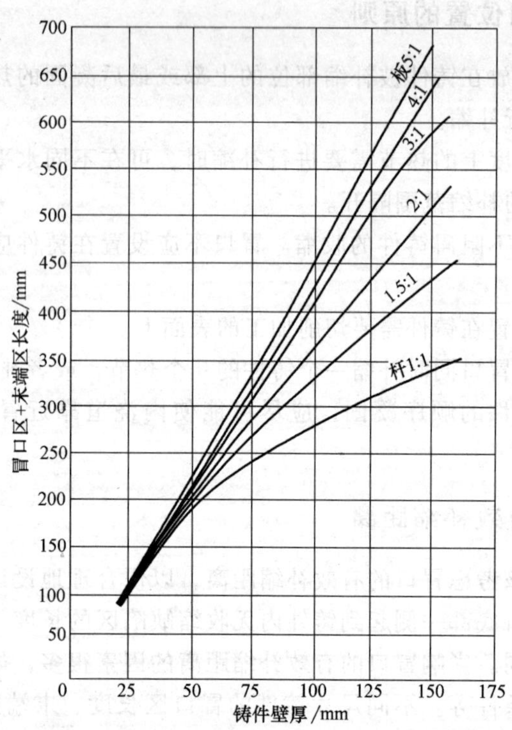

图 2-5-9　冒口区+末端区长度与铸件壁厚的关系

五、铸铁件冒口设计

铸铁同其他合金一样，凝固时发生收缩，但它在凝固后期有“奥氏体+石墨”的共晶转变，析出石墨而发生体积膨胀。从而可部分或全部地抵消凝固前期所发生的体积收缩，即具有“自补缩的能力”。根据前面介绍的不同种类冒口的补缩原理选择合适的冒口种类。

六、冒口的计算方法

在顺序凝固原则指导下，形成了多种多样的冒口的计算方法。

1. 模数法

按照模数理论，无论铸件形体如何，只要模数相同，凝固时间就大抵相近。模数大，铸件厚实，凝固时间长，反之亦然。根据平方根定律（$\tau=KM^2$），冒口的凝固模数 M_r 与铸件的凝固模数 M_c，必须满足如下关系：$M_r \geqslant f_r M_c$ 其中 f_r 为冒口的平衡系数，R. Wlodawer 提出 $f_r \geqslant 1.2$ 即可实现补缩结束时冒口的残留模数大于或等于铸件的模数，补缩时间得以保证。

2. 热节圆比例法

热节圆比例法是一种经验性方法。采用作图法或几何公式计算出热节圆直径 T，然后根据铸件不同截面形状确定比例系数 α。冒口直径 d_r 的计算公式为：$d_r=\alpha T$，其中比例系数 α 的数值多来源于工程实践，有经验图表可供选用。但计算结果往往偏于保守，必须用工艺出品率进行校核，才能满足经济性要求。

3. 补缩液量法

补缩液量法的基本原理建立在两种假设之上：

1）铸件与冒口的凝固层增长速度相等。

2）冒口内供补缩用的金属液体积（缩孔容积）是直径为 d_0 的球。当冒口高度和直径相等时，铸件凝固完毕，冒口中凝固层厚度应为铸件壁厚的一半，冒口中缩孔球直径 d_0 与铸件厚度 T 之和即为冒口直径，即 $d_r=d_0+T$。球形缩孔容积应该等于铸件（被补缩部分）和冒口的总体收缩，见式（2-5-5）。

$$\frac{3}{4}\pi d_0^3\times\frac{1}{8}=\varepsilon(V_r+V_c) \tag{2-5-5}$$

式中 V_r——冒口的体积；

V_c——铸件的体积；

ε——凝固体收缩率。

补缩液量法表达了一定材质铸件采用特定形状冒口和浇注方法时铸件与冒口之间的关系，没有考虑冒口形状和铸件结构等因素，也不能说明冒口一定会晚于铸件凝固，独立使用受到限制。

七、外冷铁和内冷铁

为增加铸件局部冷却速度，在型腔内部及工件表面安放的金属块称为冷铁。如果使容易产生缩孔的部位先凝固，其他部位未凝固的液态金属就可以补充其收缩，从而避免产生缩孔。冷铁的作用就是基于这一原理产生的。将导热性好的铁块置于易产生缩孔部位的铸型内壁中，与充型后的金属液接触，吸收热量使附近的液态金属迅速降低温度，率先凝固，从而改变铸件的凝固顺序，达到避免缩孔、缩松产生的目的。通常冷铁被安置在铸件收缩量不是很大的部位，收缩量大的部位还是用冒口补缩。冷铁、冒口和浇注系统配合安置，就能较好地控制缩孔和缩松的产生。

冷铁分为内冷铁和外冷铁两大类。外冷铁分为直接外冷铁和间接外冷铁两类。直接外冷铁与铸件直接接触，激冷作用强，又可以分为有气隙和无气隙两种；间接外冷铁与被激冷铸件之间有10~15cm厚的砂层相隔，故又称隔砂冷铁、暗冷铁。

第六节 铸肋的设置

铸肋又称工艺肋，分为两类：一种为割肋，用于防止铸件热裂，在清理时去除；另一种为拉肋，用于防止铸件变形，在消除内应力的热处理之后去除。

一、割肋

割肋比铸件壁薄，先于铸件凝固并获得强度，并且承担铸件收缩时引起的拉应力而避免热裂。割肋的方向应与拉应力方向一致，与裂纹方向垂直。

二、拉肋

拉肋可以防止断面呈U形、V形的铸件产生变形。拉肋的厚度应小于铸件厚度，为铸件厚度的0.4~0.6倍，并且先于铸件凝固。

第七节 工艺文件

一、铸件图

铸件图是反映铸件实际形状、尺寸和技术要求的图样，也是铸造生产、铸件检验与验收的主要依据。

二、铸造工艺图

铸造工艺图是指在零件图中用各种工艺符号表示出铸造工艺方案的图形，其中包括：铸件浇注位置和分型面；机械加工余量、铸造斜度、铸造圆角；芯头、芯座形状、尺寸和间隙；浇注系统、冒口、冷铁、出气针的位置、形状及尺寸；在技术要求附注栏中还应说明铸件公差等级、铸造收缩率。

三、铸型装配图

铸型装配图是指合型后铸型各组元之间装配关系的工艺图。包括：浇注位置、型芯、浇冒口系统和冷铁布置及砂箱结构和尺寸等。

四、铸造工艺卡

铸造工艺卡一般以表格形式说明所用金属牌号及各种非金属材料的要求，造型、制芯操作的注意事项，浇注规范，使用砂箱，各种原材料消耗及工时定额等。

第六章

铸造合金的熔炼

第一节　金属学基础知识

一、相图的概念

1. 相的含义

工程用金属材料很少是纯金属，多使用合金。合金的各组元相互作用，形成一些随成分、温度变化，在晶体的结构、形态、尺寸、数量、分布等方面也随之变化的组分。结构、成分和性能相同，以界面分开的独立组分称为相。

2. 合金相的分类及影响

合金相分为两类，即金属固溶体和金属化合物。

（1）金属固溶体　固态合金中，某组元元素 B 溶于某组元金属 A 而形成的 A-B 相，称为金属固溶体。金属固溶体的强度、硬度比其两组元金属 A、B 的平均值要高一些（一般比化合物要低），延伸率、韧性却比两组元金属 A、B 的平均值略低（一般比化合物要高得多），这种效果被称为固溶强化作用。工程用金属材料绝大多数都是经过固溶强化而获得的综合性能比较优异的合金材料。例如，碳钢组织中，固溶体质量分数至少在 85%以上。

（2）金属化合物　在固态合金中，组元间相互作用，形成具有金属性质的新相，其晶格类型、性能与相互作用的任一组元都不同，一般其比组元固定，可以用分子式表示，这种新相称为金属化合物。金属化合物的熔点、硬度都比较高，脆性大，可以使合金获得较高的强度和硬度，并使耐磨性、耐热性提高，而塑性和韧性降低。

3. 相图

相图又称状态图，是利用坐标体系，把合金系在平衡条件下，处于不同成分、不同温度时表示所存在的各种相的状态的图。二元相图较为常见，横坐标表示二组元的组成，纵坐标表示温度，图内由一些线条划分为一个个区域，这些线条表示相的成分随温度变化的曲线，称为相变线或特性线；这一个个区域代表存在的一种相或两种相的成分和温度的区间，称为相区；垂直于横坐标轴的直线代表金属化合物。这样，相图能将这两种组元相互作用而形成的各种相的状态表示清楚。

4. 相图的应用

1）根据合金成分，确定合金的熔点。相图最上面的线总是液相线，可以根据合金成分在坐标轴上的位置，通过画垂线和液相线的交点，确定该合金的熔化温度。

2）根据合金成分，确定合金的凝固温度区间。液相线下面的线总是固相线，合金成分对应的液相线和固相线上相应的纵坐标点所包含的温度区间，即为该合金的凝固温度区间。

3）根据相图，可以判断哪些合金可以进行热处理。固相线以下，存在斜线或水平线的区域，即表明有固态相变存在，可以通过热处理手段调整合金组织，获得较理想的性能。

4）对于可以热处理的合金，根据所希望的组织，通过相图确定合理的热处理温度规范。

5）根据合金的成分，通过相图，可以确定不同成分的合金在各温度下的组织组分，并对其性能加以判断。

6）利用杠杆定律，可以计算两相共存区内各相所占比例。

7）根据所需要的合金材料的性能，合理地确定合金所希望的组织，通过相图可反过来对合金成分进行设定。

二、铁碳合金相图

1. 铁碳双重相图

铁碳双重相图是最常用的典型二元合金相图，如图 2-6-1 所示。

铁碳双重相图是以碳的质量分数为横坐标，温度变化为纵坐标的相图。铁碳合金中高碳含量的相，在凝固结晶条件不同时，会有两种不同的形式存在，即渗碳体和石墨。铁-渗碳体和铁-石墨是两种不同的凝固结晶体系，铁-渗碳体系统称为亚稳定系统，在图中用实线表示；铁-石墨系统称为稳定系统，在图中用虚线表示。两种系统表示在同一图中，故称为双重相图。

2. 相图中各主要点的含义

ABCD 为液相线，而 *AHJECF* 则为固相线。相图上的三条平行线（*HJB*、*ECF*、*PSK*）是指三个恒温反应：

1）在 1495℃（*HJB* 水平线）发生包晶反应，其反应式为

$$L_B+\delta_H \xrightleftharpoons{1495℃} \gamma_J$$

包晶反应的结果形成了奥氏体。此反应仅可能在碳质量分数为 0.10%～0.50% 的铁碳合金中发生。

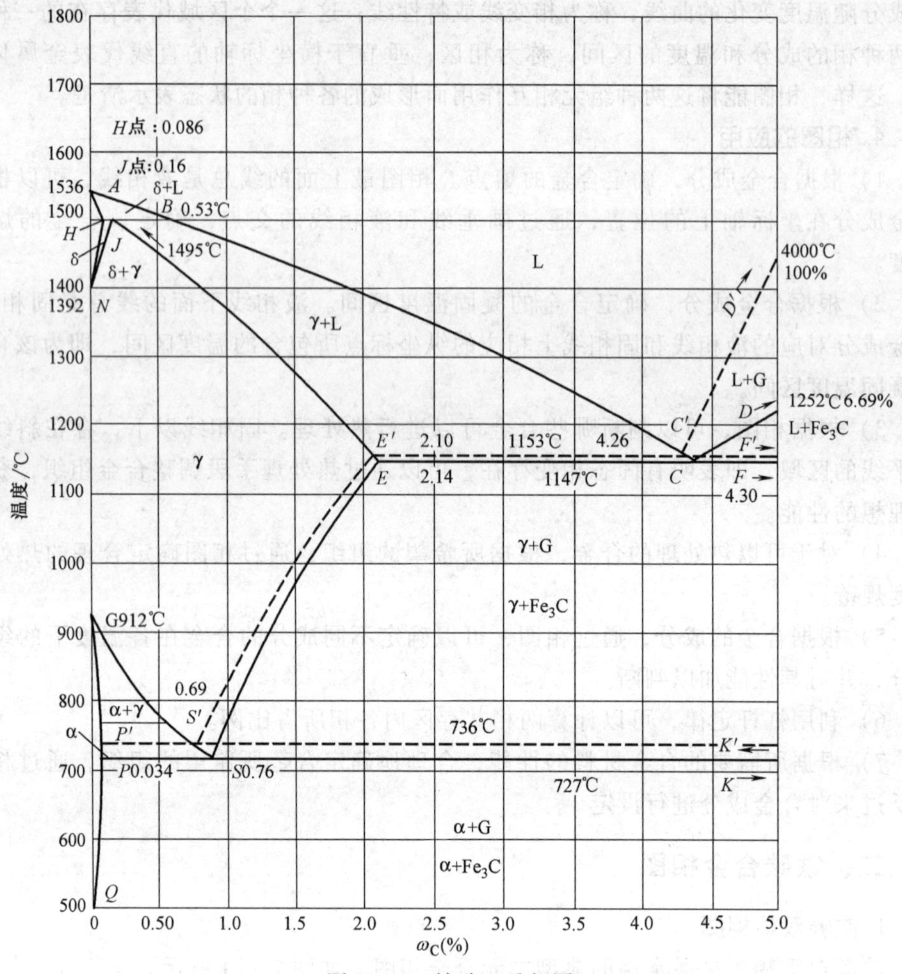

图 2-6-1　铁碳双重相图

2）在 1147℃（*ECF* 水平线）发生共晶反应，其反应式为

$$L_C \xrightleftharpoons{1147℃} \gamma_E + Fe_3C$$

共晶反应的结果形成了奥氏体与渗碳体的共晶混合物，称此共晶混合物为莱氏体，用字母 Ld 表示；冷至室温时成为变态莱氏体，用 L′d 表示。此反应发生于所有碳质量分数为 2.06%~6.67%的铁碳合金范围内。

3）在 727℃（*PSK* 水平线）发生共析反应，其反应式为

$$\gamma_S \xrightleftharpoons{727℃} \alpha_P + Fe_3C \quad \gamma_S \xrightleftharpoons{736℃} \alpha_{P'} + Fe_3C$$

共析反应的结果形成了铁素体与渗碳体的共析混合物，称此共析混合物为珠光体（P）。所有碳质量分数超过 0.02%的铁碳合金中，即实际在工程上常用的铁碳合金中均发生珠光体（共析体）转变。

需要注意的是 *ES* 线和 *PQ* 线：

① *ES* 线——碳在奥氏体中的固溶线。

从该线可以看出，碳在奥氏体中的最大溶解度是在1147℃，此时碳的质量分数为2.06%，而在723℃时碳的质量分数为0.80%。故凡碳的质量分数大于0.80%的铁碳合金自1147℃冷却至723℃时，均会从奥氏体中沿晶界析出渗碳体，渗碳体称为二次渗碳体（Fe_3C_{II}），以区别于从液体中直接结晶的一次渗碳体（Fe_3C_{I}）。

② *PQ* 线——碳在铁素体中的固溶线。

从该线可以看出，碳在铁素体中的最大溶解度是在727℃，此时碳的质量分数为0.02%，而在室温平衡状态下，碳的质量分数为0.0008%，故一般铁碳合金从727℃缓冷至室温时，均可能从铁素体中沿晶界析出渗碳体，此渗碳体称为三次渗碳体（Fe_3C_{III}）。因其数量极少，故一般在讨论中经常予以忽略。

所谓一次、二次、三次渗碳体区别仅在于渗碳体来源和分布不同，没有本质区别，其碳的质量分数、晶体结构和本身的性质均相同。

相图中 *AHN* 线和 *GPQ* 线的左方分别为δ和α的铁素体区域；*NJESG* 包围的区域为奥氏体区域。

铁碳合金相图上的各种合金，通常可按其碳质量分数和组织的不同，分成下列三类：

a. 工业纯铁（w_C<0.02%）。

b. 钢（w_C 为 0.02%～2.06%）：亚共析钢（w_C<0.80）、共析钢（w_C=0.80%）、过共析钢（w_C>0.80%）。

c. 白口铸铁（w_C 为 2.06%～6.67%）：亚共晶白口铸铁（w_C<4.3%）、共晶白口铸铁（w_C=4.3%）、过共晶白口铸铁（w_C>4.3%）。

3. 铁碳合金的平衡组织（表2-6-1）

表2-6-1　铁碳合金的平衡组织

组织名称	金相特征	特征性能说明
铁素体	金属固溶体	碳在α铁或δ铁中的固溶体，含碳量极少，性能近似于纯铁，强度、硬度低，塑性、韧性好
奥氏体	金属固溶体	碳在γ铁中的固溶体，含碳量较多，强度、硬度不高，塑性、韧性很好
渗碳体	金属化合物	铁碳化合物，分子式为 Fe_3C，硬度很高，耐磨性很好，塑性接近于零，很脆
珠光体	混合物	共析组织是铁素体和渗碳体的机械混合物，强度、硬度较高，塑性较低
莱氏体	混合物	共晶组织是奥氏体和渗碳体的机械混合物，强度低，硬而脆

4. 铁碳合金的非平衡组织（表2-6-2）

表2-6-2　铁碳合金的非平衡组织

组织名称	金相特征	特征性能说明
马氏体	过饱和固溶体	碳在α铁中的过饱和固溶体，强度、硬度很高，塑性很低，韧性差
贝氏体	混合物	铁素体和渗碳体的机械混合物，综合性能好；强度、硬度高，耐磨性好，韧性也较好

注：铁碳合金中非平衡组织还有一些，这里只列最常见的两种。

铁碳合金相图是表示在极缓慢的加热（或冷却）条件下，不同成分的铁碳合金在不同温度时所具有的状态或组织的图形。目前，应用的铁碳合金相图其碳质量分数为0~6.69%，更高含碳量的铁碳合金，脆性很大，加工困难，没有实用价值。因此，现在的铁碳合金相图只研究 $Fe\text{-}Fe_3C$（铁-渗碳体）部分。

铁碳合金相图是铁碳合金在平衡状态时的组织组成图，不是获得非平衡的马氏体、贝氏体等组织的转变图。铁碳相图的临界温度参数仅仅局限在碳钢和铸铁、非合金钢和合金铸铁。合金钢和合金铸铁的平衡状态图由于添加了其他合金元素，与铁碳平衡相状态图相差还是很大的。即使对于碳钢，直接在铁碳平衡相图上读取成分与温度之间的对应关系参数值，也不够精确。实际上需要借助于钢的加热温度临界参数手册而不是从相图上直接获得，使得到的数值精确和直观，对应关系更加明确。

铁碳平衡相图是表示铁碳合金组织的结构、组织和性能相互变化规律的图形从某种意义上讲，铁碳合金相图是研究铁碳合金的工具，是研究碳钢和铸铁成分、温度、组织和性能之间关系的理论基础。需要强调的是，铁碳平衡相图化运用于热处理方面，不可能在实际生产中大量运用。在实际淬火等热处理过程中，组织转变都是在一定加热速度和冷却速度下进行的，不是完全达到平衡状态。这说明从热处理角度讲铁碳平衡相图仅仅是研究热处理、学习热处理的必备基础知识，而不是直接在热处理工艺过程中运用的相图。

元素对铁碳相图的影响，见表2-6-3。

表2-6-3　元素对铁碳相图的影响

元素项目	铁-石墨系					铁-渗碳系					碳的活度	石墨化	元素含量增加时，促进形成的组织
	共晶温度/℃	共析温度/℃	共晶点碳质量分数(%)	奥氏体饱和碳质量分数	共析点碳质量分数	共晶温度/℃	共析温度/℃	共晶点碳质量分数	奥氏体饱和碳质量分数	共析点碳质量分数			
S	-	+	-0.36	+	-	-	+	-	+	-	+	-	珠光体、渗碳体
Si	+14	++	-0.31	-	-	-	+	-	-	-	+	+	铁素体
Mn	-8	-	-0.027	+	-	-	-	+	+	-	-	-	珠光体、碳化物
P	-21	+	-0.33		-	-	+	-			+	+-	珠光体
Cr	-6	+	+0.063	+	-	+	+	-	+	-	-	-	珠光体、碳化物
Ni	+3	-	-0.053	-		-					+	+	珠光体，并细化
Cu	+3	-	-0.074			-					+	+	珠光体
Co	+3	-				-					+	+	—
V	-	+	+0.135			+					-	-	碳化物、珠光体
Ti	-	+				+					-	-	铁素体
Al	+	+	-0.25			+					+	+	铁素体
Mo	-10	+	+0.025			-					-	-	铁素体、细化珠光体
W	-	+				-					-	-	
Sn	-	-				-					+	+-	珠光体
Sb	-					-					+	-	珠光体
Mg	-					-						-	珠光体、渗碳体
Nb											-	-	—
RE												-	珠光体、渗碳体
B												-	珠光体、渗碳体
Te												-	珠光体、渗碳体

注：1. “+”代表增加、提高、促进；“-”代表降低、阻碍。

2. 数字代表加入质量分数为1%元素时的波动值。

三、金属材料的力学性能

金属材料在使用和加工过程中，多以其力学性能，即强度、塑性、硬度、冲击性能及疲劳强度这五个性能指标为主要依据来判断其好坏。

1. 强度

强度是指金属材料在静载荷的作用下抵抗变形和断裂的能力。

(1) 强度的分类　现以一段金属材料为例，对其施加外力，根据载荷作用方式不同，强度可分为抗拉强度、抗压强度、抗弯强度、抗剪强度和抗扭强度五种。一般情况下多以抗拉强度作为判别金属强度高低的指标。

(2) 拉伸试样　抗拉强度是通过拉伸试验测定的。拉伸试验的方法是用静拉力对标准试样进行轴向拉伸，同时连续测量力和相应的伸长量，直至试样断裂为止，根据测得的数据，可得出有关的强度指标。

(3) 屈服强度和抗拉强度　当金属材料呈现屈服现象时，在试验期间达到发生塑性变形而力不增加的应力点称为屈服强度。若要工件在使用过程中不产生塑性变形，其工作应力就应小于屈服强度。

零件在工作中所承受的应力不应超过抗拉强度，否则就会断裂。因此，屈服强度和抗拉强度是机械零件设计和选材的重要依据。

金属材料的屈服强度越大，则抵抗变形的能力越强；抗拉强度越大，则抵抗断裂的能力越强，屈服强度、抗拉强度越大，说明强度越高。

2. 塑性

塑性是指金属材料在外力作用下产生塑性变形而不断裂的能力。工程中常用的塑性指标有断后伸长率和断面收缩率。断后伸长率是指试样拉断后，标距的残余伸长与原始标距的百分比，用符号 A 表示。断面收缩率是指试样拉断后，缩颈处横截面积与原始横截面积的百分比，用 Z 表示。断后伸长率和断面收缩率越大，其塑性越好；反之，塑性越差。良好的塑性是金属材料进行压力加工的必要条件，也是保证机械零件工作安全，不发生突然脆断的必要条件。

3. 硬度

材料局部体积内抵抗弹性、塑性变形、压痕和划痕的能力称为硬度。它是衡量材料软硬程度的指标，其物理含义与试验方法有关。硬度常见指标有布氏硬度、洛氏硬度和维氏硬度。

(1) 布氏硬度试验　用一定直径的球体（淬火钢球或硬质合金球）以相应的试验力压入待测材料表面，保持规定时间并达到稳定状态后卸除试验力，测量材料表面压痕直径，以计算硬度的一种压痕硬度试验方法。

特点：测量值较准确，重复性好，可测组织不均匀的材料（铸铁）；可测的硬度值不高；无法测试成品与薄件；测量费时，效率低。

(2) 洛氏硬度试验　用金刚石圆锥或淬火钢球，在试验力的作用下压入试样表面，经规定时间后卸除试验力，用测量的残余压痕深度增量来计算硬度的一种压痕硬度试验。

特点：试验简单、方便、迅速；压痕小，可测成品、薄件；数据不够准确，应测三点取平均值；不能测组织不均匀材料。

（3）维氏硬度试验　用夹角为136°的金刚石四棱锥体压头，使用很小试验力 F（49.03~980.07N）压入试样表面，测出压痕对角线长度 d。

维氏硬度值可根据 d 值从维氏硬度表中直接查出。

特点：测量准确，应用范围广（硬度从极软到极硬）；可测成品与薄件；试样表面要求高，费工。

4. 冲击性能

冲击载荷是指加载速度很快而作用时间很短的突发性载荷。金属材料抵抗冲击载荷作用而不破坏的能力称为冲击韧性。常用一次摆锤冲击弯曲实验来测定金属材料的韧度。冲击试样缺口底部单位横截面积上的冲击吸收能量，称为冲击韧度。

一般来说，强度、塑性均好的材料，冲击韧度值也高。在实际工作中常见的是工件承受多次小能量冲击。对多次冲击问题：

1）如果冲击吸收能量低，冲击次数较多时，冲击韧度主要取决于材料的强度，强度高则冲击韧度值高。

2）如果冲击吸收能量高，则冲击韧度主要取决于材料的塑性，材料塑性越高则冲击韧度值越高。

5. 疲劳强度

疲劳强度是材料在无数次交变载荷作用下而不破坏的最大应力值。

1）交变应力。大小和方向随时间做周期性变化的应力。

2）金属的疲劳。在交变应力的作用下，虽然零件所承受的应力低于材料的屈服强度，但经过较长时间的工作后产生裂纹或突然发生完全断裂的现象称为金属的疲劳。

金属的疲劳极限受多种因素的影响，有工作条件、表面状态、材料本质及残余应力等。改善零件的结构形状、降低零件表面粗糙度以及采取各种表面强化的方法，都能提高零件的疲劳极限。

四、铸件热处理

铸铁生产除适当地选择化学成分以得到一定的组织外，热处理也是进一步调整和改进基体组织以提高铸铁性能的一种重要途径。铸铁的热处理和钢的热处理有相同之处，也有不同之处。铸铁的热处理一般不能改善原始组织中石墨的形态和分布状况。对于灰铸铁来说，由于片状石墨所引起的应力集中效应是对铸铁性能起主导作用的因素，因此对灰铸铁施以热处理的强化效果远不如钢和球墨铸铁那样显著。故灰铸铁热处理工艺主要为退火、正火等。对于球墨铸铁来说，由于石墨呈球状，对基体的割裂作用大大减轻，通过热处理可使基体组织充分发挥作用，从而可以显著改善球墨铸铁的力学性能。故球墨铸铁像钢一样，其热处理工艺有退火、正火、调质、等温淬火、感应淬火和表面化学热处理等。但是，在球墨铸铁中由于石墨的存在以及含有较多的 C、Si、Mn 等合金元素，使铸铁的热处理具有一定的特殊性，即有如下一些特点。

1. 铸铁热处理工艺

（1）消除应力退火　由于铸件壁厚不均匀，在加热、冷却及相变过程中，会产生热应力和组织应力。另外，大型零件在机加工之后其内部也易存在残余应力，因此为了稳定其几何尺寸，减少或消除切削加工后产生的畸变，需要对铸件进行去应力退火。去应力退火温度的确定，必须考虑铸铁的化学成分。普通灰铸铁的温度超过 550℃时，即可能发生部分渗碳体的石墨化和粒化，使强度和硬度降低。当含有合金元素时，渗碳体开始分解的温度可提高到 650℃左右。去应力退火通常的加热温度为 500~550℃，保温时间为 2~8h，然后炉冷（灰铸铁）或空冷（球墨铸铁）。采用这种工艺可消除铸件内应力的 90%~95%，但铸铁组织不发生变化。若温度超过 550℃或保温时间过长，反而会引起石墨化，使铸件强度和硬度降低。

要强调的是，注意低合金灰铸铁的去应力退火温度为 600℃，高合金灰铸铁则可提高到 650℃，加热速度一般为 60~120℃/h，保温时间取决于加热温度、铸件的大小和结构复杂程度以及对消除应力程度的要求。铸件去应力退火的冷却速度必须缓慢，以免产生二次残余内应力，冷却速度一般控制在 20~40℃/h，可空冷出炉。

（2）消除铸件白口的高温石墨化退火　普通灰铸铁或球墨铸铁表面或薄壁处在铸造过程中因冷却速度过快会出现白口，铸铁件无法切削加工。为消除白口降低硬度常将这类铸铁件重新加热到共析温度以上（通常为 880~900℃），并保温 2~5h（若铸铁硅含量高，时间可缩短）进行退火，渗碳体分解为石墨，再将铸铁件缓慢冷却至 400~500℃出炉空冷，此时硬度下降，从而提高了切削加工性。注意在温度为 700~780℃时，即共析温度附近的冷却速度不宜太慢，以便渗碳体过多地转变为石墨，降低铸铁件的强度。

（3）灰铸铁正火　正火的目的是提高铸件的强度、硬度和耐磨性，或作为表面淬火的预备热处理，改善基体组织。一般铸件的正火是 Ac 上限+(30~50)℃，使原始组织转变为奥氏体，保温一段时间后出炉空冷。形状复杂或较重要的铸件正火处理后需再进行消除内应力的退火。如铸铁原始组织中存在过量的自由渗碳体，则必须先加热到 Ac_1 上限+(50~100)℃，先进行高温石墨化处理以消除自由渗碳体。在正火温度范围内，温度越高，硬度也越高。因此，要求正火后的铸铁具有较高的硬度和耐磨性时，可选择加热温度的上限。正火后冷却速度影响铁素体的析出量，从而对硬度产生影响。冷却速度越大，析出的铁素体数量越少，硬度越高。因此可采用控制冷却速度的方法如空冷、风冷、雾冷，达到调整铸铁硬度的目的。当然灰铸铁热处理还有淬火与回火、等温淬火、化学热处理及表面热处理。自然时效的方法是将铸铁件在室外存放在6~18个月，让应力自然释放，这种时效可将应力部分释放，但因所用时间长，效率低，已很少采用。

(4) 球墨铸铁的正火　球墨铸铁正火的目的是获得珠光体基体组织，并细化晶粒、均匀组织，以提高铸件的力学性能。有时正火也是球墨铸铁表面淬火在组织上的准备。正火分高温正火和低温正火。高温正火温度一般不超过950~980℃，低温正火一般加热到共析温度区间，即820~860℃。正火之后一般还需进行回火处理，以消除正火时产生的内应力。

(5) 球墨铸铁的淬火及回火　球墨铸铁件有时需要更高的硬度，常将铸铁件淬火并进行低温回火处理。将铸件加热到860~900℃，保温使原基体组织全部奥氏体化后再在油或熔盐中冷却实现淬火，后在250~350℃加热保温回火，原基体组织转换为回火马氏体及残留奥氏体，原球状石墨形态不变。处理后的铸件具有高的硬度及一定的韧性。中温回火温度为350~500℃，回火后组织为回火托氏体加球状石墨，保留了石墨的润滑性能，改善了耐磨性。高温回火温度为500~600℃，回火后组织为回火索氏体加球状石墨，具有韧性和强度结合良好的综合性能，因此在生产中广泛应用。

处理后的铸件具有高的硬度及一定的韧性，保留了石墨的润滑性能，改善了耐磨性，因此在生产中广泛应用。

(6) 球墨铸铁的等温淬火　球墨铸铁经等温淬火后可以获得高强度，同时兼有良好的塑性和韧性。等温淬火加热温度的选择主要考虑使原始组织全部奥氏体化，不残留铁素体，同时也避免奥氏体晶粒长大。加热温度一般采用 Ac_1 以上30~50℃，等温处理温度为250~350℃，以保证获得具有综合力学性能的下贝氏体组织。

(7) 表面淬火　为了提高某些铸件的表面硬度、耐磨性及疲劳强度，可采用表面淬火。灰铸铁及球墨铸铁铸件均可进行表面淬火。一般采用高（中）频感应淬火和接触电阻加热淬火。

(8) 化学热处理　对于要求表面耐磨或抗氧化、耐腐蚀的铸件，可以采用类似于钢的化学热处理工艺，如气体氮碳共渗、渗氮、渗硼、渗硫等处理。

铸铁的化学热处理与钢的化学热处理工艺没有太大区别，这里不再赘述。但应当注意：在进行以提高表面耐磨性为目的的渗氮或渗硼处理前，应保证基体有足够的强度以支承表面高硬度层。

2. 铸钢的热处理

一般铸钢件的热处理有三个目的，即细化晶粒、消除魏氏体组织和消除铸造应力。碳钢件的热处理方法有退火、正火和正火加回火等。

(1) 退火　退火是将钢加热到一定温度，保温一定时间，随后缓慢冷却（一般采用随炉冷却的方法）至室温，以获得接近于平衡状态组织的热处理工艺方法，即将钢件加热到 Ac_3+(30~50)℃或 Ac_1+(30~50)℃或 Ac_1 以下的温度后，一般随炉温缓慢冷却。

1）目的：

① 降低硬度，提高塑性，改善切削加工和冷变形加工性。

② 细化晶粒，均匀组织和成分，改善力学性能，为下一步工序做准备。

③ 消除冷、热加工所产生的内应力，防止变形和开裂。

2）应用要点：一般在毛坯状态进行退火。

（2）正火　将钢件加热到 Ac_3 或 Ac_{cm} 以上 30~50℃，保温后以稍大于退火的冷却速度冷却。

1）目的：

① 降低硬度，提高塑性，改善切削加工与压力加工性能。

② 细化晶粒，改善力学性能，为下一步工序做准备。

③ 消除冷、热加工所产生的内应力。

2）应用要点：正火通常作为锻件、焊接件以及渗碳零件的预备热处理工序。对于性能要求不高的低碳和中碳碳素结构钢及低合金钢件，也可作为最后热处理。对于一般中、高合金钢，空冷可导致完全或局部淬火，因此不能作为最后热处理工序。

（3）淬火　将钢件加热到相变温度 Ac_3 或 Ac_1 以上，保温一段时间，然后在水、硝酸盐、油或空气中快速冷却。

1）目的：淬火一般是为了得到高硬度的马氏体组织，有时对某些高合金钢（如不锈钢、耐磨钢）淬火时，则是为了得到单一均匀的奥氏体组织，以提高其耐磨性和耐蚀性。

2）应用要点：

① 一般用于碳质量分数大于0.3%的碳钢和合金钢。

② 淬火能充分发挥钢的强度和耐磨性潜力，但同时会造成很大的内应力，降低钢的塑性和冲击韧度，故要进行回火以得到较好的综合力学性能。

（4）回火　回火是将淬火后的钢件重新加热到 Ac_1 以下某一温度，经保温后，在空气或油、水中冷却。

1）目的：

① 降低或消除淬火后的内应力，减少工件的变形和开裂。

② 调整硬度，提高塑性和韧性，获得工作所要求的力学性能。

③ 稳定工件尺寸。

2）应用要点：

① 保持钢在淬火后的高硬度和耐磨性时用低温回火；在保持一定韧度的条件下提高钢的弹性和屈服强度时用中温回火；以保持高的冲击韧度和塑性为主，又有足够的强度时用高温回火。

② 一般钢尽量避免在230~280℃回火，不锈钢避免在400~450℃回火，因为这

时会产生第一类回火脆性。

（5）调质　淬火后的高温回火称为调质，即将钢件加热到比淬火时高 10~20℃的温度，保温后进行淬火，然后在 400~720℃的温度下进行回火。

1）目的：

① 改善切削加工性能，降低加工表面的表面粗糙度。

② 减小淬火时的变形和开裂。

③ 获得良好的综合力学性能。

2）应用要点：适用于淬透性较高的合金结构钢、合金工具钢和高速钢；不仅可以作为各种较为重要结构的最后热处理，而且还可以作为某些紧密零件，如丝杠等的预备热处理，以减小变形。

（6）时效　将钢件加热到 80~200℃，保温 5~20h 或更长时间，然后在空气中冷却。

1）目的：

① 稳定钢件淬火后的组织，减小存放或使用期间的变形。

② 减轻淬火以及磨削加工后的内应力，稳定形状和尺寸。

2）应用要点：

① 适用于经淬火后的各钢种。

② 常用于要求形状不再发生变化的紧密工件，如紧密丝杠、测量工具、床身机箱等。

（7）冷处理　将淬火后的钢件，在低温介质（如干冰、液氮）中冷却到-60~-80℃或更低，温度均匀一致后取出均温到室温。

1）目的：

① 使淬火钢件内的残留奥氏体全部或大部分转换为马氏体，从而提高钢件的硬度、强度、耐磨性和疲劳极限。

② 稳定钢的组织，以稳定钢件的形状和尺寸。

2）应用要点：

① 钢件淬火后应立即进行冷处理，然后再经低温回火，以消除低温冷却时的内应力。

② 冷处理主要适用于合金钢制的紧密刀具、量具和紧密零件。

（8）火焰淬火　用氧-乙炔混合气体燃烧的火焰，喷射到钢件表面上，快速加热，当达到淬火温度后立即喷水冷却。

1）目的：

提高钢件的表面硬度、耐磨性及疲劳强度，使心部仍保持韧性状态。

2）应用要点：

① 多用于中碳钢制件，一般淬透层深度为 2~6mm。

② 适用于单件或小批量生产的大型工件和需要局部淬火的工件。

(9) 感应淬火　将钢件放入感应器中，使钢件表层产生感应电流，在极短的时间内加热到淬火温度，然后喷水冷却。

1) 目的：提高钢件的表面硬度、耐磨性及疲劳强度，心部保持韧性状态。

2) 应用要点：

① 多用于中碳钢和中碳合金结构钢制件。

② 由于趋肤效应，高频淬火的淬透层深度一般为 1~2mm，中频淬火的淬透层深度一般为 3~5mm，高频淬火的淬透层深度一般大于 10mm。

(10) 渗碳　将钢件放入渗碳介质中，加热至 900~950℃ 并保温，使钢件表面获得一定浓度和深度的渗碳层。

1) 目的：提高钢件的表面硬度、耐磨性及疲劳强度，心部仍然保持韧性状态。

2) 应用要点：

① 用于碳质量分数为 0. 15%~0. 25%的低碳钢和低合金钢制件，一般渗碳层深度为 0. 5~2. 5mm。

② 渗碳后必须进行淬火，使表面得到马氏体，才能实现渗碳的目的。

(11) 渗氮

利用在 500~600℃ 时氨气分解出来的活性氮原子，使钢件表面被氮饱和，形成渗氮层。

1) 目的：提高钢件表面的硬度、耐磨性、疲劳强度以及耐蚀能力。

2) 应用要点：多用于含有铝、铬、钼等合金元素的中碳合金结构钢，以及碳钢和铸铁，一般渗氮层深度为 0. 025~0. 8mm。

(12) 氮碳共渗　向钢件表面同时渗碳和渗氮。

1) 目的：提高钢件表面的硬度、耐磨性、疲劳强度以及耐蚀能力。

2) 应用要点：多用于低碳钢、低合金结构钢以及工具钢制件，一般渗氮层深度为 0. 02~3mm，渗氮后还要淬火和低温回火。

3. 铸造有色合金的热处理

铸造有色合金在铸态下的力学性能往往不能满足使用要求，所以除少量合金外，一般都通过热处理来进一步提高铸件的力学性能和其他使用性能。

(1) 热处理的目的　铸造有色合金热处理的目的大致有以下几个方面：

1) 充分提高铸件的力学性能，保证一定的塑性，提高合金抗拉强度和硬度，改善合金的切削加工性能等。

2) 消除由于铸件壁厚不均匀、快速冷却所造成的内应力。

3) 稳定铸件的尺寸和组织，防止和消除因高温引起相变产生体积胀大的现象。

4) 消除偏析和针状组织，改善合金的组织和力学性能。

(2) 热处理方法　常用的热处理方法有退火、固溶处理（淬火）、时效、变形热处理和化学热处理。

五、影响铸铁性能的主要因素

1. 铸铁的石墨化

1）无论哪类铸铁，其组织都是由金属基体和石墨两部分组成的。石墨的形态、大小、数量和分布对铸铁的性能有着重要的影响。在实际生产中，对石墨的形态、大小等应进行金相检查；对铁素体含量、珠光体的分散度也要分级，从而确定铸件合格与否。

2）铸铁组织形成的基本过程就是铸铁中石墨的形成过程。因此，了解石墨化过程的条件与影响因素对掌握铸铁材料的组织与性能是十分重要的。

3）根据铁碳合金相图可知，铸铁的石墨化过程可分为三个阶段：第一阶段，即液相至共晶结晶阶段；第二阶段，即共晶转变至共析转变之间的阶段；第三阶段，即共析转变阶段。

实践证明，铸铁化学成分、铸铁结晶时的冷却速度及铁液的过热和静置等许多因素都影响石墨化和铸铁的显微组织。

2. 化学成分的影响

铸铁中常见的元素有 C、Si、Mn、P、S，其中 C、Si 是强烈促进石墨化的元素，S 是强烈阻碍石墨化的元素。实际上各元素对铸铁石墨化能力的影响极为复杂，其影响与各元素本身的含量以及是否与其他元素发生作用有关，如 Ti、Zr、B、Ce、Mg 等都阻碍石墨化，但若其含量极低（如 w_B、$w_{Ce}<0.01\%$，$w_{Ti}<0.08\%$）时，它们又表现出促进石墨化的作用。

3. 冷却速度的影响

铸铁的冷却速度是一个综合的因素，它与浇注温度、铸型材料的导热能力以及铸件的壁厚等因素有关，而且通常这些因素对两个阶段的影响基本相同。

提高浇注温度能够延缓铸件的冷却速度，这样既促进了第一阶段的石墨化，也促进了第二阶段的石墨化。因此，提高浇注温度在一定程度上能使石墨粗化，也可增加共析转变时向铁素体转化的能力。铸铁件在各种不同铸型中浇注时，由于铸型热导率不同，则铸件的冷却速度也不同。铸件浇注后的冷却速度与铸件壁厚有密切关系。

4. 铸铁的过热和高温静置的影响

在一定温度范围内，提高铁液的过热温度、延长高温静置的时间，都会导致铸铁中的石墨基体组织的细化，使铸铁强度提高。进一步提高过热度，铸铁的成核能力下降，因而使石墨形态变差，甚至出现自由渗碳体，使强度反而下降，因而存在一个“临界温度”。临界温度的高低，主要取决于铁液的化学成分及铸件的冷却速度。一般认为普通灰铸铁的临界温度为1500~1550℃，所以总希望出铁温度高些。

5. 在生产实践中直接观察到的影响铸铁性能的因素

（1）碳当量　提高碳当量，增大了石墨化膨胀，可减少缩孔和缩松。此外，提高碳当量还可提高球墨铸铁的流动性，有利于补缩。但提高碳当量时，不应使铸件产生石墨漂浮等其他缺陷。

（2）磷 铁液中含磷量偏高，使凝固范围扩大，同时低熔点磷共晶在最后凝固时得不到补给，以及使铸件外壳变弱，因此有增大产生缩孔、缩松的倾向。一般工厂控制磷的质量分数小于0.08%。

（3）稀土和镁 稀土残余量过高会恶化石墨形状，降低球化率，因此稀土含量不宜太高。而镁又是一个强烈稳定碳化物的元素，阻碍石墨化。由此可见，残余镁量及残余稀土量会增加球墨铸铁的白口倾向，使石墨膨胀减小，故当它们的含量较高时，也会增加产生缩孔、缩松倾向。

（4）壁厚 当铸件表面形成硬壳以后，内部的金属液温度越高，液态收缩就越大，则缩孔、缩松的容积不仅绝对值增加，其相对值也增加。另外，若壁厚变化太突然，孤立的厚断面得不到补缩，使产生缩孔、缩松的倾向增大。

（5）温度 浇注温度高，有利于补缩，但太高会增加液态收缩量，对消除缩孔、缩松不利，所以应根据具体情况合理选择浇注温度。

（6）砂型的紧实度 若砂型的紧实度太低或不均匀，以致浇注后在金属静压力或膨胀力的作用下，产生型腔扩大的现象，致使原来的金属不够补缩而导致铸件产生缩孔和缩松。

（7）浇注系统、冒口及冷铁 若浇注系统、冒口和冷铁设置不当，不能保证金属液顺序凝固；另外，冒口的数量、大小与铸件的连接部位有关。

综上所述，化学成分是影响铸铁石墨化过程即组织最基本的因素。但在化学成分一定的条件下，也可以采用改变铸型的冷却速度和浇注温度的方式严格控制组织。

第二节 灰 铸 铁

一、灰铸铁的金相组织、性能特点、牌号及技术要求

灰铸铁通常是指断口呈银灰色、具有片状石墨的铸铁。它包括普通灰铸铁、孕育铸铁和稀土灰铸铁等。灰铸铁是应用最广泛的一种铸铁。它的产量占各类铸铁总产量的80%以上。灰铸铁生产方便、成本低，虽然力学性能较差，但它具有一系列优良的铸造性能和一定的使用性能，而在有些方面如缺口敏感性、吸振性和耐磨性等方面都有独特的优点。因此，在机器制造中灰铸铁占有很重要的地位，广泛用于制造各种零件。

1. 灰铸铁的金相组织

从图2-6-2所示的灰铸铁的金相照片上可以看出，灰铸铁基体上分布着大量的片状石墨。由于凝固条件不同，如化学成分、冷却速度、形核能力等，灰铸铁的片

状石墨可出现不同的形状和分布。根据 GB/T 7216—2009《灰铸铁金相检验》，石墨分布形状、形成条件分别见表 2-6-4、表 2-6-5。按 GB/T 7216—2009 可知，石墨长度分为八级。根据组织特征不同，铸态或经热处理后的灰铸铁基体可以分为铁素体、片状珠光体、粒状珠光体、托氏体、粒状贝氏体、针状贝氏体和马氏体，见表 2-6-6。此外，还有少量的夹杂物，如硫化物、磷化物、碳化物和氧化物等。

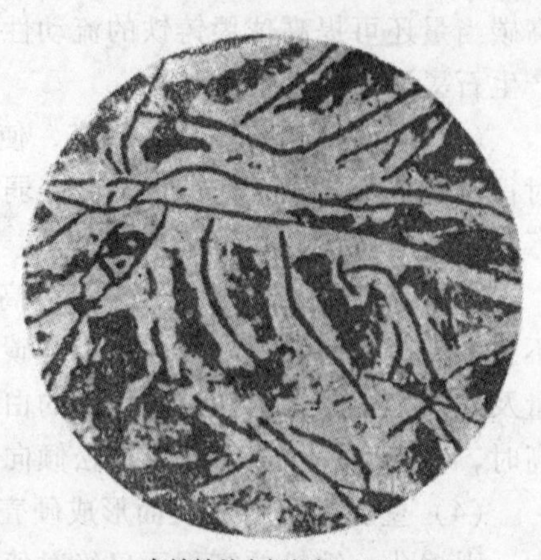

灰铸铁的金相组织 ×100

图 2-6-2 灰铸铁的金相组织

金相组织决定了灰铸铁的各种性能。炉料构成、化学成分、熔炼方式、铁液过热与孕育处理、冷却速度等各种因素最终都是通过改变金相组织而影响灰铸铁性能的。

在生产中要控制铸铁的力学性能，必须控制其金相组织，熟悉金相组织与力学性能的关系。

表 2-6-4 石墨分布形状

石墨类型	说明
A	片状石墨呈无方向性均匀分布
B	片状与细小卷曲的片状石墨聚集成菊花状分布
C	初生的、粗大直片状石墨
D	细小卷曲的、片状石墨在枝晶间呈无向分布
E	片状石墨在枝晶二次分枝间呈方向性分布
F	初生的星状(或蜘蛛状)石墨

表 2-6-5 石墨的形成条件

石墨类型	形成条件	石墨类型	形成条件
A	石墨成核能力强,冷却速度慢,过冷度小	D	碳当量低,成核条件差,初析奥氏体多,冷却速度快,过冷度大
B	实质上中心是 D 型,外围是 A 型,开始时过冷度大,成核条件差,先析出 D 型,后期释放出凝固潜热,过冷度减少而析出 A 型	E	碳当量较形成 D 型时更低,但冷却速度较慢,共晶凝固时液体数量已很少,故呈方向性分布(取决于初析奥氏体)
C	过共晶成分,慢冷时形成的初析石墨	F	过共晶成分,快冷时形成,如活塞环中常出现 F 型石墨

表 2-6-6 基体组织特征

组织名称	说明
铁素体	白色块状组织为 α 铁素体
片状珠光体	珠光体中碳化物和铁素体均成片状,近似平行排列
粒状珠光体	在白色铁素体基体上分布着粒状碳化物
托氏体	在晶界呈黑团状组织,该种组织在高倍观察时,可看到针片状铁素体和碳化物的混合体

（续）

组织名称	说 明
粒状贝氏体	在大块铁素体上有小岛状组织，岛内可能是奥氏体或奥氏体分解产物（珠光体或马氏体）
针状贝氏体	形态呈针片状，高倍观察时，可看到在针片状铁素体上分布着点状碳化物，边缘多分枝，无明显夹角关系
马 氏 体	高碳马氏体外形为透镜状，有明显的中脊面，不回火时针面明亮，有明显的 60°或 120°夹角特征

（1）石墨及其对性能的影响　石墨本身有两个显著的特点：一是密度小（约 2.25g/cm^3，仅为铁的 1/3），在铸铁组织中占比大；二是石墨本身软而脆，力学性能差，且强度较低（R_m<20MPa）。石墨在铸铁组织中就相当于存在着许多切口一样，对金属基体起着割裂作用；另一方面，铸铁会引起应力集中，致使金属基体的力学性能得不到充分的发挥，据测定，基体的性能仅能发挥 30%～50%。石墨对灰铸铁的性能起着决定性的作用，这主要表现在石墨的形状、分布、大小和数量等方面。

1）石墨形状。在铸铁中，石墨的形状有片状、蠕虫状、团絮状和球状四种，如图 2-6-3 所示。片状石墨对基体组织的割裂作用最为严重。片状石墨的尖锐缺口在承载时会产生应力集中，当实际应力超过基体的抗拉强度时，就会产生裂纹。如果石墨形状改变，即由片状变为蠕虫状、团絮状或球状时，石墨周围的应力集中现象可大为缓和，基体的性能得以充分的利用，强度和塑性得到提高。

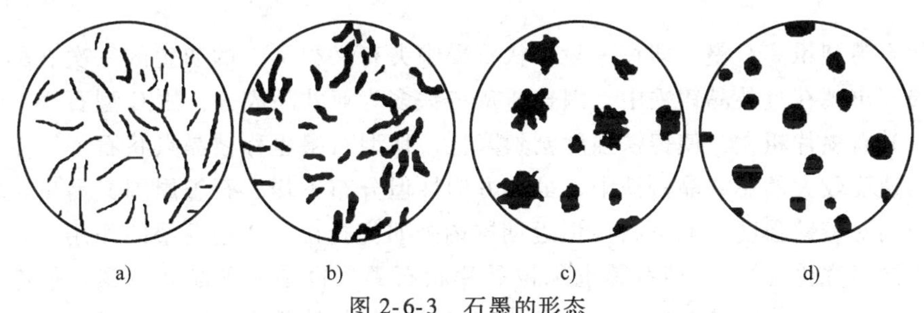

图 2-6-3　石墨的形态

a）片状石墨　b）蠕虫状石墨　c）团絮状石墨　d）球状石墨

2）片状石墨的分布。GB/T 7216—2009 规定将片状石墨的分布形式分为六种，有些国家则将片状石墨的分布形式分为五种。石墨分布形状图如图 2-6-4 所示。

片状石墨的六种分布形式的特征、形成条件对灰铸铁的力学性能有很大的影响。A 型石墨为均匀无方向性分布的石墨，是灰铸铁中最常见的一种。在一般亚共晶铸铁中，当其成分接近共晶成分而结晶过冷度较小时，容易出现这种石墨。

A 型石墨对铸铁强度有利。B 型石墨称为菊花状石墨，呈无方向性分布，出现在亚共晶铸铁中，结晶条件与 A 型相比其过冷度较大；B 型石墨因中心石墨密集，又常伴着大量铁素体析出，使铸铁出现软点，故强度、耐磨性要低些。C 型石墨也

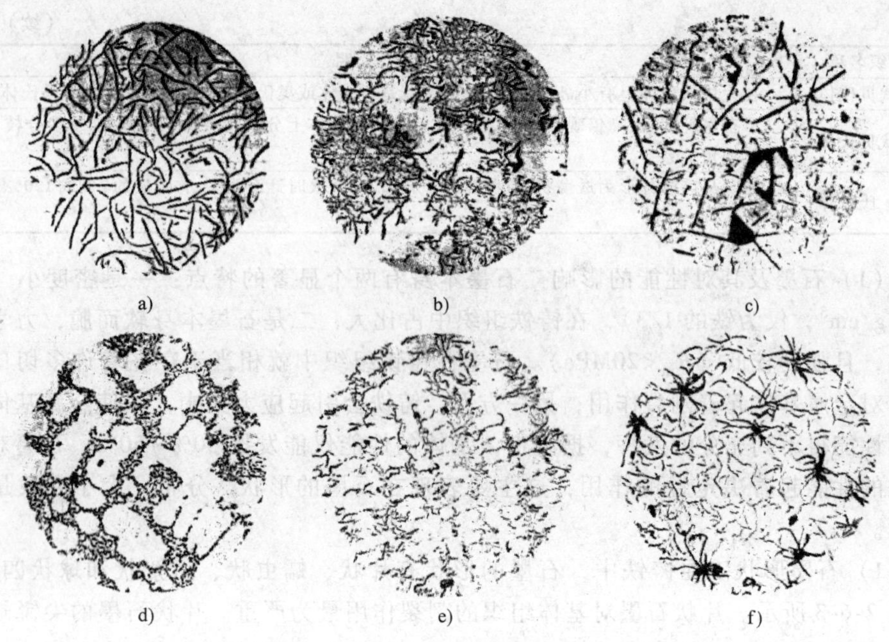

图 2-6-4 石墨分布形状图（100×）
a）片状（A 型） b）菊花状（B 型） c）块片状（C 型） d）枝晶点状（D 型）
e）枝晶片状（E 型） f）星状（F 型）

称块状石墨和粗集石墨，即在一般片状石墨中夹有又粗又大的初生的一次石墨，这种石墨多出现在过共晶铸铁中。因普通灰铸铁多为亚共晶成分，故 C 型石墨一般不常见，其石墨片粗大，使铸铁强度剧烈降低。D 型石墨也称枝晶点状石墨，多出现在冷却速度较大的亚共晶铸铁中，虽无方向性但分布不均，石墨周围又易出现铁素体，因而对铸铁强度一般不利（但近期国内外研究指出，D 型石墨的作用，还需做进一步的研究论证）。E 型石墨也称枝晶片状石墨，也是一种晶间石墨，但有方向性。这种石墨也多在铸铁成分更远离共晶点的亚共晶铸铁中产生。结晶时初生奥氏体大量析出，枝晶发达，只残留下较少的铁液。共晶转变只能在初晶的更狭窄的间隙中进行，故这种晶间石墨是有方向性的。这种石墨分布因石墨在晶间排列并有方向性，大大加强了石墨对基体的割裂作用，因而降低了铸铁强度。F 型石墨也称星型石墨，这种石墨仅出现于高碳的过共晶铸铁中，特别是对于薄铸件，冷却速度大时更易产生这种石墨。

综上所述，相同条件下，片状石墨的六种分布形式中以细小的 A 型石墨出现时，灰铸铁的性能较好。

3）片状石墨的长度对铸铁性能影响也很大。片状石墨长度的金相检验按 GB/T 7216—2009 的规定，石墨长度在放大 100 倍的金相显微镜下进行检验，共分八级，见表 2-6-7。

表 2-6-7　石墨长度分级

级别	在 100×下观察石墨长度/mm	实际石墨长度/mm	级别	在 100×下观察石墨长度/mm	实际石墨长度/mm
1	≥100	≥1	5	>6~12	>0.06~0.12
2	>50~100	>0.5~1	6	>3~6	>0.03~0.06
3	>25~50	>0.25~0.5	7	>1.5~3	>0.015~0.03
4	>12~25	>0.12~0.25	8	≤1.5	≤0.015

在石墨均匀分布的条件下，石墨片长度越大即石墨片越粗大，铸铁的性能越差，不但强度很低，而且造成切削加工面过分粗糙，铸件组织疏松。

石墨片的长度取决于共晶团的大小及每个共晶团内石墨分叉的程度，灰铸铁的强度随共晶团粒度的减少，即单位面积共晶团数的增加而直线上升。因此，细化共晶团晶粒是提高铸铁强度的重要措施。铸铁共晶团晶粒等级按我国灰铸铁金相标准分为八级。

石墨的数量是石墨金相检验中经常测定的项目。随着石墨数量的增加，灰铸铁强度迅速降低，故要求石墨数量少为好，特别是在熔炼低碳铸铁时，石墨数量的控制意义更大。测量石墨的数量，一般用图册比较，如图 2-6-5 所示。

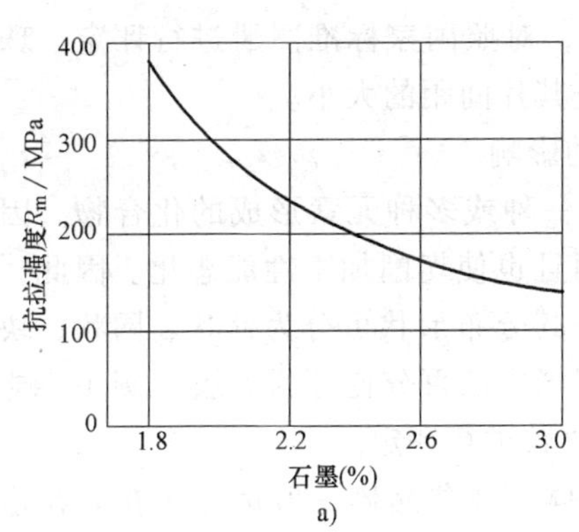

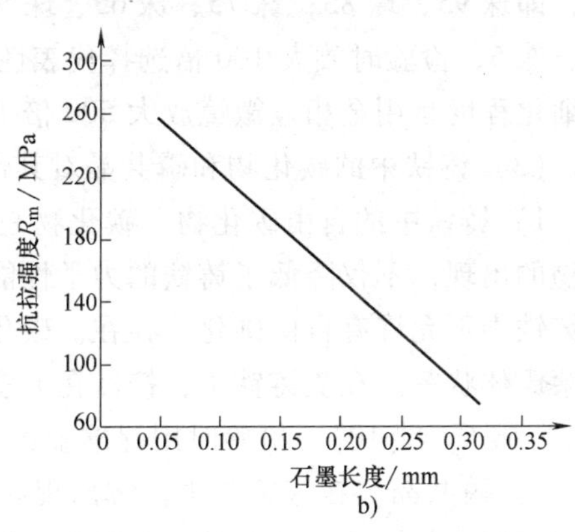

图 2-6-5　石墨数量、长度与抗拉强度的关系

a）石墨数量与抗拉强度的关系　b）石墨长度与抗拉强度的关系

（2）金属基体对性能的影响　灰铸铁的基体可以分为三类，即铁素体、铁素体+珠光体和珠光体，如图 2-6-6 所示。

1）铁素体基体。铁素体本身质软，强度和硬度较低（抗拉强度约为 250MPa，硬度约为 90HBW），塑性高（断后伸长率约为 50%）。但是在铁素体基体的灰铸铁中，由于片状石墨的存在，铁素体的塑性难以发挥。铁素体基体的断后伸长率较难测出。

2）珠光体基体。珠光体本身强度、硬度较高（R_m 约为 700MPa，硬度约为 200HBW），塑性低（A 约为 15%）。在实际生产中，随着珠光体含量的增加，其强

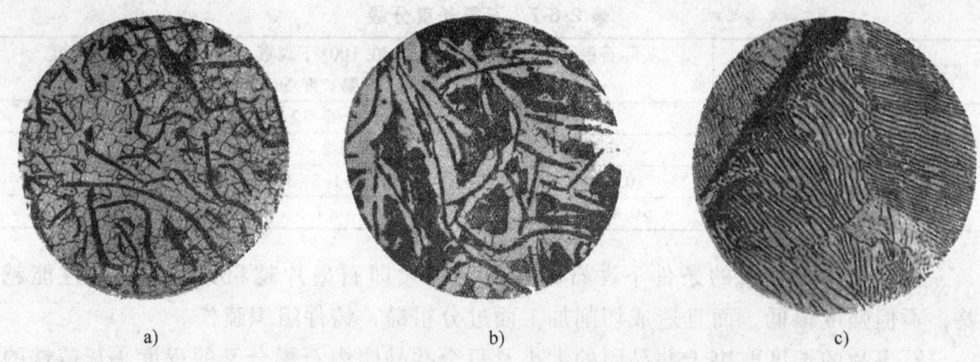

图 2-6-6　灰铸铁的基体分类（×500）
a）铁素体基体　b）铁素体+珠光体基体　c）珠光体基体

度、硬度也不断提高。要求强度高、耐磨性好的铸铁，都希望获得珠光体基体。

3）铁素体+珠光体基体。其性能介于前两者之间，随着珠光体数量的增多，铸铁的硬度有明显的提高，其强度也稍有提高。

4）珠光体数量的评定。国家标准 GB/T 9441—2009 规定珠光体数量分为 12 级，即珠 95、珠 85；珠 75、珠 65、珠 55、珠 45、珠 35、珠 25、珠 20、珠 15、珠 10、珠 5，检验时放大 100 倍选择代表性视场，对照国家标准图册进行评定。珠光体细化程度是用金相显微镜放大 500 倍下检查其片间距的大小。

（3）铸铁中的碳化物和磷共晶对其性能的影响

1）铸铁中的自由碳化物。碳化物是碳与一种或多种元素形成的化合物。因碳化物的出现，不仅降低了铸铁的力学性能，而且也使切削加工性能恶化。因此，一般铸铁中不允许有自由碳化物存在。碳化物按其分布形状可分为针状、网状、块状和莱氏体状等。在灰铸铁中，按其在大多数视场中的百分比分为 5 级（碳 1、碳 2、碳 3、碳 5、碳 10），检验时用标准金相图册比较进行评定。

2）磷共晶。在灰铸铁中，常出现磷共晶体。磷共晶体一般都分布在晶粒边界上，有孤岛状、均匀分布状、断续和连续网状分布等。磷共晶本身硬而脆（二元磷共晶显微硬度为 400HV，三元磷共晶显微硬度为 600HV），使铸铁的冲击韧度降低，脆性增加。磷共晶按其组成又可分为二元磷共晶、三元磷共晶、二元磷共晶与碳化物复合物及三元磷共晶与碳化物复合物四种类型。在实际生产中经常遇到的是二元和三元磷共晶。

二元磷共晶的显微组织是在 Fe_3P 基体上分布着高铁相（珠光体或铁素体），三元磷共晶则是在 Fe_3P 和 Fe_3C 基体上分布着高铁相。两者可用不同的侵蚀剂侵蚀后进行判别，如图 2-6-7 所示。

在灰铸铁中三元磷共晶比二元磷共晶危害大，若以连续网状分布则危害更大。因此，应尽量防止磷共晶的出现，特别是三元磷共晶的出现。所以，就必须提高促进石墨化元素 C、Si 等的含量和降低冷却速度，防止三元磷共晶的形成，对于耐磨

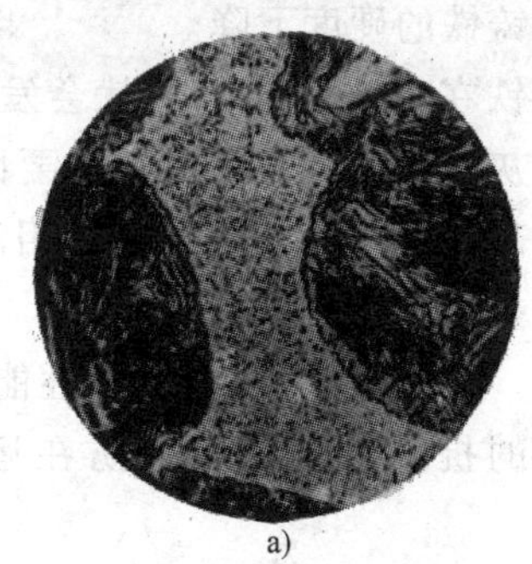
a)

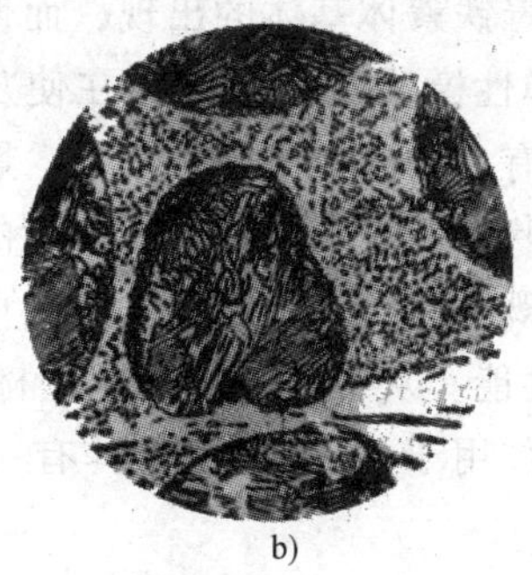
b)

图 2-6-7 灰铸铁中的磷共晶
a）二元磷共晶体（×500） b）三元磷共晶体（×400）

性能要求较高的特种铸铁可适当放宽含磷量，并以孤立的块状分布为好。

2. 灰铸铁的性能特点

灰铸铁的性能包括力学性能、物理性能、使用性能和工艺性能四类。

（1）灰铸铁的力学性能 灰铸铁力学性能的高低是由其金相组织所决定的。

1）抗拉强度是评价灰铸铁的主要力学性能指标，世界各国都以此来划分灰铸铁的等级。承受拉伸和弯曲负荷的零件必须计算拉应力，计算时取用的安全系数为2~12，不同试棒直径对普通灰铸铁抗拉强度的影响，会由于化学成分和浇注温度等的不同，而产生15~23MPa的差别。

2）断后伸长率。灰铸铁的断后伸长率很低，牌号为HT100~HT350的灰铸铁，其拉伸断裂时的断后伸长率为0.3%~0.8%，且随抗拉强度的提高而提高，随硅含量的提高而降低。注意：HT100通常只在针对材料的加工性及抗磁性能时选用。

3）抗压强度。灰铸铁的抗压强度非常高。通常用ϕ30mm的拉棒加工后测出，为600~1000MPa，通常为抗拉强度的3~4倍。灰铸铁的抗压强度值（MPa）与硬度值（HBW）之间有一定关系：对未经孕育的灰铸铁，其比值为3.4~4.0；孕育后的灰铸铁，硬度小于175HBW时，比值小于3.7；硬度大于175HBW时，比值大于3.7。与钢、可锻铸铁等韧性材料不同，灰铸铁在压缩负载下破坏之前几乎没有塑性变形。

4）抗弯强度。抗弯强度通常在未加工的ϕ30mm标准试棒上测定。抗弯强度与抗拉强度之间有很好的线性关系。这也是过去把抗弯强度作为灰铸铁另一个分级指标的原因。但由于不加工试棒往往会带进更多不稳定因素，世界上多数国家，都不再以抗弯强度作为评定灰铸铁力学性能的指标。

5）硬度。硬度在一定程度上反映强度的大小，硬度与强度成正相关关系。灰铸铁的硬度值一般为170~300HBW。灰铸铁的硬度值在石墨和基体两硬度值之间，它的大小极大程度上取决于石墨的形状、分布和数量。尽管基体硬度相近，铸铁硬度随着总碳量的降低而明显地提高。当石墨由A型转变为D型时，往往由于D型石墨周围伴随着铁素体基体的出现，而使灰铸铁的硬度下降。

6）拉伸弹性模量。石墨的存在使灰铸铁在很小的应力下就会发生塑性变形，所以灰铸铁没有一个固定的弹性模量。影响灰铸铁弹性模量的最重要因素是片状石墨的数量和形状。随着灰铸铁抗拉强度的提高，弹性模量也提高，用添加少量合金元素的方法，既可以提高抗拉强度，又可以提高弹性模量。

7）冲击性能。灰铸铁是一种脆性材料，不推荐在需要高冲击性能的场合使用。但也有例外，如用于管道时必须具有一定的抗冲击能力，以防在运输及安装中损坏。

珠光体灰铸铁的冲击吸收能量随其抗拉强度的增加而提高。铁素体基体具有较高的冲击吸收能量。灰铸铁的强度越高、硬度越低，则冲击性能越好。

8）断裂韧度。灰铸铁的断裂韧度在 $12\sim20\text{MPa}\cdot\text{m}^{1/2}$ 之间。w_C 为 3.8%、w_{Si} 为 2.5%的过共晶灰铸铁的断裂韧度为 $4.7\sim5.6\text{MPa}\cdot\text{m}^{1/2}$。

9）疲劳极限。零件损坏的原因中，80%是疲劳失效。按应力分类，疲劳可分为弯曲疲劳、抗压疲劳、剪切疲劳和扭转疲劳。

片状石墨是灰铸铁自身所带的缺口和应力源，故人为的缺口对灰铸铁疲劳极限值无明显影响。表面滚压能增加灰铸铁的疲劳极限和在高于极限应力下工作的寿命。这种强化方式，对于珠光体基体的疲劳极限，可增加 20%；对于铁素体基体的疲劳极限，可提高 100%。

10）高低温力学性能。在室温至 400℃范围内灰铸铁的力学性能变化不大，其抗拉强度在 400℃以上时显著下降。添加少量合金元素能提高室温和高温下的抗拉强度，但在高温下强度下降的百分比与不加合金时一样。无合金灰铸铁的蠕变比加合金的有明显的增加；钼对提高灰铸铁的高温力学性能有良好的作用。

灰铸铁在 400℃左右能获得最高的疲劳极限值，随后随温度的上升，疲劳极限值下降。但疲劳比不随抗拉强度下降，而基本保持不变。冲击韧度在室温至 240℃内变化不大，但低温会降低灰铸铁的冲击韧度。有资料认为从室温降至-100℃，冲击韧度约降低 30%。

（2）灰铸铁的物理性能

1）密度。灰铸铁的密度取决于其结构中各组成物的相对量，尤其受含碳量、石墨含量的影响最大。不同牌号灰铸铁的密度为 $6.95\sim7.35\text{g/cm}^3$。密度随碳当量的增加而降低。但当碳当量一定时，密度随碳、磷含量的增加而增加，随硅含量的增加而降低。

2）比热容。灰铸铁的比热容与其成分和加热温度有关。对于同一成分的灰铸铁，随着温度范围的扩大，平均比热容有较大幅度的提高。

3）线胀系数。灰铸铁的线胀系数主要与所在温度范围有关，而在通常范围内的碳、硅、锰、磷、硫含量则影响不大。

4）热导率。灰铸铁的室温热导率为 46.05W/(m·K)，它随温度的提高而降低。在100~450℃之间，每增加100℃，热导率下降1.47~1.88W/(m·K)。加入合金元素硅、锰、磷、铝、铬、铜、镍等会降低热导率，钼、钨则增加热导率，钒则无影响。

5）电阻率。灰铸铁的电阻率因碳、硅含量和基体组织的不同有较大的变化，一般为0.20~0.80μΩ·m。石墨越粗大、越多，灰铸铁的电阻率就越大。

磷、镍、铝和硅一样都增加电阻率，铜、钼、铬、钒等增加电阻率的作用较小。

6）磁性能。灰铸铁磁性能的变化范围很大，它可以从低磁导率、高矫磁力一直变至高磁导率、低矫磁力，这些变化主要取决于灰铸铁的组织。

（3）灰铸铁的使用性能

1）灰铸铁的减振性能。由于石墨对基体有割裂作用，加强了振动的衰减，可以吸收能量，其减振性较好。当敲击钢棒时，其声音响亮清脆，余音较长；而当敲击灰铸铁时，则声音低沉，余音短。

2）灰铸铁的耐磨性能。石墨似乎有很多孔穴，有储油润滑作用，其本身也有润滑作用。故灰铸铁在润滑条件下其耐磨性（减磨性）能好。

3）缺口敏感性。灰铸铁的缺口敏感性较低，即不会因为本身的裂纹或缺口产生向外延伸。铸钢的缺口敏感性系数为1.5，而灰铸铁为1.0。但随着石墨细化或形状的改善，对缺口的敏感性会提高。

4）耐热疲劳性能。铸铁被反复加热冷却时，由于温度差造成各部分热膨胀、热应变不同，从而产生了热应力。反复加热也可能引起珠光体分解造成体积变化及局部产生氧化。研究表明珠光体基体的铸铁具有较好的热疲劳性能；A型石墨比D型石墨具有较高的热疲劳性能；强度相同时，石墨量多有利于提高热疲劳性能。一般来说，球墨铸铁、蠕墨铸铁的耐热疲劳性能比灰铸铁高。合金元素，尤其是钼能明显改善热疲劳性能。

5）抗氧化、抗生长性能。把铸铁置于高温下或将其反复加热冷却，铸铁会产生不可逆的膨胀，这种现象称为铸铁的生长。为抑制生长，可采取如下措施：

① 避免碳化物生成。

② 预先使珠光体分解。

③ 防止碳化物在使用时分解。

④ 控制氧化生长。

生产中常用添加合金元素来控制氧化生长，其中铬用得最普遍。

6）致密性。石墨的存在破坏了基体的连续性和致密性。故灰铸铁的致密性在很大程度上取决于石墨的形状和数量。导致石墨数量增多、粗大及缩孔、缩松、粗晶组织形成的因素都会降低致密性。添加少量合金元素的灰铸铁具有较高的耐渗漏能力。

（4）灰铸铁的工艺性能

1）切削加工性能。灰铸铁的切削加工性能较好。但若组织中渗碳体含量较高，石墨化不充分时，其切削加工性变差，要经退火处理才能进行加工。

2）灰铸铁的铸造性能　铸造性能良好，其生产成本低，质量容易保证。

3）焊接性能　由于碳含量较高，焊接性能较差。

（5）灰铸铁的牌号与要求

GB/T 9439—2010，依据直径 ϕ30mm 试棒加工的标准拉伸试样所测得的最小抗拉强度值，将灰铸铁分为 HT100、HT150、HT200、HT225、HT250、HT275、HT300 和 HT350 八个牌号，见表 2-6-8。

表 2-6-8　灰铸铁的力学性能

牌　号	抗拉强度 R_m/MPa	牌　号	抗拉强度 R_m/MPa
HT100	≥100	HT250	≥250
HT150	≥150	HT275	≥270
HT200	≥200	HT300	≥300
HT225	≥225	HT350	≥350

注：验收时，牌号为 n 的灰铸铁，其抗拉强度应在 n~(n+100) MPa 之间。

二、影响铸铁组织和性能的主要因素

铸铁的化学成分、铸件冷却速度以及其他的工艺因素（如液态金属的成核能力、金属中的气、炉料特征和铁液的纯净程度）对铸铁的石墨化影响较大。

1. 铸铁的化学成分对铸铁组织和性能的影响

铸铁的化学成分，除了5大元素C、Si、Mn、P、S以外，还有人为加入进去满足某些特殊功能的元素，如Cr、Mo、Cu、W、Ni、V、Ti、Sb、Sn、B等，有的是炉料及熔炼过程中带入的元素，如V、Ti、Al、Bi、Sb、Se、Zn、Sn等。它们对铸铁的性能都有影响。

（1）各元素在铸铁中的存在形式　铸铁中的各元素可以下列形式存在：溶于铁素体、奥氏体、渗碳体或其他相中；形成碳化物，与氧、硫、氮等化合物形成夹杂物；纯金属相等。

1）形成固溶体。不同的元素在铁素体、奥氏体、渗碳体中的溶解度有很大的差别。即使同一种元素，在不同相中的溶解度也是不同的，往往相差好几倍，并且随着温度的高低和其他元素的存在而变化。硅在铸铁的常见含量范围内完全溶于奥氏体或铁素体中。锰、镍、钴可无限溶于奥氏体，锰还可溶入渗碳体内。硫、磷两元素在奥氏体中的溶解度很低，并且随着奥氏体中含碳量的增加而减少。硫、磷均可少量溶入渗碳体中。

2）组成碳化物。强碳化物形成元素有V、Zr、Nb、Ti等；中强碳化物形成元素有Cr、Mo、W等；弱碳化物形成元素有Mn等。锰与碳的亲和力略强于铁，故除溶入铁的固溶体外，仅能溶入渗碳体而形成含锰的合金渗碳体，而不形成特殊碳化物。还有一个与碳作用比较特殊的元素，即Al。随着Al含量的不同，其作用特点也不同。上述元素与碳的亲和力由弱到强排序为：Mn、Cr、Mo、W、V、Ti（Nb、Zr）。

3）组成硫化物、氧化物、氮化物等夹杂物。如 FeS、MnS、FeS-MnS 等硫化物；SiO_2、MnO、Al_2O_3、FeO、TiO_2、MgO 等氧化物；与 V、Ti、Ca、Mg 等形成的氮化物；由 Fe_3P 组成的共晶体。

4）组成金属间化合物。合金元素含量较高时，有的元素与铁之间或彼此之间可能会形成金属间化合物。在铸铁的常见成分范围内，这种金属间化合物很少出现。但考虑到某些局部区域内元素的偏析和富集，某些金属间化合物还是有可能出现的。

5）纯金属相。在铸铁中，Cu、Pb 等超过溶解度后，可以纯金属相微粒状态存在于基体中。

（2）铸铁中常见元素对铁碳相图各临界点的影响　化学成分对石墨化的形状、分布、大小的影响也是十分复杂的。凡是促进共析转变时石墨化的元素，如 C、Si、Al 等，都使基体组织中铁素体的数量增加，珠光体数量减少；反之，凡是阻碍共析石墨化的元素，如 Mn、Mo、Cr、Cu、Ni、Sn、Sb 等，都使珠光体数量增加，而使铁素体数量减少，生产中为了提高强度，期望珠光体含量要高。大多数合金元素（除 Co 外）都使连续冷却下的珠光体转变时的冷却度加大，从而细化珠光体，促使索氏体的形成。

2. 碳当量和共晶度

由于铸铁化学成分对各临界点的影响较大，应对铸铁的成分进行判定，即亚共晶、过共晶及共晶成分。故引入了碳当量及共晶度的概念。根据各元素对共晶点实际碳量的影响，将这些元素的量折算成碳量的增减，称为碳当量，以 CE 表示。为简化计算，一般只考虑 Si、P 的影响，因而：

$$CE = w(C) + 1/3w(Si+P)$$

将 CE 值与 C 点碳量（4.26%）相比，即可判断某一成分的铸铁偏离共晶点的程度，如 CE>4.26% 为过共晶成分；CE=4.26% 为共晶成分；CE<4.26% 为亚共晶成分。

铸铁偏离共晶点的程度还可以用铸铁的实际含碳量与共晶点的实际含碳量的比值来表示，称为共晶度，用 S_c 表示。如 $S_c>1$ 为过共晶成分铸铁，$S_c=1$ 为共晶成分铸铁，$S_c<1$ 为亚共晶成分铸铁。

根据碳当量的高低、共晶度的大小还能间接地推断出铸铁铸造性能的好坏，以及石墨化能力的大小，因此它是一个比较重要的参数。

3. 五大元素对灰铸铁组织和性能的影响

（1）C 和 Si 的影响　C 和 Si 二者是铸铁的主要元素，对铸铁的组织及性能起决定性的作用。C 和 Si 都是强促进石墨化元素，二者含量过高时，都会使石墨及铁素体数量增多，而且石墨变得粗大，反而使力学性能下降。故生产中要控制其量，得到较多的珠光体并使之细化，从而提高力学性能。

（2）Mn和S的影响　与C和Si相反，Mn和S都是阻碍石墨化元素。S是有害元素，在晶界处会形成二元及三元硫共晶，会导致铸铁产生热脆，还会降低金属液的流动性。Mn是有益元素，与S有很好的亲和力，可以用来除硫。Mn可以溶于铁素体中形成置换固溶体，也可以加强铁与碳的结合力，使渗碳体稳定。Mn还能强烈降低共晶、共析温度，扩大奥氏体区，是一种阻碍石墨化的元素。当其含量达到一定量时，可以使珠光体的含量增多，而且也可以细化晶粒，从而提高铸铁的强度和硬度。为了保证铸铁有效得到珠光体，通常将Mn的质量分数控制在0.6%~1.2%的范围内。

（3）P的影响　P能形成低熔点的磷共晶，使铸铁产生冷脆，一般要求普通灰铸铁中P的质量分数在0.3%以下，并且要控制三元磷共晶的出现。P能降低共晶转变温度，是弱促进石墨化元素。在生产中还发现，铸铁P含量较高时，铸件可以减小产生粘砂、气孔缺陷的倾向。P能可降低液相线温度，提高金属液的流动性；有时为了提高耐磨性，如机床床身、缸套和活塞环，可以提高P的加入量，即P的质量分数可达0.6%以上

4. 铸件冷却速度对铸铁组织和性能的影响

冷却速度对铸件组织和性能影响比较大，以炉前三角试块进行分析。在实际生产中，铸件的冷却速度通常是以铸件壁厚、浇注温度和铸型散热条件等因素表现出来。

（1）铸件壁厚对冷却速度的影响　一般来说，在其他条件相同时，铸件壁越厚，冷却速度就越慢，组织越粗大，其性能也越低。生产中在确定铸件化学成分时，必须依据铸件壁厚来进行调整。

在实际生产中，铸件结构比较复杂，一般是用主要壁厚或关键壁厚来进行控制，即最小壁厚不要出现白口组织，最大壁厚不要出现缩孔、缩松、石墨粗大。从冷却及补缩的角度，引入了铸件模数的概念，也称折算厚度。

对于普通灰铸铁件来说，过大地增加铸件壁厚，不但不增加铸件的强度，反而会使铸件冷却速度降低、晶粒粗大、产生缩松的倾向增大、力学性能降低。

（2）浇注温度对铸件冷却速度的影响　铁液浇注温度对铸件冷却速度的影响实际上是对铸型条件影响。当铸件冷却到结晶温度时，高温铁液浇注的铸型已被加热至较高温度，而低温铁液浇注的铸型尚在较低的温度。因此，铁液在凝固时，高温浇注的温度差较低温浇注的温度差小，也就是说高温浇注能在凝固前使铸型达到较高的预热温度，从而降低了铸型的吸热速度，使此时的冷却速度反而低于低温浇注时的冷却速度，故高温浇注有促进石墨化和使石墨粗化的作用。

（3）铸型散热条件的影响　不同的材料具有不同的蓄热和散热能力，从而导致铸件冷却速度不同，组织性能也就不同。

通常将铸型对铸件的冷却能力称为激冷作用，激冷作用越大，铸件的冷却速度

就越快。一般砂型的冷却速度小，湿砂型对铸件的冷却速度大于干砂型，而金属型对铸件的冷却速度就更大。在铸件的关键部位摆放冷铁可以提高冷却速度，获得珠光体组织，并细化晶粒。但摆放时为了防止白口组织出现，应在冷铁上刷上涂料，摆放时距铸件边缘留有适当的尺寸。冷铁有生铁冷铁、石墨冷铁等。

5. 其他因素对铸铁组织和性能的影响

铁液的过热和高温静置、熔化铁液用的原材料、孕育处理等也对铸铁组织和性能有显著的影响。

(1) 铁液的过热和高温静置的影响 铁液的过热通常以过热温度和过热度表示。过热度是指铁液超过液相线的温度，而过热温度是指铁液的实际温度。高温静置是指铁液在过热温度下进行静置保温。

实践表明，提高铁液的过热温度（或过热度），延长高温静置时间，可使石墨和基体细化，力学性能提高。故生产中提倡高温出炉低温浇注。但过热度不宜太高，即过热时需要一个“临界过热度”。若将高温过热的铁液在较低温度下静置相当长时间，过热的效果便会局部或全部消失，这种现象称为过热效果的可逆现象。

(2) 孕育处理的影响 铁液进入型腔前，在一定条件下（如需要一定的过热温度、一定的化学成分、合适的加入方法等）向铁液中加入一定量的物质（孕育剂）以改变铁液的凝固过程，改善铸态组织，从而达到提高性能为目的的处理方法，称为孕育处理。在实际生产中孕育处理已广泛应用于灰铸铁、球墨铸铁、可锻铸铁、蠕墨铸铁等。孕育处理的目的主要是降低铁液的过冷倾向，增加石墨的成核能力，从而改变石墨的形态及细化程度等。

例如，在生产高强度灰铸铁时，往往要求铁液过热并适当降低碳、硅含量，它伴随着形核能力降低。因此往往会在铸态组织中出现过冷石墨（同时形成过量铁素体），甚至还会有一定量的自由渗碳体出现。孕育处理能降低铁液的过冷倾向，促使铁液按稳定系进行共晶凝固，形成较理想的石墨形态，同时还能细化晶粒，提高组织和性能的均匀性，降低对冷却速度的敏感性，使铸铁的力学性能得到改善。目前生产的高牌号灰铸铁或薄壁铸件几乎都要经过孕育处理。

(3) 气体的影响 氢、氮、氧是可以存在于铸铁中的三种气体元素。它们以三种形态存在于铸铁中：溶解于液态或固态铸铁中；与铸铁中其他元素形成化合物；从液态铸铁中析出，以气相形式存在，形成单质气体的气体杂质，即成为气泡。

1) 氢。氢具有强烈稳定碳化物和阻碍石墨析出的能力。铁液中溶解的氢会增大铸铁共晶凝固结晶的过冷度。铸件冷却速度越大，氢增大过冷度的效应就越明显。

一般来说，铸铁件形成氢气孔的临界氢质量分数为 $(1.8\sim3.6)\times10^{-6}$。随着含氢量的增加，灰铸铁的抗拉强度和塑性均下降，硬度稍有提高，铸造性能恶化。

2) 氮。在铁液中溶解的氮具有阻碍石墨化、增加碳化物的稳定性，促进 D 型石墨的形成、提高硬度、恶化铸铁的加工性能等影响。若含氮量恰当，则可以减少铁素体，增加珠光体并使之稳定。氮如达到一定含量，可以使片状石墨变得短、厚而且弯曲，石墨片头部变钝，促进蠕虫状石墨形成，提高铁素体和珠光体的显微硬度，提高灰铸铁的强度。当溶解的氮与氮化物形成元素（Al、B、Ti、Zr等）共存于铸铁中时，则会形成稳定的氮化物，而削弱了各自对铸铁石墨化过程的影响。

3）氧。氧对灰铸铁组织有以下影响：

① 根据条件不同，铁液中溶解的氧既可阻碍石墨化，又可促进石墨化。铁液中未化合的氧可阻碍石墨化，使铸铁的白口倾向增大。

② 含氧量增加，铸铁的断面敏感性增大。

③ 含氧量增高时，容易在铸件中产生气孔，因为要发生[FeO]+[C]=[Fe]+[CO]的反应，反应生成物CO不溶于铁液，高温时可逸出。但随着铁液温度的降低，铁液黏度增大，CO无法逸出，往往留在铸件皮下形成气孔。这种气孔一般呈簇状，位于铸件顶部，在生产中是常见的，铁液氧化严重时更易产生。

④ 增加孕育剂和变质剂的消耗量。

（4）炉料的影响　实际生产中，会遇到在相同化学成分的情况下，更换了炉料，从而使铸铁中的石墨结晶特性、石墨化程度、白口倾向以及石墨形态甚至基体组织都发生变化，造成铸铁组织和性能的差异。将铸铁性能与原炉料之间的这种关系称为炉料的遗传性。炉料的遗传性与生铁中的气体、形成裂纹的倾向、夹杂物及炉料的原始组织中的微量元素有关。生产中可以通过提高铁液的过热温度或用两种或两种以上产地的生铁搭配使用来消除遗传性对铸铁组织和性能的影响。

三、灰铸铁的化学成分

正确选择铸铁的化学成分，才能进行配料和熔化。为提高灰铸铁的性能，常采用下列几种措施：选择合理的化学成分，改变炉料组成，过热处理铁液、孕育处理，微量或低合金化。采取何种措施取决于所要求的性能及生产条件，往往同时采取两种以上的措施。

确定化学成分的原则如下：

1）使用性能是选择化学成分的前提，除了力学性能，有的铸件尚有其他性能的要求，如耐磨性、减振性以及良好的切削加工性能。一般得遵循设计图样上的材料牌号，不得修改，除非征得设计人员的同意。再则对灰铸铁性能影响最大的因素是碳当量。选取合适的碳、硅含量，降低碳当量可减少石墨数量、细化石墨、增加初析奥氏体枝晶量，是提高灰铸铁力学性能时常采取的措施。但要注意降低碳当量会导致铸造性能降低、铸件断面敏感性增大、铸件内应力增加、硬度上升、加工困难等问题，因此必须辅以其他措施。

在确定化学成分时，先确定主要元素，即C、Si、Mn、P、S，其中碳和硅是强烈的石墨化元素。

对于一些要求耐磨、致密的铸件，还需考虑提高强度等级或加入一些合金元素。

2）铸件在铸型中的冷却速度是确定化学成分的主要条件。在选择化学成分时，必须考虑铸件的大小、壁厚、浇注温度及铸型材料等特点。对于性能要求不高的铸件，可以其平均壁厚为依据选取化学成分，对于性能要求较高的铸件，应按主要壁厚、关键壁厚来选取化学成分，但都需保证薄壁不出现白口，厚大处不出现组织粗大等。

孕育处理是改变铸铁结晶组织极为有效的措施，但熔制孕育铸铁时化学成分的选择有它自己的特点，因此它们的化学成分选择必须满足孕育处理的要求。

3）高碳当量灰铸铁获得优良性能的技术途径是：提高基体显微组织硬度、增加组织中奥氏体枝晶数量、细化石墨和细化共晶团。主要强化措施是：控制五大元素中的正偏析元素 Mn 和反偏析元素 Si，在一定的 Mn+Si 范围内，调整 Mn/Si，可改善灰铸铁基体的显微硬度分布及适当提高基体平均显微硬度；添加少量 Cr、Cu 或微量 Ti，以增加组织中的奥氏体枝晶数量和细化石墨。

综上所述，化学成分选择的实践性很强，一般是先分析铸铁的性能和铸件的结构特点，在本厂生产条件的基础上，参考有关的实际经验数据进行确定。对于初步确定的铸件化学成分，必须结合生产条件不断调整，才能真正地获得预期的铸铁组织和各种使用性能。不同牌号、不同壁厚铸件的化学成分推荐值见表 2-6-9。

表 2-6-9　不同牌号、不同壁厚铸件的化学成分推荐值

牌　号	铸件主要壁厚/mm	化学成分(质量分数,%)				
		C	Si	Mn	P	S
HT100	所有尺寸	3.2~3.8	2.1~2.7	0.5~0.8	<0.3	≤0.15
HT150	<15	3.3~3.7	—	0.5~0.8	<0.15	≤0.15
	15~30	3.2~3.6	2.0~2.3			
	30~50	3.1~3.5	1.9~2.2			
	>50	3.0~3.4	1.8~2.1			
HT200	<15	3.2~3.6	1.9~2.2	0.7~0.9	<0.15	≤0.12
	15~30	3.1~3.5	1.8~2.1	0.7~0.9		
	30~50	3.0~3.4	1.5~1.8	0.8~1.0		
	>50	3.0~3.2	1.4~1.7	0.8~1.0		
HT250	<15	3.2~3.5	1.8~2.1	0.7~0.9	<0.15	≤0.12
	15~30	3.1~3.4	1.6~1.9	0.8~1.0		
	30~50	3.0~3.3	1.5~1.8	0.8~1.0		
	>50	2.9~3.2	1.4~1.7	0.9~1.1		
HT300	<15	3.1~3.4	1.5~1.8	0.8~1.0	<0.15	≤0.12
	15~30	3.0~3.3	1.4~1.7	0.8~1.0		
	30~50	2.9~3.2	1.4~1.7	0.9~1.1		
	>50	2.8~3.1	1.3~1.6	1.0~1.2		

四、灰铸铁的孕育处理

在长期的生产实践中，终于在 20 世纪 20 年代发明了孕育处理工艺，从而大幅度地改变了铸铁的组织和性能，使铸铁的抗拉强度达 300MPa 以上。这是人们在提高灰铸铁力学性能方面的重大突破，成为目前提高灰铸铁力学性能最为有效的措施，在生产中得到了广泛应用。

1. 孕育处理的目的

1）促进石墨化，减少白口倾向。

2）改善断面均匀性。

3）控制石墨形态，减少过冷石墨和共生铁素体的形成，以获得中等大小的A型石墨。

4）适当增加共晶团数和促进细片珠光体的形成。

5）改善铸铁的力学性能（如抗拉强度）和其他性能（如切削性能）。

2. 孕育铸铁的熔制原理

孕育铸铁的熔制原理就是在炉前向低碳、硅铁液中加入一定数量的促进石墨化元素（如FeSi75等），将原来按稳定系结晶的部分转变为按亚稳定系进行结晶。由于人为地在很短时间内加入了大量的结晶核心，降低了过冷，使共晶团细化，得到具有细小A型石墨片和细珠光体或索氏体基体的灰铸铁，力学性能显著提高。这种处理过程就称为孕育处理，经孕育处理所得的灰铸铁称为孕育铸铁，处理时向原铁液中加入的促进石墨化元素称为孕育剂。

3. 孕育铸铁的熔制工艺

首先要根据铸件要求，选择合理的化学成分，并确定是否要加入合金元素等。生产实践表明，孕育处理效果与铸铁的化学成分有关。对于需要进行孕育处理的高牌号灰铸铁，一般选用较低的碳、硅含量，一般将孕育铸铁的化学成分选在位于铸件组织图上的麻口内或白口与麻口交界处并靠近麻口区，碳当量越低，孕育效果越好。控制碳的质量分数为2.8%~3.0%，而把硅含量控制在稍低于能显著促进石墨化的临界值，这样加入较少孕育剂的量可以达到提高性能的效果。

孕育处理的铁液可选用较高的含锰量（$w_{Mn}=0.7\%\sim1.1\%$）和合适的含硫量（$w_S=0.05\%\sim0.09\%$）。

在确定化学成分时，同样要考虑到铸件壁厚和冷却速度的影响。表2-6-10给出了中等壁厚（20~50mm）孕育铸铁件的化学成分及配料表，仅供参考。

表2-6-10　中等壁厚（20~50mm）孕育铸铁件的化学成分及配料表

铸铁牌号	化学成分(质量分数,%)						炉料配比(%)			加入孕育剂的质量分数 w_{FeSi75} (%)	出铁温度/℃
	C	孕育前Si	孕育后Si	Mn	P	S	新生铁	回炉铁	废钢		
HT250	3.0~3.3	1.3~1.5	1.5~1.7	0.7~1.0	<0.15	<0.12	40~50	40~50	20~35	0.2~0.4	>1420
HT300	3.2~3.9	1.1~1.9	1.4~1.6	0.9~1.2	<0.15	<0.12	25~30	30~40	35~40	0.4~0.6	>1430
HT350	2.8~3.1	0.9~1.0	1.3~1.5	1.0~1.4	<0.12	<0.12	15~20	25~35	45~55	0.6~0.8	>1440

4. 孕育铸铁熔炼的要求

1）铁液要有一定的过热温度。温度、化学成分、纯净度是铁液的三项冶金指标，铁液温度的高低又直接影响到铁液均匀成分及纯净度。铁液温度的提高有利于铸造性能的改善，更重要的是，如果在一定范围内提高铁液温度，能使石墨细化、基体组织细密、抗拉强度提高。对于孕育铸铁来说，过热铁液的要求是着眼于纯化铁液，提高铁液的过冷度，以期在孕育时加入大量的人工核心，迫使铸铁在“受控”条件下进行共晶凝固，从而达到真正孕育的目的。因此要做好孕育铸铁，要在最大程度上改变它受控于原来自身条件的凝固特点。

2）对炉料要求较严，应干净无锈无油污，块度要标准，要能高温出炉，一般出炉温度大于1450℃为宜。若能提高出炉温度并延长静置时间，则能大大方便炉前孕育处理，而且效果更好。据资料介绍，国外一些厂家的孕育铸铁的铁液出炉温度可达1500~1550℃。

5. 孕育剂

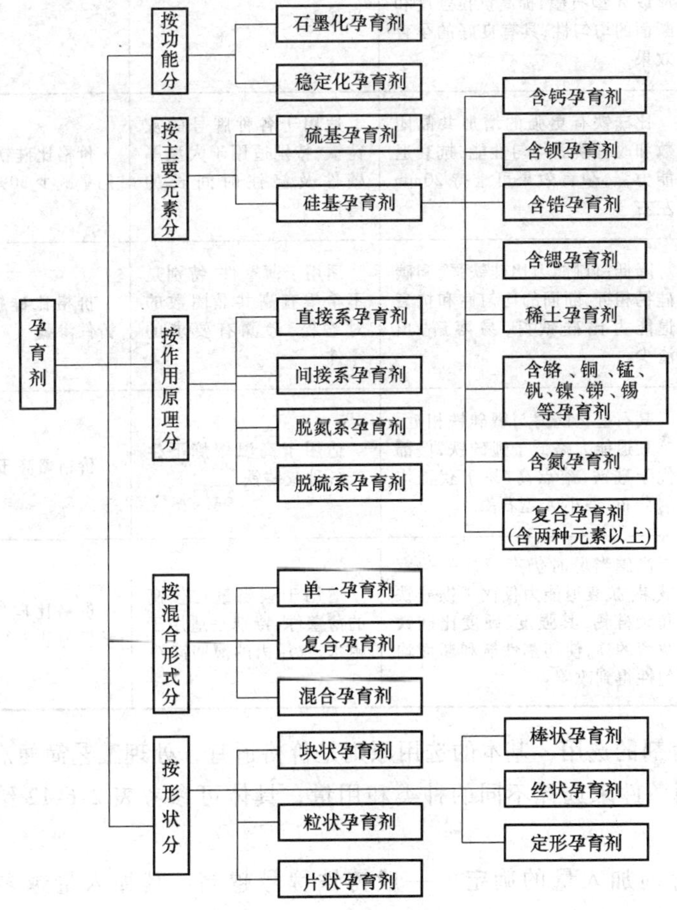

图 2-6-8 孕育剂的分类

不同孕育剂具有不同的特点，原因在于其组成中各元素都有各自的功能。因此，必须根据孕育剂组成元素的特性，按照自己的生产条件和对铸件的要求选择孕育剂。

（1）孕育剂的分类　可以按功能、所含主要元素、混合形式、形状等进行分类，如图 2-6-8 所示。我国常用的孕育剂是 FeSi75 和硅钙合金。

（2）孕育剂的性能及适用范围　表 2-6-11 列出了国产常用孕育剂的性能特点和适用范围。

表 2-6-11　国产常用孕育剂的性能特点和适用范围

孕育剂名称	性能特点	适用范围	备注
硅铁（FeSi）	孕育速度快，在 1.5min 内孕育状态达到峰值，8～10min 后衰退到未孕育状态，可减少过冷度和白口倾向，增加其晶团数量，形成 A 型石墨，提高抗拉强度和断面的均匀性，具有良好的孕育效果	适用于 HT250、HT300 生产，由于抗衰退能力差，若不用瞬时孕育则效果较差	价格最便宜，来源最广泛
钡硅铁（FeSiBa）	比硅铁有更强的增加共晶团数和改善断面均匀性能，抗衰退能力强，孕育效果可维持 20min 左右	适用于各种牌号的灰铸铁，特别适用于大型厚壁件及浇注时间长的铸件	价格比硅铁高 20%～30%，用量减少 30%
锶硅铁（FeSiSr）	降低白口能力比硅铁强，和碳硅钙相近，断面的均匀性和抗衰退能力比硅铁好，易溶解，出渣少	适用于薄壁件，特别是不希望有高共晶团数的对缩松、渗漏有要求的零件	价格比硅铁高，但可防止铸件渗漏
碳硅钙（TG1）	其石墨化能力与锶硅铁相近，抗衰退能力略低于钡硅铁，但都优于硅铁，熔点高，易于获得均匀分布、细小 A 型石墨	适用于高温熔炼下生产各种灰铸铁	价格略高于硅铁，用量少
稀土钙钡硅铁（RECaBa）	高碳当量时仍有较好的孕育效果，抗衰退能力仅次于钡硅铁和碳硅钙，其强度、硬度比硅铁孕育的高，使切割性能和断面均匀性得到改善	适用于碳当量比较高的薄壁件，特别是适用于耐水、气压力的薄壁铸件	价格比硅铁高一倍，其用量仅为硅铁的一半

（3）孕育剂的选用　基本的选用原则是价格适宜，处理工艺简便。可依据孕育的目的和使用条件来选择不同的种类和用量，具体可参考表 2-6-12 给出的孕育剂的选用原则。

（4）孕育剂加入量的确定　一般铸铁牌号越高，其加入量越多。以常用的 FeSi75 为例，加入量为 0.2%～0.6%，使用前将其破碎成一定的粒度，其破碎程度和所处理的浇包容量有关，浇包的容量大，粒度可增大，如 2t 浇包孕育剂粒度取 3～10mm。加前应预热烘烤，在 250～450℃下烘烤去除水分。

表 2-6-12 孕育剂的选用原则

序号	孕育目的及使用条件	孕育剂种类及用量
1	降低白口深度	低硫铁液时采用 RE、Ca、Sr 系列孕育剂,高硫铁液时采用碳系或石墨
2	降低白口深度,提高抗拉强度	采用石墨化和稳定化(含有珠光体稳定元素)复合孕育剂;采用石墨化孕育剂时,RE、Ca、Ba 系较好
3	提高抗拉强度	采用稳定化孕育剂,其次是氮系和稀土系
4	减少断面敏感性	采用稳定化系、Ba 系孕育剂
5	电炉熔炼铁液	增加孕育剂用量或采用稀土孕育剂;冲天炉-电炉双联熔炼时,采用含 Zr 孕育剂
6	使用带锈的炉料或铁液氧化(铁液不允许严重氧化)	采用脱氧能力强的孕育剂(如 RE、Mg),增加孕育剂加入量
7	铁液成分	高牌号铁液需用较多的孕育剂;铁液含硫量低的需增加孕育剂量[尤其是 $w(S)<0.05\%$]或用稀土孕育剂
8	大件、厚件及衰退明显	采用"长效"孕育剂,如 Ba、Zr、Sr 系,采用高熔点、块大的孕育剂
9	薄壁件	防白口能力强的孕育剂,并适当加大用量
10	铸型条件	高压造型、铬矿石砂型等传热快的铸型需用较多的孕育剂
11	出铁温度和浇注温度	温度高使用熔点高、衰退慢的孕育剂
12	浇注方法	大包浇注、气压浇包浇注、机械化自动化浇注应采用衰退的孕育剂,并加大用量
13	孕育方式	出铁槽孕育、包内孕育、孕育剂用量大,后孕育、铁液流孕育、型内孕育、孕育剂用量可少,熔点要低,粒度要小,FeSi75 较好
14	降低成本	适用 FeSi75 孕育剂,减少孕育剂用量(防铁液氧化),应用迟后孕育,采用最佳加入量少,使用成本与 SiFe-1、SiFe-2 相当的 BaSiFe、RE-CaBa 孕育剂

(5) 孕育方法、原理及优缺点(表 2-6-13)

表 2-6-13 孕育方法、原理及优缺点

孕育方法		原理	优缺点
包内孕育	包内冲入法	孕育剂加入包中,然后冲入铁液	方法最简单,但孕育剂易氧化,烧损大;在包内易浮起和渣混在一起,不起孕育作用,孕育剂用量多,孕育至浇注时隔最长,衰退最严重
	出铁槽孕育	出铁时,用手工、孕育剂料斗或振动给料器把孕育剂加到铁槽的铁液流中,或倒包时加到铁液流中	孕育剂氧化减轻;孕育剂浪费少,但用量仍偏多;浇注前停留时间长,衰退严重
瞬时孕育	浇口杯孕育	把孕育剂(粒或成形状)放入浇杯中,铁液进入浇杯,使孕育剂溶解后进入铸型	增加造型工作量,孕育剂颗粒易浮起、浪费;孕育后铁液立即进入铸型,基本不衰退,孕育剂用量比包内孕育法少
	硅铁棒孕育	浇注时,通过铁液流对包嘴处硅铁棒的冲刷来达到孕育	衰退少;孕育剂用量比包内法少;硅铁棒制造麻烦;孕育剂用量不易控制,对浇注工艺要求高
	大块浮硅孕育	将大块孕育剂放在包底,冲入铁液使孕育剂边熔边浮,铁液表面仍有 1/4~1/5 的硅铁块,或包内冲入法后在液面撒一层硅铁	铁液液面处富硅,浇注的铁液似钢孕育,衰退小;操作简单;减少破碎工作量 但块度要与温度、包容量相配;孕育剂消耗量大

（续）

孕育方法		原　理	优缺点
瞬时孕育	孕育丝孕育	把孕育剂包在空心金属丝中，采用改进的焊丝给料机，均匀进入直浇道或浇杯的铁液中	孕育剂加入量可减少到0.08%以下；孕育丝能自动均匀地进入铁液；无衰退 孕育丝供应成本高，都为定点使用，要求控制系统可靠
	铁液流孕育	把孕育剂用重力或气力加到铸型的铁液流中	孕育剂用量可减至0.1%；孕育剂粒能均匀进入铁液流，无衰退，效果比包内孕育法更好，最好定点使用，控制系统要可靠
型内孕育	全部孕育	把孕育块（一定块度或成形块）放在浇注系统内（过滤芯上、直浇道底部或横浇道内），铁液进入时就被孕育	孕育均匀，无衰退，孕育剂用量可降至0.05%～0.10% 要求孕育块能连续均匀熔化；易生渣；要修改浇注系统、降低成品率，一般作辅助孕育用，已有成形块供应
	局部孕育	在铸型局部放小孕育块或撒孕育剂粉	能明显减少铸件局部产生白口，作辅助孕育用

1）冲入法，包括包内冲入法及出铁槽孕育法。将孕育剂放入包内，在铁液冲刷下熔化孕育，或撒在出铁槽中并距出铁口300～400mm处，出铁时被铁液冲刷熔化孕育。特点是加入量多，氧化烧损严重，孕育衰退严重，已逐渐被瞬时孕育所取代。

2）瞬时孕育包括浇口杯孕育、浮硅孕育、包口孕育等。

① 浇口杯孕育是将孕育剂放入到浇口杯中，随铁液浇注熔化孕育。特点是无衰退，孕育剂加入量少，但造型工作量增大。

② 浮硅孕育是将大块孕育剂放在浇包液面上，随着浇注边浇边熔边孕育。特点是可防止衰退，操作简便，但块度要与浇包容量相符，加入量大。

③ 包口孕育是将粒状（粒度为0.5～2mm）孕育剂、孕育棒或孕育丝放在包嘴处边浇注边孕育。特点是延缓衰退，加入量少，但浇注工艺要求高，工作量大。

3）型内孕育。将孕育剂放在浇注系统内，铁液冲入时进行孕育。此法孕育效果均匀，无衰退，加入量少，但对浇注温度要求严格，适用于机械化造型、自动化流水线成批大量生产。

（6）孕育处理的炉前检验　采用三角试块检验，速度快但比较粗略，也可以通过光谱分析仪分析。孕育前和孕育后所浇注的三角试片的白口数与铸铁牌号的对应关系见表2-6-14。

孕育后白口数应为铸件主要壁厚的1/4～1/3，且不得大于铸件最小壁厚的一半，以免出现白口。检查中白口数过大时，在温度许可时可补加孕育剂；白口数过小时，可加入适当的锰铁或铬铁进行调整，或降级使用浇注低牌号铸件。

表2-6-14　铸铁牌号与孕育前后三角试片白口数的关系

铸铁牌号	HT250	HT300	HT350
孕育前白口数/mm	6～12	8～18	12～24
孕育后白口数/mm	3～7	4～8	5～10

6. 孕育铸铁的金相组织和铸造性能

（1）金相组织 基体组织为弥散度很高的珠光体或索氏体，无较大块的铁素体。石墨也明显细化，由原来的D、E型石墨变为A型石墨。

（2）铸造性能 由于C、Si含量低，孕育处理有一定的降温，故其流动性降低、收缩倾向加大，易产生缩孔和缩松，铸造应力增加。因此，一般要求有较高的出炉温度和浇注温度；同时适当加大浇注系统，采取加快浇注速度的措施；设置合适的冒口，并防止变形、开裂。进行人工时效，去除应力。

7. 低合金化概述

通常加入合金元素质量分数小于3%的灰铸铁称为低合金铸铁。灰铸铁的合金化是提高其力学性能和使用性能、节省材料的重要途径。

（1）少量合金元素的作用

1）改善并显著提高铸铁的强度性能，增加硬度。

2）增加铸件组织和性能的均匀性，降低断面敏感性，改善切削性能。

3）改善铸件的塑性。

4）改善铸铁的高温和低温性能。

5）提高铸铁热处理的淬透性和改善耐磨性。

（2）常用元素的石墨化能力 目前认为阻碍铸铁石墨化的次序为W、Mn、Mo、Cr、Sn、V、S，依次递增。

合金元素不仅价格昂贵，而且某些元素，尤其是碳化物稳定元素在超过一定量后，不仅无益，反而会增大白口倾向，促使基体内有硬质点产生。常用合金加入量见表2-6-15。

表2-6-15 常用合金加入量

合金元素	加入量（质量分数，%）	合金元素	加入量（质量分数，%）
Cr	≤1.0，一般<0.5①	Sb	<0.03
Cu	≤3.0	Ti	<0.35（增奥氏体枝晶，得D型石墨）
Ni	<3.0		
Mo	≤1.0	W	<0.3
V	≤0.3	B	<0.04
Sn	0.04~0.1	N	$<120\times10^{-6}$

① 对有致密性要求的铸件：$w_{Cr}<0.35\%$。

（3）注意要点

1）在设法提高灰铸铁强度、性能的同时，必须使灰铸铁维持尽可能高的碳当量，以使灰铸铁具有较好的铸造性能，从而发挥灰铸铁的特长。

2）必须严格控制好铁液的化学成分，以保证灰铸铁件的组织和性能均匀、稳定。加入合金元素以后，铁液可维持比不加合金时较高的碳当量，因此其白口倾向较小，铸造性能好，不易产生缩孔和缩松。而且在较高碳当量时，宜选用较高的碳量、较低硅量，防止硅增加铁素体、粗化珠光体、中和合金元素作用的有害倾向，这样在添加合金元素后，就能获得最好的强度和断面均匀性。

综上所述，由于普通灰铸铁石墨片粗大，强度低，从而发展了孕育铸铁。在浇注前向铁液中加入少量可以成为石墨结晶核心的物质（孕育剂），使铸铁中片状石墨细化，称为孕育处理，经孕育处理的铸铁称为孕育铸铁。

常用的孕育剂有：SiFe 合金（w_{Si} 为 75%）、Si-Ca 合金、Si-Ca-RE 合金，Si-Ba-Ca 合金等。

孕育铸铁的特点如下：

1）成分。C、Si 含量低于普通灰铸铁。Mn 含量高于灰铸铁，目的在于中和 S 的影响，获得珠光体和提高强度。

2）组织。基体组织为珠光体，细小的片状石墨分布于基体中。

3）性能。与普通灰铸铁相比，抗拉强度、耐磨性明显提高，断后伸长率、冲击韧度值提高较少。

第三节　球墨铸铁

球墨铸铁是指铁液经过球化处理而使石墨全部或大部分呈球状，有时少量为团絮状的铸铁。和灰铸铁相比，由于石墨呈球状，对金属基体的割裂作用大为减小，使金属基体的利用率提高，可达 70%～90%（而普通灰铸铁仅为 30%～50%），基体的塑性和韧性也得以发挥。

球墨铸铁同铸钢相比，它的强度指标接近甚至超过碳钢和一些合金钢，具有铸造性能好、耐磨性和耐蚀性好、生产工艺和设备简单、成本低、应用广泛等特点。

一、球墨铸铁的金相组织、性能特点、牌号及技术要求

1. 球墨铸铁的金相组织特点

球墨铸铁的力学性能与金属的金相组织密切相关，金相组织的结构决定了力学性能。球墨铸铁也不例外，只有石墨球化，才能发挥金属基体的作用，使铸铁的力学性能大幅度提高，也只有石墨球化，进一步改变基体的性能才更有意义。因此，对球墨铸铁的金相研究，是了解和使用球墨铸铁的前提条件。

（1）石墨　球状石墨的形成经历了形核与生长两个阶段。其中的形核是石墨的首要过程，铁液在熔炼及随后的球化、孕育处理中产生大量的非金属夹杂物，初生的夹杂物非常小，在随后浇注、充型、凝固过程中相互碰撞、聚合变大，上浮或下沉，成为石墨析出的核心。球状石墨核心形成以后，碳原子开始在核心基底上堆砌，石墨最终生成的形状决定受工艺条件影响的生长方式。所以，石墨生长过程的控制是获得球状石墨的关键。

1）球状石墨的生长条件：

① 极低的硫、氧含量。

② 限制反球化元素。

③ 保证必要的冷却速度。

④ 添加球化元素。第一组：镁、钇、铈、钙、镧、镤、钐、镝、镱、钬、铒，质量分数最好为 0.04%～0.08%；第二组：钡、锂、铯、铷、锶、钍、钾、钠，质量分数最好为 0.07%～0.12%；第三组：铝、锌、镉、锡，质量分数最好为 0.15%～0.2%。

2）金相组织。球状石墨外貌接近球形，内部呈放射状，有明显的偏光效应。石墨是由多角锥体枝晶组成的多晶体，各枝晶的基面垂直于球径，C 轴呈辐射状指向球心。球状石墨的外貌如图 2-6-9 所示。

图 2-6-9 球状石墨的外貌

球墨铸铁中允许出现的石墨形态，除了主要的球状石墨以外，还可以有少量的非球状石墨，如团状、团絮状、蠕虫状等。国家标准《球墨铸铁金相检验》（GB/T 9441—2009）是球墨铸铁金相检验标准，将球化等级分为六级，见表 2-6-16。

3）石墨大小。GB/T 9441—2009《球墨铸铁金相检验》将石墨大小分成六级。球状石墨球化等级如图 2-6-10 所示，球墨铸铁石墨球的大小对力学性能的影响很大，减小石墨球径，增加石墨球在单位面积的个数可以明显地提高球墨铸铁的强度、塑性和韧性。石墨球径的减小，使单位面积上球墨铸铁数量增多，可使疲劳强度提高，因此，细化石墨也是提高疲劳强度的一个要求。

表 2-6-16 球化等级

球化等级	说 明	球化率(%)	图号
1 级	石墨呈球状，少量团状，允许极少量团絮状	≥95	图 2-6-10a
2 级	石墨大部分呈球状，其余为团状和极少量团絮状	90	图 2-6-10b
3 级	石墨大部分呈团状和球状，其余为团絮状，允许有极少量蠕虫状	80	图 2-6-10c
4 级	石墨大部分呈团絮状和团状，其余为球状和少量蠕虫状	70	图 2-6-10d
5 级	石墨呈分散分布的蠕虫状、球状、团状、团絮状	60	图 2-6-10e
6 级	石墨呈聚集分布的蠕虫状、片状及球状、团状、团絮状	50	图 2-6-10f

（2）金相基体 球墨铸铁的基体组织取决于化学成分、一次结晶和二次结晶过程，可以是铁素体、珠光体（包括片间距细小的索氏体和托氏体）、奥氏体、贝氏体（包括上贝氏体和下贝氏体）和马氏体。其中，在生产中大约有 90%的球墨铸铁基体组织由铁素体和珠光体组成，包括纯铁素体或纯珠光体基体组织。

1）铁素体。根据 GB/T 9441—2009《球墨铸铁金相检验》评定铁素体数量。

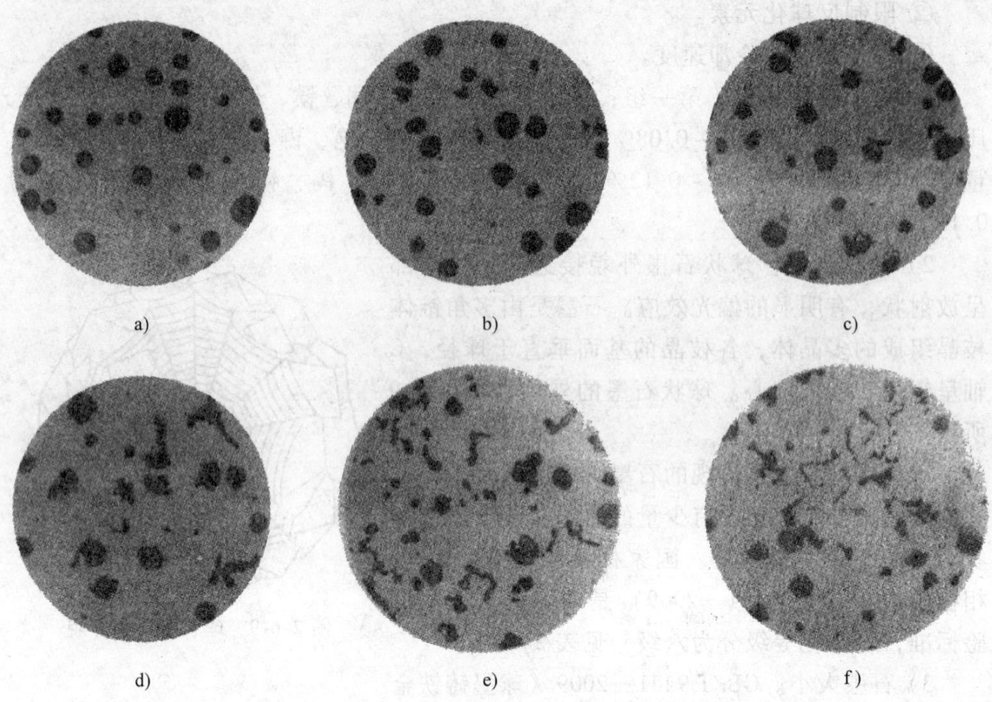

图 2-6-10 球状石墨球化分级（100×）
a）1 级 b）2 级 c）3 级 d）4 级 e）5 级 f）6 级

铁素体的百分比，按大多数视场对照图片评定。一般不检查牛眼铁素体数量，仅检查与其共存的珠光体数量

2）珠光体。在球墨铸铁中，珠光体的形态一般分为三级：粗片状珠光体、片状珠光体和细片状珠光体。随着珠光体的细化，球墨铸铁的强度和硬度有所提高。若基体为粒状珠光体，则球墨铸铁在保持一定强度的同时，具有更高的塑性。

按球墨铸铁的基体中珠光体数量的多少分为 12 级：珠 95（珠光体数量>90%）、珠 85（>80%~90%）、珠 75（>70%~80%）、珠 65（>60%~70%）、珠 55（>50%~60%）、珠 45（>40%~50%）、珠 35（>30%~40%）、珠 25（≈25%）、珠 20（≈20%）、珠 15（≈15%）、珠 10（≈10%）、珠 5（≈5%）。

3）奥氏体、贝氏体、马氏体。由奥氏体、上贝氏体或下贝氏体通过等温淬火，加入适当元素获得。

4）渗碳体。渗碳体多呈针状、条状，在球墨铸铁中易使基体变脆，故应避免其出现。

5）磷共晶体。磷共晶体在球墨铸铁中对性能的危害比在灰铸铁中大得多。沿晶界分布的二元或三元磷共晶体，强烈降低球墨铸铁的韧性、塑性和强度，受冲击时，裂痕总是沿磷共晶体边缘开始开裂。

2. 球墨铸铁的性能特点

（1）力学性能 为了进一步了解球墨铸铁的性能特点，现将球墨铸铁和其他钢铁材料的性能相比。可以看出，球墨铸铁的力学性能远超过灰铸铁，也比同基体的可锻铸铁好。

1）静载荷性能，包括硬度、强度、塑性和弹性模量。

① 硬度。球墨铸铁的硬度主要取决于基体组织，而且与抗拉强度、断后伸长率等净荷载性能有相应的关系。

② 强度和塑性。球墨铸铁的强度和塑性主要取决于基体组织，下贝氏体或回火马氏体的强度最高，其次是上贝氏体、索氏体、珠光体。随着铁素体含量增多，强度下降，断后伸长率增加。奥氏体或铁素体强度较低，塑性较好。

③ 弹性模量。球墨铸铁的弹性模量高于灰铸铁，因此其声波传播速度、固有频率都高于灰铸铁。利用声学的差别，可检验球化率等级。

2）动荷载性能，包括冲击韧度、抗拉强度和疲劳强度。

① 冲击韧度。铁素体球墨铸铁由于含硅量变化，贝氏体球墨铸铁由于上、下贝氏体及奥氏体数量变化，冲击韧度的变化范围较大。

② 抗拉强度和疲劳强度（表 2-6-17）。某些球墨铸铁具有很高的抗拉强度和疲劳强度，相当于 45 钢正火，如珠光体球铁。

表 2-6-17 抗拉强度和疲劳强度

材料	抗拉强度 R_m/MPa	疲劳强度 σ_{-1}/MPa	疲劳强度/抗拉强度
铁素体球铁	461	206	0.45
铁素体球铁	470	245	0.52
珠光体球铁	735	255	0.347
珠光体球铁	760	269	0.35
珠光体球铁	710	262	0.37
贝氏体球铁	1170~1470	304~343	0.2~0.26
铁素体球铁	490	210	0.43
珠光体-铁素体球铁	621	276	0.44
回火马氏体球铁	931	338	0.36
上贝氏体球铁	1088	412	0.38

3）高温和低温力学性能。

① 硬度。各种球墨铸铁低温下有很好的硬度，但石墨在 540℃ 时开始粒状化，高于 650℃ 逐渐分解，硬度下降并接近铁素体球墨铸铁的硬度。

② 高温短时力学性能。铁素体球墨铸铁在低于 315℃ 时没有明显变化，高于此温度时强度明显降低，760℃ 抗拉强度降低到 41MPa，伸长率从室温到 540℃ 时降低至 8%，高于 540~760℃ 随温度上升，伸长率急剧增加。珠光体球墨铸铁抗拉强度随温度上升迅速降低，伸长率自室温上升至 425℃ 时逐渐降低至 3%，自 425℃ 上升至 760℃ 时明显增加。

③ 低温性能。随着温度的下降，球墨铸铁逐渐发生由韧性向脆性的转变，尤其在脆性转变温度以下，冲击韧度值急剧下降。同时，屈服强度提高，伸长率下降，对应力集中的敏感性明显增加，表现为屈服以后变形量较小即断裂。对于常温下塑性、韧性较好的铁素体球墨铸铁，低温下抗拉强度提高。

和其他钢铁材料一样，球墨铸铁的常温力学性能随着温度的升高而下降，伸长率则相反。随着基体组织的不同，它们的强度及塑性韧性各有不同。冲击韧度见表2-6-18。

表 2-6-18 冲击韧度

基体组织	冲击韧度/(J/cm^2)	基体组织	冲击韧度/(J/cm^2)
铁素体	50~150	贝氏体	30~100
珠光体	15~35	回火索氏体	20~60

（2）使用性能　球墨铸铁的使用性能包括减振性、耐热性、耐蚀性、耐磨性。

1）减振性。球墨铸铁的减振性优于钢，劣于灰铸铁。球化率越高，减振性越差。温度上升，灰铸铁的减振性下降，但是对球墨铸铁的影响很小。

2）耐热性。球墨铸铁中的石墨彼此分离，与灰铸铁相比，可阻碍高温下氧的扩散。因此球墨铸铁的抗氧化性和抗生长性均优于灰铸铁，也优于可锻铸铁。铁素体球墨铸铁的高温抗生长性优于珠光体球墨铸铁。提高硅含量或铝含量可改善球墨铸铁的抗氧化性及耐热性。

3）耐蚀性。在大气中球墨铸铁耐蚀性优于钢，与灰铸铁、可锻铸铁相近。球墨铸铁在土壤中的耐蚀性优于钢，与灰铸铁相近。球墨铸铁耐点蚀能力略强，但球墨铸铁管经腐蚀后的强度损失则小于灰铸铁管。球墨铸铁在室温下质量分数为0.5%的硫酸溶液中的耐蚀性与灰铸铁大体相同，开始阶段球墨铸铁的腐蚀速率低于灰铸铁，但在灰铸铁表面形成石墨化层后腐蚀速率下降，球墨铸铁则无下降倾向，而在后期高于灰铸铁。

球墨铸铁和灰铸铁在碱溶液中的耐蚀性良好，与钢相近。球墨铸铁对有机物、硫化物、熔融金属（低熔点）的耐蚀性与灰铸铁相近。

4）耐磨性。球墨铸铁是良好的耐磨和减摩材料，耐磨性优于同样基体的灰铸铁、碳钢以及低合金钢。

① 润滑耐磨。球墨铸铁的耐磨性优于灰铸铁。

② 磨料磨损。球墨铸铁在磨料磨损条件下也有一定应用。但与白口铸铁、低合金钢相比，普通球墨铸铁的耐磨性并不太好，只有合金球墨铸铁或合金贝氏体球墨铸铁有良好的耐磨性。

（3）工艺性能

1）切削性能。由于球墨铸铁含有较多的石墨，可以在切削时起润滑作用，使切削的阻力减小，切削速度较高。珠光体增多使切削性能下降，贝氏体球墨铸铁的切削性能较差。

2）焊补性能。当球墨铸铁需要焊补时，在焊缝及近缝区，当镁和稀土含量较高，易产生白口组织或马氏体，形成内应力和裂纹；当镁和稀土含量不足时，焊缝呈灰铸铁组织，使力学性能降低。因此，球墨铸铁焊补时所用焊条及气焊丝应按国家标准 GB/T 10044—2006。

3. 球墨铸铁的牌号及技术要求

（1）球墨铸铁的牌号 根据 GB/T 1348—2009，球墨铸铁共分为 14 个牌号，具体性能参数请参阅该标准。

（2）球墨铸铁件的技术要求（表 2-6-19）

表 2-6-19 球墨铸铁件的技术要求

球墨铸铁件	技术要求	
	项 目	内 容
主要保证条件	力学性能	抗拉强度和伸长率按 GB/T 1348—2009 的规定
	几何形状及尺寸	按图样规定 自由尺寸公差按 GB/T 6414—1999 的规定，有特殊要求的可按图样或有关技术要求规定
	表面质量	粘砂、氧化皮等应清净，浇冒口、出气孔、飞翅和毛刺应除掉残根；表面粗糙度等级及评定按 GB/T 6060.1—1997 的规定，由供需双方商定标准等级
	缺陷	加工面上允许存在加工余量范围内的表面缺陷，但不允许有影响铸件使用性能的缺陷（如裂纹、冷隔、缩孔、夹渣等）存在
协议保证条件	力学性能	冲击韧度、屈服强度、硬度作验收依据时，应按 GB/T 1348—2009 的规定测定；在铸件本体上取样时，部位及性能指标由双方协商确定
	金相组织	球化一般不低于 4 级，检验次数、取样位置应进行商定
	缺陷修补	非加工面上及铸件内部允许的缺陷由供需双方按铸件要求商定 不影响使用的缺陷可以修补（焊补或其他方法），修补技术要求由供需双方商定，但经焊补的球铁件应进行消除内应力热处理

二、影响球墨铸铁组织和性能的主要因素

（1）碳 碳对球墨铸铁铸造性能和球化效果有明显的影响。含碳量高，则析出的石墨数量多，石墨球数多，球径尺寸小，圆整度增加。提高含碳量可以减小缩孔体积，减少缩松面积，可使铸件致密。碳质量分数为 4.0%～4.3%时，缩松倾向最小；含碳量过高，降低缩松的作用不明显，反而出现严重的石墨漂浮。含碳量在一定程度上影响球化效果。含碳量高，则石墨球数随之增加；因石墨呈球状，则含碳量对力学性能的影响就不如片状石墨的显著。因此，含碳量对球墨铸铁力学性能的影响主要是通过其对金属基体的影响起作用。对铸态球墨铸铁来说，增加含碳量可以减少游离渗碳体，碳质量分数接近 3.0%时，渗碳体消失；超过 3.0%，则开始出现铁素体。此时力学性能相应发生变化，增加含碳量导致硬度下降，断后伸长率上升。当碳的质量分数接近 3.0%时，则出现最高的抗拉强度。

选择含碳量应从保证球墨铸铁具有良好的力学性能和铸造性能两方面考虑，选择高碳量有助于获得健全铸件。对于退火铸件来说，含碳量对力学性能的影响不显著。对于铸态球墨铸铁件来说，则应采用高碳量。在球墨铸铁的生产中，碳质量分数一般为3.5%~3.8%，高碳量即指碳质量分数为3.8%。但是，在球墨铸铁生产中，需要加入较多的硅，从而引起碳当量发生变化。因此，球墨铸铁力学性能还必须考虑碳当量的影响。

碳当量对球墨铸铁的流动性影响很大。提高碳当量可以增加球墨铸铁的流动性。在碳当量为4.6%~4.8%时，流动性最好，有利于浇注成形、补缩。碳当量继续增加，则流动性反而下降。随着碳当量的增加，缩孔体积不断增加。碳当量在4.2%左右时，缩孔体积最大。碳当量继续增加，缩孔体积反而减小。把碳当量控制在4.2%~4.8%，则缩孔小、缩松少，可以获得健全铸件。

（2）硅　硅是促进石墨化的元素，硅使共晶温度升高，使共晶含碳量降低。化学分析表明，在珠光体等温转变所形成的碳化物中，含硅量很少，这说明，硅原子能迅速从碳化物移向固溶体。这也就是说，硅是不形成碳化物的元素。适当提高含硅量，可使珠光体减少，铸态强度、硬度降低，塑性增高。但含硅量过高，硅溶于铁素体中，能起强化作用。因此，硅质量分数超过3%就会使球墨铸铁的塑性下降，脆性增高。球墨铸铁的含硅量取决于铸件的壁厚大小和金属基体组织要求。厚大铸件的含硅量应低些，以防止石墨漂浮。薄小的铸件，其含硅量应该高一些，以防止出现大量渗碳体和白口。要求珠光体基体时，硅总质量分数应控制在2.0%~2.6%。铸态铁素体球墨铸铁硅总质量分数一般可为2.4%~2.9%。在硅总质量分数不变的条件下，若能将较多的硅在孕育时加入铁液，可使石墨细化和提高圆球度，也使球墨铸铁的铸造性能和力学性能都有较大的改善。因此，要求原铁液含硅量尽量低一些，以便提高孕育剂含量，获得强度、韧性较高的球墨铸铁。

（3）锰　球墨铸铁中，球化元素的抗硫能力比锰强得多，锰主要起合金化作用，含量可以较低，质量分数一般为0.3%~0.8%。因为锰是稳定珠光体的元素，因此，以前都认为珠光体球墨铸铁含锰量应较高。近年来人们发现锰在球墨铸铁中有严重的偏析倾向，共晶团晶界上的锰量可高于晶内3~4倍，在晶界处形成硫化物，从而降低球墨铸铁的塑性和韧性。因此，即使是珠光体球墨铸铁，目前看来锰的含量也有降低的趋势。对于铁素体球墨铸铁，含锰量高时，在晶界附近的残留珠光体不易消除，使得退火的时间延长，所以锰质量分数应降为0.3%~0.5%。有的厂家建议铸态高韧性球墨铸铁的锰质量分数在0.2%~0.3%为好。贝氏体球墨铸铁锰的质量分数也应在0.5%以下，所以球墨铸铁一般都希望低锰，珠光体球墨铸铁可适当放宽一些。

（4）磷　一般认为磷在球墨铸铁中属于有害元素。能使球墨铸铁的断后伸长率、冲击韧度和强度剧烈降低。磷含量高时，在铸件中易产生缩松，冷却速度稍快，又容易产生裂纹，故一般磷的质量分数都在 0.1%以下。高韧性球墨铸铁磷质量分数在 0.08%以下。磷在珠光体型和贝氏体型球墨铸铁中降低塑性和韧性的作用更为显著。故有的企业限制磷的质量分数为 0.06%~0.07%。国外有的工厂生产的球墨铸铁中磷的质量分数在 0.05%以下。

（5）硫　硫是反石墨球化元素，属于有害杂质。它随金属炉料、燃料带入球墨铸铁中，因而，在球墨铸铁中总有一些硫。硫和镁有很大的亲和力，球化剂一加入铁液后就会和硫发生剧烈的反应而脱硫，只有当硫在铁液中降到了 0.03%~0.04%以下后剩余的镁和稀土元素才能起球化作用。显然，最后残留在铁液中的硫越多，球化率越差，甚至不能球化。此外，脱硫所生成的硫化物过多，也是造成夹渣等缺陷的重要原因。所以球墨铸铁原铁液中的硫量应越低越好。

（6）合金元素　为了提高强度等力学性能，改善热处理效果，常加入钼、铜、钒等合金来熔制合金球墨铸铁。

1）铜。有些观点认为铜对石墨形状有干扰破坏作用。事实上铜对石墨球形并不是有害的，而是铜带入的 Ti、Pb、Bi、Sb、Sn、As、Te 等元素的干扰起了破坏作用。工业纯铜或电解铜实际上是不纯的，因此在生产含铜球墨铸铁时，不管加铜量是多少，必须考虑其中含有的干扰元素的作用。

根据当今国内一般的铁液纯净度，铜作为合金元素，通常以 2%（质量分数）定为加入量的上限，以防止其中的干扰元素破坏球化。铜对球墨铸铁基体组织的影响可以归结为如下几方面：在共晶转变时，促进石墨化，可减少或消除游离渗碳体的形成；在共析转变时，促进珠光体的形成，可减少或完成抑制铁素体的形成；提高淬透性；改善铸件断面组织与性能的均匀性；对基体固溶强化；对基体沉淀硬化；不形成游离渗碳体，不与碳形成碳化物；呈负偏析，铜元素富集在共晶团内部。

2）钼。钼是形成碳化物能力较弱的元素。在球墨铸铁中，加入少量的钼（质量分数为 0.3%）可细化石墨球，晶粒细小，断口致密，故可提高疲劳强度，并可保证厚大铸件球化良好。钼有稳定球墨铸铁奥氏体的作用，可提高淬透性，增强热处理效果。钼加入球墨铸铁中可提高铸态的强度、硬度和屈服强度，但却降低了断后伸长率。很少量的钼（质量分数在 0.2%以下）就会导致铁素体球墨铸铁韧性的下降，故钼的质量分数一般为 0.3%~0.5%。

3）钒。钒能促进珠光体形成，但比铜弱。由于能提高珠光体数量，故可提高强度、硬度，降低断后伸长率。钒在铸铁中的质量分数大于 0.1%即以碳化物存在；超过 0.3%，有渗碳体析出，能强烈降低塑性、韧性。钒形成的粒状碳化物，硬度较高，故能提高耐磨性及疲劳强度。现球墨铸铁中钒的质量分数一般为 0.1%左右。

4）镍。镍在铁液中和固态球墨铸铁中均能无限溶解。镍具有排碳作用，这在高镍球墨铸铁中，必须给予特别的注意。镍不与碳形成碳化物。作为石墨化元素，镍可使白口倾向降低；不过，镍降低白口倾向的能力只是硅的 1/4~1/3，并且这种能力还随着含镍量的增加而减弱。因此，对于高镍球墨铸铁来说，必须含有一定量的硅，以确保呈灰口凝固。

镍对石墨形态没有影响，对共晶团数量也没有影响。镍是稳定奥氏体元素，它比铜的作用强烈，加入少量镍就可使球墨铸铁中的铁素体受到抑制。镍可减小球墨铸铁的断面敏感性。由于镍使奥氏体转变温度降低，因而使珠光体细化，并使珠光体数量增多。

镍可提高球墨铸铁的强度和冲击韧度，特别是与少量钼结合使用时，效果更为明显。含镍球墨铸铁在低温下具有更高的冲击韧度。

5）铬。由 Fe-Cr 相图得知，铬与铁可以彼此无限互溶。在球墨铸铁中，含有很少量的铬（如 $w_{Cr}=0.1\%$），就会形成碳化物。这种碳化物偏析在共晶团边界会形成网状分布，而且即使使用热处理也很难消除。为此，把铬的质量分数一般控制在 0.05%以下，以防止这种碳化物的形成。

加入铬可得到完全是珠光体的基体组织。但是在大多数情况下，得到的是莱氏体与铁素体牛眼组织。由于加铬可使珠光体中的渗碳体稳定，因此采用退火处理可得到粒状珠光体组织。此时，在抗拉强度不变的情况下，除硬度有所下降外，断后伸长率和冲击韧度均有增加，用这种措施可以达到强度与塑性的良好配合。

（7）微量干扰球化元素　如 Sb、Sn、Bi、Te、Pb、As 等。

（8）微量合金化元素

1）锑。在球墨铸铁中，如果锑的质量分数为 0.002%~0.01%，则会使石墨圆整度提高，使石墨球数增加，尤其对于厚大断面球墨铸铁，效果更为明显。

2）铋。当加铋量在一定的范围内时，它对消除变态石墨、形成球状石墨是有利的。但是，由于其他因素的影响，在球墨铸铁中单独加铋的效果往往是时好时坏。

3）钛。在球墨铸铁中，即使有少量的钛，也会导致形成变态石墨，并且还使镁处理后对断面的敏感性增高。钛的干扰球化作用可能是间接的，钛具有很强的还原能力，由此钛在铁液中可把锑、铋、铅等微量元素还原出来，从而破坏石墨的球化。

4）铅。铅是强烈干扰球化的元素，只要球墨铸铁中含有 0.01%的铅，就会使石墨球严重畸变。研究表明，铅可使奥氏体的导热能力降低，防止铁液中奥氏体壳的崩解，因而有助于最终形成球状石墨。

5）锡。与锑相似，在球墨铸铁中加入质量分数为 0.06%~0.1%的锡，可使基体组织中的珠光体数量明显增加。

6）碲。与硫相似，碲在球化处理的过程中要消耗镁，导致为球化所必需的镁量减少，使石墨畸变。但在厚大断面球墨铸铁生产中往往加入微量碲，以改善和防止石墨畸变。

上述的微量合金元素均可在不同程度上改善石墨形态，防止畸变，并可增加石墨球数。此外尽管上述微量合金化元素对球墨铸铁，特别是对厚大断面球墨铸铁具有一定良好的作用，但这一定要同时加入相应数量的稀土元素。虽然，这些微量合金化元素在防止石墨畸变、提高力学性能方面，效果是显著的，但一定要遵循严格的定量控制，还要防止因这些元素在共晶团边界的富集导致材质脆性的增加。换句话说，用其优点，但必须警惕其有害的一面。

三、球墨铸铁的化学成分（表 2-6-20）

选择适当的化学成分是保证球墨铸铁获得良好的金相组织和高性能的基本条件。化学成分的选择既要利于石墨的球化和获得满意的基体，以期获得满意的性能，又要使球墨铸铁具有良好的铸造性能。

1. 基本化学成分的确定

在球墨铸铁中，碳、硅含量的选择主要是考虑保证球化、改善铸造性能、消除铸造缺陷。

（1）碳当量 CE　由于石墨球对基体的削弱作用很小，所以碳含量在 3.2%～3.8%时，对力学性能无明显影响。确定球墨铸铁的碳、硅含量时，主要从保证铸造性能考虑，球墨铸铁的碳当量一般取在共晶或过共晶成分，提高碳当量可以保证球化的需要，改善铸造性能（使铁液的流动性好，形成缩孔、缩松的倾向小）。同时，也可以增加铸态球墨铸铁中的铁素体含量；但碳当量过高则易产生石墨漂浮，使铸件的性能降低。因此，球墨铸铁中碳当量的上限以不出现石墨漂浮为原则。

一般碳当量取 4.5%～4.7%，厚大件取下限，薄小件取上限。

表 2-6-20　球墨铸铁的化学成分

牌号及种类		化学成分(质量分数,%)								
		C	Si	Mn	P	S	Mg	RE	Cu	Mo
QT900-2	孕育前	3.5～3.7		≤0.50	≤0.08	≤0.025				
	孕育后		2.7～3.0				0.03～0.05	0.025～0.045	0.5～0.7	0.15～0.25
QT800-2	孕育前	3.7～4.0		≤0.50	≤0.07	≤0.03				
	孕育后		2.5						0.82	0.39
QT700-2	孕育前	3.7～4.0		0.5～0.8	≤0.08	≤0.02				
	孕育后		2.3～2.6				0.035～0.065	0.035～0.065	0.40～0.80	0.15～0.40
QT600-3	孕育前	3.6～3.8		0.5～0.7	≤0.08	≤0.025				
	孕育后		2.0～2.4				0.035～0.05	0.025～0.045	0.50～0.57	

（续）

牌号及种类		化学成分（质量分数，%）								
		C	Si	Mn	P	S	Mg	RE	Cu	Mo
QT500-7	孕育前	3.6~3.8		≤0.60	≤0.08	≤0.025				
	孕育后		2.5~2.9				0.03~0.05	0.03~0.05		
QT450-10	孕育前	3.4~3.9		≤0.50	≤0.07	≤0.03				
	孕育后		2.2~2.8				0.03~0.06	0.02~0.04		
QT400-15	孕育前	3.5~3.9		≤0.50	≤0.07	≤0.02				
	孕育后		2.5~2.9				0.04~0.06	0.03~0.05		
QT400-18	孕育前	3.6~3.9		≤0.50	≤0.08	≤0.025				
	孕育后	3.6~3.9	2.2~2.8				0.04~0.06	0.03~0.05		

（2）五大元素

1）碳。当碳当量选定后，一般按上述原则采取高碳低硅加强孕育即可。若碳含量高，则析出的石墨个数增多，球径小，圆球度好；碳含量高石墨化膨胀大，在铸型刚度较高的前提下，可减轻或消除缩孔和缩松，得到致密铸件。但碳含量过高易产生石墨漂浮，因此铁素体球墨铸铁中碳质量分数为3.6%~4.0%，珠光体球墨铸铁中碳质量分数为3.4%~3.8%，厚大件取下限，薄小件取上限。

2）硅。提高球墨铸铁的含硅量，可使铸态铁素体量增加，珠光体量减少，过高则会使铸件脆性增加。因此，在满足石墨化要求的前提下，尽量降低终硅量。一般厚大件硅含量应低些，以防产生石墨漂浮；薄小件其硅含量可高些，以防止产生大量的白口组织和渗碳体；对于铁素体球墨铸铁硅质量分数可控制在2.4%~2.8%；对于珠光体基体的球墨铸铁中硅质量分数可控制在2.2%~2.4%。由于球化和孕育处理时要带入一定量的硅，所以要求原铁液中的硅量要低（对于铁素体球墨铸铁硅质量分数为1.6%~1.9%，对于珠光体球墨铸铁硅质量分数为1.0%~1.4%），在保持终硅量不变的情况下，将较多的硅采用高效强化孕育工艺（型内孕育、瞬时孕育等）加入铁液，可使球铁的性能（铸造性能、力学性能）、石墨球的圆整度得到较大的改善。

3）锰。锰在球墨铸铁中主要起合金化作用。通常将锰质量分数控制在0.4%以下。锰是阻碍石墨化元素，可稳定和细化珠光体。球墨铸铁中，由于球化元素具有很强的脱硫能力，不需要锰承担这种功能。锰有严重的正偏析倾向，往往有可能富集于共晶团界处，严重时会促使形成晶间碳化物，显著降低球墨铸铁的韧性。特别是铸态球墨铸铁件和厚大断面球铁件更是如此。铸态铁素体球墨铸铁锰质量分数可控制在0.3%~0.4%，珠光体球墨铸铁锰质量分数可控制在0.4%~0.8%。

4）磷。磷在球墨铸铁中有很强的偏析倾向，具有增大球墨铸铁的缩松倾向，易在晶界处形成磷共晶，严重降低球墨铸铁的韧性。

对于铁素体球墨铸铁，磷的危害尤为严重，不仅使常温冲击韧度降低，同时使脆性转变温度急剧提高，造成低温脆性，故含磷质量分数低于0.08%为好。但含磷量要求过低，对原材料的限制较大。因此，对于一般条件下工作的球墨铸铁件，磷质量分数可适当放宽到0.10%~0.12%。磷还可提高硬度，改善耐磨性能，但也易使铸件的缩孔、缩松及开裂倾向增加。对于寒冷地区使用的铸件，宜采用磷的下限含量，控制在0.04%以下。

5）硫。球墨铸铁中硫与球化元素的化合能力很强，生成硫化物或硫氧化物，不仅消耗球化剂，造成球化不稳定、衰退速度加快，而且还使夹杂物数量增多，导致铸件产生缺陷。要求冲天炉熔炼铁液硫质量分数为0.06%~0.1%，电炉熔炼硫质量分数≤0.04%，对于含硫量较高或有特殊要求的铸件在球化处理之前应采取必要的脱硫措施，脱硫后原铁液中硫质量分数≤0.02%。

（3）镁和稀土　镁和稀土元素都是球化元素，同时又是脱硫、脱氧十分强烈的反石墨化元素。因此，铁液中镁量和稀土量不能过低，也不能过高。若残余量过低，易使球化不良，产生球化衰退；过高虽能保证球化，但基体组织中易产生大量的渗碳体，而且伴随许多铸造缺陷（夹渣、皮下气孔、缩松及白口等）产生，使石墨球形状恶化，性能降低。所以，一般控制残余镁质量分数为0.04%~0.06%，残余稀土质量分数为0.03%~0.05%。

（4）合金元素　球墨铸铁的合金元素主要有钼、铜、镍、铬、锑、钒、铋等金属。这些元素的主要作用是提高铸铁的强度，稳定基体组织。

四、球墨铸铁的球化处理和孕育处理

1. 球墨铸铁铁液熔炼要求

球墨铸铁生产时要经过球化、孕育处理，降温幅度较大，一般使铁液降温50~100℃。因此要求有较高的出铁温度（高于1460℃）。因为高温铁液不仅可以减轻因脱硫、球化、孕育所损失的热量，而且还可以提高球墨铸铁的内在质量。由于铁液的化学成分要达到碳高，硅、锰、硫、磷全低的要求，因此对原材料的要求较高，特别是所用原生铁质量（含硫、磷量）对球墨铸铁质量影响较大。本溪生铁杂质少，是生产球墨铸铁较理想的生铁。

球墨铸铁熔炼时要求铁液温度和成分稳定，波动范围小，避免铁液严重氧化（因铁液氧化可使化学元素的烧损加大，白口倾向大，铸造性能差，消耗大量的球化剂，易产生球化不良、夹渣等缺陷）。熔炼可用冲天炉、电炉，或冲天炉-电炉双联熔炼。

2. 球墨铸铁球化处理工艺

球墨铸铁制取的途径很多，现在国内外大量推广使用的方法是在铁液中加入球化剂进行球化处理，从而获得球墨铸铁。此法简单易行，现在球墨铸铁都是用此法生产的。为使铸铁中的石墨结晶为球状而加入铁液的添加剂称为球化剂，而加入球化剂使铸铁中石墨结晶为球状的处理就是球化处理。

(1) 球化剂　目前，在工业生产领域，主要的球化剂是镁、稀土元素（以铈、镧为主的轻稀土和以钇为主的重稀土）和钙。但至今，后两者（稀土和钙）已不单独使用，而是与镁复合使用作球化剂。常见的球墨铸铁用球化剂见表 2-6-21。

表 2-6-21　常见的球墨铸铁用球化剂（摘自 JB/T 9228—1999）

牌号	化学成分(质量分数,%)							
	Mg	RE	Si	Ca	Mn ≤	Al ≤	Ti ≤	Fe
QRMg5RE1	4.0~<6.0	0.5~<1.5	35.0~44.0	1.5~2.5	4.0	0.5	0.5	余量
QRMg7RE1	6.0~<8.0	0.5~<1.5	35.0~44.0	≤4.0	4.0	0.5	0.5	余量
QRMg6RE2	5.0~<7.0	1.5~<2.5	35.0~44.0	2.0~3.0	4.0	0.5	0.5	余量
QRMg7HRE2	6.0~<8.0	(HRE) 1.5~<2.5	35.0~44.0	≤4.0	4.0	0.5	0.5	余量
QRMg8RE3	7.0~<9.0	2.5~<4.0	35.0~44.0	2.0~3.5	4.0	0.5	1.0	余量
QRMg8RE5	7.0~<9.0	4.0~<6.0	35.0~44.0	≤4.0	4.0	0.5	1.0	余量
QRMg8RE7	7.0~<9.0	6.0~<8.0	35.0~44.0	≤4.0	4.0	0.5	1.0	余量
QRMg10RE7	9.0~<11.0	6.0~<8.0	35.0~44.0	≤4.0	4.0	0.5	1.0	余量
QLMg6RE2	5.5~6.5	1.5~<2.5	4.0~5.0	≤0.4	1.3	0.5	0.4	余量
QLMg8RE3	7.5~8.5	2.5~3.5	4.5~5.5	≤0.5	1.4	0.5	0.6	余量
QLMg8RE5	7.5~8.5	4.5~5.5	7.5~8.5	≤0.8	1.6	0.5	10	余量
Mg99	≥99.85	—	0.03	—	—	0.05	—	≤0.05

注：1. Q、R、L 分别为球化剂、热熔炼法、冷压制法的汉语拼音字头。
2. HRE 为重稀土的代号。

1）镁系球化剂。镁的蕴藏量约占地壳质量分数的 2.1%，主要矿石有菱镁矿（$MgCO_3$）和白云石（$CaCO_3 \cdot MgCO_3$）。镁球化剂可得到圆整的石墨球，对铁液处理前的含硫量范围可放宽，在亚共晶或过共晶成分的铁液中均能取得良好的球化效果。但是，镁球化剂的抗干扰元素能力差，形成夹渣、缩松和皮下气孔等缺陷的倾向大。

考虑到我国生铁中一般均含有球化干扰元素，尤其是钛质量分数一般均在 0.03%以下。因此，在镁系球化剂中均附加一定量的稀土元素，最常用的是稀土硅铁镁合金。

2）稀土系球化剂　稀土元素在地壳中约占 0.015%（质量分数）。其中，在地壳中含量较多的为铈（0.0044%）、钇（0.0031%）、镧（0.0019%）。稀土元素并不稀少，地壳中稀土含量比锌、铅、锡、钼、钨及金、银、铂多几十倍或几百倍，比常见的铜（0.00454%）、铅（0.000454%）还要多。常用的稀土系球化剂为稀土硅铁合金，见表 2-6-22。表 2-6-23 列举了稀土金属的熔点、沸点及密度。

表 2-6-22 稀土硅铁合金（摘自 GB/T 4137—2004）

牌号	化学成分(质量分数,%)							用途
	RE	Ce/RE	Si	Mn	Ca	Ti	Fe	
			不大于					
195023	21.0~<24.0	≥46	44.0	2.5	5.0	2.0	余量	供炼钢、铸铁中添加剂或配制稀土硅铁中间合金
195026	24.0~<27.0	≥46	43.0	2.5	5.0	2.0	余量	
195029	27.0~<30.0	≥46	42.0	2.0	5.0	2.0	余量	
195032	30.0~<33.0	≥46	40.0	2.0	4.0	1.0	余量	
195035	33.0~<36.0	≥46	39.0	2.0	4.0	1.0	余量	
195038	36.0~<39.0	≥46	38.0	2.0	4.0	1.0	余量	
195041	39.0~<42.0	≥46	37.0	2.0	4.0	1.0	余量	

表 2-6-23 稀土金属的熔点、沸点及密度

名称	元素符号	原子序数	相对原子质量	密度/(g/cm^3)	熔点/℃	沸点/℃
钪	Sc	21	44.956	2.989	1539	2832
钇	Y	39	88.905	4.457	1526±5	3337
镧	La	57	138.91	6.166	920±1	3454
铈	Ce	58	140.12	6.771	798±3	3257
镨	Pr	59	140.907	6.772	931±5	3212
钕	Nd	60	144.24	7.003	1016±5	3127
钷	Pm	61	147		1080±10	(2460)
钐	Sm	62	150.35	7.537	1073±1	1778
铕	Eu	63	151.96	5.253	822±5	1597
钆	Gd	64	157.25	7.898	1312±2	3233
铽	Tb	65	158.924	8.234	1353±6	3041
镝	Dy	66	162.50	8.540	1409	2335
钬	Ho	67	164.930	8.781	1470	2720
铒	Er	68	167.26	9.045	1522	2510
铥	Tm	69	168.934	9.314	1545±15	1727
镱	Yb	70	173.04	6.972	816±2	1193
镥	Lu	71	174.97	9.835	1663±12	3315

3）钙系球化剂。钙是自然界中分布非常广泛的金属元素，它在地壳中的丰度是第 5 位，地壳中钙质量分数达 3.25%。自然界中大部分钙以石灰石（$CaCO_3$）、石膏（$CaSO_4 \cdot 2H_2O$）和白云石（$CaCO_3 \cdot MgCO_3$）的形式存在。加钙处理球墨铸铁时，如果壁厚大于 15mm，则不必采用孕育处理；如果壁厚小于 15mm，则需加入质量分数为 0.3%~0.5%的 FeSi75 进行孕育处理。加钙处理的球墨铸铁很容易在铸态得到铁素体基体。而对于相同成分的铁液来说，加镁处理除非采用多次瞬时孕育或者采用低锰生铁，否则在铸态得到铁素体基体就困难得多。国内外常用球化剂类

别及使用范围见表2-6-24。

表2-6-24 国内外常用球化剂类别及使用范围

序号	名称	主要成分（质量分数）（%）	密度/（g/cm³）	熔点/℃	沸点/℃	球化处理工艺	适用范围
1	纯镁	Mg≥99.85	1.74	651	1105	压力加镁法 转包法 钟罩压入法 镁丝法 镁蒸气法	用于干扰元素含量少的炉料，生产大型厚壁铸件、离心铸管、高韧性铁素体基体的铸件
2	稀土硅铁合金	RE=0.5~20 Mg=5~12 Si=35~45 Ca<5 Ti<0.5 Al<0.5 Mn<4 Fe余量	4.5~4.6	≈1100	—	冲入法 型内球化法 密封流动法 型上法 盖包法 覆包法	用于含有干扰元素的炉料生产各种铸件，有良好的抗干扰脱硫、减少黑渣、缩松的作用
3	镁焦	Mg=43 浸入焦炭	—	651	1105	转包法 钟罩压入法	大量生产（用转包法球化时）大中型铸件、高韧性铁素体基体铸件
4	钇基重稀土硅铁镁合金	RE=16~28 （重稀土） Si=40~45 Ca=5~8	4.4~4.5	—	—	冲入法	大断面重型铸件，抗球化衰退能力强
5	铜镁合金	Cu=80 Mg=20	7.5	800	—	冲入法	大型珠光体基体铸件
6	镍镁合金	Ni=80，Mg=20 Ni=85，Mg=15	—	—	—	冲入法	珠光体基体铸件、奥氏体基体铸件、贝氏体基体铸件
7	镁硅铁合金	Mg=5~20 Si=45~50 Ca=0.5 RE=0~0.6	—	—	—	冲入法	干扰元素含量少的炉料
8	镁铁屑压块	Mg=6~10 RE=0~7 Si≤10	—	—	—	冲入法	可大量使用回炉料，使用它可减少增硅，与稀土硅铁镁混用
9	稀土硅铁	RE=17~37 Si=35~46 Mn=5~8 Ti≤6 Fe余量	4.57~4.8	1082~1089	—	—	与纯镁联合使用，以抵消干扰元素的作用
10	含钡稀土硅铁镁合金	Ba=1~3 Mg=6~9 RE=1~3 Si=40~45 Ca=2.5~4 Ti<0.5 Al<1	—	—	—	冲入法	铸态铁素体球墨铸铁，电炉用：Mg、RE较低，Ba较高；冲天炉用：Mg、RE较高，Ba较低

(2) 球化处理 球化处理主要包括以下内容:

1) 铸铁化学成分的选择。只有化学成分确定之后,才能进行配料和熔化。化学成分一般是根据铸件具体情况,参考有关技术资料,与同类铸件的化学成分对比的方法来确定的。

2) 球化剂的选择及加入量。在选用球化剂时,应考虑以下几个因素:

① 对铸件铸态组织的要求。铸态铁素体球墨铸铁选用低稀土球化剂,铸态珠光体球墨铸铁选用含铜或镍的球化剂。

② 铁液中干扰元素的含量。如果干扰元素,如钛、钒、铬、锡、锑、铅、锌等含量较高,须选用稀土含量较高的球化剂。如果干扰元素含量较低(总质量分数小于0.1%),可选用纯镁或镁合金球化剂。各元素对石墨球化和基体的影响见表2-6-25。

表 2-6-25 各元素对石墨球化和基体的影响

元素	对石墨球化的影响		对基体的影响	
	是否阻碍石墨球化	极限量(质量分数)(%)	凝固中的影响	共析反应中的影响
铝	阻碍	0.05~0.10	强烈石墨化	促进铁素体、石墨形成
砷	阻碍	0.05~0.09		稳定珠光体,效果为锡的一半
铋	阻碍	0.002~0.003	促进碳化物,但不形成碳化物	稳定珠光体效果非常缓和
铬	阻碍		显著形成碳化物	强烈形成珠光体
铜	阻碍	2.0~3.0	缓和形成碳化物	促进珠光体形成
锂	不阻碍		缓和石墨化	
锰	不阻碍			形成珠光体
钼	不阻碍		缓和形成碳化物	强烈形成珠光体
镍	不阻碍		缓和形成碳化物	缓和促进珠光体
铅	阻碍	约0.009	石墨化剂	
锑	阻碍	0.004~0.01		强烈珠光体化
钪	阻碍	0.03	在此用量时几乎无影响	
硅	不阻碍		强烈石墨化	促进铁素体、石墨形成
锡	阻碍	0.05~0.08	在此用量时几乎无影响	强烈珠光体化
碲	阻碍	0.01	非常强烈促进碳化物形成,但不是碳化物稳定剂	非常缓和稳定珠光体
钛	阻碍	0.07~0.10	石墨化剂	促进石墨形成
钒	阻碍		非常强烈形成碳化物	强烈形成珠光体
钨	阻碍			
锆	情况不明			

③ 铁液含硫量。硫含量较高时,一般采用稀土和镁含量较高的球化剂,如有

条件，可进行脱硫处理。硫含量较低时，可选用低稀土低镁的稀土硅铁镁球化剂。

④ 铸件冷却条件。冷却速度较快的金属型铸造条件下，可选用低稀土球化剂。冷却速度较慢的大型厚断面铸件可选用钇基重稀土球化剂。

⑤ 对于采用冲天炉熔制球铁的厂家，由于铁液含硫量较高，铁液中有干扰元素，可选用含镁量和含稀土量较高的球化剂。

⑥ 对于电炉熔化，若原生铁干扰元素总质量分数<0.1%，可以不加稀土，采用 Mg 质量分数为 4%~6%的 SiFeMg 合金，残余 Mg 质量分数控制在 0.06%以下。

⑦ 铸态铁素体球墨铸铁可选用低稀土球化剂，铸态珠光体球墨铸铁可选用铜、镍的球化剂，离心铸管可选用低稀土球化剂或纯镁，大型厚断面铸件可选用钇基重稀土镁硅铁球化剂，大型珠光体球墨铸铁件可选用含微量 Sb 或 Cu 的复合球化剂。

3）球化处理方法。自球墨铸铁问世至今，已发展了许多球化处理方法。其中，有的方法已经被淘汰，有的方法虽然仍在沿用，但其应用范围和应用数量较少。生产中最为常见的是至今国内外普遍采用的冲入法，另一种是具有良好发展前景的喂丝法。另外，还有压力加镁法、转包法、镁焦炭法、型内球化法、密封流动法等。它们在生产中仍有应用，但所占比重相对较少。

球化处理方法主要指球化剂的加入方法。球化处理方法不同，球化剂被铁液吸收率不同，球化效果就大不一样。目前常用的球化处理方法主要有冲入法、自建压力加镁法、转包法、盖包法、型内法、钟罩法、密封流动法以及型上法等。下面简要介绍其中常用工艺方法的特点及适用范围。

① 冲入法。冲入法是迄今国内外应用最广泛的球化处理工艺。这种工艺要求原铁液温度不低于 1450℃，硫的质量分数小于 0.01%。一般采用稀土硅铁镁球化剂，将球化剂破碎成小块，粒度为 10~30mm，粉状物不大于 10%。放入处理包底部一侧，或在处理包底部设置堤坝或凹坑，将球化剂放在堤坝内侧或凹坑内，然后在球化剂上面覆盖孕育剂、无锈铁屑或草灰、苏打、珍珠岩集渣剂等，然后冲入 1/2~2/3 铁液。铁液的充满高度应低于处理包深度 200~250mm，球化剂的反应时间一般以 1~2min 为宜。待铁液沸腾结束时，再冲入其余铁液。处理完毕后加集渣剂彻底扒渣（反复扒渣 2~3 次）。冲入法要求处理包的深度与内径之比在 1.5~2.0 之间，处理包要预热到 600~800℃；冲入法的镁吸收率为 25%~40%。这种工艺的优点是：设备简单、操作方便，严格监控的情况下，可以实现稳定生产。这种工艺的缺点是：镁的吸收率偏低，由于镁在空气中的大量燃烧，导致闪光与烟雾，使劳动条件恶化。

② 喂丝法。1976 年日本开发出喂丝法，即 FM 法，又称芯线注入法，即 CWI 法，以下简称芯线法。当时，主要目的是能够有效地向钢液中加入某些难以加入的合金元素，（如 Ca、Ti 等）可以准确地调整钢液成分，实现微合金化。这是一种加入低熔点、低密度、与氧亲和力强、低蒸气压元素的极佳方法，因此，这种方法发展很快，应用广泛。

喂丝法球化处理技术的优点：

a. 提高镁的吸收率，可达 40%～50%。加入量可以随时间调整，如光谱快速测定的镁残留量低，可以再补加镁芯线，保证浇注前铁液球化 100%合格。可实现在线控制，可根据铁液中的含硫量决定芯线度，保证球化稳定。

b. 减少二次氧化渣量，由此降低了铸件缺陷，使铸造废品率降低。

c. 处理降温少，由于加入量少，故球化处理温度降低少，一般降温为 20～30℃。

d. 减少了球化处理时的闪光和烟雾，由此改善了劳动条件。

e. 既适用于小批量的球墨铸铁生产，也适应大量、流水线生产。

③ 自建压力加镁法。镁的沸点与压力呈正比，如果铁液中有 6～8atm（1atm=101.325kPa）时，镁的沸点就会提高到 1350～1400℃。在这样的条件下加镁，就可以避免镁的沸腾。自建压力法是在密封的条件下将装有镁的钟罩压入铁液，使镁在铁液中有控制的沸腾，从而提高镁的回收率，稳定球化质量。自建压力加镁法要求有安全可靠的处理设备，以防止铁液喷射出来。处理包深度与内径之比应为 1.5～2，加镁钟罩压入铁液后距包底的距离应为包深的 10%。

自建压力加镁法镁的吸收率可达到 70%～80%，并且处理效果稳定，无镁光、烟尘，但设备费用高，操作繁琐。这种方法适用于大型厚断面铸件，铸态高韧性铁素体铸件以及大量生产要求控制镁量的铸件。

④ 转包法。转包法是在处理包反应室内装入纯镁或镁焦，转包横卧，接受铁液，然后转包立起，使铁液通过反应室的处理网孔进入反应室与镁反应。这种方法镁的吸收率可达到 60%～70%，烟尘及镁光较轻，可处理硫质量分数高达 0.15%的铁液。其缺点是需要专门的处理设备，操作较冲入法复杂。

⑤ 盖包法。盖包法是在冲入法的基础上发展起来的球化处理方法。在冲入法的处理包上部安装一个中间包将其密封，处理包与中间包之间仅通过经过严格计算的浇口连接。预先将球化剂放在处理包内，然后用中间包承接铁液，靠由中间包流入处理包的铁液使处理包处于密闭状态，从而减少反应烟尘和镁光外逸，提高镁的利用率。

⑥ 型内法。把球化剂放置在浇注系统中专门设计的反应室内，在浇注过程中铁液流经反应室时与球化剂发生反应进行球化处理。为保证球化处理稳定，减少烧损，要严格计算反应室及浇注系统尺寸。一般情况下，反应室设置于直浇道下的横浇道中，浇口杯到冒口前的系统应处于充满状态，冒口和铸件型腔保持开放。具体尺寸可参阅有关手册。这种方法镁吸收率高，可达 70%～80%，无镁光、烟尘和球化衰退。其不足之处是对铁液温度、含硫量、球化剂成分、球化剂块度、反应室尺寸、浇注系统设计都有严格要求，这些因素的微小变化都会引起球化效果的变化。此外，这种方法易产生夹渣。这种方法适合于机械造型的大量流水生产，以及高强度、高韧性球墨铸铁的生产。球化剂的烧损量较大，其次是脱硫、去气，仅有少量

用于球化。在保证石墨球化的前提下，应尽量减少球化剂的加入量。镁的吸收率和球化剂的加入量取决于铁液的化学成分（主要是铁液中的含硫量）、铸件壁厚（冷却速度）、铁液温度、所用球化剂的种类及球化处理方法等因素，参考数据见表2-6-26。其中最主要的因素是原铁液中的含硫量。

表 2-6-26 镁的回收率和球化剂的加入量

处理方法	镁的回收率(%)	球化剂的加入量(%)
中间合金，冲入法	35~45	1.1~1.7
含镁($w_{Mg}=5\%$)硅铁镁合金，型内球化	约 80	约 0.8
纯镁，自建压力加镁法	50~80	0.15~0.2
纯镁，压入法	5~15	0.5~1.0

3. 球化处理前的生产准备

为提高球化处理的效率和经济性，球化处理前的生产准备，即原材料的选择、熔化设备与方法、铁液脱硫处理等工序是非常重要的环节。

（1）原材料的选择　选择球化干扰元素含量最少的原材料。关于球化干扰元素限量的数据有不同的报道，并且各元素间还有相互作用，故很难确切规定。必须注意废钢中特殊钢和电镀层中混入的有害元素和锈蚀。对于废钢、生铁、硅铁、焦炭等均应规定入库标准，并进行相应的化学分析。

（2）熔化设备的选择　熔化设备主要是冲天炉和感应电炉。感应电炉有工频、中频和高频三种。我国球墨铸铁的生产以酸性冲天炉为主要熔化设备。近年来，电炉应用逐渐增多，特别是采用冲天炉-感应电炉双联法在节能和改善球墨铸铁质量方面均取得了重要进展。

（3）脱硫处理　在球墨铸铁的生产中，原铁液含硫量决定球化剂的加入量。原铁液中的含硫量越高，则球化剂的加入量越多，否则不能获得球化良好的铸件。球化处理前原铁液中的硫质量分数量控制在0.02%以下。球化处理前原铁液的含硫量高时，必须进行脱硫处理。脱硫剂一般采用碳化钙、苏打及以它们为基的混合物。由于脱硫是吸热反应，脱硫处理时铁液温度通常在1500℃以上。

各种脱硫方法的特点如下：

1）喷射法。用氮气向铁液中吹入粉状脱硫剂，脱硫效率高，温度降低多。

2）多孔塞法。从铁液包底的多孔塞吹入氮气，搅拌铁液，促使与表面加入的脱硫剂反应；脱硫效率高，温度降低多，应用最广泛。

3）摇包法。在偏心旋转台上摇动铁液包，搅拌脱硫剂和铁液；脱硫效率高，但时间长、温度降低多。

（4）预防球化衰退

1）球化衰退的原因一方面和 Mg、RE 元素由铁液中逃逸减少有关，另一方面也和孕育作用不断衰退有关。为了防止球化衰退，采取以下措施：铁液中应保持有足够的球化元素含量；降低原铁液中的含硫量，并防止铁液氧化；缩短铁液经球化处理后的停留时间，铁液经球化处理并扒渣后，为防止 Mg、RE 元素逃逸，可用覆盖剂将铁液表面覆盖严，隔绝空气以减少元素的逃逸。

2）球化处理管理项目包括铁液的定量、铁液的处理温度和含硫量。铁液重量不准确时，由于球化剂过多或过少，使铸态组织中产生渗碳体或造成球化不良。铁液温度过高，反应剧烈，镁回收率降低；含硫量过高，使镁残留量降低，以致不球化。

3）球化处理包的深度与内径之比为 1.5~2，此时镁的吸收率稳定。采用稀土硅铁镁合金作球化剂、凹坑式包底冲入法。用球铁铁屑或废钢碎料覆盖球化剂，由此可提高镁的回收率 15%~20%。

4）球化剂不得吸湿，保持干燥。球化剂的颗粒度适当，粉末过多，则易氧化。而粒度过大则反应熔化时间长，导致球化剂上浮至铁液表面烧损。

5）球化处理温度宜在 1450~1600℃，国内当今多在 1450~1500℃。

4. 球墨铸铁的孕育处理

球化处理是球墨铸铁生产的基础，孕育处理是球墨铸铁生产的关键，孕育效果决定了石墨球的直径、石墨球数和石墨球的圆整度，为了保证孕育效果，孕育处理需采用多级孕育处理。孕育处理越接近浇注，孕育效果越好。从孕育到浇注需要一定的时间，该时间越长，孕育衰退就越严重。为了防止或减少孕育衰退，应采取以下措施：使用长效孕育剂（含有一定量的钡、锶、锆或锰的硅基孕育剂）；采用多级孕育处理（包内孕育、孕育槽孕育、水口瞬时孕育等）；尽量缩短孕育到浇注时间。孕育剂的加入量控制在 0.6%~1.4%，孕育剂加入量过少，直接造成孕育效果差，孕育量过大，导致铸件夹杂。

孕育处理的主要目的是消除球化元素所造成的白口倾向，获得铸态无自由渗碳体铸件；增加石墨球数量，使石墨球径变小，分布均匀，形状圆整，提高球化等级；进一步细化共晶团，减少偏析，提高球墨铸铁的力学性能。

（1）孕育剂　球墨铸铁常用孕育剂见表 2-6-27，国内外常用的复合孕育剂化学成分见表 2-6-28。

在浇注阶段，将少量材料加入熔融金属，促使形成结晶核心以改善金属组织和物理性能、力学性能的方法称为孕育处理。孕育处理时加入的材料称为孕育剂。

孕育剂应有较强的孕育能力，并能维持尽可能长的有效作用时间；要求易被铁液吸收，铁液降温少，不引起缺陷和其他副作用的产生；来源广泛，价格便宜，孕育处理操作简便。

我国普遍应用硅铁合金作为孕育剂，它具有孕育效果好、来源广泛、价格便宜的优点。其最大的缺点是孕育效果的衰退较快。生产中还发现，以硅铁为主，加入少量其他元素组成的复合孕育剂，可进一步延长孕育时间，改善孕育的效果，如硅铁+硅钙、硅铁+铝（$w_{Al}<2\%$）、硅铁+锰铁、硅铁+硅钙+锰铁、硅铁+硼等。

表 2-6-27 球墨铸铁常用孕育剂

名称	化学成分(质量分数)(%)								用途特点
	Si	Ca	Al	Ba	Mn	Sr	Bi	Fe	
硅铁	74~79	0.5~1	0.8~1.6	—	—	—	—	其余	常规
硅铁	74~79	<0.5	0.8~1.6	—	—	—	—	其余	常规
钡硅铁	60~65	0.8~2.2	1.0~2.0	4~6	8~10	—	—	其余	长效、大件、熔点低
钡硅铁	63~68	0.8~2.2	1.0~2.0	4~6	—	—	—	其余	长效、大件
锶硅铁	73~78	≤0.1	≤0.5	—	—	0.6~1.2	—	其余	薄壁件、高镍耐蚀铸件①
硅钙	60~65	25~30	—	—	—	—	—	其余	高温铁液
铋	—	—	—	—	—	—	≥99.5	—	与硅铁复合,薄壁件

①例如,w_{Ni}为 14%、w_{Cu}为 6%、w_{Cr}为 2%、w_{Si}为 15%的耐蚀球墨铸铁。

表 2-6-28 国内外常用的复合孕育剂化学成分

序号	化学成分(质量分数)(%)				
	Si	Al	Ca	其 他	Fe
1	74~79	0.6~1.25	0.5~1.0	—	其余
2	74~79	0.4~0.5	0.1~0.2	—	其余
3	74~79	0.6~1.1	1.0~2.0	—	其余
4	46~50	<1.2	0.6~0.9	—	其余
5	46~50	<1.5	0.6~0.9	Mg=1.0~1.5	其余
6	58~61	0.9~1.2	0.5~0.7	Mg=2.0~2.5	其余
7	60~65	0.9~1.1	28~32	—	其余
8	50~65	1.0~1.3	5.0~7.0	Ti=9~11	其余
9	60~65	1.0~1.5	1.5~3.0	Mn=9.0~11.0,Ba=4.0~6.0	其余
10	60~65	0.75~1.25	0.6~1.9	Zr=5.0~7.0,Mn=5.0~7.0,Ba=0.6~0.9	其余
11	36~40	<0.5	<0.5	Ce=9.0~11.0,总稀土量=11~15	其余
12	73~78	<0.5	<0.1	Sr=0.6~1.0	其余
13	46~50	<0.5	<0.1	—	其余
14	78~82	1.0~3.0	2.25~2.50	Zr=1.25~1.75	其余
15	74~79	3.0~4.0	0.5~03.5	Mg=0.5~1.0	其余

(2)孕育处理工艺 包括孕育剂加入量的确定和孕育处理方法的选择。

1)孕育剂加入量的确定。实践证明,加大孕育剂量可使石墨球更细、更圆整,力学性能显著提高,其前提是原铁液含硅量应越低越好。否则总硅量过高,力学性能恶化。

孕育剂的加入量要根据铸件的壁厚、性能要求、孕育剂类型、孕育处理方法及所需的球化剂等来确定。为了防止带入气体和水分,孕育剂用前应预热,并将孕育剂破碎成一定的粒度。

2）孕育处理方法。

① 炉前一次孕育法。当球化处理后，扒除表面渣子，在补充剩余铁液时将孕育剂撒入出铁槽冲入包内。密封流动法球化时孕育剂随反应器出铁口冲入包内，粒度大小由浇包的容量选定，一般浇包容量为500~1000kg时，孕育剂粒度为5~10mm。此法简便易行，但孕育效果易衰退，孕育剂加入量大。一般生产珠光体球铁所需FeSi75占铁液质量的0.4%~0.6%，若要生产的是铸态高韧性球墨铸铁，加入量为0.8%~1.2%。

② 倒包孕育法（也称二次或多次孕育法）。为了改善孕育效果，将一次孕育剂分成两次或多次，在倒包时随流或加入包底，也可以加在表面并搅拌。加入质量分数为0.1%~0.3%，其孕育效果优于炉前一次孕育法，且适用于各种铸件，但操作相对繁琐。此外还有内孕育法、浮硅孕育法、孕育丝法、液体孕育法等。

③ 瞬时孕育法。在铁液浇入铸型前的瞬间进行孕育，使进入型腔的铁液都处于充分孕育状态，完全避免了孕育衰退，孕育效果好。此方法与前面介绍的孕育铸铁处理工艺相同。

实践中发现孕育的初期效果及其衰退速度与孕育剂中所含有的微量元素有关。就初期效果而言，含锶孕育剂最好。而从抗衰退能力看，Si-Mn-Ba孕育剂最有效。

5. 炉前检验与控制

球墨铸铁球化及孕育处理工艺的制订应充分考虑球墨铸铁的牌号及其对组织的要求、铸件几何形状及尺寸、铸型的冷却能力、浇注时间和浇注温度、铁液中微量元素的影响以及车间生产条件等因素。经球化和孕育处理后的铁液必须进行炉前检验，合格后方能浇注，否则应采取相应的措施进行补救，以确保铸件的质量，避免因球化和孕育的衰退造成废品。炉前判断球化的依据见表2-6-29。

表2-6-29 炉前判断球化的依据

项目	球化良好	球化不良
外形	试样边缘呈较大圆角	试样棱角清晰
表面缩陷	浇注位置上表面及侧面明显缩陷	无缩陷
断口形态	断口致密如绒或银白色细密断口	断口暗灰色粗晶粒或银白色分布细小黑点
缩松	断口中心有缩松	无缩松
白口	断口尖角白口清晰	完全无白口，且断面灰暗
敲击声	清脆金属声	低哑如击木
气味	遇水有类似 H_2S 气味	遇水无臭味

生产中常用如下方法进行检验：

（1）炉前三角试块检验　从处理后的铁液中取样，浇入炉前三角试块砂型中，待试样冷至暗红色，底面向下淬入水中冷却。然后打断试样，观察其断口来判断球化及孕育是否良好。要注意的是，若淬水时间过早，会导致误判。后期浇注的铸件因球化衰退致使其球化等级低于炉前试片，因此，炉前三角试块是控制球化工艺质量的简单手段，但不作为检验产品质量的依据。

若三角试块断口晶粒较细，有银白色光泽，尖角白口清晰，侧面有明显的缩陷，中心有缩松，敲击时声音清脆近似钢，遇水有电石臭味，表明球化良好，否则球化不良。若断口呈麻口白口，且有放射状结构，则认为球化可以而孕育差，应补加孕育剂。

需要指出的是，只有当三角试块的尺寸与铸件厚度相近时，上述方法才比较有效。当铸件尺寸与三角试块厚度差别较大时，可根据铸件厚度重新设计三角试块。

（2）火苗判断法　经球化处理的铁液，在补加铁液孕育或倒包时，可以看到铁液表面会冒亮白色火苗，生产中根据火苗的特征可以判断球化情况和控制补加铁液量。火苗多而有力，说明球化良好；火苗少而无力，则可能球化不良。

（3）炉前快速金相法　为判断球化处理是否成功，在球化孕育处理搅拌、扒渣后，深入铁液面下取样浇注 $\phi15 \sim \phi30$mm 的圆形试样，中心凝固后淬火冷却，在抛光盘上制取抛光试样，将其放在金相显微镜下观察球化等级。原本检验铸铁中的石墨应该是在放大 100 倍下进行观察，但在炉前快速金相检验时，由于试样冷却快，石墨细小，所以可放大 200 倍进行观察。此时，炉前试样的球化级别应高于铸件的球化级别。此项检验可在 3min 内完成。这种炉前快速金相检验只作为控制球化工艺质量的手段，不作为检验产品质量的依据。

（4）音频法　根据球化程度不同，铸件的固有频率也不相同的原理，对于固定形状、尺寸和基体组织相同的铸件，敲击后用音频计测定其音频以数字显示。球化等级越高，音频就越高。若测定的音频数字高于合格的频率值则合格。

（5）其他方法　炉前检验还有热分析法（测定经球化处理后铁液的凝固曲线，并加以分析）、超声波法（利用超声波在铸铁中的传播速度随球化程度的不同而不同来判断球化等级）、比电阻法（利用金属在凝固过程中，其比电阻发生变化这一特点来判断球化等级）等方法。此外，还应在铁液熔炼过程中及时检验原铁液化学成分是否符合要求，并根据原铁液中碳、硅及硫含量及时调整成分，以确定球化剂和孕育剂的加入量。

第四节　蠕 墨 铸 铁

一、蠕墨铸铁的组织及性能

1. 蠕墨铸铁的概念

蠕墨铸铁是指铸铁液经蠕化处理，使其石墨主要成蠕虫状和少量球团状的铸铁。蠕墨铸铁作为一种新型铸铁材料出现在 20 世纪 60 年代。我国是研究蠕墨铸铁最早的国家之一。通常蠕墨铸铁是铸造以前加蠕化剂（镁或稀土）随后凝固而制得的。蠕虫状石墨实际上是球化不充分的缺陷形式。直到近年来人们才认识到蠕墨铸铁在性能上有一定的优越性而引起重视。

迄今为止，国内外研究结果一致认为，稀土是制取蠕墨铸铁的主导元素。我国稀土资源丰富，为发展我国蠕墨铸铁提供了极其有利的条件和物质基础。

蠕墨铸铁的显微组织由金属基体和蠕虫状石墨组成。金属基体比较容易获得铁素体基体。在大多数情况下，蠕虫状石墨总是与球状石墨共存。

蠕墨铸铁的牌号为：RuT+数字。在牌号中，“RuT”是“蠕铁”二字汉语拼音的大写字头，为蠕墨铸铁的代号；后面的数字表示最低抗拉强度。例如，牌号RuT300表示最低抗拉强度为300MPa的蠕墨铸铁。

2. 蠕墨铸铁基本特征

蠕墨铸铁的石墨形态介于片状和球状石墨之间。蠕墨铸铁的石墨形态在光学显微镜下看起来像片状，但不同于灰铸铁的是其片较短而厚、头部较圆（形似蠕虫）。所以可以认为蠕虫状石墨是一种过渡型石墨。它在石墨的长厚比、端部形状以及蜷曲程度等方面与片状石有区别，在电子显微镜下观察蠕虫状石墨的三维形态可知，石墨的端部具有螺旋生长的明显特征，类似于球状石墨表面形态。但在石墨的枝干部分则又具有叠层状结构，类似于片状石墨，除在形状和结构上蠕虫状石墨是处于片状石墨和球状石墨中间状态外，在共晶团结构特征方面，蠕墨铸铁也介于灰铸铁和球墨铸铁之间。在扫描电子显微镜下观察经过深腐蚀的蠕墨铸铁共晶团，可以发现共晶团内部的石墨都是相互联系为一簇，类似于片状石墨，但相邻的共晶团之间存在一条较宽的金属基体边界，不像灰铸铁中相邻共晶团的石墨之间那样彼此交错重叠，从而表明蠕墨铸铁的共晶团具有球墨铸铁的生长特性。此外，在单位面积共晶团数目方面蠕墨铸铁也介于灰铸铁与球墨铸铁之间。

在铸铁组织的许多方面，蠕墨铸铁是处于灰铸铁与球墨铸铁中间状态，这就决定了蠕墨铸铁的抗拉强度是灰铸铁的1.7倍，低于球墨铸铁，其铸造性能、减振性和导热性都优于球墨铸铁，与灰铸铁相近。同时蠕墨铸铁的韧性和耐疲劳性能优于灰铸铁，又可在较高的碳当量下得到高强度，是优良的结构件材料。此外它的耐磨性优于孕育铸铁和高磷耐磨铸铁，也为人们认知和采用。因此，蠕墨铸铁是一种具有良好综合性能的铸铁。

蠕墨铸铁件根据单铸试块的抗拉强度分为5个牌号，具体性能请参阅标准GB/T 26655—2011。

除抗拉强度以外，如需方对屈服强度、断后伸长率、硬度提出要求时，可按表2-6-30验收，或协商确定技术条件。

表2-6-30 各种牌号蠕墨铸铁的性能特点和应用

牌号	性能特点	应用举例
RuT500 RuT450	强度、硬度高，具有高耐磨性，铸件材质中加入合金元素或经正火处理，适用于制造要求强度和耐磨性高的零件	活塞环、气缸套、制动盘、玻璃磨具、制动鼓、钢球研磨盘、吸淤泵体等

（续）

牌号	性能特点	应用举例
RuT400	强度、硬度较高，具有较高的耐磨性和热导率，适用于制造要求较高强度、刚度及要求耐磨的条件	带导轨面的重型机床件。大型龙门铣横梁、大型齿轮箱体、盖、座、制动鼓、飞轮、玻璃模具、起重机卷筒、烧结机滑板、液压阀体等
RuT350	强度、硬度适中，有一定的塑性和韧性，热导率较高，致密性较好，适用于制造要求高强度及承受热疲劳的零件	排气管、变速箱体、气缸盖、纺织机零件、液压件、钢锭模、某些小型烧结机箅条等
RuT300	强度一般，硬度较低，有较高的塑性、韧性和热导率，铸件一般需退火处理，适用于制造承受冲击负荷及热疲劳的零件	增压器废气进气壳体、汽车、拖拉机的某些底盘零件

二、蠕墨铸铁的生产及控制

1. 蠕墨铸铁的熔炼过程

我国蠕墨铸铁的生产实践中积累了大量的科学数据，掌握了许多生产与控制的经验。蠕墨铸铁具有良好的工艺性能，切削加工性优于球墨铸铁，铸造性能接近灰铸铁，其缩孔、缩松倾向小于球墨铸铁，故铸造工艺比较简单。

（1）熔炼设备的确定　选用熔炼设备是在满足生产需要的前提下，遵循高效、低耗的原则。选用中频感应电炉熔化铁液，其优点是：开炉灵活；加热速度快，易得到高温铁液；铁液中气体含量少；因存在电磁搅拌，铁液的温度、成分均匀；铁液在炉内利于进行冶金处理，成分易于控制。

（2）原材料的选择

1）铸造生铁。蠕墨铸铁的化学成分为高碳、高硅、低磷、低硫和一定的含锰量。蠕墨铸铁孕育剂的加入效果条件是：高碳、低硅、低硫、大孕育量。硫、磷是蠕墨铸铁的有害元素，其含量的多少是影响蠕化率高低的重要因素，因此必须严格控制。建议蠕墨铸铁所使用的生铁应符合上述化学成分。除选用球铁生铁外，还可以选用 Z14、Z16、Z18，但要求磷质量分数低于 0.07%，硫质量分数低于 0.04%。

2）回炉料。回炉料最好选用本企业球铁及蠕铁回炉料，关键便于控制成分和遗传。

3）废钢。废钢用于调整碳量，或者是作为废钢增碳生产蠕墨铸铁的主要原材料。应选用少锈无油、成分明确的碳素结构钢，对来历不明的废钢或合金钢等，不许使用。注意：若用其他原料铁，炉中铁液成分必须调整达到蠕墨铸铁用原铁液成分的要求。入炉料必须用电子秤称量，计量准确、记录清楚，确保出炉铁液量准确，以便据此加入合金，保证良好的蠕化效果。

4）蠕化剂。蠕墨铸铁生产工艺控制难度较大，蠕化剂加入量稍多，易出现过多球状石墨；加入量不足，则产生片状石墨。因此，必须合理选择蠕化剂，并严格控制蠕化剂的加入量，才能保证达到较好的蠕化效果。目前，市场上的蠕化剂种类较多。大体上可分为RE基蠕化剂、Mg基蠕化剂和Ca基蠕化剂。在选用蠕化剂时，应考虑适用、经济。

5）孕育剂。蠕化处理后的铁液白口倾向大，必须要加入孕育剂进行孕育处理。孕育可增加蠕虫状石墨数，细化共晶团，使力学性能，特别是塑性和韧性明显提高；可改变磷共晶的分布形态，从而提高铸件的综合性能；改变蠕化率，防止出现蠕化衰退。目前常用的是硅钡孕育剂和FeSi75。孕育剂的加入量应根据对铸件的力学性能的要求、同时原铁液中含硅量以及要求铸件含硅量计算确定，当然前者的孕育效果比后者好些，值得考虑采用。

2. 化学成分的选择

（1）碳及碳当量　蠕墨铸铁的化学成分中碳当量可以在比较宽的范围内变化，从亚共晶到过共晶。目前积累的数据证明蠕墨铸铁化学成分应采用过共晶成分。因为过共晶成分蠕墨铸铁的缩孔、缩松倾向比球墨铸铁和高强度灰铸铁小，铸造性能好，致密度高，对降低液压件的渗漏非常有利。但一般企业通常采用接近共晶或过共晶成分，即碳当量为4.3%～4.6%，碳质量分数为3.6%～4.1%。提高碳当量有助于减小白口倾向，减少铸件缩孔、缩松。但石墨数量增加，减少了珠光体量，使得蠕墨铸铁强度显著降低。

（2）硅　硅对基体组织有较大影响，硅量增加，铁素体量增加，珠光体量减少，为此主要依对基体要求而定。对于铁素体基体蠕墨铸铁硅质量分数为2.6%～3.0%，对于珠光体基体蠕墨铸铁硅质量分数为2.4%～2.6%；耐热蠕墨铸铁硅质量分数为3.5%～4.5%，其高温力学性能接近中硅球铁、抗氧化性能接近普通球墨铸铁，热疲劳性能远高于球墨铸铁和灰铸铁。

（3）锰　锰是促进珠光体生成的元素，它固溶于铁素体中，能提高强度、降低韧性。但由于蠕墨铸铁中石墨分枝多，这种作用有所减弱。一般生产铸态铁素体蠕墨铸铁时，锰质量分数应低于0.4%，而生产高强度、高硬度蠕墨铸铁时，锰质量分数控制为0.5%～1.0%。锰质量分数在低于1.0%范围内，对蠕墨铸铁的强度、硬度，基体和石墨形态都没有明显的影响。

（4）磷　磷对石墨蠕化无显著影响，但磷量过高会形成磷共晶，降低冲击韧度，提高脆性转变温度，使铸件出现缩松和冷裂，除耐磨件外，磷质量分数不能高于0.06%。

（5）硫　硫在球墨铸铁中是反球化元素，在蠕墨铸铁中是反蠕化元素。当蠕墨铸铁的原铁液中硫质量分数≥0.03%时，硫首先与蠕化剂反应，大量消耗蠕化元素，造成硫化物夹杂，剩下的蠕化元素才能起到蠕化作用。正是由于硫的存在，又在一定程度上拓宽了蠕化剂量的加入范围，有利于蠕化稳定。因此，不要求过低的硫含量，但要保持稳定，实际生产中电炉熔炼要求硫质量分数控制在0.03%以下，如用冲天炉熔炼则要求硫质量分数控制在0.06%以下。

3. 常用合金元素及其作用

蠕墨铸铁可以加入某些合金元素来改善基体组织，提高性能。如单独加入或联合加入 Cu、Cr、Mo、Sn 等合金元素来增加、细化、稳定珠光体，以达到提高强度及硬度的目的。常用合金元素及其作用见表 2-6-31。

表 2-6-31 常用合金元素及其作用

元素	常用量（质量分数）(%)	效用	特点
Cu	0.5~1.5	1）提高强度、硬度 2）提高耐磨性 3）提高铸件均匀性	1）增加并细化珠光体 2）降低白口倾向 3）加入量较多
Mn	1~2.4	1）提高硬度、强度 2）提高耐磨性	1）增加并细化珠光体 2）易偏析，白口倾向大 3）加入量较多
Sb	0.03~0.07	1）提高硬度 2）提高耐磨性	1）增加珠光体作用强烈 2）加入量宜少，过量会危害石墨形貌而变脆
Sn	0.05~0.10	1）提高硬度 2）提高耐磨性	1）增加并细化珠光体 2）加入量少，作用大 3）价格较贵，不提倡用
Ni	1~1.5	1）提高硬度、强度 2）提高耐磨性 3）提高铸件均匀性	1）增加并细化珠光体 2）减少白口倾向 3）加入量较多、价格较贵，不提倡用
Cr	0.2~0.4	1）提高硬度、强度 2）提高耐磨性 3）提高铸件耐热性	1）增加并细化稳定珠光体 2）增加白口倾向
Mo	0.3~0.5	1）提高强度、硬度 2）提高耐磨性 3）有效提高耐热性	1）有效地增加、细化、稳定珠光体 2）过量则增加白口倾向 3）较贵，必要时使用
V	0.2~0.4	1）提高强度、硬度 2）提高耐磨性 3）有效提高耐热性	1）增加、细化、稳定珠光体 2）增大白口倾向 3）常用 V-Ti 生铁带入
Ti	0.1~0.2	提高耐磨性	1）与碳氮形成化合物，呈硬质点弥散分布 2）常由 V-Ti 生铁或含 Ti 蠕化剂带入 3）属于干扰元素
B	0.02~0.04	提高硬度、耐磨性	形成硼化物，呈硬质点

4. 蠕化处理和孕育处理

（1）蠕化处理　蠕化处理是生产蠕墨铸铁的重要环节。

常见的蠕化处理方法有冲入法、随流加入法、盖包法、喂丝法、冲入加喂丝法等。这些处理方法都与球墨铸铁的球化处理方法相类似，只是蠕墨铸铁对铁液成分在线检测要求更高。无论是冲天炉、中频电炉或是冲天炉-电炉双联熔炼，蠕化处理都必须对原铁液成分进行检测和分析。

（2）蠕化剂加入量的控制　蠕化剂的加入量是影响蠕化率的直接因素。应根据铁液成分、温度、铸件壁厚、蠕化剂成分和处理方法来确定。蠕化剂加入量不足和装填覆盖不好容易造成蠕化不良和蠕化早期衰退，蠕化剂加入过量则易使铸件中产生大量渗碳体。因此，蠕化剂的加入量应适当。加入量的多少主要取决于铁液中硫的含量。当铁液中硫的质量分数为0.015%~0.022%时，蠕化剂加入量为铁液量的0.65%；当铁液中硫的质量分数为0.023%~0.028%时，蠕化剂加入量为铁液量的0.70%。

另外，蠕化剂本身质量稳定与否，也是一个影响蠕化效果的重要因素。所以，蠕化剂在使用前经过严格的理化检验，特别是Mg、RE及重要的微量元素一定要保证在工艺要求范围内，而且含量要稳定，不能忽高忽低。每个批次的蠕化剂应从生产日期算起100天以内用完，存放过程中不得受潮，防止变质失效。

（3）孕育处理　孕育处理在蠕墨铸铁生产中也很重要。孕育处理的作用主要是消除蠕化处理造成的白口倾向，延缓蠕化衰退时间，促进石墨析出，提高蠕化率，细化晶粒。常用的孕育剂有硅钡合金或FeSi75，加入质量分数一般为处理铁液总量的0.4%~0.8%，采用炉前孕育和瞬时孕育处理方式。

（4）铁液温度的控制　温度控制是蠕化处理的关键。铁液出炉温度的高低影响蠕化率。铁液出炉温度过高，会加大蠕化剂的烧损，蠕化反应速度加快，而且也会消耗过多的能源；如果出铁温度过低，蠕化反应速度慢，为了保证浇注温度，就得尽快浇注，从蠕化孕育处理到浇注的时间间隔必须缩短，很难保证蠕化效果。因此，应根据生产条件和铸件的情况选择适当的出铁温度。建议出铁温度控制在1420~1480℃。

为了保证出炉铁液温度准确，应在炉前采用插入式热电偶测温，严格控制出铁温度，避免温度过低化不开蠕化剂或温度过高使镁烧损多，这样都会导致蠕化效果差，甚至成为灰铸铁。

（5）浇注过程控制　浇注温度应控制在1380~1410℃，以避免铸件出现气孔和浇不满等。处理后的铁液不应放置过久，以防止蠕化及孕育衰退，每包铁液从蠕化处理和孕育处理结束到浇注的时间间隔的长短，对蠕墨铸铁的蠕化率有很大影响。生产实践表明，蠕化率是随着蠕化处理后时间的延长呈抛物线变化，蠕化率开始呈上升趋势，达到最大值后，随着时间的推移，开始下降，蠕化衰退，大约在22min后衰退加速。因此，浇注时最好控制在15~20min。

（6）质量控制　蠕墨铸铁生产中，蠕化不良和蠕化衰退是常常遇到的问题，对蠕化不良和蠕化衰退控制的好坏，将直接影响到铸件的蠕化效果。因此要求在出炉前，在铁液包内按工艺加入足够的蠕化剂，并填实覆盖，出铁时铁流不得直接冲淋蠕化剂，防止蠕化剂浮起，使蠕化剂在底部运动，以提高铁液对蠕化剂的吸收率。

蠕化处理后，随着时间的延长，蠕化效果会逐渐衰减。蠕化不良和蠕化衰退的铁液必须在浇注之前进行二次蠕化处理，并用三角试块观察效果，二次蠕化合格后方可浇注。另一种蠕化效果不好的情况是蠕化剂含量过多会导致蠕化率低、球化率高。

氧对蠕墨铸铁是有害无益的元素。原铁液氧化严重则消耗较多蠕化剂。处理完毕浇注时，液面如无覆盖或倒包时的吸氧会加速蠕化衰退。

蠕化不良与蠕化衰退的补救措施：

1）蠕化不良。原因较多，如原铁液硫含量高、铁液氧化严重、炉前处理操作不当（铁液放多或蠕化剂量不足）、铁液温度过高，蠕化剂烧损大、干扰元素过多等。判定后应立即排查采取相应对策，例如：严格控硫；细化炉前工艺过程保证受控；防止不必要的干扰反蠕化元素摄入；扒渣、补加蠕化剂及孕育剂并搅拌，取样确认正常后浇注。

2）蠕化率低、球化率高。若判定蠕化剂加入过量可补加原铁液，或延长浇注时间，再根据三角试块白口宽度决定孕育与否及孕育剂加入量。

3）蠕化衰退。主要原因有：蠕化孕育处理后浇注时间过长；处理后铁液表面覆盖不好，铁液氧化，蠕化元素损失；铸件壁厚大，铸件冷却过慢。预防及补救措施：浇注后期再取三角试块复检，若判定衰退，如铁液较多、温度较高，可补加蠕化剂及孕育剂，再复检合格后浇注；如温度低则回炉或倾弃。

5. 蠕墨铸铁蠕化率的检测方法

（1）三角试块法　用三角试块检验蠕化效果的方法是最广泛最方便的方法。用处理后的铁液浇注三角试块，将试样进行降温激冷处理，当冷至暗红色时淬火冷却。砸断后观察断口，断口呈银白色，尖端白口，中心有缩松，两侧凹陷，同时砸断时有电石气味，敲击声和钢件相似，则蠕化良好，否则蠕化不良；白口过大也说明蠕化效果不好，或者说明铁液已球化；如果断口呈灰黑色组织粗松，说明未蠕化。

（2）热分析法　用热分析仪对蠕化处理后的试样进行分析，判断蠕化效果，可以减少人为因素造成蠕化率控制失误。

（3）炉前快速金相法　金相试样为 ϕ20mm×25mm（视铸件大小、厚薄而定）。金相观察，试样蠕化率应低于实际要求 10%左右。

蠕墨铸铁的蠕化处理工艺范围很窄，在某种程度上它比处理球墨铸铁更难，稳定性更差，要求更严。实践证明，只有严格科学管理，在生产过程中控制好原铁液的化学成分和温度，以及适当的蠕化、孕育处理方法和可靠的炉前控制，才能稳定可靠地生产出蠕墨铸铁产品。

第五节　可锻铸铁

一、可锻铸铁的组织及性能

1. 可锻铸铁的概念

可锻铸铁也称玛铁。可锻铸铁是将白口铸铁通过可锻化退火（包括有或无脱碳过程）得到的具有团絮状石墨的铁碳合金。采用不同的热处理方法，可以得到具有不同组织和性能的可锻铸铁，即黑心可锻铸铁、珠光体可锻铸铁和白心可锻铸铁。可锻铸铁按照热处理条件的不同，可分为石墨化退火和脱碳退火两大类。

2. 可锻铸铁的牌号分类和应用

（1）可锻铸铁的分类

1）石墨化退火可锻铸铁。包括铁素体可锻铸铁、珠光体可锻铸铁。

① 铁素体可锻铸铁。断口外缘为脱碳的表皮层，心部组织为铁素体+团絮状石墨的可锻铸铁。国家标准确认其为黑心可锻铸铁。

② 珠光体可锻铸铁。珠光体可锻铸铁是指金属基体组织主要为珠光体（70%）的可锻铸铁，珠光体形状有片状和粒状两种。珠光体可锻铸铁与用脱碳退火方法制得的白心可锻铸铁的生产方法和金相组织是不同的。因为白心可锻铸铁的组织是不均匀的，并非是珠光体组织。铁素体可锻铸铁退火曲线如图 2-6-11 所示。

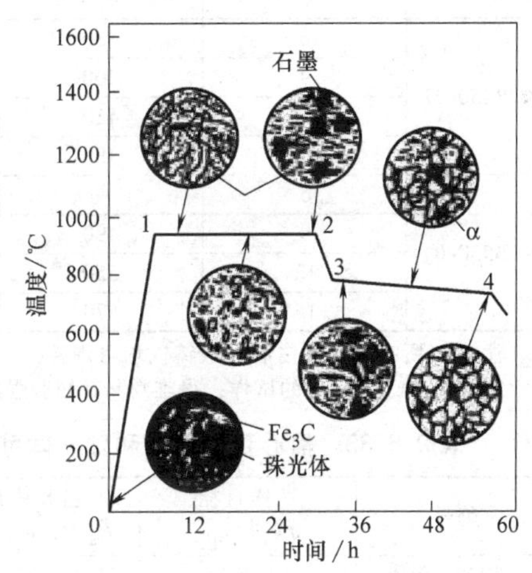

图 2-6-11　铁素体可锻铸铁退火曲线

2）脱碳退火可锻铸铁（白心可锻铸铁）。当将白口铸铁毛坯件在氧化性质的炉气条件下进行退火时，铸件断面上从外层到心部，发生强烈的氧化和脱碳。在完全脱碳层中无石墨存在，铸铁的组织为铁素体。实际上，在小断面尺寸条件下，铸铁的组织基本上为单一的铁素体和退火碳。而在大断面尺寸条件下，表层为铁素体，中间区域为珠光体和铁素体及退火碳，而心部区域则为珠光体及退火碳（或有少量铁素体）。这种铸铁断面由于其心部区域有发亮的光泽，而表层色泽较暗，故通称为白心可锻铸铁。

（2）可锻铸铁的牌号及力学性能　我国可锻铸铁的牌号用 KT 两组数字表示，若其后面的字母为 Z，表示珠光体可锻铸铁；H 表示黑心可锻铸铁；B 表示白心可锻铸铁。符号后面的两组数字分别表示最低抗拉强度和最低断后伸长率。

可锻铸铁是白口铸铁经退火而获得的一种铸铁。白口铸铁中的渗碳体在退火过程中分解为团絮状石墨，由于石墨呈团絮状大大减弱了对基体的割裂作用，故具有较高的强度、塑性和韧性。铁素体可锻铸铁具有一定的强度和较高的塑性与韧性，可用在承受冲击和振动的场合。珠光体可锻铸铁的强度大、硬度高、耐磨性好，可用于制作曲轴、连杆、凸轮轴等。白心可锻铸铁应用极少。白心可锻铸铁的力学性能见表 2-6-32。黑心可锻铸铁和珠光体可锻铸铁的力学性能见表 2-6-33。

表 2-6-32　白心可锻铸铁的力学性能（摘自 GB/T 9440—2010）

牌号	试样直径 d/mm	抗拉强度 R_m/MPa(min)	0.2%屈服强度 $R_{p0.2}$/MPa(min)	断后伸长率 A(%)(min)($L_0=3d$)	布氏硬度 HBW(max)
KTB350-04	6	270	—	10	230
	9	310	—	5	
	12	350	—	4	
	15	360	—	3	
KTB360-12	6	280	—	16	200
	9	320	170	15	
	12	360	190	12	
	15	370	200	7	
KTB400-05	6	300	—	12	220
	9	360	200	8	
	12	400	220	5	
	15	420	230	4	
KTB450-07	6	330	—	12	220
	9	400	230	10	
	12	450	260	7	
	15	480	280	4	
KTB550-04	6	—	—	—	250
	9	490	310	5	
	12	550	340	4	
	15	570	350	3	

注：1. 所有级别的白心可锻铸铁均可焊接。

2. 对于小尺寸的试样，很难判断其屈服强度，屈服强度的检测方法和数值由供需双方在签订单时商定。

表 2-6-33　黑心可锻铸铁和珠光体可锻铸铁的力学性能（摘自 GB/T 9440—2010）

牌号	试样直径 d①,②/mm	抗拉强度 R_m/MPa（min）	0.2%屈服强度 $R_{p0.2}$/MPa(min)	断后伸长率 A(%)(min)($L_0=3d$)	布氏硬度 HBW
KTH275-05③	12 或 15	275	—	5	≤150
KTH300-06③	12 或 15	300	—	6	
KTH300-08	12 或 15	330	—	8	
KTH350-10	12 或 15	350	200	10	
KTH370-12	12 或 15	370	—	12	
KTZ 450-06	12 或 15	450	270	6	150~200
KTZ500-05	12 或 15	500	300	5	165~215
KTZ550-04	12 或 15	550	340	4	180~230
KTZ600-03	12 或 15	600	390	3	195~245
KTZ650-02④,⑤	12 或 15	650	430	2	210~260
KTZ700-02	12 或 15	700	530	2	240~290
KTZ800-01④	12 或 15	800	600	1	270~320

① 如果需方没有明确要求，供方可以任意选取两种试棒直径中的一种。

② 试样直径代表同样壁厚的铸件，如果铸件为薄壁件时，供需双方可以协商选取直径 6mm 或 9mm 试样。

③ KTH275-05 和 KTH300-06 专门用于保证压力密封性能，而不要求高强度或者高延展性的工作条件的。

④ 油淬加回火。

⑤ 空冷加回火。

（3）金相组织与力学性能的关系（表 2-6-34）

表 2-6-34 金相组织与力学性能的关系

金相组织及要求	处理方法
石墨形状： 紧密，坚实圆整 球状石墨，团、球状石墨能获得较好的力学性能；团絮状石墨最常见，能满足一般性能要求；絮状石墨，蠕虫状、枝晶状石墨对性能有不良影响	用稀土、镁处理及采用低温预处理退火可使石墨圆整；Si 含量过高，升温过快，第一阶段石墨化温度过高，会使石墨形状恶化，所以 Si 含量及第一阶段退火温度不宜过高，一般分别以 $w_{Si}=1.8\%$ 及 980℃ 为限
石墨数量： 100~150 粒/mm^2 为好，综合力学性能较好 石墨颗粒数对抗拉强度的影响较小，对断后伸长率的影响较大	Si 含量高、薄壁、金属型铸造、退火前淬火、孕育处理、低温预处理等皆可增加石墨颗粒数 加热过快，退火温度高，铸件壁厚则使石墨粗大，颗粒少
石墨分布： 要求均匀，物方向性分布	孕育剂要适量，孕育剂太多（如 $w_{Bi}>0.01\%$，$w_{Al}>0.01\%$）会使石墨呈串状分布
石墨大小： 一般以 0.02~0.07mm 直径较好	与对颗粒数的控制相同
铁素体基体： 要求大部分或全部为铁素体；并可根据牌号要求保留适量珠光体。残留渗碳体不能超标；如能获得粒状珠光体，则可得到较好的综合力学性能及切削加工性能	主要根据化学成分、性能要求控制退火工艺，从而保证珠光体或渗碳体完全分解
晶粒大小： 一般要求 60~250 个/mm^2，太粗会使力学性能降低	孕育处理能使石墨细化，从而细化铁素体晶粒

二、可锻铸铁的生产及控制

可锻铸铁的生产分两个步骤，即首先得到白口铸件，然后进行可锻化（石墨化）退火。

目前，我国生产的可锻铸铁多数为黑心可锻铸铁，而白心可锻铸铁由于力学性能差，特别是韧性较低，生产工艺较为复杂，退火周期长，故应用较少。

1. 可锻铸铁的铸造性能特点

（1）流动性　可锻铸铁由于 C、Si 含量较低，液相线温度偏高，凝固温度范围较大，另外废钢加入量较大，所以铁液流动性较差。因此，要求铁液具有较高的出炉温度和浇注温度，以防止出现冷隔、浇不足及夹渣等缺陷。同时要求铸型耐火度较高。

（2）液态收缩及铸造应力　由于可锻铸铁铸态为全白口组织，凝固时无石墨析出，使其收缩较灰铸铁大（体收缩率一般为 5.3%~6.0%，线收缩率为 1.5%~1.8%）。因此，易产生缩孔、缩松，应力大，易产生变形和开裂等缺陷。裂纹倾向性大是可锻铸铁同其他铸铁区别的特征之一。裂纹倾向与铁液结晶凝固温度范围较大、易生成树枝状结晶、形成板条状结构、补缩性能较差、收缩较大等性能有关。

（3）含气量　随铁液过热温度的提高，含气量增加。相同条件下比灰铸铁含气量高，从而使铸件易产生气孔，特别是产生皮下气孔。

2. 可锻铸铁的熔炼过程

要得到可锻铸铁的铸件，就必须得到白口铸铁的铸件，若退火前的铸件中一旦出现片状石墨，即使极少量的片状石墨都会极大地影响退火后可锻铸铁的性能，所以可锻铸铁件的配料和熔炼必须要保证获得白口铸铁件。

(1) 设备的定位　主要根据企业的具体产品和规模来选择。

(2) 原材料的选择　一般企业技术部门都制订符合企业产品需求的各种原材料标准及验收依据，并以此作为采购依据。生铁、废钢、回炉料、孕育剂等金属炉料除成分要求外，一般还要有粒度要求和适合企业设备的块料尺寸要求。要强调的是原材料的供应商必须是经企业审核后的合格供方名录内的企业。

为了得到低碳铸铁，应合理使用各种金属炉料。要注意分类管理，避免混入合金钢、碎料等以避免影响退火质量。配料计算时，因熔炼可锻铸铁要加入大量废钢，故元素的烧损与熔炼普通灰铸铁不尽相同。

(3) 化学成分

1) 化学成分的选定原则：

① 保证铸件任一截面在铸态时全白口，不出现麻点，否则会显著降低力学性能。

② 有利于较快的石墨化过程，以保证短时间内完成石墨化退火，缩短生产周期。

③ 有利于提高力学性能。

④ 在不影响力学性能的情况下，兼顾铸造性能，从而提高产品的合格率。

2) 化学成分选择。可锻铸铁的化学成分一般要求低碳、低硅、低硫。根据可锻铸铁的化学成分不同可分三类，即铁素体可锻铸铁化学成分、珠光体可锻铸铁化学成分和白心可锻铸铁化学成分。铁素体可锻铸铁的化学成分为 $w_C 2.4\% \sim 2.8\%$、$w_{Si} 1.2\% \sim 1.8\%$、$w_{Mn} 0.3\% \sim 0.6\%$、$w_P < 0.087\%$、$w_S < 0.2\%$；珠光体可锻铸铁的化学成分为 $w_C 2.3\% \sim 2.8\%$、$w_{Si} 1.3\% \sim 2.0\%$、$w_{Mn} 0.4\% \sim 0.65\%$、$w_P < 0.1\%$、$w_S < 0.2\%$；白心可锻铸铁化学成分为 $w_C 2.8\% \sim 3.4\%$、$w_{Si} 0.7\% \sim 1.1\%$、$w_{Mn} 0.4\% \sim 0.7\%$、$w_P < 0.2\%$、$w_S < 0.2\%$。GB/T 9440—2010 中白心可锻铸铁共五个牌号，其强度、韧性随壁厚而变化。白心可锻铸铁的优点是可以焊接，在石油、天然气、煤气管道接头，用该材料进行生产，在服役过程容易维修，其缺点是热处理工艺复杂，成本高，在我国尚无工业规模生产。

① 碳。铸铁中碳当量的控制很重要，碳当量过高易产生片状石墨。含碳量和铸件的强度、塑性有很大关系，虽然在退火后可获得相同类型的组织，但高碳量会使石墨数量及尺寸增加，使强度、断后伸长率下降，因而含碳量低的可锻铸铁比含碳量高时具有较高的强度和塑性。故熔化高标号的可锻铸铁时应设法降低含碳量，一般可将锻铸铁的碳当量控制在 3.8%~4.0%之间。

② 硅。在不加入促进白口的微量元素（如铋、锑等）的普通可锻铸铁中，硅质量分数一般控制在 1.4%以内，大于 1.4%易出现麻口组织，降低退火后的力学性能。但硅能促进第一、二阶段石墨化，因而在保证得到白口组织的前提下，适当提

高含硅量是有利的。

注意：加入铋、锑等反石墨化元素，和含硫较高的情况下，硅量可以适当提高，不受上述数值的限制。硅能增高可锻铸铁的强度及断后伸长率，但 $w_{si}>1.8\%$ 以后有可能恶化石墨形态，导致力学性能下降。当 Si、P 两元素同处高水平数量时，则易引起回火脆性及低温脆性，并使脆性转化温度上升。

③ 硫。在可锻铸铁中硫是有害元素，能降低力学性能，并易生热脆。硫质量分数若超过 0.2%，会延长退火的周期，尤其是影响第二阶段石墨化。

④ 锰。能抵消硫的有害作用，故一般取 $w_{Mn}/w_s=2.4\sim3$。如果锰含量过高时，也会阻碍石墨化，特别是影响第二阶段石墨化。一般根据含硫量的情况取锰质量分数为 0.35%~0.65%。超过规定值，会因退火时间不足而在铸件中残留渗碳体及珠光体，使断后伸长率不合格。

⑤ 磷。在可锻铸铁中易引起冷脆，一般其质量分数不超过 0.18%。另外，磷质量分数>0.1%时，易产生偏析，出现磷共晶，导致断后伸长率下降，脆性增高。

⑥ 铬。铬的质量分数应限制在 0.06%以下，否则易使残留渗碳体超标，导致断后伸长率下降。

(4) 配料　配料计算要以铸件的化学成分要求为依据，并根据炉料的变化，及时进行调整。一般薄壁件要控制在上限，厚大件控制在下限。当铁液熔化完毕后，应取样浇注三角试块，目测断口进行判断，确认铁液合格后，方可升温出炉。在更换生铁或其他炉料时，铁液熔炼后应取样测定化学成分。

3. 可锻铸铁的热处理

可锻铸铁热处理分类及特征见表 2-6-35。

表 2-6-35　可锻铸铁热处理分类及特征

分类		退火特点	主要基体组织	断口颜色
石墨化退火可锻铸铁	铁素体可锻铸铁(黑心可锻铸铁)	白口坯件在中性介质中进行石墨化退火,使自由渗碳体和珠光体分解	铁素体	黑绒色
	珠光体可锻铸铁	白口坯件在中性介质中进行石墨化退火,使自由渗碳体分解,珠光体部分分解	铁素体	银灰色
脱碳退火可锻铸铁	白心可锻铸铁	白口坯件在氧化介质中进行脱碳退火,在渗碳体分解的同时,发生氧化脱碳	外缘为铁素体,向内由于脱碳不全,珠光体量逐渐增加	银白色

(1) 铁素体可锻铸铁的退火　铁素体可锻铸铁是可锻铸铁中应用最多的一种。铁素体可锻铸铁是由白口铸件退火而成的。白口铸件的铸态室温组织为：珠光体(铁素体+共析渗碳体)+莱氏体（贝氏体+共晶渗碳体)+二次渗碳体。退火的目的就是要将共晶渗碳体、二次渗碳体和共析渗碳体全部分解为铁素体和石墨。

铁素体可锻铸铁退火过程可分为五个阶段（参考图 2-6-11)：

1）升温阶段（0~1）。“1”点温度一般为950℃左右或稍高些，此时铸铁组织由珠光体加莱氏体转变成奥氏体加莱氏体。实际生产中，由于较大的退火炉升温较慢，加热到900℃以上需要10~20h，虽然在规定的石墨化退火工艺规范中，没有专门的预处理阶段，但实际上经过300~500℃的时间超过了3~5h，已含有预处理的作用。增加低温预处理的时间，同时增加厚大断面可锻铸铁的石墨核心分数。

2）石墨化第一阶段（1~2）。在第一阶段保温，由渗碳体不断溶入奥氏体而逐渐消失，团絮状石墨逐渐形成。第一阶段结束时（到“2”点），组织为奥氏体加团絮状石墨。这个阶段所需的时间长短以自由渗碳体能全部分解完为准，过长无益且有害。

3）中间阶段（2~3）。指从高温冷却到稍低于共析温度（710~730℃的范围）的阶段。随着温度的降低，奥氏体中的碳逐渐脱落，附着在已生成的团絮状石墨上，使石墨长大。到“3”点的组织为珠光体加团絮状石墨。这阶段冷得太慢会增加退火周期，太快会出现二次渗碳体。

4）石墨化第二阶段（3~4）。在710~730℃处保温，可使共析珠光体逐渐分解成铁素体加石墨，石墨继续向已有的团絮状石墨上附着生长，到“4”点时组织为铁素体加团絮状石墨。这阶段所需时间的长短根据珠光体是否能分解完而定。这阶段也可采用从750℃左右开始，以3~5℃/h的缓慢速度通过共析区，这样奥氏体可直接转变为铁素体加石墨。这个方法石墨化速度可快些，但控制冷却速度是个关键因素。

5）冷却阶段（4~室温）。到“4”点以后，再继续保温并不发生组织变化，可用较快速度冷却。为防止回火脆性，冷到500~600℃时即可出炉空冷。

（2）珠光体可锻铸铁的退火　珠光体可锻铸铁因渗碳体形态不同，可分为片状珠光体和粒状珠光体两种。粒状珠光体的屈服强度和冲击韧度高，故与片状珠光体的退火工艺略有差别。要获得珠光体组织必须在加热后采用较快的冷却速度，因而造成铸件内应力较大，需增加消除内应力回火工序。若将回火温度提高到670~700℃或延长回火时间，就可使珠光体粒状化，从而得到粒状珠光体基体。珠光体可锻铸铁的退火方法见表2-6-36。

表2-6-36　珠光体可锻铸铁的退火方法

铸坯要求	退火规范	基体组织
已获得铁素体基体的可锻铸铁坯件	重新加热至临界温度以上，稍作保温，使奥氏体均匀化后出炉快冷，实现珠光体转变，再做消除内应力处理	粗片状珠光体
	重新加热，然后油淬-回火	细小粒状索氏体
普通珠光体可锻铸铁坯件（w_{Mn}为0.8%~1.3%）	利用锰的稳定珠光体的作用，在第一阶段石墨化完成后，迅速出炉空冷或风冷，以获得珠光体基体，为防止晶界在高温快冷中出现二次渗碳体，可先炉冷至840℃再出炉快冷。最后做消除内应力处理	片状珠光体
	第一阶段石墨化完成后，空冷，再在670~700℃间回火，使珠光体粒状化	粒状珠光体
	第一阶段石墨化完成后，油淬-回火	细小粒状索氏体

（续）

铸坯要求	退火规范	基体组织
合金珠光体可锻铸铁坯件（加 Cu、Mo、Sn、Ni、Sb、W、Cr 等）	第一阶段石墨化完成后，空冷，得到细片状珠光体，再做消除内应力处理	细片状珠光体
	第一阶段石墨化完成后，空冷，再在 670～700℃ 回火，使珠光体粒化	粒状珠光体
	第一阶段石墨化完成后，油淬-回火	细小粒状索氏体

（3）白心可锻铸铁的退火 白心可锻铸铁的退火即脱碳退火，它是白心可锻铸铁的白口铸坯在氧化性气氛中进行退火而获得的。在退火过程中，铸坯表层的渗碳体（Fe_3C）经高温分解出碳，由内向外扩散，遇到炉气后被不断地氧化成 CO_2 或 CO，这就是脱碳退火的过程。

白心可锻铸铁化学成分范围较宽，生产容易控制。铸坯表面有很深的脱碳层，所以具有良好的焊接性能。

白心可锻铸铁脱碳方法有固体（氧化铁、矿石）脱碳法和气体脱碳法两种。

1）固体脱碳法。白心可锻铸铁脱碳退火需将铸坯与脱碳剂分层装箱，并加以密封，然后才能装炉脱碳退火。脱碳剂选用赤铁矿矿石轧钢的氧化皮等，占铸件质量的 70%～120%。

2）气体（空气、水蒸气）脱碳法。气体脱碳法主要是通过控制和调节炉内气氛以达到脱碳的目的，并自始至终可以将炉气控制在最佳状态，因而退火时不需要退火箱及脱碳剂，就可以保证铸件质量，节约能源，是发展的方向，但对退火炉及相应的控制设备要求较高。

4. 缩短退火周期

退火周期长是所有可锻铸的一种缺憾，缩短退火周期必然成为生产关注的问题。凡是增加石墨化核心数、增加晶界、改变晶界钝化膜、增加扩散速度、减小渗碳体稳定性的措施均有利于缩短退火周期，改进加热炉结构是缩短生产周期的基础。当铁液条件确定后，升温和中间冷却阶段是缩短生产周期的关键。缩短退火周期的措施见表 2-6-37。

表 2-6-37 缩短退火周期的措施

项目	措施与要求
铁液化学成分	1）提高硅、碳含量，特别是硅量，但试块断口不得有灰点，炉前可加铋处理 2）适当提高铁液过热温度，可细化铸态组织，增加退火过程中的石墨化核心；过热铁液过冷倾向大，铁液硅、碳含量较高，用电炉熔炼效果好 3）熔炼过程中减少铁液氧化和吸气，铁液含氧、氮、氢将阻碍石墨化退火 4）严格限制硫、铬、钒、砷等阻碍石墨化退火元素的加入量
孕育	1）炉前加入微量的铋，有利于提高硅含量 2）炉前加入微量孕育剂硼、铝、锆、镁和稀土，以增加退火时的石墨化核心，并缩短碳原子扩散距离
铸型	1）砂型中加冷铁，增加冷却速度，细化晶粒 2）采用金属型铸造，细化晶粒，且可提高铁液硅、碳含量，有利于退火

（续）

<table>
<tr><th>项目</th><th colspan="7">措施与要求</th></tr>
<tr><td>退火炉结构</td><td colspan="7">1)采用耐火纤维保温材料充填炉体,提高保温性能,提高退火炉升温能力
2)合理安排火口和烟道,或采用二次送风等办法,确保炉温均匀
3)合理设置冷却比,增大中间阶段冷却速度
4)改烧煤为烧煤粉或煤气,有利于炉温均匀
5)采用贯通式退火炉,以缩短前后两次退火周期的衔接时间
6)采用电炉,实行中性气氛退火,可以不用退火箱
7)采用连续式隧道炉</td></tr>
<tr><td>装炉</td><td colspan="7">1)炉前设过渡车,进行铸坯预装,尽量做到热进窑
2)取消填砂(或铁屑)装箱法(易变形件例外),采用大、小件套装,提高装载系数
3)根据炉内各区温度不同,厚铸件在高温区,薄件在低温区</td></tr>
<tr><td rowspan="5">退火工艺</td><td colspan="7">1)升温阶段要快速升温,缩短升温时间
2)在 300~400℃保温数小时,用低温处理增加石墨核心数,效果如下:</td></tr>
<tr><td>400℃保温时间/h</td><td>0</td><td>1</td><td>2</td><td>3</td><td>4</td><td>5</td></tr>
<tr><td>退火后石墨核心数/(个/mm²)</td><td>34</td><td>154</td><td>209</td><td>226</td><td>251</td><td>278</td></tr>
<tr><td>与未经低温处理、核心增加倍数</td><td>0</td><td>3.4</td><td>5.1</td><td>6.6</td><td>6.3</td><td>7.1</td></tr>
<tr><td colspan="7">3)适当提高第一阶段石墨化温度,以降低渗碳体的稳定性,加速扩散速度和增加石墨核心。每提高 50℃,第一阶段石墨化时间可缩短近一半</td></tr>
</table>

5. 可锻铸铁常见的缺陷及防止方法

（1）退火不足　退火不足可使基体中残留有自由渗碳体和未分解的珠光体，使铸件硬度过高，塑性降低。出现这种情况是因退火温度控制错误，工艺不当所造成的，如第一阶段和第二阶段石墨化温度过低，保温时间短，中间冷却过快等。铸铁成分中含硅量过低、含硫量过高，以及夹入强烈阻碍石墨化的元素（如铬）都会使退火困难。

预防措施：

1）控制铸件成分。含硅量不应过低，硫不应超过规定的含量。合理控制硫锰比。严格避免含铬等合金钢废料夹入炉料内。铬质量分数应低于 0.008%。

2）正确制订退火工艺。第一阶段石墨化不低于 900℃，第二阶段石墨化不低于 700℃，要有充分的保温时间。

3）正确控制炉温。使退火炉内温度均匀。合理装箱，对测温仪表及时检查校正。

4）若残留自由渗碳体过多和未分解的珠光体过多，应重新退火。

（2）铸态麻点和退火后“灰口”　一般因白口铸铁件出现片状石墨和晶间石墨，退火后铸件出现不正常石墨，而造成石墨形状恶化和力学性能明显降低。

产生原因及预防措施：

1）铁液中碳、硅含量太高。这会使铸件有少量片状石墨出现（即白口铸铁件中出现麻点），在以后的石墨化过程中，石墨长大，并呈网状分布，故使强度降低，韧性变差。其防止的办法，就是设法降低碳、硅含量（尤其是碳）。

2）退火温度过高。当退火温度较高时，除普通团状石墨外，还在晶界出现很多厚片状石墨，铸件断面呈灰白色。当温度更高时，退火后有粗大的石墨片出现，晶粒也粗大，断面呈白亮的颜色，铸件更脆。为此必须把退火温度维持在950℃左右。

3）加入铁液的阻碍石墨化的元素如铋等失效，使铸件灰口化。也有可能因炉前加铝量过多，造成石墨呈网状和串珠状分布或在铸态析出石墨。实践数据介绍，铋加入铁液其白口化作用的有效时间为8min左右，过时可使铸态出现石墨和晶间石墨，退火后石墨呈网状分布造成“灰口”。

（3）回火脆性　可锻铸铁退火后，断口不呈正常的黑绒状而呈亮白色和亮灰色，韧性明显下降，这种现象称为白脆和灰脆。这种现象因与钢中回火脆性类似，故也通称回火脆性。实践表明，可锻铸铁件退火后若在450~500℃温度范围内缓慢冷却或在此温度范围内停留，就会发生“回火脆性”。这个温度范围称为“脆性温度范围”。回火脆性的机理目前尚无定论。

预防措施：

1）退火完成后，在630~650℃出炉冷却。

2）铁素体可锻铸铁在热镀锌时，不应在420~550℃范围内停留。锌液温度应在610~650℃，使铸件温度超过脆性温度范围，镀后迅速冷却。

3）铸件中磷、硅含量过高，易发生回火脆性，故应严格限制含磷量（质量分数不应超过0.1%），并应准确控制含硅量。加入质量分数为1.2%~1.5%的铜或0.11%~0.22%的钼，可减少脆性倾向发生。

4）已发生回火脆性的铸件，可重新加热到650~700℃，保温后，再出炉冷却，韧性就可恢复。

（4）缩孔、缩松与裂纹　因白口铸件铸态无石墨结晶，故液态、凝固时期收缩大，易产生缩孔。同时因白口铸铁多为低碳硅铸铁，凝固范围大，初生奥氏体枝晶发达，故容易形成缩松。白口铸铁件由于收缩大、脆性大、枝晶发达，也容易产生裂纹。

预防措施：

1）合理设置浇冒口系统。可锻铸铁的浇注系统不同于灰铸铁，一般均采用阻流与补缩相结合的浇注系统。在铸铁热节处加设暗冒口或冷铁。根据铸件的特点，正确选择冷却原则，以防止产生缩孔、缩松、裂纹。

2）铁液碳、硅含量过低，硫、磷含量过高时，易发生缩松与裂纹，故应在保证白口的条件下，适当提高碳、硅含量，并尽量降低硫、磷含量。

第六节　特种铸铁

一、耐磨铸铁

耐磨铸铁的组织特征是不同类型的渗碳体加基体组织，除耐磨球墨铸铁外，其余耐磨铸铁的断口是白口；成分是除五大元素外另加入低、中、高含量的合金元素，最典型的是加入铬；性能特征是高硬度、高耐磨性，但韧性较低，主要应用于各类耐磨件。

1. 耐磨铸铁材料

（1）耐磨白口铸铁　耐磨白口铸铁分为一般白口铸铁、镍硬铸铁和铬系白口铸铁。在铬系白口铸铁中，按铬的加入量，可分为低铬白口铸铁，铬质量分数在3%以下；中铬白口铸铁，质量分数为3%~10%；高铬白口铸铁，质量分数为10%~30%。此外，还有含钨的白口铸铁，如W-Mn白口铸铁和W-Cr白口铸铁等。

（2）耐磨球墨铸铁　主要有中锰中硅球墨铸铁和等温淬火球墨铸铁。这两类耐磨球墨铸铁的主要特点在于高碳相的形态，前者的高碳相是以碳化铁的形式存在，后者则以球墨存在。

2. 耐磨铸铁的应用

耐磨铸铁主要用于摩擦条件下工作的机械零件。在摩擦条件下工作的机械零件是多种多样的，按照它们的工作条件不同可分为两大类：一类零件如机床床身、发动机气缸套、活塞环以及轴瓦等，都是在有润滑的条件下工作的；还有一类零件如火车轮闸瓦、抛丸机叶片、轧钢机上轧辊等，都是在无润滑（即干摩擦）条件下工作的。因此，耐磨铸铁也分为在润滑条件下工作的耐磨铸铁和干摩擦条件下工作的耐磨铸铁两类。这两类耐磨铸铁在性能要求上有着很大的差别。

（1）在润滑条件下工作的耐磨铸铁　指机床用耐磨铸铁和动力机用耐磨铸铁。主要有高磷系耐磨铸铁、磷铜钛耐磨铸铁、钒钛系耐磨铸铁和稀土系耐磨铸铁等。

（2）干摩擦条件下工作的耐磨铸铁　主要有白口铸铁型耐磨铸铁、奥氏体型耐磨铸铁和冷激铸铁等。

二、耐热铸铁

耐热铸铁的组织特征是基体加片状石墨或球状石墨；成分特征是除五元素外再加入合金元素，有中硅系、高铝、中硅铝以及高铬等系耐热铸铁；其性能特点是有高的耐热性和抗氧化性能，但强度和韧性较低，较脆，应用于在热环境下工作的零件。

1. 耐热铸铁高温破坏及耐热性的要求

在工程上有些设备是在高温下工作的，这样，许多设备的铸铁件就需要具有一定的耐热性。这些铸件不但要有一定的高温强度，而且应有一定的抗氧化性和抗长大性。

一般，温度越高，灰铸铁的氧化也越严重。氧化开始时，先在金属表面形成一层氧化膜，然后氧就向内部渗透。这层表面氧化膜的性质对金属氧化速度影响很大。

若铸铁中含有合金元素，有些合金元素所形成的氧化膜，可有效地阻止氧向内渗入，使铸铁抗氧化性有所提高。如硅在铸铁中，形成二氧化硅的表面膜，就能防止氧向内侵入，减缓铸铁表面的氧化速度。

灰铸铁的“长大”是灰铸铁在高温时出现的一种特有现象。灰铸铁件在高温下长期停留或反复加热时，就逐渐产生永久性的体积胀大，这种现象常称为铸铁的长大。铸铁发生长大时，密度明显减小，强度下降为原有的几分之一，因而造成铸件报废。

加入合金的作用如下：

1）在铸铁表面形成一层致密而又均匀的氧化膜。这层氧化膜的线胀系数与铸铁相近似，并能与铸铁表面紧密结合在一起，以防止氧化性气体对铸铁表面的进一步侵蚀和氧化。加入铬、硅、铝等合金元素，可在铸件表面形成 Cr_2O_3、Al_2O_3、Si_2O_3 等氧化保护膜，提高铸铁的抗氧化能力。

2）尽量防止在使用温度范围内发生相变。由于加入的合金能提高或降低铸铁的共析临界温度，使之在铸件工作温度不发生相变，因而减少由此产生的胀大和显微裂纹。所以高温热铸铁应尽量得到稳定的单相组织（如奥氏体-石墨或铁素体-石墨的组织），要求基体中的碳化物必须在铸件高温工作时不发生分解。

2. 耐热铸铁类别、成分和性能

按照国家标准 GB/T 9437—2009，耐热铸铁分为以下几种：

（1）铬系耐热铸铁　有 HTRCr、HTRCr2 和 HTRCr16。

（2）硅系耐热铸铁　有 HTRSi5、QTRSi4、QTRSi4Mo、QTRSi4Mo1 和 QTRSi5。

（3）中硅中铝耐热铸铁　有 QTRAl4Si4 和 QTRAl5Si5。

（4）高铝耐热铸铁　有 QTRAl22。

牌号中 TR 表示耐热灰铸铁，QTR 表示耐热球墨铸铁，上述耐热铸铁的适用温度范围如下：

在 650℃以下工作的材料有 HTRCr、HTRCr2。

在 600~750℃下工作的材料有 QTRSi4。

在 750~900℃下工作的材料有 HTRCr16、HTRSi5、QTRAl4Si4。

在 900~1050℃下工作的材料有 QTRAl22。

从标准中可以看出，所有耐热铸铁都有 Cr、Si、Al 三种元素，有片状石墨和球状石墨两种类型。球墨铸铁比片墨铸铁的力学性能要高，耐热性能也较好，但工艺性能差；HTRCr、HTRCr2 与一般低合金铸铁类似；而 QTRAl22 因性能不稳定，很少进行工业化规模生产。

3. 耐蚀铸铁

耐蚀铸铁的组织特征是基体加片状或球状石墨，它是合金铸铁，主要有高硅系、高镍系、高铬系以及中低合金耐蚀铸铁，分别用于不同的腐蚀介质。耐蚀铸铁主要用于化工设备、污水处理设备、石油提炼、金属清理或酸洗等设备中。

铸铁在周围介质的作用下发生化学或电化学破坏就称为腐蚀。这些介质包括各种酸、碱、盐、海水等。腐蚀能造成铸铁强度降低和零件的损坏。腐蚀铸件可以是均匀的，也可以是局部的或晶间的，其中以晶间腐蚀危害最大。铸铁中石墨和总含碳量越少，化合碳含量越多，则耐蚀性也越高。石墨成球状和团状，其耐蚀性比片状石墨高。

为了进一步提高耐蚀性，多加入合金元素，其作用是：合金元素能在铸铁表面形成连续而致密的氧化保护膜，阻止腐蚀的继续进行，如硅、铬、铝等元素都起这种作用。加入高电位合金元素，提高铸铁基体的电极电位，如加入铬、钼、铜、镍等。

耐蚀铸铁的种类很多，主要有：高硅耐蚀铸铁，硅质量分数为14%~18%；高铬耐蚀铸铁，铬质量分数为26%~30%；镍系耐蚀铸铁，镍质量分数为30%~35%。耐蚀铸铁与耐热铸铁有不少共同之处。

第七节 铸铁熔炼

一、铸铁的概念

铸铁是碳的质量分数大于2.11%，并且含有少量硅、锰、硫、磷等杂质的铁碳合金。铸铁与钢相比，虽然力学性能较低，但它具有优良的铸造性能和可加工性能，生产成本低，并具有良好的耐压、耐磨和减振性，所以获得了广泛的应用。

在工业生产中铸铁的种类很多，将其按以下几种进行分类：

按铸铁断口特征或组织中是否有石墨存在分为：灰铸铁、白口铸铁、麻口铸铁。

按铸铁中石墨存在的形状分为：具有片状石墨的灰铸铁（包括普通灰铸铁和孕育铸铁）、具有球状石墨的球墨铸铁、具有蠕虫状石墨的蠕墨铸铁和具有团絮状石墨的可锻铸铁。

按铸铁的化学成分可分为普通铸铁和合金铸铁。其中合金铸铁是指除碳外的其他元素，若合金元素的总质量分数<5%称为低合金铸铁；合金元素总质量分数为5%~10%，称为中合金铸铁；合金元素总质量分数>10%，称为高合金铸铁。

按铸铁的性能可分为：工程结构件用铸铁和特种性能铸铁（包括耐热铸铁、耐磨铸铁和耐蚀铸铁等）。

按铸铁的基体组织对铸铁进行分类，包括珠光体球墨铸铁、铁素体球墨铸铁、贝氏体球墨铸铁、铸态球墨铸铁等。

二、熔炼设备

铸铁熔炼可使用的熔炼炉种类很多，其中以冲天炉和感应电炉应用最广。冲天炉的热能来自燃料——焦炭的燃烧热，而感应电炉是以电能作为热源。在选择铸铁熔炼炉类型时，通常考虑下述重要因素：铸铁材质类型和质量；生产规模和条件；能源和金属炉料的供应情况；设备投资能力和熔炼成本；工业卫生和对环境污染的限制。一般情况是：单件小批和成批生产多用冲天炉或电炉单炉熔炼；普通灰铸铁、可锻铸铁可采用冲天炉熔炼；合金铸铁多采用电炉熔炼；球墨铸铁既可采用冲天炉也采用电炉熔炼，大批量生产可采用冲天炉-电炉双联熔炼。

1. 冲天炉

冲天炉是其中应用最为广泛的一种，它具有结构简单、操作方便、维修容易、熔化连续、生产率高、电耗少和熔炼成本较低等优点，但在铁液质量和环保治理方面，则不如感应炉。冲天炉热能来自于燃料的燃烧热。生产中应用的是燃焦冲天炉，它以焦炭为燃料，少数情况下以煤粉和天然气为辅助燃料。完全使用煤粉、重柴油或天然的所谓非焦化铁炉，极少应用。

（1）冲天炉熔化系统组成　一个典型（简易型）的冲天炉熔化系统组成，如图 2-6-12 所示。它由鼓风机、加料机、热风冲天炉、除尘器、循环水池、引风机等组成。

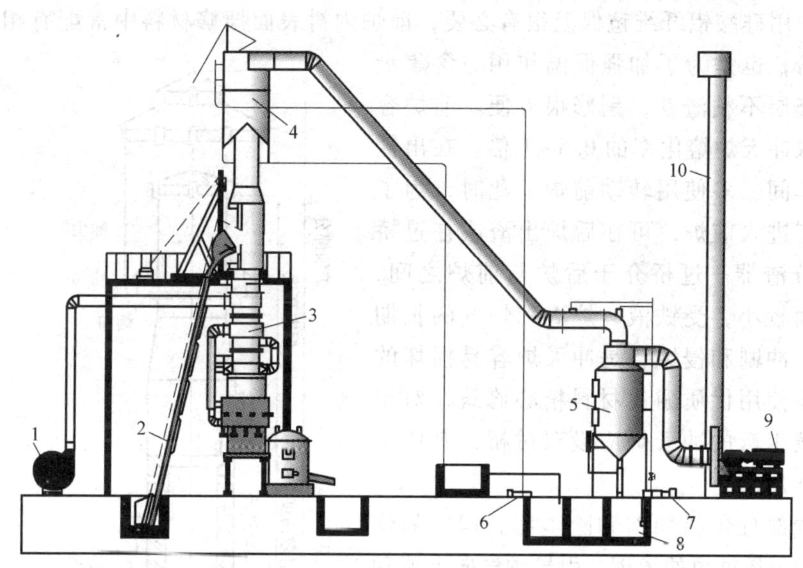

图 2-6-12　一个典型冲天炉熔化系统组成

1—鼓风机　2—加料机　3—热风冲天炉　4—除尘罩　5—除尘器　6—一级水泵　7—二级水泵　8—循环水池　9—引风机　10—烟囱

（2）冲天炉的基本构成与主要结构参数　冲天炉是铸造车间获得铁液的主要熔炼设备，其典型结构如图 2-6-13 所示。冲天炉属于竖炉范畴。它由炉体、炉顶、支承、过桥和前炉等构成，炉底起支承作用，炉体是冲天炉的主要工作区域，炉顶排出炉气。炉体是冲天炉的主要部分，它位于炉底板和加料口下沿之间。炉体用

6~12mm 的钢板作外壳，里面由耐火砖和耐火材料形成炉膛。在外壳与耐火层之间留有 15~30mm 的间隙，供充填硅酸铝纤维、石棉、硅藻土或灰渣之用，起绝热作用，同时也为受热后的耐火砖留出膨胀的余地。加料口处由于常受炉料的冲击，一般用空心的铸铁砖砌筑。为了增加炉体的刚度和承托耐火砖，在炉壳内侧每隔一定距离焊一圈角钢。炉体上设有风箱，鼓风经由风口送入炉内。炉体分有效段和炉缸两部分，底排风口中心线至加料口下沿为有效段，底排风口中心线至炉底为炉缸。它们的高度分别称为有效高度和炉缸高度。有效高度和炉下内径（即炉膛内径）是冲天炉的两个重要结构参数。炉子内径或炉子名义直径基本决定了炉子的名义熔化率（俗称炉子吨位）；炉子有效高度基本决定了炉料顶热和炉气热量利用的程度。表 2-6-38 给出了常用冲天炉的吨位、名义直径、熔化率、有效高度比、炉缸高度的关系。

冲天炉一般都有前炉。前炉可以储存铁液，均匀化学成分和温度。由于铁液及时由后炉流入前炉，缩短了与焦炭接触的时间，减少了增碳和增硫，有利于铁液质量的提高。在前炉中渣铁分离也较为有利。但设前炉后，铁液温度有所下降。因此，前炉用硅酸铝纤维毡保温很有必要，前炉内衬表面搪修材料中常配有相当比例的焦炭粉，也是为了加强保温作用。含焦炭粉的搪修层不粘渣铁，剔修很方便。前炉容量一般取冲天炉熔化率的 0.5~1 倍。在出铁频繁的车间，多使用转动前炉。此时，为了不使炉渣进入前炉，可在后炉出渣或在过桥上设置分渣器。过桥介于后炉与前炉之间，它的断面较小，受铁液、炉渣和炉气的长期热作用、冲刷和侵蚀，是冲天炉容易损坏的地方，应使用优质耐火材料精心修筑，对于长期连续生产的冲天炉应设双过桥，其中一个过桥备用。

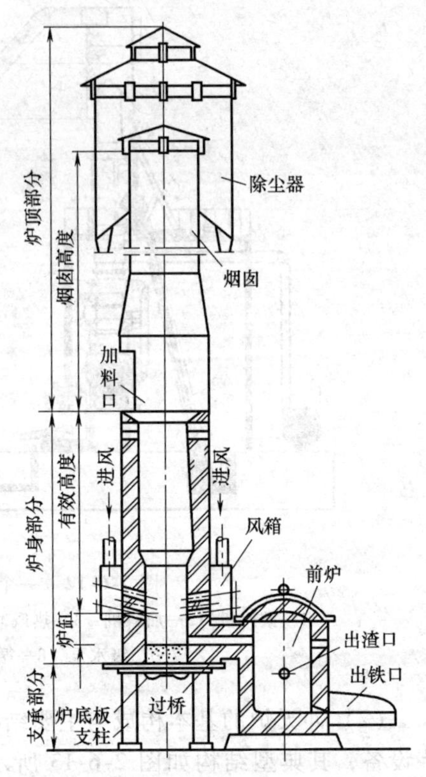

图 2-6-13 典型冲天炉的结构

炉顶部分包括烟囱和除尘器。烟囱的作用是利用负压抽风的道理，引导炉气向上流动并排出炉外。烟囱直径为炉身外径的 0.7~1 倍。小型冲天炉烟囱无内衬，3t/h 以上的炉子则砌筑青砖或耐火砖。除尘器的作用是减少炉气中的粉尘及有害气体。为了达到国家规定的粉尘排放标准（$200mg/m^3$），国内外多采用布袋除尘、喷淋塔除尘或文丘里管除尘等系统。支承部分包括炉基、支柱、炉底板和炉底门等。炉底门与炉底板由铰链相连，通常做成两扇，由人工或气动、电动启闭。

表 2-6-38　冲天炉吨位、名义直径、熔化率、有效高度比、炉缸高度关系

吨位/t	1	2	3	5	7	10	15
名义直径/mm	450	600	700	900	1100	1300	1600
名义熔化率/(t/h)	1	2	3	5	7	10	15
有效高度比	6~8			5.5~7		4.5~5.5	
炉缸高度/mm	150~200		200~250		250~350		

（3）冲天炉的类型与应用　按送风质量的不同，冲天炉有冷风、热风和加氧送风之分。按送风部位的不同，可分为侧送风和中央送风。按风口排数不同，分为单排、双排、三排和多排小风口。按风口间排距，分为普通排距和大排距。

我国目前生产中应用的主流冲天炉为两排大间距冲天炉、热风冲天炉和水冷长炉龄冲天炉。

两排大间距冲天炉的排距一般为炉子内径的 0.8~1.1 倍，比普通排距（150~250mm）大得多。这种炉子的特点是铁液温度高、元素烧损少、炉况稳定、铸件成品率高，适于生产球墨铸铁件和高牌号灰铸铁件。由于该炉增碳率大，生产高牌号灰铸铁要多配废钢。

热风温度为 150~200℃的冲天炉，克服了风口结渣现象，改善了炉况，铁液温度提高不多，在生产规模不大的中小企业中常有使用。风温超过 350℃的炉子，冶金能力大大加强，铁液温度高、硫分低、含氧量少，元素烧损也少；当风温达到 500℃以后，硅量非但没有烧损，甚至还会有所增加。热风操作熔化速度快，焦耗少。在开炉时间长的规模生产车间，上述优势更加明显。因此，风温在 350℃以上的热风冲天炉是大型企业中冲天炉的首选。

加氧送风的作用与热风类似。但全程加氧的情况不多，为了获得第一包高温铁液，或为了排除过桥、出铁口堵塞，或多牌号生产在变更炉料改熔球墨铸铁时，加氧送风不失为一种迅速有效的提温手段。

在连续长时间熔炼的车间，常采用水冷长炉龄冲天炉（冷风或热风）。该炉炉径稳定，铁液温度及化学成分波动小，熔渣少（只有一般炉的 1/15~1/10），耐火材料消耗和修停炉工时大为减少。这种冲天炉的插入式水冷铜风口伸入炉内的距离可调，因此熔化率可以变化，对造型线的适应性较强。

风口在四排以上的冲天炉和中央送风冲天炉，由于存在元素烧损大、炉况不稳和铁液易氧化的缺点，如今已很少应用。

1）称量配料装置。炉料主要包括金属料（生铁、回炉料、废钢等）、焦炭和石灰石等。不同的炉料采用不同的称量配料装置。对于焦炭和石灰石等常用电子秤直接称量，振动给料机输送；而金属料则采用电磁秤配料。它一般安装在桥式起重机上，可往返于料车和加料车之间，完成吸料、定量、搬运和卸料工作。它主要由电子秤、电磁吸盘及控制部分组成。

2）加料装置。配料工序完成后，由加料系统完成加料工作，加料系统通常又包括加料主机、加料桶、料位控制系统等。

① 加料主机。常见的加料机有爬式加料机和单轨式加料机两种。图 2-6-14 所示为一种常见的爬式加料机。料桶 2 悬挂在料桶小车支架的前端，料桶小车两侧装有行走轮，可以沿机架 3 的轨道行走。加料时，卷扬机 4 以钢丝绳拉动料桶小车从下端的地坑内上升至加料口。然后小车上的支架将料桶伸进冲天炉炉内，这时料桶的桶体受炉壁上的支承托住，而小车的两个后轮进入轨道的交叉，被向上拉起。于是小车支架绕前轮轴旋转，支架前端向下运动，将底门打开，把料装入炉内。卸料完毕，卷扬机放松钢丝绳，料桶因自重下落返回原始位置。爬式加料机动作比较简单、速度快、操作方便，易于实现自动化，用于中、大型冲天炉批量生产。使用时，应特别注意安全，防止断绳引起的人身或机械事故。

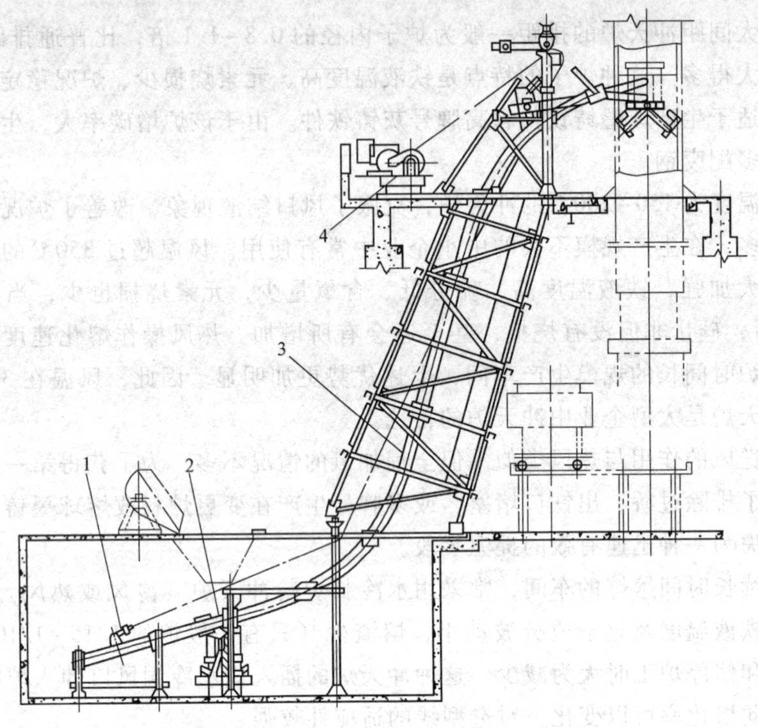

图 2-6-14　爬式加料机

1—料桶小车　2—料桶　3—机架　4—卷扬机

常见的单轨加料机如图 2-6-15 所示。它结构简单、投资少、操作方便，主要由单轨吊、活动横梁、料桶等组成。可以是一台加料机供两台冲天炉，也可以是一台加料机供一台冲天炉。该类加料机，每次加料需要进行多次动作，不易实现自动化，需要加料平台，一般适用于小型冲天炉的生产。

② 加料桶。

a. 单轨加料机料桶。桶底由吊杆（位于料桶两侧）的升降通过连杆执行开闭。

加料时料桶进入炉体中，钢丝绳卷扬机反转，料桶搁置在炉体中相应的凸块或吊钩支架上。随即料重自行打开桶底，卸完料后钢丝绳卷扬机正转，提起吊杆关闭桶底。料桶在卷扬机的驱动下，驶出冲天炉体，进行下一次加料工作。

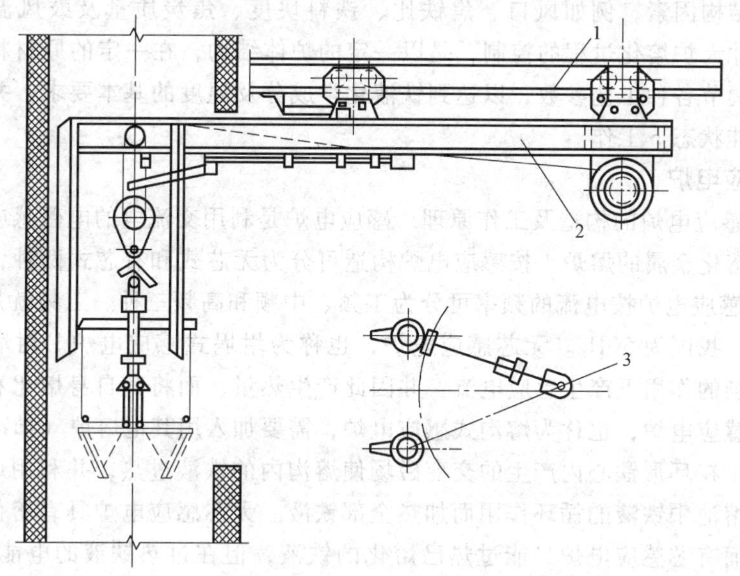

图 2-6-15 单轨加料机

1—单轨吊 2—活动横梁 3—立柱

b. 爬式加料机料桶。用于爬式加料机的料桶一般有撞杆式料桶和后轮翘起式料桶两种。

撞杆式料桶的工作方式是利用碰撞脱钩而使桶底打开，结构比较简单。双门同时打开加料，较为均匀。当小车回到最低位置时，料桶落位即可关闭桶底。

后轮翘起式料桶的工作方式是小车在加料机轨道中运行时，支承料桶的内车架被操纵桶底开闭机构的外车架上的挡板压住，桶底保持关闭。当小车上升到位时，内支架因凸块被机架上相应的凸块顶住，使料桶不动。而外支架受钢丝绳牵引，后轮进入岔道后翘起外支架并绕前轮倾转向下，于是桶底吊杆和连杆下降，桶底打开向炉体内加料。小车返回时，由于外车架后部配重而使后轮从岔道中下降回到加料机轨道上，吊杆拉起，使桶底关闭，小车落位还原，进入下一加料循环。

③ 料位控制系统。冲天炉内炉料高度保持在一定位置对获得稳定可靠的金属液有非常重要的作用，而炉料位置的检测是实现自动加料的关键要素。常用的方法有杠杆式料位计、重锤式料位计及气缸式料位计等。杠杆式料位计，料满时杠杆左臂被压下，右端上升，加料开关断开。当部分炉料熔化后炉料下降到一定位置时杠杆左臂上升，右臂下降，闭合开关给出加料信号。杠杆式料位计具有结构简单、使用可靠的优点。

（4）冲天炉熔化自动化系统　为了实现冲天炉熔化的自动化控制，必须对影响冲天炉熔炼效果的因素及指标实施实时监控，并进行实时调整。由于影响熔炼过程的因素很多，其中包括冶金因素，如原材料来源、配比、预处理以及化学成分波动等；炉体结构因素，例如风口、焦铁比、铁料块度、焦炭质量及鼓风温度等。因此，所谓冲天炉熔化过程的控制，是以一定的炉体结构，在一定的原材料及其配比条件下，调节各种工艺参数，以达到铁液化学成分及温度的基本要求，并且保证冲天炉在最佳状态下工作。

2. 感应电炉

（1）感应电炉的构造及工作原理　感应电炉是利用交流电的电磁感应产生热量来加热和熔化金属的熔炉。按感应电炉构造可分为无芯式和有芯式两种，如图2-6-16所示。感应电炉按电流的频率可分为工频、中频和高频三种。工频就是工业交流电的频率，我国为50Hz。无芯感应电炉，也称为坩埚式感应电炉。坩埚内的铁料在交变磁场的作用下产生感应电流，并因此产生热量，而将其自身熔化和使铁液过热。有芯感应电炉，也称为熔沟式感应电炉，需要加入用其他熔炉（如冲天炉）熔化的铁液，在环形铁心内产生的交变磁场使熔沟内的铁液过热，并利用熔沟中铁液与其上面熔池中铁液的循环作用而加热全部铁液。无芯感应电炉具有熔化固体炉料的能力，而有芯感应电炉只能过热已熔化的铁液，但在过热铁液的电能消耗方面，有芯感应电炉更为节省。

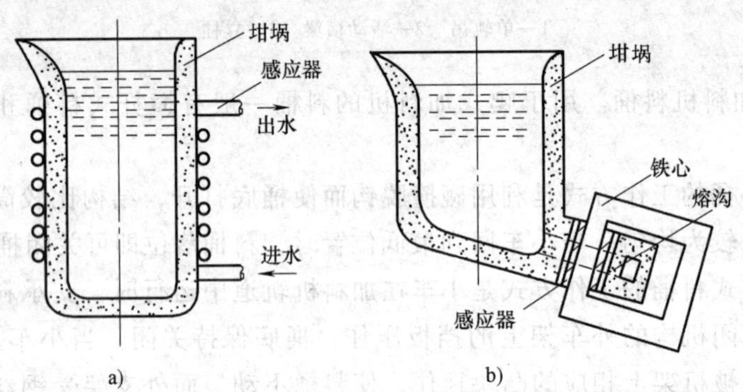

图2-6-16　感应电炉炉体结构示意图

a）无芯感应电炉　b）有芯感应电炉

坩埚式感应电炉内所装的炉料中，产生的感应电流的分布是不均匀的，靠近坩埚的表层，电流密度最大，越是接近坩埚的中心线，电流密度越小，这就是交流电流的趋肤效应。

因此，坩埚内炉料表层产生热量大于中心部位。电流的频率越高，趋肤效应越显著，发热量就越集中于表层。因此，坩埚式感应电炉所用电源的最佳频率与其容量密切相关。高频只适用于实验室用的超小型炉，工频适用于大型炉，从小型炉到中型乃至中型偏大的电炉，都以采用中频为好。

（2）工频感应电炉 工频感应电炉是以工业频率的电流（50Hz 或 60Hz）作为电源的感应电炉。工频感应电炉已发展成一种用途比较广泛的冶炼设备。它主要作为熔化炉用来冶炼灰铸铁、可锻铸铁、球墨铸铁和合金铸铁。此外，还作为保温炉使用，同前，工频感应电炉已代替冲天炉成为铸造生产方面的主要设备，和冲天炉相比，工频感应电炉具有铁液成分和温度易于控制、铸件中的气体与夹杂物的含量低、不污染环境、节约能源和改善了劳动条件等许多优点。因此，近年来工频感应电炉得到迅速发展。

工频感应电炉全套设备包括四大部分：

1）炉体部分。冶炼铸铁的工频感应电炉炉体部分由感应炉（两台，一台用于冶炼，另一台备用）、炉盖、炉架、倾炉油缸、炉盖移动启闭装置等组成。

2）电气部分。电气部分由电源变压器、主接触器、平衡电抗器、平衡电容器、补偿电容器和电气控制台等组成。

3）水冷系统。冷却水系统包括电容器冷却、感应器冷却和软电缆冷却等。冷却用水系统是由水泵和循环水池或冷却塔以及管道阀门等组成。

4）液压系统。液压系统包括油箱、液压泵、液压泵电动机、液压系统管道与阀门和液压操作台等。

工频炉电气系统的主要特点：

① 依靠电源变压器抽头调压改变输出功率。

② 需要平衡电容器和平衡电抗器，设备占地面积大，造价高。

③ 补偿和平衡调节需要手工操作。

④ 合闸分闸、变压器调压、补偿和平衡调节都由交流接触器进行，易损坏，需经常维修。

（3）中频感应电炉 中频感应电炉就是通过电磁感应在金属表面产生涡流使金属发热熔化的设备。

1）中频感应电炉的特点：

① 熔化速度快，金属液温度均匀，氧化损耗小。

② 可从冷炉直接起熔，金属液可全部倒空，更换品种方便。

③ 炉壳采用铸铝合金或钢壳结构，占地面积小。

④ 操作维修简单，作业环境好，污染小。

⑤ 可配置快速熔炼型、功率分配型等多种形式、配置灵活、方便。

⑥ 功率调节灵活、方便，能连续平滑的调节。

⑦ 可以在任何状态下随时起动或停机。

2）中频感应电炉的组成部分。中频感应电炉由电源及电气控制部分、炉体部分、传动装置及水冷系统组成。

① 电源及电气控制部分。电源设备包括高压或低压开关柜、中频电源（中频发电机组或晶闸管变频器）、电源转换开关、补偿电容器以及中频控制柜（炉前配

电操作台）等，大型中频感应电炉的电气部分还包括坩埚漏炉报警系统。

中频炉电气系统主要特点如下：

a. 改变固体电源的输出电压改变输出功率。输出功率连续可调，操作方便。

b. 三相自然平衡，设备简单，占地面积小，造价低。

c. 通过改变频率来改变功率因数补偿，补偿电容器固定连接，主回路无触点，故障率低。

d. 计算机控制，全自动工作，无需专人操作。

② 炉体部分。中、小型中频感应电炉均配两台炉体。一台生产使用，另一台备用。炉体包括炉盖、感应器、坩埚、炉架等。

③ 传动装置。传动装置包括炉盖的移动和炉体的倾动与复位等机械或液压装置等。

④ 水冷系统。水冷部位有：中频电源（发电机组和晶闸管变频装置，其中晶闸管变频装置用冷却水需经软化处理）、感应器、电容器以及汇流排、软电缆等。为节约用水，通常采用循环冷却的方法。冷却水循环系统包括水泵、冷却塔、水箱等。

（4）感应电炉熔炼的特点及其应用 感应电炉熔炼与冲天炉熔炼相比，其优点是熔炼过程中不会有增碳和增硫现象，而且熔炼过程中可以造渣覆盖铁液，在一定程度上能防止铁液中硅、锰及合金元素的氧化，并减少铁液从炉气中吸收气体，从而使铁液比较纯净，可以正确地控制和调节铁液的温度和化学成分，同时也可减小污染。这种熔炼方法的缺点是电能耗费大。但随着电力工业的发展和焦炭价格的不断上升，感应电炉在铸铁熔炼中的应用已日益广泛。感应电炉适用于熔炼高质量灰铸铁、合金铸铁、球墨铸铁及蠕墨铸铁等。无芯感应电炉能够直接熔化大块固体炉料，而且开炉及停炉比较方便，适合于间断性生产条件。有芯感应电炉开炉及停炉不便，适合于连续性生产。这种炉子熔化固体炉料的热效率低，而对过热铁液的热效率高，故适于与冲天炉配合使用。目前这两种形式的感应电炉在铸铁件生产中都有很多应用。

（5）中频感应电炉和工频感应电炉的区别 工频感应电炉能使金属熔化和升温，且加热均匀烧损少，便于调节铁液的成分，污染小。但工频感应电炉熔化冷料速度慢、不利于造渣、冷炉起动需起动块、生产不够灵活，故一般常用于金属和合金的重熔与升温。另外，工频感应电炉功率因数低，需配置大量补偿电容器，也增加了占地面积和设备投资。

中频感应电炉则电效率和热效率高、熔炼时间短、省电、占地面积较少、投资较低，易于实现过程自动化和具有生产灵活性。中频感应电炉适合熔炼铸铁，特别适合熔炼合金铸铁、球墨铸铁和蠕墨铸铁。它对炉料的适应性也较强，炉料的品种和块度可在较宽的范围内。

各种感应电炉的特性见表2-6-39，金属熔炼炉的熔炼类别、特点及应用见表2-6-40。

表 2-6-39　各种感应电炉的特性

项目	工频无芯感应电炉	中频感应电炉	工频有芯感应电炉
用途	熔炼、保温、升温	熔炼	保温、升温
操作条件	间歇或连续	间歇或连续	连续
熔炼形式	单独或双联	单独为主	双联
搅拌力	强	中	弱
电流密度	中	高	低
熔炼速度	中	快	慢
用电效率(%)	76~80	74~78	95~97
综合效率(%)	65~71	67~79	75~85
成分波动(包括元素烧损)	中~较大	少	少
成分调整	容易	容易	较难
其他	1)用起熔块 2)用残留铁液熔炼 3)空炉停止熔炼	1)起动时间短 2)不需残留铁液 3)可空炉	1)起动时需要有铁液 2)需要经常残留铁液 3)不能空炉 4)构造较为复杂

表 2-6-40　金属熔炼炉的熔炼类别、特点及应用

序号	熔炼类别	主要特点	主要缺点	应用
1	固态燃料坩埚炉	设备简单,熔化速度快	炉温难控制,金属烧损大,合金吸气量大,燃耗高,热效率低	铜、铝合金
2	液、气燃料坩埚炉	设备简单,熔速快,温度易控,使用灵活	燃耗高,热效率低;合金吸气多,金属烧损多	铜、铝合金
3	电阻坩埚炉	控温准确方便,金属烧损少,合金吸气少,操作便捷	熔速慢,电耗高,热效率低	铝合金、铝镁合金
4	燃料反射炉	熔速快,熔量大,生产效率高	炉温难控制,金属烧损多,燃耗高,热效率低	可用于铜、铝大批量连续生产
5	电阻反射炉	熔量大,温控准,烧损少,操作方便	电热元件寿命短,熔速慢,电耗大	批量、连续生产铜、铝件
6	红外熔炼炉	热效率高,熔化快,烧损少,控温准确,调节方便	熔量小	铸铝、低熔点合金
7	中频感应电炉	熔温高,熔速快,温控灵活,磁搅拌效果好	设备复杂,熔量受限	钢、铁、中间合金、铜、铝合金等
8	工频感应电炉	熔速快,合金均匀性好,温控准确,操作方便	金属翻腾,烧损大	钢、铁、铜、铝合金
9	常态电弧炉	熔速快,熔量大	吸气多,烧损多,消耗电极,环境污染大	钢、铁熔炼
10	真空电弧炉	熔速快,无吸气,无烧损	设备复杂,熔量小	特种合金
11	冲天炉	熔化热效高,连续熔化	过热效率低,总热效低	铸铁合金

三、冲天炉熔炼

冲天炉的熔化过程是：空气经鼓风机升压后送入风箱，然后由各风口进入炉内，与底焦层中的焦炭发生燃烧反应，生成大量的热量和 CO、CO_2 等气体。高温炉气向上流动，使底焦面上的第一批金属料熔化。熔化后的液滴在下落过程中被进

一步加热，温度上升（达1500℃以上）。高温液体汇集后由出铁口放出，而炉渣则由出渣口排出。

1. 对冲天炉熔炼的要求

1）稳定地得到化学成分合乎要求的铁液。C、Si、Mn 含量的波动均应不超过±0.1%。

2）足够高的出铁温度。低的出铁温度不但容易产生气孔、夹渣、冷隔和浇不足等缺陷，而且对于炉况顺行、化学成分的稳定、元素烧损和去硫都有不利影响。高的出铁温度可减少炉料的不良“遗传性”，并提高铸铁的力学性能。一般而言，根据铸件的不同情况，出铁温度至少应达到1440~1480℃。

3）元素烧损要少。在酸性冲天炉中，一般希望硅的烧损小于15%，锰的烧损小于20%，铁的烧损小于3%。渣中 FeO 质量分数应控制在3%~7%，含量越低越好。

4）熔化要快。在确保铁液质量的前提下，应设法提高炉子的熔化率，充分发挥炉子的生产能力。但需指出，过快的熔化率和低的熔化率一样均是不正常现象，对铁液质量是不利的。

5）焦耗要合理。焦耗是冲天炉熔炼的重要工艺参数，对炉内的热工过程和冶金过程影响很大。我国焦炭紧缺，节约焦炭符合可持续发展的国策，但过分地追求节焦而牺牲铁液质量会导致铸件大量报废。因此，一定要以质量为本，根据炉子特点和铸件要求确定一个合理的焦耗。

6）操作方便，劳动条件较好。

2. 冲天炉基本原理

冲天炉熔炼是由底焦燃烧、热交换和冶金反应三个基本过程组成。冲天炉炉气成分及温度沿高度的变化如图2-6-17所示。

（1）底焦燃烧　冲天炉底燃烧可以划分为两个区带：

1）氧化带。从主排风口到自由氧基本耗尽，二氧化碳浓度达到最大值的区域。

2）还原带。从氧化带顶面到炉气中［CO_2］/［CO］浓度基本不变的区域，从风口引入的风容易趋向炉壁，形成炉壁效应，形成一个下凹的氧化带和还原带，对熔化造成不利影响。这样不易形成一个集中的高温区，不利于铁液过热；加速了炉壁的侵蚀；铁料熔化不均匀，铁液不易稳定下降，影响化学成分。

解决方法：

① 采用较大焦炭块度，使风均匀送入。

② 采用插入式风嘴。

③ 采用曲线炉膛。

④ 采用中央送风系统。

⑤ 熔炼过程中为使焦炭不易损耗，送风量要与焦炭损耗相适应。

（2）热交换　冲天炉的热交换是在高温炉气由下向上运动，固体炉料和铁液由

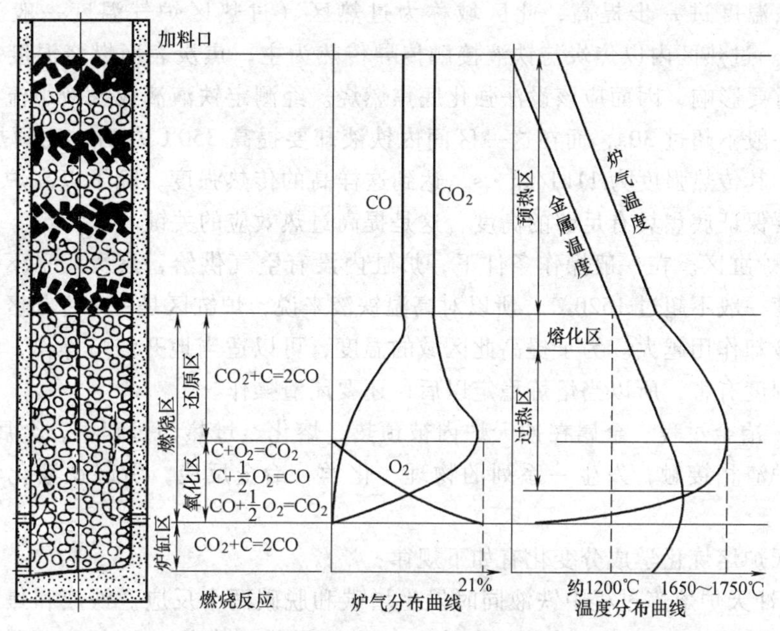

图 2-6-17 冲天炉炉气成分及温度沿高度的变化

上向下运动的过程中进行的。根据炉气温度和炉料、铁液的受热状态，一般将冲天炉沿炉身高度方向划分为预热区、熔化区、过热区和炉缸区四个区域，各区温度和炉料状态不同，热交换方式和效果也不同。

1）预热区。从加料口下沿，炉料表面到金属炉料开始熔化的区域称为预热区，下面的炉气温度可达1200~1300℃，预热区的上部炉气温度为200~500℃。由于这一区域的平均温度不高，炉气黑度和辐射空间较小，炉气在料层内流速较大，炉料与炉气之间的热交换以对流为主，炉料在预热区内停留时间较长，一般为30min左右。预热区的高度受有效高度、底焦高度、炉内料面的实际位置、炉料块度、熔化速度、焦铁比等因素的影响。

2）熔化区。从铁料开始熔化到熔化完毕这一区域称为熔化区，在实际熔炼过程中，底焦顶面高度的波动范围大致等于层焦的厚度，熔化区内的热交换方式仍以对流为主，在实际熔炼过程中，熔化区不是一个平面区带，而是一个中心下凹的曲面。从铁液过热和成分均匀角度出发，希望熔化区窄而平直。熔化区在炉内位置的高低基本上是由炉气和温度分布状态决定的，也受焦炭的烧损速度、批料重量、炉料块度等因素影响。这些因素将使铁料的受热面积、受热时间、受热强度发生变化，造成熔化区高度波动（影响出铁温度）。当焦铁比一定，熔化区的平均高度将会因批料重量的减小而提高，从而扩大了过热区，提高了铁液温度，但是批料层不宜过薄，否则易混料，并使加料操作不便。

3）过热区。金属炉料熔化以后，铁液下滴过程中，与高温炉气和炽热的焦炭相接触，温度进一步提高，此区域称为过热区（过热区炉气温度一般为1600~1700℃）。过热区内以焦炭与铁液接触传导传热为主，焦炭表面燃烧温度对热交换效果有重要影响，因而应该设法强化底焦燃烧。经测定铁液滴成铁液小流穿越底焦的时间一般不超过30s，而在这一区间内铁液却要提高350℃左右，比预热区大24倍左右，其传热强度为11kJ/kg·s，达到这样高的传热强度，除了以高炉温做保证外，还要保证底焦具有足够的高度，这是提高过热效应的关键。

4）炉缸区。在一般操作条件下，炉缸内没有空气供给，焦炭几乎不燃烧，此区域温度一般不超过1520℃，所以对高温铁液来说，炉缸区是一个冷却区，且炉缸越深，冷却作用越大。为了提高此区域的温度，可以适当地开渣口操作，但对铁液的氧化程度有害，所以当熔炼稳定以后，还要闭渣操作。

（3）冶金过程　金属在冲天炉内被预热、熔化、过热的过程中，金属与炉气、焦炭、炉渣相接触，发生一系列的物理、化学、冶金反应，引起铁液化学成分的变化。

冲天炉熔炼化学成分变化有如下规律：

1）冲天炉熔炼过程中铁液同时发生增碳和脱碳两个反应。铁液和焦炭接触发生增碳，而铁液中的碳又被炉气中的O_2、CO_2及铁液中的FeO氧化而脱碳。实际上在冲天炉熔炼过程中，影响铁液含碳量变化的因素很多，如炉料中原始含碳量的高低、铁液过热区的距离长短、炉气氧化性的强弱都会影响铁液增碳。一般来讲，铁液中的含碳量总是趋于共晶成分。由于每一台炉子都有自己的特性，因此要在实践中探索具体的变化规律。

2）硅、锰等合金元素烧损。炉内氧化作用越大，元素烧损越严重。一般来说，在普通冲天炉熔炼过程中，硅、锰氧化不可避免。在酸性炉中，Si的烧损率为10%~15%，锰的烧损率为15%~20%。在碱性炉中，Si的烧损率为20%~25%，锰的烧损率为10%~15%。

3）磷量基本不变。铁液含磷量的控制，一般通过配料来解决。

4）含硫量往往增加40%~100%，铁液中增加的硫主要来自于焦炭。若要得到低硫铁液，必须采用脱硫措施。

3. 冲天炉的熔炼过程

在熔化过程中，底焦因燃烧而消耗，为了保证整个熔炼过程连续正常进行，就必须及时补充底焦，以便始终保持底焦的高度。随同铁料一起加入冲天炉的焦炭就可以补偿底焦的消耗。熔化过程的底焦同点火前所加底焦不是同一高度，底焦的顶面是指金属炉料大体熔清的位置。在底焦高度内只有铁液和熔渣不断地穿过焦炭柱，底焦高度和上界面的形状随熔化工艺和供风方式而改变。底焦燃烧状况（炉温、炉气成分、炉气成分的分布）是冲天炉熔化过程的基础。冲天炉的熔化过程就是合理地组织底焦燃烧，以此来获得炉内的高温，同时造成铁料与焦炭炉气间的最佳热交换过程。

（1）造渣 熔炼过程中，铁料表面的铁锈及黏附的泥沙、焦炭中的灰分、金属元素氧化烧损形成的氧化物，以及侵蚀剥落的炉衬材料等相互作用形成炉渣，其主要成分为 SiO_2、Al_2O_3。这种黏滞的炉渣包覆在焦炭表面，不仅阻碍燃烧，而且不利于冶金反应的顺利进行。因此必须用熔剂加以中和和稀释，以便顺利地排除。熔剂主要是石灰石，加入量一般为焦炭质量的30%左右。炉渣的性质通常以炉渣碱度衡量，碱性炉渣有利于炉内的脱硫反应，可以降低铁液的含硫量。

（2）单个焦炭或炭柱的燃烧 碳的燃烧具有两个条件：温度和氧。碳只有在一定温度以上才能和氧发生燃烧反应，温度范围是600~700℃，此范围称为碳的着火温度。实际上焦炭的燃烧过程属于气固多相反应，包括气体扩散以及焦炭表面上的反应等几个环节，整个反应过程的速度同各个环节的进行速度有关。根据焦炭燃烧的这些特点就可以选择强化燃烧的措施。

（3）焦层的燃烧过程 将焦炭堆积成层状加热到一定温度后由底部通入空气即开始焦层的燃烧过程。第一层焦炭的燃烧情况与单个焦炭有相似之处，空气鼓入炉内先被加热到一定的温度同焦炭接触后立即燃烧。炉内的温度随之上升，这种炉气再与第二层焦炭相遇，除了氧可以与焦炭继续反应外，二氧化碳还可以被焦炭还原，一氧化碳可以同氧反应生成二氧化碳。炉气温度继续上升，第三层、第四层也是如此，不过氧越来越少，二氧化碳和一氧化碳含量不断增加，炉气温度不断升高。应注意到焦炭几何形状对温度和反应速度也有影响，温度的升高也有利于气体扩散速度的增加。最高温度值和最大的二氧化碳量，对焦层燃烧过程影响很大。最高温度值和最大的二氧化碳量，受很多因素的影响，变化范围也比较大，氧化区的上界面，随着最高温度值的增加而升高。焦层燃烧有它特有的规律。氧化区的大小同焦炭的块度、鼓风的氧浓度和鼓风温度等因素有关。

（4）影响底焦燃烧的主要因素

1）风量。加大风量可以增加氧的扩散速度，提高焦炭的燃烧速度，增加风量对氧化区和还原区的大小没有显著的影响。

2）热风。提高鼓风的温度对底焦内氧化区和还原区的大小、炉气成分和最高炉气温度都有显著的影响。随着鼓风温度的升高，氧向焦炭表面扩散的速度增加，提高了氧的消耗速度。焦炭的燃烧速度，也随着风温的增加成正比例增加。氧化区的高度与热风温度的升高成反比，热风温度每升高100℃，氧化区高度减少12%，还原区高度也缩小。因此，氧化区和还原区热辐射损失减少，热量更集中，最高炉气温度急剧上升，热风温度每上升100℃，可使最高炉气温度升高70℃。

3）富氧送风。富氧也可以起到热风的同样效果，一般的方法是将氧加入到鼓风机中随风速进入炉内，提高鼓风的含氧量，能相对降低氮，并增加氧的扩散速度，从而强化了焦炭的燃烧过程。

4）焦炭质量。焦炭质量是影响底焦燃烧的重要因素，变更焦炭底焦燃烧效果可以发生比较大的变化。焦炭的质量包括化学性质和物理力学性能两部分。化学性质包括固定碳的含量、灰分的含量、挥发分的含量、硫分的含量、可燃性和强度。固定碳是焦炭的主要组成部分，它是可燃部分，越多越好。灰分是一些不可燃的无机化合物，它不仅不能放出热量，还以造渣的形式吸收大量的热量，灰分的含量越低越好。挥发分是由碳氢化合物组成的可燃部分，不过在较低温度下就会挥发掉，这部分热量不能用于加热铁液，含量越低越好。从利用焦炭发热值的角度出发，希望反应性越低越好，可燃性越高越好，前者可以少生成一氧化碳，后者可以加快燃烧速度，有助于提高燃烧过程的最高燃烧温度，但是各种焦炭的可燃性和反应性都随着温度的升高而增加。

强度是衡量焦炭质量的重要指标，可用转鼓测量的方法进行检测。取410kg焦炭放入转鼓筛，经过一段时间转动后，由于焦炭之间的碰撞，块度减小，小颗粒从筛孔掉出，称量留在转鼓筛内的焦炭数量，即可得出焦炭的转鼓强度。铸造用焦要求转鼓强度≥300kg，转鼓强度是对常温而言，不反映高温下的力学性能。经研究表明，转鼓强度高的焦炭，高温力学性能也高，因此可以用常温强度表示高温强度的高低。

从获得高温的角度出发，焦炭块度不宜过大，但也不能过小。焦炭块度过大，会增加散热损失；焦炭块度过小，由于阻力增大鼓风难以进入炉内，不能保证燃烧强度。因此焦炭大小对不同的炉径有一个最佳的范围值。

5）炉膛的直径也影响燃烧过程。

（5）冲天炉内铁料的预热熔化及过程

1）预热区。预热区一般处于加料口底部和底焦的顶部之间（到1149℃的区间炉气温度约为1300℃）。在预热区金属炉料、焦炭和熔剂被逐步加热。

2）熔化区。由于各种炉料的熔点不同（生铁锭为1149℃，硅铁为1309℃），它们的熔化位置、熔化所需要的时间、下落的距离不会在一个固定的位置上，而是在一个区间。实际观察表明，熔化区位于底焦以上约200mm，冲天炉底焦各个水平面上的温度分布不均匀，风口能上能下的区域靠近炉壁的附近，温度比中心高，所以氧化区是一个倒立的圆锥体。由于熔化区平面具有不均衡性，炉料有横向运动的趋势。第一批炉料尚未熔化彻底，第二批炉料部分已开始熔化，冲天炉铁液成分的波动范围比较大，增加层焦的加入量能将两批炉料有效地隔开，可以将铁液的成分限制在波动比较小的范围内。正常熔化区位于还原区内，二氧化碳还原反应在熔化区的界面上基本停止。

3）过热区。铁液的过热是在熔化带以下到风口的这段距离（过热带）进行的。过热区的范围包括还原区的下部和整个氧化区，在此区内炉气温度最高，炉气的氧化性也最强。这一区域是决定铁液温度和质量的关键区域。铁液进入过热区后温度逐渐升高，到达氧化区界面附近铁液的过热强度最大。在这个区域的下部，由于炉气温度的降低铁液的过热减弱。

4）炉缸区。风口到炉底的部分称为炉缸区，铁液在炉缸区汇集，底焦浸泡在铁液里，铁液在此区域内增碳吸硫，炉渣浮在铁液表面。据检测，炉缸区自由氧和二氧化碳极少，主要的炉气是一氧化碳和氮，因此不发生焦炭燃烧反应，炉气和焦炭温度比氧化区要低，铁液在炉缸区温度一般下降30~50℃，铁液在炉缸区停留期间，除了降浊以外，成分也会发生变化，例如增碳吸硫，Si、Mn、Fe少量地被还原。

（6）影响冲天炉燃烧、熔化过程的因素

1）焦炭对冲天炉燃烧、熔化过程的影响。焦炭是冲天炉燃烧和熔化过程的基础，焦炭的质量、使用量直接影响到炉内温度高低及炉内的温度分布状况和炉气成分，从而影响铁液温度、铁液的化学成分、氧化程度和铁液的铸造性能。焦炭性能和成分的主要指标有：固定碳≥86%（质量分数，下同），硫分<0.41%，挥发分≤0.89%，水分<4%，气孔率37%~44%，块度60~300mm（其中块度为60mm的焦炭应≤10%）。

2）焦炭块度和均匀程度的影响。焦炭块度和均匀程度对燃烧效果、铁液温度和铁液质量有很大影响。焦炭块度的最佳值为炉径的1/10~1/8，块度过大或过小，炉气的最高温度都下降。焦炭块度均匀程度是影响燃烧和熔化效果的重要因素，焦炭大小混杂，容易填满焦炭的间隙，气体流动阻力加大，气流大部分沿炉壁向上，使空气分布不均匀，不利于底焦的燃烧，使炉气的最高温度下降。

3）焦炭数量的影响。焦炭大量消耗会影响燃烧和熔化过程，对生产成本影响也比较大，因此应选择合理的焦炭消耗量。

4）送风强度对燃烧和熔化效果的作用。生产上将单位炉膛面积每分钟的进风量称作送风强度。提高送风强度可以提高焦炭的燃烧速度相应地加快了熔化率。

5）进风速度的影响。进风速度应与焦炭质量相适合，它可以用风量比风口的面积计算得出。根据我国焦炭的质量，风速在20~30m/s比较合理。减小风口要注意鼓风设备的能力，因为随着进风速度的加大，进风阻力也加大，风机的压力随着风口比的减小而上升，风机的电力消耗也随之增加。此外，一般的离心式风机送风阻力加大，还将减少送风的数量。

6）加氧送风的作用。通入氧气可提高铁液温度，改善铁液质量，提高冲天炉的热效率。通入氧气的方法有：①将纯氧送入风管，再进入风箱均匀后随鼓风一并进入炉内；②在风口处将纯氧用管子直接吹入炉内。

综上所述，冲天炉是应用最普遍的铸铁熔炼设备。它用焦炭作燃料，焦炭燃烧产生的热量直接用来熔化炉料和提高铁液温度，在能量消耗方面比电炉和其他熔炉节省，具有熔化率高、热效率高、成本较低和连续熔化等优点，而且设备比较简单，大小工厂都可采用。但冲天炉也存在一定的缺点，主要是由于铁液直接与焦炭接触，故在熔炼过程中会发生铁液增碳和增硫的过程。随着科学技术的发展，对铁液质量提出了更高的要求。目前，国内外众多企业在大量生产优质灰铸铁和球墨铸铁的条件下，采用了冲天炉-电炉双联熔炼法，从而充分利用了冲天炉熔化效率较高、感应电炉对铁液过热能力强及化学成分容易控制的优点。

第八节 铸钢概述

一、铸钢的概念及分类

1. 铸钢概念

铸钢和铸铁的主要区别在于含碳量不同，碳质量分数小于2.11%的铁碳合金称为钢，而实际应用的铸钢碳质量分数一般都不超过0.6%。铸钢的优点是：力学性能要远远优于铸铁；具有良好的耐热性、耐磨性和耐蚀性等；有良好的焊接性能，利于铸件组合及修补；尺寸形状与成品接近，节约原料，机械加工简化；铸件各部分结构可设计均匀，能抵抗变形。铸钢的缺点是铸造性能差，生产工艺和熔炼设备复杂，成本较高。

2. 铸钢的分类

铸钢的分类方法很多，包括按化学成分分类、按金相组织分类、按熔炼方法分类和按用途分类等。在生产中应用较多的是按化学成分和用途分类。按化学成分可分为铸造碳钢和铸造合金钢。铸造碳钢根据平衡组织的不同可分为亚共析钢（$w_C<0.8\%$）、共析钢（$w_C=0.8\%$）和过共析钢（$w_C>0.8\%$）。铸造碳钢多属亚共析钢，w_C为0.12%~0.62%。根据含碳量的不同又分为铸造低碳钢（$w_C<0.25\%$）、铸造中碳钢（w_C为0.25%~0.45%）和铸造高碳钢（$w_C>0.45\%$）。当按钢的用途进行分类时可分为铸造结构钢（碳素结构钢和合金结构钢）和铸造特殊钢（耐磨钢、耐酸不锈钢、耐热钢等）。

（1）铸造碳钢　以碳为主要合金元素并含有少量其他元素的铸钢称为铸造碳钢。铸造碳钢的应用虽然很广，但力学性能有限，因此常加入一些合金元素来提高其力学性能。除提高力学性能外，合金化的目的还在于提高钢的某些使用性能，如耐高温性能、耐低温性能、耐磨性能及耐性能等。

1）碳钢的力学性能。一般来说，对铸造碳钢的要求是具有一定的力学性能。力学性能的主要指标通常指的是强度（屈服强度和抗拉强度）、塑性（断后伸长率和断面收缩率）以及冲击韧度。钢的力学性能由它的金相组织所决定，而金相组织则基本上是由钢的化学成分、结晶条件和热处理所决定的。

2）化学成分　钢的化学成分除铁以外，主要包括碳、硅、锰、磷和硫。在这五种元素之中起主要作用的是碳，含碳量的高低直接影响钢的组织和力学性能。

① 碳的影响。铸造碳钢中碳为主要强化元素，碳质量分数为0.12%~0.6%，属亚共析钢。其铸态组织是沿一次奥氏体晶界析出的条状铁素体（魏氏体组织）加共析组织（珠光体），经退火后组织为多角形铁素体加珠光体，经正火后组织为弥散的铁素体加珠光体。随碳含量增加，珠光体比例增加，强度也增加，其断后伸长

率、断面收缩率减小，冲击韧度减小。

② 硅的影响。硅在钢中是有益的元素，在炼钢过程中硅是作为脱氧剂加入的。当钢中硅的质量分数在规定范围（0.20%～0.60%）内变动时，对钢的力学性能影响不大。

③ 锰的影响。锰在钢中是有益的元素，可以作为脱氧剂在炼钢中减少钢液的含氧量，还可在钢液中置换硫化铁中的铁，形成不溶解于钢液的复杂的硫化物，起到去硫的作用。锰在规定含量（w_{Mn}为 0.50%～0.80%）以内，对钢的力学性能影响不大。若质量分数超过 0.80%，能提高钢的强度和硬度，但塑性和韧性有所降低。

④ 磷的影响。磷是钢中的有害元素，当磷质量分数超过 0.05%时，磷处于固溶状态，即有低熔点的磷化铁 Fe_3P 出现，并在钢的凝固过程中最后析出在晶界处，呈块状或条状，数量多时会使钢的韧性下降，甚至脆化。

⑤ 硫的影响。硫也是钢中的有害元素，它和铁形成低熔点硫化物，使钢的力学性能降低，是钢产生热脆的根本原因。因此，钢中硫的含量越少越好。

⑥ 合金元素。在铸造碳钢中，由于冶炼时易从炉料或炉衬带来一些合金元素，如镍、铬、铜、钼、钒等。钢中含有少量的这些合金元素时，对性能并无不利影响，但当这些合金元素量增多时，其影响随之增大，以至影响到钢的质量控制及其他某些铸造性能。故这些合金元素的总质量分数应控制在1%以下。

⑦ 氧气和氢气。钢中的氧和氢都是有害的元素。它们之中危害最大的是氢，它能使铸件产生气孔或氢脆。氧会与钢中的元素起化学反应而生成非金属夹杂物，使钢的冲击韧度和断后伸长率下降，并容易形成针状气孔，所以在熔炼过程中要加强脱氧和除气。

3）铸件壁厚效应。在铸钢中，铸钢的力学性能主要取决于化学成分，但也要注意铸件壁厚、结晶组织以及热处理对铸钢件力学性能的影响。铸件壁越厚，则冷却速度越低，形成的组织晶粒粗大；铸件壁越厚，偏析程度越大，形成的组织均匀性越差；铸件壁越厚，结晶过程进行越迟缓，形成的组织中枝晶间距越大；铸件壁越厚，则缩松越严重，钢的致密性越低，组织连续性越差。因此，在同一化学成分和热处理条件下，不同壁厚的铸件的实际力学性能有非常明显的差别。这就是所谓的铸件壁厚效应。

（2）铸造低合金钢　合金元素总质量分数一般低于5%，具有较大的冲击韧度，并能通过热处理获得更好的力学性能；低合金钢比碳钢具有更优良的使用性能，能减小零件质量，提高使用寿命。碳钢虽然应用很广，但在性能上有许多不足之处，已不能满足现代工业发展对铸钢件的多方面需要，因而，合金铸钢件获得了发展，采用铸造低合金钢代替铸造碳钢。我国低合金钢的主加元素为硅、锰和铬。锰对钢的强化作用较大，来源广，价格低廉。与铸造碳钢相比，铸造低合金钢具有较好的力学性能及使用性能，如耐热、耐磨、耐蚀等。同时，铸造低合金钢具有较高的淬透性，大铸件可以热处理强化，低合金钢还具有与碳钢相近的铸造性能，比较容易获得健全的铸件。因此。以铸造低合金钢代替铸造碳钢，是提高铸钢件质量的重要途径之一。铸造低合金钢的钢种和钢号繁多，就我国情况而言，普通铸造低合金钢，主要采用锰系、锰硅系、铬系等钢种。

（3）铸造高合金钢　在铸造高合金钢中，加入的合金元素总质量分数在10%以上。加入的合金元素可以是一种或几种。钢中含有大量合金元素后，组织发生了根本变化，使得钢具有特殊的使用性能，所以高合金铸钢实际上是特种铸钢。由于含有大量的合金元素，使得钢具有了特殊的使用性能。例如，锰质量分数为13%的高锰钢，具有很高的耐磨性，铬质量分数为18%和镍质量分数为9%的不锈钢，具有良好的耐蚀性等。

1）高锰钢。高锰钢是世界各国通用的一种耐磨钢。这种钢具有高硬度的表面层，使铸件具有良好的耐磨性。高锰钢的焊接性能很差，由于高锰钢的热导率低，仅相当于碳钢的1/3左右，焊接过程中易产生大的应力而导致开裂。

2）铸造不锈钢。常用的不锈钢可概括地分为三类：铬不锈钢、高铬不锈钢和铬镍不锈钢。铸造不锈钢的主要性能是耐蚀性，而提高钢的耐蚀性，主要有以下两个途径：

① 降低含碳量。碳不利于钢的耐蚀性。

② 钢液净化。不锈钢组织中的夹杂物，破坏了钢表面氧化铬膜的连续性，促进了钢的局部腐蚀。在一般的炼钢过程中，不能彻底清除钢液中的夹杂物。而利用炉外脱碳精炼方法，能将钢中的夹杂物清除至极少的程度，从而有效地减轻钢的局部腐蚀现象。

3）高镍铬钢。这类钢的主要合金元素是镍，镍质量分数大于23%、铬质量分数大于10%，且含镍量高于含铬量，其组织为单一奥氏体。适用的温度可达1149℃，并有较好的耐热冲击和热疲劳性能。

4）高铬镍钢。铬镍不锈钢在高温下也具有一定的抗氧化性，但这种钢的高温强度低。这类钢铬质量分数大于18%、镍质量分数大于8%，而含铬量总是超过含镍量，其基体组织是奥氏体，有一些钢中含有少量铁素体。与高铬钢相比，高温强度和塑性较高，高温下耐蚀能力也较强。

3. 铸钢件生产工艺控制及操作要点提示

（1）铸钢件的铸造工艺特点　铸钢件的力学性能比铸铁高，但其铸造性能却比铸铁差。因为铸钢的熔点较高，钢液易氧化，钢液的流动性差、收缩大，其体收缩率为10%～14%，线收缩为1.8%～2.5%。为防止铸钢件产生浇不足、冷隔、缩孔和缩松、裂纹及粘砂等缺陷，必须采取比铸铁复杂的工艺措施。例如：较大的补缩冒口和补贴、较高的浇注温度及较短的浇注时间，工艺设计时应根据铸件具体情况而定。

（2）浇注操作工艺要点　从铸件充型考虑，一包钢液浇注多个铸型时，应考虑铸件大小及壁厚因素。但在浇注温度足够高而又没有壁厚特别薄的铸件时，应先浇注重要件、大件，再浇注小件。铸件浇注时，同一铸型应先以小流浇注，而后逐渐增大，钢液浇注上升至冒口时，稍稍减小，然后增大液流继续浇注，直到冒口充满或达到规定的高度，其间不允许断流。大型铸件浇注时，根据工艺要求补浇冒口。浇注完毕，应用覆盖剂覆盖冒口，如草灰、专用冒口覆盖剂等。浇注过程中发现跑火，应一方面采取措施，堵住位置，另一方面细流浇注，不可断流，以免产生冷隔现象。

（3）炉外精炼　炉外精炼的目的是将炼钢炉炼好的钢液在炉外做进一步的处理，使钢中所含的气体和非金属夹杂物减少。随着处理方法的不断改进和发展，又把原来在炼钢炉内进行的精炼过程移到炉外精炼设备中完成，从而缩短冶炼时间，提高生产率。

（4）炼钢原材料的选择　炼钢所用的材料种类很多，概括起来分为三类：耐火材料，主要是镁砖和镁砂；金属材料，主要是废钢、废铁、生铁、脱氧剂和各种铁合金等；其他材料，如氧化剂、还原剂、增碳剂和造渣剂。各种材料必须明确采购标准、保管方法及使用周期。

二、铸钢的熔炼

熔炼是铸钢生产中的重要环节，钢液的质量（主要指的是化学成分、气体、夹杂物和钢液温度）对铸钢件的质量有直接的影响。因此要想得到健全的铸钢件，就必须炼好钢，保证钢液质量。

炼钢过程是一项复杂的生产过程，包括钢液内、炉渣内、钢液与炉渣间、钢液与炉内气氛间、炉渣与炉内气氛间以及炉渣与炉衬间发生的一系列氧化和还原反应。它是在高温下、多相间进行的复杂的反应，包含物理、化学和物理化学变化的过程。但是这些复杂的变化都是按照一定规律进行的，只有了解了这些规律，才能完成炼钢过程的任务。

氧化法是最基本的冶炼方法，可生产碳钢、低合金钢和各种高合金钢，其他冶炼方法是在此基础上发展起来的。

1. 获得优良铸钢件的条件

1）合理的铸件结构设计。

2）正确的造型工艺设计，铸件成品率达 40%～70%。

3）良好的造型材料，具有适宜的强度、透气性、耐火性、热传导性、膨胀性、溃散性等。

4）得到优质的、脱氧的、高温的、去除了有害杂质的、符合铸件用途的钢液。

5）适宜的热处理。

2. 铸钢常用的熔炼设备及特点

（1）电弧炉　炼出的钢液质量较高，而且炼钢周期适合于铸钢生产的特点（2～3h）。开炉、停炉都比较方便，容易与造型、合箱等工序的进度相协调，便于组织生产。

1）交流电弧炉。三相交流电弧炉一直是国内企业铸钢熔炼的基本设备，在可以预见的将来情况不会有大的改变。

2）直流电弧炉。一种新型冶炼设备，其主要优点是作业时噪声小、石墨电极的耗量大幅度降低；缺点是设备费用高。国外多采用单电极直流电弧炉。

（2）碱性电弧炉炼钢　碱性电弧炉可有效去除硫和磷，可以采用废钢和铸造返回料以任何比例组成的炉料，对原材料要求比感应电炉低，钢液质量容易得到保证。对钢液要求高的铸钢件应采用电弧炉熔炼，但其设备较感应电炉贵，对操作人员技术水平的要求比感应电炉高。

（3）酸性电弧炉炼钢　酸性电弧炉所用的耐火材料主要是硅质砖和石英砂，价格较碱性耐火材料便宜，而且炉衬寿命较长。

酸性电弧炉冶炼时间比碱性电弧炉短得多，而且酸性耐火材料的热导率约为碱性耐火材料的1/4，通过炉衬损失的功率比碱性炉小。因此，酸性电弧炉炼钢的能耗比碱性电弧炉低很多。酸性电弧炉所炼的钢，所含的气体和夹杂物都较少。在相同的温度下，钢液的流动性比碱性电弧炉炼好，这对于制造薄壁和结构复杂的铸件是很有利的。酸性电弧炉冶炼，通常采用单渣法，即不扒除氧化渣。开始还原时，先加锰铁预脱氧，然后加炭粉进行扩散脱氧。还原期一般为15～20min，钢液温度合适时，即调整成分、出钢。

（4）平炉炼钢　平炉以煤气或重柴油为燃料，和预热送风相结合，产生的高温火焰直接喷射到熔池表面，熔化炉料并冶炼钢液。平炉容量较电弧炉大，从几十吨到几百吨。我国几个大型重机厂都是用平炉炼钢浇注重型铸件。按砌筑炉衬所用耐火材料的性质，平炉可分为碱性平炉和酸性平炉。

（5）感应电炉炼钢　感应电炉是利用电磁场感应原理将电能转化为热能，使金属炉料熔化的设备。近年来感应电炉炼钢逐渐发展。感应电炉炼钢工艺比较简单，钢液质量易得到保证，不少工厂用感应电炉炼钢来浇注中小铸件。感应电炉按结构分为无芯感应电炉和有芯感应电炉（又称沟槽式感应电炉）两种。感应电炉加热快，热效率高，没有电弧超高温作用，元素烧损少，有电磁搅拌作用，有利于钢液温度均匀和夹渣上浮，但炉渣参与冶金反应的能力较差，基本上是熔化作用，一般没有精炼过程，难以脱硫和去磷。因此，对原材料化学成分要求较严。

（6）其他冶炼方法

1）电渣熔铸。电渣熔铸法是在电渣焊和电渣熔铸法的基础上发展起来的，使自耗电极在熔渣中熔化并得精炼，随即在水冷的铸型中成形。

2）等离子熔炼。等离子熔炼是利用等离子弧作热源来熔化和精炼的方法。

3）电子束熔炼。用高真空下产生的高压电子束，轰击另一真空室内的固体金属，将其熔化、精炼，并在水冷的结晶器中形成金属锭或铸件。

4）磁悬浮熔炼。采用感应加热将固体坯料熔化，同时使熔融金属悬浮于电磁场中，这是不用耐火炉衬的新的熔炼方法。由于不用坩埚，可在任何条件下熔炼。设备的体积比相应的感应电炉小得多，设备的投资较少。

第九节　铸造非铁合金

有色金属是相对于黑色金属（铁、钢）而言的，因此，有色金属也称非铁金属。铸造非铁合金也称铸造有色合金，主要包括铝合金、铜合金、镁合金、锌合金、钛合金等材料。

一、铸造铝合金

1. 铸造铝合金的特点

纯铝在20℃时的密度为2.7g/cm^3，约为铁的1/3。纯铝的熔点较低，为660℃。以铝为基加入一些其他金属或非金属元素所熔制的合金，不仅仍能保持纯铝的基本性能，而且由于合金化作用，使铝合金获得了良好的综合性能。

配制铝合金的元素，主要有硅、铜、镁、锌以及稀土元素等，它们在铝中的加入量较大，能强烈影响铝的力学性能和物理化学性能。铝的导热性好，其热导率仅次于银和铜，但价格比较低，所以适用于需要散热的零件。铸造铝合金也有一定的耐磨性，这和它良好的导热性能有关，因为它能把摩擦所产生的热量较好地传导出去，从而提高摩擦件的散热能力。

铸造铝合金的熔炼、浇注温度较低，熔化潜热大，流动性好，特别适用于金属型铸造、压铸、低压铸造等，可获得尺寸精度高、表面光洁、内在质量好的薄壁、复杂铸件。铸造铝合金还具有较好的耐蚀性。虽然铝比铁更易于与氧化合，但形成的Al_2O_3氧化膜比铁氧化生成的Fe_2O_3氧化膜致密，故可以避免合金进一步氧化。

在铝和铝合金中，都或多或少地含有杂质，其中最常见的而且含量较多的杂质是铁和硅，其次为铜、锰、锌、镁、钙等。铝锭中的铁和硅，在以后生产合金的过程中又不能被除掉，所以，铁和硅在铝合金中也普遍存在。杂质对铝的力学性能和物理化学性能都有很大的影响。铝合金的强度与硬度的绝对值比铸钢、高级铸铁、铜合金都低，而且铝合金的热胀冷缩的倾向较大。所以用铸造铝合金作配合部件时，需预留较大的间隙，使配合精度和密封性能受到一定影响。

铸造铝合金的熔点较低，故对熔炼设备的要求相对低一些。但铝合金易氧化和吸氢，所以，其废品率相对要高一些。

铸造铝合金共分为四大类，参见GB/T 1173—2013，其化学成分及力学性能见表2-6-41。

每一类铝合金中，通常不只含有一种合金元素，而是含有几种合金元素。所以每一大类又可细分为二元系、三元系、多元系合金。

铸造铝合金的代号用铸铝的汉语拼音字母“ZL”加三位数字表示。第一位数

表 2-6-41 铸造铝合金的化学成分及力学性能

组别	合金代号	化学成分(质量分数,%)						合金状态	力学性能(≥)		
		Si	Cu	Mg	Mn	其他	Al		R_m/MPa	A(%)	布氏硬度 HBW
Al-Si合金	ZL101	6.0~7.5	—	0.25~0.45	—	—	余量	F	155	2	50
	ZL102	10.0~13.0	—	—	—	—		F	145	4	50
	ZL104	8.0~10.5	—	0.17~0.35	0.2~0.5	—		F	150	2	50
	ZL105	4.5~5.5	1.0~1.5	0.4~0.6	—	—		T1	155	0.5	65
	ZL106	7.5~8.5	1.0~1.5	0.3~0.5	0.3~0.5	Ti0.1~0.25		F	175	1	70
	ZL107	6.5~7.5	3.5~4.5	—	—	—		F	165	2	60
	ZL108	11.0~13.0	1.0~2.0	0.4~1.0	0.3~0.9	—		T1	195	—	85
	ZL109	11.0~13.0	0.5~1.5	0.8~1.3	—	Ni0.8~1.5		F	195	0.5	90
	ZL110	4.0~6.0	5.0~8.0	0.2~0.5	—			F	155	—	80
	ZL111	8.0~10.0	1.3~1.8	0.4~0.6	0.1~0.35	Ti0.1~0.35		F	205	1.5	80
Al-Cu合金	ZL201	—	4.5~5.3	—	0.6~1.0	Ti0.15~0.35	其余	T4	295	8	70
	ZL202	—	9.0~11.0	—	—	—		F	104	—	50
	ZL203	—	4.0~5.0	—	—	—		T4	195	6	60
Al-Mg合金	ZL301	—	—	9.5~11.0	—	—	其余	T4	280	9	60
	ZL303	0.8~1.3	—	4.5~5.5	0.1~0.4	—		F	143	1	55
Al-Zn合金	ZL401	6.0~8.0	—	0.1~0.3	—	Zn9.0~13.0	其余	T1	195	2	80
	ZL402	—	—	0.5~0.65	—	Zn5.0~6.5 Mn0.2~0.5 Cr0.4~0.6 Ti0.15~0.25		T1	235	4	70

字表示合金的系列，1 为铝硅合金，2 为铝铜合金，3 为铝镁合金，4 为铝锌合金。第二、三位数字为合金的顺序号。

（1）铝硅合金　铝硅合金具有优良的铸造性能，经过变质处理后，还具有良好的力学性能，耐热性和耐蚀性也较好，是铸造铝合金中产量最大的一类合金。该合金以铝、硅为主，依照不同牌号加入合金元素镁、铜等。按照铝-硅平衡图，其共晶点的硅质量分数为 12.6%。将硅质量分数在 14%以上合金称为过共晶型，10%~14%为共晶型，<10%的称为亚共晶型。这三类铝硅合金中，亚共晶铝硅合金的强度、韧性较好，用途较广；共晶铝硅合金具有较好的耐磨性和高温性能；过共晶铝硅合金的特点是膨胀系数低、耐磨性好。影响铝硅合金质量的因素有化学成分、有害杂质元素、气体和夹杂物、变质处理、熔炼与铸造工艺、热处理工艺等。在杂质元素中，对铝硅系铸造合金质量影响最大的是铁，其次是锡、铅、钙等元素。

（2）铝铜合金　铝铜合金中铜质量分数一般分为 5%左右和 10%左右两类，其最大特点是具有较高的室温和高温力学性能，但相对密度较大，耐蚀性和铸造性能较差。而作为耐热合金使用，则可用于制造在 250~350℃下长期工作的零件。

（3）铝镁合金　它是密度最小、耐蚀性最好、强度最高的铸造铝合金，但高温强度较低，一般工作温度不超过 200℃，铸造性能较差，熔炼铸造工艺也较复杂。

（4）铝锌合金　铝锌合金大，耐蚀性不好，但铸造方便，而且不经热处理可直接使用，具有较高的力学性能。

2. 铸造铝合金的熔炼

（1）符合优质铝合金熔液的标志

1）化学成分要准确。各合金元素以及杂质含量应符合标准的要求。夹杂物要少，铝液中的 Al_2O_3 等夹杂物以及各种盐类残留物要尽可能少。

2）含气量要低。含气量应低于形成针孔的临界值。

3）变质效果要好，应使 Al-Si 共晶以纤维状分布在 α 相的基体上，而且，α 相晶粒尺寸要合适。

4）力学性能要高，其强度、硬度和断后伸长率应高于标准的规定值。因为标准的规定值为最低值，为了可靠起见，应高于标准的规定。

（2）铝合金熔炼生产前的准备

1）确保熔炼炉、工具、模具符合生产工艺要求。

2）确认各种炉料符合企业标准，并应对炉料进行适当处理。

3）按工艺要求配制中间合金。

4）确定合金的除气或精炼处理标准。

5）选择合适的变质剂和变质处理操作规范。

6）确认铝液质量炉前检验装置有效可靠。

3. 铸造铝合金的熔炼特点

根据铸造铝合金生产条件不同，可采用不同的熔炼炉熔化，如坩埚炉、反射炉、感应电炉等。坩埚炉一般采用电阻元件加热，如电阻丝和硅碳棒，坩埚有铸铁坩埚、石墨坩埚和碳化硅坩埚等。熔炼铝合金的反射炉所用燃料有液体燃料、气体燃料和焦炭等。铝合金使用的感应电炉的原理和结构与钢铁使用的相同，只是熔化温度低，因此对炉衬的耐火度要求也低。

熔炼时必须避免出现氧化性气氛，避免合金过热，尽量缩短熔炼时间，缩短在高温停留的时间。所用炉料和工具都要充分预热，去除水分、油污和铁锈。同时熔炼过程中一定要有精炼去气的措施。

在生产中常用浮游法，即结合精炼去气的措施，利用气泡吸附氧化夹杂物微粒上浮，净化合金液体。

4. 铝合金的精炼原理概述

（1）铝合金熔液中气体和氧化夹杂物的来源　铝合金通常在大气中熔炼，当铝液和炉气中的各组分接触时，会产生化合、化分、溶解、扩散等过程。Al_3O_2 的化学稳定性高，熔点达 2015℃，是主要的氧化夹杂物。在炉气诸成分中，唯有氢能大量地溶解于铝液中，铝液中的气体 85%以上为氢。从液态转变为固态时，氢的溶解度剧烈下降。氢原子通过扩散溶入铝液中是整个吸氢过程的限制环节，它决定吸氢的速度。

（2）合金元素的氧化能力及对吸氢的影响　铝液中的氧化夹杂物及合金元素对氢的扩散系数影响很大。常用合金的氧化能力次序为：Na→Be→Mg→Al→Ce→Ti→Si→Mn→Zn→Cr→Fe→Ni→Cu，Al 以后元素在铝液中不是表面活性元素，不影响对铝液的保护作用。

铝液中含镁量越高，氢的溶解度越高。而硅、铜含量越高，氢的溶解度越低。

5. 精炼工艺

（1）吸附精炼　依靠精炼剂产生的气泡，及时清除氧化夹杂及其表面依附的氢气。按生产工艺可分为浮游法、熔剂法和过滤法。

1）浮游法。浮游法的原理是向铝液中通入惰性气体，如氮、氩或加入盐类所产生的气体，从而产生大量的气泡，由于气泡中氢的分压为零，因此借助于铝液和气泡中氢分压之差，氢便不断扩散进入气泡并上浮逸出液面。同时，由于浸润性的差异，铝液中的夹杂物可被吸附在与之接触的气泡上，随之上浮而排除，从而达到清除氧化夹杂物的目的。

按照精炼剂的不同，浮游法分为通氮精炼、通氩精炼、通氯精炼、氯盐精炼、三气混合气精炼、固体无公害精炼剂精炼、固体三气精炼块精炼和喷粉精炼等。

2）熔剂法。熔剂法的机理在于通过吸附、溶解铝液中的氧化夹杂及吸附其上的氢，上浮至液面进入熔渣中。净化效果好，尤其是熔炼铝镁合金或重熔切屑、碎料，必须采用此法。

熔剂的工艺性能包括覆盖性能、分离性能、精炼性能，它们都取决于熔剂的表面性能。

常用的熔剂组分有 NaCl、NaF、KCl、Na_2AlF_6、Na_2SiF_6、CaF_2 等，不同组分按不同配比制成的熔剂，有不同的熔点、不同的表面性能及不同的工艺性能，以满足不同的要求。

3）过滤法。过滤法是通过由各种材料制成的过滤器，对铝液进行净化，从而显著提高铸件的优良品率。按过滤介质孔、网的形状，过滤器可分为平面直孔型过滤网和三维蜂窝状过滤块两类。

（2）非吸附精炼　非吸附精炼主要有真空精炼和振动精炼两类，其特点是同时对全部铝液起精炼作用。

1）真空精炼。将带精炼的铝液置于真空室内，在一定温度下静置一段时间，由于液面上氢的分压大大降低，导致熔入铝液的氢呈气泡析出，同时带走氧化夹杂物，从而达到净化铝液的目的。

2）振动精炼。在铝液结晶凝固时，采用机械振动、超声波或电磁振动的方法，促使铝液中氢呈气泡析出，并携带氧化夹杂物上浮逸出，以达到净化的目的。同时可促使铝液均匀化，并有细化晶粒的作用。

6. 铸造铝合金的变质处理

变质处理是铝合金常用的组织控制手段，是指在铝液中加入少量添加剂，使金相组织发生明显变化，获得理想的合金组织。铝合金变质处理大致可分为以下三类：

1）晶粒细化处理。主要用来细化固溶体合金的晶粒，铝铜类、铝镁类合金应用较普遍。常见的晶粒细化剂有钛、硼、锆及稀土金属等，以中间合金或盐类形式加入铝液中与铝发生反应形成的反应产物均起到晶粒细化作用。

2）共晶体变质。用来改变共晶体的组织，广泛应用于铝硅共晶合金。钠对铝硅共晶合金的共晶组织有明显的细化作用，在生产中应用最广泛的变质剂由钠盐和钾盐混合而成，另外还有锶、锑、稀土元素变质剂等。

3）改善杂质相的组织或消除易熔杂质相，如加铍、锰等改变粗大的富铁相等。

变质处理的工艺要点是严格控制温度、时间、变质剂用量及规范的操作方法。

铝合金熔炼时元素的烧损量见表 2-6-42。常用变质剂使用工艺参数见表 2-6-43。

表 2-6-42　铝合金熔炼时元素的烧损量

元素	烧损量（电炉熔炼）（%）	元素	烧损量（电炉熔炼）（%）
Al	1.0~1.5	Na	2~3
Si	0.5~1	Mn	0.5~1
Cu	0.5~1	Sn	0.5~1
Mg	2~3，若以纯金属加入，则烧损可达到 15~30	Fe	0.5~1
Zn	1~3，若以纯金属加入，则烧损可达 10~15	Be	0.5~1
Ni	0.5~1	Ti	1~2

表 2-6-43　常用变质剂使用工艺参数

<table>
<tr><td colspan="2">序号</td><td colspan="3">01</td><td colspan="4">02</td><td colspan="3">03</td><td>04</td></tr>
<tr><td colspan="2" rowspan="2">名称</td><td colspan="7">钠基</td><td colspan="3">钛、硼、锆</td><td>稀土</td></tr>
<tr><td colspan="3">三元变质剂</td><td colspan="4">四元变质剂</td><td colspan="3">变质孕育剂</td><td>金属</td></tr>
<tr><td colspan="2">成分（质量分数）（%）</td><td>氟化钠 25</td><td>氯化钠 63</td><td>氯化钾 12</td><td>氟化钠 30</td><td>氯化钠 50</td><td>氯化钾 10</td><td>冰晶石 10</td><td>氟锆酸钾</td><td>氟硼酸钾</td><td>钛</td><td>铝稀土中间合金</td></tr>
<tr><td colspan="2">用量（%）</td><td colspan="3">≥1.5~2</td><td colspan="4">≥2~3</td><td>0.5</td><td>0.6</td><td>0.15~0.2</td><td>0.2~0.4</td></tr>
<tr><td rowspan="2">预热</td><td>温度</td><td colspan="7">≥100~300℃</td><td colspan="2">200±10℃</td><td colspan="2">350~450℃</td></tr>
<tr><td>时间</td><td colspan="7">≥3h</td><td colspan="4">2~4h</td></tr>
<tr><td colspan="2">处理温度</td><td colspan="3">700~740℃</td><td colspan="4">700~750℃</td><td colspan="3">730~750℃</td><td>720~740℃</td></tr>
<tr><td rowspan="2">处理时间</td><td>液面停留</td><td colspan="7">≥10~15min</td><td colspan="3">≥2~3min</td><td>—</td></tr>
<tr><td>压入合金</td><td colspan="7">≥3~5min</td><td colspan="3">≥5~8min</td><td>—</td></tr>
<tr><td colspan="2">处理方法</td><td colspan="7">将预热后的变质剂均匀撒在合金液面上，覆盖 10~15min，打碎硬壳，使气体排除并将变质剂压入合金液中至 100~150mm 深，连续操作 3~5min 后打渣</td><td colspan="3">钛以合金形式加入，氟锆酸钾、氟硼酸钾在除气后均匀撒在合金液上，覆盖 2~3min 后压入静置 5~8min 后打渣</td><td>于浇注前 30min 加入合金搅拌均匀</td></tr>
</table>

二、铸造铜合金

与铸造铝合金通过合金化途径竭力利用热处理手段来强化合金性能有所不同的是，铜合金更偏向于利用本身金属物理特性并通过合金化途径在铸态下获得。工业上使用的铜合金，大多数添加了两种以上的合金元素。这些合金元素视其加入量的多少，或完全固溶于某一相中，或改变 α 相与 β 相的相对数量，或以自身独立相的形式存在（如 Pb），或形成新相。由于铜合金电极电位比较高且具有较高的耐蚀性，因此在铸造工艺上，铜合金广泛使用离心浇注。

铸造铜合金按其主要成分和性能，分为铸造青铜和铸造黄铜两大类。

1. 铸造青铜

铸造青铜最初是指铜与锡的合金。但近几十年来，由于多种合金元素被采用，出现了许多不以锡也不以锌为主要添加元素的新型铜合金，在习惯上也把这些新型铜合金称作青铜，如铝青铜、铅青铜等。而把其他青铜统称为无锡青铜或特殊青铜。

（1）锡青铜　锡青铜具有良好的耐磨性、耐蚀性，同时还具有足够的强度和一定的塑性，常用于制造耐磨和耐蚀零件。

铸造锡青铜中锡质量分数在 4%~10%范围内时，随着锡含量的增加，塑性下降而强度升高。如果锡含量继续增加，将导致合金的塑性急剧下降，使合金的性能变坏。但锡质量分数控制在 4%~10%范围内时，合金的结晶温差大（最大接近 200℃），流动性差，补缩困难，易形成偏析和缩松，铸件的致密性差。含锡量较高的青铜在凝固过程中易产生“锡汗”，即在凝固时，富锡的低熔点合金液被凝固时析出的气体沿着缩松形成的细微通道挤出铸件表面，冷却成白色点状物。由于低熔点的成分处于铸件表面，所以“锡汗”又称“反偏析”。

锡青铜不易形成集中缩孔，所以不用很大的补缩冒口即能获得完整的铸件。其线收缩率不大，因此，铸件变形、缩裂的倾向较小。

为了进一步改善铸造锡青铜的性能，常加入一些锌、铅、磷、镍等元素。锌能缩小锡青铜的凝固范围，提高合金流动性，减少缩松倾向，使铸件致密。铅不溶于铜中，也不与其他元素互溶，而以颗粒状分布在组织中，铅的这种存在形式，可提高合金的耐磨性和切削性能。另外，低熔点的铅可以填补分散的缩松而使合金致密。磷在合金中可以脱氧，去除合金中的氧化物，提高合金流动性和耐磨性。镍可细化合金的组织，强化基体，提高合金的力学性能。

可见，在二元锡青铜合金中加入一些锌、铅、磷、镍等元素，可以进一步改善锡青铜的性能。

铸造锡青铜的牌号、性能见表 2-6-44。

铸造锡青铜用铸汉语拼音字头及符号 Cu 表示，即 ZCu。所包含元素及比例就将该种元素的符号写在“ZCu”之后，其含量表示在元素符号后面。如 ZCuSn3Zn11Pb4，表示铸造锡青铜，锡质量分数为 6%，还含有质量分数为 6%的锌和 3%的铅。

表 2-6-44 铸造锡青铜的牌号、性能

<table>
<tr><th rowspan="2">代号</th><th colspan="6">化学成分(质量分数)(%)</th><th rowspan="2">铸造方法</th><th colspan="4">力学性能(不小于)</th></tr>
<tr><th>Sn</th><th>Zn</th><th>Pb</th><th>P</th><th>Cu</th><th>杂质 ≤</th><th>R_m /MPa</th><th>$R_{p0.2}$ /MPa</th><th>A (%)</th><th>HBW</th></tr>
<tr><td rowspan="2">ZCuSn3Zn11Pb4</td><td rowspan="2">2.0~4.0</td><td rowspan="2">9.0~13.0</td><td rowspan="2">3.0~6.0</td><td rowspan="2">—</td><td rowspan="2">其余</td><td rowspan="2">1.0</td><td>S</td><td>175</td><td></td><td>8</td><td>60</td></tr>
<tr><td>J</td><td>215</td><td></td><td>10</td><td>60</td></tr>
<tr><td rowspan="2">ZCuSn3Zn8Pb6Ni1</td><td rowspan="2">2.0~4.0</td><td rowspan="2">6.0~9.0</td><td rowspan="2">4.0~7.0</td><td rowspan="2">Ni
0.5~1.5</td><td rowspan="2">其余</td><td rowspan="2">1.0</td><td>S</td><td>175</td><td></td><td>8</td><td>60</td></tr>
<tr><td>J</td><td>215</td><td></td><td>10</td><td>70</td></tr>
<tr><td rowspan="2">ZCuSn5Pb5Zn5</td><td rowspan="2">4.0~6.0</td><td rowspan="2">4.0~6.0</td><td rowspan="2">4.0~6.0</td><td rowspan="2">—</td><td rowspan="2">其余</td><td rowspan="2">1.0</td><td>S</td><td>200</td><td>90</td><td>13</td><td>60</td></tr>
<tr><td>J</td><td>200</td><td>90</td><td>13</td><td>65</td></tr>
<tr><td rowspan="2">ZCuSn10P1</td><td rowspan="2">9.0~11.0</td><td rowspan="2">—</td><td rowspan="2">—</td><td rowspan="2">0.8~1.1</td><td rowspan="2">其余</td><td rowspan="2">0.75</td><td>S</td><td>220</td><td>130</td><td>3</td><td>80</td></tr>
<tr><td>J</td><td>310</td><td>170</td><td>2</td><td>90</td></tr>
<tr><td rowspan="2">ZCuSn10Zn2</td><td rowspan="2">9.0~11.0</td><td rowspan="2">1.0~3.0</td><td rowspan="2">—</td><td rowspan="2">—</td><td rowspan="2">其余</td><td rowspan="2">1.5</td><td>S</td><td>240</td><td>120</td><td>12</td><td>70</td></tr>
<tr><td>J</td><td>245</td><td>140</td><td>6</td><td>80</td></tr>
<tr><td rowspan="2">ZCuSn10Pb5</td><td rowspan="2">9.0~11.0</td><td rowspan="2">—</td><td rowspan="2">4.0~6.0</td><td rowspan="2">—</td><td rowspan="2">其余</td><td rowspan="2">1.0</td><td>S</td><td>195</td><td></td><td>10</td><td>70</td></tr>
<tr><td>J</td><td>245</td><td></td><td>10</td><td>70</td></tr>
</table>

锡青铜的生产工艺主要有以下两类：

① 传统工艺。先加木炭加热干埚→加铜→升温到 1200℃→磷铜脱氧→加回炉料、合金→磷铜脱氧→1200℃出炉→浇注。

② 新工艺。底部加锌，再加纯铜回炉料→熔化→脱氧→加合金→出炉→浇注。

新工艺的特点：熔炼时间短，降低了含气量，磷铜加入量少，减少了含磷量，减少了锌的剧烈氧化，减少了白色氧化锌烟雾，铜液质量高。

（2）铝青铜　铝青铜是以铝为主加元素的青铜，是无锡青铜中应用最为广泛的一种。

铝青铜中铝质量分数通常为5%～10%。随着含铝量的增加，合金的强度、硬度提高，而塑性下降。铝质量分数大于11%时，强度急剧下降，因此，铝青铜中铝质量分数最高为9%～11%。

铝青铜比锡青铜有更高的力学性能，更好的耐磨性及耐蚀性。它结晶温差小，流动性好，易获得致密铸件。常用来制作在高负荷、高速条件下工作的耐磨零件，如轴套、齿轮、涡轮等。铝青铜在缓慢冷却的情况下，易产生“缓冷脆性”，这在砂型铸造厚大铸件时，显得特别突出。加入锰、铁、镍可以防止缓冷脆性，改善铝青铜性能。铝青铜易吸气和氧化，所以铸件易产生气孔和夹渣。此外其收缩大，易产生集中缩孔，需设大冒口补缩。

铸造铝青铜的牌号和性能见表2-6-45。

表2-6-45　铸造铝青铜的牌号和性能

代号	化学成分(质量分数)(%)					铸造方法	力学性能(不小于)			
	Al	Fe	Mn	Cu	杂质≤		R_m /MPa	$R_{p0.2}$ /MPa	A (%)	HBW
ZCuAl9Mn2	8.0～10.0		1.5～2.5	其余	1.0	S	390	150	20	85
						J	440	160	20	95
ZCuAl10Fe3	8.5～11.0	2.0～4.0		其余	1.0	S	490	180	13	100
						J	540	200	15	110
ZCuAl10Fe3Mn2	9.0～11.0	2.0～4.0	1.0～2.0	其余	0.75	S	490		15	110
						J	540		20	120
ZCuAl8Mn13Fe3	7.0～9.0	2.0～4.0	12～14.5	其余	1.0	S	600	270	15	160
						J	650	280	10	170

铸造铝青铜的生产工艺主要有以下两类：

①二次熔炼工艺。熔制铝-铁中间合金→熔铜，加回炉料、中间合金(1200℃)→精炼（$ZnCl_2$）→检验→Na_3AlF_6→清渣→出炉。

②一次熔炼工艺。加入低碳钢屑、纯铜→溶清（铜）→加铝搅拌（铝热效应化钢）→加回炉料→检验→Na_3AlF_5→清渣→出炉。

2. 铸造黄铜

以锌作为主要合金元素的铜合金，通常称为黄铜。单纯的铜锌二元合金称为普通黄铜（二元铸造黄铜）。当锌质量分数大于45%时，黄铜已成为单一的β相。锌含量更高时开始出现硬脆的γ（Cu_5Zn_8）相，强度和塑性均将剧烈下降，故工业上应用的仅是锌质量分数<50%的黄铜，其组织为α+β。它具有较高的强度、硬度和一定的塑

性，且耐蚀性良好，但其在海水、蒸气和酸溶液中易产生“脱锌”现象。但在二元黄铜中加入Sn、Al、Mn、Fe（与Mn同时加入）及Ni均能显著减轻脱锌腐蚀。加入黄铜中的其他合金元素大多溶于铜，并以铜基固溶体的形式存在。在提高合金纯度方面，稀土作用最为明显。工业上绝大多数使用的是多元黄铜，称为特殊黄铜。

普通黄铜的力学性能比纯铜高，一般情况下不生锈、不腐蚀，能很好地承受压力加工。黄铜的结晶温度间隔小，流动性好，不易形成缩松，组织致密，但合金易形成集中缩孔。锌本身是很好的脱氧剂，故熔炼时能自行脱氧除气，铸件中形成气孔的倾向较小。在普通黄铜中加入铝、锰、硅、铅等形成的特殊黄铜，分别称为铝黄铜、锰黄铜、硅黄铜、铅黄铜等。

（1）铝黄铜　当铝质量分数为0.25%～0.40%时，可改善黄铜的流动性和铸件表面质量。含铝质量分数为1%～3%时，可制造中等强度和延伸率好的优良铸件。铝质量分数为4%～6%时，可制造强度高、延伸率较好的铸件。加入铝能细化晶粒，提高黄铜强度，改善耐蚀性，但降低合金塑性。

（2）铅黄铜　加入铅的目的是改善切削性能，同时提高耐磨性。但铅质量分数大于3%后，则降低黄铜的强度和塑性。

（3）锡黄铜　加入质量分数为0.5%～1.5%的锡能提高黄铜强度，并改善对海水的耐蚀能力，故锡黄铜又有海军黄铜之称。

（4）锰黄铜　加入锰对合金有固溶强化作用，能提高黄铜强度、耐磨和耐蚀性。加入少量的锰能提高其强度和硬度，并使塑性有所提高，能阻止脱锌现象。由于室温下Mn在β′相中溶解度很低，故一般加入量为2%～4%。

（5）硅黄铜　加入硅铁能细化晶粒，提高黄铜强度。硅能使黄铜表面形成SiO_2保护膜，从而提高在大气和海水中的耐蚀能力。硅能缩小结晶温度范围，提高流动性，利于获得致密的铸件，其铸造性能介于黄铜与锡青铜之间。

部分铸造黄铜的牌号及力学性能见表2-6-46。铸造黄铜用“ZCu”表示，普通黄铜在“ZCu”后只写出含锌量，如ZCuZn38，表示铸造普通黄铜，锌质量分数为38%左右，其余为铜。特殊黄铜的表示方法是在“ZCu”后面写出主要的特种合金元素符号及其平均质量分数，如ZCuZn16Si4表示硅黄铜，其锌质量分数为16%，硅质量分数为4%，其余为铜。

3. 铸造铜合金的熔炼操作及熔炼工艺特点

铸造铜合金的熔炼过程主要包括：配料、加料、去气、脱氧、精炼等工序。

黄铜的熔炼温度较低，一般为1100～1150℃，可在各种炉子中熔化，但在反射炉和单相电弧炉中熔炼时，锌的损耗较大，所以不宜采用。黄铜的特点是吸气性小，加入的锌易蒸发，有自动除氢作用。此外，锌对铜液还有脱氧作用，故黄铜在熔炼时一般不用磷铜脱氧。但在用新金属料熔化含铝、锰、硅等元素的特种黄铜时，锌一般在最后加入，在铜液中加入Cu-16%Si、Cu-30%Mn、Cu-50%Al中间合金前，应先用磷铜脱氧。

表 2-6-46　部分铸造黄铜的牌号及力学性能

组别	代号	化学成分(质量分数)(%)								铸造方法	力学性能(不小于)			
		Cu	Si	Pb	Al	Fe	Mn	Zn	杂质≤		R_m /MPa	$R_{p0.2}$ /MPa	A(%)	HBW
普通黄铜	ZCuZn38	60.0~63.0	—	—	—	—	—	其余	1.5	S	295	95	30	60
										J	295	95	30	70
硅黄铜	ZCuZn16Si4	79.0~81.0	2.5~4.5	—	—	—	—	其余	2.0	S	345	180	15	90
										J	390	—	20	100
铅黄铜	ZCuZn33Pb2	63.0~67.0	—	1.0~3.0	—	—	—	其余	1.5	S	180	70	12	50
	ZCuZn40Pb2	58.0~63.0	—	0.5~2.5	0.2~0.8	—	—	其余	1.5	S	220	95	15	80
										J	280	120	20	90
铝黄铜	ZCuZn25Al6Fe3Mn3	64.0~68.0	—	—	4.5~7.0	2.0~4.0	1.5~4.0	其余	2.0	S	725	380	10	160
										J	740	400	7	170
	ZCuZn31Al2	66.0~68.0	—	—	2.0~3.0	—	—	其余	1.5	S	295	—	12	80
										J	390	—	15	90
锰黄铜	ZCuZn40Mn3Fe1	53.0~58.0	—	—	—	0.5~1.5	3.0~4.0	其余	1.5	S	440	—	18	100
										J	490	—	15	110
	ZCuZn38Mn2Pb2	57.0~60.0	1.5~2.5	—	—	—	1.5~2.5	其余	2.0	S	245	—	10	70
										J	345	—	18	80
	ZCuZn40Mn2	57.0~60.0	—	—	—	—	1.0~2.0	其余	2.0	S	345	—	20	80
										J	390	—	25	90

需要注意的是，铝黄铜及硅黄铜的铜液表面上有一层致密的氧化膜，可显著减少锌的蒸发，因此，不一定采用覆盖剂。其他黄铜则一般采用食盐等熔剂覆盖。

4. 熔炼炉料

（1）金属炉料　铸造铜合金的金属炉料包括新金属、中间合金和回炉料。选择炉料的原则是：在保证合金质量的前提下应尽量少用新金属料，多用各种铜合金的浇口、冒口及废料，以降低其成本。采用中间合金能降低难熔元素的熔点，避免某些元素（如铝、硅）与铜起放热反应而使合金过热，并起调节合金的作用。常用的中间合金有铜镍、铜铝、铜铁、铜锰及磷铜等，同时磷铜中间合金还是一种很好的脱氧剂。

（2）辅助料　熔炼铜合金用的辅助材料有覆盖剂、氧化剂和精炼剂。

覆盖剂的作用是防止氧化和造渣。常用的覆盖剂有木炭、碎玻璃及苏打的混合料、苏打及硼砂混合料、硼砂与长石混合料等。覆盖剂用量以盖满金属液表面为原则，采用坩埚炉时，一般为炉料质量的0.7%～1.5%。

氧化剂的作用是除气，它由氧化物和造渣剂两部分组成，如50%氧化铜与50%碎玻璃，50%氧化铜，25%石英砂及25%硼砂等。

精炼剂具有吸附或溶解氧化物，并聚集成渣的能力。在生产中有时对含铝的铜合金进行精炼，以去除夹杂物和气体。常用的精炼剂有60%的食盐和40%的水晶石，20%冰晶石、20%萤石和60%氟化钠等。

5. 铜合金熔炼的主要控制方法

1）严格控制合金的化学成分，准确配料。

2）净化合金液，防止氧化吸气。

3）高温熔炼，快速熔化，低温浇注。

三、铸造锌合金及熔炼

1. 锌及锌合金的特性

锌在20℃时的密度为7.14g/cm^3，熔点为420℃，沸点为907℃。由于纯锌的恢复特性及加工硬化程度很小，强度、塑性都较差，蠕变抗力或承受长期变形的能力较小，因此纯锌不能直接用作工程材料。

以纯锌为基体加入合金元素铝、铜、镁等可组成一系列锌合金。锌合金有一定的强度、足够的硬度，熔点低，流动性好，广泛地用作压铸合金。锌合金的压铸件尺寸精度高，电镀性能好，在汽车、拖拉机制造和仪表制造中应用很广。

锌合金的耐磨性好，也可用砂型铸造大中型轴承、轴套等耐磨件。锌合金与巴氏合金相比，具有价格低廉、质量较小、硬度较高、切削加工容易等优点；与某些锡青铜相比，摩擦因数略低，力学性能高；与铝青铜耐磨件相比，对润滑油的亲和力大，摩擦因数小，力学性能则略低。锌合金的另一个特点是具有减振性能，可制作汽车变速器、风机零件等，可降低噪声。

2. 铸造锌合金的种类

目前国际上用作铸件的标准系列有两类，一类是 ZAMAK 合金，另一类是 ZA 系列合金。

ZAMAK2：用于对力学性能有特殊要求，对硬度要求高、尺寸精度要求一般的机械零件。

ZAMAK3：具有良好的流动性和力学性能；应用于对机械强度要求不高的铸件。

ZAMAK5：具有良好的流动性和好的力学性能；应用于对机械强度有一定要求的铸件。

ZA8：具有良好的流动性和尺寸稳定性，但流动性较差；应用于压铸尺寸小、精度和机械强度要求很高的工件。

Superloy：流动性最佳，应用于压铸薄壁、大尺寸、精度高、形状复杂的工件，如电器元件及其盒体。

锌合金与铝合金相比，其缺点是密度大，热膨胀系数大，高温强度、室温塑性均较低，因而限制了它的使用。

3. 铸造锌合金的熔炼

(1) 标准锌合金成分（表 2-6-47）

表 2-6-47　标准锌合金成分

序号	合金牌号	合金代号	合金元素				杂质含量(不大于)(质量分数,%)					杂质总和(质量分数,%)
			Al	Cu	Mg	Zn	Fe	Pb	Cd	Sn	其他	
1	ZZnAl4Cu1Mg	ZA4-1	3.5~4.5	0.75~1.25	0.03~0.08	其余	0.1	0.015	0.005	0.003		0.2
2	ZZnAl4Cu3Mg	ZA4-3	3.5~4.3	2.5~3.2	0.03~0.06	其余	0.075	Pb+Cd 0.009		0.002		—
3	ZZnAl6Cu1	ZA6-1	5.6~6.0	1.2~1.6	—	其余	0.075	Pb+Cd 0.009		0.002	Mg0.005	—
4	ZZnAl8Cu1Mg	ZA8-1	8.0~8.8	0.8~1.3	0.015~0.030	其余	0.075	0.006	0.006	0.003	Mn0.01 Cr0.01 Ni0.01	—
5	ZZnAl9Cu2Mg	ZA9-2	8.0~10.0	1.0~2.0	0.03~0.06	其余	0.2	0.03	0.02	0.01	Si0.1	0.35
6	ZZnAl11Cu1Mg	ZA11-1	10.5~11.5	0.5~1.2	0.015~0.030	其余	0.075	0.006	0.006	0.003	Mn0.01 Cr0.01 Ni0.01	—
7	ZZnAl11Cu5Mg	ZA11-5	10.0~12.0	4.0~5.5	0.03~0.06	其余	0.2	0.03	0.02	0.01	Si0.05	0.35
8	ZZnAl27Cu2Mg	ZA27-2	25.0~28.0	2.0~2.5	0.010~0.020	其余	0.075	0.006	0.006	0.003	Mn0.01 Cr0.01 Ni0.01	—

（2）合金元素的作用 锌合金成分中，有效合金元素有铝、铜、镁；有害杂质元素有铅、镉、锡、铁。

1）铝的作用。改善合金的铸造性能，增加合金的流动性，细化晶粒，引起固溶强化，提高力学性能；降低锌对铁的反应能力，减少对铁质材料，如模具、坩埚的侵蚀。考虑到所要求的强度及流动性，铝质量分数应控制在3.8%～4.3%。流动性好是获得一个完整、尺寸精确、表面光滑的铸件必需的条件。

2）铜的作用。增加合金的硬度和强度；改善合金的耐磨损性能；减少晶间腐蚀。不利因素：铜质量分数超过1.25%时，使压铸件尺寸和机械强度因时效而发生变化；降低合金的可延伸性。

3）镁的作用。减少晶间腐蚀；细化合金组织，从而增加合金的强度；改善合金的耐磨损性能。不利因素：镁质量分数大于0.08%时，产生热脆、韧性下降、流动性下降；易在合金熔融状态下氧化损耗。

4）杂质元素铅、锡、镉。铅、锡、镉是锌合金中的有害杂质，它们在锌中的溶解度极低，吸附于晶界上，构成众多的微电池，在合适的温度、湿度下，加速电化学腐蚀过程，使晶界结合松弛，强度、硬度下降，因此必须严格控制这些杂质元素的含量。另外，锌压铸件中的α、β相均为过饱和态，在使用过程中，相继脱溶，加上晶界上腐蚀产物的体积也比基体金属大，于是在力学性能明显下降的同时，铸件尺寸长大，引起“老化”。铅、锡、镉使锌合金的晶间腐蚀变得十分敏感，在合适的温度、湿度环境中加速了本身的晶间腐蚀，降低力学性能，并引起铸件尺寸变化；当锌合金中杂质元素铅、镉含量过高，工件刚压铸成形时，表面质量一切正常，但在室温下存放一段时间后（八周至几个月），表面即出现鼓泡。

5）杂质元素铁。铁与铝发生反应形成Al_5Fe_2金属间化合物，造成铝元素的损耗并形成浮渣；在压铸件中形成硬质点，影响后续加工和抛光；增加合金的脆性。铁元素在锌液中的溶解度随温度增加而增加，每一次炉内锌液温度变化都将导致铁元素过饱和（当温度下降时）或不饱和（当温度上升时）。两种温度变化的一个共同结果是最终造成对铝元素的消耗，形成更多的浮渣。

（3）锌合金铸造性能 用作压铸的低铝含量的锌合金，成分在共晶点附近，凝固温度范围小，熔化温度低，流动性好。含铜量高的锌合金凝固温度范围扩大，流动性降低。加入镁时，会在液面生成氧化镁，也会降低流动性。在相同的过热度条件下，高铝的锌合金流动性和铝硅合金相当，由于凝固温度较宽，会引进偏析，偏析倾向随凝固温度区间的增大而增大。在ZA型锌合金中，ZA-27的含铝量最高，凝固温度最宽，枝晶偏析和区域偏析倾向最严重。由于富铝α相密度小，最先凝固，区域偏析的结果，锌合金容易发生底部缩孔，缩孔集中在底部，冷却缓慢时尤其明显。

（4）焊补性能 压铸锌合金由于含有铝，焊补时形成一层Al_2O_3，给操作带来困难，唯一获得实际应用的焊补方法是补焊。

(5) 切削加工性能　锌合金具有优良的切削加工性能，切削速度可以比灰铸铁高数倍，与易切削黄铜相当，刀具磨损也较小。

(6) 铸造锌合金的熔炼特点

1) 锌合金主要采用坩埚炉熔炼，各种锌合金的熔炼过程基本相似。锌合金的熔炼温度低，熔炼铝合金的各种设备均可用来熔炼锌合金，使用寿命也较长。铅和锡严重降低锌合金的耐蚀性，故应与熔炼铜合金的坩埚严格分开。ZA系列合金易渗铁，用铸铁坩埚时，应和熔炼工具一起刷好涂料。

2) 由于熔炼温度低，锌本身的蒸气压大，含气量低，精炼要求比铝合金低，有时可不进行精炼，熔耗也较少，为1%~2%。炉料中回炉料比例大或浇注重要铸件时，可采取静置、氯盐处理、惰性气体及过滤等方法精炼。应用最广的是氯盐精炼，在450~470℃用钟罩压入氯化铵0.1%~0.2%或六氯乙烷0.3%~0.4%，可去除铸造锌合金中近80%的氧化夹杂和70%左右的杂质。

(7) 铸造锌合金的变质处理　含铝量较高的锌合金，通常需要变质处理。变质细化剂主要包括含钛盐类、Al-Ti-B或Al-Ti中间合金及稀土元素。ZA27中加入质量分数为0.1%的铈，强度、塑性均出现峰值，晶粒尺寸、枝晶间距、枝晶体积分数均变小，还能减轻铝以及铜的偏析。铈变质后经四次重熔，晶粒尺寸仅增大6%左右。钛、硼ZA系列合金的含铝量高，初晶是α固溶体，和铝合金一样，加入钛、硼后同样能细化晶粒，提高力学性能。

四、铸造钛合金及熔炼

1. 钛及钛合金的特性

钛合金的力学性能高，抗拉强度可达700~1160MPa。它的密度约为4.58g/cm^3，纯钛的熔点为1668℃，钛合金可在500℃下长期工作。同时钛合金在大多数腐蚀介质中，特别是在中性或氧化性介质（如硝酸等）和海水中有良好的耐蚀性。另外，钛合金结晶温度间隔较小，为40~80℃，铸造性能较好，使合金流动性好，热膨胀系数小，体收缩率（1.5%~3%）和线收缩率（0.5%~1.5%）都不大，而且由于高温塑性好，线收缩率小，弹性模量不高，所以铸造应力也小，凝固时不易产生热裂。但钛合金的化学活性高，在高温下易与N_2、O_2、H_2、NH_3、CO、CO_2和水蒸气等气体作用，形成气孔、夹渣，给冶炼和铸造带来困难，目前一般采用真空电弧炉熔炼。

(1) 钛合金分类及牌号　铸造钛合金按退火状态可分为三类：α钛合金、β钛合金和α+β钛合金。

1) TA合金。表示组织为α的钛合金，包括全α、近α和α+化合物合金。主要合金元素为铝、锡、锆，在近α型钛合金中还添加少量β稳定化元素，如钼、钒、钽、铌、钨、铜、硅等。

2）TB 合金。表示组织为 β 的钛合金，包括热力学稳定型 β 合金、亚稳定 β 型合金和近 β 型合金，主要加入的合金元素为 Mo、V。

3）TC 合金。表示 α+β 钛合金。

（2）钛合金中常见合金元素的影响　钛合金中常加入的合金元素为铝、锡、锆、钼、钒、铬、铁、硅、铜、稀土，其中应用最多的是铝。

1）铝。除工业纯钛外，各类钛合金中几乎都添加铝，铝主要起固溶强化作用，每添加质量分数为 1%的铝，室温抗拉强度就增加 50MPa。铝在钛中的极限溶解度为 7.5%，超过极限溶解度后，组织中出现有序相，对合金的塑性、韧性及应力腐蚀不利，故一般铝质量分数不超过 7%。

铝能够改善钛合金的抗氧化性。铝比钛还轻，能减小合金密度，并显著提高再结晶温度，如添加质量分数为 5%的铝可使再结晶温度从 600℃提高到 800℃。铝可提高钛固溶体中原子间结合力，从而改善热强性。在可热处理 β 合金中，加入质量分数约为 3%的铝，可防止由亚稳定 β 相分解产生的 ω 相而引起的脆性。铝还能提高氢在 α-Ti 中的溶解度，减少由氢化物引起氢脆的敏感性。

2）锡和锆。锡和锆属中性元素，在 α-Ti 和 β-Ti 中均有较大的溶解度，常与其他元素同时加入，起补充强化作用。为保证耐热合金获得单相 α 组织，除铝以外，还加入锆和锡进一步提高耐热性。同时锡和锆对塑性不利影响比铝小，使合金具有良好的压力加工性和焊接性能。

锡能减少对氢脆的敏感性。钛锡系合金中，锡超过一定浓度后形成有序相 Ti_3Sn，降低塑性和热稳定性。

3）钼和钒。钼和钒在 β 稳定元素中应用最多，可固溶强化 β 相，并显著降低相变点，增加淬透性，从而增强热处理强化效果。含钒或钼的钛合金不发生共析反应，在高温下组织稳定性好。但单独加钒，合金耐热性不高，其蠕变抗力只能维持到 400℃。钼提高蠕变抗力的效果比钒高，但密度大。钼还可改善合金的耐蚀性，尤其是提高合金在氯化物溶液中耐缝隙腐蚀能力。

4）锰和铬。锰和铬的强化效果好，稳定 β 相能力强，密度比钼、钨等小，故应用较多，是高强亚稳定 β 型钛合金的主要加入元素。但它们与钛形成慢共析反应，在高温下长期工作时，组织不稳定，蠕变抗力低。当同时添加 β 同晶型元素，特别是钼时，有抑制共析反应的作用。

5）硅。加入硅可改善钛合金的耐热性能，使其共析转变温度提高到 860℃，因此在耐热合金中常添加适量硅。加入硅量以不超过 α 相最大固溶度为宜，一般质量分数为 0.25%左右。由于硅与钛的原子尺寸差别较大，在固溶体中容易在位错处偏聚，阻止位错运动，从而提高耐热性。

6）稀土。加入稀土可以提高钛合金的耐热性和热稳定性。稀土的内氧化作用，形成了细小稳定的颗粒，产生弥散强化。由于内氧化降低了基体中的氧浓度，并促使合金中的锡转移到稀土氧化物中，这有利于抑止脆性 α_2 相析出。此外，稀土还有强烈抑制β晶粒长大和细化晶粒的作用，因而改善合金的综合性能。

(3) 合金元素的作用

1) 固溶强化。提高室温抗拉强度最显著的元素为铁、锰、铬、硅，其次为铝、钼、钒，而锆、锡、钽、铌强化效果差。

2) 稳定α相或β相。合金元素提高或降低相变点。

3) 增强热处理强化效果。β稳定元素增加合金淬透性。

4) 消除有害作用。铝、锡能防止ω相形成，稀土能抑制α_2相析出，β同晶元素可阻止β相共析分解。

5) 改善合金的耐热性。加入铝、硅、锆、稀土等可以显著改善合金的耐热性。

6) 加钯、钌、铂、钼等可以提高合金的耐蚀性和扩大钝化范围。

2. 铸造钛合金的熔炼

钛及钛合金的生产与钢铁、铝、铜等传统金属材料相比，最大的差异和难点在于熔炼。由于钛的熔点高，高温化学特性非常活泼，几乎能和所有的耐火材料以及氧、氮、氢等气体发生反应，使得多种常规的冶金方法不能应用于钛及钛合金的熔炼。

钛对氧和氮有很强的亲和力，只能在真空中或惰性气体保护下熔炼。又由于钛能和所有的常规耐火材料反应，只能用水冷铜结晶器作为熔炼的坩埚。浇注铸件也在熔炼的真空室内进行。铸型则采用石墨型、石墨捣实型或水冷金属型。常用的熔铸设备是真空自耗电极电弧凝壳炉。此外，还可用电子束炉、真空非自耗电极电弧凝壳炉、真空感应电炉或等离子电弧炉制造钛合金铸件。采用这些设备时，不必制备自耗电极，但仍需使用凝壳保护的水冷铜坩埚。

(1) 真空自耗电极电弧炉熔炼　钛及钛合金铸锭的熔炼必须在真空或惰性气体的保护下，在强制水冷却的铜坩埚中进行。其熔炼方法主要是真空自耗电极电弧炉熔炼，它是生产钛铸锭的主要熔炼工艺。真空自耗电极电弧炉熔炼的工作原理是以钛合金制成自耗电极，夹在电极杆上（为直流电源的负极），使之与水冷铜坩埚（直流电源的正极）上的引弧料间产生电弧，将电极熔化成液滴进入坩埚，形成熔池。熔池表面被电弧加热，始终呈液态，而其底部和周围受到通水强制冷却，产生自下而上的结晶，使熔池金属冷却成锭。在自耗电极熔化并逐渐消耗的进程中，不间断地以适当的速度下降电极，以保持电弧熔炼继续进行。这种熔炉是在高真空下熔炼，不但防止了钛合金的氧化，还减少了钛合金内的气体和杂质。在强制冷却下并按顺序凝固的条件进行结晶，故可得到致密的铸锭，锭重可达数吨。

真空自耗电极电弧炉的基本结构包括炉体、结晶器、电极传送机构、真空系统、控制系统、支架及其他附属设备等。结晶器由坩埚、冷却水套、底座、稳弧线圈组成。

真空自耗电极电弧熔炼的特点是设备投资和运行成本较低，操作维护技术简单、成熟，炼速度快，可生产大型铸锭，铸锭的质量和均匀性较好，完全能满足一些行业产品用钛的技术要求。

（2）真空自耗电极电弧凝壳炉熔炼　真空自耗电极电弧凝壳炉是在真空自耗电极电弧炉的基础上发展起来的，在真空下将自耗电极熔化在坩埚内，但要先在坩埚壁上凝固一薄层“凝壳”，起隔热作用并保护钛液不被坩埚材料污染。电极熔化在凝壳内形成熔池，在熔融钛液的量足够时，倾转坩埚，将钛液浇入铸型。根据铸件要求的不同，可以进行静止浇注或离心浇注。

第七章

工装设备

第一节　工艺装备

一、工艺装备的概念

工艺装备是铸件生产过程中所用的各种模具和工、夹、量具的总称，简称工装。主要指模样、芯盒、浇冒口模、砂箱、芯骨、金属型、专用压射冲头、烘芯板、定位锥销套以及造型和下芯用的夹具、样板、磨具、量具等。

铸造工艺装备的重要性：影响铸件的表面粗糙度和精度，影响生产效率，影响劳动条件。

二、工艺装备的选用

1. 工艺装备选择的重要性

在铸造生产中，工艺—铸型—设备是一个不可分割的系统，好的工艺设计要依靠铸造模具体现出来。

（1）尺寸精度　模样的尺寸误差无一例外地会在铸件上反映出来。尤其是一些复杂铸件，由于采用多个铸型（外模和芯盒），其累积误差更会严重影响到铸件尺寸精度。所以追求铸型的“零误差”非常重要。

（2）表面粗糙度　表面光洁的铸型不仅能改善起模性，从而减少型（芯）报废，提高生产率，而且能得到光洁的型腔（或砂芯），有利于得到光洁的铸件。

（3）铸件缺陷　一部分铸件缺陷可能由铸造模具质量不佳所造成，如铸型表面存在倒斜度、凹凸不平，将导致起模性不好，破坏铸型表面甚至造成砂眼；模具安装偏差或定位销（套）磨损造成错型、挤型、砂眼；浇注系统的随意制作或安装都会导致偏离工艺设计要求，因而可能造成气孔、缩松等缺陷。

2. 技术文件为依据正确地选用工装

1）模样是用来形成铸型的型腔，由木材、金属或其他材料制成。模样必须具有足够的强度、刚度和尺寸精度，表面必须光滑，才能保证铸型质量。针对生产批量大小选择模样的材料，各个零部件均应加工方便、经济、合理。同时要装拆方便、轻巧、耐用、便于起模。

2）要求尺寸精度高、变形小、表面粗糙度低的铸件尽量采用金属型。

3）铸件的批量大可考虑采用模板，这时选用的砂箱必须能适应机械化生产（砂箱箱耳和定位装置等）。

4）是否用检验样板及下芯夹具等通常由铸件的技术要求决定。在决定采用后，检验样板等取决于铸件的结构。

3. 工艺装备的检查方法和验收

工艺装备的检查方法就是核对工艺装备的结构、形状、数量、尺寸等是否符合产品零件图、铸造工艺图和有关技术文件的要求，是否满足操作中的使用要求，使用是否方便，并执行企业工艺装备的验收制度。

（1）模样的检查

1）分型面的检查。主要检查模样的分型面是否与工艺图的分型面一致。

2）主要尺寸的检查。核定模样的轮廓和主要结构尺寸、重要的相互位置尺寸是否与工艺图相符，如不相符则须返工重做。允许模样尺寸有 0～0.2mm 的误差（只允许大）。

3）活块和芯头的检查。检查活块的尺寸和位置、芯头的尺寸及其他细节部分（例如搭子、凸台等）的尺寸和位置是否符合要求。

4）工艺参数的检查。检查加工余量、工艺补正量等，要注意因起模斜度而造成的尺寸变化（工艺图上的尺寸皆是未考虑起模斜度时的尺寸，如要精确核对需看上、下模样图）。通常，模样因起模斜度而使尺寸减小但仍在加工量的范围内，且至少有 1/3 的余量，则认定合格。

（2）模板的检查 模板是模样与模底板的组合，一般带有浇冒口模和定位装置。

1）外观检查。检查模样的安装是否正确、牢固，与其他浇冒口模的衔接是否圆滑，检查模板外观是否有磕碰伤、毛刺、松动、缺损等。

2）主要尺寸的检查。核对模板结构、形状、布置，核对定位销中心距、与造型机和砂箱间的配合尺寸以及其他主要尺寸是否符合图样要求。

3）安装检查。由于铸造设备、砂箱等的精度变化因素较多，符合图样要求的模板仍需要进行安装调试。检查模板与造型机固定的配合是否合适，检查模板与砂箱之间的定位销、销套的配合是否太松或咬死（查配合要求），安装和拆卸模板时，造型机上是否有足够的吊装安全空间便于操作。

4）造型检查。模板安装后进行造型检查，在型砂质量检验合格后进行操作检查。观察起模是否顺畅，是否有钩砂现象。确定造型机稳定、安装可靠的前提下才可进行修模。

（3）芯盒的检查（手工操作的芯盒） 检查芯盒时，先看芯盒的分开面或芯盒的敞开填砂面是否与工艺图相符，芯头尺寸是否与模样相对应（工艺间隙），芯盒内腔的主要结构尺寸、重要相互位置尺寸、活块尺寸及位置是否正确，后检查其他部分。检查芯盒的型腔尺寸时公差为0.2mm（只允许小）。

（4）砂箱的检查 检查砂箱时，先看砂箱的规格、结构是否符合工艺要求，然后再看砂箱数量是否满足生产的需要，剔除损坏、变形和定位销套精度差的砂箱。

4. 砂箱

（1）砂箱的结构类型 方形、长方形、圆形和异形（随铸件形状改变）。

（2）砂箱的组成

1）砂箱的本体。包括外轮廓、箱壁、凸缘等。

2）定位装置。泥号定位、箱锥定位、定位销定位。

3）搬运装置。箱耳、箱把、吊轴。

4）紧固装置。压铁、箱卡、紧固装置、楔形凸台和楔形箱卡。

（3）砂箱结构应注意的问题

1）强度要求。砂箱应有足够的强度和刚度，以保证使用过程中不变形、不断裂；在起吊、翻箱时操作方便，安全可靠；浇注时能承受金属液的压力和热作用；在满足强度和刚度要求的前提下应使砂箱的重量最轻。

2）功能要求。砂箱应满足铸件在生产过程中的各项工艺要求。如砂箱与模样之间应留有合适的吃砂量，不妨碍浇注系统和冒口的安放，不妨碍铸件的收缩。箱壁上要留有排气口以利于烘干和铸型排气等。

3）砂箱内壁（包括箱带）与型砂既要有足够的附着力，以使砂型翻转、起吊、合箱和浇注过程中不掉砂、不塌箱，又要便于落砂和脱出铸件。

4）砂箱定位要准确，既能保持铸件精度，同时持久耐用。

5）砂箱结构应保证铸造、加工、装配方便。

6）砂箱材料价格低廉，来源广泛。

7）砂箱规格要标准化、系列化、通用化。

（4）砂箱的本体结构

1）砂箱的内框尺寸。应考虑吃砂量、浇注系统和冒口布置及芯头尺寸。

2）箱壁结构。箱壁的截面形状，应依据砂箱的工作条件和使用特点选择。

① 截面有垂直和倾斜两种，经常翻箱的宜采用倾斜壁，小批、单件宜采用直壁。

② 中箱采用带内外凸缘的垂直截面，因无箱带易塌箱。

③ 砂箱壁排气孔一般为圆形或长圆形，内小外大。为了烘干和浇注时排出铸型内的气体，要在砂箱壁上开设排气孔。

④ 箱带的结构。箱带的作用是增加砂箱的强度和刚度，同时增加砂型的附着力。箱带形状应尽量简单，并有足够的强度，排列要交错，以免应力集中、开裂和

变形。箱带不应妨碍舂砂，在保证强度的前提下，排放稀疏为好。而且要交错排列以免引起裂纹，大砂箱的箱带要留出收缩口；箱带的安放要不妨碍浇冒口的布置和影响铸件的收缩，要留出芯头和其他工艺位置，不影响填砂和落砂。箱带顶面最好比箱口低些，以减少加工量。

(5) 砂箱的定位　砂箱的定位装置由三部分组成：箱耳、销套和定位销。

1) 箱耳。箱耳是砂箱上设置定位装置的地方。中小型砂箱的箱耳一般都在砂箱的两端，而且一般在砂箱的中心线上。设计箱耳时要注意的问题是：

① 箱耳的尺寸要足够大，以便加工和安装定位销套。

② 定位销孔的中心距以0或5结尾，以利于标准化。

③ 箱耳高度应低于分箱面，以防止变形后顶在模板上。

2) 定位销和定位销套。选择定位销的长度要考虑砂箱的高度，砂箱高度不大时用插销，高度大时用座销。定位销按形状分为圆销、方销、三角销，应用最多的是圆销。

定位销套为了增加耐磨性，在箱耳的销孔内应镶销套。另外在砂箱使用过程中，由于受热或受型砂的张力作用，很容易变形，使两端定位销的中心距增大。为了适应这种情况，将砂箱一端的销套内孔做成圆形的（称为定位销套）；另一端的销套内孔做成椭圆形的（称为导向销套）。销套与箱耳孔的配合采用基孔制二级精度过盈配合或过渡配合；当砂箱不大或要求不高时，也可选用三级或四级精度的过盈配合。销套与定位销的配合是基轴制。

(6) 砂箱的紧固装置　常用的夹紧装置有以下几种：

1) 楔形卡。常用于成批和大量生产的中小型砂箱。

2) 弓形卡和夹紧框。用于单件小批量生产的中小型砂箱。另外，在大量流水生产和脱箱造型时常用成形压铁。

(7) 砂箱的吊运装置

1) 箱把。常用于人工搬运的小型砂箱，箱把间距相当于人的肩宽，可分为铸接式和整铸式两种。

2) 吊轴。常用于中大型砂箱，也可分为铸接式和整铸式两种。

3) 吊环。常用于大型砂箱，也可分为铸接式和整铸式两种。

5. 铸造砂箱的使用及维修

1) 铸造模具砂箱使用前应仔细检查箱轴、吊环、箱角、箱壁等关键部位，发现有破裂、损伤等情况时应停止使用。

2) 对于普通造型使用的铸钢、铸铁中型铸造模具砂箱，长度方向壁的变形允许局部向外扩大不超过15mm，向内不超过8mm。高压造型和带有滑道的铸造模具砂箱不包括在内。

3) 铸造模具砂箱合箱销和合箱套要根据工艺要求进行定期或不定期的检查。磨损量超过或接近极限值时应该立即更换。一般认为，高压造型机用铸造模具砂箱合箱套的内孔磨损极限不超过 0.2mm，合箱销外径或宽度的磨损极限不超过 0.15mm。

4）造型自动线砂箱的合箱销和合箱套要经常进行在线检查，发现稍有松动的必须立即紧固。

5）砂箱本体安装合箱销和合箱套的定位孔发生损伤时允许镶套修复，但不超过两次。

6）高压造型砂箱的翻转定位套和撞销要根据使用情况和工艺要求进行不定期的更换。

7）高压造型铸造模具砂箱的合箱面出现较严重的磨损或损伤时允许修平，但必须保证合箱面的平行度和对称度，且去除的深度，单面一般不超过 1.5mm（采用自动挂钩锁紧的铸造模具砂箱除外）。

6. 工艺装备的维护保养制度

工厂应建立铸造工艺装备的维护保养制度，其范围应包括型板（含模样）、模板框、芯盒、砂箱、夹具等，内容则应包括预防性维护和修复性维护。

预防性维护一般只需通过外观检查或测量检查，采用专用或简易工具，即可使工装保持或恢复良好的技术状态。

修复性维护保养应执行企业维护保养相关制度。

维护保养制度应明确保养的目的，明确由谁来保养，明确保养的项目、方法及保养周期，明确保养后的验收及相应的存档记录。

第二节　铸造设备

一、砂处理设备

砂处理工艺过程较为复杂，相应的设备种类繁多，按设备所完成的不同任务可分为工艺设备（如破碎设备、磁分离设备、过筛设备、混砂设备、定量设备、松砂设备和新砂烘干设备等）、运输设备（机械运输和气动输送）和其他辅助设备（如各种用途的砂斗、阀门、黏土和煤粉拆包机等）。下面仅介绍其中几种主要设备。

1. 黏土砂混砂机

黏土砂混砂机种类繁多，结构各异。按工作方式可分为间歇式和连续式两种；按混砂装置可分为辗轮式、转子式、摆轮式、叶片式和逆流式等。

混砂机对混制黏土砂的要求是：将各种成分混合均匀；使水分均匀湿润所有物料；使黏土膜均匀地包覆在砂粒表面；将混砂过程中产生的黏土团破碎，使型砂松散。

（1）辗轮式混砂机　辗轮转子式混砂机由辗压装置、传动系统、刮板、卸砂门与机体等部分组成。传动系统通过混砂机主轴以一定转速带动十字头旋转，辗轮和刮板就不断地辗压和松散型砂，达到混砂的目的。

1）辗轮的作用。机内的一对辗轮可绕主轴回转，而下面的底盘不动。混砂机的两个辗轮都做成光的，与底盘离开一定距离，以免混砂时辗碎砂粒。加入造型材料后，主轴带着辗轮与刮板沿逆时针方向旋转。由于辗轮与造型材料相接触而产生摩擦力，使辗轮还绕本身的轴线自转。

2）刮板的作用。刮板的作用是对型砂进行搅拌混合和松散。刮板的混砂作用在混砂初期较为明显，而在混砂的后期，刮板的作用以松散砂为主。刮板对混砂的作用不容忽视，因为没有刮板，辗轮就不能发挥作用，而且刮板使型砂越松散，辗轮的碾压作用才越显著。刮板在回转过程中，不断把造型材料刮到辗轮下面，使造型材料更均匀。

3）辗轮的弹簧加减压装置。为了强化辗轮混砂机的混砂过程，可提高主轴转速和增加碾压力（即辗轮的重量），使单位时间内辗压和松散型砂的次数增加。弹簧加减压装置的优点为：在减轻辗轮自重的情况下，利用弹簧加减压装置保证一定的辗压力。因此可以适当增加辗轮宽度，扩大辗压面积，也可以提高主转速度，加快混砂过程。辗压力随砂层厚度自动变化，加砂量多或型砂强度增加，则辗压力增加；加砂量少或在卸砂时，辗压力也随之降低。这不但符合混砂要求，而且可以减少功率消耗和刮板磨损。辗轮式混砂机特别适用于混制含黏土量较多的面砂。

（2）辗轮转子式混砂机　辗轮转子式混砂机是在辗轮式混砂机的基础上，去掉一个辗轮，增加一个混砂转子机构，如图 2-7-1 所示。这种混砂机的混砂装置由辗轮、混砂转子与刮板组成。内、外刮板将混合料喂送到辗轮底下，辗压后的型砂再

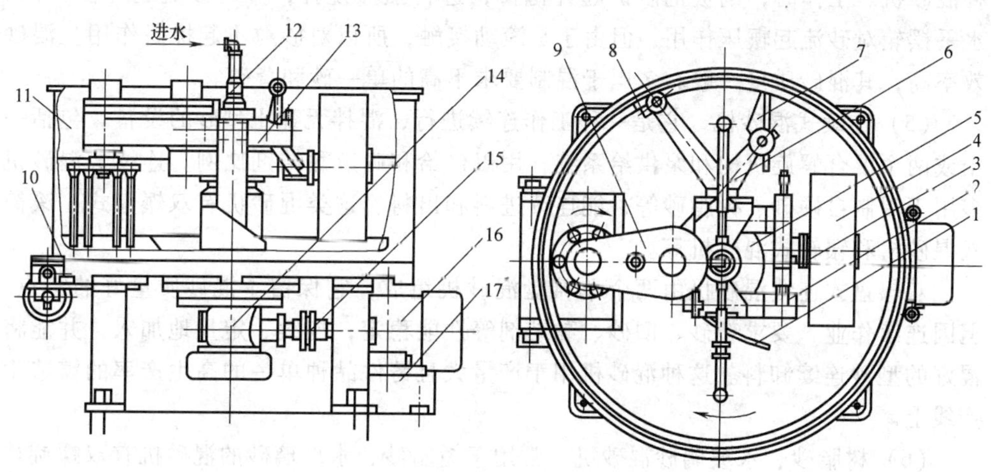

图 2-7-1　辗轮转子式混砂机

1—内刮板　2—曲臂　3—弹簧加压机构　4—辗轮　5—十字头　6—刮板臂　7—外刮板
8—壁刮板　9—混砂转子机构　10—卸砂门　11—机体　12—加水机构　13—混碾机构
14—减速器（摆线针轮）　15—弹性联轴器　16—电动机　17—电动机座

被刮板翻起，正好进入转子运动的轨迹范围内，经转子的剧烈抛击，便将辗压成块的型砂打碎和松散，并使砂流强烈地对流混合和相互摩擦，从而达到最佳的混砂效果。辗轮转子混砂机兼有弹簧加压的辗轮式和转子式混砂机的各种优点，它是目前国内较完善并且较先进的高效混砂机。

(3) 转子式混砂机　转子式混砂机完全不用辗轮。转子式混砂机依据强烈搅拌原理设计，是一种高效、大容量的混砂装备。其主要混砂机构是高速旋转的混砂转子，转子上焊有多个叶片。根据底盘的转动方式有底盘固定式、底盘旋转式两类。转子式混砂机的优点如下：

1）转子式混砂机的混砂器对物料施加冲击力、剪切力和离心力，使物料处于强烈的运动状态。

2）转子式混砂工具可以完全埋在料层中工作，可将能量全部传给物料。

3）高速转子的转速为600r/min左右，使受到冲击的物料快速运动，混合速度快，混匀效果好。

4）转子则使物料一直处于松散的运动状态，这既有利于物料间穿插、碰撞和摩擦，也减轻了混砂工具的运动阻力。

5）转子式混砂机生产效率高，生产量大。

6）转子式混砂机结构简单，维修方便。目前，在大量生产的现代化铸造车间或工厂，转子式混砂机的应用越来越广泛。

(4) 摆轮式混砂机　摆轮式混砂机在混辗过程中，主要起混合和搅拌作用，摆轮式混砂机又称高速离心式混砂机，是利用刮板和水平摆轮来实现搅拌和辗压的一种混砂机。工作时，刮板把砂铲起并抛掷，进行强烈搅拌，并对砂流起导向作用；水平摆轮对砂流起辗压作用，但由于是滚动接触，所以对砂粒不起搓研作用。混砂效率高，其混砂质量一般。多用于混制要求不高的单一砂和背砂。

(5) 连续式混砂机　它是一种工作连续进行，混拌无黏土型砂的设备。包括一个或两个混合螺旋机构和泵供给系统，用以供给和确定黏结剂比例。连续式混砂机多用于混制自硬砂、树脂砂等，能连续进料和出料。这类混砂机有双辗盘式、滚筒式混砂机和辗轮式混砂机等。

双辗盘式连续混砂机由两个单辗盘混砂机组成，它保留了混砂质量好的特点，但因连续作业，要求新砂、旧砂、黏结剂等性能稳定，连续、定量地加入，并能将混好的型砂连续卸料。这种混砂机用于产量大且铸件品种单一的高生产率的铸造生产线上。

(6) 树脂砂、水玻璃砂混砂机　常用于树脂砂、水玻璃砂的混砂机有双螺旋连续式混砂机和球形混砂机两种。

1）双螺旋连续式混砂机。该机采用较先进的双砂三混工艺，即树脂（或水玻璃）及固化剂先分别与砂子在两水平螺旋混砂装置中预混，再全部进入垂直的锥形快速混砂装置中高速混合而成，并直接卸入砂箱或芯盒中造型与制芯。

2）球形混砂机。该机的最大特点是效率高，一般只要 5~10s 即可混好，结构紧凑，球形腔内无物料停留或堆积的“死角”区，与混合料接触的零部件少，而且由于砂流的冲刷能减少黏附（或称自清洗的作用），因此可减少人工清理。

2. 黏土旧砂处理设备

黏土旧砂处理设备种类及形式繁多，常有磁分离设备、破碎设备、筛分设备和冷却设备等。

（1）磁分离设备 磁分离的目的是将混杂在旧砂中的断裂浇冒口、飞边、毛刺与铁豆等铁块磁性物质去除。按结构形式可分为磁分离滚筒、磁分离带轮和带式磁分离机三种；按磁力来源不同，磁分离设备可分为电磁和永磁两大类。

（2）破碎设备 对于高压造型、干型黏土砂、水玻璃砂和树脂砂的旧砂块，需要进行破碎。常用砂块破碎机进行破碎。

（3）筛分设备 旧砂过筛主要是排除其中的杂物和大的团块，同时通过除尘系统还可排除砂中的部分粉尘。旧砂过筛一般在磁分离和破碎之后，可进行 1~2 次筛分。常用的筛砂机有滚筒筛砂机和振动筛砂机等。

（4）冷却设备

1）常见的旧砂冷却设备。铸型浇注后，高温金属的烘烤使旧砂的温度升高。如用温度较高的旧砂混制型砂，水分不断蒸发，型砂性能不稳定，造成铸件缺陷。因此，必须对旧砂实施强制冷却。目前普遍采用增湿冷却方法，即用雾化方式将水加入到热旧砂中，经过冷却装置，使水分与热砂充分接触，吸热汽化，通过抽风将砂中的热量除去。常用的旧砂冷却设备有双盘搅拌冷却、振动沸腾冷却、冷却提升等。

2）其他新型旧砂冷却装备。回转冷却滚筒可对旧砂进行充分冷却。它将铸件落砂、旧砂冷却等工艺结合在一起，是一种旧砂冷却效率较高的设备。

旧砂振动提升冷却设备也是一种旧砂冷却设备。近年来，在我国出现并采用了集冷却与垂直提升于一体的旧砂振动提升冷却设备，常用在树脂自硬砂、水玻璃自硬砂及消失模铸造的砂处理系统中。

3. 旧砂再生设备

（1）旧砂回用与旧砂再生概念 旧砂回用与旧砂再生是两个不同的概念。旧砂回用是指将用过的旧砂块经破碎、去磁、筛分、除尘、冷却等处理后重复或循环使用。而旧砂再生是指将用过的旧砂块经破碎、去除废旧砂粒上包裹着的残留黏结剂及杂物，恢复近于新砂的物理和化学性能代替新砂使用。

（2）旧砂再生的方法 旧砂再生的方法很多，根据其再生原理可分为干法再生、湿法再生、热法再生和化学法再生四大类。

对旧砂进行再生回用，不仅可以节约宝贵的新砂资源，减少旧砂抛弃引起的环境污染，可节省成本（新砂的购置费和运输费），具有巨大的经济和社会效益。旧砂再生已成为现代化铸造车间不可缺少的组成部分。

4. 砂处理系统的自动化

砂处理系统的自动化包括自动控制和自动检测两部分。砂处理设备的自动控制与其他设备的自动控制相同；砂处理设备的自动检测内容包括旧砂温度、旧砂和型砂水分、料位检测、黏土混砂的自动检测与控制等。

(1) 旧砂增湿自动调节装置　黏土混砂的自动控制及在线检测黏土混砂过程是近年来砂处理装备中最引人瞩目的研究领域。型砂中的水分是影响型砂质量的关键要素，型砂紧实率是反映型砂性能的重要指标。因此混砂的自动检测及控制多以水分及紧实率的测量及控制为中心进行。

(2) 砂处理系统的自动检测　砂处理系统的组成复杂，它包括旧砂处理、型砂混制等。而一个运行可靠的自动化砂处理系统需要大量的数据检测及控制。常见的混砂装备的自动检测及处理方法见表 2-7-1。

表 2-7-1　常见的混砂装备的自动检测及处理方法 CB 值（紧实率）

工序		检测内容	测定位置	测定目的	测定方法		重要性	实现性	数据处理		
混砂	常检	混砂机的电流使用电力	混砂机控制柜	混砂状态监视	自动	电流计 三相电度计	△	△	△	△	—
	每20s	CB 值、水分、砂温	混砂机	混砂过程监视、CB 控制、水分控制	自动	型砂性能测试仪	○	△	△	△	—
	每批次	旧砂重量、新砂重量、添加剂重量	料斗	型砂成分监视	自动	料斗比例	○	○	○	○	—
		加水量	加水装置	水分控制	自动	荷重传感器	○	△	○	○	—
		混砂完毕时的 CB、水分、砂温、透气性、强度	混砂机	型砂性能测量	自动	型砂性能测试仪	○	○	○	○	○
		混砂机下料斗砂量	料斗	混砂开始判定监测砂量及停留时间	自动	杠杆式料位计	△	○	△	—	—
		混砂时间监测	混砂机控制柜	砂量不足、上一工序异常、型砂性能异常检测	自动	PLC 内部计数器	○	○	○	○	—

注：○表示高；△表示中等；—表示低。

5. 运输机械

（1）带式输送机　带式输送机是两端由滚筒带动的环形胶带式输送装置，主要由输送带、驱动装置、滚筒、托辊、张紧装置、清扫器及支架等组成。用于输送造型材料如型砂、新砂、旧砂、废砂等。带式输送机的输送能力大，功率消耗少，结构简单，工作平稳可靠，无噪声，装、卸料方便，维修工作量少。带式输送机的托辊形式有槽式和平式两种，其中槽式输送机的运载量较大。

（2）斗式提升机　斗式提升机被输送的物料由加料口流入槽底，物料被装入带上的料斗内并随之提升，当料斗通过主动轮时，便在离心力和重力作用下从出料口卸下。斗式提升机适用于输送干燥的、松散的物料，如干砂、旧砂及非黏结性的湿砂等。通常提升 12~20m，一般情况下用于垂直提升，其优点是占用生产面积小，缺点是过载敏感。

（3）气动输送装置　在封闭管道内利用流动空气输送砂子或松散物料的装置。它具有灰尘少、劳动条件好、装置简单、投资少、占地面积小等优点。吸送式装置是一种连续输送设备，适用于输送干的、粉粒状的、较轻的物料，如煤粉、原砂、旧砂、黏土粉等。压送式气动输送装置在工作时将型砂装入送砂器中，通入压缩空气，将型砂沿输送管道输送到需要地点，适合输送型砂。

6. 新砂烘干设备

目前常用的新砂烘干设备有热气流烘干装置、三回程滚筒烘（干）炉、振动沸腾烘干装置。

（1）热气流烘干装置　常用的热气流烘干装置中，由给料器均匀送入喉管的新砂与来自加热炉的热气流均匀混合。在输送管道中，砂粒受热后其表面水分不断蒸发而烘干。烘干的砂粒从旋风分离器中分离出来，存于砂斗备用。从分离器的顶部排出的含尘气流经旋风除尘器和泡沫除尘器两级除尘，再经风机和带消声器的排风管排至大气。由于风机装在尾端起抽吸作用，故该装置又称风力吸送装置。

（2）三回程滚筒烘炉　主要由燃烧炉和烘干滚筒组成。在这种烘干装置中，砂子的烘干行程并不短，但由于滚筒是套装组成的，所以它占地面积小、结构紧凑、热能利用率高。

此外，还有一种振动沸腾烘干装置，它由振动输送机加热风系统组成。由于散热大、噪声大，使用受到限制，不作赘述。

二、造型设备

1. 黏土砂机器造型的原理和方法简介

造型机是造型工部的核心设备，按成形机理可分为震实式、震击式、震压式、压实式、射压式、气冲紧实式造型机。

（1）震实紧实　震实紧实是直接在压力作用下，使型砂达到紧实的目的。在震实过程中，砂型的硬度与所施加的震实比压有关，震实造型机有压实型砂速度快、生产效率高、机器结构简单、噪声小等优点。

(2) 震击紧实　震击紧实是使工作台将砂箱连同型砂上升到一定高度，然后突然下落，与机座发生撞击。震击时，由于砂箱中的型砂具有相当大的动能，在震击瞬间会产生大的惯性力使型砂紧实，震击若干次后型砂便可达到一定的紧实度。

(3) 抛砂紧实　抛砂紧实的过程是利用抛砂机高速旋转的机头上的叶片，从送砂带上卷取砂团，随之以很高的速度向下抛入砂箱，从而使型砂得到紧实。

(4) 射砂紧实　射砂紧实是利用压缩空气，将型（芯）砂以高速射入砂箱（芯盒）而得到紧实的。

(5) 微振压实　微振压实是在型砂被压实的同时，使型板、砂箱和型砂做频率高、振幅小的振动；微振法可以用于低压压实造型（低压微振），也可以用于高压压实造型（高压微振）。高压微振可以获得较高的紧实度，因此对铸件尺寸精度要求较高或砂箱尺寸较大（砂箱高度在300~350mm）时，应考虑采用高压微振。

(6) 高压紧实　高压紧实是采用比普通压实高得多的压实比压，获得紧实度高而均匀的砂型。

(7) 射压紧实　在射压造型中，射砂既是填砂，也是预紧实过程，所以能提高紧实度的均匀性。它是一种高效率的造型方法，目前应用的射压造型有：有箱射压造型和无箱射压造型。无箱射压造型特别适用于批量较大、简单的中小铸件生产。

2. 造型机械

(1) 震压式造型机　典型的震压式造型机主要由震压气缸、机架、转臂、压板、起模液压缸等组成。

Z145型震压式造型机是以震击为主、压实为辅的小型造型机，广泛用于小型机械化铸造车间，最大砂箱尺寸为400mm×500mm，比压为0.125MPa，单机生产率为60型/h。Z145型震压造型机的动作过程：震击—转臂前转—压实—转臂旁转—压板移开—起模—起模架下落—机器恢复至原始位置。

(2) 多触头高压微振造型机　高压造型机是20世纪60年代发展起来的黏土砂造型机，其压实比压为0.7~2.5MPa，与振压造型相比，其优点是：砂型紧实度和硬度高、废品率低，铸件质量好、重量减轻，设备噪声低、生产率高，适于大批量生产。由于高压造型的上述特点，所得铸件尺寸具有精度高、表面粗糙度低等一系列优点，目前仍被广泛采用。但多触头高压微振造型机的结构复杂，振动件多，维修工作量大。高压造型机通常采用多触头压头，并与气动微振紧实相结合，故称为多触头高压微振造型机。典型的多触头高压微振造型机的结构如图2-7-2所示。通常由机架、微振压实机构、多触头压头、定量加砂斗、进出砂箱辊道等部分组成。

1) 微振压实机构。高压微振造型机中的微振压实机构种类较多。

2) 多触头压头。常见的多触头压头有主动式多触头、弹簧复位浮动式多触头、液压缸复位浮动式多触头等。

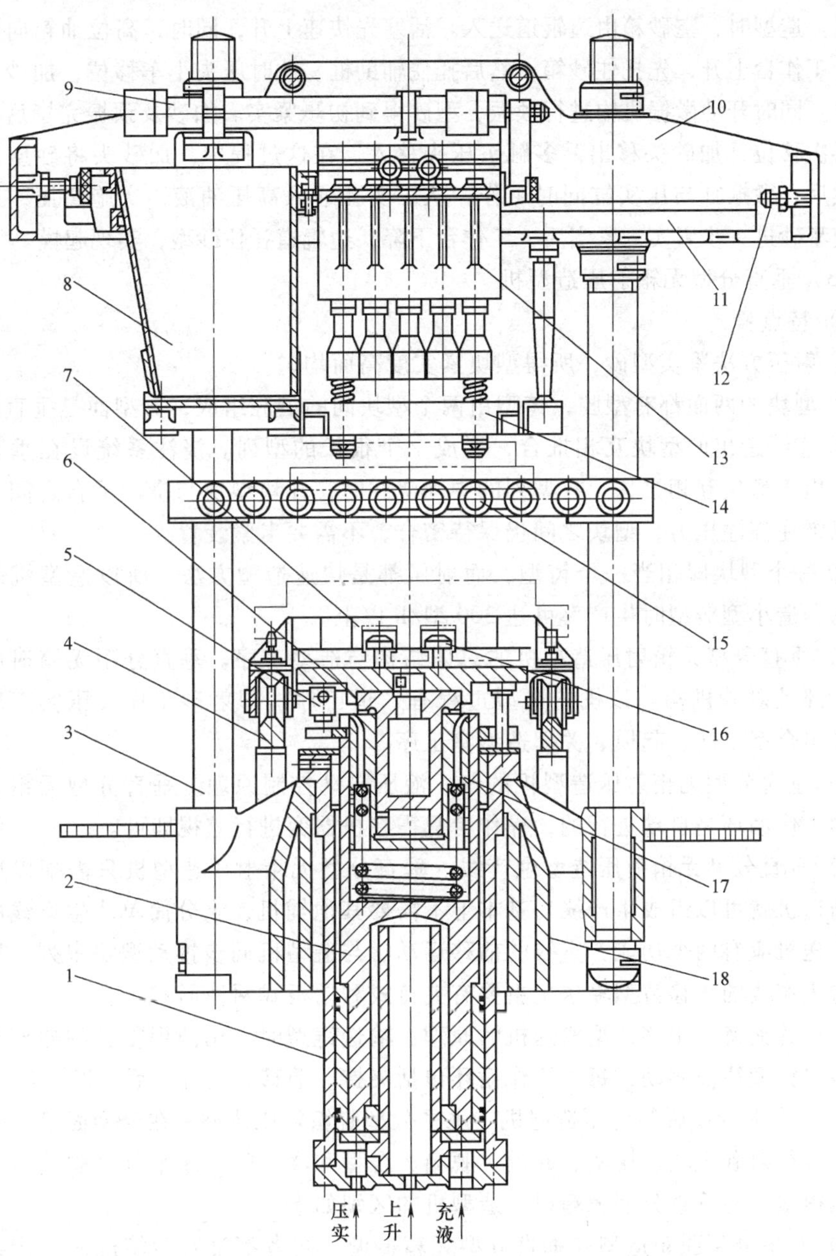

图 2-7-2 典型的多触头高压微振造型机的结构

1—压实缸 2—压实活塞 3—立柱 4—模板穿梭机构 5—振动器 6—工作台 7—模板框 8—加砂斗 9—压头移动缸 10—横梁 11—导轨 12—缓冲器 13—多触头压头 14—辅助框 15—边辊道 16—模块夹紧器 17—气动微振缸 18—机座

3）模板穿梭机构。将辅助框连同模板送入造型机。定位后，工作台上有模板夹紧装置。造型时，空砂箱由边辊道送入。活塞先快速上升，同时，高位油箱向压实缸充液。工作台上升，先托住砂箱，然后托住辅助框。此时压头小车移位，加砂斗向砂箱填砂。同时开动微振机构进行预振，型砂得到初步紧实。加砂及预振完毕后，压头小车再次移位，加砂头移出，多触头压头移入。在这过程中，加砂头将砂型顶面刮平，然后，微振缸与压实缸同时工作，从压实孔通入高压油液，实施高压，进行压振，使型砂进一步紧实。紧实后，工作台下降，边辊道托住砂型，实现起模。

（3）垂直分型无箱射压造型机

1）特点：

① 射压方法紧实型砂，所得型块紧实度高而均匀。

② 型块的两面都有型腔，铸型由两个型块间的型腔组成，分型面是垂直的。

③ 连续造出的型块互相推合，形成一个很长的型列。浇注系统设在垂直分型面上。由于型块互相推住，在型列的中间浇注时，几块型块与浇注平台之间的摩擦力可以抵住浇注压力，型块之间仍保待密合，不需要卡紧装置。

④ 一个型块即相当一个铸型，而射压都是快速造型方法，所以造型机的生产率很高，造小型铸型时生产率可达 300 型/h 以上。

2）垂直分型无箱射压造型机的总体结构与造型工序。垂直分型无箱射压造型机的上部是射砂机构。该机的造型过程有六道工序，即射砂工序、压实工序、起模、推出合型工序、起模、关闭造型室工序。

3）垂直分型无箱射压造型机的气、液压自动控制原理。垂直分型无箱射压造型机的工作循环是自动进行的，操作者只需在机器旁进行监视即可。

4）垂直分型无箱射压造型生产线。垂直分型无箱射压造型机只需配以适当的铸型输送机就可以组成生产线，基本上不需要其他辅机，十分简单。生产线所用的铸型输送机应有两个功能：直线的前移运动、与造型机同步推动型块串列。用于这类铸造生产线的步移铸型输送机主要有夹持式和栅板式两种形式。

常见的夹持式步移铸型输送机的原理：输送铸型时，用两根很长的导槽从两边夹紧整串铸型往前移动，每一工作循环包括夹持、前移、松开、后退四个工序。

（4）水平分型脱箱射压造型机　水平分型脱箱射压造型是在分型面呈水平的情况下，进行射砂充填、压实、起模、脱箱、合型和浇注的。水平分型脱箱射压造型机类型很多，与垂直分型无箱射压造型机的区别如下：

1）水平分型脱箱造型和垂直分型无箱造型，两者都没有砂箱进入生产线，有组成简单的优点。

2）水平分型脱箱造型比垂直分型无箱造型的生产率低。另外，水平分型的生产线上需要配备压铁装备和取放套箱的装置，所以比垂直分型的生产线复杂一些。

（5）气冲造型机与静压造型机

1）气冲造型机与静压造型机的结构组成相似，它们主要由机架、接箱机构、加砂机构、模板更换机构和气冲装置（或静压装置）等组成。它主要由气冲阀、储气包、压实装置等组成。其中，气冲阀（或静压装置）是造型机的关键部件。

2）由于气冲紧实时上部型砂无法得到足够的紧实度，所以现代气冲造型机和静压造型机均在气冲装置（或静压装置）中引入了加压机构，便成为气冲压实造型机（静压造型机）。因为附加压实，可适当降低气冲压力，减小模样磨损及铸型反弹和对地基的损害。因此，附加压实是现代高压造型机普遍采用的结构形式。注意：静压装置的气流打开速度要比气冲装置的气流打开速度低。

3. 造型生产线

造型生产线是根据生产铸件的工艺要求，将主机（造型机）和辅机（翻箱机、合箱机、落砂机、压铁机、捅箱机等）按照一定的工艺流程，用运输设备（铸型输送机、辊道等）联系起来，并采用一定的控制方法所组成的机械化、自动化造型生产体系。

铸型输送机是造型生产线中联系造型、下芯、合箱、压铁、浇注、落砂等工艺的主要运输设备。常见的铸型输送机有水平连续式铸型输送机、脉动式铸型输送机、间歇式铸型输送机等。铸型输送机分类如下：

1）按运动特征：连续式、脉冲式、间歇式。

2）按安装形式：水平式、垂直式、倾斜式、悬挂式。

3）按布置形式：封闭式、开放式。

铸型输送机的选用主要根据生产批量和生产的组织方式。对于平行工作制，大量或成批生产的情况下，可采用连续式或脉冲式输送机。对于平行工作制、成批生产较大的铸件以及多品种、中小件连续造型、间断浇注的情况下，宜采用间歇式输送机。

4. 造型辅机

造型生产线上的辅机是指主机（造型机）完成填砂，紧实和起模主要工序以外的辅助工序所用的设备。造型生产线上的辅机有翻箱机、合箱机、落箱机、压铁机、分箱机、捅箱机等。辅助工序的工作量很大，只有实现辅助工序的机械化、自动化才能大大减轻劳动强度，改善劳动条件，提高劳动生产率。常见造型辅机分类、特点及作用见表 2-7-2。

表 2-7-2　常见造型辅机的分类、特点及作用

名称	作用	特点
刮砂机	刮运砂箱上的余砂	用气动(或液压)砂铲
扎气孔机	对高紧实铸型扎气孔	用气动(或液压)气孔杆
铣浇道机	对高紧实铸型铣出浇道	用电动或气动铣刀
挡箱器	防止砂箱干扰	用气动挡爪(俗称靠山)
清扫机	落砂后清扫小车台面	用气动推刷电动轮刷

（续）

名称	作用	特点
转箱机	使砂箱绕垂直轴转 90°或 180°	用气动（或液压）齿轮齿条机构
翻箱机	使砂箱绕水平轴线翻转 180°	用气动（或液压）齿轮齿条机构等
合型机	将上、下型合拢	用气动（或液压）升降机构
落箱机	将砂箱落到铸型输送小车上	用气动（或液压）升降机构
压铁机	取、放压铁	用气动（或液压）机械手升降机构
浇注机	浇注液体金属	用手工、机械和自动机
捅型机	使铸件出箱	用气动（或液压）推手
分型机	将上、下型分开运输	用气动（或液压）举升或抓取机构
落砂机	将砂箱或铸件落砂	用振动或滚筒落砂机
推箱机	推移砂箱	用气动（或液压）推杆
运箱机	将砂箱运送到造型机或输送小车上	用气动（或液压）推杆推动小车
下芯机	对下型下芯	用气动（或液压）升降机械手，平移或转动机械手

1）翻箱机的作用是将已造好型的下型（或砂箱）翻转，使分型面向上，便于下芯和合箱。有时，自动造型线上的上型也要翻转，以便检查型腔质量和清理浮砂；检查完毕后再翻转还原，与下型合箱。翻箱机要有可靠的定位及必要的限位与缓冲装置。常采用气动液缓冲、气压油或液压等驱动方式。翻箱机的翻转形式与砂箱进出方式及进出砂箱辊道高度有关。常见的几种翻箱机翻转方式有：顺辊道对中翻转、绕辊道对中翻转、顺辊道差高翻转、绕辊道差高翻转。

2）合箱机的作用是将造好型，下完砂芯的上、下砂箱合拢，以便进行浇注。合箱机要求合箱动作平稳，准确。合箱精度必须充分保证；完成合箱动作的升降缸，一般采用气压油传动或液压传动。如果是气动，则必须在气缸本身结构上或控制系统中采用一定的缓冲措施。合箱机有静态合箱机和动态合箱机两种。

3）落箱机的作用是将下型箱或合好的上、下型箱落到铸型输送机上，它的结构原理比较简单，可分上抓式和下托式两种。升降机结构是由气压油缸或液压缸驱动的，机械手基本上都由可动边辊组成。

4）压铁机的主要作用是对浇注前的铸型加压铁，当铸件凝固后取压铁并输送压铁。随着造型生产线的发展，压铁机也有很多形式。常用的有两种：一种是机械化或半自动化压铁机，定位及缓冲控制不太严格；另一种是自动压铁机，定位准确、缓冲良好。

5）捅箱机的作用是将砂型连同铸件一起从砂箱中捅出，送到落砂机上进行落砂。空砂箱直接送到分箱机准备回用。在高效率造型机上造型时，由于铸型的紧实度高，一般采用无箱带的砂箱。造型线上多采用捅出式的落砂方法，这样不但提高了砂箱的使用寿命，而且容易实现自动化。

6）分箱机的作用是将上、下砂箱分开，以便分别回送到造型机上使用。

5. 造型生产线

（1）有箱射压造型线　有箱射压造型线是一条带自动下芯的射压造型生产线，采用连续式铸型输送机，用于大批大量生产，自动化程度高，生产率可达 200~240 型/h。这条造型线的特点之一是把制芯也包括在生产线之内而且下芯工作是自动进行的。生产线的各个机构都用无触点的电控制系统进行集中控制。带自动下芯的有箱射压造型生产线如图 2-7-3 所示。

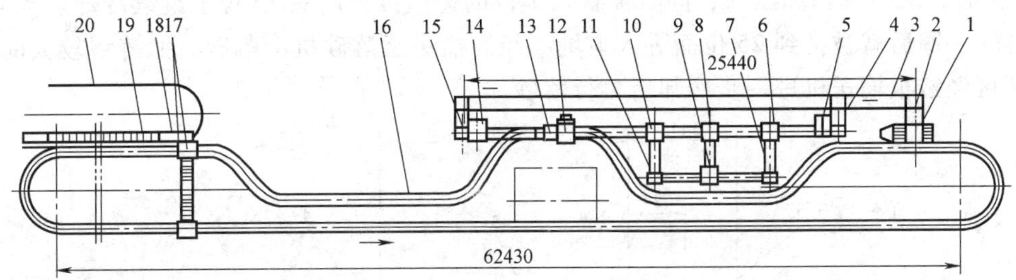

图 2-7-3　带自动下芯的有箱射压造型生产线

1—捅箱机　2—分型机　3—回箱辊道　4、15—转向机　5—下型射压造型机　6—合芯机　7—芯盒换向机　8—自动下芯翻转机　9—黏土砂射芯机　10—开芯盒机　11—空芯盒翻转机　12—合型机　13—落箱机　14—上型射压造型机　16—铸型输送机　17—加压铁机　18—卸压铁机　19—浇注同步平台　20—浇注单轨

（2）多触头高压造型线　图 2-7-4 所示为一条线内并联式多触头高压造型线，砂箱内尺寸为 1100mm×750mm×400/300mm，主要产品为气缸盖、离合器壳、变速箱等。生产率最高可达 240 型/h。线上采用脉动式铸型输送机，配置一对二工位多触头高压造型机，分别造两种上下型。

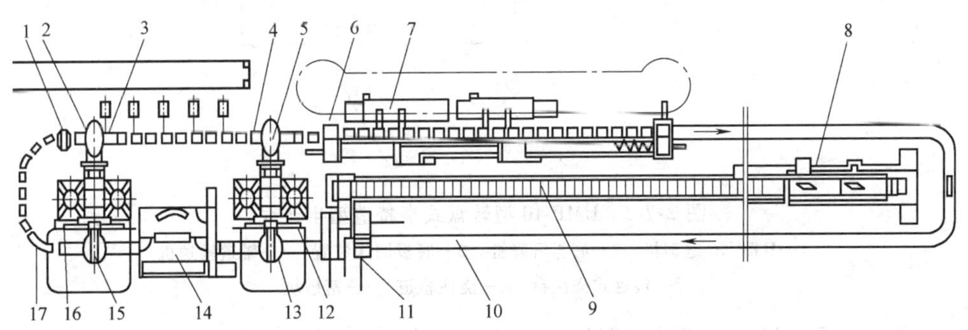

图 2-7-4　采用一对二工位主机的多触头高压造型生产线

1—小车台面清扫机　2—落箱机　3、4—翻箱机　5—合型机　6—加卸压铁机　7—半自动浇注装置　8—振动落砂机　9—链板输送机　10—冷却罩　11—铸型顶出装置　12、16—二工位多触头高压造型机　13、15—换向机　14—控制室　17—脉动式铸型输送机

(3) 气冲造型自动生产线　气冲造型自动生产线可以自动更换模板，适于多品种生产。生产线为开放式布置，所用间歇式铸型输送机可以是小车或输送机，也可以是辊道式输送机。驱动形式，可为驱动小车、气动、液动柱杆或机动边辊等。

(4) 转盘式亨特造型生产线　HMP-10 型转盘式亨特造型生产线结构如图 2-7-5 所示。该造型线呈典型的转盘式布置。在造型机上脱箱后的铸型，带着砂型底板通过辊道输送机 4 被送到转盘式浇注台 5 的 1 位附近，再由转台上的气动推进器将铸型推至 1 位，并加上套箱压铁。同时，砂型底板在 1 位被挡回后，经底板回送装置 3 送还底板库回用。铸型在 2 至 4 位浇注，以后进入冷却工段。当它回转一圈再到 1 位时，取下套箱和压铁，同时被新入 1 位的铸型推至内圈 13 位上继续冷却。当它再转一圈后就被推到 25 位而进入地坑，经溜槽送至落砂机上落砂。如铸型较大时，还可经鳞板输送机进一步冷却后再行落砂。

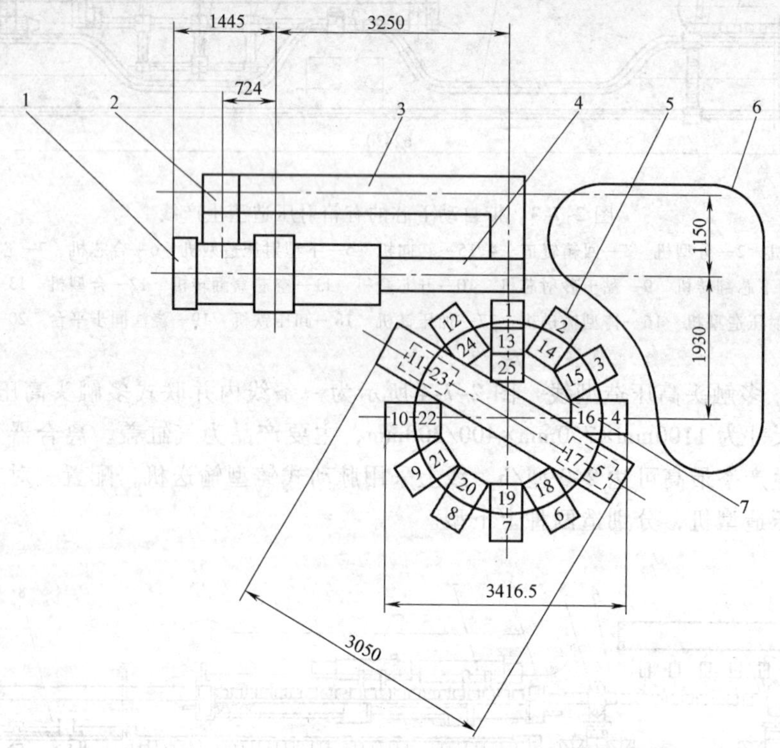

图 2-7-5　HMP-10 型转盘式亨特造型生产线

1—HMP-10 造型机　2—底板升降缸　3—底板回送装置　4—辊道输送机
5—转盘式浇注台　6—浇注轨道　7—落砂坑

该生产线除具有水平分型脱箱造型的一般特点外，还有下列特点：砂斗中还设有松砂器，保证型砂松散和均匀充填；紧实以压实为主，砂箱侧面的振动器起辅助紧实的作用；单机组线呈转盘布置，结构紧凑，占地面积小。但该生产线需要砂型底板及套箱，比较麻烦，只适用于小件的自动生产。

三、制芯设备

制芯设备的结构形式与芯砂黏结剂及制芯工艺密切相关，按硬化工艺、紧实方式、分盒及出芯方式，制芯设备分以下几类：翻台震实制芯机、芯盒内自硬化射芯机、芯盒内充气硬化冷芯盒射芯机、芯盒内加热硬化热芯盒射芯机、多用射芯机和壳芯机等。常用的制芯设备是热芯盒射芯机、冷芯盒射芯机、壳芯机三类。

1. 热芯盒射芯机

（1）ZZ8612 射芯机　ZZ8612 射芯机的结构如图 2-7-6 所示，主要由供砂装置、射砂机构工作台及夹紧机构、立柱机座、加热板及控制系统组成，依次完成加砂、芯盒夹紧、射砂、加热硬化、取芯等工序。

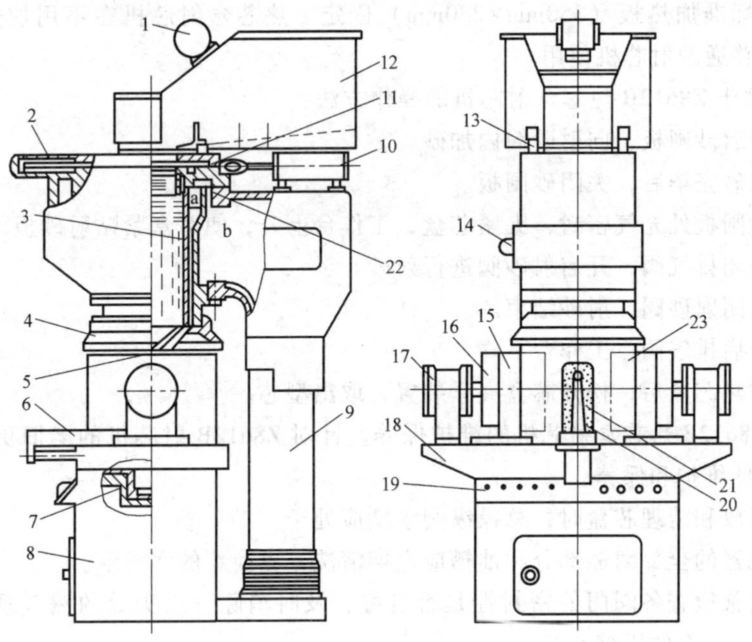

图 2-7-6　ZZ8612 热芯盒射芯机

1—振动电动机　2—闸板　3—射砂筒　4—射砂头　5—排气塞　6—气动托板　7—工作台及其升降气缸　8—底座　9—立柱　10—闸板气缸　11—闸板密封圈　12—砂斗　13—减振器　14—排气阀　15—加热板　16—夹紧器　17—夹紧气缸　18—工作台　19—开关控制器　20—取芯杆　21—砂芯　22—环形薄膜阀　23—芯盒

1）加砂。当振动电动机 1 工作时，砂斗振动向射砂筒 3 加砂，振动电动机停止工作时，加砂完毕。

2）芯盒夹紧。气缸 17 推动夹紧器 16 完成芯盒的合闭，升降气缸 7 驱动工作台上升完成芯盒的夹紧。

3）射砂。加砂完毕后，闸板伸出关闭加砂口，闸板密封圈 11 的下部进气使之贴合闸板以保证射腔的密封。射砂时，薄膜阀 22 上部排气，压缩空气由 b 室进入助射腔 a，再通过射砂筒 3 上的缝隙进入射砂筒，完成射砂工作。射砂完毕后，射砂阀关闭（22 上方充气），快速排气阀 14 打开排除射砂筒内的余气。

4）加热硬化。加热板 15 通电加热，砂芯受热硬化。

5）取芯。开盒取芯加热延时后，升降气缸 7 下降，夹紧气缸 17 打开，取芯。

（2）Z8612B 热芯盒射芯机简介　现阶段一些小企业普遍使用 Z8612B 旧式热芯盒射芯。

Z8612B 热芯盒射芯机，适用于制造 12kg 以下、简单和中等复杂的型芯，生产率高，质量容易保证，应用非常广泛。

1）Z8612B 热芯盒射芯机的结构。Z8612B 热芯盒射芯机主要用于制造质量≤12kg，芯盒截面积≤400mm×400mm 的实心或中空型芯。芯盒垂直分芯，两半芯盒分别与标准加热板（350mm×230mm）固定。热芯盒射芯机在不用加热元件时，也可以当普通的射芯机使用。

2）关于 Z8612B 热芯盒射芯机的操作方法：

① 开启砂闸板，向射砂筒内加砂。

② 加砂完毕后，关闭砂闸板。

③ 砂闸板处充气密封，夹紧芯盒，工作台上升，使芯盒紧贴射砂板。

④ 关闭排气阀，开启射砂阀进行射砂。

⑤ 关闭射砂阀，射砂结束。

⑥ 开启排气阀，工作台下降。

⑦ 加热芯盒后，松开芯盒夹紧装置，取出型芯。

3）Z8612B 热芯盒射芯机的维护保养。针对 Z8612B 射芯机的老旧更需要对其进行如下的维护和保养：

① 安放和清理芯盒时，总操纵阀手柄应处于“○”位。

② 机器的全部摩擦部分和油槽应定期清洗，更换新的润滑油。

③ 经常检查各阀门的密封性是否良好，及时消除管接头处的漏气现象，并供应干燥的、洁净的压缩空气。

④ 经常检查机器所有的固定螺钉是否松动，易损件要定期更换。射砂板的循外冷却水要保证畅通。

2. 冷芯盒射芯机

冷芯盒射芯机的结构如图 2-7-7 所示。冷芯盒射芯是指采用气体硬化砂芯，即射芯后，通以气体（如三乙胺、SO_2 或 CO_2 等气体），使砂芯硬化。与热芯盒及壳芯相比，冷芯盒射芯不用加热，降低了能耗，改善了工作条件。

目前已有各种类型的冷芯盒机。冷芯盒射芯机的结构与热芯盒射芯机的结构相似。冷芯射芯机也可以在原有热芯盒射芯机上改装而成，只需增设一个吹气装置取代原有的加热装置。吹气装置主要是吹气板和供气系统。

射砂工序完成后，将射头移开，并将芯盒与通气板压紧，通入硬化气体，硬化

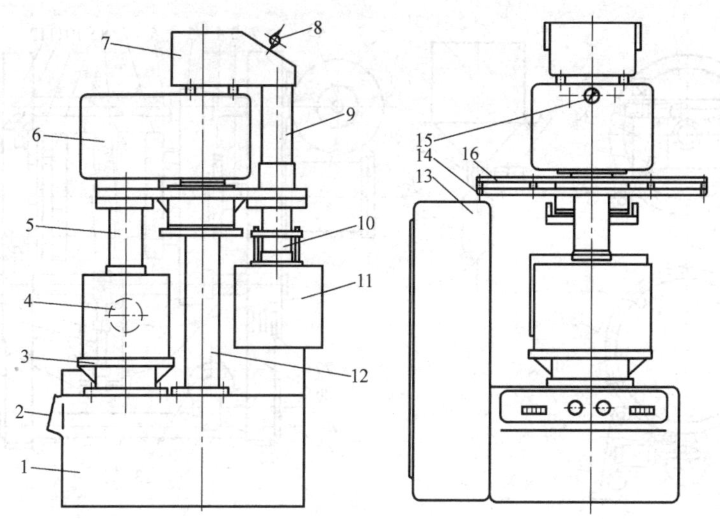

图 2-7-7 冷芯盒射芯机的结构

1—底座 2—控制板 3—工作台 4—抽风管 5—射砂机构 6—横梁 7—加砂斗 8—振动电动机 9—加砂筒 10—吹气机构 11—抽气罩 12—立柱 13—供气柜 14—旋转手轮 15—压力表 16—转盘

砂芯。砂芯硬化后，再通过通气板通入空气，使空气穿过已硬化的砂芯，将残留在砂芯中的硬化气体（三乙胺、二氧化硫等）冲洗除去。为了防止硬化气体的腐蚀作用，管道阀门系统均采取了相应的防护措施，同时为了避免硬化气体泄漏对环境的污染，还应有尾气净化装置。

3. 壳芯机

壳芯机是利用吹砂原理制成的，依次经过芯盒合拢、翻转吹砂加热结壳、回转倒出余砂硬化、芯盒分开取芯等工序。壳芯是相对于实体芯而言的中空壳体芯。它以强度较高的酚醛树脂为黏结剂的覆膜砂，经加热硬化而制成。用壳芯所生产的铸件，由于砂粒细，故铸件表面光洁，尺寸精度高，芯砂用量少，降低了材料消耗；砂芯为中空，增加了型芯的透气性和溃散性。所以壳芯在大型芯制造上得到广泛应用。K87 型壳芯机的结构原理如图 2-7-8 所示。

四、清理设备

1. 落砂设备

落砂是在铸型浇注并冷却到一定温度后，将铸型破碎，使铸件从砂型中分离出来。落砂工序通常由落砂机来完成，常用的落砂设备有振动落砂机和滚筒落砂机两大类。

（1）振动落砂机 振动落砂机是利用振动力驱使栅床与铸型周期振动，使落砂栅床将铸型抛起又自由下落与栅床碰撞，经过反复撞击，砂型破坏，最终铸件和型砂分离。

目前，常用的落砂机为振动式落砂机，它又分为惯性类振动落砂机、撞击式惯

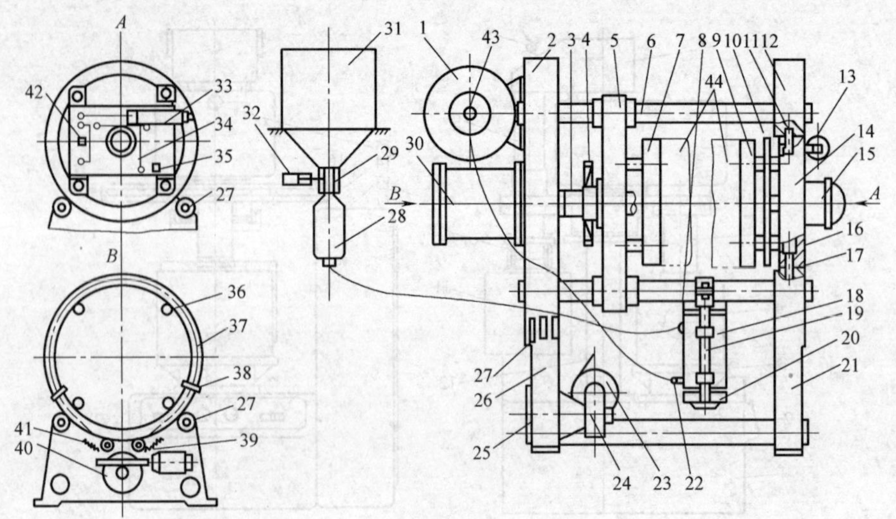

图 2-7-8　K87 型壳芯机的结构原理图

1—贮气包　2—后转环　3—调节丝杠　4—手轮　5—滑架　6、36—导杆　7—后加热板　8—加砂阀　9—前加热板　10—顶芯板　11—门转轴　12—前转环　13、33—摆动气缸　14—门　15—顶芯气缸　16—门锁紧气缸　17—门锁销　18—吹砂斗　19—导杆　20—薄膜气缸　21—前支架　22—接头　23—制动电动机　24—蜗轮蜗杆减速机　25—离合器　26—后支架　27—托辊　28—送砂包　29—橡胶闸阀　30—合芯气缸　31—大砂斗　32—闸阀气缸　34—顶芯同步杆　35、38—挡块　37—链条　39—导轮　40—链轮　41—保险装置　42—机控连锁阀　43—吹砂阀　44—芯盒

性振动落砂机、电磁振动落砂机等。

1）惯性类振动落砂机。惯性类振动落砂机是当前应用最广的设备。落砂机的栅床支承在弹簧组上，由主轴旋转时偏心质量产生的离心惯性力激振。

2）撞击式惯性振动落砂机。撞击式惯性振动落砂机是在惯性振动落砂机的基础上演变出来的，前者与后者相比，增加了固定撞击梁；铸型置于梁上，其地面与栅床上平面保持一定间隙。栅床振动时，梁上的铸型因撞击而跳起，然后靠自重下落又与梁撞击，偏心轴每转一次，铸型即受到两次撞击。撞击式惯性振动落砂机常用于中大型铸件的落砂。

（2）滚筒式落砂机　工作原理是：脱去砂箱的铸型进入滚筒体内随筒体旋转到一定高度时，靠自重落到筒体下方，在相互间的不断撞击和摩擦作用下，砂型与铸件分离并顺着螺旋片方向到达筒体栅格部分进行落砂。

（3）其他重要的落砂设备　随着振动电动机制造质量的提高，采用振动电动机作激振器的落砂机越来越普及，它具有结构简单、维修方便等许多优点，目前被大量采用。

2. 铸件表面清理方法及设备概述

铸件清理包括表面清理和除去多余的金属两部分。前者是除去铸件表面的砂子和氧化皮；后者主要包括去除浇冒口、飞边、毛刺等。铸件表面清理常用的方法有：手工清理、滚筒清理、抛丸清理、喷丸清理等，清理设备有清理滚筒、抛丸清理机、喷丸清理机等。

清理机械按其铸件载运方式可分为滚筒式（如抛丸清理滚筒）、转台式和室式（悬挂式和台车式抛丸清理室）。滚筒式用于清理小型铸件；转台式用于清理壁薄而又不易翻转的中、小型铸件；悬挂式清理室用于清理中、大型铸件；台车式清理室用于清理大型和重型铸件。

（1）滚筒清理设备　滚筒清理是依靠滚筒转动，造成铸件与滚筒内壁、铸件与铸件、铸件与磨料之间的摩擦、碰撞，从而清除表面粘砂与氧化皮的一种清理工艺。

普通清理滚筒（抛、喷丸清理滚筒不在此列）按作业方式可分为间歇式清理滚向（简称清理滚筒）与连续式清理滚筒两大类。

1）间歇式清理滚筒。间歇式清理滚筒由传动系统、筒体和支座三部分组成。清理滚筒的传动方式又分为：减速电动机直接传动、减速器传动、V带传动、摩擦传动等。清理滚筒筒体截面一般为圆形，也有方形、六角形与八角形的。

2）连续式清理滚筒。在水平安装的连续式清理滚筒，内层应有螺旋状肋条，以便铸件随滚筒的翻转而前进。连续式清理滚筒适用于清理流水线，针对中小型铸件进行表面清理。此外还可用于垂直分型无箱射压造型线上，作浇注后铸型的落砂与铸件的清砂。此时不用星铁，滚筒为单层（有漏砂孔），也可为双层（外层无孔，内层有漏砂孔，末端排砂）。

连续式清理滚筒的优点是：生产率高，可组成清理流水线；清理中有破碎旧砂团块的作用；可空载起动，无需大起动转矩的电动机。滚筒清理在中小型铸造车间应用较广。其设备结构简单，操作维护方便，使用可靠，适应性强，但滚筒清理效率低，手工装卸劳动强度大，噪声高，由于碰撞可能使铸件轮廓损坏。滚筒清理主要用于单件小批量生产，特别适用于形状简单、能够承受碰撞的中小型铸件。有时也用于熔炼前（特别是感应电路）的炉料准备，如浇冒口返回料的清砂除锈。

（2）喷丸清理设备　喷丸清理是指弹丸在压缩空气的作用下，变成高速丸流，撞击铸件表面而清理铸件。喷丸清理设备按工艺要求可分为表面喷丸清理设备与喷丸清砂设备，按设备结构形式可分为喷丸清理滚筒、喷丸清转台、喷丸清理室等。

（3）喷砂清理设备　喷砂清理原理与喷丸清理相似，用各种质地坚硬的砂粒代替金属丸清理铸件。喷砂清理可分为干法喷砂和湿法喷砂。干法喷砂的砂流载体是压力为0.3~0.6MPa的压缩空气气流。湿法喷砂的砂流载体是压力为0.3~0.6MPa的水流。喷砂清理多用于非铁合金铸件的表面清理，对于铸铁件主要用于清除其表面的污物和轻度粘砂。由于砂粒在清理过程中破碎较快，粉尘较大，故一般采用湿法喷砂。喷砂清理设备较简单，投资少且操作方便，效率高，清理效果较好。尤其适合中小铸造车间用燃煤退火炉退火的铸件表面清理，可快速和较彻底地清除掉退火后铸件表面粘附的烟黑、灰等污染物。

（4）抛丸清理设备　抛丸清理是指弹丸进入叶轮，在离心力作用下成为高速丸流撞击铸件表面，使铸件表面的附着物破裂脱落。除清理作用外，抛丸还有使铸件表面强化的功能。

抛丸清理设备，按照设备结构形式可分为：抛丸清理滚筒、抛丸清理振动槽、履带式抛丸清理机、抛丸清理转台、抛丸清理转盘、台车式抛丸清理室、吊钩式抛丸清理室、悬链式抛丸清理室、鼠笼式抛丸清理室、辊道通过式抛丸清理室、橡胶输送带式抛丸清理室、悬挂翻转器抛丸清理室、组合式抛丸清理室、专用抛丸清理室以及其他形式的抛丸清理设备。按作业方式可分为：间隙式抛丸清理设备和连续式抛丸清理设备。

抛丸落砂的特点包括：落砂除芯、表面清理、砂子经干法再生、通风除灰除尘砂子回用，四道工序合而为一。简化了工艺流程，减少了相应工序的设备，节约了场地，降低了能耗，提高了劳动生产率，可以清理300~350kg的热铸件，缩短了生产周期，从而提高了生产面积利用率，降低了劳动强度，减小了灰尘，抑制了噪声，改善了工作环境，旧砂再生回用率高达85%~95%。干法再生设备简单，无需烘干与污水处理；可处理CO_2水玻璃砂、自硬砂、树脂砂等铸型，并使其型砂获得初步再生。

抛丸器是抛丸清理设备的核心部件，在不同形式的清理机中其数量和安装位置有所不同，尺寸大小及规格也有不同。

影响抛丸清理质量的因素包括抛丸速度、抛丸量、叶片与分丸器扇形体之间的相对位置、弹丸的散射及分布、弹丸的种类等。

3. 常用铸造设备一、二级保养

铸造工应经过培训持证操作铸造设备，并按设备操作规程正确操作。操作者每天上班时，应先对生产设备根据点检卡要求，通过目视、耳听、手摸或必要的工具、仪器等手段，对设备进行逐项检查、加油和调整，确保铸造设备没有故障才能操作。下班之前必须按照有关维护保养要求或出厂使用说明书，对铸造设备及其随机工装进行维护和保养。

设备的保养除日常维护保养工作外，定期的维护保养通常分为一级保养和二级保养。

（1）一级保养　设备的一级保养是以操作工人为主、维修工人配合进行的保养，一般规定设备每运转500h要进行一次一级保养。

（2）二级保养　设备的二级保养是以维修工人为主、操作工人配合进行的保养，一般规定设备每运转一年（两班制）进行一次二级保养。

（3）设备管理　设备管理是铸造专业化企业的支持过程，一般在质量管理体系中都有详细文件及管理流程，操作工必须严格执行。

第八章

铸型浇注与铸件清理

第一节　金属液静压力产生的抬浮计算原理

一、金属液对型壁的压力和抬箱力

注入型腔的金属液在没有凝成足够强度的硬壳前型壁受到金属液的静压力作用，当浇注终了时，型腔底部所受的静压力最大。此压力垂直作用于型腔表面上，垂直压力作用于型壁使型腔扩大，造成铸件胀砂缺陷，影响形状和尺寸的精度。在浇注过程中造成跑火烫伤事故等现象。浇注大型铸件时，为了防止抬箱跑火事故的发生，必须计算出抬箱力的大小，才能正确地确定压铁重量或选择合型紧固螺栓的大小。

生产中有经验的工人为迅速确定压箱重量，根据铸件特点以铸件重量的2~5倍作为压箱重量。防止抬箱常用压铁压重，或用箱卡或卡箍等锁紧装置。

1. 金属液静压力计算原理

图2-8-1所示为一个连通器，左右筒和中间的管子都盛有液体，在左筒的液面上放置一个隔片。这个隔片设想没有厚度和重量，可以上下移动，但液体不能通过。当左右筒存在如图2-8-1a所示的液面差 h 时，隔片就要被下面液体的压力所抬起。隔片所受液体静压力而产生的抬力有多大呢？如图2-8-1-1b所示，若在左筒的上部，注入与右筒相同的液体，至两筒的液面相齐为止。此时，隔片既不会上升也不会下降。显然，隔片下面受到的抬力与上面注入的液体的重力所平衡，也就是说液体对隔片的抬力等于隔片上液柱的重量。可以证明，当隔片为任意曲面时上述结论仍然是正确的。

2. 金属液静压力计算公式

上型所受的抬箱力等于隔片上金属液柱的重量。因此，上型所受金属液压力所产生的抬箱力可按下面公式进行计算。

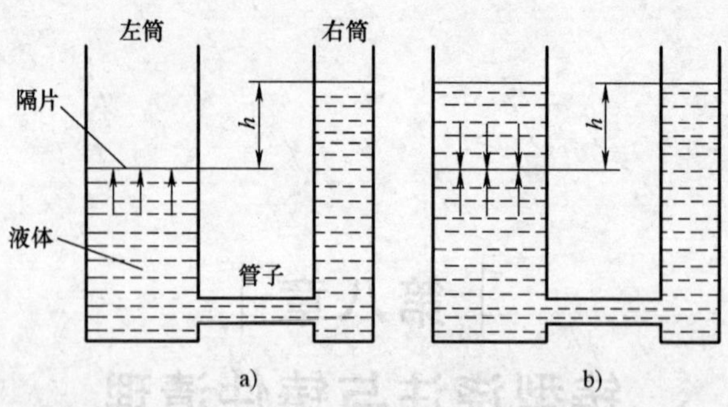

图 2-8-1　连通器

$$F_{型} = gV_{P}\rho$$

式中　$F_{型}$——金属液作用于上型的抬箱力（N）；

V_{P}——隔片上金属液柱的体积（dm^3）；

ρ——金属液的密度（kg/dm^3）；

g——重力加速度，一般 $g \approx 10m/s^2$。

由公式可知，浇口和型腔中液面差越大，金属液向上作用于上型的面积越大或金属液密度越大，则抬箱力越大。

二、砂芯浮力产生的抬箱力

由于砂芯本身具有一定重量，而重力与浮力的作用方向相反，但砂芯的浮力大于砂芯的重量。所以砂芯作用在上型的抬箱力应是砂芯浮力减去砂芯重量。上型受到的抬箱力可按下面公式进行计算。

$$F_{芯} = V_{N}(\rho - \rho_{N})g$$

式中　$F_{芯}$——砂芯作用于上型的抬箱力（N）；

V_{N}——砂芯受到金属液浮力作用的体积（dm^3）；

ρ——金属液的密度（kg/dm^3）；

ρ_{N}——砂芯的密度（kg/dm^3）；

g——重力加速度，一般 $g \approx 10m/s^2$。

注意：应用上面公式时，要考虑到型腔内的竖立砂芯是不产生抬箱力的，计算要区别对待。

三、砂型紧固力的计算

1. 计算原理

浇注时，金属液对上型的作用力主要有：

1）金属液静压力作用于上型产生的抬箱力，方向向上。

2）砂芯剩余浮力产生的抬箱力，方向向上。

3）浇注时金属液冲击上型产生的动压力，方向向上。

4）上型自身重力，方向向下。

2. 计算公式

动压力的大小与浇包位置高度及金属液冲击速度、浇注系统结构、型腔结构、排气是否通畅等因素有关，实际计算很困难，一般都不进行计算。用上型自身的重力来抵消动压力的一部分。实践证明，由于动压力较大。往往超出上型自身重力，为安全起见，计算砂型紧固力时要在上型和砂芯合力的基础上加大20%~30%。浇注时砂型紧固力按下面公式进行计算。

$$W=(F_{型}+F_{芯})S/g \text{ 或 } W=[V\rho+V_N(\rho-\rho_N)]S$$

式中 W——砂型紧固力（N）；

$F_{型}$——金属液作用于上型的抬箱力（N）；

$F_{芯}$——砂芯作用于上型的抬箱力（N）；

S——安全系数，一般取1.2~1.3；

g——重力加速度，一般 $g\approx10\text{m/s}^2$；

V_P——隔片上金属液柱的体积（dm^3）；

ρ——金属液的密度（kg/dm^3）；

ρ_N——砂芯的密度（kg/dm^3）。

第二节 铸型浇注

一、浇注前的准备

铸型合箱紧固后浇注前应做好下述浇注准备工作：了解浇注合金的种类、牌号、待浇注铸型的数量和估算所需金属液的重量；检查浇包的修理质量、烘干预热情况及其运输与倾转机构的灵活性和可靠性；熟悉各种铸型在车间所处的位置，以便确定浇注次序；检查冒口、冒口圈的安放及铸型的紧固情况；清理浇注场地，确保浇注安全。铸型合箱后应尽快进行浇注、停放的时间越短越好。这是因为铸型停放时间过长，砂型（芯）会发生返潮，影响铸件质量。

所谓铸型浇注，就是将符合要求的金属液，按工艺规定，浇入已准备好的铸型中的过程。浇注是铸造生产中一个重要的环节。浇注工艺选择得合理与否，浇注工作组织得好坏，都将直接影响铸件质量及工人安全。因此，充分做好浇注前的各项准备工作及浇注安全防护工作是非常必要的。浇注操作是通过手工操纵浇包，或采用机械化、自动化浇注装置来完成。

浇包的种类很多，常见的主要有抬包、茶壶式浇包、滚筒式浇包、底注式浇包等。

1. 浇包的修理与烘干

1）包体容积要满足本次浇注重量最大件的要求；各种浇包的内壁都需要搪上一定厚度的耐火材料来保护外壳，以免受金属液的融蚀，并起保温作用。耐火材料的厚度由浇注的金属种类和浇包的大小来决定。对钢液来说，因它的温度较高，所以浇包需要用组织致密、耐火性和强度都比较高的耐火砖来砌筑包衬，但不搪耐火材料。

2）各种包衬厚度、光整程度、包嘴结构形状应保证金属液流呈圆柱状，运动平稳无飞溅。烘干时包衬要烘至红色或暗红色，内壁温度应达到600℃以上。另外，烘干后的浇包如搁置时间较长，使用时还要重新进行预热，不然会降低第一包金属液的温度而影响铸件质量。

3）使用过的浇包、内部涂料或保护层被烧损或剥落，底部粘有残剩的金属和熔渣，所以必须做好浇包的清理和修补工作，防止发生事故或影响铸件质量。

2. 浇注现场检查落实

1）机械传动机构是否维护保养到位。

2）测温试样、孕育小勺、孕育剂是否已烘干到位。

3）检查砂型紧固情况：检查箱卡子或螺栓是否紧固，压铁位置是否均衡及会不会影响浇注操作；大件检查铸型和冒口座抹缝质量及完成情况。

3. 浇注顺序的安排

针对生产维修备件铸造及大型铸件铸造而言的浇注顺序是：

1）冲天炉前期的铁液，适合浇注质量要求不高的厚壁件；中期铁液适合浇注复杂、薄壁、大型质量要求高的铸件；后期铁液适合浇注小件。

2）炼钢炉前期钢液温度较高，适合浇注复杂、薄壁件。

3）炼钢炉后期钢液适合浇注简单、厚壁件。

4）大型铸型应在地坑中浇注，以避免高大铸型挡住浇铸工和指挥人员等的视线。

4. 专业化铸造厂浇注前准备

1）浇注前必须了解铸件的材质、编号、温度、重量，发现与计划单不符时，通报炉长。

2）按作业指导书中产前准备要求逐项对照落实，如熔炼辅助工具、各种浇注工具及安全防护用具等。

二、浇注工艺

为了获得合格的铸件，必须控制浇注温度、浇注速度，严格遵守浇注操作规程。同时作业指导书也应根据不同产品的铸造特点给出相应的工艺要求。针对一般作业而言普遍要遵循的浇注要点如下：

1）浇包要放平、放稳。铁液不能过满，其高度距边缘不得小于60mm。

2）浇注铸件要有专人扒渣、挡渣、引气，以免发生型内入渣和放炮现象。

3）用塔式起重机运送铁液，必须由专人指挥，吊运前必须插好保险卡，不准从地面人员头上通过。用行车运送铁液先放置稳固，行车轨道及附近不能有障碍物。

4）浇注时应戴好防护眼镜、防护帽和鞋盖；严禁从冒口正上方观察铁液。

5）浇包的对面不能站人，以防铁液喷出伤人。发生铁液从砂箱溢出时，要用铁锹取砂或泥土堵塞。

6）浇注高砂箱铸件时，操作人员要站在地基稳固、安全的浇注平台上，以防漏箱时发生烫伤事故。

7）不准站在输送器或砂箱上浇注。在浇注平台上要站稳、看准浇口，人要站在浇包的侧面；不准在输送器步移或转弯处浇注。

8）有环行浇注轨道并使用两个以上浇包时，浇包倒完铁液后不许从原路返回，应沿环行轨道迂回，以免同其他浇包冲撞。

9）浇注场地附近，禁止有易燃、易爆物存放，也不准有积水。

10）扒渣和挡渣不准使用空心棍，不准将扒渣棍倒置和随地乱放。

11）去渣。浇注前必须除去金属液表面的熔渣，以免浇入铸型而形成夹渣。除渣时要从浇包的后面或侧面扒出，以免碰坏包嘴上的涂料，影响浇注。

12）引火。浇注时在砂型的出气孔和冒口处，用刨花或纸引火燃烧，使铸型型腔中的气体及砂型（芯）因受热而产生的气体能更快地排出。

13）浇注。浇注时应把包嘴靠近外浇口，把撇渣棒放在包嘴附近的金属液表面上，阻止熔渣进入浇口。浇注不能中断，应始终使外浇口保持充满，使偶尔进入外浇口的熔渣浮在金属液面上。

14）铁液的孕育要占铁液流经时间的 2/3 以上，并做到定量、定时孕育。

15）浇注后浇包内剩余的铁液应倒入备好的剩铁模内，盖上浇包盖。

16）每包铁液均要测温，如低于规定的浇注温度，要坚决退回。

17）浇注开始时应注以细流金属液，防止飞溅；当认准浇口时要保持充满状态；待快浇满时，改以细流金属液注入，以防止金属液溢出，同时又可减小抬箱力。注意最后收流要快。

18）铸件在凝固后，要把压铁或紧固工具卸去，使铸件自由收缩，避免裂纹的产生。

小常识：浇注温度的高低对铸件的质量影响很大。温度过高，会使铸件的缩孔增大、晶粒变粗等；温度过低，流动性变差，容易产生冷隔、浇不足和气孔等缺陷。因此要根据铸件的结构特点选择适宜的浇注温度。

铸件的浇注速度是单位时间内浇入砂型型腔中金属液的质量，用 kg/s 表示。铸件浇注速度的快慢，对铸件质量的影响也很大。应根据合金的种类、铸件的结构形状、技术要求及砂型条件来决定。其选择原则是：壁薄、形状复杂或有较大水平面的铸件，应采取快速浇注；形状简单、壁厚的铸件，宜采用慢速浇注。一般情况下，湿砂型的浇注速度应比干砂型快，铸钢件的浇注速度要比铸铁件快，非铁合金铸件的浇注速度要求更快些。铸件浇注速度的快慢，主要是由浇注系统的阻流断面尺寸来控制的，但与浇注操作技术也有一定的关系，即浇注过程中直浇道是否保持充满状态。

浇注速度与浇注温度是相互影响的，如浇注温度高时，浇注速度可以慢些；浇注温度低则浇注速度应快些。

第三节　铸件落砂与清理

一、落砂条件及注意事项

1. 铸件的落砂条件

（1）铸件的冷却　当金属液体浇入铸型后，逐步冷却成形还要经过一段保温冷却速度过程才能开箱落砂取出铸件，否则当不具备落砂条件即打箱时间不当，也会使铸件产生缺陷。为防止铸件在浇注后因冷却速度过快而产生变形、裂纹等缺陷，并保证铸件在清砂时有足够的强度和韧性，铸件在型内应有足够的冷却时间。如因铸件结构性能或生产周期等原因，需要提前开型时，出型铸件也宜埋置于干燥的热砂中或置于保温炉中缓慢冷却到足够低的温度后，方能进行落砂。铸件在型内的冷却时间与铸件的重量、壁厚、复杂程度、合金种类和铸型性质等多种因素有关。

（2）落砂的温度　根据要求最好等到铸件冷至室温时再开箱取出铸件，但这样对提高生产率、有效利用砂箱和场地面积均不利，往往希望尽早取出铸件，缩短铸件在铸型中停留的时间。但如果开箱过早，会使铸件冷却太快，增加了它的内应力，因而易产生过硬、变形、裂纹等缺陷。较适宜的保温时间（冷却时间），应根据铸件的本身温度进行考虑，通常根据生产经验来确定铸件的型内冷却时间或出型温度。一般铸件的出型温度在400~500℃；壁厚均匀，500kg以下的铸铁件的出型温度约为600℃；复杂的大型铸件的出型温度在200~300℃。地坑浇注的铸件，由于其散热条件差，因此在地坑中停留的时间应比砂箱中停留的时间延长20%~30%。

2. 落砂设备

铸件的落砂分手工和机械两种。手工落砂生产效率低、砂箱寿命短、粉尘多、温度高、劳动条件差，因此，应尽可能采用机械落砂。常见的落砂机有：机械振动落砂机、滚筒式落砂机及气动砂芯落砂机。

（1）机械振动落砂机　因驱动方式和激振器的结构形式不同，型号多种多样，广泛适用于小型或中大型铸件的落砂，对于重大型铸件的落砂，可以采用多台落砂机组合的方法进行落砂。

（2）滚筒式落砂机 其工作原理是：脱去砂箱的铸型进入滚筒体内随滚筒旋转到一定高度时，靠自重落到滚筒下方，在相互间的不断撞击和摩擦作用下，砂型和铸件分离并顺着螺旋片方向到达筒体栅格部分进行落砂。滚筒式落砂机具有以下特点：①落砂时不产生振动，烟尘在滚筒内很容易被除尘装置抽走；②清砂后铸件表面较干净；③不需要地坑，便于安装；④生产率高，密封性好，噪声低。（由于薄壁铸件易损坏，因此仅适用于不怕撞击的小铸件的落砂。

3. 使用落砂机的注意事项

1）铸件和砂箱总重量应不超过落砂机规定的载重量。

2）不同砂型的铸件应分别落砂，防止各种砂型混淆。

3）及时清除阻塞在落砂机栅格上的铁块及砂团，并防止砂箱或壁薄复杂件被振坏。

4）使用前应检查落砂机各零部件是否正常，严格遵守操作规程。

二、铸件的清理

清理主要是去除铸件内的砂芯、内外表面的粘砂、浇冒口、飞边及毛刺等。铸件清理除了使用各种清砂设备如滚筒清砂，喷丸、喷砂清砂，水力、水爆清砂外，还有大量的手工劳动，如对铸件上的飞边、毛刺、浇冒口残根进行打磨清理。手工清砂时要防止残余粘砂及铸件上的飞边、毛刺、浇冒口对人手的割伤和飞砂对眼睛的伤害。为此，操作者必须穿戴好防护用品。对于没有装设通风设备的手工清理场地，为降低作业场所的粉尘浓度，要采用喷雾、浇水等湿式作业。

1. 清砂方法

在落砂后除去铸件表面粘砂的操作称为清砂。常见的有水力清砂、水爆清砂、电液压清砂和电化学清砂。

（1）水力清砂 水力清砂是利用高压水的高速射流（高压力小流量）来切割冲刷铸件上的型砂和芯砂，使之被清除干净的一种清砂方法。水力清砂装置常由水枪、高压泵、转台、清砂室等组成。

（2）水爆清砂 它是将浇注后冷却到一定温度的铸件迅速浸入水中，使水很快地渗透到型砂中，利用砂型自身的热量使渗入型砂的水激烈汽化，造成强大的蒸汽压力，促使砂型爆炸，破坏砂型，使型砂自行脱离铸件的一种清砂方法。水爆清砂工艺装置主要由水爆池、减振钩、吊车等设备组成。

（3）电液压清砂 利用特别电极在水中进行电火花放电产生的冲击波转化为机械力冲击铸件的清砂方法。

（4）电化学清砂 利用电化学反应清除铸件表面，尤其是复杂内腔的残砂、氧化皮及粘砂的方法。

2. 铸件浇冒口、飞边和毛刺的去除

1）锤击敲断法。手工操作、效率低；工具简单、操作灵活；需注意锤击方向，断面参差不齐。

2）机械冲切法。机械操作、效率高；需专用冲、锯床，适用范围小；断根平整光洁，打磨量小。

3）机械打断和砂轮机切割、打磨。铸件固定，沿切线方向推进的压轮将冒口打断，用垂直升降和相对于夹具进退的高速砂轮切割机切割，打磨需专用机床设备，效率高断口平整。

4）氧-乙炔焰气割法。半手工操作，生产效率较低、工具简单、适用范围大，切割表面的硬度和脆性有所增大。

5）碳弧气刨法　半手工操作，劳动强度低，生产效率高，不影响机械加工，但劳动条件差。

6）等离子切割法　半手工操作，生产效率高，需专用等离子切割设备，适用范围广，切割表面的硬度和脆性有所增大。

7）导电切割法　机械操作，生产效率高，需专用导电切割机，切割工具电极耗用量大，适用范围小，切割表面光洁，能减少机械加工量。

3. 铸件的表面清理

铸件表面清理的范围是去除铸件表面的粘砂、分型面和芯头处的飞边、浇冒口的残根等。在进行表面清理前，应对铸件进行一次质量检查，这样不至于对不合格的废品铸件继续清理而造成浪费，也有利于找出产生废品的真正原因。

(1) 半手工或手工清理　使用风铲，固定式、手提式、悬挂砂轮机，锉、錾、锤及其他手工工具进行手工或半手工操作，生产效率较低，劳动强度大，劳动条件差。

(2) 滚筒清理　圆形或多角形滚筒，装入铸件和一定数量的星形铁，以电动机驱动，靠撞击作用清理铸件表面。设备简单、生产率高，适用面广，噪声、粉尘大，需要防护。

(3) 喷丸（砂）清理　利用压缩空气或水将金属丸、粒或砂子等高速喷射到铸件表面，打掉附着在铸件表面的砂粒。设备由喷丸器、喷丸清理转台、喷丸室、水砂清理器等部分组成。这种方法清理效率高，表面质量好，使用较普遍；喷枪、喷嘴易磨损，压缩空气耗量大，需设立单独的操作间。

(4) 抛丸清理　利用高速旋转的叶轮将金属丸、粒高速射向铸件表面，将附着在铸件表面的砂粒打掉，设备类型有抛丸清理滚筒、履带式抛丸清理机、连续滚筒式抛丸清理机、抛丸室、通过式连续抛丸机、吊钩与悬链抛丸机、多工位转盘或抛丸清理机及专用抛丸机等。抛丸清理可实现机械化和半自动化操作，生产率高，铸件表面质量好，设备投资大，抛丸器构件易磨损，操作要求严格，作业环境好。

4. 手工打磨注意事项

1）打磨前应用木槌轻击砂轮，如声音清脆，便可使用，如声音破杂，则表明砂轮有裂纹，应停止使用。

2）打磨时，应待砂轮速度稳定后才能进行，一般砂轮线速度为25~30m/s。

3）铸件打磨部分应放在砂轮外圆的当中，磨削时切不可用力过大，应逐渐施力。

4）打磨过程中如有异常声音应停机检查，消除故障后方可继续使用。

5）使用手提式砂轮时，应注意磨削方向。

第九章

铸件缺陷与质量检验

第一节　常见铸件缺陷种类及分析

一、铸件缺陷分类

铸造缺陷是在生产过程中，由于各种原因，在铸件表面和内部产生的各种缺陷的总称。同一类缺陷由于场合和零件的不同，往往有不同的形成原因，这种错综复杂的情况给铸造缺陷的防止带来了很大的困难。

1. 国际铸件缺陷分类

国际铸件缺陷图谱将各种缺陷分为 7 大类，每一类用一个字母表示，见表2-9-1。

表 2-9-1　国际铸件缺陷分类及代码

<table>
<tr><th>类别</th><th colspan="3">代　码</th><th>通用名称</th><th>说　明</th></tr>
<tr><td rowspan="11">A
多
肉
类</td><td rowspan="8">A100 毛刺、披缝状多肉</td><td rowspan="5">A110 毛刺、披缝状多肉，铸件主要尺寸没有改变</td><td>A111</td><td>飞翅（飞边）</td><td>分型面或芯头处的薄毛刺或披缝</td></tr>
<tr><td>A112</td><td>脉纹</td><td>铸件表面脉纹凸起</td></tr>
<tr><td>A113</td><td>压型龟裂</td><td>压铸件表面网状凸起</td></tr>
<tr><td>A114</td><td>角部夹砂</td><td>位于铸件内角并与铸件表面平行的薄片状凸起</td></tr>
<tr><td>A115</td><td>内角毛刺</td><td>位于铸件内角并将铸件内角分成两半的薄片状凸起</td></tr>
<tr><td rowspan="3">A120 毛刺、状多肉，铸件主要尺寸发生变化</td><td>A121</td><td>抬型</td><td>铸件在分型面处带有厚披缝</td></tr>
<tr><td>A122</td><td>沉陷胀砂</td><td>底箱吃砂量薄，塌陷胀砂</td></tr>
<tr><td>A123</td><td>型壳开裂</td><td>熔模精密铸造型壳开裂，铸件表面产生的大片毛刺</td></tr>
<tr><td rowspan="3">A200 厚实的多肉</td><td rowspan="3">A210 胀砂</td><td>A211</td><td>胀砂</td><td>铸件内、外表面多出的金属</td></tr>
<tr><td>A212</td><td>冲砂</td><td>铸件内角口附近或直浇道口底部多出的金属</td></tr>
<tr><td>A213</td><td>挤箱</td><td>沿合型方向铸型被挤坏，铸件表面有金属凸起</td></tr>
</table>

（续）

类别	代码			通用名称	说明
A多肉类	A200厚实的多肉	A220表面粗糙多肉	A221	塌型	铸型上表面破坏，铸件表面有金属凸起
			A222	漂芯	位于铸件下表面
			A223	浮砂	位于铸件下表面
			A224	掉砂	位于铸件非下表面
			A225	内角结疤	砂型铸造中产生膨胀的表面
			A226	砂芯压坏	位于铸件内壁的金属凸起
B孔洞类	B100肉眼可见，圆形内壁光滑	B110铸件内部的	B111	气孔、针孔	圆形孔壁，多半内壁光滑，大小不等，孤立或成群不均匀地分布于整个铸件内部
			B112	冷铁气孔	局限于冷铁、芯撑附近
			B113	渣气孔	与B111相似，但气孔中有夹渣
		B120铸件表面的	B121	皮下气孔	大小不等的B120类孔洞，孤立成群分布，一般是在铸件表面或近表面，内壁光滑
			B122	凹角气孔	位于铸件内角的孔洞，常延伸到铸件深部
			B123	表面针孔	细小密集的孔洞群，不同程度地露出与铸件表面
			B124	分散缩孔	位于铸件表面或沿着铸件边缘分布的裂缝状狭孔，通常在切削加工后才露出来
	B200内壁粗糙的	B210表面开口且延伸至铸件深处	B211	缩孔	漏斗状孔洞，孔壁一般为树枝状结晶组织
			B212	内角缩孔	厚壁铸件内角处或铸件浇口附近的带锐利棱边的孔洞
			B213	芯面缩孔	从砂芯表面向铸孔壁延伸的孔洞
		B220隐蔽的	B211	内缩孔	形状不规则的孔洞，孔壁常为树枝结晶组织
			B212	中心线缩孔	沿中心线分布的孔洞或多孔区
	B300疏松	B310肉眼可见的	B311	宏观缩孔	铸件断面内部分布的缩孔，断口组织呈海绵状或树枝状结晶
C裂纹类	C100外力造成的	C110一般性	C111	机械冷裂	具有一般的裂口外观，有时开裂处带有裂口
		C120氧化断口	C121	机械热裂	断口边缘表面完全氧化
	C200铸件内应力造成	C210应力冷裂	C211	应力冷裂	铸件在冷却过程中，受拉应力的部位出现边缘带清角的裂纹，断口表面未氧化
		C220应力热裂	C221	应力热裂	位于铸件应力敏感部位的形状不规则的裂口，断口表面氧化，并呈树枝状结晶模样
			C222	热处理裂纹	完全凝固后的铸件，在热处理或冷却过程中开裂
	C300铸件断面不连续	C310在型腔充满后期发生的	C311	冷隔	铸件断面部分冷隔或全部冷隔，冷隔缝一般与铸件的平面相垂直
		C320铸件两部分间发生的	C321	断流冷隔	在铸件的水平方向出现熔合不良的冷隔缝
		C330芯撑或冷铁附近发生的	C331	芯撑未熔合	金属嵌铸物附近出现的局部未熔合
	C400铸件断面不均匀连续	C410晶界裂纹	C411	晶界脆裂	铸态晶粒的晶界裂纹
			C412	晶间腐蚀	贯穿于铸件整个断面的网状裂纹

（续）

类别	代码			通用名称	说明
D表面缺陷	D100铸件表面不平整	D110表面皱皮	D111	皱皮	铸件表面大面积的皱纹
			D112	橡皮状皱皮	球墨铸铁表面凹凸不平的网状皱皮
			D113	凹纹	铸件表面连贯的曲折凹纹，凹纹两侧边缘等高，铸件表面光滑
			D114	流痕	轻合金铸件浇口附近充型金属流动痕迹
		D120表面粗糙	D121	表面粗糙	铸件表面粗糙度基本与砂子粒度一致
			D122	异常粗糙	高压造型铸件表面粗糙度大于砂子粒度
		D130表面凹槽	D131	沟槽	长短不一，有时呈分枝状凹槽，其边缘和底部较光滑
			D132	鼠尾	是一种深度可达5mm的凹槽，槽的一侧带有叠边，并或多或少地将凹槽的一侧盖住
			D133	鱼尾状流痕	铸钢件沿金属流动路线分布的尺寸不一的凹痕
			D134	麻坑	因界面反应铸件整个表面呈现麻点凹痕
			D135	粘型	压铸件内角附近出现粗糙的凹痕
		D140	D141	缩陷	铸件热节上面陷窝
			D142	夹渣	铸件因表面存在灰绿色渣坑，渣清除后残留液滴状或麻点状凹坑
	D200严重表面缺陷	D210铸件表面陷窝	D211	顶箱	铸件表面有大面积的深凹陷，通常出现在下箱铸件上。凹陷的表面粗糙度与无凹陷的表面相同
		D220铸件表面粘砂	D221	化学粘砂	铸件表面十分牢固地粘附着一层型砂
			D222	热粘砂	铸件表面粘附着一层部分熔化的烧结型砂
			D223	机械粘砂	在铸件的过热部位上（铸件内角处以及与砂芯紧贴部位），出现型砂和金属紧贴在一起的凸起物
			D224	型壳剥落	型壳的涂料壳层剥落并嵌入铸件表层
		D230铸件表面凸起金属片与铸件表面平行	D231	夹砂	与铸件表面平行的、粗糙的片状金属凸起，可用錾子去除
			D232	剥落夹砂	与D231相同，但凸起一定要通过切削加工或打磨才能去除
			D233	涂料结疤	砂型或砂芯的涂料层剥落，使铸件表面出现扁平状金属凸起
		D240铸件氧化脱碳	D241	氧化皮	铸件在退火后，表面产生的氧化层
			D242	烧结皮	铸件经退火后，表面固结矿石填料
			D243	鳞皮	铸件经退火后，表面产生鳞皮
E铸件残缺类	E100铸件无断裂残缺	E110铸件轮廓不全	E111	浇不到	铸件在边、棱、角等部位略呈圆形外，在其他部位基本上完整
			E112	涂层不良	由于修型不当或上涂料不好，使铸件的边缘和轮廓外形发生变化
		E120铸件与模样差别大	E121	严重浇不到	液态金属过早凝固，造成铸件外形不完整
			E122	未浇满	液态金属不够，造成铸件外形不完整
			E123	跑火	浇注后，液态金属从铸型中漏出，造成铸件外形不完整
			E124	抛丸过度	由于抛丸清理过度，导致铸件的金属严重抛掉
			E125	局部熔化	铸件在退火过程中，局部熔化或严重变形

（续）

类别	代码			通用名称	说明
E铸件残缺类	E200 铸件有断裂残缺	E210 铸件断裂	E211	铸件断裂	铸件大块地断裂，断口表面未氧化
		E220 铸件掉角	E221	浇冒口带肉	断裂缺口与浇冒口的缺口尺寸相符
		E230 断口氧化	E231	落砂过早	断口外观表明，铸件在液态下断裂，断口表面已氧化
F尺寸或形状差错类	F100 形状无误，尺寸差错	F110 全部尺寸差错	F111	收缩率选错	铸件所有的尺寸都有差错，差错的比例相同
		F120 个别尺寸差错	F121	收缩受阻	两个凸缘的间距尺寸过大
			F122	不规则收缩	铸件的个别尺寸不正确
			F123	模样松动过大	在模样的敲击方向上，铸件尺寸过大
			F124	砂型烘烤胀大	垂直于分型面的铸件尺寸过大
			F125	砂型未春紧、型壁移动、型腔扩大	铸件表面不规则地外凸，造成铸件壁厚增大（与胀砂缺陷 A211 相同）
			F126	模样舂变形	面积过大，厚壁太薄，特别是在水平表面上
	F200 铸件形状不符合图样	F210 模样错误	F211	模样错误	铸件的某些或多个部位与图样不符，模样也不对
			F212	模样装配错误	铸件个别部位的形状与图样不符，但模样是正确的
		F220 错位	F221	错型	铸件在分型处，受到切应力作用一样，两部分相互错开
			F222	错芯	铸件内腔中，砂芯分型面处的形状发生变化
			F223	舂移	铸件垂直表面上，有不规则的金属凸起，通常只出现在分型面附近的一侧
		F230 变形	F231	模样变形	铸件、砂型以及模样与图样进行对照，均发生变形
			F232	砂型变形	铸件、砂型与图样对照，均发生变形，但模样与图样相符
			F233	铸件变形	铸件发生变形，然而模样、砂型与图样相符
			F234	铸件翘曲	铸件经过存放、热处理、切削加工后发生变形，因而与图样不符
G夹杂物和金相组织不合格	G100 夹杂物	G110 金属夹杂物	G111	金属夹杂物	对夹杂物的外观形状、化学成分或金相组织的检验，说明对这一类夹杂物，是由外来的元素造成的
			G112	冷豆	金属夹杂物的化学成分与铸件基本相同，夹杂物一般呈球状，表面经常有氧化膜
			G113	内渗豆	位于气孔或其他孔洞内的豆状金属夹杂物（或在表面凹陷处，见 A311），渗豆的化学成分近似于铸件本体
		G120 熔渣类非金属夹杂物	G121	渣孔	通过对夹杂物的外观形状或化学成分分析，说明这些夹杂物来源于熔炼渣、精炼渣或熔剂
			G122	含气渣孔	非金属夹杂物内，通常还有气体

（续）

类别	代　码			通用名称	说　明
G夹杂物和金相组织不合格	G100 夹杂物	G130 型砂类非金属夹杂物	G131	砂眼	型砂夹杂物，一般靠近铸件表面
			G132	涂料夹杂或耐火涂层夹杂	砂型涂料夹杂物，一般靠近铸件表面
		G140 反应物类非金属夹杂	G141	黑点	球墨铸铁断口表面清晰的、不规则的黑点
			G142	氧化皮夹杂	氧化皮夹杂物，多半造成局部的缝隙
			G143	光亮碳膜	铸件壁内呈现有褶皱的发亮点，造成铸件组织部连贯
			G144	硬点	金属型铸造和压力铸造的铝合金铸件中，有坚硬的夹杂物
	G200 宏观组织异常	G210 灰铸铁类	G211	白口	部分或全部组织是白口，特别是薄壁、突出的外角和棱边处，白口组织逐步向正常组织（灰口）过渡
			G212	无麻口过渡区白口	与 G211 相似，但白口组织和正常组织之间无过渡区域
			G213	反白口	铸件断面的最后凝固部位，有轮廓清晰的白口区，而断面的表面层是灰口组织
		G220 可锻铸铁类	G221	初生石墨	在铸态组织的断口中出现黑点，经可锻化退火后，断口变成粗晶状，并呈灰色
			G222	球光体层过厚	黑心可锻铸铁退火后，在其断口的外层，出现一清晰而光亮的深度超过 0.5mm 的边缘层
			G223	局部硬点	铸件表面出现一层薄而硬的马氏体
		G260 石墨组织	G261	石墨粗大	均匀分布的粗大石墨
			G262	絮状石墨粗大	粗大的石墨，部分地聚集在一起，在缩孔中出现析出的石墨
			G263	石墨漂浮	球状石墨聚集在铸件的上表面
			G264	小平面结构	断口上出现方向杂乱的水平面

2. 国家标准中对缺陷的分类

国家标准 GB/T 5611—1998《铸造术语》中将铸造缺陷分为 8 大类，总共 100 余种，见表 2-9-2。

表 2-9-2　铸造缺陷分类（摘自 GB/T 5611—1998）

类别	序号	名　称	特　征
1 多肉类缺陷	1-1	飞翅（飞边）	垂直于铸件表面上厚薄不均匀的薄片状金属突起物，常出现在铸件分型面和芯头部位
	1-2	毛刺	铸件表面上刺状金属突起物，常出现在型和芯的裂缝处，形状极不规则。呈网状或脉纹状分布的毛刺称脉纹
	1-3	外渗物（外渗豆）	铸件表面渗出来的金属物。多呈豆粒状，一般出现在铸件的自由表面上，例如浇铸件的上表面、离心浇铸件的内表面等。其化学成分与铸件金属往往有差异
	1-4	粘模多肉	因砂型（芯）起模时部分砂块粘附在模样或芯盒上所引起的铸件相应部位多肉
	1-5	冲砂	砂型或砂芯表面局部型砂被金属液冲刷掉，在铸件表面的相应部位上形成粗糙、不规则的金属瘤状物。常位于浇口附近，被冲刷掉的型砂，往往在铸件的其他部位形成砂眼

（续）

类别	序号	名　称	特　征
1多肉类缺陷	1-6	掉砂	砂型或砂芯的局部砂块在机械力作用下掉落，使铸件表面相应部位形成的块状金属突起物。其外形与掉落的砂块很相似。在铸件其他部位则往往出现砂眼或残缺
	1-7	胀砂	铸件内外表面局部胀大，重量增加。由型壁退移引起
	1-8	抬型（抬箱）	由于金属液的浮力使上型或砂芯局部或全部抬起、使铸件高度增加的现象
2孔洞类缺陷	2-1	气孔	铸件内由气体形成的孔洞类缺陷。其表面一般比较光滑，主要呈梨形、圆形和椭圆形。一般不在铸件表面露出，大孔常孤立存在，小孔则成群出现
	2-2	气缩孔	分散性气孔与缩孔和缩松合并而成的孔洞类铸造缺陷
	2-3	针孔	一般为针头大小分布在铸件截面上的析出性气孔。铝合金铸件中常出现这类气孔，对铸件性能危害很大
	2-4	表面针孔	成群分布在铸件表面的分散性气孔。其特征和形成原因与皮下气孔相同，通常暴露在铸件表面，机械加工1~2mm后即可去掉
	2-5	皮下气孔	位于铸件表皮下的分散性气孔。为金属液与砂型之间发生化学反应产生的反应性气孔。形状有针状、蝌蚪状、球状、梨状等。大小不一，深度不等。通常在机械加工或热处理后才能发现
	2-6	呛火	浇注过程中产生的大量气体不能顺利排出，在金属液内发生沸腾，导致在铸件内产生大量气孔，甚至出现铸件不完整的缺陷
	2-7	缩孔	铸件在凝固过程中，由于极不缩不良而产生的孔洞。形状极不规则、孔壁粗糙并带有枝状晶，常出现在铸件最后凝固的部位
	2-8	缩松	铸件断面上出现的分散而细小的缩孔。借助高倍放大镜才能发现的缩松称为显微缩松。铸件有缩松缺陷的部位，在气密性试验时可能渗漏
	2-9	疏松（显微缩松）	铸件缓慢凝固出现的很细小的孔洞，分布在枝晶内和枝晶间。是弥散性气孔、显微缩松、组织粗大的混合缺陷，使铸件致密性降低，易造成渗漏
	2-10	渗漏	铸件在气密性试验时或使用过程中发生的漏气、渗水或渗油现象。多由于铸件有缩松、疏松、组织粗大、毛细裂纹、气孔或夹杂物等缺陷引起
3裂纹冷隔类缺陷	3-1	冷裂	铸件凝固后在较低温度下形成的裂纹。裂口常穿过晶粒延伸到整个断面
	3-2	热裂	铸件在凝固后期或凝固后在较高温度下形成的裂纹。其断面严重氧化，无金属光泽，裂口沿晶粒边界产生和发展，外形曲折而不规则
	3-3	缩裂（收缩裂纹）	由于铸件补缩不当、收缩受阻或收缩不均匀而造成的裂纹。可能出现在刚凝固之后或在更低的温度
	3-4	热处理裂纹	铸件在热处理过程中产生的穿透或不穿透的裂纹。其断面有氧化现象
	3-5	网状裂纹（龟裂）	金属型和压铸型因受交变热机械作用发生热疲劳，在型腔表面形成的微细龟壳状裂纹。铸型龟裂在铸件表面形成龟纹缺陷
	3-6	白点（发裂）	钢中主要因氢的析出而引起的缺陷。在纵向断面上，它呈现近似圆形或椭圆形的银白色斑点，故称白点；在横断面宏观磨片上，腐蚀后则呈现为毛细裂纹，故又称发裂
	3-7	冷隔	在铸件上穿透或不穿透，边缘呈圆角状的缝隙。多出现在远离浇口的宽大上表面或薄壁处、金属流汇合处以及冷铁、芯撑等激冷部位
	3-8	浇注断流	铸件表面某一高度可见的接缝。接缝的某些部分熔合不好或分开。由浇注中断引起
	3-9	重皮	充型过程中因金属液飞溅或液面波动，型腔表面已凝固金属不能与后续金属熔合所造成的铸件表皮折叠缺陷

（续）

类别	序号	名　称	特　征
4 表面类缺陷	4-1	表面粗糙	铸件表面毛糙、凹凸不平，其微观几何特征超出铸造表面粗糙度测量上限，但尚未形成粘砂缺陷
	4-2	化学粘砂	铸件的部分或整个表面上，牢固地粘附一层由金属氧化物、砂子和黏土相互作用而生成的低熔点化合物。硬度高，只能用砂轮磨去
	4-3	机械粘砂（渗透粘砂）	铸件的部分或整个表面上粘附着一层砂粒和金属的机械混合物。清铲粘砂层时可以看到金属光泽
	4-4	夹砂结疤（夹砂）	铸件表面产生的疤片状金属突起物。其表面粗糙，边缘锐利，有一小部分金属和铸件本体相连，疤片状突起物与铸件之间夹有一层砂
	4-5	涂料结疤	由于涂层在浇注过程中开裂，金属液进入裂缝，在铸件表面产生的疤痕状金属突起物
	4-6	沟槽	铸件表面产生较深（>5mm）的边缘光滑的V型凹痕。通常有分枝，多发生在铸件上、下表面
	4-7	粘型	熔融金属粘附在金属型腔表面的现象
	4-8	龟纹（网状花纹）	①磁力探伤时熔模铸件表面出现的龟壳状网纹缺陷，多出现在铸件过热部位。因浇注温度和型壳温度过高，金属液与型壳内Na_2O残留量过高而析出白霜发生反应所致 ②因铸型型腔表面龟裂而在金属型铸件或压铸件表面形成的网状花纹缺陷
	4-9	流痕（水纹）	压铸件表面与金属流动方向一致的，无发展趋势且与基体颜色明显不一样的微凸或微凹的条纹状缺陷
	4-10	缩陷	铸件的厚断面或断面交接处上平面的塌陷现象，缩陷的下面，有时有缩孔。缩陷有时也出现在内缩孔附近的表面
	4-11	鼠尾	铸件表面出现较浅（≤5mm）的带有锐角的凹痕
	4-12	印痕	因顶杆或镶块与型腔表面不齐平，而在金属型铸件或压铸件表面相应部位产生的凸起或凹下的痕迹
	4-13	皱皮	铸件上不规则的粗粒状或褶皱状的表皮。一般带有较深的网状沟槽
	4-14	拉伤	金属型铸件和压铸件表面由于与金属型啮合或黏结，顶出时顺出型方向出现的擦伤痕迹
5 残缺类缺陷	5-1	浇不到（浇不足）	铸件残缺或轮廓不完整或虽然完整但边角圆且光亮。常出现在远离浇口的部位及薄壁处。其浇注系统是充满的
	5-2	未浇满	铸件上部产生缺肉，其边角略呈圆形，浇冒口未浇满，顶面与铸件平齐
	5-3	型漏（漏箱）	铸件内有严重的空壳状残缺。有时铸件外形虽然较完整，但内部的金属已经漏空，铸件完全呈壳状，铸型底部有残留的多余金属
	5-4	损伤（机械损伤）	铸件受机械撞击而破损，残缺不完整的现象
	5-5	跑火	因浇注过程中金属液从分型面处流出而产生的铸件分型面以上的部分严重凹陷，有时会沿未充满的型腔表面留下类似飞翅的残片
	5-6	漏空	在低压铸造中，由于结晶时间过短，金属液从升液管漏出，形成类似型漏的缺陷
6形状及重量差错类缺陷	6-1	铸件变形	铸件在铸造应力和残余应力作用下所发生的变形及由于模样或铸型变形引起的变形
	6-2	形状不合格	铸件的几何形状不符合铸件图的要求
	6-3	尺寸不合格	在铸造过程中，由于各种原因造成的铸件局部尺寸或全部尺寸与铸件图的要求不符
	6-4	拉长	由于凝固收缩时铸型阻力大而造成的铸件部分尺寸比图样尺寸大的现象

（续）

类别	序号	名称	特征
6 形状及重量差错类缺陷	6-5	挠曲	①铸件在生产过程中，由于残余应力、模样或铸型变形等原因造成的弯曲和扭曲变形 ②铸件在热处理过程中，因未放平或在外力作用下而发生的弯曲和扭曲变形
	6-6	错型（错箱）	铸件的一部分与另一部分在分型面处相互错开
	6-7	错芯	由于砂芯在分芯面处错开，铸件孔腔尺寸不符合铸件图的要求
	6-8	偏芯（漂芯）	由于型芯在金属液作用下漂浮移动，使铸件内孔位置、形状和尺寸发生偏错，不符合铸件图的要求
	6-9	型芯下沉	由于芯砂强度低或芯骨软，不足以支撑自重，使型芯高度降低、下部变大或下弯变形而造成的铸件变形缺陷
	6-10	串皮	熔模铸件内腔中的型芯露在铸件表面，使铸件缺肉
	6-11	型壁移动	金属液浇入砂型后，型壁发生位移的现象
	6-12	舂移	由于舂移砂型或模样，在铸件相应部位产生的局部增厚缺陷
	6-13	缩沉	使用水玻璃石灰石砂型生产铸件时产生的一种铸件缺陷，其特征为铸件断面尺寸胀大
	6-14	缩尺不符	由于制模时所用的缩尺与合金收缩不相符而产生的一种铸造缺陷
	6-15	坍流	离心铸造时，因转速低、停车过早、浇注温度过高等引起合金液逆旋转方向由上向下流淌或淋降，在离心铸件内表面形成的局部凹陷、凸起或小金属瘤
	6-16	铸件重量不合格（超重）	铸件实际重量，相对于公称重量的偏差值超出铸件重量公差
7 夹杂类缺陷	7-1	夹杂物	铸件内或表面上存在的和基体金属成分不同的质点。包括渣、砂、涂料层、氧化物、硫化物、硅酸盐等
	7-2	内生夹杂物	在熔炼、浇注和凝固过程中，因金属液成分之间或金属液与炉气之间发生化学反应而生成的夹杂物以及因金属液温度下降、溶解度减小而析出的夹杂物
	7-3	外生夹杂物	由熔液及外来杂质引起的夹杂物
	7-4	夹渣	因浇注金属液不纯净或浇注方法和浇注系统不当，由裹在金属液中的熔渣、低熔点化合物及氧化物造成的铸件中夹杂类缺陷。由于其熔点和密度通常都比金属液低，一般分布在铸件顶面或上部以及型芯下表面和铸件死角处。断口无光泽，呈暗灰色
	7-5	黑渣	球墨铸铁件中由硫化镁、硫化锰、氧化镁和氧化钙等组成的夹渣缺陷。在铸件断面上呈暗灰色。一般分布在铸件上部、砂芯下表面和铸件死角处
	7-6	涂料渣孔	因涂料层粉化、脱落后留在铸件表面而造成的，含有残留涂料堆积物质的不规则坑窝
	7-7	冷豆	浇注位置下方存在于铸件表面的金属珠。其化学成分与铸件相同，表面有氧化现象
	7-8	磷豆	含磷合金铸件表面渗析出来的豆粒或汗珠状磷共晶物
	7-9	内渗物	铸件孔洞缺陷内部带有光泽的豆状金属渗出物。其化学成分和铸件本体不一致，接近共晶成分
	7-10	砂眼	铸件内部或表面带有砂粒的孔洞
	7-11	锡豆	锡青铜铸件的表面或内部孔洞中渗析出来的高锡低熔点相豆粒状或汗珠状金属物
	7-12	硬点	在铸件的断面上出现分散的或比较大的硬质夹杂物，多在机械加工或表面处理时发现
	7-13	渣气孔	铸件浇注位置上表面的非金属夹杂物。通常在加工后发现与气孔并存，孔径大小不一，成群集结

（续）

类别	序号	名　称	特　　征
8 成分、组织及性能不合格类缺陷	8-1	物理力学性能不合格	铸件的强度、硬度、伸长率、冲击韧度及耐热、耐蚀、耐磨等性能不符合技术条件的规定
	8-2	化学成分不合格	铸件的化学成分不符合技术条件的规定
	8-3	金相组织部合格	铸件的金相组织不符合技术条件的规定
	8-4	白边过厚	铁素体可锻铸铁件退火时因氧化严重在表层形成的过厚的无石墨脱碳层
	8-5	菜花头	由于溶解气体析出或形成密度比铸件小的新相，铸件最后凝固处或冒口表面鼓起、起泡或重皮的现象
	8-6	断晶	定向结晶叶片，由于横向温度场不均匀和叶片扭度较大等原因造成的柱状晶断续生长缺陷
	8-7	反白口	灰铸铁件断面的中心部位出现白口组织或麻口组织，外层是正常的灰口组织
	8-8	过烧	铸件在高温热处理过程，由于加热温度过高或加热时间过久，使其表层严重氧化，或晶界处和枝晶间的低熔点相熔化的现象。过烧使铸件组织和性能显著恶化，无法挽救
	8-9	巨晶	由于浇注温度高，凝固慢，在钢锭或厚壁铸件内部形成的粗大的枝状晶缺陷
	8-10	亮皮	在铁素体可锻铸铁的断面上，存在的清晰发亮的边缘。缺陷层主要是由含有少量回火碳的珠光体组成。回火碳有时包有铁素体壳
	8-11	偏析	铸件或铸锭的各部分化学成分或金相组织不均匀地现象
	8-12	反偏析	与正偏析相反的偏析现象。溶质分配系数 $K<1$ 且凝固区间宽的合金缓慢凝固时，因形成粗大枝晶，富含溶质的剩余金属液在凝固收缩力和析出气体压力作用下沿枝晶间通道向先凝固区域流动，使溶质集中在铸锭或铸件的先凝固区域或表层，中心部分溶质较少
	8-13	正偏析	溶质分配系数 $K>1$ 的合金凝固时，凝固界面处一部分溶质被排出到液相中，随着温度的降低，液相中的溶质浓度逐渐增加，导致低熔点成分和易熔杂质从铸件外部到中心逐渐增多的区域偏析
	8-14	宏观偏析	铸件或铸锭中用肉眼或放大镜可以发现的化学成分不均匀性。分为正偏析、反偏析、V 型偏析、带状偏析、重力偏析。宏观偏析只能在铸造过程中采取适当措施来减轻，无法用热处理和变形加工来消除
	8-15	微观偏析	铸件中用显微镜或其他仪器方能确定的显微尺度范围内的化学成分不均匀性。分为枝晶偏析（晶内偏析）和晶界偏析。晶粒细化和均匀化热处理可减轻这种偏析
	8-16	重力偏析	在重力或离心力作用下，因密度差使金属液分离为互不相溶合的金属液层或在铸件内产生的成分和组织偏析
	8-17	晶间偏析（晶界偏析）	晶粒本体或枝晶之间存在的化学成分不均匀性。由合金在凝固过程中的溶质再分配导致某些溶质元素或低熔点物质富集晶界所造成
	8-18	晶内偏析（枝晶偏析）	固溶合金按树枝方式结晶时，由于先结晶的枝干与后结晶的枝干及枝干间的化学成分不同所引起的枝晶内和枝晶间化学成分差异
	8-19	球化不良	在铸件断面上，有块状黑斑或明显的小黑点，越近中心越密，金相组织中有较多的厚片状石墨或枝晶间石墨
	8-20	球化衰退	因铁液含硫量过高或球化处理后停留时间过长而引起的铸件球化不良缺陷
	8-21	组织粗大	铸件内部晶粒粗大，加工后表面硬度偏低，渗漏试验时，会发生渗漏现象
	8-22	石墨粗大	铸铁件的基体组织上分布着粗大的片状石墨。机械加工后，可看到均匀分布的石墨孔洞。加工面呈灰黑色，断口晶粒粗大。有这种缺陷的铸件，硬度和强度低于相应牌号铸铁的规定值。气密性实验时会发生渗漏现象

（续）

类别	序号	名 称	特 征
8 成分、组织及性能不合格类缺陷	8-23	石墨集结	在加工大断面铸铁件时，表面上充满石墨粉且边缘粗糙的部位，石墨集结处硬度低，且渗漏
	8-24	铸态麻口	可锻铸铁的一种金相组织缺陷。其断口退火前白中带灰，退火后有片状石墨，降低铸件的力学性能
	8-25	石墨漂浮	在球磨铸铁件纵断面的上部存在的一层密集的石墨黑斑。和正常的银白色断面组织相比，有清晰可见的分界线。金相组织特征为石墨球破裂，同时缺陷区富有含氧化合物和硫化镁
	8-26	表面脱碳	铸钢件或铸铁件因充型金属液与铸型中的氧化性物质发生反应，使铸件表层含碳量低于规定值

二、常见缺陷的形成机理及防止措施

1. 气孔

金属液在凝固过程中，陷入金属中的气泡在铸件中形成的孔洞，称之为气孔。气孔属于孔壁光滑的孔洞类铸件缺陷，形成原因非常复杂。砂型中的水分含量过高、型腔的排气不好、砂芯之间通气不畅或炉料没有烘干等都易造成气孔缺陷。

根据气孔形成的机理分为侵入气孔、裹携气孔、析出气孔、内生式反应气孔和外生式反应气孔。

（1）气孔与缩孔缺陷的鉴别　首先观察铸件缺陷的表面形状，若表面高低不平，非常粗糙，而且是灰暗色、形状不规则的孔眼，即为缩孔；而孔壁光滑，内表面呈亮白色或带有轻微氧化色的孔眼，为气孔。其次是观察孔眼的位置和形状，若在铸件最后凝固的肥厚处，或在两壁相交的热节处，而且位于其断面的中部或中上部即为缩孔。若孔眼呈圆形、长条形或不规则形状，尺寸变化很大，常以单个、数个或呈蜂窝状存在于铸件表面或靠近型芯、冷铁、芯撑或浇冒口附近的地方，有时也布满整个界面，这种缺陷多为气孔。

（2）气孔的生成原因　气孔由气体而生成，生成气孔的气体主要是CO、CO_2及H_2、O_2、N_2等。气体主要来自三个方面，即来自金属、造型材料和大气。气体在金属中溶解度随温度下降而急剧减少。例如纯铁中氮的溶解度，每100g金属中1100℃时溶解度为20.5cm^3，750℃时只有0.3cm^3。氢气的溶解度，每100g金属中，1000℃时为5.5cm^3，而在300℃时只有0.16cm^3。当钢从液态变为固态时，由于溶解度的原因，气体向铸件较高温度方向扩散，扩散至壁较厚、凝固较迟的部位，来不及排放，随着铸件凝固的进行被包容于塑性状态的金属中而生成气体。所生成的气孔是封闭圆形或椭圆形的，不与外界相通，孔壁有金属光泽。型砂中的水分、黏结剂中所含的挥发物，都会因受热而变为气体。以水为例，当其受到高温金属加热时，首先变为水蒸气，其次，当温度继续升高时水蒸气还要分解。水变为水蒸气时体积要膨胀，水蒸气分解为氢和氧时还要膨胀。如这种膨胀受到阻碍则产生压力，此压力在砂型透气不良的情况下，能冲破金属表面凝固膜而穿入铸件内部生成气孔。在穿入过程中，气体一面运动，一面膨胀，所以形成一个细颈而后扩大的形状，使整个气孔像一个梨形，细颈方面指向气体来源方向。在铸件表面或皮下往往只有一个微孔不容易看出来，只有热处理后或切削加工过程中才能完全发现。因为气体与高温金属发生氧化作用，所以孔壁常呈暗蓝色或黑褐色。金属在浇注系统中和型腔中的流动过程，由于流动不稳定，将气体卷入而生成气孔。

铁液中的含铝量也是引起铸件气孔的一大原因。目前铸铁生产多采用高硅碳比成分，因此需要加入较多的硅铁和大量的孕育剂，随着硅铁的加入增加了铁液中的含铝量，促使铁液吸氢：

$$2Al+3H_2O \longrightarrow Al_2O_3+6\ (H)$$

球墨铸铁生产中残余镁的质量分数一般应控制在 0.03%~0.06%，质量分数过高就要产生气孔，也是这个道理：

$$Mg+H_2O \longrightarrow MgO+2\ (H)$$

(3) 气孔的防止

1）侵入性气孔。由于浇注过程中液态金属对铸型激烈的热作用，使型砂和芯砂中的发气物（水分、黏结剂等）汽化、分解和燃烧，生成大量的气体，加上型腔中原有的气体，这些气体部分侵入液态金属内部而不能逸出所产生的孔洞，称为侵入性气孔。

侵入性气孔的防止方法有：

① 降低砂型（芯）界面的气体压力是最有效的手段。如选用透气性好、发气量低的造型材料；控制型砂的水分及其他发气附加物；应用发气量低、发气速度慢、发气温度高的黏结剂；砂型（芯）排气要畅通，增加出气孔，提高铸型的排气能力；浇注后及时引火。引火后可听到气体的爆燃声和砂箱周围燃烧的火焰，砂箱移开后，可看到下部潮湿的痕迹。说明有大量的气体产生，如 H_2、O、CO、H_2S 等。

② 适当提高浇注温度，延迟凝固时间，使侵入的气体有充分的时间从液态金属中上浮和逸出。

③ 加快浇注速度，增加上砂型高度，使有效压力头增加，提高液态金属的静压力。

④ 浇注系统在设置时，应注意液态金属流的平稳，浇注千万不能中断，防止气体卷入金属液中。

⑤ 出钢后，让钢液静置 5~10min，使钢液中的气体逸出。

⑥ 熔模铸造、消失模铸造、壳型铸造等可能与真空吸铸相结合，以防止铸件产生侵入气孔。

⑦ 非铁合金熔炼时，炉料、熔剂、工具、坩埚和浇包要充分预热和烘干，去锈、去油污，多次重熔炉料的加入量要适当限制。

2）析出性气孔。溶解在液态金属中的气体，在冷却凝固过程中，由于溶解度降低而析出形成的气孔，称为析出性气孔。防止析出性气孔的方法有：

① 减少合金的吸气量。清洁炉料，烘干炉衬和浇注工具，缩短熔炼时间，避免液态金属和炉气的接触，减少熔炼吸气等。

② 合金液的除气处理。可采用加入元素除气法或吹入惰性气体，以及真空除气法等。

③ 阻止气体的析出。提高铸件的冷却速度，提高外界气氛的压力等；

④ 非铁合金熔炼时，炉料、熔剂、工具、坩埚和浇包要充分预热和烘干，去锈、去油污，多次重熔炉料的加入量要适当限制。

3）反应性气孔。由于液态金属与铸型界面之间、液态金属与渣之间或液态金属内部元素之间发生了某些化学反应产生气体而形成的孔洞，称为反应性气孔。防止反应气孔的方法有：

① 在保证球化的前提下，尽量减少镁的残留量。

② 铁液中的含硫量尽量降低。因硫与镁生成硫化镁，硫化镁与水气生成硫化氢气体。

③ 尽量减少型砂中的水分，提高透气性。孕育硅铁要预热、烘烤。

④ 铁液充型要快且平稳，采用开放式浇注系统。提高浇注温度，一般应控制在1350℃以上。

⑤ 控制冷却速度。铸件凝固速度快，皮下气孔减少，因为一方面使溶解的气体来不及析出；另一方面铸件很快结壳防止界面气体侵入。凝固速度慢，皮下气孔也少。因为析出和侵入的气体有足够的时间逸出型外，所以皮下气孔小且少。

⑥ 型砂中配入煤粉。煤粉在高温下产生还原性气体，在金属-铸型界面形成保护层，防止铁液氧化，可减少皮下气孔。

2. 铸件缩孔与缩松

（1）铸件缩孔与缩松的产生原因

1）铸件结构方面的原因。由于铸件断面过厚，造成补缩不良形成缩孔。铸件壁厚不均匀，在壁厚部分热节处产生缩孔或缩松。

由于铸孔直径太小，形成铸孔的砂芯被高温金属液加热后，长期处于高温状态，降低了铸孔表面金属的凝固速度，同时，砂芯为气体或大气压提供了通道，导致了孔壁产生缩孔和缩松。

铸件的凹角圆角半径太小，使尖角处型砂传热能力降低，凹角处凝固速度下降，同时由于尖角处型砂受热作用强，发气压力大，析出的气体可向未凝固的金属液渗入，导致铸件产生缩孔。

2）熔炼方面的原因。液体金属的含气量太高，导致在铸件冷却过程中以气泡形式析出，阻止邻近的液体金属向该处流动进行补缩，产生缩孔或缩松。

当灰铸铁碳当量太低时，将使铁液凝固时共晶石墨析出量减少，降低了石墨化膨胀的作用，使凝固收缩增加，同时也降低了铁液的流动性。从而降低铁液的自补缩能力，使铸件容易产生缩孔或缩松。

当铁液含磷量或含硫量偏高时，磷是扩大凝固温度范围的元素，同时形成大量的低熔点磷共晶，凝固时减少了补缩能力。硫是阻碍石墨化的元素，硫还能降低铁液的流动性。同时，铁液氧化严重，也降低了液体金属的流动性，使铸件产生缩孔或缩松。

孕育铸铁或球墨铸铁在浇注前用硅铁等孕育剂进行孕育处理时，如果孕育不良，将导致铁液凝固时析出大量的渗碳体，从而使凝固收缩增加，产生缩孔或缩松。

3）工艺设计的原因。浇注系统设计不合理：浇注系统设计与铸件的凝固原则相矛盾时，可能会导致铸件产生缩孔或缩松。主要表现为浇注位置不合适，不利于顺序凝固，内浇口的位置及尺寸不正确。对于灰铸铁和球墨铸铁，如果将内浇口开在铸件厚壁处，同时内浇口尺寸较厚，浇注后，内浇口则长时间处于液体状态。在铁液凝固发生石墨化膨胀的作用下，铁液会经内浇口倒流回直浇道，从而使铸件产生缩孔和缩松。

冒口设计不合理：冒口位置、数量、尺寸及冒口颈尺寸未能促进铸件顺序凝固，都可能导致铸件产生缩孔和缩松。如果在暗冒口顶部未放置出气冒口，或冷铁使用不当，也会导致铸件产生缩孔和缩松。

型砂、芯砂方面的原因：型砂（芯砂）的耐火度及高温强度太低，热变形量太大。当在金属液的静压力或石墨化膨胀力的作用下，型壁或芯壁会产生移动。使铸件实际需要的补缩量增加或在膨胀部位出现新的热节，导致铸件产生缩孔和缩松。这种现象对大中型铸件是很敏感的。另外，如果型砂中水分含量太高，将使型壁表面的干燥层厚度减少和水分凝聚区的水分增加，范围扩大，从而使型壁的移动能力增加，导致缩孔及缩松的产生。

浇注方面的原因：浇注温度太高，使液态金属的液态收缩量增加；太低时，又会降低冒口的补缩能力，特别是采用底注式浇注系统时更明显，铸件往往在下部产生缩孔和缩松。当冒口没有浇满或对大中型铸件没有用金属液对明冒口进行补浇时，这将降低冒口的补缩能力，引起铸件产生缩孔或缩松。

（2）铸件缩孔缩松的防止方法

1）改进铸型工艺设计，合理设置浇冒口系统、冷铁和补贴，保证铸件在凝固过程中获得有效补缩。

2）改用补缩效率高的保温冒口、发热冒口、压力冒口和电热冒口。

3）改进铸件结构设计，减小铸件壁厚差，使铸件壁厚与薄壁部位平滑过渡，尽量避免形成孤立热节。在铸件的孤立热节等冒口补缩距离达不到的部位，采用内、外冷铁以加快该部位的凝固速度。

4）对重要铸件，可在计算机数值模拟基础上进行计算机辅助设计，优化铸件结构和铸造工艺。

5）提高铸型刚度和强度，防止型壁位移和抬型。

6）在保证铸件不产生气孔的情况下，尽可能降低浇注温度和浇注速度，延长浇注时间。

7）点冒口。在浇注后一段时间内，向明冒口内补注高温金属液，以提高冒口内补缩金属液的量，延长冒口内补缩金属液量的保持高温的时间，提高冒口的补缩效率。

8）捣冒口。用棒搅动明冒口内的金属液，阻止其表面过早凝壳，以提高明冒口的补缩效率。

3. 砂眼缺陷

在铸造生产中，我们经常会发现带有砂眼的铸件，或在表面，或在内部，情况轻的，一般可以不处理或者进行修磨、焊补处理，严重的会导致报废。砂眼往往与其他缺陷一起出现，或者说，砂眼经常是其他缺陷的直观现象，例如，冲砂、掉砂、鼠尾、夹砂结疤、涂料结疤等。

铸件内部或表面包裹砂粒或砂块的孔洞，称为砂眼。根据砂眼出现的位置，可分为表面砂眼和内部砂眼。对于铸件表面的砂眼，用肉眼外观检查即可识别；对于铸件内部的砂眼，要用超声或者射线探伤进行检验。

（1）造成砂眼缺陷的基本原因

1）由于砂型或砂芯膨胀，浇注系统设计不合理及浇注操作不当，造成砂型（芯）开裂、型（芯）砂脱落，产生冲砂、掉砂、鼠尾和夹砂结疤，脱落的型、芯砂在铸件内形成砂眼。

2）模样设计不良，造型、制芯后，局部存在尖砂。

3）造型、制芯混砂配比、用砂不合理。

4）由于造型、下芯、合型操作不当，发生塌型、挤箱、掉砂、压坏砂型或砂芯。

5）合箱前，型腔内的浮砂在合型前未吹扫干净。

6）合型后由浇注系统或冒口掉入砂粒或砂块。

7）涂料不良，或砂型、涂料不干，浇注时涂层脱落，在造成涂料结疤的同时，形成涂料夹层。

（2）防止砂眼的对策

1）低温浇注。

2）浇道部分使用滤渣片。

3）设定最佳浇道流速、浇道比。

4）节制内浇口流速。

5）浇道断面变圆。

6）选择合适的产品和内浇口角度。

7）优化浇冒口方案。

8）使用壳型砂芯。

9）及时清理熔炼炉内炉渣。

10）严格按照规范操作。

(3) 实际操作中的注意事项

1）浇口杯、直浇道应清洁，不应有砂粒等杂物。

2）起模后、涂刷涂料前，冷铁表面黏附的砂子需要清除，型腔内的浮砂要清吹干净。

3）保证砂芯完整性，防止因芯盒接合面存在缝隙导致砂芯尺寸不合格。

4）下芯前，将型腔内堆积的多余的涂料清除，并清吹干净。

5）合箱前，对型腔内进行全面清吹，不留死角；直浇道、出气口，要保持通畅，不留浮砂。

6）砂箱转移时，避免碰撞，防止涂料、砂子掉落。

7）浇注前，将浇口杯盖住，防止外来物掉入，通过浇口杯进入型腔。

8）注意浇注温度和速度，避免金属液流速过快，冲击力过大。

第二节　铸件质量检验

铸件质量检验是铸造生产的重要工序，其主要职能为：为铸件生产和管理部门提供质量信息；为质量管理活动提出课题；保证产品质量。铸造厂的全面质量管理包括对铸件进行质量控制和质量保证，它是在铸件技术要求规范全面合理的前提下，在工厂推行的质量体系。铸件只有经过最后的检验工序才能对其是否符合要求给出结论。这种要求要载入检验规程和技术规范中，铸件上允许出现的缺陷类型、出现的程度，甚至检验的设备和方法也要列入规范中。

根据铸件质量检验结果，通常将铸件分为三类：合格品、返修品和废品。合格品指外观质量和内在质量都符合有关标准或交货验收技术条件的铸件；返修品指外观质量和内在质量不完全符合标准验收条件的，但接收方同意返修的，返修后能达到标准和铸件交货验收技术条件要求的铸件；废品指外观质量和内在质量都不合格，不允许返修或返修后仍达不到标准和铸件交货验收技术条件的铸件。

一、外观质量检查

铸件外观质量包括铸件形状、尺寸、表面粗糙度、重量偏差、表面缺陷、色泽、表面硬度和试样断口质量等。铸件外观质量检验通常不需要破坏铸件，借助必要的量具、样块和测试仪器，用肉眼或低倍放大镜即可确定铸件外观质量状况。铸件外观缺陷名称及分类见表 2-9-3。

外观质量检验要求的一般规定如下：

1）铸件非加工表面上的浇冒口应清理得与铸件表面同样平整，加工面上的浇冒口残留量应该符合图样要求，有色金属铸件一般允许浇冒口高于铸件表面 2~5mm。

表 2-9-3 铸件外观缺陷名称及分类

类别	序号	名称	特征
孔眼	1	气孔	在铸件内部、表面或近于表面处有大小不等的光滑孔眼。形状有圆的、长的及不规则的,有单个的,也有聚集成片的。颜色为白色或带一层暗色,有时覆有一层氧化皮
	2	缩孔	在铸件厚断面内部,两交界面的内部及厚断面和厚断面交接处的内部或表面,形状不规则,孔内粗糙不平,晶粒粗大
	3	缩松	在铸件内部微小而不连贯的缩孔,聚集在一处或多处,晶粒粗大,各晶粒间存在很小的孔眼,水压试验时渗水
	4	渣眼	在铸件内部或表面形状不规则的孔眼。孔眼不光滑,里面全部或部分充塞着渣
	5	砂眼	在铸件内部或表面有充塞着型砂的孔眼
	6	铁豆	在铸件内部或表面有包含金属小珠的孔眼,常发生在铸铁件上
裂纹	7	热裂	在铸件上有穿透或不穿透的裂纹(主要是弯曲形的),开裂处金属表皮氧化
	8	冷裂	在铸件上有穿透或不穿透的裂纹(主要是直的),开裂处金属表皮未氧化
	9	温裂	在铸件上有穿透或不穿透的裂纹。开裂处金属表皮氧化。由于气割、焊接或热处理不当所引起
表面缺陷	10	粘砂	在铸件表面上,全部或部分覆盖着金属(或金属氧化物)与砂(或涂料)的混合物(或化合物),或一层烧结的型砂,致使铸件表面粗糙
	11	结疤	在铸件表面上,有金属夹杂或包含型砂或渣的片状或瘤状物
	12	夹砂	在铸件表面上,有一层金属瘤状或片状物。在金属瘤片和铸件之间夹有一层型砂
	13	冷隔	在铸件上有一种未完全融合的缝隙或洼坑,其交接边缘是圆滑的
形状缺陷	14	多肉	铸件上有形状不规则的毛刺、披缝或凸出部分
	15	浇不足	由于金属液未完全充满型腔而产生的铸件缺肉
	16	变形	由收缩应力引起的铸件外形和尺寸与图样不符
	17	毛刺	由打磨料口时产生的毛刺

2）在铸件上不允许有裂纹、通孔、冷隔和缩松、夹渣等缺陷。

3）铸件非加工面的毛刺、披缝应清理至与铸件表面同样平整。

4）铸件加工面允许有不超过加工余量范围内的任何缺陷，但裂纹缺陷应予以清除。

5）铸件加工基准面和测量基准面必须平整。

6）变形的铸件允许矫正，然后逐个检验是否合格。

二、材料性能检验

1. 化学分析

金属化学成分分析是查明金属材料化学成分的试验方法。鉴定金属由哪些元素所组成的试验方法称为定性分析。测定各组分间量的关系（通常以百分比表示）的试验方法称为定量分析。若基本上采用化学方法达到分析目的，称为化学分析。

对所有铸件，化学成分都是十分重要的，因而在大多数情况下，化学成分就是验收指标。化学成分也间接决定了铸件的力学性能与缺陷发生与否。

仪器分析是根据被测金属成分中的元素或其化合物的某些物理性质或物理与化学性质之间的相互关系，应用仪器对金属材料进行定性或定量分析。有些仪器分析仍不可避免地需要通过一定的化学预处理和必要的化学反应来完成。金属化学分析常用的仪器分析法有光学分析法和电化学分析法两种。光学分析法是根据物质与电磁波（包括从 X 射线至无线电波的整个波谱范围）的相互关系，或者利用物质的光学性质来进行分析的方法。最常用的有吸光光度法（红外、可见和紫外吸收光谱）、原子吸收光谱法、原子荧光光谱法、发射光谱法（看谱分析）、浊度法、火焰光度法、X 射线衍射法、X 射线荧光分析法以及放射化学分析法等。电化学分析法是根据被测金属中元素或其化合物的浓度与电位、电流、电导、电容或电量的关系来进行分析的方法。主要包括电位法、电解法、电流法、极谱法、库仑（电量）法、电导法以及离子选择电极法等。仪器分析的特点是分析速度快、灵敏度高，易于实现计算机控制和自动化操作，可节省人力，减轻劳动强度和减少环境污染。

2. 各种元素对铸铁组织性能的影响

（1）碳元素　碳是铸铁的基本组元，在铸铁中的存在形式主要有两种，一种是以游离碳石墨的形式存在；另一种是以化合碳渗碳体的形式存在。根据碳在铸铁中的存在形式可把铸铁分成许多类型。在灰铸铁中，碳的质量分数控制在 2.7%～3.8%的范围内，碳主要以片状石墨形式存在。高碳灰铸铁的金相组织为铁素体和粗大的片状石墨，机械强度和硬度较低，但挠度较好；低碳灰铸铁的金相组织为珠光体和细小的片状石墨，有较高的机械强度和硬度，但挠度较差。由于灰铸铁的成分位于共晶点附近，因此具有良好的铸造性能。对于亚共晶范围的灰铸铁，增加碳含量能提高流动性，反之，对于过共晶范围的灰铸铁，只有降低含碳量才能提高流动性。在球墨铸铁中含碳量高，析出的石墨数量多，石墨球数多，球径尺寸小，圆整度增加。提高含碳量可以减小缩松体积，减小缩松面积，使铸件致密。但是含碳量过高则降低缩松作用不明显，反而出现严重的石墨漂浮，且为保证球化所需要的残余镁量要增多。

（2）硅元素　硅是铸铁的常存五元素之一，能减少碳在液态和固态铁中的溶解度，促进石墨的析出。因此是促进石墨化的元素，其作用为碳的 1/3 左右，故增加硅含量会增加石墨的数量，也会使石墨粗大；反之，减少硅含量，会使石墨细小。在灰铸铁中，硅的质量分数控制在 1.1%～2.7%，一般碳、硅含量低可获得较高的机械强度和硬度，但流动性稍差；反之，碳、硅含量高，流动性好，机械强度和硬度较低。当薄壁铸件出现白口时，可提高碳、硅含量使之变灰；当厚壁铸件出现粗大的石墨时，应适当降低碳、硅含量，并达到提高机械强度和硬度的目的。硅是铁碳合金中能够封闭 γ 区的元素；硅使共析点的含碳量降低。硅可提高共析转变温度，且在球墨铸铁中使铁素体增加的作用比灰铸铁要大。灰铸铁中碳、硅都是强烈促进石墨化的元素。提高碳当量促使石墨片变粗、数量增多，强度和硬度下降。降低碳当量可以减少石墨数量、细化石墨，增加初析奥氏体枝晶数量，是提高灰铸铁力学性能常采取的措施。但是降低碳当量会导致铸造性能降低、铸件断面敏感性增加、硬度上升加工困难等问题出现。

（3）锰元素：锰是铸铁的常存五元素之一，除少量固溶于铁素体以外，大部分溶入共析碳化物和渗碳体中，以复合碳化物的形态存在，加强了碳化物的形成，因此是阻碍石墨化的元素，故增加锰含量会增大基体组织中的珠光体数量。在灰铸铁中，锰的质量分数控制在0.5%~1.4%，主要作用有两个：一是中和硫的有害作用，生成MnS及（Fe、Mn）S化合物，以颗粒状分布于基体中，这些化合物的熔点在1600℃以上，不仅无阻碍石墨化的作用，而且还可以作为石墨化非自发晶核；二是稳定和细化珠光体，在此含量范围内，随锰含量的增加，铸铁的强度、硬度增加，而塑性和韧性降低。在球墨铸铁中，锰的作用是形成碳化物和珠光体。对于厚大断面的球墨铸铁件来说，锰是偏析倾向特别显著的元素，是强烈稳定奥氏体的元素，对稳定珠光体的作用也很显著。在生产珠光体球墨铸铁时，可以利用锰稳定珠光体的作用消除石墨球周围的铁素体（牛眼）组织。

（4）硫元素　硫也是铸铁的常存五元素之一，在通常的铸铁中也被认为是有害元素。硫能稳定渗碳体，阻止石墨化。硫少量溶于铁素体及渗碳体中，可降低碳在液态铸铁中的溶解度，大部分以硫化铁（FeS）和其他硫化夹杂物（MnS、CeS）的形式存在于铸铁中，并分布于晶界上。硫化铁的熔点低、质软而脆，能降低铸铁的强度，促进铸铁的收缩，并引起铸铁的过硬和裂纹形成。硫化锰的熔点高且以颗粒状分布，对铸铁的强度无多大影响，但会使铁液变稠，流动性变差。对于灰铸铁，硫的质量分数控制在低于0.15%。

（5）磷元素　磷也是铸铁的常存五元素之一，在通常的铸铁中被认为是有害元素。磷使铸铁的共晶点左移，且作用程度和硅相似，能溶于液态铸铁中，并降低碳在液态铸铁中的溶解度，故计算碳当量时应计入磷的含量。但在固态铸铁中磷的溶解度是有限的，并随着碳含量的增加和温度的降低而减少。磷对石墨化的影响不大，略微促进石墨化，但有时也能阻碍石墨化。磷主要以二元磷共晶（$Fe\text{-}Fe_3P$）、三元磷共晶（$Fe\text{-}FeP\text{-}Fe_3P$）和复合磷共晶的形式存在于铸铁中。磷共晶的硬度高、脆性大，分布在晶粒的边界上，割裂了晶粒间的连续性，使铸铁的强度、塑性下降，硬度提高。另外，由于磷共晶具有较低的熔化温度和磷可以降低铸铁的熔点，因此磷能增加铸铁的流动性和可铸性，但磷的增高会使铸铁的缩孔、缩松以及开裂倾向增加。对于灰铸铁，磷的质量分数控制在低于3.0%。磷在球墨铸铁中不影响球化，但是可以溶解在铁液中降低铁碳合金的共晶含碳量。其降低的碳量相当于它含量的1/3。

（6）铜元素　铜是促进共晶阶段石墨化的元素，石墨化能力相当于硅的1/10~

1/5。铜在超过它的固溶度极限时，常以显微质点或超显微质点分布于铸铁中。铜使组织致密，并细化和改善石墨的均匀分布，既能降低铸铁的白口倾向，又能降低奥氏体转变临界温度，细化和增加珠光体，对断面敏感性有有利影响。铜具有强化铸铁铁素体和珠光体的倾向，因此能增加铸铁的强度，铸铁的抗拉强度、抗弯强度几乎与所含铜量成比例增加，在低碳铸铁中尤为显著。在一般铸铁中，铜的质量分数为 3.0%~3.5%时，可使硬度增加；但当铸铁具有形成白口的倾向时，或存在着游离碳化物的硬点时，则加入铜会使硬度降低。

(7) 铬元素

①反石墨化作用属中强，共析转变时能稳定珠光体；②铬是缩小 γ 区的元素，铬元素质量分数为 20%时，γ 区消失；③其质量分数小于 1.0%时，仍属于灰铸铁(可能有少量自由 Fe_3C 出现)，但力学性能有所提高。

(8) 锡元素

①为增加珠光体量而加入，一般质量分数小于 0.1%，可提高铸铁强度，大于 0.1%时有可能使铸铁出现脆性；②锡元素质量分数小于 0.1%时，可出现反球化作用；③共晶团边界易形成 $FeSn_2$ 的偏析化合物，因此有韧性要求时，注意锡含量的控制。

(9) 钼元素

①钼元素质量分数小于 0.6%时，稳定碳化物的作用比较温和，主要作用在于细化珠光体，也能细化石墨；②钼元素质量分数小于 0.8%时，对铸铁的强化作用较大；③用钼作合金化时磷含量一定要低，否则会出现 P-Mo 四元共晶，增加脆性；④钼质量分数大于 1%，达到 1.8%~2.0%时，可抑制珠光体的转变，而形成针状基体；⑤钼元素能使等温转变图右移，并有形成两个“鼻子”的作用，故易得贝氏体。

(10) 镍元素

①溶于液体铁及铁素体；②共晶期间促进石墨化，其作用相当于 1/3 的硅元素；③降低奥氏体转变温度，扩大奥氏体区，能细化并增加珠光体；④镍元素质量分数小于 3.0%时，为珠光体型，可提高强度，主要用作结构材料，镍质量分数为 3%~8%时，为马氏体型，主要用作耐磨材料，镍质量分数大于 12%时，为奥氏体型，主要用作耐腐蚀材料等；⑤对石墨粗细影响较小。

(11) 锑元素

①强烈促进形成珠光体；②其质量分数为 0.002%~0.01%时，对球墨铸铁有使石墨球细化的作用，尤其对大断面球墨铸铁件有效；③其干扰球化的作用可用稀土元素中和；④灰铸铁中其质量分数应小于 0.02%，球铁中其质量分数应为 0.002%~0.010%。

3. 材料的力学性能检验

材料的力学性能是指材料在外力作用下表现出来的性能，主要有强度、塑性、硬度、冲击韧度和疲劳强度等。

（1）材料力学性能的有关名词解释

1）脆性。脆性是指材料在损坏之前没有发生塑性变形的一种特性。它与韧性和塑性相反。脆性材料没有屈服点，有断裂强度和极限强度，并且二者几乎一样。铸铁、陶瓷、混凝土及石头都是脆性材料。

2）韧性。韧性是指金属材料在拉应力的作用下，在发生断裂前有一定塑性变形的特性。金、铝、铜是韧性材料，它们很容易被拉成导线。

3）弹性。弹性是指金属材料在外力消失时，能使材料恢复原先尺寸的一种特性。钢材在到达弹性极限前是弹性的。

4）延展性。延展性是指材料在压应力的作用下，材料断裂前承受一定塑性变形的特性。塑性材料一般使用轧制和锻造工艺。钢材既具有塑性也具有延展性。

5）塑性变形。塑性变形发生在金属材料承受的应力超过弹性极限并且载荷去除之后，此时材料保留了一部分或全部载荷时的变形。

6）弹性变形。弹性变形是金属材料的一种特性，它允许金属材料承受一个较大的冲击载荷，但不能超出它的弹性极限。

7）刚性。刚性是金属材料承受较高应力而没有发生很大应变的特性。刚性的大小通过测量材料的弹性模量来评价。

8）强度。强度是材料在没有破坏之前所能承受的最大应力。同时，它也可以定义为比例极限、屈服强度、断裂强度或极限强度。没有一个确切的单一参数能够准确定义这个特性。因为金属的行为随着应力种类的变化和它应用形式的变化而变化。

9）韧性。韧性是指金属材料承受快速施加或冲击载荷的能力。

10）屈服点或屈服应力。屈服点或屈服应力是金属的应力水平，用 MPa 度量。在屈服点以上，当外来载荷撤除后，金属的变形仍然存在，金属材料发生了塑性变形。

（2）强度　材料的拉伸曲线如图 2-9-1 所示。表征强度的三个主要指标是：弹性极限、屈服强度和抗拉强度。

1）弹性极限。材料的弹性极限是指金属材料能保持弹性变形的最大应力，它表征了材料抵抗弹性变形的能力。

2）屈服强度。材料的屈服强度是指材料在外力作用下，产生屈服现象时的最小应力，它表征了材料抵抗微量塑性变形的能力。屈服强度是塑性材料选材和评定的依据。

对于无明显屈服的金属材料，规定以产生 0.2%残余变形的应力值为其屈服极限，称为条件屈服极限或屈服强度。大于此极限的外力作用，将会使零件永久失效，无法恢复。如低碳钢的屈服极限为 207MPa，在大于此极限的外力作用之下，零件将会产生永久变形，小于这个极限值，零件还会恢复至原来的样子。

条件屈服强度 $\sigma_{0.2}$ 的单位为 N/mm^2（MPa），其计算公式为

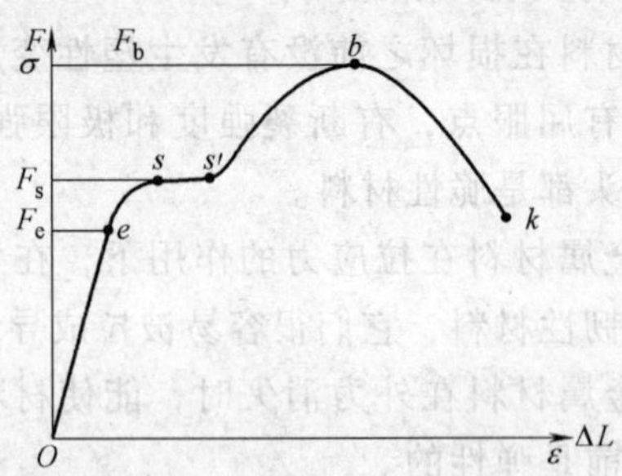

图 2-9-1 材料的拉伸曲线

1—Oe 段：直线、弹性变形

2—es 段：曲线、弹性变形+塑性变形

3—ss'段：水平线（略有波动）明显的塑性变形屈服现象，作用的力基本不变，试样连续伸长

4—$s'b$ 曲线：均匀塑性变形，出现加工硬化

5—b 点出现缩颈现象，即试样局部截面明显缩小，试样承载能力降低，拉伸力达到最大值，而后降低，但变形量增大，k 点时试样发生断裂

$$\sigma_{0.2}=\frac{F_{0.2}}{S_o} \tag{2-9-1}$$

式中 $F_{0.2}$——试样产生 0.2%变形时所承受的最大力（N）；

S_o——试样原始截面积（mm^2）。

3）抗拉强度。抗拉强度是金属由均匀塑性变形向局部集中塑性变形过渡的临界值，也是金属在静拉伸条件下的最大承载能力。对于塑性材料，它表征材料最大均匀塑性变形的抗力，拉伸试样在承受最大拉应力之前，变形是均匀一致的，但超出之后，金属开始出现缩颈现象，即产生集中变形。对于没有（或很小）均匀塑性变形的脆性材料，它反映了材料的断裂抗力。抗拉强度用 R_m 表示，单位为 N/mm^2（MPa）。它表示金属材料在拉力作用下抵抗破坏的最大能力，计算公式为

$$R_m=\frac{F_b}{S_o} \tag{2-9-2}$$

式中 F_b——试样拉断时所承受的最大力（N）；

S_o——试样原始截面积（mm^2）。

屈服强度与抗拉强度的比值称为屈强比。屈强比小，工程构件的可靠性高，说明即使外载荷或某些意外因素使金属变形，也不至于立即断裂。但若屈强比过小，则材料强度的有效利用率太低。

（3）拉力试验 拉力试验简单示意图如图 2-9-2 所示。

（4）拉力试验试样的制备

1）球墨铸铁试样的制备。

① 单铸试块。试块的形状和尺寸由供需双方商定，可从图 2-9-3、表 2-9-4 或

图 2-9-4 和表 2-9-5 中选择。图 2-9-3 和图 2-9-4 中的带剖面线部位为切取试样的位置。

单铸试块应在与铸件相同的铸型或导热性能相当的铸型中单独铸造。试块的落砂温度一般不应超过 500℃。

单铸试块应与它所代表的铸件用同一批次的铁液浇注，并在该批次铁液的后期浇注。

型内球化处理时，试块可以在与铸件有共同的浇冒口系统的型腔内浇注，或在装有与铸件工艺接近的带有反应室的型内单独浇注。

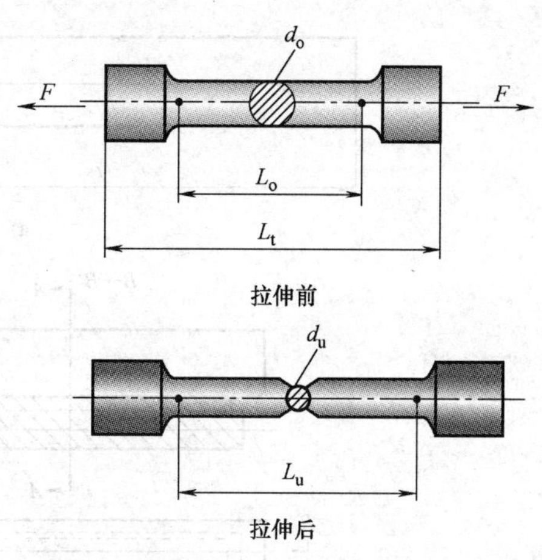

图 2-9-2 拉力试验简图

需热处理时，试块应与同批次的铸件同炉热处理。

单铸试块尺寸如图 2-9-3 和图 2-9-4 所示，需方如有特殊要求时，可采用敲落单铸试块，如图 2-9-5 所示。

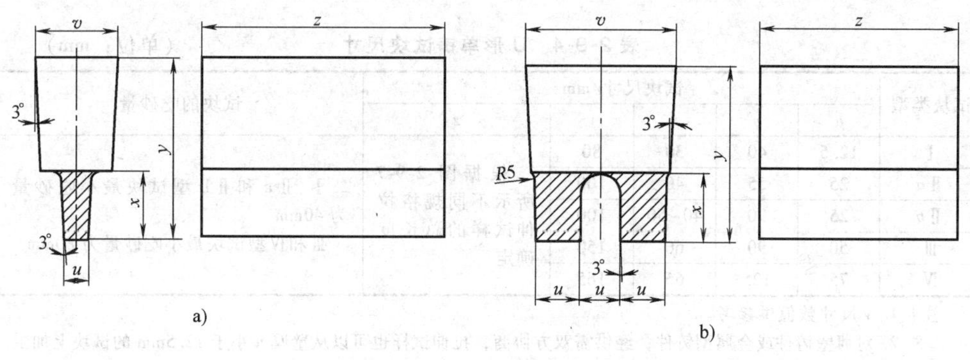

图 2-9-3 U 形单铸试块

a) Ⅰ、Ⅱa、Ⅲ、Ⅳ型 b) Ⅱb 型

② 附铸试块。当铸件质量等于或超过 2000kg，而且壁厚在 30~200mm 范围时，优先采用附铸试块；当铸件质量超过 2000kg 且壁厚大于 200mm 时，采用附铸试块。附铸试块的尺寸和位置由供需双方商定。

附铸试块在铸件上的位置应考虑到铸件形状和浇注系统的结构形式，以避免对邻近部位的各项性能产生不良影响，并以

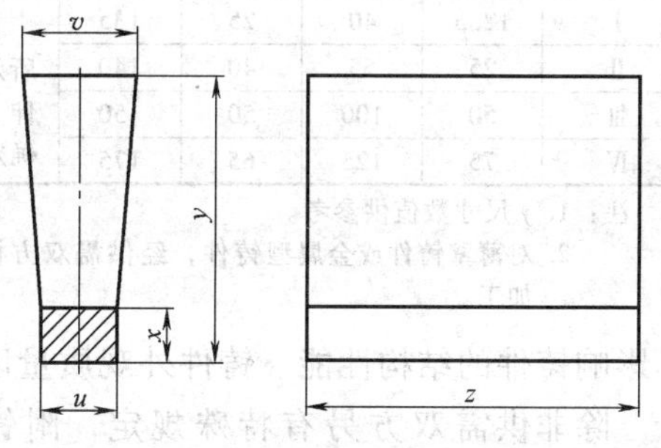

图 2-9-4 Y 形单铸试块

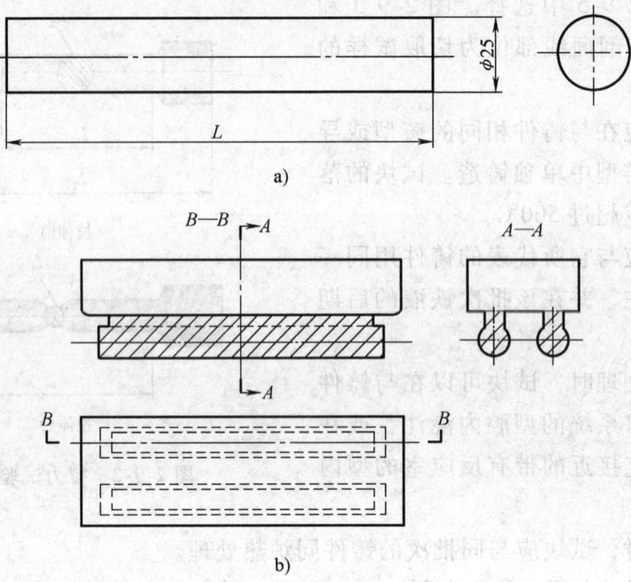

图 2-9-5 敲落单铸试块

a）试棒最小长度 $L=50$mm b）铸型示意图

表 2-9-4 U 形单铸试块尺寸 （单位：mm）

试块类型	试块尺寸/mm					试块的吃砂量
	u	*v*	*x*	*y*	*z*	
Ⅰ	12.5	40	30	80	根据图 2-9-7 所示不同规格拉伸试样的总长度确定	Ⅰ、Ⅱa 和Ⅱb 型试块最小吃砂量为 40mm Ⅲ和Ⅳ型试块最小吃砂量为 80mm
Ⅱ*a*	25	55	40	100		
Ⅱ*b*	25	90	40~50	100		
Ⅲ	50	90	60	150		
Ⅳ	75	125	65	165		

注：1. *y* 尺寸数值供参考。

2. 对薄壁铸件或金属型铸件，经供需双方协商，拉伸试样也可以从壁厚 *u* 小于 12.5mm 的试块上加工。

表 2-9-5 Y 形单铸试块尺寸 （单位：mm）

试块类型	试块尺寸/mm					试块的吃砂量
	u	*v*	*x*	*y*	*z*	
Ⅰ	12.5	40	25	135	根据图 2-9-7 所示不同规格拉伸试样的总长确定	Ⅰ和Ⅱ型试块最小吃砂量为 40mm Ⅲ和Ⅳ型试块最小吃砂量为 80mm
Ⅱ	25	55	40	140		
Ⅲ	50	100	50	150		
Ⅳ	75	125	65	175		

注：1. *y* 尺寸数值供参考。

2. 对薄壁铸件或金属型铸件，经供需双方协商，拉伸试样也可以从壁厚 *u* 小于 12.5mm 的试块上加工。

不影响铸件的结构性能、铸件外观质量以及试块致密性为原则。

除非供需双方另有特殊规定，附铸试块的形状如图 2-9-6 所示，其尺寸见表2-9-6。

表 2-9-6 附铸试块尺寸 (单位：mm)

类型	铸件的主要壁厚	a	b(max)	c(min)	h	L_t
A	≤12.5	15	11	7.5	20~30	根据图 2-9-7 所示不同规格拉伸试样的总长确定
B	>12.5~30	25	19	12.5	30~40	
C	>30~60	40	30	20	40~65	
D	>60~200	70	52.5	35	60~105	

注：1. 在特殊情况下，表中 L_t 可以适当减少，但不得小于 125mm。
2. 如用比 A 型更小尺寸的附铸试块时应按下式规定：$b=0.75a$，$c=0.5a$。

如铸件需要热处理，试块应在铸件热处理后再从铸件上切开。

③ 本体试样。本体取样的位置、铸件本体力学性能、检测频次和数量，由供需双方商定。

若需方对铸件本体取样的位置、试样尺寸和抗拉强度值有明确规定时，应按需方图样、技术要求执行。本体试样的直径可以等于或小于 1/3 壁厚且大于 1/5 壁厚。

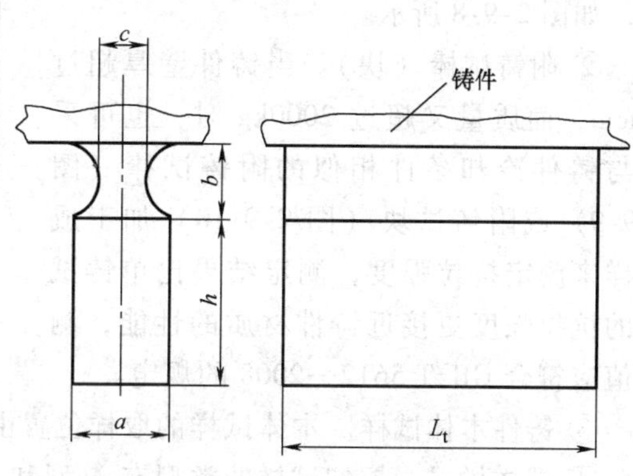

图 2-9-6 附铸试块

对于厚大件，本体取样位置由供需双方商定。

本体取样的位置也可以是铸件平均壁厚处。

需方应向供方指明铸件的重要截面，如果需方没有指明重要截面，供方应依据铸件的重要截面厚度自行选择本体试样的直径。

④ 试样。拉伸试样的形状如图 2-9-7 所示，其尺寸见表 2-9-7。

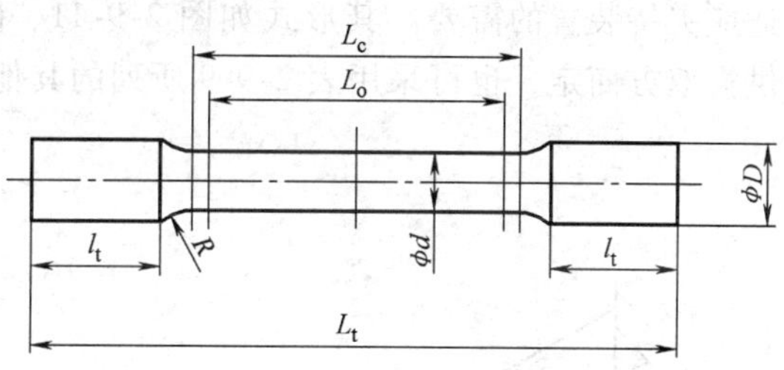

图 2-9-7 拉伸试样

表 2-9-7 拉伸试样尺寸 (单位：mm)

d	L_0	L_c(min)	d	L_0	L_c(min)
5±0.1	25	30	14±0.1	70	84
7±0.1	35	42	20±0.1	100	120
10±0.1	50	60			

注：1. 表中黑体字表示优先选用的尺寸
2. 试样夹紧的方法及夹持端的长度 l_t，可由供方和需方商定。
3. L_0——原始标距长度；这里 $L_0=5d$；
d——试样标距长度处的直径；
L_c——平行段长度；$L_c>L_0$（原则上，$L_c-L_0>d$）；
L_t——试样总长度（取决于 L_c 和 l_t）。

2）灰铸铁试样的制备。

① 单铸试块。用于确定材料性能等级的单铸试块，应和其所代表的铸件在具有相近冷却条件或导热性的砂型中立浇。同一铸型中必须要同时浇注三根以上的试棒，试棒间的最少吃砂量不得少于 50mm，试棒的长度 L 根据试样和夹持装置的长度确定，如图 2-9-8 所示。

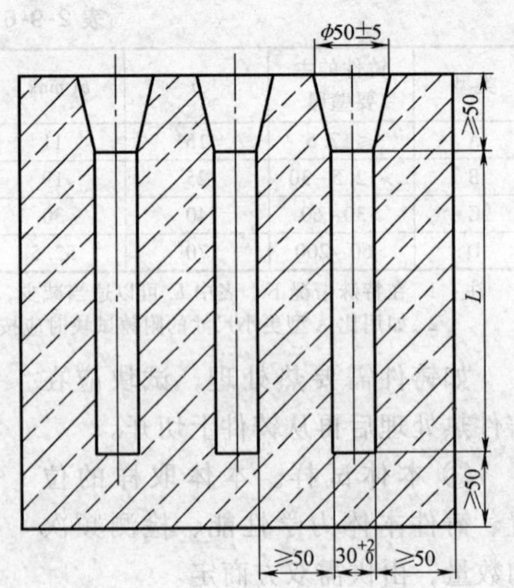

图 2-9-8 单铸试块铸型

② 附铸试棒（块）。当铸件壁厚超过 20mm，而质量又超过 2000kg 时，也可采用与铸件冷却条件相似的附铸试棒（图 2-9-9）或附铸试块（图 2-9-10）加工成试样来测定抗拉强度，测定结果比单铸试样的抗拉强度更接近铸件材质的性能，测定值应符合 GB/T 5612—2008 的规定。

③ 铸件本体试样。本体试样的取样位置由供需双方商定。

④ 试样样式。拉伸试样的类型有 A 型和 B 型两种，对于同一种材料，A 型试样的试验结果可能会略高于 B 型试样的试验结果。试样的两端可以加工成螺纹状，以适应夹持装置的需要。其形式如图 2-9-11、图 2-9-12 所示，其尺寸见表 2-9-8。经供需双方商定，也可采用表 2-9-9 所列的其他规格的拉伸试样。

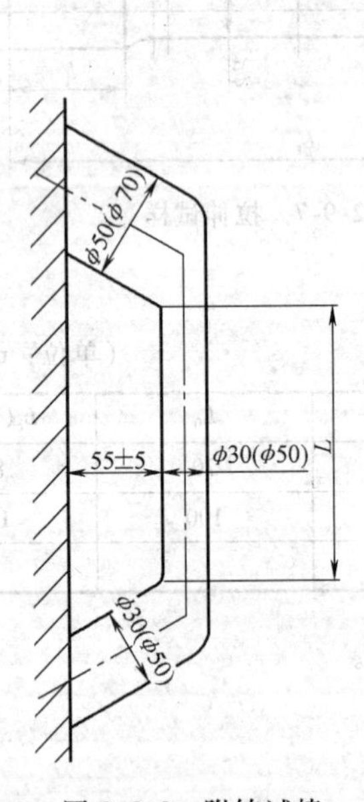

图 2-9-9 附铸试棒

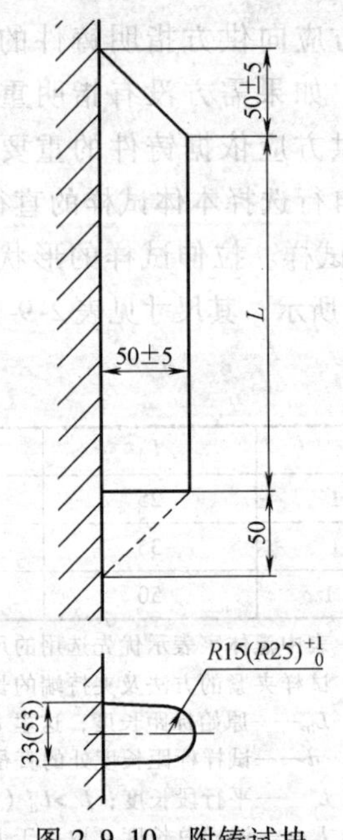

图 2-9-10 附铸试块

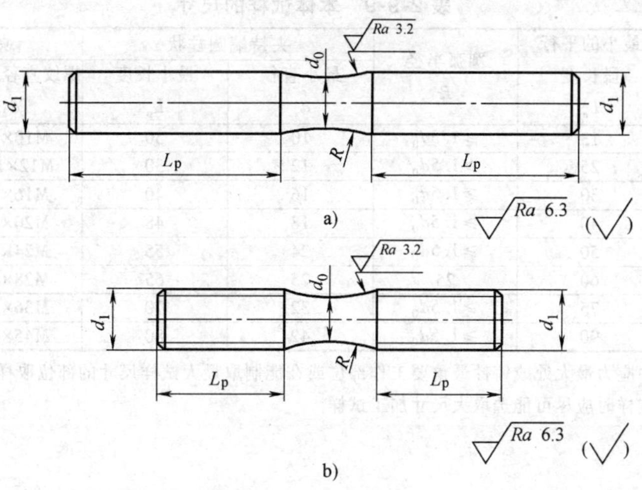

图 2-9-11 A 型试样

a）A1 型 b）A2 型

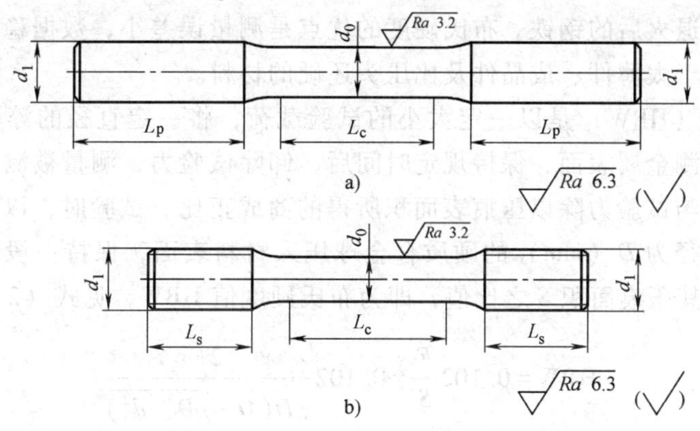

图 2-9-12 B 型试样

a）B1 型 b）B2 型

表 2-9-8 单铸试块加工的试样尺寸 （单位：mm）

<table>
<tr><th colspan="3">名 称</th><th>尺 寸</th><th>加 工 公 差</th></tr>
<tr><td colspan="3">最小平行段长度 L_c</td><td>60</td><td>—</td></tr>
<tr><td colspan="3">试样直径 d_0</td><td>20</td><td>±0.25</td></tr>
<tr><td colspan="3">圆弧半径 R</td><td>25</td><td>+5
0</td></tr>
<tr><td rowspan="4">夹持端</td><td rowspan="2">圆柱状</td><td>最小直径 d_1</td><td>25</td><td>—</td></tr>
<tr><td>最小长度 L_p</td><td>65</td><td>—</td></tr>
<tr><td rowspan="2">螺纹状</td><td>螺纹直径与螺距 d_2</td><td>M30×3.5</td><td>—</td></tr>
<tr><td>最小长度 L_s</td><td>30</td><td>—</td></tr>
</table>

表 2-9-9 本体试样的尺寸 （单位：mm）

试样直径 d_0	最小的平行段长度 L_c	圆弧半径 R	夹持端圆柱状		夹持端螺纹状	
			最小直径 d_1	最小长度 L_p	螺纹直径与螺距 d_2	最小长度 L_s
6±0.1	13	$\geqslant 1.5d_0$	10	30	M10×1.5	15
8±0.1	25	$\geqslant 1.5d_0$	12	30	M12×1.75	15
10±0.1	30	$\geqslant 1.5d_0$	16	40	M16×2.0	20
12.5±0.1	40	$\geqslant 1.5d_0$	18	48	M20×2.5	24
16±0.1	50	$\geqslant 1.5d_0$	24	55	M24×3.0	26
20±0.1	60	25	25	65	M28×3.5	30
25±0.1	75	$\geqslant 1.5d_0$	32	70	M36×4.0	35
32±0.1	90	$\geqslant 1.5d_0$	42	80	M45×4.5	50

注：1. 在铸件应力最大处或铸件最重要工作部位或在能制取最大试样尺寸的部位取样。
2. 加工试样时应尽可能选取大尺寸加工试样。

4. 硬度

硬度是指材料抵抗表面局部弹塑性变形的能力，它分为布氏硬度、洛氏硬度、维氏硬度等。

（1）布氏硬度 布氏硬度（HBW）一般用于材料较软的时候，如有色金属、热处理之前或退火后的钢铁。布氏硬度的优点是测量误差小，数据稳定；缺点是压痕大，不能用于太薄件、成品件及比压头还硬的材料。

布氏硬度（HBW）是以一定大小的试验载荷，将一定直径的淬硬钢球或硬质合金球压入被测金属表面，保持规定时间后，卸除试验力，测量被测表面压痕的直径。布氏硬度与试验力除以压痕表面积所得的商成正比。试验时，以一定的试验力 F（N），将直径为 D（mm）的硬质合金球压入材料表面，保持一段时间后，去除试验力，F 与其压痕面积 S 之比值，即为布氏硬度值 HBW，见式（2-9-3）：

$$\mathrm{HBW}=0.102\frac{F}{S}=0.102\frac{2F}{\pi D(D-\sqrt{D^2-d^2})} \quad (2\text{-}9\text{-}3)$$

式中 F——试验力（N）；

S——压痕面积（mm^2）；

D——硬质合金球直径（mm）；

d——压痕平均直径（mm）。

注：HBS 和 HBW 布氏硬度的区别和表达方法。

HBS 和 HBW 都是布氏硬度符号，但是有区别，而且 HBS 已经停止使用。在 2003 年 6 月 1 日以前，我国执行的是国家标准 GB/T 231—1984，布氏硬度试验用钢球压头进行试验的用 HBS 表示，用硬质合金压头试验的用 HBW 表示。同样的试块，当其他试验条件完全相同的情况下，两种试验结果不同，HBW 值往往大于 HBS 值，而且并无定量的规律所循。

从 2003 年 6 月 1 日开始，原国家标准 GB/T 231—1984 废止，我国等效执行国际标准 ISO 6506，制定了新的国家标准：GB/T 231.1—2002，文中明确取消了钢球压头，全部采用硬质合金压头。因此 HBS 停止使用，全部用 HBW 表示布氏硬度符号。布氏硬度有规范的标准表达方法。

我国国家标准 GB/T 231.1—2009 明确规定了其表示方式为：

硬度数值+布氏硬度符号 HBW+压头球体直径/试验力/试验力保持时间（10~15s 不标注）

压头球直径的单位为 mm，试验力的单位为 kgf。

布氏硬度的测试如图 2-9-13 所示。

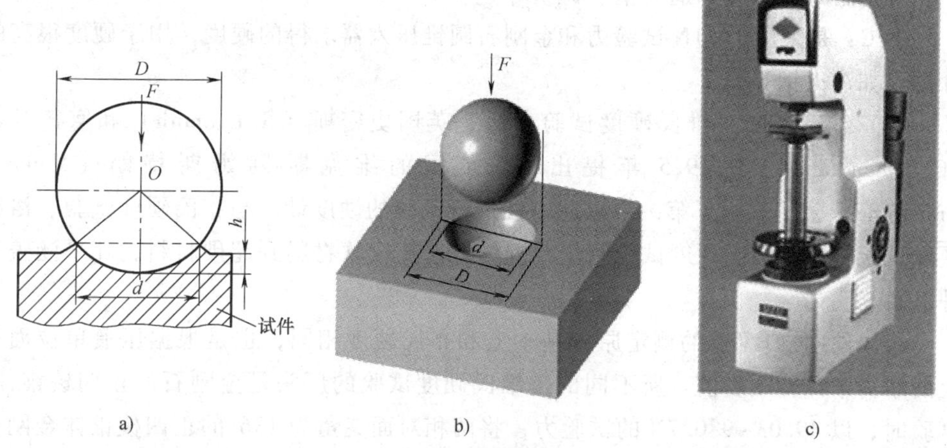

图 2-9-13 布氏硬度的测试

a）布氏硬度测试示意图 b）布氏硬度压痕图 c）布氏硬度计

（2）洛氏硬度 洛氏硬度（HR）以压痕塑性变形深度来确定硬度值指标。以 0.002mm 作为一个硬度单位。当硬度>450HBW 或者试样过小时，不能采用布氏硬度试验而改用洛氏硬度计量。它是用一个顶角 120°的金刚石圆锥体或直径为 1.59mm、3.18mm 的钢球，在一定载荷下压入被测材料表面，由压痕的深度求出材料的硬度，其试验如图 2-9-14 所示。根据试验材料硬度的不同，洛氏硬度常采用

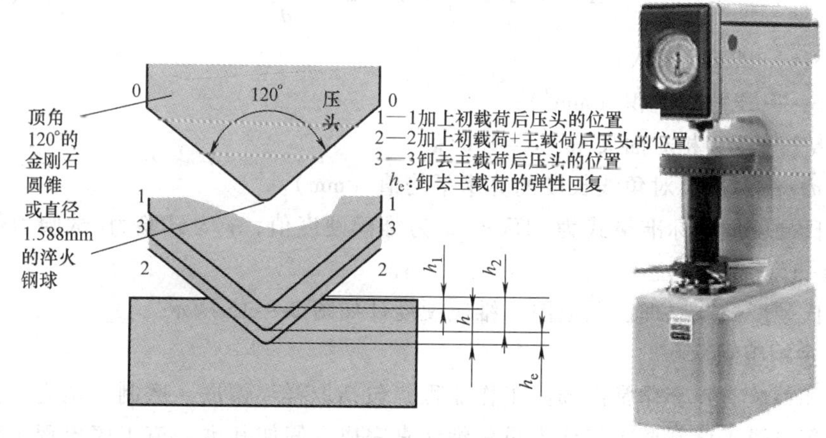

图 2-9-14 洛氏硬度测量

a）洛氏硬度试验示意图 b）洛氏硬度计

三种不同的标度来表示：

HRA：是采用588.4N试验力和金刚石圆锥压入器求得的硬度，用于硬度极高的材料（如硬质合金等）。

HRB：是采用980.7N试验力和直径为1.58mm淬硬的钢球，求得的硬度，用于硬度较低的材料（如退火钢、铸铁等）。

HRC：是采用1471N试验力和金刚石圆锥压入器求得的硬度，用于硬度很高的材料（如淬火钢等）。

（3）维氏硬度　维氏硬度试验方法是英国史密斯（R. L. Smith）和塞德兰德（C. E. Sandland）于1925年提出的。英国的维克斯-阿姆斯特朗（Vickers-Armstrong）公司试制了第一台以此方法进行试验的硬度计。与布氏硬度试验、洛氏硬度试验相比，维氏硬度试验测量范围较宽，从较软材料到超硬材料，几乎涵盖各种材料。

维氏硬度（HV）的测定原理基本上和布氏硬度相同，也是根据压痕单位面积上的载荷来计算硬度值。所不同的是维氏硬度试验的压头是金刚石的正四棱锥体。试验时，以49.03~980.7N的试验力，将两相对面夹角为136°的正四棱锥体金刚石压头用一定的试验力压入试样表面，保持规定时间后，卸除试验力，测量试样表面压痕对角线长度，再按公式来计算硬度的大小。它适用于较大工件和较深表面层的硬度测定。维氏硬度尚有小负荷维氏硬度，试验力为$1.961 \leqslant F < 49.03$N，它适用于较薄工件、工具表面或镀层的硬度测定；显微维氏硬度，试验负荷<1.961N，适用于金属箔、极薄表面层的硬度测定。

其计算方法为

$$\mathrm{HV}=0.102\times\frac{F}{S}=0.102\times\frac{2F\sin\frac{\alpha}{2}}{d^2} \tag{2-9-4}$$

式中　F——试验力（N）；

S——压痕表面积（mm^2）；

α——压头相对面夹角，$\alpha=136°$；

d——两压痕对角线长度的算术平均值（mm）。

维氏硬度值的标准格式为xHVy，x为维氏硬度值，y为试验力/试验力保持时间（10~15s不标注）。

维氏硬度试验原理、压痕图、维氏硬度计如图2-9-15所示。

5. 金相组织

金相检验有一套非常严谨的工作流程，包括取样、镶嵌、磨制、抛光、侵蚀和观察，每一道工序都要求工作人员仔细认真完成，假如其中一道工序出现工作失误都可能造成漏检和造成伪缺陷。

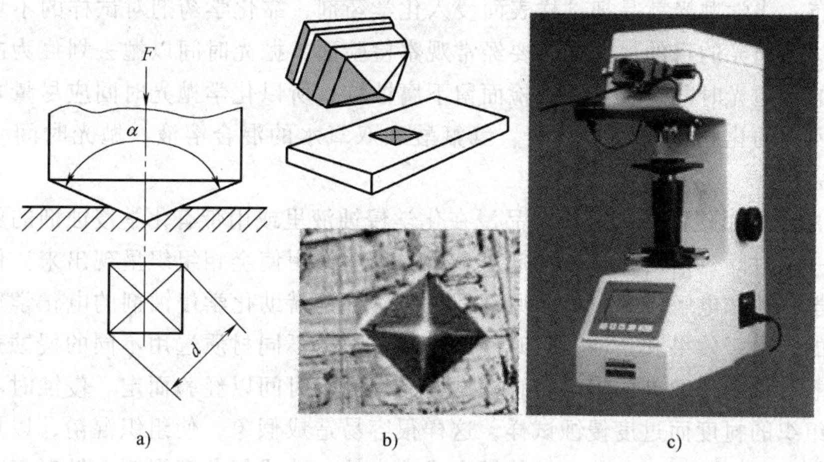

图 2-9-15 维氏硬度试验

a）维氏硬度试验原理 b）维氏硬度压痕图 c）维氏硬度计

（1）取样 根据检验的目的，在被检部件上选择有代表性的部位截取试样。试样的截取应该便于以后的磨制和观察。根据我们的要求管材试样截取在 10~15mm 即可，焊接件根据情况而定。

（2）镶嵌 我们现用的镶嵌材料是义齿基托树脂，也就是牙托粉和牙托水混合而成的材料。这种材料的优点是：方便、坚固，便于以后的磨制。在这里强调一点：在天气炎热时要将牙托水和牙托粉混合得黏稠一些，防止由于天气炎热造成混合液在浇注时产生膨胀和气泡。

（3）磨制 磨制可分为粗磨和细磨。粗磨：经取样和镶嵌的试样，首先应在砂轮上找平，磨制划痕均匀。在砂轮打磨试样时，用力均匀，压力不要太大，并经常用水冷却，避免试样因受热而发生组织变形。细磨：粗磨完再依次利用由粗到细的各号水磨砂纸和金相砂纸依次进行磨制。在这里强调一点，磨制时用力要均匀，在每张砂纸的磨制时间不要太长，当旧划痕完全消失新划痕均匀一致时即可更换砂纸，每换一张砂纸，试样要转动 90°。粗磨和细磨时要将试样洗净，不然一些砂粒很容易带到细砂纸上造成较大划痕，那样就前功尽弃了。

（4）抛光 这是关键的一步也是机械加工的最后一步，目的是除去最后一道砂纸留下的划痕，以得到光滑如镜的磨面。抛光的好坏直接影响着被检面的洁净和组织呈现。抛光可分为机械抛光、化学抛光、电解抛光。由于条件和效果的原因一般不使用电解抛光。下文重点介绍一下机械抛光和化学抛光。机械抛光是靠溶入抛光织物的磨料对试样的切削作用达到抛光目的。抛光织物一般就是帆布和绒布。抛光织物应在热水里浸泡 1~2h 再使用。磨料为氧化铝、碳化硅、金刚砂和氧化铬等。抛光时将磨料均匀地悬浮在织物上，试样的磨痕要和转盘的的方向垂直，抛光用力均匀，需较小的施加压力。目前所用的抛光剂是 5μm 的金刚砂抛光剂，抛光织物是细帆布。化学抛光就是把试样表面浸入化学药剂，靠化学药剂对试样的不均匀溶解性来达到抛光的目的，抛光时要经常观察检验面，抛光时间以抛去划痕为准。特别指出的是抛光时间过长会给被检面留下腐蚀坑，所以化学抛光时间应尽量短。我们现在所用的化学抛光液为草酸、氢氟酸和双氧水的混合溶液，抛光时间一般为12s左右。

（5）侵蚀　侵蚀是把金相样品浸在化学侵蚀液里或用带有化学侵蚀剂的脱脂棉球擦拭一定时间，借助化学侵蚀剂对金属的化学作用使金相组织呈现出来。侵蚀可分为化学侵蚀和电解侵蚀，其实原理都一样，都是借助化学侵蚀剂的电化学反应而达到目的。由于效果和条件，暂时使用化学侵蚀，不同材质选用不同的侵蚀剂。侵蚀时用蘸有化学侵蚀剂的棉球轻轻擦拭样品表面，时间以经验而定。侵蚀时不能为了增加组织的衬度而过度侵蚀试样，这样很容易造成假象，使组织混淆，以贝氏体组织为例，过度的侵蚀会使贝氏体转变成珠光体，造成假象和误判。针对高合金材质现在使用的侵蚀剂为三氯化铁盐酸水溶液，针对低合金使用的化学侵蚀剂为硝酸酒精溶液，不锈钢材质使用王水。

（6）观察　观察可分为宏观分析和微观分析。宏观分析时先用肉眼或低于10倍的放大镜对试样表面进行观察分析，看是否有宏观缺陷，对金属面晶粒大小进行粗略判定。微观检验时，用放大100倍的显微镜头对整个被检面的晶粒度进行分析评定，粗略观察整个被检面的组织，然后用200倍的显微镜对金相组织仔细判定。对于晶粒较小的材质再用500倍镜头仔细分析，总之尽量做到客观严谨。

三、铸件无损检测

常用的无损检测方法一般有液体渗透、磁粉、涡流、射线和超声五种，它们可以满足一般对工件的表面（或表层）和内部的检测要求。

应该指出，铸件在委托检测之前，有关部门要根据铸件的相应检测标准要求，做好检测前铸件外观和表面的检测工作，不符合检测要求的，有的要整体打磨，有的要在需检测的重要部位打磨，有的需要机加工，即使铸件铸造表面比较光滑，特别对大型铸钢件，最好也要以按GB/T 6060.1—1997制造的表面粗糙度比较样块进行检测，以表面粗糙度小的级别进行要求，或者用表面粗糙度仪测量表面粗糙度，评定方法执行GB/T 15056—1994中的表面粗糙度评定方法。

1. 液体渗透检测

液体渗透检测只用于检查各种材质的铸件表面上的各种开口缺陷，如表面细裂纹、表面针孔等肉眼难以发现的缺陷。它是利用有色的（一般为红色）高渗透能力的液体（渗透剂），浸湿或喷洒在铸件表面上，待数分钟，使渗透剂渗入到开口缺陷里面后，快速洗去或擦掉表面渗透液层，再将易干的显示剂（也称显像剂）喷撒在表面上，待把残留在开口缺陷中的渗透剂吸出来后，显示剂就被染色，反映出缺陷的形状、大小和分布情况，对于有经验的检测人员来说，一般还能估计判断缺陷的深度。所有这些检测结果对于检测部门判断铸件合格与否，是否返修，如何返修等都是非常有用的。此外，对于铸造工艺人员来说，在改进铸造工艺方面也是很有用的。因为渗透检测的结果比目视检测的结果更为全面，更为精确。

应当指出，渗透检测对于粗糙的铸态表面或者机加工后的表面粗糙度大的表面，其检测精确度大为降低，甚至可能出现假象，为此，常需要打磨，特别对于大型铸件尤其如此。表面越光越好，磨床磨光的表面，检测精确度最高。甚至可以检测出晶间裂纹，检测部门对此要充分注意。

常用的渗透检测是着色检测，除此之外，还有荧光渗透检测，它需要配置紫外线灯进行照射观察，但缺陷因此也更易于检出，不过紫外线对人眼有些害处。

2. 磁粉检测

磁粉检测只适用于检查铁磁性材料的铸件表面缺陷和表面以下数毫米（至多6~7mm）深埋藏的缺陷（或称表层缺陷）。它需要直流或交流的磁化设备（固定式的和便携式的）和磁粉或磁悬液才能进行检测操作。磁化设备是用来在铸件外表面或内表面产生磁场用的，磁粉或磁悬液是用来显示缺陷用的。当在铸件一定范围内产生磁场时，在磁化区内的缺陷，就会产生漏磁场，再撒上磁粉或喷上磁悬液，磁粉就被吸住，这样就可以显示出缺陷来。但是这种显示出的缺陷（如裂纹）基本上都是横切磁力线的缺陷，对于平行于磁力线的长条形缺陷则显示不出来，为此，操作时还需要不断地改变磁化方向，以保证能够检测出未知方向的各个缺陷。只有当缺陷的取向与磁场方向（或磁力线）垂直时，和当该磁场的强度正好使铸件达到磁饱和时，才能得到最大的显示灵敏度，磁粉显示出的缺陷形状轮廓才最清晰。

根据铸件的大小、形状和磁粉检测的要求，采用不同的磁化设备和具体方法。对于大批量生产的较小铸件，可以采用固定式磁化设备，对于单件或小量生产的大型铸件则宜用便携式磁化设备，有时用触头磁化，有的用磁轭、线圈、中心导体或软电缆等不同的具体磁化手段进行磁化。所有这些都由合格的检测人员根据铸件的具体情况和检测要求去决定。

3. 涡流检测

涡流检测适用于检查铁磁性材料和非铁磁性材料铸件的表面缺陷和表面以下一般不大于6~7mm深的缺陷。它是涡流检测的一种应用，需要使用相应的涡流检测设备。将一个带交流电的探头式线圈或马蹄形线圈的测试线圈放置在铸件表面上时，在铸件上感应产生出漩涡式电流，简称涡流，涡流的电磁能量又反射回到测试线圈上，如果铸件表层存在缺陷，则涡流的电特征就会有畸变而发现缺陷的存在。所发现的缺陷（如裂纹）一般都是垂直于涡流流动方向的缺陷。因为涡流是交流电，由于趋肤效应的原因，所以它不能发现距表面太深的缺陷，另外要注意检查铁磁性材料的铸件时，可能因为磁导率的变化影响而使测量的缺陷大小、深度不准确或者测量值不稳定。还要注意校对仪器用的试块材质最好与被测工件相同或相近，对试块上的人工缺陷也要制造精确。涡流检测对探测出的缺陷大小和形状不直观，一般只能确定出缺陷的所在表面位置和深度，对比较大的缺陷，才可能确定出在铸件表面上的大致形状或范围。另外对在工件表面上小的开口缺陷的检出灵敏度不如渗透或磁粉检测。

涡流检测技术，实际上的应用范围还要大。它不仅包括涡流探伤，而且还包括对材质的电磁性检测。电磁性检测可以按材质的合金成分、电导率、热处理状态、硬度和其他冶金因素进行对比测量或分类，还可以应用于测量电镀层和绝缘层的厚度，但是这些都需要使用相应的试块（样）和仪器设备。

4. 射线检测

射线检测用于检查各种金属材料铸件的内部缺陷。对铸件的射线检测，一般用X射线或γ射线作为射线源。因此需要有产生射线的设备和其他的附属设施。当工件置于射线场照射时，射线的辐射强度就会受到铸件内部缺陷的影响。使得穿过铸件射出的辐射强度随着缺陷大小、性质的不同而有局部的变化，形成缺陷的射线（强度）图像，通过射线胶片予以显像记录，或者通过荧光屏实时系统予以实时检测观察，或者通过辐射计数仪检测。但是通过射线胶片显像记录的方法，是最常用的方法，这就是通常说的射线照相检测，简称射线检测。射线照相反映出来的缺陷图像是直观的，缺陷形状、大小、数量、平面位置和分布范围都能呈现出来，只是自铸件表面的深度一般反映不出来，需要采取特殊措施和计算才能确定。因为它对缺陷图像有永久的记录，是铸件射线检测最常用的方法。还有，在射线照相时，一定要按照铸件相应的标准要求、灵敏度和质量等级进行评片工作。

现在国内外出现应用射线计算机层析照相方法，这是新技术，由于设备目前比较昂贵，使用成本高，还没有普及。但是它代表了高精度射线检测技术现代发展的方向。此外，使用近似点源的微焦点X射线系统，实际上也可消除用较大焦点设备产生的模糊边缘，使得图像轮廓清晰。数字图像处理系统的应用，改进了图像的信噪比，使得图像更为清晰精确。

射线检测除了需要射线设备外，还需要具备射线照相后的胶片暗室处理设施。底片处理得好坏，直接影响到对铸件质量等级的评定。为了避免一般手工直接处理底片操作的人为影响因素，使底片洗印质量均一化，现在发展了台式自动洗片机和大型的座式自动洗片机。便于搬动的台式洗片机适合于室内或检测车内使用；对于每天都有大批量的洗片任务，更宜于用大型座式洗片机，以便更加提高工作效率。

射线对人体有害，因此在组织实施射线检测时，一定要特别注意安全防护，应当具备符合安全要求的专门射线透照室。即使在不得已的情况下，需要在射线透照室以外的现场进行射线检测时，更加要强调安全防护，除了检测人员本身的安全防护外，还需要注意周围其他人员的安全防护，这点在生产中的所有有关部门和人员都要充分认识和注意到。

5. 超声波检测

超声波检测主要用于检查各种金属材料铸件的内部缺陷，有时也用于检查铸件表面或表层缺陷。需要时也可用于对铸件内部组织结构甚至机械强度的检测评判，还可以用于测厚，严格讲这是属于超声测量的范畴。一般的超声波检测都是非直观的，不能呈现出缺陷的真实形状、大小和分布情况。只有采用有专门多种成像功能的仪器，才能显示出来。超声波检测是利用具有高频声能的声束在铸件内部的传播过程中，碰到内部表面或缺陷时，产生反射而发现缺陷。反射声能的大小是内表面或缺陷的指向性和性质以及这种反射体的声阻抗的函数，因此可以应用从各种缺陷或内表面反射的声能来检测缺陷的存在位置、壁厚或者表面下缺陷的深度。对缺陷大小的测定一般用当量大小来评定，而利用超声检测铸件内部组织结构甚至强度，则是利用声速的变化与相应组织结构的关系进行的。

超声波检测是应用比较广泛的一种无损检测手段，它具有一些优越性，但也有一些局限性。它的优越性主要表现在：具有高灵敏度，因此可以探测细小裂纹；具有大的穿透能力，因此可以探测很厚截面的铸件，特别适合于大厚度的大型铸件的检测，能够比较准确地测出缺陷的位置，并能确定出缺陷的大小，但是对于比较小的缺陷，一般只能确定出其当量大小，对于大缺陷可以确定在检测面上反映出的范围大小。超声波检测的局限性主要表现在：对于轮廓尺寸复杂和指向性不好的断开性缺陷的反射波形，解释困难；对于不合意的内部结构，例如晶粒大小、组织结构、多孔性、夹杂含量或细小的分散析出物等，同样妨碍波形解释；以及检测时需要参考标准试块。

综上所述，超声波检测一般可以解决缺陷的定位、定量问题，对于定性问题则解释比较困难，只有实际经验丰富的检测人员，对缺陷性质的判断相对地准确度可高一些。

1）铸件形状的影响。铸件一般的形状都比较复杂，内外表面都是互相平行的平面或者都是同心圆面或曲面，或者是实心的圆柱体等规则形状的铸件种类不多，对于这类规则形状的铸件，检测人员都会比较顺利地进行检测处理。对于不规则形状或者说形状复杂的铸件，从超声波检测的角度来分析其复杂特点，可以归纳为以检测面为准，检测厚度是变化的和检测面可能是多个曲率组成的曲面。这种不规则的结构形状，都会给超声检测带来影响和问题。而解决这类问题的途径，一般应该是针对铸件产品的特点和技术要求，设计和制造出同材质的相应试块，事先做出必要的参考试验数据，然后用于实际检测中去，其中要注意检测面曲率影响的增益补偿，铸件与试块材质衰减和表面粗糙度不同的补偿，不同深度的缺陷在深度影响上增益的扣除等。特别要注意因结构形状无底面反射波（即底波）或底波降低情况下的缺陷判断。为此要事先了解铸件的结构形状，最好以作图方式结合各种反射波的位置进行比较精确的缺陷判断。如果在因结构形状无底波的情况下，在声束声程中还存在孔洞大小与晶粒相仿的局部疏松缺陷，则难以发现了。因为疏松颗粒对入射声束的绕射，也能造成收不到其反射波，铸件形状对超声波检测的影响如图 2-9-16 所示。为此需要变换探测频率进行试验，或者采用其他检测方法（例如射线照相）

进行补充检测。总之要排除形状影响，找出真正存在的缺陷。

2）表层缺陷。对于铸件表面以下 3~4mm 深的小气孔、针孔或者小夹杂的表层缺陷，即使用磁粉检测或者涡流检测等表面检测技术一般也很难探测出来。应用常规的单晶片直射超声探头，则处于盲区之内，更加探测不出来。为了解决包括超声直射探头盲区在内的表层缺陷探测问题，采用超声方法，一般有包括接触或聚焦斜射单晶片探头在内的斜射检测，不同相交深度的双晶片聚焦直探头或斜探头和聚焦水浸等检测方法。对于检测面是平面的铸件，一般使用单晶片或双晶片斜射检测方法；对于检测面是曲面的铸件一般使用双晶片直探头检测方法。最好的方法是使用水浸聚焦探头进行检测，但是它需要包括水浸槽在内的专门设备，而且最好是半自动的设备，以求得扫查探测的统一性和准确性，但是对于形状较复杂的大型铸件不容易实现，因为探测的专门设备太庞大，成本太高。另外，不论使用哪种方法，都需要设计、制造相应的试块和进行事先的试验，以保证实际探测的准确度。

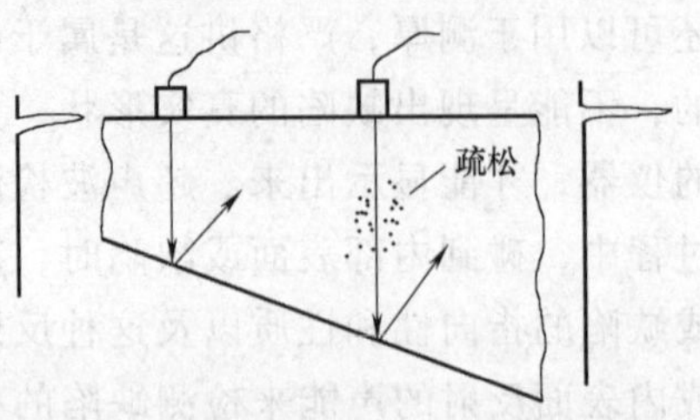

图 2-9-16 铸件形状对超声波检测的影响

3）内部缺陷。对于铸件内部缺陷的检测，主要是确定缺陷的深度和缺陷的大小。最常用的仪器是 A 扫描的超声脉冲探伤仪，一般都能较好地解决问题，特别是测定缺陷的深度有相当高的精度，因为它是以缺陷反射波形式表现出来，所以它不能呈现出缺陷的形状大小。随着技术的不断发展，现在已经出现和应用了超声成像仪器，功能比较完整的超声成像仪器，不仅具备 A 扫描功能，而且还具备二维的 B 扫描和 C 扫描，甚至三维的缺陷立体成像。B 扫描呈现的是声束方向工件断面上深度不同和横向大小不同的缺陷分布图像，通过该图像可以看出各缺陷的深度和垂直于声束方向的缺陷横向大小，在没有缺陷的部位，则没有图像显示。C 扫描呈现的是声束方向的缺陷俯视平面形状图，可以直观表现缺陷的形状大小，但是它没有反映出缺陷的深度，不过有的仪器利用彩色显示屏用不同颜色表示出一定的深度范围，因此缺陷的近似深度也就可以得知。缺陷的三维立体成像，是通过 A 扫描取得信息后经固化程序的专用计算机处理转换而成的，没有这个装置就得不到这种图像。但是这种多功能的超声装置，目前还只能用于形状简单的工件上的检测，虽然它对缺陷形状大小是直观的，但是对于铸件来说，特别对于结构形状复杂的铸件来说，目前还应用不上。所以 A 扫描超声探伤仪器仍旧是目前铸件检测最广泛使用的一种仪器。

第十章 液压铸件

一、液压铸件的现状

在我国，铸造业是关系国计民生的重要行业，是汽车、石化、钢铁、电力、造船、纺织、装备制造等支柱产业的基础，是制造业的重要组成部分。在机械装备中，铸件占整机重量的比例很高，内燃机占80%，拖拉机占50%~80%，液压件、泵类机械占50%~60%。汽车中的关键部件几乎全部由铸造而成；冶金、矿山、电站等重大设备都依赖于大型铸锻件，铸件的质量直接影响着整机的质量和性能。我国铸造行业的技术水平比发达国家落后约20年，许多铸件质量不过关，无法满足国民经济快速发展的需要，需依赖进口。技术落后、设备陈旧、能耗和原材料消耗高、环境污染严重以及工人作业环境恶劣等问题，已经成为行业的共识，国家工信部制定的《中国工程机械行业“十二五”发展规划》中，就明确提出了要突破关键零部件铸件发展的瓶颈。

“机械基础件、基础制造工艺和基础材料”是制造高端设备的三大基础产业，而液压件、发动机、电控系统是“三基”产业中的“机械基础”的三大核心零部件。高端液压件被称为工程机械的“芯”，是卡住我国工程机械产业喉咙最为尖利的一根刺。在液压件、发动机、电控系统三大核心零部件中，液压件技术是中国工程机械企业发展的最大瓶颈。近年来，我国液压工业虽取得了很大的进步，但与主机发展需求，以及和世界先进水平相比，在产品品种、性能和可靠性等方面与还存在很大差距。在挖掘机高压大流量液压装置方面，国内挖掘机零部件企业的产品还难以满足国内挖掘机主机企业的配套要求。特别是挖掘机核心零部件大量依赖进口，行业70%的利润被进口零部件吞噬，其中液压件占据首位。另外，液压件在农业机械、海洋开发、医疗机械、船舶、航天航空等领域也有广泛的用途。

液压件是机电工业的基础元器件之一，而液压铸件则是这个基础件的基础，液压件不过关其关键是液压铸件铸造技术不过关，“得铸造者得液压，得液压者得天下”的说法已成为业内共识。液压铸件的特点是性能及质量要求是全方位的，而普通铸件的要求则简单得多。比如液压铸件外形相对简单，但外观质量要求较高。内腔油道结构复杂，变形量、清洁度和尺寸精度要求较高，不允许存在粘砂缺陷和其他杂物。由于其高压密封的使用条件，在保证其形状结构的前提下，还有很高的致密度要求及较高的力学性能和抗冲击性能，不允许有缩孔、缩松、气孔、夹渣、裂纹等铸造缺陷。这些特点都增加了液压铸件的制造难度。目前，我国液压铸造企业生产的铸件仍以中、低端产品为主，高端液压铸件的制造依然困难，核心技术和关键产品仍依赖进口。

近年来，随着国务院振兴装备制造业规划的实施，三一重工、广西柳工集团有限公司、徐工集团、夏门厦工机械股份有限公司等主机厂都有投资液压领域的计划。山东常林集团率先投资26个亿，引进60万套液压件生产线，并不惜重金从日本、瑞典引进40多名铸造和液压专家，山西榆次液压、贵州力源液压、江苏恒立液压等也在铸造项目上有大笔资金投入。可以预见，液压铸件将是业内企业争夺高端市场的重要阵地。

二、我国液压铸件存在的主要问题

（1）铸件加工余量大　由于难以控制变形问题及表面缺陷，铸件的加工余量一般比国外大1~3倍，铸件毛重比国外平均高出10%~20%。铸件的能耗和原材料消耗严重，加工周期长，生产效率低。

（2）浇注系统设计不合理　由于设计不当，过分追求出品率，对浇注系统的挡渣、排气功能重视不够，导致铸件存在气孔、夹杂等缺陷，废品率较高。

（3）模拟软件应用不普及　铸造过程模拟是铸件生产的一个必要环节，在国外，如果没有计算机模拟技术，就拿不到订单。我国的铸造业计算机模拟起步较早，虽然核心计算部分开发能力较强，但整体软件包装能力较差，导致成熟的商业化软件开发远落后于发达国家，相当一部分铸造企业对计算机模拟技术望而却步，缺乏信任。目前这种局面虽有所好转，但在购买了铸造模拟软件的企业中，能够发挥其作用的还不多见，急需对企业员工进行软件应用培训。

（4）质量管理不到位，工艺规范不严谨或未严格执行　绝大多数生产液压铸件的企业都通过了ISO9000质量体系认证，但有许多企业在执行过程中大打折扣，甚至弄虚作假。

（5）原辅材料质量不高　绝大多数厂家的原辅材料验收标准过于宽松，生产性能要求简单的普通铸件问题不大，但对内外质量要求严格的液压铸件而言根本无法保证产品的稳定性和一致性。

（6）人才短缺　铸造技术人才严重短缺是制约我国液压铸造技术发展的关键。主要表现在：

1）技术及管理人员数量偏少，分布不均，最少的工厂技术及管理人员仅占总职工人数的1.2%，最多的工厂占32.3%，相差27倍。

2）高级人才数量少。铸造企业技术管理人才基本以中专、大专和本科生为主，特别是中专、大专生数量为多，研究生很少。

3）新人才来源困难。很多高校在20世纪90年代后不再设置铸造专业，新人才的来源日益困难。绝大多数工人更是极少经过专业培训，许多企业由农民工从事铸造生产。整个行业的技术水平尤其是质量意识和质量控制水平不适应市场竞争的要求。

三、液压铸件的发展趋势

随着液压元件技术的不断发展，特别是集成化、轻量化和小型化的发展趋势，对液压铸件的质量要求越来越严，制造难度越来越大。产品脉冲试验由百万次级提高到千万次级；铸造非加工流道的尺寸精度由±0.2～±0.4mm逐渐发展到±0.1～±0.2mm。长距离、细小孔径、多维度走向内流道越来越多地出现在铸件中。随着铸件壁厚的减小，对材质的要求也在不断提高，已经出现了诸如QT400-22、QT500-10、QT600-5之类的牌号，对铸件硬度均匀性也提出了更高的要求，同一断面的硬度差由40HBW以内降低至10～20HBW。铸件加工余量最大不得超过2mm等。这些要求使得液压铸件生产企业面临着前所未有的挑战。

与我国相比，发达国家的液压铸造企业总体上铸造技术先进、产品质量好、生产效率高、环境污染小、原辅材料已形成系列化。欧洲已建立跨国服务系统，生产实现机械化、自动化、智能化。生产过程严格执行技术标准，铸件废品率为2%～5%。重视用信息化提升铸造工艺设计水平，普遍应用软件进行充型凝固过程模拟和工艺优化设计。

四、提高我国液压铸件水平的措施

（1）细化工艺管理，量化控制范围　铸造生产的目标是用最高的效率、最低的成本，生产出质量合格、品质齐一的铸件。质量合格是指铸件尺寸合格，没有表面和内部缺陷，材料性能满足要求。品质齐一是指每批的铸件以及不同批量的铸件性能，质量一样，齐一性好。为了实现这一目标就需要一整套工艺和一整套设备，而所有的设备都是为工艺服务的。生产的任何一道工序都需要工艺，凡是能控制的地方都要制定严格的控制范围，包括原材料及铁液的化学成分、生产过程的工艺参数、浇注温度、型砂性能和砂芯发气量等。工艺被视为企业的生产法律。一旦制定了工艺，从工人到管理、技术人员，人人有责任执行工艺。执行工艺规定绝对不能打折扣。如果不符合工艺条件，工人决不进行操作。

（2）为了实现控制的目标，就必须有相应的设备仪器　凡是为保证工艺所需的设备，则必须购置。凡是可以用仪器、工具控制的地方，都用仪器、工具加以控制，所有的仪器仪表都定期检验、校准、记录。同时设备的配置和管理要讲究系统化、配套性、可靠性。

（3）加强员工的管理和培养　培养人注重实效，需要什么培养什么。主要方法：通过内部培训班、行业培训班、参加大学的培训班，老职工、新职工之间的传帮带。培训要有针对性，讲求实际。培训不为文凭，不为证书，只为工作需要。

（4）加强对铸造新工艺、新材料、新设备的研究　加强铸造业的基础研究和应用研究，铸造行业中许多金属材料都是通用的和关键的，因而应注重工艺研究和改进，同时又要加强材料工艺及计算机模拟等先进技术的采用以稳定产品质量。在研发模式上，可以通过社会的力量转变铸造企业之间的结构关系，并培养一批有能力的技术人员加大技术研发，企业与企业之间建立良好的沟通与合作，让单个企业遇到的困境在铸造行业内得到解决，让铸造行业存在的瓶颈通过所有企业的力量分化承担。

（5）开发具有更高无形价值的高端液压铸件　近年来由于铸造金属材料性能的不断提高和铸造方法的改进以及新的铸造方法的出现，为新铸件和铸件设计提供了新的发展天地。铸造厂应与用户合作，进行铸件的设计、创新和改进工作。目前利用新工艺、新材料开发新铸件的主要工作是由铸造厂和用户相结合的方法来实现的，采用计算机凝固模拟技术，计算机铸件设计技术，以最快的速度开发新铸件。

第十一章
液压铸件模具

第一节　液压铸件模具的特点

一、铸造模具在生产中的地位

工厂将铸造模具称为“铸造之母”，此话可谓是对铸造模具在铸造生产中作用和地位的一个高度的概括。称之为“母”，其一是因为在工厂里，几乎所有铸件都是用铸型制成砂型然后得到的，无铸造模具即无铸件；其二是铸件总是带有铸造模具的“遗传性”；铸件的尺寸精度、表面粗糙度乃至某些铸造缺陷无一不与铸造模具质量有直接关系。砂型铸造模具与其他模具的另外差别还有工作温度不高，一般不超过300℃；工作压力不高，即使是高压造型，其比压也不会超过1.5MPa。因此模具材料选用范围较大，模具寿命也较长，模具费用占总成本比例也较低。

缸、泵、阀等液压铸件是机械产品中重要的通用基础元件。液压铸件内腔形状复杂，是难以制造的铸件毛坯之一。随着液压技术的发展，特别近几年连体泵、整体多层多路阀的出现使液压铸件结构更加紧凑，内腔形状复杂程度越来越高。特别是小型液压阀体铸件的生产，已从生产没有型腔的简单“铁块”，发展成为今天能生产出具有二维或三维弯曲形式的流道。如何生产出内腔形状复杂、尺寸精确的高质量液压铸件，模具制造是关键。下面简述液压铸件模具的特点。

1）内腔尺寸精度要求高。液压件铸造流道对铸件尺寸精度要求很高，以北京华德液压工业集团有限责任公司早年引进液压铸造技术为例，其流道之间尺寸偏差为±0.2mm，一般模具尺寸误差难以做到0.1mm以上，形状误差难以做到0.15mm以内。

2）砂芯组合难度大。砂芯的结构复杂，砂芯的分型面有时是曲面，间隙参数一般由工作经验决定，更关键的是黏接和组合方法较难选择。

3）内腔表面粗糙度要求很严。由于铸造流道不加工，内腔窄小，如何保证清理及浇注后凝固不变形，例如出现断裂、弯曲、变形，在模具设计和制造中都要考虑。

4）由于砂芯复杂。射芯时确保射实（排气槽布局合理）又保证砂芯顶出各部受力要一致（顶芯杆与芯盒模板之间的配合间隙等）。

5）热芯盒用材质。要考虑到热容量大、膨胀系数小。因流道尺寸偏差是由模具加工精度、制芯时热胀冷缩变化造成的精度偏差及浇注和凝固过程中铸件的收缩而共同决定的，是一项综合性的偏差。由于选材考虑到多种项目，各种项目内容不同，偏差各异，这些对选材都会产生影响。

6）涉及铸造工艺与模具加工的协调性十分重要。在液压件模具制造中，铸型和设备的合理配合也是一样重要的。因此，在确定工艺方案，进行制造时，必须同时着手铸型和设备的准备工作，即实施并行工程是十分必要的。

7）模具设计难度大对模具设计人员的素质要求高。要达到快速及优化设计与制造模具的目的，首先必须组建一支具备高素质的模具设计队伍。模具设计人员除应有丰富的铸造模具设计经验和知识外，同时还应有较高的铸造工艺设计水平和丰富的铸造模具设计经验，这是模具快速及优化设计的保证。

二、液压铸件工装模具的制造

1. 液压铸件模具制造的工艺参数及要点

（1）液压铸件模具的材料选择　铸造模具用材料十分广泛，根据液压铸件的特点及生产方式及产量的不同即铸造模具使用次数的不同，可分别选用树脂模、铝合金模、铸铁模及钢材模等。

铝合金模由于质量轻、尺寸精度又较高，因此应用仍比较广泛。但近年来应用已有减少趋势，有一部分已分别为树脂模或铸铁模所取代。

当今铸铁模仍是大批量生产液压铸件模具的首选，并被普遍使用，它具有强度高、硬度高、耐磨、加工性好、成本低廉、使用寿命长等优点。近几年来，由于铸造水平的提高，已有越来越多的模样、模底板、型板框等采用强度和耐磨性更高的球墨铸铁或低稀土合金灰铸铁制作，而耐热疲劳性能更好的蠕墨铸铁也被用于芯盒材料。

钢材以往主要用于铸型上的标准件、耐磨镶块或内衬，很少用于制作铸造模具本体，因为碳钢使用寿命并不高于球墨铸铁或低合金灰铸铁，而合金钢价格又十分昂贵。但随着模具加工技术的提高及对铸造模具尺寸稳定性要求的提高，模具钢、铬钼合金钢也用于制作铸造模具。此外，已有越来越多的钢材用于制作模底板、芯盒框架等工装件。

（2）液压铸件金属铸造模样的技术要求　金属模样绝大多数是由铸造毛坯加工而成的。因此在进行铸造模具制造时，应根据铸造模具的材料特性、制造条件和使用要求，对铸造模具毛坯和制品提出各方面的要求，才能更好地保证铸造模具的使用质量和合理的制造费用。

1）铸造模样毛坯的材质性能应符合各项标准的要求。加工后的铸造模样表面不允许有任何铸造缺陷。为保证铸造模具尺寸的稳定，坯件特别是铸铁、铸钢件一般应进行人工时效处理，较大的复杂坯件应进行二次人工时效处理。

2）对铸造模具制品的要求如下：

① 金属铸造模具表面粗糙度符合图样要求。

② 工作形体与加工定位基准的位置极限偏差为±0.05mm。

③ 工作表面的形状尺寸极限偏差是：凸体为0mm，凹体为-0mm，并应在技术条件中说明。

④ 铸造模样转接圆弧半径极限偏差：$R \leqslant 15$mm时，极限偏差为0.5mm；$R>15$mm时，极限偏差为1.0mm。

⑤ 中、小型铸造模具分型面平面度为0.05mm。中、大型铸造模具分型面平面度为0.1mm。

⑥ 芯头起定位和固定砂芯的作用（同时工艺要求有排气作用）。在大量流水生产中，对芯头尺寸精度的要求甚至比对形状尺寸精度的要求更高。对于手工下芯和水平分型的机械下芯，铸造模具芯头尺寸≤100mm的尺寸极限偏差一般为0mm，而尺寸>100mm的铸造模具芯头尺寸极限偏差一般为0mm。砂芯芯头与芯座为间隙配合；对于垂直分型的无箱挤压造型采用下芯框（芯罩）机械下芯时，则砂芯芯头与芯座之间为过盈配合，过盈量一般为0.1~0.4mm。

⑦ 铸件上的所有铸造圆角都必须在铸造模具图上标注清楚。除产品和铸造工艺要求的圆角在铸造模具图上注明以外，应在技术条件中说明未注的铸造内圆角和外圆角的半径数值。

⑧ 起模斜度。为了提高工作效率，少换刀具（数控加工除外），同一铸造模具的起模斜度数值种类越少越好。除图形中注明者外，未注明的起模斜度数值应在技术条件中说明。

⑨ 铸造模具上的标识。许多企业在质量管理文件中都会有明确的规定。为了满足现代化管理和铸件质量问题可追溯的需要，产品图和铸造工艺设计者，往往要求在铸造模具上的指定位置做出各种各样的标识，如零件号、产品商标、生产厂商代号、铸造模具序号、铸件生产时间（生产日期、班次等），以及表示方向的箭头等具有特殊用途的标识。这些标识，大部分结构比较复杂而小巧，均有特定的标准与规定，且要求铸出后清晰、美观、容易辨认。因此，应该采用精细加工手段，如电火花加工等来制作这些标识。有些不需要更换的标识，可以直接在铸造模具本体上做出。但是，大多数标识是先做成标准件，然后再镶嵌在模铸造模具本体上。

（3）金属铸造模具的结构　为了发挥机械造型的高效率，机械造型用铸造模具原则上不采用活块结构，而采用砂芯或砂胎的结构形式。铸造模具外形结构取决于产品结构、铸造工艺和制模方法。铸造模具的内部结构，是在保证模具强度和刚度的前提下进行适当的“挖空”，以减轻铸造模具重量。机械造型用铸造模具都是与模底板一起使用的。设计时应根据铸造模具和模底板的具体结构，设计定位准确及牢固可靠的定位紧固结构，以确保铸造模具和模底板之间有准确、牢固的定位和锁紧。应当强调的是铸造模具定位与固定的部位尽量利用铸造模具的原有结构，必要时设置定位止口和内凸耳。为降低成本，便于铸造模具毛坯铸造不采用砂芯结构，一般将内凸耳改为截锥体直接用砂胎做出来。

1）铸造模具壁厚是根据铸造模具的平均轮廓尺寸及其所选用的模材而定的。同时也与造型方法有关。

高压造型是液压铸件生产的首选机械造型方法，高压造型的铸造模具壁厚应增加 25%~75%。在机械造型中，减轻铸造模具重量的实际意义不太明显，设计时，均把确保铸造模具强度、刚度放在首位，壁厚的选择一般是偏厚的。特别是用钢材坯料制成的模样，背面很少“挖空”。

2）高压造型铸造模具加强肋的厚度，应比一般造型用的稍厚，同时肋条布置也应适当密些，肋的高度一般都延伸到分型面上，以便增大模样的强度和刚度。

3）铸造模具在模底板上的放置装配形式分为平放式和嵌入式两种。

① 平放式铸造模具，因结构简单、制造方便，在传统加工条件下常被采用。一对平放式铸造模具一般可以合在一起沿分型面进行修整和检查，特别是回转体铸造模具，常在配好基面以后，固装在一起同时加工（车）出来，所以设计时常把一对模样设计在一起。有分型负数的模样，装配前再沿分型面去掉。

② 采用嵌入式铸造模具的一般条件：

铸件要求在分型面上做出圆角。

铸造模具局部太单薄，或有锐角，制造和使用时容易损坏或不易装配。

有较深的砂胎或者在模底板上制砂胎较困难。

铸造模具小、布置数量多、不便制造和安装，需要分成几块制造后嵌装在底板上。

当然在加工技术较高的条件下，把原来可平装的两半铸造模具，都采用嵌入式，可提高装配精度和可靠性，并可在分型面处做出小圆角（一般 $R1\mathrm{mm}$ 左右），以改善该处砂型的紧实情况。

4）其他因素注意事项及措施：

① 组合式铸造模具为了满足某些特殊需要，需将模样设计成若干块，制作后装配在一起。

② 铸造模具较高，局部有深而较窄的砂胎，机械加工和钳工修造很困难，可从此处分开加工。

③ 有的铸造模具局部有砂胎，砂胎周围有较高的凸台和加强肋包围着，起模困难，可用起模性能好的铜合金料做成壤块。

④ 有的砂胎不易紧实，又无法安装通气塞，可在此砂胎处（局部）分开，在配合面上做出排气槽。

⑤ 有的铸造模具搭子极易磨损，可用耐磨材料做成镶块。

⑥ 有的铸造模具主体多为旋转体，宜采用车削加工，但侧面有影响车削的芯头或局部形状，则可把影响车削加工的部分分开另做。

⑦ 局部模样或芯头伸出主体外较长，制造过程易损坏、易变形，也需做成镶块式。

⑧ 铸造工艺上需要的一些铸造模具辅件，如出气计、通气片、浇冒口等，一般均单独制造后再安装在铸造模具本体上。

2. 高压铸造模具造型模板、模板框及辅助工艺装备

压实力≥0.7MPa 均属高压造型铸造模具。垂直分型无箱挤压造型铸造模具也属于高压造型铸造模具的范畴。高压造型铸造模具用模板一般采用快换模板结构方式，即由模板和模板框两部分组装使用。

（1）高压造型铸造模具模板的设计　高压造型铸造模具的上、下模板是分开绘制的。由于模板尺寸较大、结构比较复杂，很少采用整体模板。模板一般由模底板、模样（含芯头）、部分浇冒口系统、部分排气系统和起型导柱等零部件组装而成。

1）模底板本体材料的选择及结构设计。

① 模底板本体材料的选择。目前最常用的材料是 HT200 和 HT250。高压造型对模底板的强度和刚度要求较高。所以模底板均采用背面“挖空”辅以加强肋的结构形式。模底板平面的厚度一般为 20～35mm。加强肋最小处的宽度一般为15～20mm。

② 高压造型机的模底板一般被列为企业标准件。上模底板虽不设计较深的砂胎，但必须有足够的刚度，因此上模底板高度公称尺寸一般为 80～100mm。下模底板一般较高，其公称尺寸根据该铸造模具造型线铸件砂胎所需最大高度而定。当不需在下模底板上做较深的砂胎时，下模底板可与上模底板等高，但必须在模底板与下模板框之间垫一个适当高度的垫框。

2）浇冒口系统。一条特定的高压铸造模具造型线，一般对浇口杯的位置都有特定的要求。若采用铣浇口杯法，一般用坐标输入指挥铣刀定位铣浇口杯，同时不用压铁锁紧铸型时，浇口杯位置不受限制。直浇道、横浇道、阻流浇道、直浇道窝座和滤网座、内浇口、冒口等，一般安装在模底板或模样上。其形状、尺寸、位置应符合工艺要求；材料选择、制造技术要求，以及安装方法，由工艺装备设计者确定。为便于装拆和更换一般采用螺钉正面固定法。但有些阻流浇口窝座因结构复杂，往往采用背面固定法。直浇道棒一般为带有螺杆的结构形式。

（2）排气系统

1）造型时铸型的排气。某些铸型有较深的砂胎，或者模样较高，某些砂胎或模样根部不易紧实，往往需要在这些部位安装适当数量的通气塞以提高预紧能力和减少起模时负压带来的起模难度，这对射压造型是非常必要的。尤其是静压造型，为了提高砂型的预紧实度，均在模板或模板框平面的周边部位和砂型不易紧实的砂胎和其他部位安装尽可能多的通气塞。这也是静压造型与多触头高压造型铸造模具设计的主要区别点。

2）浇注时铸型的排气。高压造型砂箱侧壁上是不设排气孔的。浇注时砂芯和砂型产生的气体、金属液析出的气体以及型腔的气体主要靠分型面和上砂型排出型外。为了实现及时、迅速、有效的排气，通常采用的排气装置有通气针、通气片和通气针与通气片结合为一体的综合排气装置，以及排气冒口、压边冒口（大排气片）等。

① 从分型面上直接排出气体时，一般用胶木板、金属板（厚度为2~5mm）贴合在芯头处上模板或下模板的平面上，用螺钉或铆钉从正面固定。此种结构应设计可靠的“封火”装置，以避免金属液沿芯头间隙流出而造成损害。因此，一般不让气体从分型面直接排出，而是采用把气体从分型面引导到适当的位置后用较大的通气针从上型顶面排出型外的结构。

② 从上型顶面排气是应用最多和最有效的排气方法。有芯头时，一般都在芯头上设置通气针。为了避免金属液沿芯头流出来堵塞排气孔，一般采用封火槽、封火泥条、石棉绳和专用石棉垫圈等进行封火。要考虑芯头间隙的大小。

③ 与型腔（铸件）直接相连通的部位的排气。一般是设置在气体最易集结和金属液最后到达的部位，例如高处的凸台、肋条和边角部位，这里的排气装置都兼有排气和排冷铁液的双重功能。为便于清理，此处的通气针不宜太粗，直径一般为6~16mm，通气片宽度一般为6~10mm，以容易清铲而“不带肉”为原则。这种排气装置的根部，即与铸件连接处容易出现气缩孔。所以，若为加工面，则应多留些加工余量；若为非加工面，应该允许焊补或采用其他修补措施。这种与型腔相连的排气装置一般为暗排气，即不把砂型扎通，以防散落物（砂）掉入型腔。但只有排气功能的通气针，一般是要把砂型打通的。要打通排气孔，通常采用从型腔内部往砂型顶面扎通的方法。

④ 一般设计部门都按砂箱高度预留触头压实后保留正常吃砂量而设定出气针。通用零件一般都固定在模板上，由上箱工位用通气针刺穿砂型。扎通气孔的缺点是最容易出现有害的砂型“掀顶”现象。所谓“掀顶”，就是扎针将上型顶部的一块砂型顶起来，甚至几个扎针将一大片上型顶部的砂型顶起来，当上砂型翻转时，被顶起来的砂块与砂型脱离并掉下去。浇注时，溢流铁液（金属液）常常流入这些排气孔。为避免出现大面积掀顶现象，常采用手电钻和加长钻头来打通的方式。

（3）高压铸造模具造型模板框　高压造型的模板装配在模板框内，通过模板框来实现全部造型动作。模板框的质量直接影响着造型的质量。一般说上模板框与下模板框是结构差别不多的一对部件。当然因工艺需要，有的为切挖型板给出足够的立体空间，例如现德国KW静压造型机的气流预紧实装置也都在模板框内。它的模板框为两对，一对安装常规模板，一对为安装切挖模板设计。同时为主机快换模板提供方便。

高压铸造模具造型对模板框的材质要求较高，一般选用 QT500-7 或 QT600-3。对该类模板框本体的强度和刚度要求也较高，所以壁较厚，加强肋也较密。

高压造型模板框一般应担负下述几项工作任务：

① 装有模板定位销或销套。

② 设有模板固定螺孔（一般在框内底部或上部）。

③ 做出模底板加强肋及边框的支承面。

④ 安装模板电加热器：要求有安装位置、固定方法、电源接口等（在气动微振中使用）。在静压、气流预紧实装置中不设电加热器。

⑤ 在框内底部边角的空档处铸出几个细 $\phi30\sim\phi40$mm 的通孔，以便清除框内积砂和排气。

⑥ 安装与砂箱箱口直接接触的耐磨快换镶条（有的还增加橡胶密封条），如静压、气动造型。

⑦ 在框壁上设置测温孔，以检控模板温度。

⑧ 设计出顶升模板框和在设备上安装的初定位机构。

⑨ 在模板框底面设计出与设备工作台定位的定位孔并安装定位套或定位销。

⑩ 在框底设计出与设备工作台夹持固定的结构。

⑪ 在框底面设计出起模振动撞击结构，如安装微振碰板。

⑫ 用于双工位造型机的模板框，还需要在框底部设计出模板框推入工作台和双位“穿梭”所需让开夹紧机构的通道。

⑬ 在模板框适当部位设计吊装用吊环螺钉。

⑭ 在模板框显著部位设计出图号和圆销（套）的安装标识。

⑮ 在上模板框的两端耳上安装砂箱定位套或模板定位过渡套。

⑯ 在下模板框两端耳上安装砂箱（模板）定位销。

综上所述，高压铸造模具造型模板框的结构与造型设备有密切的关系，结构都比较复杂，制造成本较高，在选材和结构设计上应尽量设法提高其寿命。

3. 铸造模具模底板与砂箱的定位装置

（1）模底板与砂箱的定位装置

1）模底板与砂箱之间采用一组定位销和一组定位套的定位装置。为了防止砂箱在造型或合箱时被卡死（即定位销和定位套不能合进去或不能分开），因而一端用圆形定位销和圆形定位套相配作为定位端，另一端则用扁定位销与扁定位套相配，起到宽度方向定位和长度方向导向的作用，所以常把扁销称为导向销，扁套称为导向套（导向销有时也用圆形的）。普通机械造型机的上、下模底板均安装定位销，而上、下砂箱均装定位套。合箱时再借助于合箱销进行合箱。但自动化造型线则是下砂箱安装定位套，而上砂箱安装定位销，因此造型时，下模板安装定位销而上模板安装定位套。有些造型线，每循环一周，砂箱要调一次头，所以上砂箱的两个定位销必须用同一种扁销。当圆弧面与圆套相配合时起定位作用。当扁面与扁套相配合时起导向作用。

2）因为扁定位销和扁定位套在宽度方向起着定位作用，所以扁定位销和扁定位套在制造时对两扁面的平行度和对称度要求较高，一般为 0.025mm，同时在安装时要求扁面必须与两定位孔中心连线相平行。

3）定位销的工作部分，分为定位和导向两部分。销和套的有效定位长度以10~20mm为宜。导向部分的斜度应小于或等于模样的起模斜度。导向部分的长度自动线机械起模和机械合箱时，因设备有较准确的定位，导向部分大于 30mm 即可。

定位销和定位套（含扁销扁套）之间的配合性质为动配合，其间隙太小影响着铸件精度。但是一般机械造型借助于合箱销合型，并可辅以手工调整，销套与定位销的配合是基轴制。

(2) 模底板与砂箱的定位方式

1）一次性定位，它的特点及应用如下：

① 模底板的定位销与砂箱的销套直接起定位作用，定位结构简单，误差小，主要应用于普通单面模板。

② 模底板置于模板框内，并与框定位（定位要求不高）。模底板与砂箱另外用定位销和销套定位。

③ 下模板框安装定位销，下砂箱和下模板定位套用定位销的同一段工作面定位。上砂箱安装定位销，上模板与上模板框用过渡套定位，过渡套与模板定位精确而与上模底框定位间隙较大。用于需加热的造型自动线快换模板。

2）二次性定位，它的特点及应用如下：

① 模板与砂箱不直接定位，模板四周与铸造模具模板框内的周边定位，定位误差较大，用于普通快换模板。

② 模底板与模板框用小销子定位（精度要求高）。模板框再与砂箱定位，形成二次定位。由于多一次定位，误差要累积，所以定位要求高，结构复杂。主要用于组合快换模板，也可用于其他快换模板。

4. 铸造模样分类

铸造模样是用来制造形成铸件形状的重要工艺装备。铸造模样一般分类要求如下：

1）高精度类（液压铸件类）一般执行 GB/T 6414—1999，公差等级为 CT3~CT4；正常精度执行 GB/T 6414—1999，公差等级为 CT5~CT7，能清晰复制出所要求的轮廓。

2）模样形状的复杂程度：简单、中等复杂、复杂。

3）铸造模具材质：非金属材料、金属材料、复合式（含有金属插件、嵌件）。

4）铸造模具制造方法：用母模复制；用钢、铝合金等机械加工成形；母模复制和机械加工结合。

5）铸造模料注入方式：自由浇注；液态模料压力注入；膏状模料压力注入。

6）铸造模具冷却方法：冷却介质（空气、水）静止冷却。冷却水沿模具型壁内管道流动。

7）机械化程度：手工、机械化、自动化。

8）单型生产批量：大尺寸和复杂的单件、小批生产；大批大量生产。

5. 铸造模具修理及保养

（1）模具修理的重要性　任何铸造模具在使用一段时间后，由于其内部零件逐渐磨损或操作者的失误，都会使其工作性能和精度降低甚至被损坏。所以，为延长其使用寿命，停用期间，一般要进行修理和保养。

修理铸造模具要尽量用较少的时间来完成。如果修理时间拖得太长就会影响生产的正常进行。但是，要达到快速修理的目的，必须建立行之有效的维护保修制度。

（2）修理人员的配备　为了使铸造模具能得到合理的使用，做到安全正常生产，维护保修制度都明确设有修理保养成员，有的是修理工兼库管员担任保养。修理工应该是由模具制造部门具有实践经验的铸造模具工来担任，必要时，还要配备专业技术人员。这是因为，他们不仅要精通铸造模具的修理方法，而且还要明了各种铸造模具的技术要求和检验、验收及使用方法。同时，还要善于发现铸造模具的问题，及时寻找模具损坏的原因，并要使铸造模具在最短的时间内修理好，使之能恢复到原来的质量和精度要求，确保铸造模具的正常使用。

（3）修理工作的职责　由于铸造模具是一种精密高效的生产工具，它在制造与修配上有不少特点，技术上要求也比较高。在定岗的前提下，制订岗位责任制度要细致明确。

1）熟悉本企业（本车间）所有产品所用铸造模具的种类及每种产品制件所用铸造模具套数、工艺流程及使用状况。对铸造模具要做好技术档案，注明铸造模具开始使用时间、每次生产的件数及每副铸造模具的使用状态。熟悉模具易损零件的项目情况及需要维修的部位更换备件程度。

2）熟悉掌握所修铸造模具的全部情况，如铸造模具的结构特点、动作原理、性能特点、易损耗和常发生毛病的部位，并确定修理方法和修理方案，做好维修记录。

3）加强兼职人员的技术培训，不断提高修理技能和培养独立工作的能力，做到修理及时化、保养经常化。

4）在铸造模具工作过程中，操作工要经常检查铸造模具的工作状态，协助铸造模具在机上的随机修理及调整工作。

5）专职修理工应负责铸造模具易损件的配制及更换，负责巡视检查现场作业状况及点检工作记录。

6）点检。点检是有记录凭证的。一般由模具库库工实施，与生产部领出人员交接。点检也分为日常点检和定期检查。日常点检在每次模具生产使用前进行，内容与保养相似，由主机工点检。定期检查则是模具使用一定次数后，送模具部门进行划线检查，内容有：

① 检查上、下（或前、后）模样和上、下（或动、静）芯盒的外形错边偏差；检查铸造模具和芯盒芯头位置的准确及尺寸精度。

② 检查铸造模具和芯盒工作面和分型面的磨损程度；检查铸造模具和芯盒工作面的几何形状和尺寸精度。

③ 检查铸造模具定位点、定位面的位置准确度和尺寸精度；检查芯盒、型板（框）销、型板套的磨损程度及型板（框）、芯盒本体的变形程度。

④ 检查各紧固件、定位销、定位套是否松动、缺件、下沉。

⑤ 检查通气塞是否有破损或下机现象；检查通气针（片）是否弯曲、松动、缺件。

⑥ 检查其他部件如抽块、导轨、斜杠、滚轮等件是否完好；检查备件是否齐全、外观有无缺陷、标志牌是否清晰。

(4) 保养　一般由操作工实施，分为日常保养和定期保养。日常保养在每天停机后进行，定期保养则一般利用节假日和停产检修期间开展。

清除模样、模板工作表面的积砂、杂物、污垢；清除模样上标识符号表面粘附的积砂和污垢，检查浇注系统、通气片的固定螺钉“封皮”是否脱落，铸造模具表面是否有磕碰伤，通气针（片）、字牌是否松动、脱落，定位销是否凸起或凹缩等。

清除芯盒分盒面、芯腔内表面及销套上的积砂污垢，清除通气塞、排气槽内的污垢垫砂，检查各部位紧固件是否牢固，有无缺损，检查芯盒滑块、镶块、定位块等是否有松动或位移。

在清除干净后的型板和芯盒表面喷涂分型剂。

检查砂箱的销、套是否有磨损、松动、弯曲、断裂，清除砂箱和定位销、套配合面上粘附的积砂和污垢以及小铁块、残渣、铁屑等。

检查夹具的各部件是否完整，定位、夹紧机构是否松动，并对各润滑点进行加油润滑。

第二节　热芯盒制造工艺参数及要点

一、热芯盒

热芯盒是热芯盒射芯机上的专用芯盒，制芯时芯盒被加热到200~250℃的高温且受到芯砂的冲刷。因此，对芯盒的要求较高，芯盒的构造也较复杂。热芯盒主要由芯盒本体、定位机构、镶块、射砂口以及排气、加热和出芯等结构组成。

热芯盒设计的主要内容有：选择芯盒材料；确定分盒面，设计芯盒本体结构；

确定射口的形式和位置；确定芯盒的定位方式和出芯方式等。

(1) 掌握标准规定 根据液压件内腔流道的精度等要求及针对覆膜砂制芯的特点在设计前必须应熟悉如下详细标准规定：

1）化学成分。合金的化学成分应符合 GB/T 15114—2009 的规定。

2）力学性能的要求如下：

① 当采用热芯盒模具试样检验时，其力学性能应符合 GB/T 15114—2009 的规定。

② 当采用热芯盒模具本体检验时，其指定部位切取试样的力学性能不得低于单铸试样的 75%，若有特殊要求，可由供需双方商定。

3）热芯盒模具尺寸。热芯盒模具的几何形状和尺寸应符合铸件图样的规定。热芯盒模具的尺寸公差应按 GB/T 6414—1999 的规定执行。有特殊规定和要求时，须在图样上注明。热芯盒模具有几何公差要求时，其标注方法按 GB/T 15114—2009 的规定。热芯盒模具的尺寸公差不包括铸造斜度，其不加工表面：包容面以小端为基准，被包容面以大端为基准；待加工表面：包容面以大端为基准，被包容面以小端为基准，有特殊规定和要求时，须在图样上注明。热芯盒模具需要机械加工时，其加工余量按 GB/T 15114—2009 的规定执行。若有特殊规定和要求时，其加工余量须在图样上注明。

(2) 热芯盒材料 热芯盒模具材料的选用很重要，它将直接影响模具的寿命以及砂芯的质量和成本。它不仅在 230℃ 左右受到周期性的具有一定压力的高速砂流冲击和冲刷，同时还要作为热芯盒覆膜砂固化所需的热源。热芯盒材料应具有耐热、导热性好、比热大、热膨胀系数小、强度高、耐磨、耐腐蚀等特点，同时还要求来源广泛，价格便宜，加工制造容易。铸铁是最常用的芯盒本体材料，若表面镀铬可增加耐磨性，防止生锈，提高使用寿命。

(3) 芯盒本体结构设计 用电加热的热芯盒本体一般都比较厚，以保证有足够的热量。在进行热芯盒模具本体的结构设计时，主要遵循壁厚适宜、结构美观的原则；同时还应注重分布均衡、变形量尽可能小等原则。

芯盒分型面是指两半芯盒互相接触的平面。热芯盒的分型面根据使用射芯机的形式不同，有垂直分盒面、水平分盒面和多向分型等几种。垂直分盒面主要应用在小砂芯上；水平分盒面和多向分型主要应用在中、大砂芯上。

热芯盒的分盒面可以是平面、曲面和阶梯面，主要取决于砂芯的形状。

热芯盒分盒面的选择，除遵照常用金属芯盒的有关原则外，还应满足下列要求：尽可能简化热芯盒分盒面的形状，为了加工制造方便应尽量选择平的分型面；尽可能不采用活块；根据射砂工艺要求，确保砂芯的良好充填和足够的紧实度；减少芯盒的磨损，提高芯盒的使用寿命。在选择分型面时应设法使砂芯留在动芯盒中，以便用出芯机构将砂芯脱出。为此可采取以下措施：

1）增大动芯盒对砂芯的包容面法。形状简单、对称的砂芯：分型面从砂芯中心向无顶杆一面偏移 0.3~1mm，使有顶杆的动芯盒包容面增大，开盒时砂芯留在动芯盒内。形状复杂的砂芯：可将复杂面和深凹面放在动芯盒一边。动芯取较小的出芯斜度。

2）采用辅助机构。

① 在静芯盒一边设置辅助顶杆，开盒时使砂芯留在动芯盒。

② 在动芯盒头上设置“抓卡”机构，在开盒时“抓卡”将砂芯抓在动芯盒一边。

③ 两半芯盒采用不同的加热温度，有出芯机构的芯盒（一般称动芯盒）加热温度高些；喷涂不同数量的分型剂，有出芯机构的芯盒少涂些分型剂。

（4）芯盒壁厚的选择　芯盒壁厚是根据砂芯的几何形状、尺寸大小确定的。热芯盒本体在制芯时起着热量储存器的作用，因此壁厚不应太薄，以免射芯时芯盒温度波动太大，加热不均和芯盒变形，影响砂芯质量。热芯盒多采用实体结构，其最小壁厚为 20~30 毫米（不包括加热板）。从理论上说，为了使芯盒对砂芯加热均匀，芯盒壁厚应当均匀，但在实际生产中为了便于制造、减少散热面和增加热容量，通常将单工位垂直分型的热芯盒做成立方体或长方体的实体。

（5）热芯盒的内腔尺寸　芯盒内腔尺寸是指加工后，芯盒内腔的工作尺寸，也就是砂芯的尺寸。决定芯盒内腔尺寸应考虑以下三个因素：

1）铸件的尺寸和铸件的收缩率。

2）热芯盒加热后的膨胀。

3）砂芯出盒后冷却到室温的收缩。

热芯盒在工作温度下，其内腔尺寸有一定胀大。而砂芯从芯盒中顶出并冷却到室温后，其尺寸又略有收缩。一般收缩量不能完全抵消芯盒的尺寸增大。因此，砂芯的尺寸稍有增大。但在实际生产中，砂芯还要修正、组合、上涂料再烘干，要准确地反映热芯盒及砂芯的变化是比较复杂的。因此，为了方便起见，对小砂芯可粗略地认为这两者是相等的，在设计热芯盒时，芯盒内腔尺寸可不考虑因加热而引起的尺寸变化。但对于尺寸较大的砂芯及薄壁铸件的砂芯，则必须予以注意。为了补偿砂芯的尺寸增大，建议在设计中取铸件内孔的收缩率小于模样的收缩率。如模样的铸造收缩率取 1%，则芯盒可取 0.8%~0.9%。精确地确定砂芯尺寸的变化，应通过试验的方法进行测定。

（6）热芯盒射砂口　射砂口是砂流进入芯盒的通道。要求射砂口使进入芯盒的砂流畅通无阻，便于排气。

1）单工位垂直分型热芯盒射口位置一般选在芯头处。射砂口设在芯头处的优点是砂芯无需修补。若芯头部分要求定位，应将芯头封闭，另开射口。

2）最好放在砂芯大端或具有平面的部位。

3）尽量避免设在斜面和曲面处。

4）射砂口应对正芯盒上的空穴及深凹处，使砂流畅通，避免砂流直接冲到芯盒突出部分、斜面和芯棒上。

5）射砂口的尺寸，要保证射出的砂流有足够的动能，不致发生砂流的回弹现象，也就是射砂口尺寸大小取决于砂芯的重量和在射砂方向上砂流通过芯盒内腔的最小截面积。所以射砂口的面积不可大于射砂方向上芯盒内腔的最小截面积。在这个前提下射口尽量选取大些，以便缩短射砂时间。但过大的射砂口将降低砂流速度，使砂芯紧实度下降，影响砂芯表面质量，较小的芯盒，射砂口一般不采用衬套。但对于两工位的较大芯盒，为了防止射砂口磨损可在射砂口处镶装衬套。为了减少砂芯修整的工作量，射砂口衬套应高于芯盒内腔表面1~2mm。

6）当采用数量较多的射砂口时，应对称和均匀布置，对于上顶芯机构的水平分盒射砂口更应如此。射砂口的布置应考虑到加热元件的安放，不能与之相碰。

常用的是圆形射砂口，其尺寸为成 $\phi10 \sim \phi20$mm。射砂口的数量主要取决于射制砂芯的尺寸大小、几何形状以及射砂方向的投影面积。在一般情况下，砂芯尺寸越大，几何形状越复杂，射砂方向的投影面积越大，射砂口的数量也就越多。

二、热芯盒的加工要求

1. 热芯盒本体加工制造

热芯盒本体多用铸坯加工制造。这种方法，加工余量大、周期长、成本高，但芯盒尺寸精度高。对热芯盒的要求是：芯盒工作表面的粗糙度值不低于 $Ra1.6$mm，工作尺寸偏差不大于-0.2mm。芯盒的合模间隙一般不大于0.1mm，大芯盒也不超出0.3mm。热芯盒一般不留分盒负数。但对很大的砂芯考虑到涂料、胀砂等影响，要留分盒负数，一般留1mm即每半盒留0.5mm。芯盒毛坯都需进行人工时效处理，即消除内应力，防止变形。

2. 热芯盒的定位

（1）热芯盒的定位方法　为了保证砂芯尺寸和形状的准确，无论水平分盒或垂直分盒的芯盒，两半芯盒必须有准确的定位。一般是在静芯盒上装定位销，在动芯盒上装定位套。定位销、定位套的尺寸根据芯盒的大小而不同。由于热芯盒工作时两半芯盒温度有波动，所以对定位销的要求与一般芯盒稍有不同。定位销固定端的配合要紧，定位端要松，可与销套留0.15~0.25mm的间隙，且定位端长度不宜过长。这样可避免因芯盒受热不均而造成销子与销套咬死。为了防止销套松动可采用压板螺钉将销套固定。定位销数量：一般小芯盒用两个，一个采用圆销套，另一个采用长圆形。芯盒平均外轮廓尺寸大于450mm的，可用3~4个定位销，销套全为长圆形定位销。定位销中心应布置在芯盒接近最大轮廓的尺寸上，以保证定位精度。

（2）热芯盒排气　热芯盒排气的作用：①保证射砂时芯盒内空气能顺利、及时排出；②引导射入砂流的充填方向。

因为被砂流带入芯盒的气体和芯盒型腔内存留的气体，在高速射砂流的作用下被压缩，形成“气垫”聚集在砂流最后充填部位。芯盒设置排气装置是为了充分发挥压力差的作用，使砂芯获得满意的紧实度。正确地设计排气装置对获得紧实度均匀、表面光洁的砂芯很重要。根据生产实践验证，芯盒排气总面积应等于射砂口总面积的 0.1~0.5 倍。

芯盒排气位置应选择在芯盒憋气的死角、芯盒最后充填部分、芯盒转角或砂流不易达到的狭长通道处、分型面处、多射孔的芯盒中和砂流干扰处等。在生产中往往根据上述原则预先确定排气位置，经试射后，根据砂芯各部紧实度再予以调整。热芯盒排气主要有排气塞排气、排气槽排气和间隙排气三种。在芯盒设计中，应优先考虑选用后两种排气方式。

1）排气塞排气。它是将尺寸大小不同的排气塞装在芯盒内表面处，然后连通排气孔，使气体排除。排气塞目前有三种结构。一般排气塞可以用铜或钢经切削加工而成，也可用铜合金、铝合金等压铸而成，这种排气塞主要缺点是容易堵塞，不易清理。网筛排气塞是用不锈钢丝或镍铬丝制成筛网。因为网筛有弹性，因此效果较好不易堵塞。缝隙式排气塞是用厚度为 0.3~0.4mm 的不锈钢板，经光刻或腐蚀加工出 0.3~0.4mm 的缝隙，具有良好的效果。排气塞使用的灵活性较大，不受位置限制，但易堵塞，所以只用于砂芯不易紧实而用其他排气方法又有困难之处。排气塞的材料有铜合金和铝合金两大类，前者用机械加工方法制造，后者采用压铸方法制造。

2）排气槽排气。排气槽的特点是加工方便、容易清理、使用寿命长，一般利用分型面、射砂面、镶块以及底板等结合面开设排气槽进行排气。排气槽的深度应根据使用芯砂的粒度而定，以排气不跑砂为原则。一般靠近型芯表面槽深 0.3mm，出口端可扩大为 1mm。槽宽根据需要决定，常为 10~25mm，也可与总通气槽相通，使气体排到外面。但是应注意：对于多腔芯盒，各腔的排气槽不应串通，以免两腔串气互相影响，造成紧实度不均或不成形。

3）间隙排气。在芯盒本体与活块、顶杆间的配合面上制作间隙（为 0.15~0.3mm）进行排气。采用活块与芯盒本体结合的间隙进行排气。为了使气体顺利排除，须在活块背后的芯盒壁上钻出排气孔。排气间隙制造容易，应用可靠，也是经常采用的一种排气方法。

3. 单工位垂直分盒热芯盒的出芯方法

砂芯在热芯盒内固化到一定程度后即可出芯。出芯主要靠射芯机上的开盒机构和专门的顶出机构来实现。出芯方法主要有顶杆出芯法、移动托板出芯法和旋转出芯法。

（1）顶杆出芯机构

1）中、小型垂直和水平分盒热芯盒，其顶出机构由顶芯杆、回位顶杆、固定板和盖板等组成。顶芯杆和回位顶杆均安装在固定板上，芯盒闭合夹紧时，回位杆带动固定板一起返回原位。开盒时则依靠外力作用（固定挡板或顶芯气缸等）推动固定板，使顶芯杆将砂芯从芯盒中顶出。传送运输工作台面上升，砂芯常自动漏到工作台面上，因此也称其为漏芯法。

顶杆出芯法生产效率高。布置顶杆时应考虑到砂芯的形状，对形状复杂、薄壁的砂芯应采用数量较多、直径较小的顶杆，布置要力求均匀对称，以防止顶出砂芯时由于力的不均而折断。

为保证顶杆和回位导杆在芯盒加热后能顺利地工作，它们在固定板内的装配关系应设计成浮动的，在一定尺寸范围内可以调整。顶杆孔和顶杆之间的配合间隙可取 0. 2~0. 3mm。

2）大型水平分盒两工位热芯盒，其顶芯机构分为上、下两个系统，顶出方式有上顶芯和下顶芯两种。对于大型复杂的薄壁砂芯，为防止其降落时磕坏、断裂，多采用下顶芯方式。

（2）移动托板出芯　当芯盒开盒后，砂芯留在移动托板芯棒上，然后托板由气缸推动向外移出，用手将砂芯取下，移动托板出芯。

（3）旋转出芯　其过程是：由射芯机上的夹紧气缸使动芯盒移到一定距离后，再由转向气缸将芯盒旋转 60°角，然后利用顶芯杆将砂芯顶出。

4. 热芯盒的加热装置

为了使砂芯迅速硬化，热芯盒上都设有加热装置，有电加热法和煤气加热法。在实际生产中，电加热应用比较普遍。其特点是加热均匀、芯盒升温平稳、易于实现温度的自动控制；但加热升温速度较慢，电能消耗量大。常用的电加热装置有通用加热板和专用加热装置两种。几何形状简单、生产批量较小、需经常更换芯盒时应选择通用电加热板；而形状复杂、生产批量较大的热芯盒，则选择专用加热装置。电加热板采用 HT200 灰铸铁经机械加工而成。加热板的尺寸大小，除满足电加热元件的安放要求外，还应与选用的射芯机技术规格和热芯盒外形尺寸相适应。

电加热元件又称电加热管，其有两种形式，一种是单端出线的，另一种是双端出线的。

5. 射砂头和导砂面

（1）射砂头的材料及结构　射砂头安装于射芯机砂筒下部的法兰上，用以引导芯砂进入芯盒。射砂头由射砂头体、导砂面和射砂板等部分组成，射砂头体采用灰铸铁材料，通常射芯机都附有标准射砂头体。

射砂板与射砂头体安装在一起，在射砂制芯过程中，为防止射砂头体内芯砂因受热硬化而堵死射砂孔，射砂板应做成带有水冷腔的空心结构。冷却水可以在其中按一定方向通畅地流动。射砂板上射砂口的形状与尺寸应与芯盒的射砂口一致。射砂板分为整铸式和装配式两种，整铸式射砂板结构简单、密封性好、机械加工方便，在实际生产中应用比较普遍。射砂板上射砂口的数量、位置与配用的热芯盒一致。

（2）导砂面　导砂面的作用在于减少射砂时的砂流阻力，充分发挥其动能的紧实作用，以提高砂芯的紧实效果，同时还便于清理射砂的余砂。当射砂头内不设导砂面时，在射砂过程中，芯砂也会自然堆积成一定形状的导砂面，但这种导砂面的阻力较大，且不易清理。导砂面可用铝合金、灰铸铁等。

6. 小结

铸造模具热芯盒设计原则：正确选用热芯盒模具材料；合理设计热芯盒模具结构；热芯盒模具加热管布置合理；热芯盒模具正确使用和保养；制订正确的生产工艺并严格执行。

1）根据砂芯尺寸和形状特点，合理选择芯盒的结构形式及制芯设备。

2）确保芯盒中的砂芯具有完整的外形尺寸和足够的紧实度。

3）砂芯应当具有足够的顶出强度、良好的脱盒性能和合理的顶出位置，确保芯盒中的砂芯在取芯时能顺利顶出不损伤。

4）确保开盒后，砂芯留在设有顶出机构的半边芯盒中。

5）为了方便操作，提高生产效率，热芯盒尽可能不采用活块。

6）为了方便加工制造、检查及维修，尽可能简化热芯盒的分盒面形状，最好采用平直的分盒面，其应选择阶梯平面，尽量不用曲面分盒。

7）为了获得优质砂芯，在加工手段能够得到保障的情况下，芯盒本体尽可能采用整体结构，不用镶块和分体形式。

8）新热芯盒模具在生产使用前应进行多次加热—保温—降温—加热的试模循环操作，以保证热芯盒模具受热及变形均匀。

第三节　冷芯盒制造简介

一、冷芯盒法

冷芯盒法是指用气体或气雾催化剂（或固化剂）在室温下催化树脂砂瞬时固化的工艺方法。冷芯盒法的特点是：硬化速度快、制芯效率高、芯砂可使用时间长、砂芯尺寸精密度高及节约能源等，适合大批量复杂砂芯的生产。

冷芯盒法可分为：三乙胺法、SO_2 法、CO_2 树脂法和 β-set 法。三乙胺法又称 Ashland 法或 ISOCURE 法，其黏结剂体系为黏结剂组分Ⅰ（酚醛树脂）、黏结剂组分Ⅱ（聚异氰酸酯）、催化剂（液体三乙胺或二甲基乙胺）。黏结剂组分Ⅰ和黏组分Ⅱ之比通常为1∶1。推荐组分Ⅰ∶组分Ⅱ=55%∶45%。冷芯盒制芯工艺是将原砂与冷芯盒树脂混合后射入芯盒中，然后吹入气体固化，再通过吹干燥、清洁的压缩空气冲洗，净化砂芯中的残余固化剂后即可出芯。

冷芯盒法的制芯工艺流程如下：

1）混砂工艺。混砂机的选择原则是混砂时发热少及按适当的产量选择，即混好的砂越快用完越好，不要滞留太久以免树脂开始起化学反应。使用非联动混砂机混好的砂应尽快送至制芯机，尽量减少翻动。

2）射砂工艺。采用干燥压缩空气进行射砂。射砂压力为0.30~0.48MPa，射砂时间为2~3s。

3）固化工艺。三乙胺经胺发生器加热雾化，以N_2、CO_2或干燥压缩空气为载体将三乙胺气雾吹入芯盒。三乙胺发生器的工作温度一般设定在70~90℃，吹胺压力0.30~ 0.45MPa，一般低压吹胺时间为4~10s，高压吹胺时间为5~15s；达到最终压力的时间为4~10s，具体根据吹胺路径长短决定，如垂直分模还是水平分模、砂芯高度或厚度。

4）洗涤工艺。吹胺固化后的砂芯停留几秒后，向芯盒内吹入压缩空气进行洗涤，以清除砂芯中及排气管道系统中的残余三乙胺，使其通过净化塔中的盐酸溶液，中和后排入大气。洗涤压力0.35~0.45MPa，洗涤时间为10~20s。

二、冷芯盒主要结构概述

冷芯盒除具有一般热芯盒的主要结构外，如芯盒本体、定位、活块及镶块、射砂、排气、取芯结构，还具有三乙胺雾化系统、进气固化系统、密封及废气吸收处理等系统。

（1）冷芯盒设计 设计的主要内容是：合理选择芯盒材料，确定芯盒结构，合理选择分型面、布置定位销、射砂孔以及顶芯装置、回位装置、射砂头、射砂板、导砂块、三乙胺气雾冷芯盒固化系统。

（2）冷芯盒的发展方向

1）提高其抗裂性，使之在高温下不产生变形和开裂。

2）进一步提高其抗湿性，使砂芯在较高湿度下保持强度和延长存放期。

3）进一步解决冷芯盒树脂的粘芯盒问题。

三、手工制造树脂冷芯模的过程

1）准备型芯模样，修整、打光、检验各部尺寸符合工艺要求。

2）根据冷芯机尺寸要求做上、下型芯铝框，把型芯模样粘在平板上，刷三遍分型剂后用铝框圈好，在表面刷一到两遍冷芯模专用树脂（树脂有弹性和耐磨性），然后用填充树脂刷多遍，保证壳厚在10mm左右，再刷有纤维树脂，厚度保证在10mm左右。固化12h后加工背面平行分型面，用胶木板螺钉固定，背面符合冷芯机设备要求。

3）下芯模样和上芯模样组合好放在上芯模内，刷三遍分型剂，把铝框和上芯模框对好夹紧，和制作上芯模一样，刷表层树脂、填充树脂和有纤维树脂，12h后铣平，用胶木板螺钉固定，取出芯样将内腔修整光洁，完成冷芯模制造。

第三篇 操作规范

第一章 配砂工操作规范

配砂工操作规范如下：

1）穿戴好防护用品，破碎氢氧化钠时还必须戴好防护眼镜。

2）工作前检查混砂机、传动带机、卸料器、加料装置、斗式提升机、电器开关以及通风除尘等设备，应符合安全规定。

3）进入混砂机碾盘内进行清理、检查前，必须切断电源，挂上“有人检修，不准合闸”的警示牌，要设人监护。

4）混砂机混砂运转时，不准将手伸到混砂机内扒料、清理、添加黏结剂等附加物和选取砂样。砂样应从混砂机取砂门处用工具选取。

5）不准用手清理混砂机卸料器，应选用适当工具进行清理。

6）传动带机应有人负责，严禁在传动带机上坐卧、行走过人或传递物体；传动带机运转时禁止加油、修理和清扫；传动带机发生故障时应停车检修。

7）开始混砂前，应首先开启通风除尘设备，然后按规定开启送砂传动带机、混砂机、出砂传动带机等混砂设备。

8）停止混砂，首先关闭进砂传动带机，再关闭混砂机电源和水源，然后关闭出砂传动带机，最后关闭通风除尘设备。

9）混砂机、传动带机（包括电磁滚筒）等设备，必须定期进行清理，通风除尘设备应定期除灰、清理，油冷滚筒应定期加油。

10）及时清理混砂机工作平台及其他工作场地的散落砂和物件，保持工作场地及人行通道整洁畅通。

第二章

制芯工操作规范

制芯工操作规范如下：

1）开机前对泵站、压缩机气压数值、循环水系统全面检查。

2）24h 内必须清碾一次。

3）树脂加入量一定要严格控制（注：因目前此项自动功能还未恢复）。

4）热芯盒加热温度严格执行工艺要求，不得擅自提高或降低加热温度，保证弹簧寿命（定期换簧）。

5）经常检查积炭情况，清理积炭必须用铜刷或铜棒，避免划伤模具。

6）冷芯盒注意天气变化，冬、夏执行不同的工艺参数。

7）分型剂要喷得均匀适量，不得过多，影响蘸涂料。

8）用完热芯盒及时运回模具库，然后进行保养。

9）装卸模具必须注意四个顶模杆，必须垂直推进或拉出，防止顶模杆齐根断裂。

10）砂芯码放整齐。

11）合模不严不许开机射芯。

12）修组芯前认真阅读制芯工艺卡，严格执行工艺纪律。

13）修芯严禁大面积破坏型芯覆膜层。

14）用胶一定要对准位置，用量要适当。

15）用夹具及阴模组芯时严格操作。

16）黏组好的型芯必须码放整齐。

17）各种圆角及披缝必须修得光滑，凡缺肉的地方必须用锆英粉修补。

18）芯撑固定用胶水，不得使用其他胶类物质。

第三章
造型工操作规范

造型工操作规范如下：

1）检查当日准备生产的型板是否完好无损。

2）分型剂是否合格充足。

3）所需发热冒口型号、数量是否符合要求。

4）弹簧冒口、冷铁、活块是否齐备。

5）由控制室对型板浇口坐标进行核实。

6）造型前必须将模样擦干净，喷上分型剂方可加砂生产，每箱用压缩气吹净浮砂，根据造型情况喷分型剂。

7）用与孔相应的钎子将出气孔扎透，用压缩气将浇道、型腔内的浮砂吹净。

8）有发热冒口的要用空气钻将冒口顶端的眼打透。

9）有特殊要求的，如在上箱工位下芯、下芯撑等，依据工艺卡执行。

10）发现扒砂严重的或关键部位掉砂不能下芯的要及时通知下芯工位，把此箱废掉。

11）下芯尽量不戴手套，如必须戴，只允许戴胶皮手套或线手套。

12）认真阅读生产计划，检查手枪钻、吹气枪、各种下芯辅具、过滤网、石棉绳、出气针、钉子等是否备齐，核实过滤网尺寸。

13）待用砂芯，先用气吹掉浮砂和灰尘，检查型芯的质量是否符合要求，包括涂料情况，出气孔、型芯虚实程度，型芯有无破损现象。

14）从芯车拿芯尽量轻拿轻放，减少推拉，以免磨掉芯头。

15）吹模时，如发现气枪有水气不要吹模，将压缩气内水气放净再吹。

16）用钉子固定型芯时，要垂直扎牢，钉帽不要高出来。

17）如连续出现废箱，停止下芯，马上通知段长采取措施。

18）将分型面刮干净，换活时用粉笔注明模具号。

19）对废箱做出标记（按“标识和可追溯性的管理”执行），打箱卡用劲适中，不许发生遗漏箱卡现象。用粉笔将模具号写在砂箱表面。

20）对球墨铸铁试棒，打箱时做好标记，放在固定地点。

21）对小型液压铸件及临时有特殊要求的铸件，打箱、装箱时每包要分清，同时与清砂工部交代清楚，切不可混装出活。

22）接到理化室不合格试样报告单，必须在相应的铸件存放处注明有问题、待检字样，并与清理交代清楚。

23）每包铸件都要做出标识。

第四章

浇注工操作规范

浇注工操作规范如下：

1）仔细检查浇包的吊环、手抬包的耳环。发现有问题应及时解决。

2）浇包使用前要预先烘烤，以保证使用的安全。

3）仔细检查浇包的转动部位，确保其回转灵活。

4）用平车运送浇包时一定要摆放平稳，平车轨道附近不能有障碍物。

5）使用手抬包时，前后职工必须步调一致，起立不准有先后，所经道路，应保持畅通无阻。

6）使用手端包时，包体应在操作者的侧面，以防铁液溢出伤人。

7）吊运浇包时，应由专人指挥，必须卡好保险卡，挂牢吊车钩，铁液容量不得超过安全线，并保持平稳。吊运浇包时不准从人的上方通过。

8）严禁从冒口处观察铁液状况，浇包对面不准站人。

9）在浇注高大铸件时，原则上要求放置于地坑内，且浇包中轴线不得超过浇注工水平视野。要先选择稳定并能有退步的地方站稳，方可浇注。无地坑条件时，必须配备浇注工站立的大方凳，未经有关人员同意不准在地面上浇注。

10）浇注大型铸件要有专人扒渣、挡渣、引气，以免发生爆炸事故。

11）剩余铁液不得乱倒，必须倒在预热后的锭模中。

12）前炉所有的铁液量不允许超过浇包的容量。

13）浇注小件时尽量采用小浇包，扒渣和挡渣不允许用空心棒。

第五章

熔炼工操作规范

熔炼工操作规范如下：

1）检查炉体冷却系统、电气控制装置、感应器铜管、机械传动装置和吊运设备，确认各项完好、正常。

2）炉膛烧损超过规定时，应及时修补，方能开炉。

3）检查熔炼所使用的工具，确保齐备、干燥。

4）检查各种金属材料，其品种、块度、水分和清洁度要符合规定，严禁混入密封盒子、箱子和管子之类物件及易爆品，熔化过程中，不准加潮湿的炉料。

5）认真烘干炉体和浇包。

6）熔炼过程中，必须经常检查冷却水，保证水箱处于充满状态。水箱缺水时应立即断电，停止熔炼。

7）采用有芯工频感应电炉熔炼时，操作人员应站在一侧，以防炉盖回转打开时伤人。

8）熔炼过程中，应经常检查炉底和功率表，若发现有漏炉迹象，应立即停止熔炼，以免烧坏感应器，引起爆炸事故。

9）调换电炉时，应先断电后调整，禁止带电倒闸。

10）倾倒炉体，倒金属液前，必须清除回转台上的异物，以免滑落伤人。

11）发生停电事故时，必须注意炉内保温。若短时间内不能恢复送电，应将炉内金属液倒出。发现因冻结密封而造成“棚料”现象时，应及时把炉体倾倒一定角度，使冻结部分熔化，禁止用铁杆捅开。

12）变压器室、电容器室内严禁堆放杂物，保持室内干燥和良好的通风。

13）大型感应电炉修炉应断电进行，工作人员在进出炉膛及操作时，要注意自身和周围人员的安全，防止被砸伤、碰伤。

14）捣制炉衬和坩埚时，严禁铁屑、氧化铁混入。捣制坩埚必须密实。

15）工作场地及炉前地坑内不准积水，不准堆放杂物，保持场地整洁，道路通畅。

第六章

清砂工操作规范

清砂工操作规范如下：

1）工作前穿戴好劳保用品。

2）熟悉作业指导书，严格执行作业指导书的要求。

3）清理铸件时，机械加工基准面（孔）或夹固位置保持光洁、平整。

4）铸件的浇冒口残根为±0.5mm，作业指导书上有特殊标明的除外。

5）铸件在搬运、喷丸、打磨时都应轻拿轻放，不得损伤铸件的边缘、棱角，不能磕碰。

6）使用固定或手提砂轮，先检查砂轮有无裂纹和缺陷，砂轮磨损后的直径、厚度是否有问题，砂轮防护罩是否牢固可靠。更换新砂轮时应先试运转后才可使用。打磨时用力不要过猛，以防砂轮炸裂，造成伤害。

7）清理后的铸件表面，不允许有黏砂、铸瘤、多肉等影响外面美观的缺陷。

8）喷丸处理后的铸件表面应有均匀、光亮的金属色泽，内腔不应有残留钢丸、黑皮、黏砂、隔墙等缺陷。

9）清理完的浇冒口、铸件，应按材质区分，整齐堆放，且铸件的堆放不能太高，防止倒塌后伤人。

10）每天，每种产品的第一件打磨完成后都必须经检验确认后才可以继续工作，以防止产生批量的打磨废品。

11）铸件的分型面和芯头处的披缝、毛刺，只能用小的手提砂轮打磨，不能用固定的大砂轮，以免影响铸件的外观。

12）清理铸件时，若发现有可能报废但又不能自行判断的铸件，应单独存放一边，由检验人员决定是否报废。

第七章

模具工操作规范

模具工操作规范如下：

1）职工上岗必须进行安全教育和设备操作培训，并应熟悉车床等各设备的性能、操作程序和维护保养知识。

2）操作人员进入生产厂区，必须穿工作服、劳保鞋，佩戴安全帽，严禁穿戴不符合安全要求的衣物进入生产岗位，严禁酒后上岗。

3）工作前对设备进行加油润滑保养，加油部位要按设备说明进行，严禁设备无油工作，严禁设备出现跑、冒、滴、漏现象。

4）车床工作前要检查各电器开关、操作按钮是否安全灵敏和正常，开机后检查各齿轮箱及传动机构是否运转正常，严禁设备带“病”上岗。

5）如设备发生故障应立即停机切断电源，及时汇报维修部检修。检修过程中必须在断电开关及操作台前悬挂警告提示标牌。

6）职工在工作前必须首先检查各类工、夹、量具是否准确，产品工艺图样是否正确，严格按照生产工艺、质量标准进行操作生产。

7）车床的导轨、拖板、主轴、尾架等地方不得放置工、夹、量具及产品零件，以免造成损坏影响设备精度。

8）卡盘装夹零件要牢靠，对于不规则零件要用专用夹具加以保护后方可加工，以免造成设备损坏或刀具损坏的现象。

9）加工过程中不得用手或其他物件接触旋转的主轴或清除刀具上的铁屑等，必须停机后清理。

10）工作完成后必须关闭电源，保养设备，清理好工作现场。整齐存放产品，确保道路畅通，做好车间文明生产。

第八章

叉车工操作规范

叉车工操作规范如下：

1）操作者必须经过培训并取得叉车操作资格证书，方可操作。

2）作业前要认真检查转向、制动装置，保证其安全可靠，扬声器、灯光等仪表装置使用正常后，方可操作。

3）装运货物不得超载，货物要装稳装牢，不能偏载。货叉插入货堆后，叉臂应与货物一面相接触，然后门架后倾，将货叉升离地面200~300mm再行驶。

4）严禁高速、急转行驶，转弯、后退、在狭窄通道行走、路面不平、在交通路口行走、接近货物时应减速行驶。起升或下降货物时，货叉下面禁止有人。

5）在超过7°的斜坡上运载货物时，应倒行驾驶，并且不能快速制动，防止货物滑出。运载大体积货物遮挡视线时，也应倒行驾驶。

6）工作过程中发现可疑噪声或不正常现象，应立即停车检查，及时采取措施，不能带“病”坚持工作。

7）严禁停车后让发动机空转而无人看管，更不能将货物升起后驾驶员离开驾驶位置。

8）叉车中途停车，发动机空转时应后倾收回门架；当发动机停转后，应滑下门架，并使货叉着地。

9）作业完毕后，将叉车停到指定位置后，滑下门架并前倾，并使货叉着地，将叉车熄火并拔下钥匙。

10）叉车驾驶员五不叉内容：①货物重心超过货叉的载荷中心，使纵向稳定性降低时不叉；②单叉偏载不叉；③货物码堆不稳不叉；④叉尖可能损坏货物时不叉；⑤超重或重量不明不叉。

第九章

检验工操作规范

检验工操作规范如下：

1）检验台和局部照明灯电压不得超过36V。

2）检验工不得擅自操作无关的机床设备。内窥镜、磁力探伤等精密仪器要有专人负责，严格保管，无关人员不得使用。

3）在使用手提电钻和砂轮机时，必须戴好绝缘手套，遵守其操作规程。

4）在使用平板检验时，应检查平板是否用垫稳，以防倒时压伤手脚。

5）严禁在机床开动和未停稳前，使用量具进行测量工作。

6）检查工作用的一切电气设备和仪表，必须由电工接通电路。严禁检验工接临时电源线或用导线直接插入插座。

7）检验工具、成品、废品，应分别在固定位置存放，整齐稳妥。

第十章

桥式起重机操作工操作规范

桥式起重机操作工操作规范如下：

1）桥式起重机操作工要熟悉桥式起重机构造、性能和特点，并能排除一般的故障，经安全技术培训、考试合格，取得操作证书后，方能单独操作。操作室内要有合格的灭火器材和安全绳。

2）桥式起重机操作工的视力不得低于1.2。

3）开车前对电气设备、机械设备转动部分、安全设施、制动装置等进行检查，发现问题及时修理，电器设备应设有防护性地线。

4）工作前要试车，并发出电铃信号。

5）开车前要检查好桥式起重机行驶区域是否障碍物以防事故发生。

6）桥式起重机开动时，车架走台上严禁站人。上下车必须走安全台，走台上不准放物体。

7）桥式起重机吊重物时，操作工要眺望，两手不得离开手板，以便及时制动。

8）桥式起重机操作工在驾驶时不准睡觉，操作中不准吃东西、看书、闲谈、吸烟。

9）桥式起重机运行中除遇到危险情况外，不准快速切换方向（开倒车）。

10）桥式起重机行驶时要注意邻车，两车距离不得小于2m，并响铃示警，以防两车相撞。

11）吊重物时应垂直起吊，斜拉夹角不准超过25°。

12）使用桥式起重机时必须有专人指挥，多人指挥不吊，吊大型物件时，棱角处必须垫好。

13）桥式起重机在工作中如遇到突然停电时要关闭所有开关，把控制器打到零位。

14）吊重物时，空悬状态不准长时间停留，桥式起重机操作工不准离开工作岗位。

15）吊重物时不准超过本车设计负荷量，如遇特殊情况或两车同时只吊一个物体必须厂长批准，用特制的悬臂并由专人指挥。

16）桥式起重机操作工确认物件挂好链子，并得到指挥信号后方可试吊（被吊物件距地面 100~200mm 处停车），一切正常后方可吊运。

17）桥式起重机上升时，必须在低于过卷扬装置 250mm 以外停下钩，下降最低限位位置应以卷扬剩三圈为准。

18）操作者必须集中精神，谨慎驾驶，不可依靠设备安全设施，特别不要把卷扬限位当作停车手段。

19）桥式起重机操作工遇到下列情况之一不吊：①信号不明，视线不清：②超负荷；③安全保护、保险装置失灵；④吊人或吊物上站人；⑤物体捆绑不牢；⑥挂钩或现场附近人员没躲开；⑦物体不平衡；⑧易燃、易爆、有毒物体和带电物体；⑨歪拉斜拽；⑩地下埋藏物、凝固物。

20）用桥式起重机吊废钢时，5m 以内不准有人，否则不准操作。

第十一章
维修工操作规范

维修工操作规范如下：

1. 一般要求

1）必须经过本工种专业和安全、技术培训，考试合格，取得操作资格证后，方可持证上岗。

2）认真执行工厂安全规程、本岗位安全技术操作规程及岗位责任制与交接班制度，穿戴好劳动保护用品。

3）熟悉所维护设备的结构、性能、技术特征、工作原理，能独立工作。

4）维修工进行操作时应不少于2人。

5）作业前要切断或关闭所检修设备的电源、水源等，并挂“有人作业”警示牌。

6）高空作业时，必须戴安全帽和系保险带，保险带应扣锁在安全牢固的位置上。

7）上班前不准喝酒，禁止血压不正常和有心脏病、癫痫病及其他不适合从事；高空作业的人员参加高空作业。

8）两个或两个以上工种联合作业时，必须指定专人统一指挥。

2. 安全规定

1）设备安装检修人员应当严格遵守各工种的安全操作规程。

2）维修较大的项目，必须制订安全技术措施。安装检修工作由项目负责人统一指挥并设安全负责人。

3）安装检修工作前，必须检查所用工具和起吊设备的可靠性，严禁超负荷、带病违章作业。

4）设备检修必须执行停电挂管制度（不准用电话联系）。检修人员进入机器内部，必须设专人在外监护，必要时还应将断电装置加锁，由进入设备内部的工作人员带好钥匙。

5）检查、检修设备内部，应当使用符合标准的行灯或手电筒。严禁使用明火照明。

6）设备检修完毕后，检修人员应当清点工具和清理工作现场，不得将杂物或工具遗留在设备内，经检查确认一切合格后，方可通知有关部门送电试车。

7）因检修需要移动、拆除栏杆、安全罩、井盖、盖板、花格板等安全设施时，假如工作人员离开作业地点，必须在上述作业地点的四周设置临时护栏、护网，并设置醒目的警示标志。一切工作结束后，应当立即恢复原样。

8）检修高压、高温设备、容器和管道，应当首先采取泄压降温措施。

9）更换运转设备的传动带、传动链，必须执行停电挂牌制度。

10）检修工作中，拆下的零部件不得丢失，检修机械零部件的接合面时，应当将吊起部分垫稳，手不得伸入其间；检查轻易倾倒的部件时，必须支承牢固。使用扳手时，扳手与接触部分不得黏有油脂。不得将扳手加装套筒使用，不得将扳手当作锤子使用。

3. 工作前的准备

1）熟悉设备检修内容、工艺过程、质量标准和安全技术措施，保证检修质量及安全。

2）设备检修前要将检修用的备件、材料、工具、量具、设备和安全保护用具准备齐全。

3）作业前要对作业场所的施工条件进行认真的检查，以保证作业人员和设备的安全。

4）作业前要检查各种工具是否完好，否则不准使用。

4. 正常操作的规定

1）维修人员对所负责范围内设备每班的巡回检查和日常维护内容如下：

① 检查所维护设备的零部件是否齐全完好可靠。

② 对设备运行中发现的问题，要及时进行检查处理。

③ 对安全保护装置要定期调整试验，确保安全可靠。

④ 检查设备各部位油量、油质是否符合规定要求。

2）按时对所规定的日、周、月检内容进行维护检修，不得漏检、漏项。

3）拆下的机件要放在指定的位置，不得有碍作业和通行，物件放置要稳妥。

4）拆卸设备必须按预定的顺序进行，对有相对固定位置或对号入座的零部件，拆卸前应做好标记。

5）拆卸较大的零部件时，必须采取可靠的防止下落和下滑的措施。

6）拆卸有弹性、偏重或易滚动的机件时，应有安全防护措施。

7）拆装机件时，不准用铸铁、铸铜等脆性材料或比机件硬度大的材料作锤击或顶压垫。

8）在检修时需要打开机盖、箱盖和换油时，必须遮盖好，以防落入杂物、淋水等。

9）在装配滚动轴承时，又无条件进行轴承预热处理时，应优先采用顶压装配，也可用软金属衬垫进行锤击。

10）在对设备进行换油或加油时，油脂的牌号、用途和质量应符合规定，并做好有关数据的记录工作。

11）对检修后的设备，要进行全面的验收，需盘车的设备，必须做盘车试验，检查设备的传动情况。

12）设备检修后的试运转工作，应由工程负责人统一指挥，由操作工操作的，在主要部位应设专人进行监视，发现问题及时处理。

13）设备经下列检修工作后，应进行试运转：

① 设备经过修换轴承。

② 电动机经过解体大修，调整转子、定子间隙等。

③ 鼓风机、离心机、沉降机等主要工艺设备经过解体大修，水泵等修换本体主要部件后。

④ 减速器更换齿轮后。

⑤ 其他在检修任务书上所规定进行试转的项目。

14）试运转时，监视人员应特殊留意以下两点：

① 轴承润滑等转动部分的情况及温度。

② 转动及传动部分的振动情况，转动声音及润滑情况。

15）禁止擅自拆卸成套设备的零、部件去装配其他机械。

16）传递工具、工件时，必须等对方接妥后，送件人方可松手；远距离传递必须拴好吊绳、禁止抛掷。高空作业时，工具应拴好保险绳，防止坠落。

17）各种安全保护装置、监测仪表和警戒标志，未经主管领导答应，不准随意拆除和改动。

18）检修后应对工具、材料、换下的零部件等进行清点、核对。对设备内部进行全面的检查，不得把无关的零件、工具等物品遗忘在机腔内，在试运转前应由专人复查一次。

19）检修中被临时拆除或甩掉的安全保护装置，应指定专人进行恢复，并确保动作可靠。

20）试运转前必须移去设备上的物件。

5. 收尾工作

1）检修结束后应会同操作工及使用维护负责人共同验收，验收中发现检修质量不合格，验收人员应通知施工负责人，及时加以处理。

2）认真填写检修记录，检修部位、内容、结果及遗留问题等，双方签字，并将检修资料整理存档。

3）搞好检修现场的环境卫生，检修清洗零部件的废液，应倒入指定的容器内，严禁随便乱倒。焊接后的余火必须彻底熄灭，以防发生火灾。

第四篇 典型案例

案 例 一

一、工艺分析

1. 审阅零件图

仔细审阅零件图，熟悉零件图，提供的零件图必须清晰无误，有完整的尺寸和各种标记。注意零件图的结构是否符合铸造工艺性，有两个方面：①审查零件结构是否符合铸造工艺的要求；②在既定的零件结构条件下，考虑铸造过程中可能出现的主要缺陷，在工艺设计中采取措施避免。

审阅图可以获取下列内容：

零件名称：壳体。

零件材料：HT300。

生产批量：大批量生产。

零件特点：呈管形，一端为圆口且有方形法兰盘，另一端为椭圆口，壁厚相对均匀。

2. 零件技术要求

铸件重要的工作表面，不允许有气孔、砂眼、渣孔等缺陷。

二、工艺方案的确定

（1）铸造工艺方法的选择　砂型铸造。

（2）造型、制芯方法的选择　湿型机器造型，冷芯盒制芯。

（3）浇注位置的选择　根据选择铸件浇注位置的主要原则，并结合铸件的结构特点和铸件清理的方便性，最终选择从铸件圆口方向的方形法兰盘处浇注。

（4）分型面的选择　本铸件采用两箱造型，根据分型面的选择原则，分型面取在最大截面处。

（5）砂箱中铸件数量及布置 造型机砂箱尺寸为800mm×600mm×250/250mm，一个冒口浇注一个铸件，故一箱两件。

三、工艺参数查询

1. 铸件尺寸公差的确定

根据零件公称尺寸、加工余量等级进行查询，查得铸件尺寸公差等级为 CT7～CT9 级，铸件内腔尺寸取 CT7 级，外形尺寸取 CT9 级。

2. 机械加工余量的确定

根据造型方法、材料类型进行查询，查得加工余量等级为 H 或 J 级，取加工余量为 H 级。

3. 铸造收缩率的确定

灰铸铁件收缩率取 0.5%。

4. 铸件起模斜度的确定

铸件外形起模斜度为 1°～1.5°，铸件内腔起模斜度为 0.5°～1°。

5. 最小铸出孔及槽的确定

无。

四、浇注系统设计

1. 浇注系统类型的选择

根据各浇注系统的特点及铸件的大小选用开放-封闭式浇注系统。

2. 浇注系统尺寸的计算

经查表计算确定铸件质量 m，金属液的密度 ρ，流经阻流断面的金属液总重量 G，浇注时间 t，流量因数 μ，平均静压头 H_p。带入奥赞公式，可得 $A_{阻}$ = 250mm，即 $A_{内}$ = 250mm。根据灰铸铁件浇注系统各单元截面积比例为 $A_{内}$: $A_{横}$: $A_{直}$ = 3 : 6 : 4，求得 $A_{横}$ = 500mm，所用造型机直浇道的尺寸位置固定，故 $A_{直}$为固定值。

五、冒口设计

1. 冒口的选择

根据不同冒口的补缩原理，结合实际经验选择采用控制压力冒口（大气压力侧冒口，铁液经冒口引入铸件）。

2. 冒口的计算方法

冒口的计算方法常用的有模数法、热节圆比例法和补缩液量法。这里选择热节圆比例法，得出冒口直径为 80mm。

六、技术创新

此种壳体铸件采用传统铸造工艺是采用两个冒口，一个在圆口方向的方形法兰盘处，另一个在椭圆口方向。一箱一件，出品率低，并且其中一个冒口只起到排气作用。现在采用一个冒口，在圆口方向的方形法兰盘位置浇注，一箱两件，大大提高了铸件的工艺出品率，并且铸件无气孔、砂眼、渣孔等缺陷。

图 4-1-1 所示为零件图，图 4-1-2 所示为型板，图 4-1-3 所示为铸件。

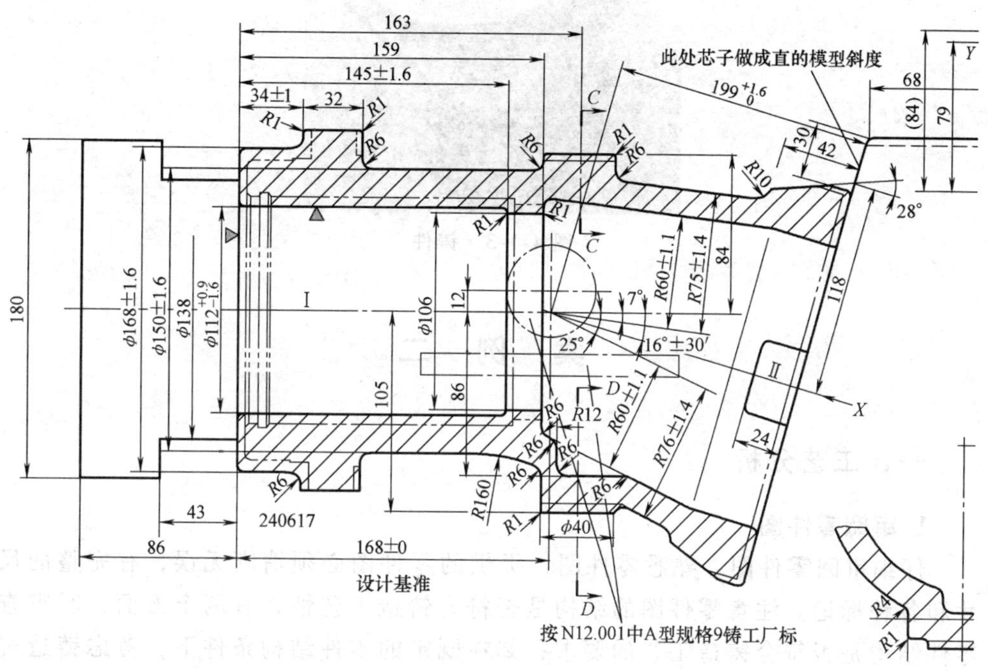

图 4-1-1 零件图

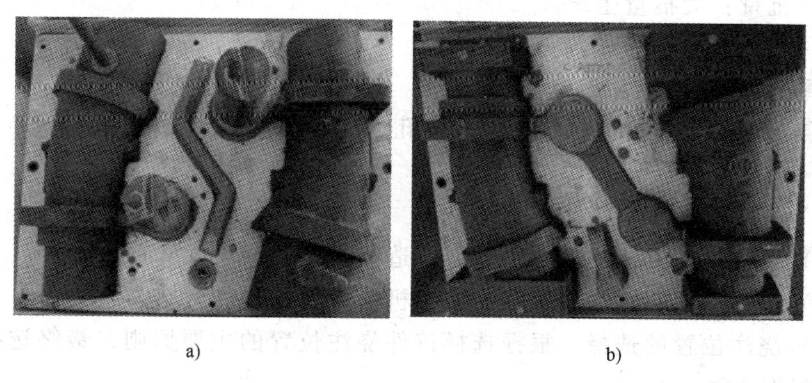

a) b)

图 4-1-2 型板

图 4-1-3　铸件

案　例　二

一、工艺分析

1. 审阅零件图

仔细审阅零件图，熟悉零件图，提供的零件图必须清晰无误，有完整的尺寸和各种标记。注意零件图的结构是否符合铸造工艺性，有两个方面：①审查零件结构是否符合铸造工艺的要求；②在既定的零件结构条件下，考虑铸造过程中可能出现的主要缺陷，在工艺设计中采取措施避免。

零件名称：后盖。

零件材料：QT400。

生产批量：大批量生产。

零件特点：结构对称，局部热节。

2. 零件技术要求

铸件重要的工作表面，不允许有气孔、砂眼、渣孔等缺陷。

二、工艺方案的确定

（1）铸造工艺方法的选择　砂型铸造。

（2）造型、制芯方法的选择　湿型机器造型，热芯盒制芯。

（3）浇注位置的选择　根据选择铸件浇注位置的主要原则，最终选择在铸件热节附近浇注。

（4）分型面的选择　本铸件采用两箱造型，根据分型面的选择原则，分型面取在最大截面处。

(5) 砂箱中铸件数量及布置 造型机砂箱尺寸为800mm×600mm×250/250mm，一个冒口浇注两个铸件，故一箱八件。

三、工艺参数查询

1. 铸件尺寸公差的确定

根据零件公称尺寸、加工余量等级进行查询，查得铸件尺寸公差数值为10mm。

2. 机械加工余量的确定

根据造型方法、材料类型进行查询，查得加工余量为11~13mm，取加工余量为12mm。

3. 铸造收缩率的确定

球墨铸铁件收缩率取0.5%。

4. 铸件起模斜度的确定

上箱起模斜度为5°，下箱起模斜度为3°。

5. 最小铸出孔及槽的确定

无。

四、浇注系统设计

1. 浇注系统类型的选择

根据各浇注系统的特点及铸件的大小选用开放-封闭式浇注系统。

2. 浇注系统尺寸的计算

经查表计算确定铸件质量 m，金属液的密度 ρ，流经阻流断面的金属液总重量 G，浇注时间 t，流量因数 μ，平均静压头 H_p。带入奥赞公式，可得 $A_{阻}=250mm$，即 $A_{内}=250mm$。根据球墨铸铁件浇注系统各单元截面积比例为 $A_{内}:A_{横}:A_{直}=3:8:5$，求得 $A_{横}=670mm$，所用造型机直浇道的尺寸位置固定，故 $A_{直}$ 为固定值。

五、冒口设计

1. 冒口的选择

根据不同冒口的补缩原理，结合铸件结构特点，选择采用控制压力侧冒口，以充分利用球铁件的石墨化膨胀压力。

2. 冒口的计算方法

冒口的计算方法常用的有模数法、热节圆比例法和补缩液量法。这里选择热节圆比例法，得出冒口直径为70mm。

图4-2-1所示为零件图，图4-2-2所示为型板，图4-2-3所示为铸件。

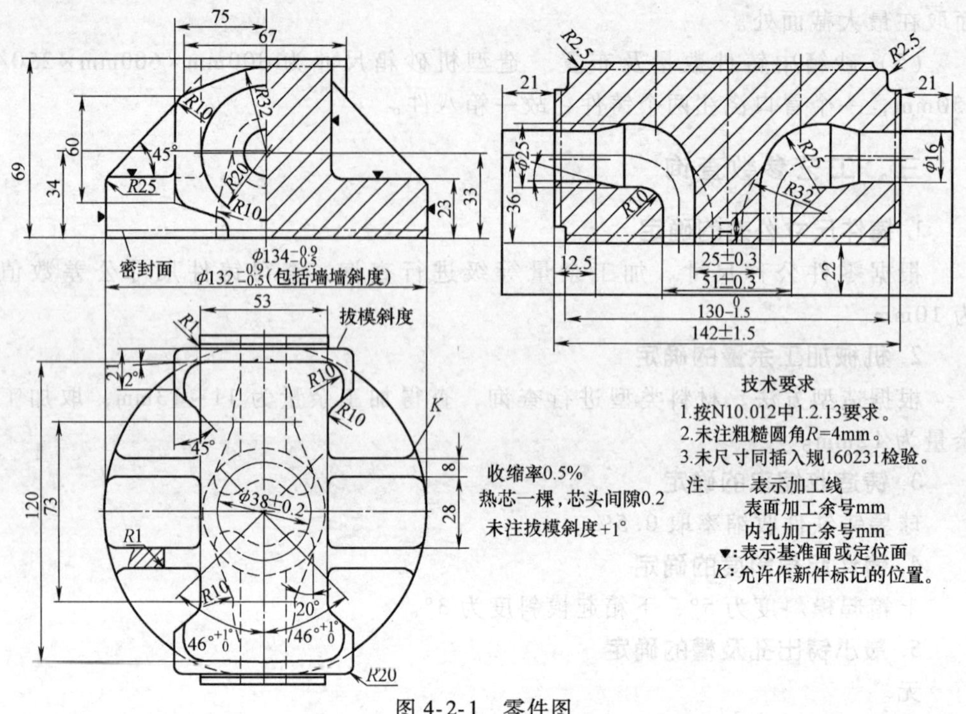

图 4-2-1 零件图

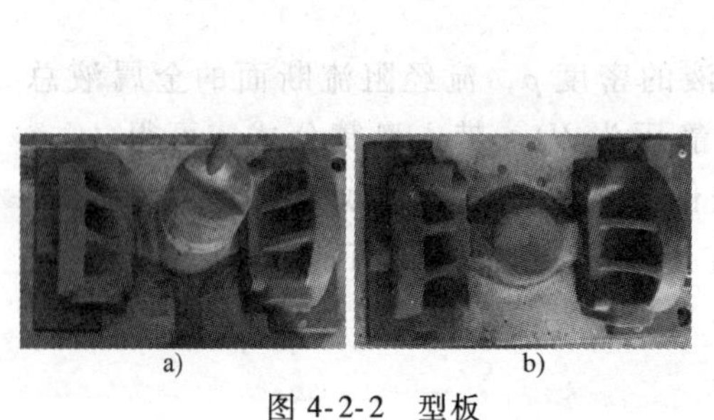
a) b)

图 4-2-2 型板

图 4-2-3 铸件

案 例 三

一、工艺分析

1. 审阅零件图

仔细审阅零件图，熟悉零件图，提供的零件图必须清晰无误，有完整的尺寸和各种标记。注意零件图的结构是否符合铸造工艺性，有两个方面：①审查零件结构是否符合铸造工艺的要求；②在既定的零件结构条件下，考虑铸造过程中可能出现的主要缺陷，在工艺设计中采取措施避免。

零件名称：摆架座。

零件材料：QT500。

生产批量：大批量生产。

零件特点：热节分散（4 个分散的热节）。

2. 零件技术要求

铸件重要的工作表面，在铸造时不允许有气孔、砂眼、渣孔等缺陷。

二、工艺方案的确定

（1）铸造工艺方法的选择　砂型铸造。

（2）造型、制芯方法的选择　湿型机器造型，无芯。

（3）浇注位置的选择　根据选择铸件浇注位置的主要原则，结合铸件特点，最终选择在铸件的两个热节处浇注。

（4）分型面的选择　本铸件采用两箱造型，根据分型面的选择原则，分型面取在最大截面处。

（5）砂箱中铸件数量及布置　造型机砂箱尺寸为 800mm×600mm×250/250mm，一箱四件，一个冒口浇注两个铸件。

（6）冷铁设计　由于铸件有 4 个分散的热节，不适宜按照传统的工艺方法安放冒口补缩。为了避免铸件出现缩孔、缩松等缺陷，在其中两个热节处安放一块冷铁，使得此处先冷却凝固。在另外两个热节中间安放一个侧冒口，设计两个冒口径分别对准两个热节。

三、工艺参数查询

1. 铸件尺寸公差的确定

根据零件公称尺寸、加工余量等级进行查询。查得铸件尺寸公差数值为 10mm。

2. 机械加工余量的确定

根据造型方法、材料类型进行查询，查得加工余量为 11～13mm，取加工余量为 12mm。

3. 铸造收缩率的确定

球墨铸铁件收缩率取 0.5%。

4. 铸件起模斜度的确定

上箱起模斜度为 5°，下箱起模斜度为 3°。

5. 最小铸出孔及槽的确定

无。

四、浇注系统设计

1. 浇注系统类型的选择

根据各浇注系统的特点及铸件的大小选用开放-封闭式浇注系统。

2. 浇注系统尺寸的计算

经查表计算确定铸件质量 m，金属液的密度 ρ，流经阻流断面的金属液总重量 G，浇注时间 t，流量因数 μ，平均静压头 H_p。带入奥赞公式，可得 $A_{阻}=350\text{mm}$，即 $A_{内}=350\text{mm}$。根据球墨铸铁件浇注系统各单元截面积比例为 $A_{内}:A_{横}:A_{直}=3:8:5$，求得 $A_{横}=1000\text{mm}$，所用造型机直浇道的尺寸位置固定，故 $A_{直}$ 为固定值。

五、冒口设计

1. 冒口的选择

根据不同冒口的补缩原理不同，基于控制压力冒口适用于在湿型中铸件模数为0.5~2.5cm 的球墨铸铁件。故结合实际经验这里选择采用控制压力冒口（大气压力侧冒口，铁液经冒口引入铸件）。

2. 冒口的计算方法

冒口的计算方法常用的有模数法、热节圆比例法和补缩液量法。这里选择热节圆比例法，得出冒口直径为100mm。

六、技术创新

此种多个热节分散的铸件一直以来都是难以攻克的难题，本次采用冷铁和冒口相结合的铸造工艺，避免了铸件产生缩孔、缩松的缺陷，铸件外观由于冷铁的巧妙使用也有所改善，并且铸件的工艺出品率也提高了。

图 4-3-1 所示为上模样，图 4-3-2 所示为下模样，图 4-3-3 所示为造型时放置外冷铁，图 4-3-4 所示为上模板局部图，图 4-3-5 所示为下模板局部图。

图 4-3-1　上模样

图 4-3-2　下模样

图 4-3-3 造型时放置外冷铁

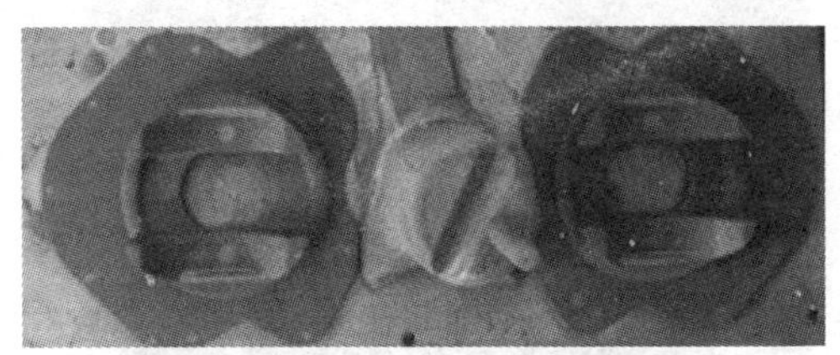

图 4-3-4 上模板局部图

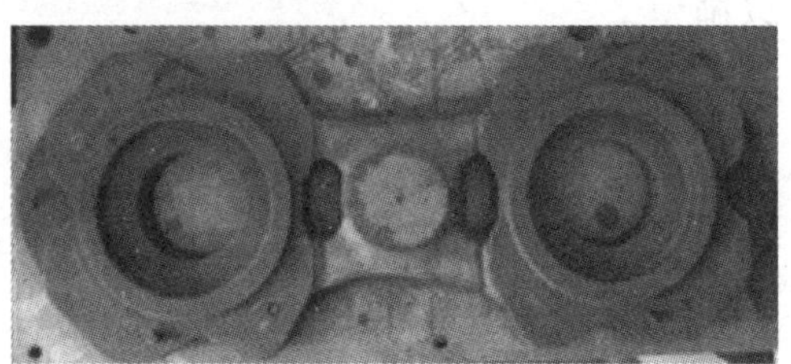

图 4-3-5 下模板局部图

案 例 四

一、工艺分析

1. 审阅零件图

仔细审阅零件图，熟悉零件图，提供的零件图必须清晰无误，有完整的尺寸和各种标记。注意零件图的结构是否符合铸造工艺性，有两个方面：①审查零件结构是否符合铸造工艺的要求；②在既定的零件结构条件下，考虑铸造过程中可能出现的主要缺陷，在工艺设计中采取措施避免。

零件名称：阀体。

零件材料：QT400。

生产批量：大批量生产。

零件特点：整体轮廓小，内腔和外形结构复杂，主孔细小，容易变形，且不利于排气。

2. 零件技术要求

铸件重要的工作表面，在铸造时不允许有气孔、砂眼、渣孔等缺陷。

二、工艺方案的确定

（1）铸造工艺方法的选择　砂型铸造。

（2）造型、制芯方法的选择　湿型机器造型，壳型热芯盒制芯如图 4-4-1 所示。

（3）浇注位置的选择　本铸件采用壳型制造，为了避免铸件产生变形、缩孔、缩松等缺陷，浇注位置选择在铸件最大截面容易产生缩孔、缩松处。

（4）分型面的选择　本铸件采用两箱造型，且采用壳型制造，在确定浇注位置后分型面的位置基本已经可以确定。

（5）砂箱中铸件数量及布置　造型机砂箱尺寸为 800mm × 600mm × 250/250mm，一个冒口浇注两个铸件，故一箱六件。

图 4-4-1　壳型、热芯盒制芯

三、工艺参数查询

1. 铸件尺寸公差的确定

根据零件公称尺寸、加工余量等级进行查询，查得铸件尺寸公差数值为 10mm。

2. 机械加工余量的确定

根据造型方法、材料类型进行查询，查得加工余量为 11～13mm，取加工余量为 12mm。

3. 铸造收缩率的确定

球墨铸铁件收缩率取 0.5%。

4. 铸件起模斜度的确定

上箱起模斜度为 5°，下箱起模斜度为 3°。

5. 最小铸出孔及槽的确定

无。

四、浇注系统设计

1. 浇注系统类型的选择

根据各浇注系统的特点及铸件的大小选用开放-封闭式浇注系统。

2. 浇注系统尺寸的计算

经查表计算确定铸件质量 m，金属液的密度 ρ，流经阻流断面的金属液总重量 G，浇注时间 t，流量因数 μ，平均静压头 H_p。带入奥赞公式，可得 $A_{阻}=350mm$，即 $A_{内}=350mm$。根据球墨铸铁件浇注系统各单元截面积比例为 $A_{内}:A_{横}:A_{直}=3:8:5$，求得 $A_{横}=1000mm$，所用造型机直浇道的尺寸位置固定，故 $A_{直}$为固定值。

五、冒口设计

1. 冒口的选择

根据不同冒口的补缩原理，基于控制压力冒口适用于在湿型中铸件模数为 0.5~2.5cm 的球墨铸铁件。故这里选择采用控制压力冒口（大气压力侧冒口，铁液经冒口引入铸件）。

2. 冒口的计算方法

冒口的计算方法常用的有模数法、热节圆比例法和补缩液量法。这里选择热节圆比例法，得出冒口直径为 100mm。

六、技术创新

此种内腔结构复杂、主孔细小、容易变形，且不利于排气的铸件，采用壳型铸造工艺，铸件的表面粗糙度得到降低，尺寸精度得到明显提高，同时铸件的废品率降低了，石墨球数明显增多且均匀圆整，石墨大小稳定在 6~7 级，明显高于其他铸造工艺。

案 例 五

一、工艺分析

1. 审阅零件图

仔细审阅零件图，熟悉零件图，提供的零件图必须清晰无误，有完整的尺寸和各种标记。注意零件图的结构是否符合铸造工艺性，有两个方面：①审查零件结构是否符合铸造工艺的要求；②在既定的零件结构条件下，考虑铸造过程中可能出现的主要缺陷，在工艺设计中采取措施避免。

零件名称：阀体。

零件材料：QT400。

生产批量：大批量生产。

零件特点：内腔结构复杂，不利于分型芯，孔细小，容易变形，不利于排气。

2. 零件技术要求

铸件重要的工作表面，在铸造时不允许有气孔、砂眼、渣孔等缺陷。

二、工艺方案的确定

(1) 铸造工艺方法的选择　砂型铸造。

(2) 造型、制芯方法的选择　湿型机器造型，热芯盒制芯且采用二次射芯。不需要进行组芯环节。

(3) 浇注位置的选择　根据选择铸件浇注位置的主要原则，选择合适的浇注位置。

(4) 分型面的选择　本铸件采用两箱造型，根据分型面的选择原则，分型面取在最大截面处。

(5) 砂箱中铸件数量及布置　造型机砂箱尺寸为800mm×600mm×250/250mm，一个冒口浇注两个铸件，故一箱六件。

三、工艺参数查询

1. 铸件尺寸公差的确定

根据零件公称尺寸、加工余量等级进行查询，查得铸件尺寸公差数值为10mm。

2. 机械加工余量的确定

根据造型方法、材料类型进行查询，查得加工余量为11~13mm，取加工余量为12mm。

3. 铸造收缩率的确定

球墨铸铁件收缩率取0.5%。

4. 铸件起模斜度的确定

上箱起模斜度为5°，下箱起模斜度为3°。

5. 最小铸出孔及槽的确定

无。

四、浇注系统设计

1. 浇注系统类型选择

根据各浇注系统的特点及铸件的大小选用开放-封闭式浇注系统。

2. 浇注系统尺寸的计算

经查表计算确定铸件质量 m，金属液的密度 ρ，流经阻流断面的金属液总重量 G，浇注时间 t，流量因数 μ，平均静压头 H_p。带入奥赞公式，可得 $A_{阻}=250mm$，即 $A_{内}=250mm$。根据球墨铸铁件浇注系统各单元截面积比例为 $A_{内}$:

$A_{横}$: $A_{直}$ = 3 : 8 : 5，求得 $A_{横}$ = 670mm，所用造型机直浇道的尺寸位置固定，故 $A_{直}$ 为固定值。

五、冒口设计

1. 冒口的选择

根据不同冒口的补缩原理，基于控制压力冒口适用于在湿型中铸件模数为0.5~2.5cm的球墨铸铁件。故结合实际经验这里选择采用控制压力冒口（大气压力侧冒口，铁液经冒口引入铸件）。

2. 冒口的计算方法

冒口的计算方法常用的有模数法、热节圆比例法和补缩液量法。这里选择热节圆比例法，得出冒口直径为90mm。

图4-5-1所示为芯盒，图4-5-2所示为主型芯2，图4-5-3所示为附件型芯1。

图4-5-1 芯盒

3. 技术创新

二次射芯是指将本由多颗型芯组合而成的型芯，分解为两部分，即附件型芯1和主型芯2，并且在同一个芯盒中。先射出附件型芯1，再将附件型芯1放入芯盒中主型芯2的位置进行主型芯2的射芯，最终将附件型芯1和主型芯2粘合在一起形成完整的铸件型腔。

此种铸件采用二次射芯工艺，省去过去繁琐的组芯环节，避免了因组芯使用芯胶在浇注时产生呛火缺陷，并且大大提高了型芯精度，使得铸件内腔尺寸精度高，铸件废品率降低。

图 4-5-2 主型芯 2

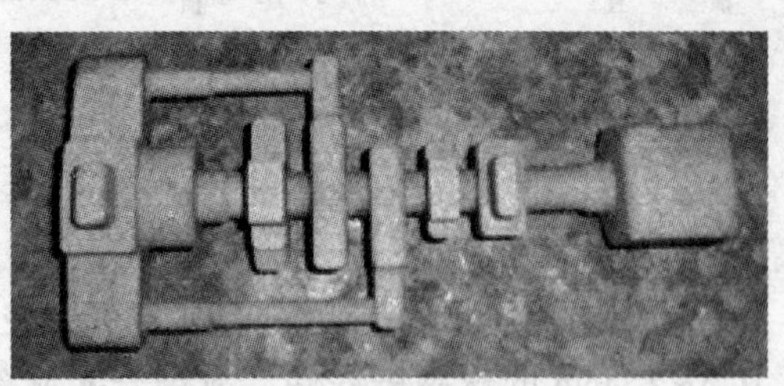

图 4-5-3 附件型芯 1

案 例 六

一、工艺分析

1. 审阅零件图

仔细审阅零件图，熟悉零件图，提供的零件图必须清晰无误，有完整的尺寸和各种标记。注意零件图的结构是否符合铸造工艺性，有两个方面：①审查零件结构是否符合铸造工艺的要求；②在既定的零件结构条件下，考虑铸造过程中可能出现的主要缺陷，在工艺设计中采取措施避免。

零件名称：壳体。

零件材料：HT300。

生产批量：大批量生产。

零件特点：整体轮廓尺寸大，壁厚相对一致，底部稍厚，且热节分散。

2. 零件技术要求

铸件重要的工作表面，在铸造时不允许有气孔、砂眼、渣孔等缺陷。

二、工艺方案的确定

（1）铸造工艺方法的选择　砂型铸造。

（2）造型、制芯方法的选择　湿型机器造型，冷芯盒制芯。

（3）浇注位置的选择　根据选择铸件浇注位置的主要原则及铸件特点，选择无冒口工艺，采用多个内浇道从不同热节处浇注。

（4）分型面的选择　本铸件采用两箱造型，根据分型面的选择原则，分型面取在最大截面处。

（5）砂箱中铸件数量及布置　造型机砂箱尺寸为 800mm×600mm×250/250mm，一箱一件。

三、工艺参数查询

1. 铸件尺寸公差的确定

根据零件公称尺寸、加工余量等级进行查询，查得铸件尺寸公差数值为 10mm。

2. 机械加工余量的确定

根据造型方法、材料类型进行查询，查得加工余量为 11~13mm，取加工余量为 12mm。

3. 铸造收缩率的确定

球墨铸铁件收缩率取 1%。

4. 铸件起模斜度的确定

上箱起模斜度为 5°，下箱起模斜度为 3°。

5. 最小铸出孔及槽的确定

无。

四、浇注系统设计

1. 浇注系统类型的选择

根据各浇注系统的特点及铸件的大小选用开放-封闭式浇注系统。

2. 浇注系统尺寸的计算

经查表计算确定铸件质量 m，金属液的密度 ρ，流经阻流断面的金属液总重量 G，浇注时间 t，流量因数 μ，平均静压头 H_p。带入奥赞公式，可得 $A_{阻}=450mm$，即 $A_{内}=450mm$。根据灰铸铁件浇注系统各单元截面积比例为 $A_{内}:A_{横}:A_{直}=3:6:4$，求得 $A_{横}=900mm$，所用造型机直浇道的尺寸位置固定，故 $A_{直}$为固定值。

五、冒口设计

1. 冒口的选择

根据控制压力冒口的设计原则，当铸件的关键模数≤0.4cm 或≥2.5cm 应采用无冒口工艺。由于此铸件模数不足 0.4mm，故不需要冒口，采用多个内浇道从不同热节处浇注。

2. 技术创新

以往工艺设计往往过多注重冒口的补缩作用，将冒口设置在铸件最后凝固的部位，而忽略了冒口对铸件产生的热干扰作用，使铸件最后凝固部位的凝固时间延长，对铸件组织和力学性能产生不利影响，还在冒口附近产生缩孔和缩松等铸造缺陷。

图 4-6-1 所示为零件图，图 4-6-2 所示为铸件。

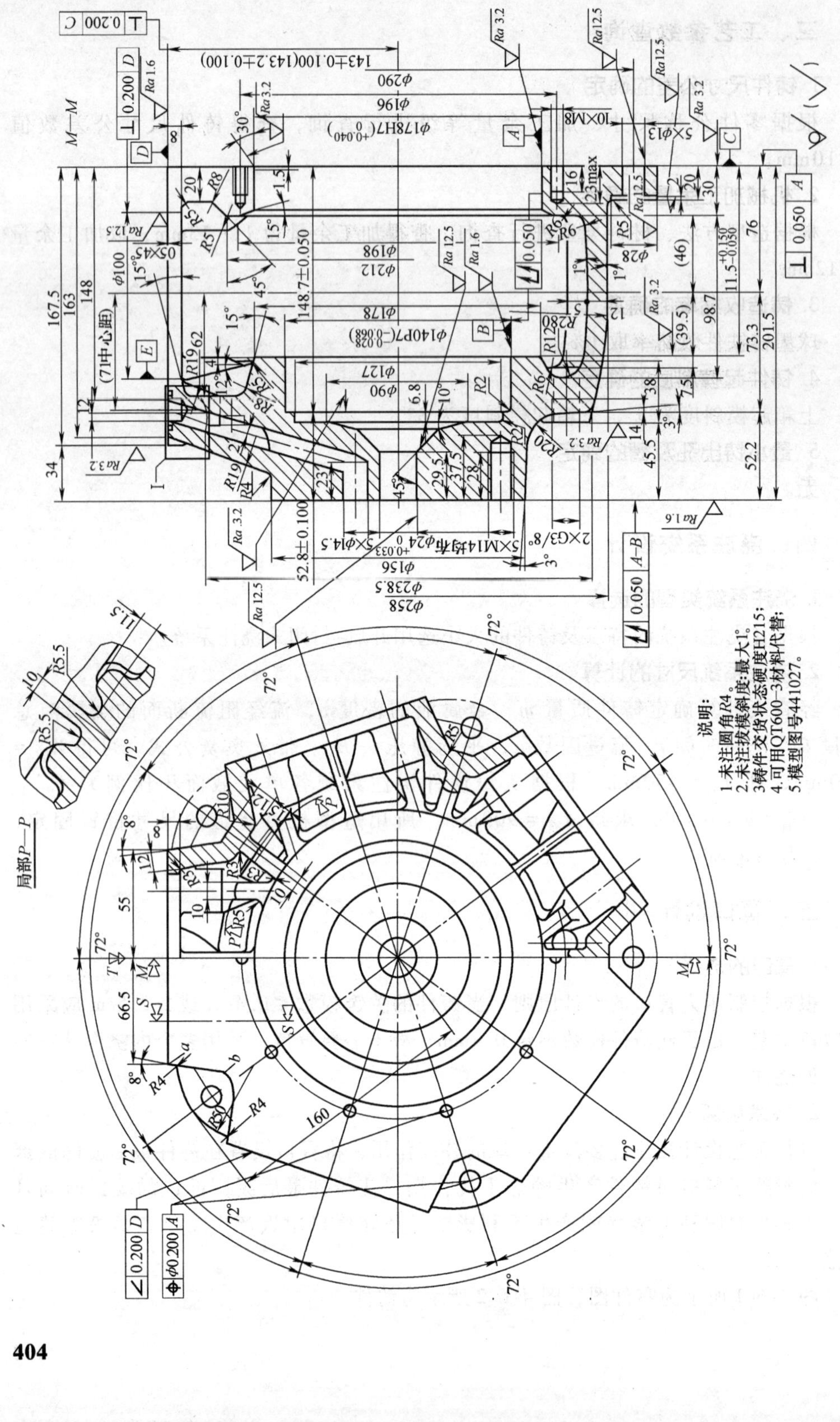

说明：

1.未注圆角$R4$。

2.未注拔模斜度:最大1°。

3铸件交货状态硬度H215;

4.可用QT600-3材料代替;

5.模型图号441027。

图 4-6-1　零件图

a)

b)

图 4-6-2　铸件

附录

铸造工国家职业标准简介

第一节 职 业 概 况

1.1 职业名称

铸造工。

1.2 职业定义

操作铸造设备，使用铸造工装与工具，进行铸型制备、合金熔炼与浇注、铸件后处理及质量检验的人员。

1.3 职业等级

本职业共设五个等级，分别为：初级（国家职业资格五级）、中级（国家职业资格四级）、高级（国家职业资格三级）、技师（国家职业资格二级）、高级技师（国家职业资格一级）。

1.4 职业环境

室内、高温、噪声、粉尘、有害气体。

1.5 职业能力特征

具有一定的学习、分析、判断和语言表达能力，空间、形体和色觉感强，手指、手臂灵活，动作协调性强。

1.6 基本文化程度

初中毕业。

第二节 基 本 要 求

2.1 职业道德

2.1.1 职业道德基本知识

2.1.2 职业守则

（1）遵守法律、法规和有关规定。

(2) 爱岗敬业，具有高度的责任心。

(3) 严格执行工艺文件和安全操作规程。

(4) 保持工作环境清洁有序，文明生产。

2.2 基础知识

2.2.1 基础理论知识

(1) 基本识图知识。

(2) 公差与配合。

(3) 铸造专业基础理论知识。

2.2.2 技术基础知识

(1) 机械传动基本知识。

(2) 设备使用及维护、保养知识。

(3) 气动及液压传动知识。

(4) 工具、夹具、量具的使用与维护知识。

2.2.3 电工知识

(1) 安全用电知识。

(2) 铸造设备常用电器及电气传动知识。

2.2.4 安全文明生产与环境保护知识

(1) 现场文明生产要求。

(2) 安全操作与劳动保护知识。

(3) 环境保护知识。

2.2.5 质量管理知识

(1) 企业的质量方针。

(2) 岗位的质量要求。

(3) 岗位的质量保证措施与责任。

2.2.6 相关法律、法规知识

(1)《中华人民共和国劳动法》相关知识。

(2)《中华人民共和国劳动合同法》相关知识。

(3)《中华人民共和国职业病防治法》相关知识。

(4)《中华人民共和国安全生产法》相关知识。

第三节 工作要求

本标准对初级、中级、高级、技师、高级技师的技能要求依次递进，高级别涵盖低级别要求。

3.1 初级（表 A-1）

表 A-1　初级工作要求

职业功能	工作内容	技能要求	相关知识
一、砂型制造	(一)工艺分析	能根据轮盘类等简单的零件图或铸件的零件图识别相应的模样、芯盒和模板	1. 砂型的基本组成 2. 制造砂型用的模样、芯盒和模板
	(二)型砂和芯砂混制	1. 能识别原砂、黏结剂等常用造型制芯材料的种类、规格、质量 2. 能按工艺要求选择和配制湿型(芯)砂 3. 能读懂型(芯)砂的强度、透气性、水分等性能报告	1. 原砂、膨润土、煤粉等原辅材料的基本常识 2. 型(芯)砂的基本性能指标
	(三)造型与制芯	1. 能手工制造轮盘等简单铸件的铸型和型芯,并能进行合箱 2. 能操作 Z271、Z145 等造型机进行造型	1. 模样、芯盒和模板的基本结构 2. 常用震压式造型设备的基本结构 3. 简单件手工造型的基本操作方法 4. 震压式机器造型的操作方法
二、特种铸件	(一)熔模铸造	1. 能进行蜡料混制 2. 能使用工具、夹具,压蜡型,进行蜡模压制 3. 能涂挂涂料、撒砂及脱蜡 4. 能焙烧模壳	1. 蜡料的基本知识 2. 模壳硬化的基本常识 3. 模壳烘炉的使用方法 4. 模壳硬化的基本原理
	(二)压力铸造	1. 能拆卸与吊装压铸型 2. 能喷涂压铸型涂料 3. 能操作小型压铸机开合型	1. 压铸型涂料的作用 2. 压铸型的基本结构 3. 压铸机合模机构相关知识
三、铸造合金熔炼与浇注	(一)原材料与工具的准备	1. 能判别生铁、焦炭、铁合金等各种常用炉料 2. 能进行金属炉料、熔剂、燃料及各种辅料的准备 3. 能对浇包进行维修	1. 炉料的品种、规格等基本常识 2. 各种炉料的作用 3. 浇包的基本结构 4. 耐火材料基本知识
	(二)熔化过程控制	能根据所使用的熔炉,进行顺序加料、除渣等操作	各种炉料特性的基本常识
	(三)浇注	1. 能进行扒渣、挡渣、引火 2. 能使用手端包浇注阀门等小型铸件	金属液浇注基本常识
四、铸件后处理与检验	(一)铸件清整	1. 能进行浇注后的开箱与落砂操作 2. 能清除铸铁、铝合金和铜合金等铸件的浇冒口 3. 能用砂轮机、角磨机精整铸件表面和内腔 4. 能操作抛丸滚筒、履带抛丸机、悬挂清理等铸件清整设备进行铸件内外表面清理	1. 各种合金铸件铸型冷却时间的控制要点 2. 铸型开箱、落砂方法及清除浇冒口的方法 3. 清整设备的操作规程
	(二)铸件热处理	能进行铸件装炉操作	装炉的基本常识

3.2 中级（表 A-2）

表 A-2 中级工作要求

职业功能	工作内容	技能要求	相关知识
一、砂型制造	(一)工艺分析	1. 能识读变速箱体等中等复杂零件图、铸造工艺图 2. 能计算轮盘类等简单铸件的质量 3. 能按工艺图核对模样和芯盒的形状、尺寸、数量	1. 铸造工艺图的基础知识 2. 常见几何体的分类和体积计算 3. 金属材料的密度，铸件质量的计算方法
	(二)型砂和芯砂的混制	1. 能按铸件特点和生产条件选用型(芯)砂 2. 能配制树脂、水玻璃等型(芯)砂	1. 擦洗砂、树脂、固化剂等原辅材料的基本知识 2. 水玻璃粘结剂的基本知识
	(三)造型与制芯	1. 能按工艺要求进行变速箱等中等复杂件的手工造型、制芯、合箱操作 2. 能手工进行铸件的多箱造型操作 3. 能选择、使用芯盒、模板等工艺装备 4. 能进行机械化、自动化造型和制芯操作，并对设备进行润滑、清洁等维护保养 5. 能设置盘类等简单铸件的浇冒口系统	1. 造型、制芯与合箱的操作知识 2. 铸件的多箱造型操作方法 3. 震击式造型机、射芯机等设备的基本原理及维护保养方法 4. 轮盘类等简单铸件的浇冒系统的基本常识
二、特种铸造	(一)熔模铸造	1. 能使用压蜡机进行蜡模制造 2. 能焊接、组装蜡膜 3. 能对组装后的蜡膜进行表面除油、脱脂操作 4. 能配制水玻璃涂料 5. 能配制水玻璃型壳硬化剂 6. 能进行蜡料回收操作	1. 压蜡机的结构及操作要点 2. 蜡膜的组装工艺知识 3. 模料的基本知识 4. 模壳的挂涂料、干燥、硬化、脱蜡基本原理 5. 涂料和骨料对铸件质量的影响
	(二)压力铸造	1. 能根据铸件要求选择和安装压室，并进行润滑 2. 能对压铸型进行预热操作 3. 能根据压铸工艺要求，完成压铸工艺参数设置 4. 能操作大型压铸机进行压铸	1. 润滑剂的种类与作用 2. 压铸型温度对铸件质量的影响 3. 压铸机的基本结构及工作原理
三、铸造合金熔炼与浇注	(一)配料与熔炼设备准备	1. 能按铸件成分、技术要求或配料单称量各种炉料 2. 能进行冲天炉修炉、烘炉等 3. 能进行电弧炉筑炉工作 4. 能进行感应炉筑炉和烧结工作	1. 配制炉料的基本知识 2. 冲天炉修炉材料的选择与配制方法 3. 电弧炉、感应炉等筑炉技术知识 4. 各种熔炼炉修补操作要点
	(二)熔化过程控制	1. 能操作熔炼设备熔化金属炉料 2. 能判断熔炼设备的冲天炉风口堵塞、棚料等常见故障 3. 能调整冲天炉风量、风压，控制铁液温度和熔炼速度 4. 能对电弧炉熔炼进行扒渣操作	冲天炉、感应电炉、电弧炉等熔炼设备的规格、基本结构、操作工艺要点与简单故障诊断知识

（续）

职业功能	工作内容	技能要求	相关知识
三、铸造合金熔炼与浇注	（三）合金液炉前处理	1. 能进行各种铸造合金液的净化、变质孕育等操作 2. 能根据炉前试样初步判断铸造合金液的质量 3. 能使用测温仪测量各种合金液的温度 4. 能操作热分析仪等炉前检测仪器检测碳、硅及碳当量	1. 铸造合金熔炼的基本原理及操作方法 2. 孕育剂、变质剂、除渣剂等的基本常识 3. 炉前检测仪器的操作方法
	（四）浇注	能手工浇注床身等中、大型铸件	浇注速度和浇注温度对大型铸件质量的影响
四、铸件后处理与检验	（一）铸件清整	1. 能对抛丸清理设备进行维护和保养 2. 能进行钢、铁等各类合金铸件缺陷修补	1. 各种铸件抛丸清理设备的工作原理及使用特点 2. 铸件缺陷修补的知识
	（二）铸件热处理	1. 能进行铸件退火热处理操作 2. 能进行铸钢件、球墨铸铁件的正火处理 3. 能进行非铁合金铸件热处理操作	1. 铸件的退火和正火热处理基本知识 2. 非铁合金铸件的热处理基本知识
	（三）质量检验	1. 能识别气孔、砂眼、缩孔、缩松等常见的铸件缺陷 2. 能根据图样要求检测轴类、盘类等简单铸件的尺寸 3. 能根据标准试块判定铸件表面粗糙度	1. 铸件缺陷的分类 2. 气孔、砂眼、缩孔、缩松等常见铸件缺陷的特征 3. 铸件外形、外观质量检验标准与方法 4. 铸件表面粗糙度的标准

3.3 高级（表 A-3）

表 A-3 高级工作要求

职业功能	工作内容	技能要求	相关知识
一、砂型制造	（一）工艺分析	1. 能识读缸体、床身等复杂零件图及工艺图 2. 能通过工艺分析，设置箱体类等中等复杂铸件分型面、浇注位置和浇冒口系统	铸造工艺基本知识
	（二）型砂和芯砂混制	1. 能根据各类型（芯）砂的性能要求，调整型（芯）的砂配比 2. 能根据铸件缺陷分析型（芯）砂不合格的原因，并提出改进措施	各类型（芯）砂的组成及配比对其性能的影响
	（三）造型与制芯	1. 能采用树脂砂进行床身、船用齿轮箱等大型复杂铸件的造型、制芯与合箱 2. 能对机械化、自动化造型与制芯所产生的质量问题进行分析，并提出解决方案 3. 能根据床身、齿轮等大型铸件的材质及特点设置浇冒口系统、补贴、冷铁等	1. 树脂砂硬化与起模时间等方面的知识 2. 大型复杂件造型、制芯的操作方法 3. 机械化、自动化造型制芯的知识及生产线工作基本原理、操作方法和工艺特点 4. 铸件的浇冒口系统、补贴、冷铁等选择设置方法

（续）

职业功能	工作内容	技能要求	相关知识
二、特种铸造	（一）熔模铸造	1. 能配制蜡料 2. 能配制硅溶胶粘结剂涂料 3. 能进行硅溶胶模壳硬化操作 4. 能进行大型、薄壁、较复杂蜡模的各种异型直浇道棒粘制操作 5. 能对残次模壳进行修理 6. 能操作撒砂机、制壳生产线等制壳设备	1. 蜡料的种类与特性 2. 硅溶胶粘结剂涂料的相关知识 3. 硅溶胶模壳硬化原理 4. 浇注系统的作用 5. 模壳质量对铸件质量的影响 6. 制壳设备的基本结构与原理
	（二）压力铸造	1. 能安装、调试压铸型 2. 能根据压铸件出现的质量问题调整压铸机参数，以满足压铸工艺要求 3. 能判断冷、热室压铸机的故障	1. 压铸型基本结构及工作原理 2. 压铸工艺参数对压铸件质量的影响 3. 冷、热室压铸机的基本知识及产生故障的原因
三、铸造合金熔炼与浇注	（一）熔炼过程控制	1. 能调整冲天炉、感应电炉、电弧炉等熔炼设备工艺参数 2. 能判断常用熔炼设备的故障 3. 能对电弧炉熔炼进行氧化期和还原期操作 4. 能调整化学成分和温度	1. 熔炼设备的熔炼原理、操作方法及故障判断的基本知识 2. 电弧炉氧化期和还原期的任务与操作要点 3. 调整合金液化学成分和温度的基本要点
	（二）合金液质量控制与调整	1. 能分析铸件缺陷与合金液质量间的关系，提出配料和熔炼等改进措施 2. 能判断各种合金的变质效果 3. 能根据炉前检验结果，对各种合金加入量进行调整	1. 金属学基本知识 2. C、Si、Mn、P、S 等常用合金元素对铸造合金组织、力学性能的影响 3. 球化、孕育处理工艺方面的知识 4. 铝合金除气、变质处理工艺方面的知识
	（三）浇注	1. 能组织床身等大型铸件的多包浇注 2. 能解决由浇注原因引起的冷隔等铸件质量问题	浇注与铸件质量之间的关系
四、铸件后处理与检验	（一）铸件清整	1. 能根据气缸体、液压阀阀体等复杂铸件清整要求选择清整方法 2. 能解决铸件内腔清整质量不合格等问题	各种电化学清砂、气缸体专用清理机等设备的工作原理、特点和使用范围
	（二）铸件热处理	能解决因热处理工艺操作不当造成的铸件变形等质量问题	影响热处理过程中铸件变形的主要因素
	（三）质量检验	1. 能鉴别夹砂、鼠尾、粘砂、结疤、裂纹等铸件缺陷 2. 能使用检测工具进行变速箱体等较复杂铸件的尺寸和外观质量检验 3. 能根据铸件化学成分、物理性能检测报告，判定铸件冶金质量 4. 能填写质量检验报告	1. 夹砂、鼠尾、粘砂、结疤、裂纹等铸造缺陷的特征 2. 各种铸造合金化学成分及物理性能标准

3.4 技师（表 A-4）

表 A-4 技师工作要求

职业功能	工作内容	技能要求	相关知识
一、砂型制作	(一)工艺分析与设计	1. 能对铸件结构进行工艺性分析 2. 能编制箱体、阀门等一般铸件的铸造工艺 3. 能根据工艺要求、产品批量估算材料消耗定额 4. 能对铸件浇冒口系统存在的问题提出改进意见	1. 铸件结构工艺性知识 2. 编制铸造工艺文件的方法 3. 估算材料消耗定额的方法 4. 浇冒口系统设计原理
	(二)造型与制芯	1. 能设置流水线生产混砂系统的工艺参数 2. 能编制自硬砂工艺参数 3. 能分析浇注系统、冒口、冷铁与铸件缺陷之间的关系，提出改进措施 4. 能提出造型、制芯工艺装备的改进方案	1. 造型线型(芯)砂的性能及其对铸件质量的影响 2. 自硬砂的固化原理及工艺参数相关知识 3. 浇注系统、冒口和冷铁与铸件缺陷之间的关系
二、特种铸造	(一)熔模铸造	1. 能根据熔模铸件出现的气孔、缩孔等质量问题提出浇冒口改进方案 2. 能根据铸件质量要求提出涂料和骨料改进意见 3. 能对较复杂蜡模进行检测 4. 能根据蜡模尺寸、形状、复杂程度制订储存与摆放方案	1. 浇注系统对铸件质量的影响 2. 熔模铸造涂料和骨料相关知识 3. 影响铸件形状和尺寸的因素
	(二)压力铸造	1. 能根据压铸件出现的气孔、充型等质量问题对压铸型提出工艺改进措施 2. 能根据压铸件出现的尺寸、变形等质量问题对压铸型结构提出改进措施 3. 能排除压铸机的故障	1. 浇注与排气系统对压铸件质量的影响 2. 抽芯机构、顶出机构的结构与原理
三、铸造合金熔炼与浇注	(一)熔炼过程控制	1. 能通过调整炉料配比达到铸件所要求的金相组织和力学性能 2. 能排除熔炼设备的常见故障 3. 能分析合金冶金质量对铸件缺陷的影响，并提出改进措施	1. 铁碳相图的基本知识 2. 非铁合金相图的知识 3. 熔炼设备故障排除的基本知识 4. 合金液冶金质量与铸件质量的关系
	(二)炉前合金液质量控制	能判别铸铁、铸钢、铝合金等的金相组织	金相分析相关知识
四、质量控制	(一)缺陷分析	能运用全面综合分析的方法分析铸件产生缺陷的原因，提出改进措施	全面综合分析铸件质量的方法
	(二)质量检验	1. 能提出铸件内在质量的检验项目 2. 能操作便携式硬度计检验铸件硬度 3. 能对铸件进行荧光操作	1. 铸件缺陷与生产过程工艺控制点的工艺 2. 着色、磁粉探伤等检测方法的基本常识 3. 便携式硬度检测的操作要点

（续）

职业功能	工作内容	技能要求	相关知识
五、培训与管理	（一）培训与指导	1. 能对初级、中级、高级铸造工进行专业技术理论知识培训 2. 能指导初级、中级、高级铸造工实际操作	1. 理论知识培训要点及方法 2. 指导实际操作要点及方法
	（二）生产与质量管理	1. 能应用全面质量管理方法，解决铸件质量问题 2. 能对生产过程管理提出合理化建议 3. 能对本企业清洁生产及安全生产提出改进意见	1. 铸件质量管理的基本知识 2. 质量管理常用工具与PDCA循环知识 3. 铸造生产管理基本知识 4. 清洁、安全生产制度知识

3.5 高级技师（表A-5）

表A-5 高级技师工作要求

职业功能	工作内容	技能要求	相关知识
一、砂型制造	（一）工艺分析与设计	1. 能编制缸体、缸盖等复杂铸件的铸造工艺 2. 能应用铸造CAD/CAE、均衡凝固等先进技术优化铸造工艺	铸造CAD/CAE、均衡凝固等相关知识
	（二）造型与制芯	1. 能应用和推广造型、制芯新工艺与新材料 2. 能够调试、验收造型与制芯设备	1. 金属液过滤净化、发热冒口、激冷等先进技术知识 2. 造型与制芯设备的调试、润滑保养知识
二、特种铸造	（一）熔模铸造	1. 能进行工艺分析，绘制工艺图 2. 能分析和处理粘结剂、涂料的质量问题 3. 能解决水玻璃、硅溶胶模壳制备中的关键技术问题 4. 能设计压蜡型	1. 熔模铸件工艺设计知识 2. 蜡料、涂料对铸件质量的影响 3. 压蜡型设计知识
	（二）压力铸造	1. 能设计压铸型浇注系统、溢流系统和排气系统 2. 能进行压铸型的结构设计 3. 能根据不同铸件设置压铸机的工艺参数 4. 能调试、验收压铸机 5. 能使用CAD/CAE对压铸工艺与压铸型进行优化	1. 压铸型浇注系统和溢流、排气系统设计知识 2. 压铸型结构的设计知识 3. 工艺参数对压铸件质量的影响 4. 压铸机的液压系统 5. 压铸新技术
三、铸造合金熔炼与浇注	（一）熔炼过程控制	1. 能对铸钢、铸铁和非铁等合金熔炼工艺和炉前处理方法提出改进方案 2. 能提出新产品铸造合金试制技术方案	铸造合金熔炼新技术
	（二）炉前合金液质量控制	能解决因合金液质量不合格导致铸件出现的疑难质量问题	合金液化学成本、炉前处理工艺对铸件内在质量的影响
四、质量控制	（一）缺陷分析	1. 能分析铸件产品使用过程中失效的原因 2. 能提出解决铸件缺陷的技术方案 3. 能制订改善铸件质量的攻关计划	1. 产品失效的形式及分析方法 2. 铸件缺陷分析知识

（续）

职业功能	工作内容	技能要求	相关知识
四、质量控制	（二）质量检验	1. 能运用统计技术对铸件质量检测数据进行分析 2. 能编制铸件质量控制计划和提出整改措施 3. 能收集质量检测数据，结合质量检测经验编写质量分析报告	1. 质量检测数据的统计技术及提高质量的方法 2. 质量检测报告的编写方法
五、培训与管理	（一）培训与指导	1. 能编写铸造工专业技术理论培训讲义 2. 能进行技师及以下级别铸造工专业技术理论培训 3. 能运用理论，结合实践经验现场指导铸造工解决重大质量问题	培训讲义的编写要点和方法
	（二）生产与质量管理	1. 能编制质量保证体系程序文件 2. 能运用先进的生产知识，对减少生产中的无效劳动和资源浪费提出合理化建议	1. 质量保证体系有关知识 2. 现代先进的精益生产知识

参考文献

[1] 马鹏飞，杨建新．铸造工：初级、中级［M］．北京：化学工业出版社，2011.

[2] 杨建新，马鹏飞．铸造工：高级［M］．北京：化学工业出版社，2011.

[3] 陆一士．铸造工（技师、高级技师）［M］．北京：机械工业出版社，2006.

[4] 樊自田．铸造设备及自动化［M］．北京：化学工业出版社，2009.

[5] 吴德海，钱立，胡家骢．灰铸铁、球墨铸铁及其熔炼［M］．北京：中国水利水电出版社，2006.

[6] 中国铸造协会．铸造工程师手册［M］．3版．北京：机械工业出版社，2010.

[7] 周文斌，等．铸造工：初级技能 中级技能 高级技能［M］．北京：中国劳动社会保障出版社，2003.

[8] 周文斌，等．铸造工：基础知识［M］．北京：中国劳动社会保障出版社，2004.

[9] 黄志光，叶学贤．砂型铸造生产技术500问（上册）——铸造合金及熔炼技术［M］．北京：化学工业出版社，2007.

[10] 陆文华，等．铸造合金及其熔炼［M］．北京：机械工业出版社，2012.

[11] 毛昕，黄英，肖平阳．画法几何及机械制图［M］．北京：高等教育出版社，2010.

[12] 林家骝．造型制芯及工艺基础［M］．北京：化学工业出版社，2010.

[13] 李传栻．球墨铸铁的凝固特性和铸件冒口的设置［J］．铸造纵横，2007（10）：38-46.

[14] 李传栻．灰铸铁的组织和几种合金元素的影响（一）［J］．铸造纵横，2004（12）：10-17.

[15] 李弘英．铸造生产实用技术［M］．北京：机械工业出版社，2010.

[16] 李魁胜，李国禄，李日．铸件成型技术入门与精通［M］．北京：机械工业出版社，2011.

[17] 王文清，李魁胜．铸造工艺学［M］．北京：机械工业出版社，2001.

[18] 于震宗．对湿型砂性能检测技术的几点评论［J］．铸造工程·造型材料，2002（2）：4-6，2002（3）：22-24.

[19] 于震宗，等．吸蓝量试验方法的探讨［J］．铸造，2001（4）：218-221.

[20] 殷锡鹏．膨润土复用性试验方法述评［J］．铸造工程·造型材料，2001（4）：23-27.

[21] 肖柯则．铸型涂料［M］．北京：机械工业出版社，1985.

[22] 聂小武，等．实用铸件缺陷分析及对策实例［M］．沈阳：辽宁科学技术出版社，2010.

[23] 陈国桢，等．铸件缺陷和对策手册［M］．北京：机械工业出版社，1996.

[24] 于震宗．湿型砂铸件表面缺陷［C］//中国铸造协会，中国铸造协会铸造行业系列会议——粘土湿型砂专题研讨会论文集．天津：［出版单位不详］，2008.